2020年中国电力教育协会高校电气类专业精品教材

“十三五”普通高等教育本科系列教材

电力系统继电保护原理
（第三版）

编写　邵玉槐　秦文萍　贾燕冰

主审　张　举

中国电力出版社
CHINA ELECTRIC POWER PRESS

内 容 提 要

全书共分为十二章，主要内容包括概述、电网电流保护、微机继电保护基础、电网的距离保护、输电线路纵联保护、发电机保护、变压器保护、母线保护、自动重合闸、变电站综合自动化、电动机保护和高压直流输电系统保护。每章后面附有思考题或习题。书后还附有继电器的分类、型号、表示方法和IEEE设备编号，以便读者参考使用。本书着重阐述了电力系统继电保护的基本原理与特性分析的基本方法，对各种继电保护装置做了系统分析，还尝试将继电保护原理与微机保护融为一体；结构体系严密，阐述方式易于教师掌握，便于学生理解；内容叙述系统性，逻辑性强，并加入小动画演示片，讲解更直观。

本书主要作为高等院校电气类专业的继电保护课程教材，也可作为高职、高专相关专业的教材以及电力工程技术人员的参考用书。

图书在版编目（CIP）数据

电力系统继电保护原理/邵玉槐，秦文萍，贾燕冰编写．—3版．—北京：中国电力出版社，2018.8（2021.11重印）

“十三五”普通高等教育本科规划教材

ISBN 978-7-5198-1834-0

Ⅰ.①电… Ⅱ.①邵…②秦…③贾… Ⅲ.①电力系统—继电保护—高等学校—教材 Ⅳ.①TM77

中国版本图书馆CIP数据核字（2018）第045597号

出版发行：中国电力出版社

地　　址：北京市东城区北京站西街19号（邮政编码100005）

网　　址：http://www.cepp.sgcc.com.cn

责任编辑：雷　锦　（010-63412530）贾丹丹

责任校对：黄　蓓　郝军燕

装帧设计：郝晓燕

责任印制：吴　迪

印　　刷：北京雁林吉兆印刷有限公司

版　　次：2008年4月第一版　2018年8月第三版

印　　次：2021年11月北京第九次印刷

开　　本：787毫米×1092毫米　16开本

印　　张：20.25

字　　数：490千字

定　　价：59.00元

前　言

本书第一版于2008年出版，被全国一些高等院校相关专业采用，受到读者欢迎，将继电保护原理与微机保护融为一体的编写方法，已被同行认可或达成共识，并于2015年出版了第二版。

为了跟踪电力系统和继电保护技术的新发展，满足电气专业继电保护课程教学需求，提高高等院校学生的工程创新意识及解决实际问题的实践能力和创新创业能力，本书在第二版基础上进行修订，对配套课件进行了更新与调整，特别是需再指出的是增加了主要保护原理动画演示，便于学习与领会。

本书的修订保证叙述的系统性与逻辑性，考虑与电力系统稳态分析、电力系统暂态分析等课程教材的衔接，在采用图形符号与文字符号新国家标准时力求无误。

全书共分十二章，由太原理工大学电气与动力工程学院教师编写。结合多年教学实践经验，本次修订调整了部分教材内容顺序。从系统讲述电气元件保护原理的角度出发，将第二版中第六章输电线纵联保护、第八章发电机保护、第九章电力变压器继电保护、第十章母线保护调整至第五章～第八章，将第二版第七章自动重合闸调整为第九章，将第二版第五章变电站综合自动化调整为第十章，并对部分章节内容进行了删减和增补，这样内容更加连贯递进。其中第一章～第五章、第十章由邵玉槐教授编写，第六章～第九章及书中例题、习题由秦文萍教授编写，第十一章、第十二章由贾燕冰副教授编写，配套的新版课件和动画演示由秦文萍指导硕士生进行制作，并附课件使用和动画演示说明。邵玉槐教授对全书进行统稿，对课件进行审阅。

本书在编写与修订过程中参阅了国内著名继电保护专家贺家李、杨奇逊、王维俭、张保会等教授的研究成果和著作，并得到太原理工大学电气与动力工程学院硕士研究生的支持与帮助，在此一并表示衷心的感谢！同时对审稿人张举老师表示衷心感谢！

编者

2018年5月

第一版前言

为贯彻落实教育部《关于进一步加强高等学校本科教学工作的若干意见》和《教育部关于以就业为导向深化高等职业教育改革的若干意见》的精神，加强教材建设，确保教材质量，中国电力教育协会组织制订了普通高等教育“十一五”教材规划。该规划强调适应不同层次、不同类型院校，满足学科发展和人才培养的需求，坚持专业基础课教材与教学急需的专业教材并重、新编与修订相结合。本书为新编教材。

本书采用我国新的国家标准，如计量单位、图形符号和文字符号；其特点是结构体系严密，阐述方式易于教师掌握，便于学生理解。内容叙述系统性、逻辑性强。

本书尝试将继电保护原理与微机保护融为一体，在结构安排时，将微机保护硬件构成原理、电流保护算法、数字滤波方法及程序流程编写在电网电流保护内容之后，以期学生对微机式电流保护的原理与装置构成形成整体概念。为了给初学者一个清晰的概念和感性认识，电网电流保护用传统的继电器结构和原理框图说明继电保护原理，在介绍了微机保护的构成原理之后，逐步用微机保护算法和程序框图、逻辑框图说明继电保护原理；鉴于计算机网络在电力系统中大量采用和电力系统光纤通信网络逐步形成，微机保护成为变电站综合自动化和调度自动化中计算机自动控制系统的基本组成单元，还编写了变电站综合自动化的内容；此外，还叙述了数字信号的调制解调、通信接口等内容，以便于采用不同的本科教学计划的学校使用。本书力求与电力系统稳态分析、电力系统暂态分析等课程教材在问题叙述方式、符号应用方面衔接。内容方面结合近年来继电保护的原理发展和微机保护工业现场实际应用情况，参考《电力系统继电保护原理》增订版等教材作了选择。在距离保护的振荡闭锁回路中介绍了当前微机保护采用的方法，在输电线路纵联保护中增加了允许式方向纵联保护，在自动重合闸一章增加了自适应单相重合闸概念。在章节结构安排时先叙述发电机后叙述变压器。

本书由太原理工大学电气与动力工程学院邵玉槐教授任主编。书中第一～六章由邵玉槐老师编写，第七～十章及书中的例题、思考题、习题、符号说明、附录由秦文萍老师编写，邵玉槐教授对全书进行了内容确定与统稿。

本书由华北电力大学张举教授审阅，提出了很多宝贵意见。在编写过程中得到了太原理工大学电力2004级和2005级硕士研究生徐英等的支持，得到了山西省电力调度中心陈佩琳等专家的帮助，还参阅了国内外著名继电保护专家们的研究成果和著作，在此一并表示感谢。

编　者

2007年11月

第二版前言

本书第一版于2008年出版，被全国一些高等院校相关专业采用，受到读者欢迎，将继电保护原理与微机保护融为一体的编写方法，已被同行认可或达成共识。

随着我国科学技术的进步和电力系统的发展，电力系统继电保护技术不断有新的发展。为了跟踪电力系统和电力系统继电保护技术的新发展，也为了满足电气专业继电保护课程教学需求，本书在第一版基础上进行修订，对配套课件进行调整，部分章节更新了多媒体课件。

本书的修订保证叙述的系统性与逻辑性，考虑与电力系统稳态分析、电力系统暂态分析等课程教材的衔接，在采用图形符号与文字符号的新国家标准时力求无误。

本书共分十二章，第一～六章由太原理工大学邵玉槐教授编写，第七～十章及书中例题、习题由秦文萍副教授编写，第十一、十二章由贾燕冰副教授编写，配套的新版课件由秦文萍指导硕士生制作，并附课件使用说明。邵玉槐任主编并对全书进行统稿，对课件进行审阅。

本书在编写过程中得到太原理工大学电气与动力工程学院硕士研究生的支持与帮助，也参阅了国内著名继电保护专家贺家李教授、杨奇逊教授、王维俭教授等人的研究成果和著作。在此一并表示衷心的感谢。

编　者

2014年10月

符 号 说 明

一、设备、元件、名词符号

T	变压器
PD	保护装置
C	电容器
k	故障点、短路点
VD	二极管
TX	电抗互感器（又称电抗变压器）
QF	断路器
G	发电机
K	继电器
TAM	小型中间变流器、中间电流互感器
TA	电流互感器
M	电动机
SD	发电机灭磁开关
Y	断路器跳闸线圈
VS	稳压管
TVM	小型中间变压器
TV	电压互感器
AR	自动重合闸装置

二、电 压 类 符 号

E_A、E_B、E_C	系统等效电源或发电机的三相电动势
U_A、U_B、U_C	系统中任一母线或保护安装处的三相电压
U_{kA}、U_{kB}、U_{kC}	故障点的三相电压
U_{k1}、U_{k2}、U_{k0}	故障点的正、负、零序电压
U_{A1}、U_{B1}、U_{C1} U_{A2}、U_{B2}、U_{C2} U_{A0}、U_{B0}、U_{C0}	保护安装处各相的正、负、零序电压
U_N	额定电压
U_{unb}	不平衡电压

三、电 流 类 符 号

I_A、I_B、I_C	三相电流
I_k	短路电流
I_1、I_2、I_0	正、负、零序电流
I_{kA}、I_{kB}、I_{kC}	故障点的三相短路电流
I_{A1}、I_{B1}、I_{C1} I_{A2}、I_{B2}、I_{C2} I_{A0}、I_{B0}、I_{C0}	三相中的正、负、零序电流
I_{k1}、I_{k2}、I_{k0}	故障点的正、负、零序电流
$I_{k\cdot max}$	最大短路电流
$I_{k\cdot min}$	最小短路电流
I_L	负荷电流
$I_{L\cdot max}$	最大负荷电流
I_N	额定电流
$I_{N\cdot T}$	变压器的额定电流
$I_{N\cdot G}$	发电机的额定电流
I_{unb}	不平衡电流
I_e	励磁电流

四、阻 抗 类 符 号

R	电阻
X	电抗
$Z=R+jX$	阻抗
Z_T	变压器阻抗
Z_G	发电机阻抗
Z_s	系统阻抗

z_1	线路单位长度正序阻抗	Z_{Σ}	总阻抗
Z_M	互感阻抗	$Z_{1\Sigma}$、$Z_{2\Sigma}$、$Z_{0\Sigma}$	正、负、零序综合阻抗
R_t	过渡电阻	R_g	接地电阻

五、保护装置及继电器的有关参数

I_{act}	保护装置的启动电流	$U_{K \cdot act}$	继电器的启动电压
I_{re}	保护装置的返回电流	$U_{K \cdot re}$	继电器的返回电压
U_{act}	保护装置的启动电压	$Z_{K \cdot act}$	继电器的启动阻抗
U_{re}	保护装置的返回电压	$Z_{K \cdot re}$	继电器的返回阻抗
Z_{act}	保护装置的启动阻抗	Z_{set}	继电器的整定阻抗
Z_{re}	保护装置的返回阻抗	I_K	加入继电器中的电流
$I_{K \cdot act}$	继电器的启动电流	U_K	加入继电器中的电压
$I_{K \cdot re}$	继电器的返回电流	$Z_K=\frac{U_K}{I_K}$	继电器的测量阻抗
$I_{K \cdot bs}$	继电器的闭锁电流		

六、常 用 的 系 数

K_{rel}	可靠系数	K_{aper}	非周期分量影响系数
K_{sen}	灵敏系数	K_{ss}	同型系数
K_{re}	返回系数	K_{met}	配合系数
K_c	接线系数	K_{Ms}	电动机自启动系数
K_{bra}	分支系数	K_1、K_2、K_3	比例常数
K_k	故障类型系数		

目　录

第一章　概　　述

一、电力系统运行状态和继电保护基本任务

1. 电力系统运行状态

电力系统的运行状态从分析角度分类可分为稳态分析和暂态分析，从继电保护作用的角度分类可分为正常工作状态、不正常工作状态和故障状态。

在正常状态下运行的电力系统中，各发电、输电和用电设备均在规定的长期安全工作限额内运行，电力系统中各母线电压和频率均在允许的偏差范围内提供合格的电能。

电力系统的所有一次设备在运行过程中由于外力、绝缘老化、过电压、误操作、设计错误、制造缺陷等原因会发生如短路、断线等故障。最常见同时也是最危险的故障是发生各种类型的短路。在发生短路时可能产生以下后果：

（1）通过故障点的数值较大的短路电流和所燃起的电弧，使故障元件损坏。

（2）短路电流通过非故障元件时，由于发热和电动力的作用，使绝缘遭受到破坏或缩短设备的使用寿命。

（3）电力系统中部分地区的电压大幅度降低，将破坏用户工作的稳定性或影响工厂产品质量。

（4）破坏电力系统中各发电厂间并列运行的稳定性，引起系统振荡，甚至使整个系统瓦解。

短路电流一般为额定电流的几倍到几十倍，不同类型短路发生的概率不相同，统计数据表明在高压电网中，单相接地短路次数占所有短路次数的85%以上。

电力系统中电气元件的正常工作遭到破坏，但没有发生故障，这种情况属于不正常运行状态。例如，因负荷超过电气设备的额定值而引起的电流升高（一般又称为过负荷），就是一种最常见的不正常运行状态。过负荷使元件载流部分和绝缘材料的温度不断升高，加速绝缘的老化和损坏，就可能发展成故障。此外，系统中出现功率缺额而引起的频率降低，发电机突然甩负荷而产生的过电压，以及电力系统发生振荡等，都属于不正常运行状态。

故障和不正常运行状态都可能在电力系统中引起事故。事故就是指系统或其中一部分的正常工作遭到破坏，并造成对用户少送电或电能质量变坏到不能容许的地步，甚至造成人身伤亡和电气设备的损坏的事件。

在电力系统中，除应采用各种积极措施消除或减少发生故障的可能性外，故障一旦发生，必须有选择地切除故障元件，这是保证电力系统安全运行的最有效的方法之一。这种方法既能保护电力设备免遭破坏，又能提高电力运行的稳定性。切除故障的时间通常要求小到几十毫秒到几百毫秒，实践证明只有在每个电气元件上装设继电保护装置，才有可能满足这个要求。继电保护装置就是指能反应电力系统中电气元件发生故障或不正常运行状态，并动作于断路器跳闸或发出信号的一种自动装置。

电力系统继电保护一词泛指继电保护技术和由各种继电保护装置组成的继电保护系统。继电保护技术包括继电保护的原理设计、配置、整定、调试等技术。继电保护系统包括获取信息量的电流、电压互感器二次回路，经继电保护装置到断路器跳闸线圈的一整套设备及其传送信息的通信设备。

2. 继电保护基本任务

（1）自动、迅速、有选择性地将故障元件从电力系统中切除，使故障元件免于继续遭到破坏，并保证其他无故障部分迅速恢复正常运行。

（2）反应电气元件的不正常运行状态，并根据运行维护的条件（如有无经常值班人员），而动作于发出信号、减负荷或跳闸。此时一般不要求保护迅速动作，而是根据对电力系统及其元件的危害程度规定一定的延时，以免不必要的动作和由干扰而引起的误动作。

二、继电保护基本原理和保护装置组成

1. 继电保护基本原理

为完成继电保护所担负的任务，显然继电保护装置应该能够正确地区分系统正常运行与发生故障或不正常运行状态之间的差别。

对于图 1-1（a）所示的单侧电源网络接线，在电力系统正常运行时，每条线路上都流过由它供电的负荷电流 $\dot{I}_{L}$，越靠近电源端的线路上的负荷电流越大。当系统发生故障时，假定在线路 B—C 上发生三相短路［见图 1-1（b）］，从电源到短路点之间将流过很大的短路电流 $\dot{I}_{k}$。利用正常运行与故障时电流大小不同可以构成反应于电流增大而动作的过电流保护。

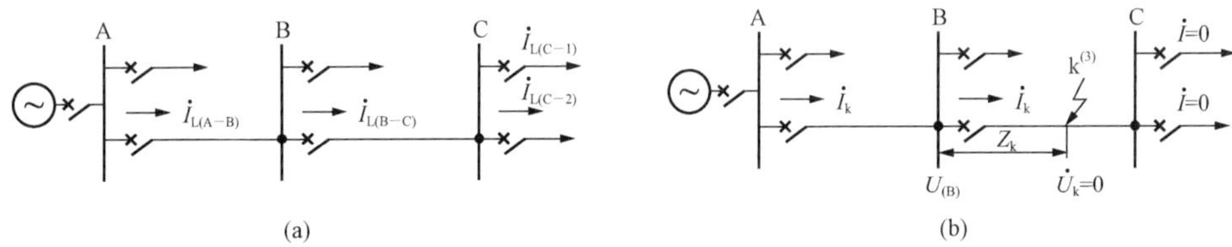

图 1-1 单侧电源网络接线

（a）正常运行情况；（b）k 点三相短路情况

正常运行时，各变电站母线上的电压，一般都在额定电压±（5%～10%）范围内变化，且靠近电源端母线上的电压较高。三相短路时，短路点的电压 $\dot{U}_{k}$ 降低到零，各变电站母线上电压将在不同程度上有很大的降低，距离短路点越近时降低得越多。利用故障时电压降低可构成反应于电压降低而动作的低电压保护。

正常运行时，线路始端电压与电流的比值所代表的“测量阻抗”，反应的是线路与负荷的等值阻抗，其值一般很大，阻抗角决定于负荷的功率因数角和线路的参数，其值很小。短路发生后伴随有电流增大，电压降低，线路始端测量阻抗减小。设以 Z_{k} 表示短路点到变电站 B 母线之间的阻抗，则 B 母线上的残余电压为 $\dot{U}_{(B)}=\dot{I}_{k}\dot{Z}_{k}$。此时，$\dot{U}_{(B)}$ 与 $\dot{I}_{k}$ 之间的相位角就是 Z_{k} 的阻抗角，线路始端的测量阻抗就是 Z_{k}，此测量阻抗的大小正比于短路点到变电站之间的距离。Z_{k} 值比负荷阻抗小，相位角比负荷阻抗角大。利用故障时，测量阻抗减小可以构成反应于短路点到保护安装地点之间的距离（或测量阻抗）减小而动作的距离保护。

此外，就电力系统中的任一电气元件来看，如图 1-2 中的线路 A—B，在正常运行时，在某一瞬间，负荷电流总是从一侧流入而从另一侧流出，如图 1-2（a）所示。如果统一规定电流的正方向都是从母线流向线路（图 1-2 中所示电流方向是实际的方向，不是假定的正方向），那么按照规定的正方向，A—B 两侧电流的大小相等，而相位相差 180°。当在线路 A—B 的范围以外的 k1 点短路时，如图 1-2（b）所示，由电源Ⅰ所供给的短路电流 I'_{k1}

将流过线路 A—B，此时 A—B 两侧的电流仍然是大小相等、相位相反，其特征与正常运行时一样。如果如图 1-2（c）所示，短路发生在线路 A—B 的范围以内（k2），由于两侧电源均分别向短路点 k2 供给短路电流 $\dot{I}'_{k2}$ 和 $\dot{I}''_{k2}$，因此，在线路 A—B 两侧的电流都是由母线流向线路，此时两个电流的大小一般都不相等，在理想情况下（两侧电动势同相位且全系统的阻抗角相等），两个电流同相位。

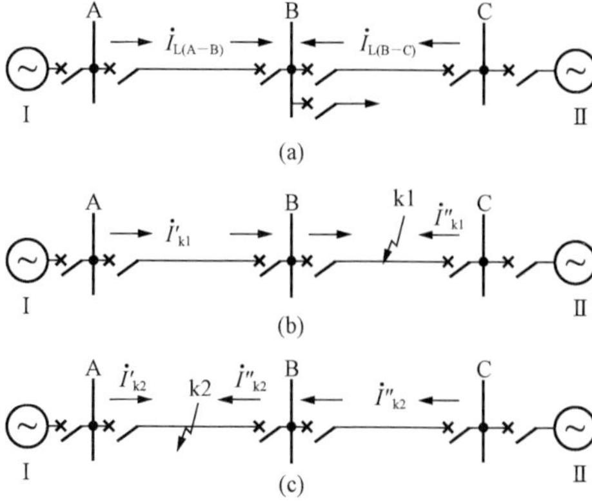

图 1-2 双侧电源网络接线

（a）正常运行情况；（b）k1 点短路时的电流分布；（c）k2 点短路时的电流分布

利用每个电气元件在内部故障与外部故障（包括正常运行情况）时两侧电流相位或功率方向的差别，就可以构成由各种差动原理构成的保护，如纵联差动保护、方向比较式纵联保护等。由差动原理构成的保护只能在被保护元件内部故障时动作，而不反应外部故障，因而被认为具有绝对的选择性。

在按照上述原理构成各种继电保护装置时，可以使它们的参数反应于每相中电流和电压（如相电流、相或线电压），也可以使之仅反应于其中某一个对称分量（如负序、零序和正序）的电流和电压。由于在正常运行情况下，负序和零序分量不会出现，而在发生不对称接地短路时，它们都具有较大的数值，在发生不接地的不对称短路时，虽然没有零序分量，但负序分量却很大，因此，利用这些分量构成的保护装置，一般都具有良好的选择性和灵敏性，这正是这种保护装置获得广泛应用的原因。

除上述反应于各种电气量的保护以外，还有根据电气设备的特点实现反应非电量的保护。例如，当变压器油箱内部的绕组短路时，反应于油被分解所产生的气体而构成的瓦斯保护；反应于电动机绕组的温度升高而构成的过负荷或过热保护等。

以上各种原理的保护，可以由一个或若干个继电器连接在一起组成保护装置来实现（关于继电器的分类、型号和表示方法参见附录）。

2. 继电保护装置组成

就一般情况而言，整套继电保护装置是由测量部分、逻辑部分和执行部分组成的，其原理结构框图如图 1-3 所示。

图 1-3 继电保护装置的原理结构框图

（1）测量部分。该部分是测量从被保护对象输入的有关电气量，并与已给定的整定值进行比较，根据比较的结果，给出“是”“非”“大于”“不大于”“等于”“0”或“1”性质的一组逻辑信号，从而判断保护是否应该启动。

（2）逻辑部分。该部分是根据测量部分各输出量的大小、性质、输出的逻辑状态、出现的顺序或它们的组合，使保护装置按一定的逻辑关系工作，最后确定是否应该使断路器跳闸或发出信号，并将有关命令传给执行部分。继电保护中常用的逻辑回路有“或”“与”“否”“延时启动”“延时返回”以及“记忆”等回路。

（3）执行部分。该部分是根据逻辑部分输出的信号，最后完成保护装置所担负的任务。

如故障时，启动于跳闸；不正常运行时，发出信号；正常运行时，不动作等。

三、对电力系统继电保护的基本要求

动作于跳闸的继电保护，在技术上一般应满足选择性、速动性、灵敏性和可靠性四个基本要求。

1. 选择性

继电保护动作的选择性是指保护装置动作时，仅将故障元件从电力系统中切除，使停电范围尽量缩小，以保证系统中的无故障部分仍能继续安全运行。

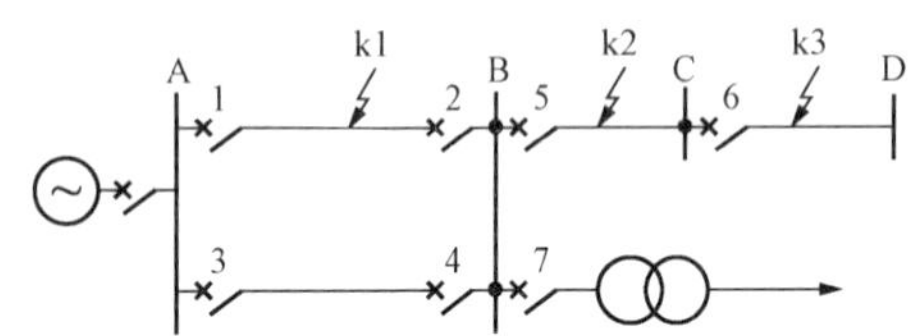

图 1-4 单侧电源网络中有选择性动作的说明

在图 1-4 所示的网络接线中，当 k1 点短路时，应由距短路点最近的保护 1 和保护 2 动作跳闸，将故障线路切除，变电站 B 则仍可由另一条无故障的线路继续供电。而当 k3 点短路时，保护 6 动作跳闸，切除线路 C—D，此时只有变电站 D 停电。由此可见，继电保护有选择性的动作可将停电范围限制到最小，甚至可以做到不中断向用户供电。

在要求继电保护动作有选择性的同时，还必须考虑继电保护或断路器有拒绝动作的可能性，因而就需要考虑后备保护的问题。如图 1-4 所示，当 k3 点短路时，距短路点最近的保护 6 本应动作切除故障，但由于某种原因，该处的继电保护或断路器拒绝动作，故障便不能消除，此时如其前面一条线路（靠近电源侧）的保护 5 能动作，故障也可消除。能起保护 5 这种作用的保护称为相邻元件的后备保护。同理，保护 1 和 3 又应该作为保护 5 和保护 7 的后备保护。按以上方式构成的后备保护是在远处实现的，因此又称为远后备保护。

一般情况下远后备保护动作切除故障时将使供电中断的范围扩大。

在复杂的高压电网中，当实现远后备保护在技术上有困难时，也可以采用近后备保护的方式，即当本元件的主保护拒绝动作时，由本元件的另一套保护作为后备保护；当断路器拒绝动作时，由同一发电厂或变电站内的有关断路器动作，实现后备保护。为此，在每一元件上应装设单独的主保护和后备保护，并装设必要的断路器失灵保护。因为这种后备作用是在主保护安装处实现，因此称它为近后备保护。

应当指出，远后备的性能是比较完善的，它对相邻元件的保护装置、断路器、二次回路和直流电源所引起的拒绝动作，均能起到后备作用，同时它的实现简单、经济。因此，在电压较低的线路上应优先采用，只有当远后备不能满足灵敏度和速动性的要求时，才考虑采用近后备保护的方式。

2. 速动性

快速地切除故障可以提高电力系统并列运行的稳定性，减少用户在电压降低的情况下工作的时间，以及缩小故障元件的损坏程度。因此，在发生故障时，应力求保护装置能迅速动作切除故障。

动作迅速而同时又能满足选择性要求的保护装置，一般结构都比较复杂，价格比较昂贵。在一些情况下，电力系统允许保护装置带有一定的延时切除故障。因此，对继电保护速动性的具体要求，应根据电力系统的接线以及被保护元件的具体情况来确定。下面列举一些必须快速切除的故障：

（1）根据维持系统稳定的要求，必须快速切除的高压输电线路上发生的故障。

（2）对发电厂或重要用户的母线电压低于允许值（一般为 0.7 倍额定电压）的故障。

（3）大容量的发电机、变压器以及电动机内部发生的故障。

（4）1～10kV 线路导线截面积过小，为避免过热不允许延时切除的故障。

（5）可能危及人身安全、对通信系统或铁道信号系统有强烈干扰的故障等。

故障切除的总时间等于保护装置和断路器动作时间之和。一般的快速保护的动作时间为 0.04～0.08s，最快的可达 0.01～0.04s，一般的断路器的动作时间为 0.06～0.15s，最快的可达 0.02～0.06s。

3. 灵敏性

继电保护的灵敏性是指对于其保护范围内发生故障或不正常运行状态的反应能力。满足灵敏性要求的保护装置应该是在事先规定的保护范围内部故障时，不论短路点的位置、短路的类型如何，以及短路点有无过渡电阻，都能敏锐感觉，正确反应。保护装置的灵敏性通常用灵敏系数来衡量，主要决定于被保护元件和电力系统的参数和运行方式。在 GB/T 14285—2006《继电保护和安全自动装置技术规程》中，对各类保护灵敏系数的要求都做了具体规定。关于这个问题在以后各章中还将分别予以讨论。

4. 可靠性

保护装置的可靠性是指在该保护装置规定的保护范围内发生了它应该动作的故障时，它不应该拒绝动作，而在任何该保护不应该动作的情况下，则不应该误动作。

可靠性主要是指保护装置本身的质量和运行维护水平而言。一般来说，保护装置的组成元件的质量越高、接线越简单、回路中继电器的触点数量越少，保护装置的工作就越可靠。同时，精细的制造工艺、正确地调整试验、良好的运行维护以及丰富的运行经验，对于提高保护的可靠性也具有重要作用。

继电保护装置的误动作和拒动作都会给电力系统造成危害，但提高其不误动的可靠性和不拒动的可靠性的措施常常是相互矛盾的。由于电力系统结构和负荷性质的不同，误动和拒动的危害程度有所不同，因而提高保护装置可靠性的着重点，在各种具体情况下也应有所不同。提高保护装置的可靠性应根据电力系统和负荷的具体情况采取适当的措施。

以上四个基本要求是分析研究继电保护性能的基础，也是贯穿全课程的一个基本线索。在它们之间，既有矛盾的一面，又有在一定条件下统一的一面。继电保护的科学研究、设计、制造和运行的绝大部分工作也是围绕着如何处理好这四个基本要求之间的辩证统一关系而进行的，在学习这门课程时应注意学习和运用这样的思考和分析方法。

选择继电保护方式除应满足上述的基本要求外，还应该考虑经济条件。首先应从国民经济的整体利益出发，按被保护元件在电力系统中的作用和地位来确定保护方式，而不能只从保护装置本身的投资来考虑，这是因为保护不完善或不可靠而给国民经济造成的损失，一般都远远超过即使是最复杂的保护装置的投资。但要注意对较为次要的数量很多的电气元件（如低压配电线、小容量电动机等），也不应该装设过于复杂和昂贵的保护装置。

四、继电保护发展简介

继电保护技术是随着电力系统的发展而发展起来的，电力系统中的短路是不可避免的。短路必然伴随着电流的增大，因而为了保护发电机免受短路电流的破坏，首先出现了反应电流超过一定预定值的过电流保护。熔断器就是最早的、最简单的过电流保护。熔断器的特点是融合保护装置与切断电流的装置于一体，这种保护方式时至今日仍广泛应用于低压线路和用电设备。继电保护发展进程如图 1-5 所示。

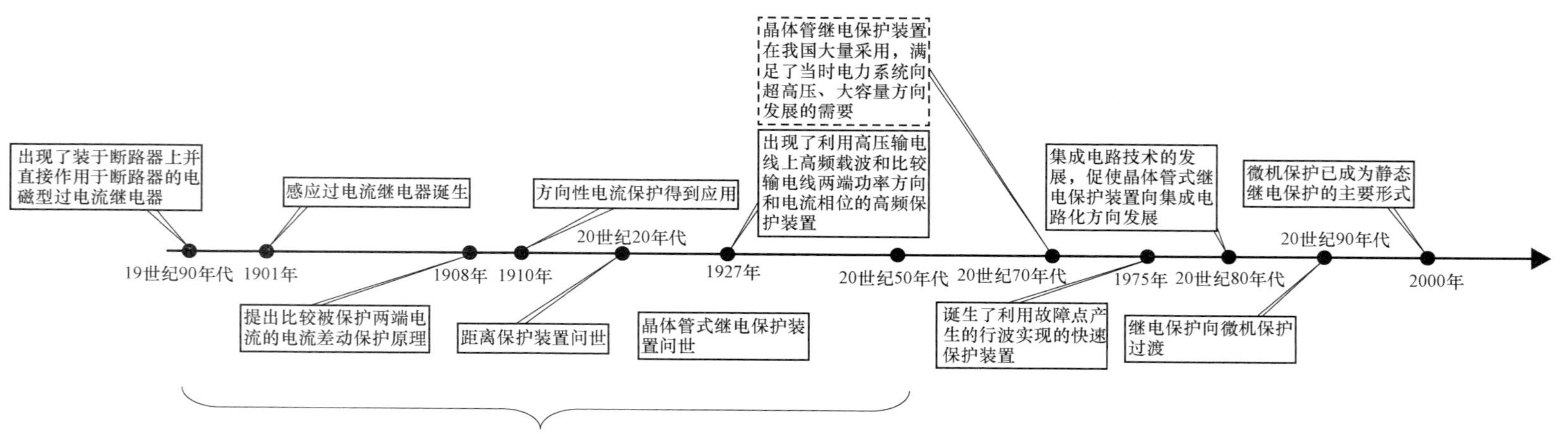

图 1-5　继电保护的发展进程

微机保护具有巨大的计算、分析和逻辑判断能力，有存储记忆功能，因而可用以实现任何性能完善且复杂的保护原理。微机保护可连续不断地对本身的工作情况进行自检，其工作可靠性很高。此外，微机保护可用同一硬件实现不同的保护原理，这使保护装置的制造大为简化，也容易实行保护装置的标准化。微机保护除了保护功能外，还可兼有故障录波、故障测距、事件顺序记录和调度计算机交换信息等辅助功能，这对简化保护的调试、事故分析和事故后的处理等都有重大意义。

随着计算机网络的发展和在电力系统中的大量采用，以及变电站综合自动化和调度自动化的兴起和电力系统光纤通信网络的逐步形成，继电保护将沿着网络化、智能化、自适应和保护、测量、控制、数据通信一体化的方向不断前进。

习　题

1. 继电保护的基本任务是什么？
2. 对电力系统继电保护的基本要求有哪些？

第二章　电网电流保护

电网中的输电线路发生短路时，电流突然增大，电压降低，利用电流突然增大使保护动作断路器跳闸而构成的保护装置称为电流保护。电流保护在35kV及以下输电线路中被广泛采用。

第一节　单侧电源网络相间短路的电流保护

一、电磁型电流继电器及其继电特性

电流继电器是实现电流保护的基本元件，也是反应于一个电气量而动作的简单继电器的典型，因此本节通过对它的分析来说明一般继电器的工作原理和主要特性。

电磁型电流继电器的原理结构图如图2-1（a）所示，当继电器线圈通入电流 I_K 时，在磁路中产生与电流成正比的磁通 Φ，磁通经铁芯2、空气隙3和可动衔铁4形成回路，磁化后的衔铁与铁芯的磁极产生电磁吸力，企图吸引衔铁向左转动，衔铁上装有继电器的可动触点5，当电流增大，电磁吸力足够大时，即可吸动衔铁并使固定触点6接通，称为继电器“动作”。

电磁吸力与 Φ^2 成正比。如果假定磁路的磁阻全部集中在空气隙中，设 δ 表示空气隙的长度，则磁通 Φ 就与 I_k 成正比而与 δ 成反比，这样，由电磁吸力作用在衔铁上的电磁转矩 M_e 可表示为

$$M_e = K_1\Phi^2 = K_2\frac{I_k^2}{\delta^2} \tag{2-1}$$

式中　K_1、K_2——比例常数；

δ——铁芯与可动衔铁之间的空气隙长度。

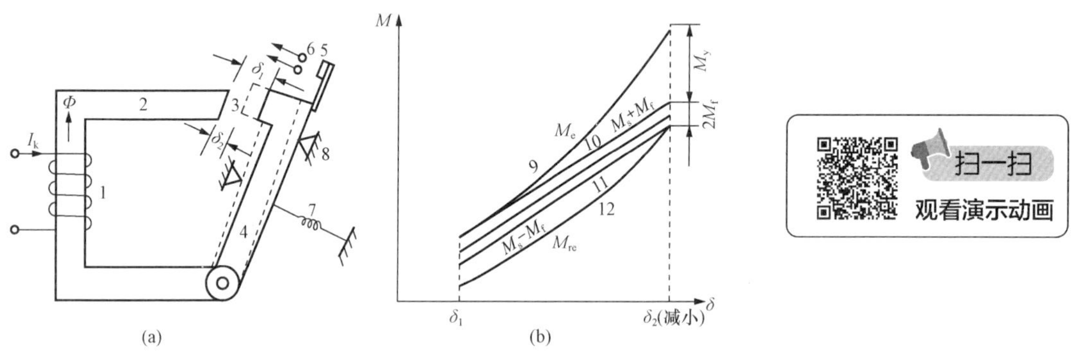

图2-1　电磁型电流继电器的原理结构和转矩曲线

（a）原理结构图；（b）电磁转矩及机械反抗转矩与可动衔铁行程关系

1—线圈；2—铁芯；3—空气隙；4—可动衔铁；5—可动触点；6—固定触点；7—弹簧；8—止挡；9—启动电磁转矩曲线；10—启动时的反作用转矩曲线；11—返回时的反作用转矩曲线；12—返回时的电磁转矩曲线

正常情况下，线圈中流入负荷电流，为保证继电器不动作，可动衔铁受弹簧7反作用力的控制而保持在原始位置，此时弹簧产生的力矩 M_{s1} 称为初拉力矩，对应此时的空气隙长度为 δ_1。由于弹簧的张力与其伸长成正比，因此，当衔铁向左移动而使 δ 减小，如由 δ_1 减小到 δ_2 时，由弹簧所产生的反抗力矩即可表示为

$$M_s = M_{s1} + K_3(\delta_1 - \delta_2) \tag{2-2}$$

式中 K_3——比例常数。

此外，在衔铁转动的过程中，还必须克服由摩擦力所产生的摩擦转矩 M_f，其值可认为是一个常数，不随 δ 的改变而变化。因此，阻碍继电器动作的全部机械反抗转矩就是$M_s + M_f$。

为使继电器动作并闭合其触点，就必须增大电流 I_K，以增大电磁转矩 M_e，继电器能够动作的条件是

$$M_e \geqslant M_s + M_f \tag{2-3}$$

满足这个条件的，能使继电器动作的最小电流值，称为继电器的动作电流（习惯上又称为启动电流），以 $I_{K\cdot act}$表示，对应此时的电磁转矩，根据式（2-1）可表示为

$$M_{act} = K_2 \frac{I^2_{K\cdot act}}{\delta^2} \tag{2-4}$$

图2-1（b）表示了当可动衔铁由起始位置（气隙为 δ_1）转动到终端位置（气隙为 δ_2）时，电磁转矩及机械反抗转矩与可动衔铁行程的关系曲线。当 $I_{K\cdot act}$不变时，随着 δ 的减小，M_{act}与其二次方成反比增加，按曲线9变化，而机械反抗转矩则按线性关系增加，如直线10所示，因此在行程末端将出现一个剩余转矩 M_r，它有利于保证继电器触点的可靠接触。

在继电器动作之后，为使它重新返回原位，就必须减小电流以减小电磁转矩，然后由弹簧的反作用力把可动衔铁拉回来。在这个过程中，摩擦力又起着阻碍返回的作用，因此继电器能够返回的条件是

$$M_e \leqslant M_s - M_f \tag{2-5}$$

对应这一电磁转矩，能使继电器返回原位的最大电流值称为继电器的返回电流，以 $I_{K\cdot re}$表示，对应于此时的电磁转矩

$$M_{re} = K_2 \frac{I^2_{K\cdot re}}{\delta^2} \tag{2-6}$$

在返回过程中，转矩与行程的关系如图2-1（b）中直线11和曲线12所示。

由以上分析可见，当 $I_K < I_{K\cdot act}$时，继电器根本不动作，而当 $I_K \geqslant I_{K\cdot act}$时继电器能够突然迅速地动作，闭合其触点；在继电器动作以后，只当电流减小到 $I_K \leqslant I_{K\cdot re}$时，继电器才能立即突然地返回原位，触点重新打开。无论启动和返回，继电器的动作都是明确干脆的，不可能停留在某一个中间位置，这种特性称为“继电特性”。图2-2绘出了电流继电器动作与返回的继电特性曲线。

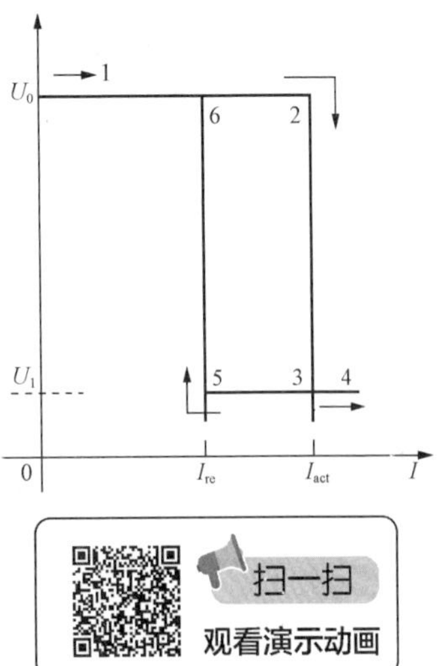

图2-2 电流继电器动作与返回的继电特性曲线

图 2-2 中 U_1 表示继电器动作时固定触点 6 两端的电压；U_0 表示继电器返回时固定触点 6 两端的电压。

返回电流与启动电流的比值称为继电器的返回系数，可表示为

$$K_{re}=\frac{I_{K\cdot re}}{I_{K\cdot act}} \tag{2-7}$$

由于在行程末端存在剩余转矩以及摩擦转矩的影响，电磁型过电流继电器（以及一切过量动作的继电器）的返回系数恒小于 1，在实际应用中，常常要求过电流继电器有较高的返回系数，如 0.85～0.9。提高返回系数的方法是采用坚硬的轴承，以减小摩擦转矩和改善磁路系统的结构，适当减小剩余转矩。继电器启动电流的调整方法为改变线圈的匝数和弹簧的张力。

图 2-3 示出电网中实际使用了半个世纪的电磁型电流继电器（即转动舌片式电流继电器）的结构，这种继电器用 Z 形旋转舌片代替了可动衔铁，剩余转矩较小，返回系数较高。

二、电流速断保护（Ⅰ段）

为了满足系统稳定和对重要用户的供电可靠，在保证选择性的前提条件下，保护装置动作切除故障的时间原则上越快越好，因此各种电气元件上应力求装设快速动作的继电保护。

对于仅反应电流幅值增大而瞬时动作切除故障的电流保护，称为电流速断保护。以图 2-4 (a)所示的单侧电源网络接线为例，假定在每条线路始端均装有电流速断保护，当线路 A—B 上发生故障时，希望保护 2 能瞬时动作，而当线路 B—C 上故障时，希望保护 1 能瞬时动作，它们的保护范围最好能达到本线路全长的 100%。但是这种愿望能否实现，需要具体分析。

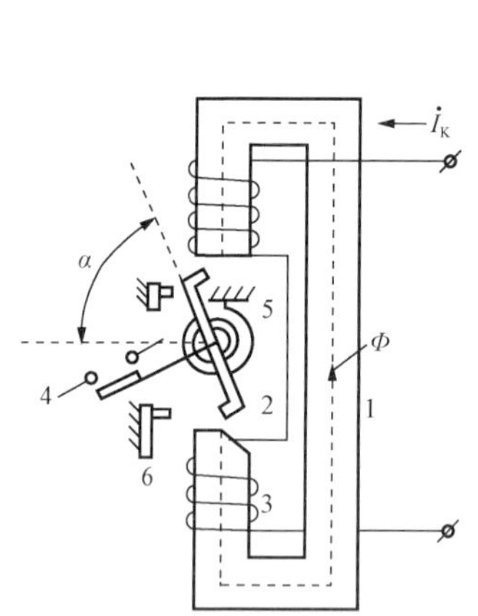

图 2-3　转动舌片式电流继电器

1—电磁铁；2—Z 形旋转舌片；3—线圈；4—触点；5—反作用弹簧；6—止挡

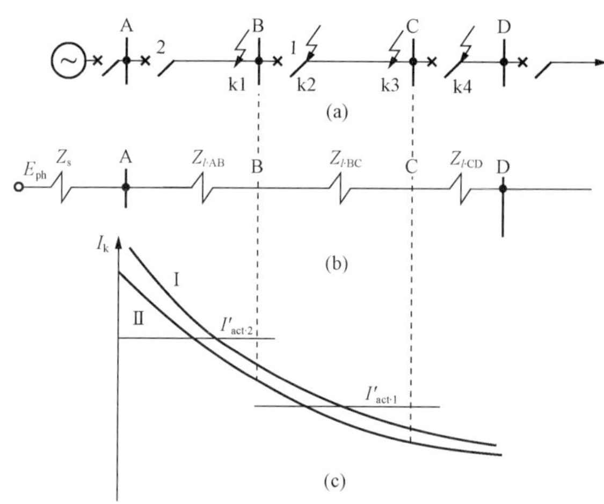

图 2-4　电流速断保护动作特性的分析

(a) 单侧网络接线图；(b) 网络阻抗图；(c) 动作情况

以保护 2 为例，当 A—B 线路末端 k1 点短路时，希望速断保护 2 能够瞬时动作切除故障，而当相邻线路 B—C 的始端（习惯上又称为出口处）k2 点短路时，按照选择性的要求，速断保护 2 就不应该动作，而应由速断保护 1 切除故障。但是实际上，k1 点和 k2 点短路时，从保护 2 安装处流过的短路电流的数值几乎是一样的。因此，希望 k1 点短路时速断保护 2 能动作，而 k2 点短路时保护 2 又不动作的要求不可能同时得到满足。

为了解决这个矛盾，通常的方法是优先保证动作的选择性，即从保护装置启动参数的整定上保证下一条线路出口处短路时不启动，在继电保护技术中，这又称为按躲开下一条线路出口处短路的条件整定。

对反应于电流升高而动作的电流速断保护而言，能使该保护装置启动的最小电流值称为保护装置的启动电流，以 I'_{act} 表示，显然必须当实际的短路电流 $I_k \geqslant I'_{act}$ 时，保护装置才能启动。保护装置的整定值 I'_{act} 是利用电力系统一次侧的参数表示的，所代表的意义是当在被保护线路的一次侧电流达到这个数值时，安装在该处的这套保护装置就能够启动。

现在分析在单侧电源情况下电流速断保护的整定计算原则。

对于图 2-4（a）所示的单侧电源供电网络，正常运行下，各条线路中流过负荷电流，越靠近电源侧的线路流过的电流越大。负荷电流与供电电压之间的相位角一般小于 30°。

由“电力系统暂态分析”课程可知，当供电网络中任意点发生三相和两相短路时，流过短路点与电源间线路中的短路电流包括短路工频周期分量、暂态高频分量和非周期分量。由于暂态高频分量所占比例较小，非周期分量衰减较快，短路电流计算只计工频周期分量，其近似算式为

$$I_k = \frac{K_k E_{ph}}{Z_\Sigma} = \frac{K_k E_{ph}}{Z_s + Z_k} \tag{2-8}$$

式中　E_{ph}——系统等效电源的相电动势；

Z_s——保护安装处到系统等效电源之间的阻抗；

Z_k——保护安装处到短路点之间的阻抗；

K_k——短路类型系数，三相短路取 1，两相短路取 $\sqrt{3}/2$。

在一定的系统运行方式下，E_{ph} 和 Z_s 等于常数，Z_k 的大小如图 2-4（b）所示，当 k1、k2 短路时，$Z_k = Z_{l \cdot AB}$；当 k3、k4 短路时，$Z_k = Z_{l \cdot AB} + Z_{l \cdot BC}$。此时 I_k 将随 Z_k 的增大而减小，因此可以经计算后绘出 $I_k = f(l)$ 的变化曲线，如图 2-4（c）所示。当电源开机方式、保护安装处到电源之间电网的网络拓扑变化时，称为运行方式变化。Z_s 随运行方式变化而变化。当系统运行方式及短路类型改变时，I_k 都将随之变化。对每一套保护装置来讲，通过该保护装置的短路电流为最大的方式称为系统最大运行方式，而短路电流为最小的方式则称为系统最小运行方式。对不同安装地点的保护装置，应根据网络接线的实际情况选取其最大和最小运行方式。

在最大运行方式三相短路时，$Z_s = Z_{s \cdot min}$，$K_k = 1$，通过保护装置的短路电流为最大；而在最小运行方式下两相短路时，$Z_s = Z_{s \cdot max}$，$K_k = \sqrt{3}/2$，短路电流为最小。这两种情况下，短路电流的变化如图 2-4（c）中的曲线Ⅰ和曲线Ⅱ所示。

为了保证电流速断保护动作的选择性，对保护 1 来讲，其启动电流 $I'_{act \cdot 1}$ 必须整定得大于 k4 点短路时可能出现的最大短路电流，即大于在最大运行方式下变电站 C 母线上三相短路时的电流 $I_{k \cdot C \cdot max}$，亦即

$$I'_{act\cdot1} > I_{k\cdot C\cdot max} \tag{2-9}$$

引入可靠系数 $K'_{rel}=1.2\sim1.3$，则式（2-9）可写为

$$I'_{act\cdot1} = K'_{rel}I_{k\cdot C\cdot max} = \frac{K'_{rel}E_{ph}}{Z_{s\cdot min}+Z_{l\cdot AB}+Z_{l\cdot BC}} \tag{2-10}$$

引入可靠系数的原因是必须考虑非周期分量的影响，实际的短路电流可能大于计算值，保护装置的实际动作值可能小于整定值和一定的裕度等因素。

对保护 2 来讲，按照同样的原则，其启动电流应整定得大于 k2 点短路时的最大短路电流 $I_{k\cdot B\cdot max}$，即

$$I'_{act\cdot2} = K'_{rel}I_{k\cdot B\cdot max} = \frac{K'_{rel}E_{ph}}{Z_{s\cdot min}+Z_{l\cdot AB}} \tag{2-11}$$

启动电流的整定值与 Z_k 无关，所以在图 2-4（c）上是一条直线，它与曲线Ⅰ和Ⅱ各有一个交点。在交点以前短路时，由于短路电流大于启动电流，保护装置都能动作。而在交点以后短路时，由于短路电流小于启动电流，保护将不能启动。由此可见，有选择性的电流速断保护不可能保护本线路的全长。

速断保护对被保护线路内部故障的反应能力又称为灵敏性，只能用保护范围的大小来衡量，此保护范围通常用线路全长的百分数 α 来表示。由图 2-4 可见，当系统为最大运行方式下三相短路时，电流速断保护的保护范围为最大；当出现系统最小运行方式下的两相短路时，电流速断保护的保护范围最小；当出现其他运行方式时，保护范围在两者之间。一般情况下，应按最小运行方式下两相短路来校验保护范围。要求保护范围大于被保护线路全长的 15%～20%，最小保护范围计算式为

$$I'_{act\cdot2} = I_{k\cdot l\cdot min} = \frac{\sqrt{3}}{2}\frac{E_{ph}}{Z_{s\cdot max}+Z_1 l_{min}} \tag{2-12}$$

式中 l_{min}——电流速断保护的最小保护范围长度；

Z_1——线路单位长度的正序阻抗。

由式（2-12）得 $l_{min}=\frac{1}{Z_1}\left(\frac{\sqrt{3}E_{ph}}{2I'_{act\cdot2}}-Z_{s\cdot max}\right)$，$\frac{l_{min}}{l_{AB}}\times100\%$为保护的最小保护范围。

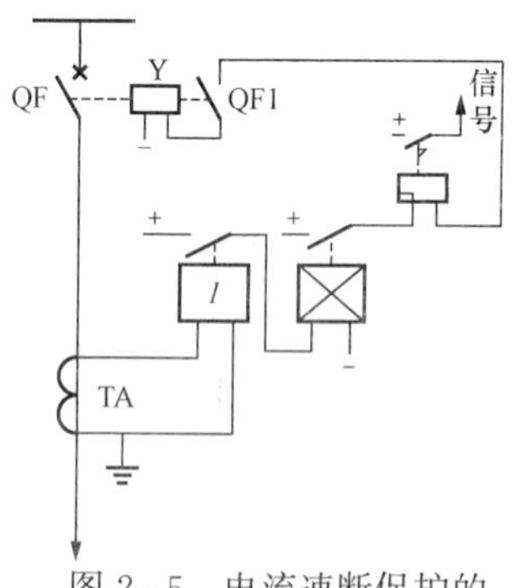

图 2-5 电流速断保护的单相原理接线图

图 2-5 所示为电流速断保护的单相原理接线，电流继电器接于电流互感器 TA 的二次侧，动作后启动中间继电器，其触点闭合后串联信号继电器而接通断路器的跳闸线圈 Y，使断路器跳闸。接线中采用中间继电器的原因如下：

（1）电流继电器的触点容量比较小，不能直接接通跳闸线圈 Y，因此，应先启动中间继电器，然后由中间继电器的触点（容量大）去跳闸。

（2）当线路上装有管型避雷器时，利用中间继电器来增大保护装置的固有动作时间，以防止管型避雷器放电时引起速断保护误动作，避雷器放电时间为 40～60ms，中间继电器动作时间为 60～80ms，速断保护的动作时间取决于继电器本身的固有时间，一般小于 100ms。

电流速断保护的主要优点是简单可靠、动作迅速，因而获得了广泛的应用；缺点是不可能保护线路的全长，并且保护范

围直接受运行方式变化的影响。

三、限时电流速断保护（Ⅱ段）

由于有选择性的电流速断保护不能保护本线路的全长，因此可以考虑增加一段带时限动作的保护，用来切除本线路上速断保护范围以外的故障，同时也能作为速断保护的后备，这就是限时电流速断保护。

对这个保护的要求，首先是在任何情况下能保护本线路的全长，并且具有足够的灵敏性；其次力求具有最小的动作时限，在下一条线路短路时，保证下一条线路保护优先切除故障，满足选择性的要求。

1. 工作原理和整定计算的基本原则

现以图 2-6 所示系统的保护 2 为例，说明限时电流速断保护的整定方法。设保护 1 与保护 2 均装有电流速断保护，其启动电流按式（2-10）与式（2-11）计算后分别为 $I'_{act \cdot 1}$ 和 $I'_{act \cdot 2}$，$I'_{act \cdot 1}$与短路电流变化曲线的交点 M 为保护 1 电流速断的保护范围，$I'_{act \cdot 2}$与短路电流变化曲线的交点 N 为保护 2 电流速断的保护范围，即当在此点发生短路时，速断保护刚好能动作。

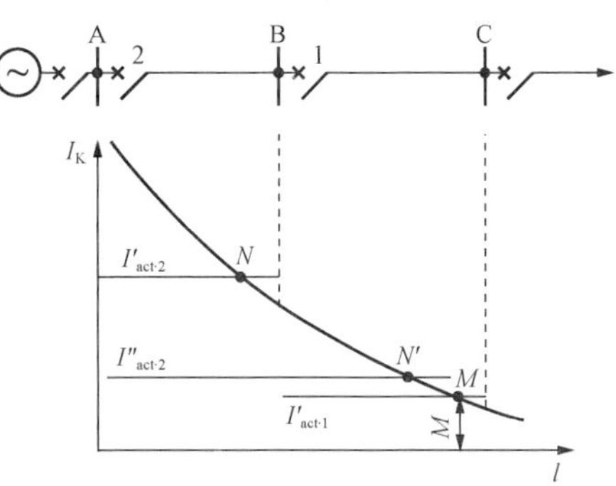

图 2-6　限时电流速断动作特性的分析

由于要求限时速断保护必须保护本线路的全长，因此它的保护范围必然要延伸到下一条线路中去，这样当 B—C 线路出口处发生短路时，A—B 线路的保护 2 的限时速断保护就要启动，在这种情况下，为了保证动作的选择性，就必须使保护 2 的限时速断保护的动作带有一定的时限，此时限的大小与其延伸的范围有关。为了使这一时限尽量短，保护 2 的限时电流速断不应超出保护 1 的电流速断的保护范围，因此在单侧电源供电的情况下，它的启动电流应整定为

$$I''_{act\cdot2} \geqslant I'_{act\cdot1} \tag{2-13}$$

在式（2-13）中能否选取两个电流相等？如果选取相等，就意味着保护 2 的限时速断的保护范围正好和保护 1 的速断保护范围相重合，这在理想条件下虽然是可以的，但在实践中是不允许的。因为保护 2 和保护 1 安装在不同的地点，使用的是不同的电流互感器和继电器，它们之间的特性很难完全一样，如果正好遇到保护 1 的电流速断出现负误差，其保护范围比计算值小，而保护 2 的限时速断是正误差，其保护范围比计算值增大，那么实际上当计算的保护范围末端短路时，就会出现保护 1 的电流速断已不能动作，而保护 2 的限时速断仍然会启动的情况。由于故障位于线路 B—C 的范围以内，当其电流速断不动之后，本应由保护 1 的限时速断切除故障，而如果保护 2 的限时速断也动作了，其结果是两个保护的限时速断同时动作于跳闸，因而保护 2 失去了选择性。为了避免这种情况的发生，就必须采用 $I''_{act \cdot 2} > I'_{act \cdot 1}$的整定方法，引入可靠系数 K''_{rel}，则得

$$I''_{act\cdot2} = K''_{rel} I'_{act\cdot1} \tag{2-14}$$

对于 K''_{rel}，考虑到短路电流中非周期分量已经衰减，故可选取得比速断保护的 K'_{rel} 小一些，一般取 1.1～1.2。

2. 动作时限的选择

从以上分析中已得出，限时速断的动作时限 t''_2 应选择比下一条线路速断保护的动作时限 t'_1 高出一个时间阶段 Δt，即

$$t''_2 = t'_1 + \Delta t \tag{2-15}$$

从尽快切除故障的观点看，Δt 应越小越好，但是为了保证两个保护之间动作的选择性，其值又不能选择太小。现以线路 B—C 上发生故障时，保护 2 与保护 1 的配合关系为例，说明确定 Δt 的原则。

（1）应包括故障线路断路器 QF 的跳闸时间 $t_{QF\cdot1}$（从操作电流送入跳闸线圈 Y 的瞬间算起，直到电弧熄灭的瞬间为止），因为在这一段时间里故障并未消除，因此保护 2 在故障电流的作用下仍处于启动状态。

（2）应包括故障线路保护 1 中时间继电器的实际动作时间比整定值 t'_1 要大 $t_{t\cdot1}$ 才能动作（当保护 1 为速断保护时，保护装置中不用时间继电器，即可不考虑这一影响）。

（3）应包括保护 2 中时间继电器可能比预定的时间提早 $t_{t\cdot2}$ 动作的负误差。

（4）如果保护 2 中的测量元件（电流继电器）在外部故障切除后，由于惯性的影响不能立即返回，Δt 应包括这一延时 $t_{in\cdot2}$。

（5）应考虑一定的裕度时间 t_r。

考虑这些因素后，则

$$\Delta t = t_{QF\cdot1} + t_{t\cdot1} + t_{t\cdot2} + t_{in\cdot2} + t_r \tag{2-16}$$

对于机电式时间继电器，因误差大，Δt 应选用 0.5～0.6s；对于数字电路构成的时间继电器，由于精确度高，Δt 选用 0.35s 左右。

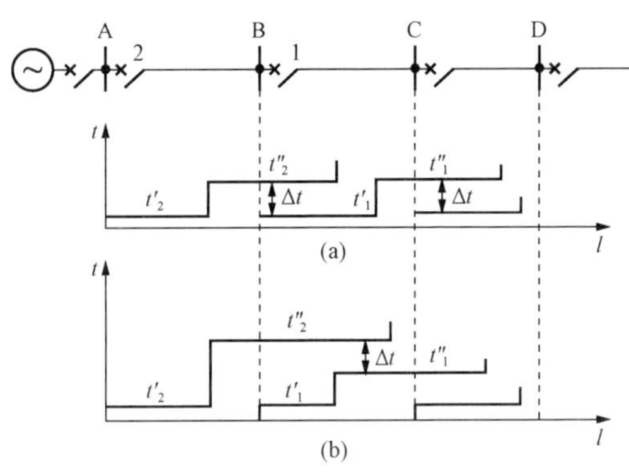

图 2-7 限时电流速断动作时限的配合关系
（a）和下一条线路的速断保护相配合；（b）和下一条线路的限时速断保护相配合

按照上述原则整定的时限特性如图 2-7（a）所示。由图 2-7（a）可见，在保护 1 电流速断保护范围内的故障，将以 t'_1 的时间被切除，此时保护 2 的限时速断虽然可能启动，但由于 t''_2 较 t'_1 大一个 Δt，保护 1 电流速断动作切除故障后，保护 2 返回，从时间上保证了选择性。

如果故障发生在保护 2 电流速断范围以内，将以 t'_2 的时间被切除，而当故障发生在速断的保护范围以外，同时又在线路 A—B 的范围以内时，则将以 t''_2 的时间被切除。

由此可见，当线路上装设了电流速断和限时电流速断保护后，它们联合工作就可保证全线路范围内的故障都能够在 0.5s 或 0.35s 的时间内予以切除，在一般情况下都能够满足速动性的要求，具有这种性能的保护称为该线路的“主保护”。

3. 保护装置灵敏性的校验

为了能够保护本线路的全长，限时电流速断保护必须在系统最小运行方式下，线路末端发生两相短路时，具有足够的反应能力，这个能力通常用灵敏系数 K_{sen} 来衡量。

对于反应于数值上升而动作的过量保护装置，灵敏系数的含义是

$$K_{sen}=\frac{\text{保护范围内发生金属性短路时故障参数最小计算值}}{\text{保护装置的动作参数}} \tag{2-17}$$

式（2-17）中故障参数（如电流、电压等）的计算值，应根据实际情况合理地采用不利于保护动作的正常（含正常检修）运行方式和不利的故障类型来选定，但不必考虑可能性很小的特殊情况。

对保护2的限时电流速断而言，即应采用系统最小运行方式下线路A—B末端发生两相短路电流作为故障参数的计算值。设此电流为 $I_{k\cdot B\cdot min}$，代入式（2-17）中则灵敏系数为

$$K_{sen}=\frac{I_{k\cdot B\cdot min}}{I''_{act\cdot 2}} \tag{2-18}$$

为了保证在线路末端短路时，保护装置一定能够动作，对限时电流速断保护应要求 $K_{sen}\geqslant 1.3\sim 1.5$。

要求灵敏系数大于1的原因是考虑到当线路末端短路时，可能会出现一些不利于保护启动的因素。而在实际上存在这些因素时，为了使保护仍然能够动作，显然就必须留一定的裕度。不利于保护启动的因素如下：

（1）故障点一般不都是金属性短路，而是存在有弧光过渡电阻或接地过渡电阻，它将使短路电流减小，因而不利于保护装置动作。

（2）实际的短路电流由于计算误差或其他原因而小于计算值。

（3）保护装置所使用的电流互感器，在短路电流通过的情况下，一般都具有负误差，因此使实际流入保护装置的电流小于按额定变比折合的数值。

（4）保护装置中的继电器，其实际启动数值可能具有的正误差。

（5）考虑一定的裕度。

当校验灵敏系数不能满足要求时，就意味着真正发生内部故障时，由于上述因素的影响保护可能启动不了，达不到保护线路全长的目的，这是不允许的。为了解决这个问题，通常都是考虑降低电流速断的整定值，即进一步延伸限时电流速断的保护范围，使之与下一条线路的限时电流速断保护相配合，这样其动作时限就应该选择比下一条线路限时速断的时限再高一个 Δt，一般取为0.7～1.2s。按照这个原则整定的时限特性如图2-7（b）所示，此时

$$t''_2=t''_1+\Delta t \tag{2-19}$$

因此，保护范围的伸长，必然导致动作时限的升高。

4. 限时电流速断保护的单相原理接线

限时电流速断保护的单相原理接线如图2-8所示。它和电流速断保护的单相原理接线（见图2-5）的主要区别是用时间继电器代替了中间继电器，这样当电流继电器动作后，还必须经过时间继电器的延时 t''_2 才能动作于跳闸，而如果在 t''_2 以前的故障已经切除，则电流继电器立即返回，整个保护即恢复原状，而不会形成误动作。

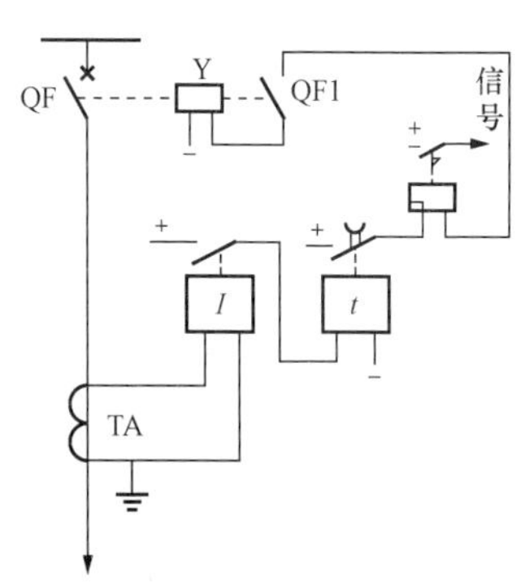

图2-8　限时电流速断保护的单相原理接线图

四、定时限过电流保护（Ⅲ段）

过电流保护通常是指其启动电流按照躲开最大负荷电流来整定的一种保护装置，它在正常运行时不应该启动，而在电网

发生故障时则能反应于电流的增大而动作。在一般情况下，它不仅能够保护本线路的全长，而且也能保护相邻线路的全长，以起到后备保护的作用。

1. 工作原理和整定计算的基本原则

为了保证在正常运行情况下过电流保护绝不动作，显然保护装置的启动电流必须整定得大于该线路上可能出现的最大负荷电流 $I_{L\cdot max}$。然而，在实际上确定保护装置的启动电流时，还必须考虑在外部故障切除后，保护装置是否能够返回的问题。

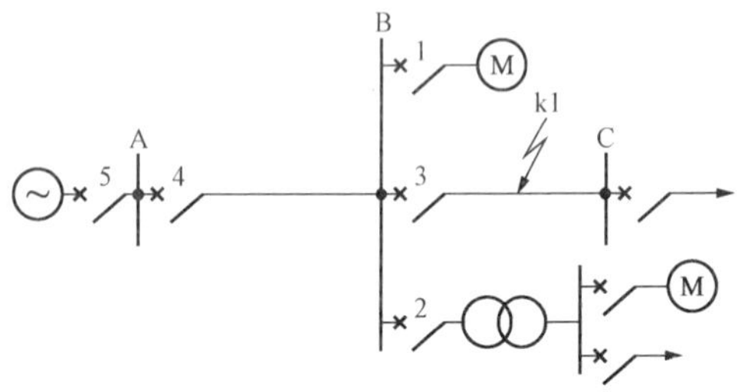

图 2-9　选择过电流保护启动电流和动作时间的网络接线图

例如在图 2-9 所示的网络接线图中，当 k1 点短路时，短路电流将通过保护 5、4、3，这些保护都要启动，但是按照选择性的要求应由保护 3 动作切除故障，然后保护 4 和保护 5 由于电流已经减小而立即返回原位。实际上当外部故障切除后，流经保护 4 的电流是仍然在继续运行中的负荷电流。

除了上述两原则外，还必须考虑到由于短路时电压降低，变电站 B 母线上所接负荷的电动机被制动，因此，在故障切除后电压恢复时，电动机要有一个自启动的过程，电动机的自启动电流大于正常工作电流。引入一个自启动系数 K_{Ms} 来表示自启动时的最大电流 $I_{Ms\cdot max}$ 与正常运行时最大负荷电流 $I_{L\cdot max}$ 之比，即

$$I_{Ms\cdot max} = K_{Ms} I_{L\cdot max} \tag{2-20}$$

保护 4 和保护 5 在这个电流的作用下必须立即返回，为此应使保护装置的返回电流 I_{re} 大于 $I_{Ms\cdot max}$。引入可靠系数，则

$$I_{re} = K_{rel} I_{Ms\cdot max} = K_{rel} K_{Ms} I_{L\cdot max} \tag{2-21}$$

由于保护装置的启动与返回是通过电流继电器实现的，因此，继电器返回电流与启动电流之间的关系也就代表着保护装置返回电流与启动电流之间的关系。根据式（2-7）引入继电器的返回系数 K_{re}，则保护装置的启动电流为

$$I_{act} = \frac{1}{K_{re}} I_{re} = \frac{K_{rel} K_{Ms}}{K_{re}} I_{L\cdot max} \tag{2-22}$$

式中　K_{rel}——可靠系数，一般采用 1.15～1.25；

K_{Ms}——自启动系数，数值大于 1，应由网络具体接线和负荷性质确定；

K_{re}——电流继电器的返回系数，对机电型继电器一般采用 0.85，而对静态型继电器则可采用 0.9～0.95。

由式（2-22）可见，当 K_{re} 越小，保护装置的启动电流越大，其灵敏性就越差，这是不利的。这就是要求过电流继电器应有较高的返回系数的原因。

2. 按选择性的要求整定过电流保护的动作时限

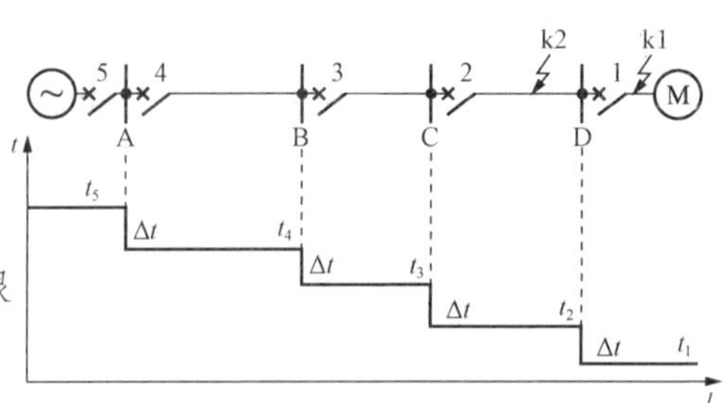

图 2-10　单侧电源放射形网络中过电流保护动作时限的选择说明

如图 2-10 所示，假定在每个电气元件上装有过电流保护，各保护装置的启动电流均按照躲开被保护元件上各自的最大负荷电流来整定，这样当 k1 点短路时，保护 1～5 在短路电流的作用

下都可能启动，但要满足选择性的要求，应该只有保护 1 动作切除故障，而保护 2～5 在故障切除之后立即返回，这个要求只有依靠使各保护装置带有不同的时限来满足。

保护 1 位于电网的最末端，只要电动机内部故障，它就可以瞬时动作予以切除，t_1 即为保护装置本身的固有动作时间。对于保护 2，为了保证 k1 点短路时动作的选择性，应整定其动作时限 $t_2>t_1$，引入时间阶段 Δt，则保护 2 的动作时限为

$$t_2 = t_1 + \Delta t$$

保护 2 的时限确定以后，当 k2 短路时，它将以 t_2 的时限切除故障，此时为了保证保护 3 动作的选择性，又必须整定 $t_3>t_2$，引入 Δt 后，则得

$$t_3 = t_2 + \Delta t$$

依此类推，保护 4、5 的动作时限分别为

$$t_4 = t_3 + \Delta t$$

$$t_5 = t_4 + \Delta t$$

$$\vdots$$

如果相邻元件不是一个，任一过电流保护的动作时限，为了保证选择性应选择得比相邻各元件保护的动作时限均高出至少一个 Δt。例如图 2-9 所示的网络中，如果 $t_3>t_2>t_1$，则保护 4 的动作时限为

$$t_4 = t_3 + \Delta t$$

以上式中　t_1——1 号（电动机）保护动作时间；

t_2——2 号（变压器）保护的动作时间；

t_3——3 号（线路 B—C）保护的动作时间。

这种保护的动作时限，经整定计算确定之后，即由专门的时间继电器予以保证，其动作时限与短路电流的大小无关，因此称为定时限过电流保护。保护的单相式原理接线图与图 2-8相同。

当故障越靠近电源端时，短路电流越大，而由图 2-10 可见，过电流保护切除故障的时限反而越长。正是由于这个原因，电网中广泛采用电流速断保护和限时电流速断保护作为本线路的主保护，以快速切除故障，而利用过电流保护作为本线路和相邻元件的后备保护。由于它作为相邻元件后备保护的作用是在远处实现的，因此属于远后备保护。

由以上分析可以看出，处于电网终端附近的保护装置（如图 2-10 中的过电流保护 1 和保护 2），其动作时限并不长，因此，它就可以作为主保护兼后备保护，而无须再装电流速断保护或限时电流速断保护。

3. 过电流保护灵敏系数的校验

过电流保护灵敏系数的校验仍采用式（2-18），当过电流保护作为本线路的主保护时，应采用最小运行方式下本线路末端两相短路电流进行校验，要求 $K_{sen}\geqslant 1.3\sim 1.5$。当作为相邻线路的后备保护时，则应采用最小运行方式下相邻线路末端两相短路电流进行校验，此时要求 $K_{sen}\geqslant 1.2$。

在后备保护之间，只有当灵敏系数和动作时间都相互配合时，才能切实保证动作的选择性，这一点在复杂网络的保护中尤其应该注意。以上要求同样适用于以后要讲的零序Ⅲ段保护和距离Ⅲ段保护。

当过电流保护的灵敏系数不能满足要求时，应该采用性能更好的其他保护方式。

五、阶段式电流保护的应用及对它的评价

由于电流速断保护不能保护线路全长，限时电流速断保护又不能作为相邻元件的后备保护。因此，为保证迅速而有选择性地切除故障，常将电流速断、限时电流速断保护和过电流保护组合在一起，构成阶段式电流保护。具体应用时可以只采用速断保护加过电流保护，或限时速断保护加过电流保护，也可以三者同时采用。以图 2-11 所示的网络接线为例予以说明。在电网的最末端是电动机或其他用电设备，保护 1 采用瞬时动作的过电流保护即可满足要求，其启动电流按躲开电动机最大启动电流整定。在电网的倒数第二级上，保护 2 首先考虑采用 0.5s 的过电流保护，如果要求线路 C—D 上的故障必须快速切除，则可增设一个电流速断保护，此时保护 2 就是一个速断保护加过电流保护的两段式保护。保护 3 的过电流保护由于要和保护 2 配合，因此动作时限要整定为 0.7～1.2s，在这种情况下，需要增设电流速断保护和限时电流速断保护，保护 3 成为三段式，越靠近电源端过电流保护的动作时限就越长，因此都装三段式的保护。

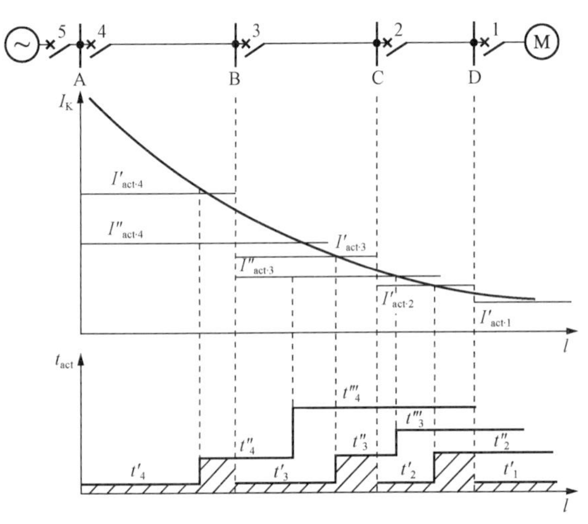

图 2-11 阶段式电流保护的配合和实际动作时间的示意图

具有上述配合关系的保护装置配置情况，以及各点短路时实际切除故障的时间也相应表示在图 2-11 中。由图可见，当全网任何地点发生短路时，如果不发生保护或断路器拒绝动作的情况，则故障都可以在 0.35～0.5s 以内予以切除。

具有电流速断保护、限时电流速断保护和过电流保护的单相式原理接线图如图 2-12 所示，电流速断保护部分由继电器 1～3组成，限时电流速断保护部分由继电器 4～6 组成，过电流保护部分由继电器 7～9 组成，由于三段的启动电流和动作时间整定得均不相同，因此，必须分别使用三个电流继电器和两个时间继电器，而信号继电器 3、6 和信号继电器 9 分别用作发生Ⅰ、Ⅱ、Ⅲ段动作的信号。

使用Ⅰ段、Ⅱ段或Ⅲ段组成的阶段式电流保护的优点是简单、可靠，并且在一般情况下能够满足快速切除故障的要求，因此在 35kV 及以下电压级电网中获得了广泛的应用。保护的缺点是它直接受电网接线以及电力系统运行方式变化的影响，例如整定值必须按系统最大运行方式来选择，而灵敏性则必须用系统最小运行方式来校验，这就使它在 110kV 及以上电力系统往往不能满足灵敏系数或保护范围的要求。

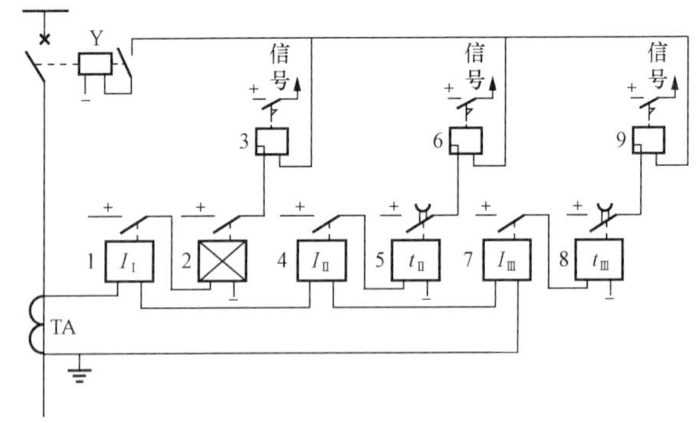

图 2-12 具有电流速断、限时电流速断和过电流保护的单相原理接线图

六、反时限过电流保护

对于反时限过电流保护，当电流大时，保护动作时间短，而当电流小时，动作时限长，其原理接线及动作特性如图 2-13（a）和图 2-13（b）所示。为了获得这一特性，在保护装置中广泛应用了带有转动圆盘的感应型继电器和由静态电路、数值计算等构成的反时限继电器。这种继电器的电流元件和时间元件的职能由同一个继电器来完成，在一定程度上它具有如图2-12所示的三段式电流保护的功能，即近处故障时动作时间短，而远处故障时动作时限随电流减小而自动加长，可以同时满足速动性和选择性的要求。

对于图 2-13 所示的常规反时限特性，一般用启动电流 $I_{K\cdot act}$、瞬时动作电流 I_{act} 和反时性特性曲线 $t=f(I)$ 三个参数来描述。常用的反时限过电流继电器的动作特性方程为

$$t=\frac{0.14K}{\left(\frac{I}{I_{K\cdot act}}\right)^{0.02}-1} \tag{2-23}$$

式中　I——流入继电器中的电流；

K——时间整定系数。

由于反时限保护整定配合复杂，因此它主要用于单侧电源供电的终端线路和较小容量的电动机上，作为主保护和后备保护使用。

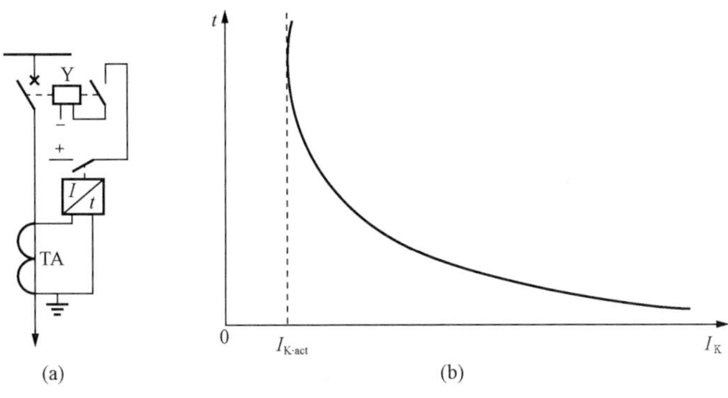

图 2-13　反时限过电流保护

（a）原理接线图；（b）动作特性

七、电流保护接线方式

电流保护的接线方式就是指保护中电流继电器与电流互感器二次绕组之间连接方式。对相间短路的电流保护，广泛使用的是三相星形和两相星形接线这两种方式。

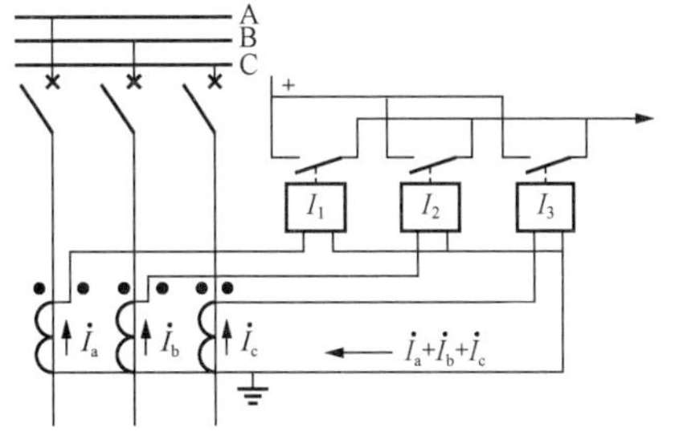

图 2-14　三相星形接线方式的原理接线图

三相星形接线方式的原理接线图如图 2-14 所示，是将三个电流互感器与三个电流继电器分别按相连接在一起，互感器和继电器均接成星形，在中线上流回的电流为 $\dot{I}_a+\dot{I}_b+\dot{I}_c$，正常时此电流约为零，在发生接地短路时则为三倍零序电流 $3I_0$。三个继电器的触点是并联连接的，相当于“或”回路，当其中任一触点闭合后均可动作于跳闸或启动时间继电器等，因此，它可以反映

各种相间短路和中性点直接接地电网中的单相接地短路。

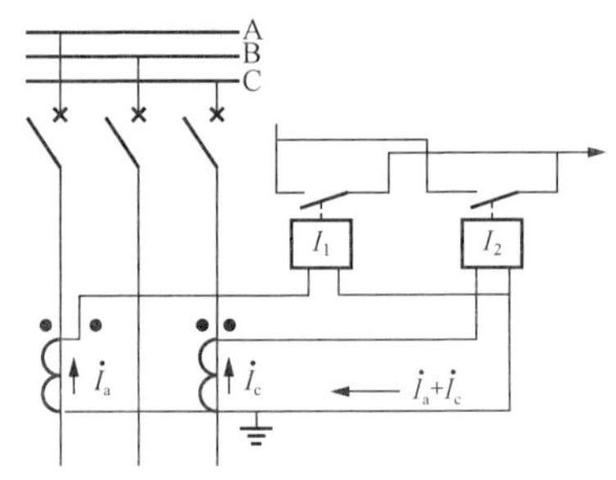

图 2-15　两相星形接线方式的原理接线图

两相星形接线方式的原理接线图如图 2-15 所示，用装设在 A、C 相上的两个电流互感器与两个电流继电器分别按相连接在一起。它和三相星形接线的主要区别在于 B 相上不装设电流互感器和相应的继电器，因此，它不能反映 B 相中所流过的电流，在这种接线中中线上流回的电流是 $\dot{I}_a+\dot{I}_c$。

当采用以上两种接线方式时，流入继电器的电流 I_K 就是互感器的二次电流 I_2，设电流互感器的变比为 $n_{TA}=\dfrac{I_1}{I_2}$，则 $I_K=I_2=\dfrac{I_1}{n_{TA}}$。因此，当保护装置的启动电流整定为 I_{act} 时，则反映到继电器上的启动电流应为

$$I_{K\cdot act}=\frac{I_{act}}{n_{TA}} \tag{2-24}$$

现在对上述两种接线方式在各种故障时的性能进行分析比较。

1. 中性点直接接地电网和非直接接地电网中的各种相间短路

三相星形接线方式与两相星形接线方式均能正确反映这些故障，不同之处是，三相星形接线方式在各种两相短路时，均有两个继电器动作，而两相星形接线方式在 AB 和 BC 相间短路时只有一个继电器动作。

2. 中性点非直接接地电网中的两点接地短路

由于中性点非直接接地电网中（不包括中性点经小电阻接地的电网，以下同），允许单相接地时继续短时运行，因此，希望只切除一个故障点。

例如，在图 2-16 所示的串联线路上发生两点接地短路时，希望只切除距电源较远的线路 B—C，而不切除线路 A—B，以便继续保证对变电站 B 的供电，当保护 1 和保护 2 均采用三相星形接线时，由于两个保护之间在定值和时限上都是按照选择性的要求配合整定的，因此，就能够 100%地只切除线路 B—C。而如果采用两相星形接线，则当接地点在 B 相上时，保护 1 就不能动作，只能由保护 2 动作切除线路 A—B，因而扩大线路 B—C 的停电范围。由此可见，这种接线方式在不同相别的两点接地组合中，将有 1/3 的机会无选择性地切除前面一条线路。

又如图 2-17 所示，在变电站引出的并联线路上，发生单相接地短路时，希望任意切除一条线路即可。当保护 1 和保护 2 均采用三相星形接线时，两套保护均将启动；如果保护 1 和保护 2 的时限整定得相同，即 $t_1=t_2$，则保护 1 和保护 2 将同时动作切除两条线路。如果采用两相星形接线，只要某一条线路上具有 B 相一点接地，由于 B 相未装保护，因此该线路就不被切除。

即使出现 $t_1=t_2$ 的情况，也能保证有 2/3 的机会只切除非 B 相的另一条线路。表 2-1 说明保护的动作情况。

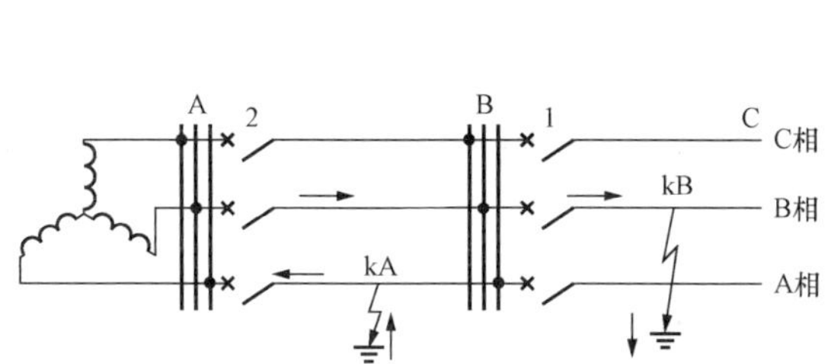

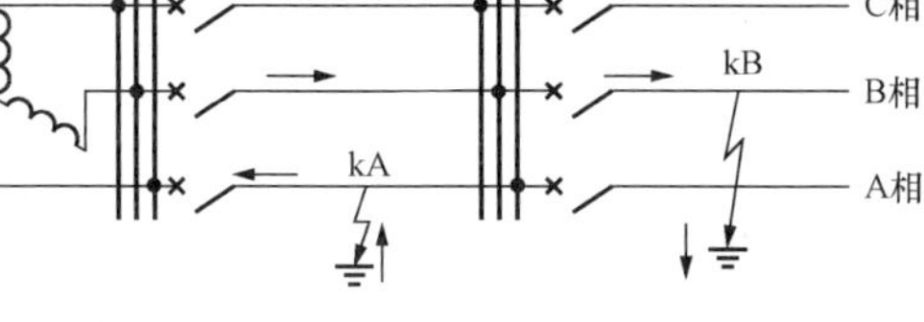

图 2-16 串联线路上的两点接地示意图

图 2-17 并联线路上的单相接地示意图

表 2-1 并联线路两点接地时，两相保护动作情况分析

线路Ⅰ故障相别	A	A	B	B	C	C
线路Ⅱ故障相别	B	C	A	C	A	B
保护 1 动作情况	+	+	—	—	+	+
保护 2 动作情况	—	+	+	+	+	—
$t_1=t_2$ 时，停电线路数	1	2	1	1	2	1

注 “+”表示动作；“−”表示不动作。

3. 对 Yd11 接线变压器一侧两相短路，另一侧短路电流的分析

现以图 2-18（a）所示的 Yd11 接线的降压变压器为例，分析三角形侧发生 A—B 两相短路时在星形侧的各相电流关系。在故障点 $\dot{I}_A^{\triangle}=-\dot{I}_B^{\triangle}$，$\dot{I}_C^{\triangle}=0$，设三角形侧各相绕组中的电流分别为 $\dot{I}_a$、$\dot{I}_b$ 和 $\dot{I}_c$，从图 2-18（b）的短路点看进去，恰是 a 相绕组与 c 相绕组正向串联，然后与 b 相绕组反向并联的等值电路，由此可以求出

$$
\left.\begin{aligned}
\dot{I}_a &= \dot{I}_c = \frac{1}{3}\dot{I}_A^{\triangle} \\
\dot{I}_b &= -\frac{2}{3}\dot{I}_A^{\triangle} = \frac{2}{3}\dot{I}_B^{\triangle}
\end{aligned}\right\} \tag{2-25}
$$

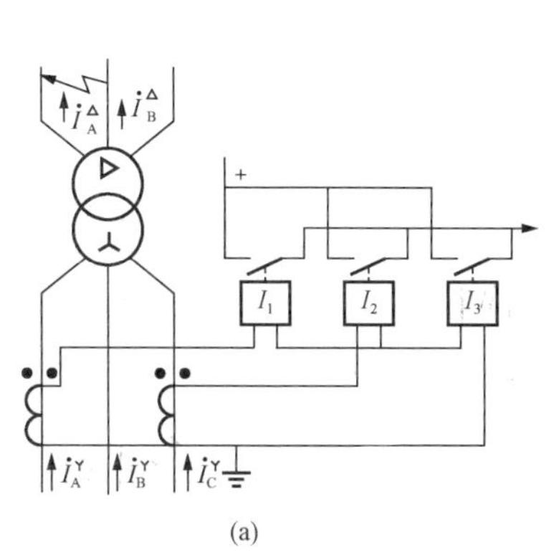

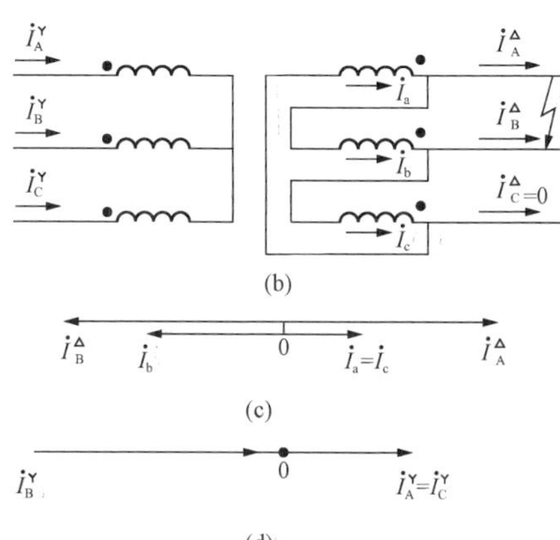

图 2-18 Yd11 接线降压变压器两相短路时的电流分析

（a）接线图；（b）电流分布图；（c）三角形侧电流相量图；（d）星形侧电流相量图

根据变压器的工作原理，即可求得星形侧电流关系为

$$\left.\begin{aligned}\dot{I}_{A}^{Y}&=\dot{I}_{C}^{Y}\\ \dot{I}_{B}^{Y}&=-2\dot{I}_{A}^{Y}\end{aligned}\right\}\tag{2-26}$$

图 2-18（b）为按规定的电流正方向画出的电流分布图，图 2-18（c）为三角形侧电流相量图，图 2-18（d）为星形侧电流相量图。

当过电流保护接于降压变压器的高压侧作为低压侧线路故障的后备保护时，如果保护是采用三相星形接线，则接于 B 相的继电器由于有比其他两相大一倍的电流，因此灵敏系数增大一倍，这是十分有利的。如果保护用两相星形接线，则由于 B 相上没有装设继电器，因此，灵敏系数只能由 A 相和 C 相的电流决定，在同样的情况下，其数值要比采用三相星形接线时降低一半。为了克服这个缺点，可以在两相星型的接线上再接一个继电器，如图 2-18（a）所示，其中流过的电流为 $(\dot{I}_{A}^{Y}+\dot{I}_{C}^{Y})/n_{TA}$，即为 $\dot{I}_{B}^{Y}/n_{TA}$，因此利用这个继电器就能提高灵敏系数。

4. 两种接线方式的应用

根据以上的分析和比较，三相星形接线广泛应用于发电机、变压器等大型贵重设备的保护，因为它能提高保护动作的可靠性和灵敏性。

在中性点非直接接地电网中，两点接地短路发生在图 2-17 所示的线路上的可能性要比发生在图 2-16 的可能性大得多。因此采用两相星形接线可以在图 2-17 的情况下保证有 2/3 的机会只切除一条线路，就这一点而言，两相星形接线比三相星形接线有优越性。当电网中的电流保护采用两相星形接线方式时，应在所有的线路上将保护装置安装在相同的两相上（一般都装于 A、C 相上），以保证在不同线路上发生两点及多点接地时能切除故障。

八、三段式电流保护的接线图举例

继电保护的接线图一般可以用原理接线图和展开图两种形式来表示。图 2-19（a）所示原理接线图包括装置的所有元件，每个继电器的线圈和触点都画在同一个图形内，所有元件都有图形符号和设备文字符号标准，如图中 TA 表示电流互感器，KA 表示电流继电器，KM 表示中间继电器，KT 表示时间继电器，KS 表示信号继电器，XB 表示连接片等。原理接线图对整个保护的工作原理能给出一个完整的概念，使初学者容易理解，但是交直流回路合在一张图上，接线较复杂，有时难以进行回路的分析和检查。

展开图中交流回路和直流回路是分开表示的，分别如图 2-19（b）和图 2-19（c）所示。其特点是每个继电器的线圈和触点根据实际动作情况分别画在图中不同的位置上，但仍用同一个设备文字符号来标注，以便查对。在展开图中继电器线圈和触点的连接尽量按照故障后动作顺序，自左而右、自上而下地依次排列。展开图接线简单，层次分明，在掌握了其构成原理以后，便于阅读和检查，因此在生产中得到了广泛的应用。

图 2-19 给出了一个三段式电流保护的接线图和相应展开图的例子，以便对照学习。图中电流速断保护和限时电流速断保护采用两相星形的接线方式，而过电流保护采用图 2-18（a）所示接线，以提高在 Yd11 接线变压器后面两相短路时的灵敏性。每段保护动作后都有自己的信号指示。在每段保护动作跳闸的回路中分别设有连接片 XB，以便根据运行需要临

时停用任一段的保护。图 2－19（a）中 Y 表示断路器的跳闸线圈，QF 表示断路器，Y 右边为断路器位置辅助触点，图 2－19（c）中 QF 表示断路器的位置辅助触点。图 2－19 中继电器触点的位置，对应于被保护线路的正常工作状态。

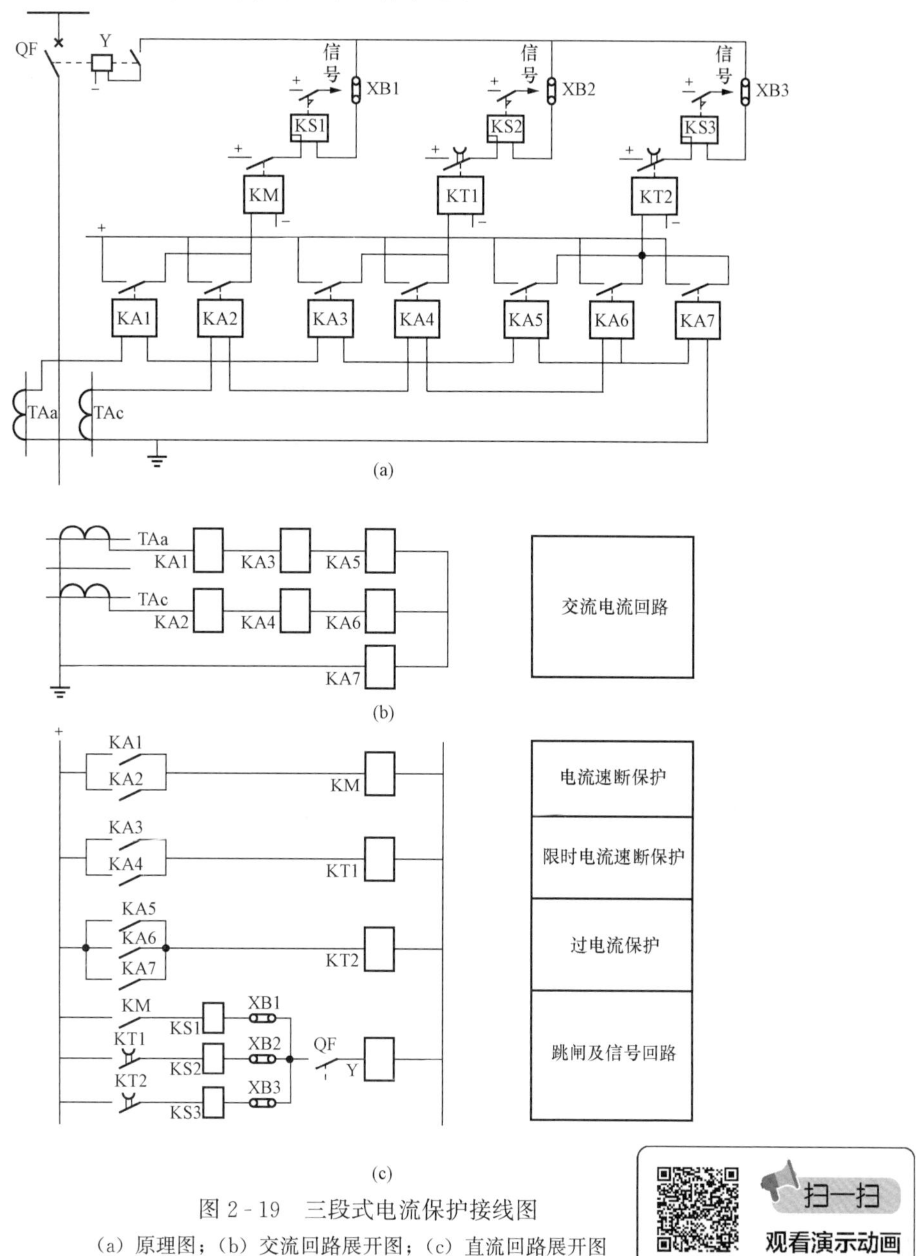

图 2－19　三段式电流保护接线图

（a）原理图；（b）交流回路展开图；（c）直流回路展开图

扫一扫
观看演示动画

第二节　双侧电源网络相间短路的方向电流保护

一、方向性电流保护的工作特性

上节所讲的三段式电流保护是仅利用相间短路后电流幅值增大的特征来区分故障与正常运行状态的，在多侧电源组成的复杂网络中已不能满足系统的运行要求。

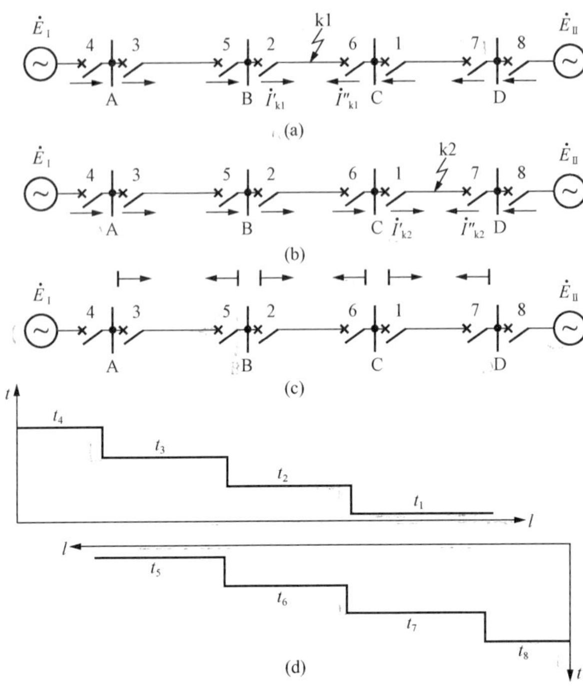

图 2 - 20　双侧电源网络接线及保护动作方向的规定

（a）k1 点短路时的电流分布；（b）k2 点短路时的电流分布；（c）各保护动作方向的规定；（d）方向过电流保护的阶梯形时限特性

例如在图 2 - 20 所示的双侧电源网络接线中，由于两侧都有电源，因此，在每条线路的两侧均需装设断路器和保护装置，以便合上和断开线路。在图 2 - 20（a）中当 k1 点短路时，按照选择性的要求，应该由距离故障点最近的保护 2 和保护 6 动作切除故障，然而由电源 $\dot{E}_{\mathrm{II}}$ 供给的短路电流 $\dot{I}''_{\mathrm{k1}}$ 也将通过保护 1，如果保护 1 采用电流速断保护且 $\dot{I}''_{\mathrm{k1}}$ 大于保护装置的启动电流 $\dot{I}'_{\mathrm{act \cdot 1}}$，则保护 1 的电流速断就要误动作；如果保护 1 采用过电流保护而其动作时限 $t_1 \leqslant t_6$，则保护 1 的过电流保护也将误动作，此时希望动作时限为 $t_1 > t_6$。同理，当图 2 - 20（b）中 k2 点短路时，本应当由保护 1 和保护 7 动作切除故障，但是由电源 $\dot{E}_{\mathrm{I}}$ 供给的短路电流 $\dot{I}'_{\mathrm{k2}}$ 将通过保护 6，如果 $I'_{\mathrm{k2}} > I'_{\mathrm{act \cdot 6}}$，则保护 6 的电流速断要误动；如果过电流保护的动作时限 $t_6 \leqslant t_1$，则保护 6 的过电流保护也要误动作，此时希望动作时限为 $t_1 < t_6$。由于时限的配合方式只能整定成一种，因此过电流保护的动作时限若要满足 k1 点短路时的要求 $t_6 < t_1$，就不能同时满足 k2 点短路的要求 $t_6 > t_1$。同样地分析其他地点短路时，对有关的保护装置也能得出相应的结论。

在规定保护的正方向是由母线指向线路的条件下，分析双侧电源供电情况下出现的这一新矛盾，可以发现：误动作的保护都是在自己所保护的线路反方向发生故障时，由对侧电源供给的短路电流引起的。对于误动作的保护可用短路功率方向判别，短路功率一般指短路时某点电压与电流相乘得到的感性功率，在无串联电容也不考虑分布电容的线路上短路时，认为短路功率从电源流向短路点。在单侧电源网络，各保护都要安装在被保护线路靠近电源的一侧，在发生故障时，它们都是在短路功率中从母线流向被保护线路的情况下，按照选择性的条件和灵敏性的配合来协调工作的。在双侧电源网络，短路功率是按照从电源流向短路点，对于误动作的保护而言，短路功率的方向都是由被保护线路流向母线。显然与其应保护的线路故障时的短路功率方向相反。因此，为了消除这种无选择性的动作，就需要在可能误动作的保护上增设一个功率方向判别元件，该元件只当短路功率方向由母线流向线路时动作，而当短路功率方向由线路流向母线时不动作，从而使继电保护的动作有一定的方向性。按照这个要求配置的功率方向元件及其规定的动作方向如图 2-20（c）所示。

当双侧电源网络上的电流保护装设方向元件以后，就可以把它们拆开看成两个单侧电源网络的保护，其中保护 1～保护 4 反应于电源 $\dot{E}_{\mathrm{I}}$ 供给的短路电流而动作，保护 5～保护 8 反应于电源 $\dot{E}_{\mathrm{II}}$ 供给的短路电流而动作，两组方向保护之间不要求有配合关系，这样上一节所讲的三段式电流保护的工作原理和整定计算原则就可以应用了。例如在图 2-20（d）中示出了方向过电流保护的阶梯形的时限特性，与图 2-10 所示的选择原则是相同的。由此可见，方向性继电保护的主要特点就是在原有保护的基础上增加一个功率方向判别元件，以在反方向故障时保证保护不误动作。

具有方向性的过电流保护，其单相原理接线如图 2-21 所示，主要由方向元件、电流元件和时间元件组成。由图 2-21 可见，方向元件和电流元件必须同时动作以后，才能去启动时间元件，再经过预定的延时后动作于跳闸。

二、功率方向继电器的工作原理

1. 对功率方向继电器的要求

在图 2-22（a）所示的网络接线图中，对保护 1 而言，当正方向 k1 点三相短路时，如果电流的规定正方向是从保护安装处母线流向线路，则短路电流 $\dot{I}_{\mathrm{k1}}$ 是正方向电流，滞后于该母线电压 $\dot{U}$ 一个相角 φ_{k1}（φ_{k1} 为从母线至 k1 点之间的线路阻抗角），其值 $0°<\varphi_{\mathrm{k1}}<90°$，如图 2-22（b）所示。当反方向 k2 点短路时，通过保护 1 的短路电流是由电源 $\dot{E}_{\mathrm{II}}$ 供给的，因此对于保护 1 如果仍按规定的电流正方向观察，则 $\dot{I}_{\mathrm{k2}}$ 滞后于母线电压 $\dot{U}$ 的相角将是 $180°+\varphi_{\mathrm{k2}}$（$\varphi_{\mathrm{k2}}$ 为从该母线至 k2 点之间的线路阻抗角），其值 $180°<180°+\varphi_{\mathrm{k2}}<270°$，如图 2-22（c）所示。如以母线电压 $\dot{U}$ 为参考相量，并设 $\varphi_{\mathrm{k1}}=\varphi_{\mathrm{k2}}=\varphi_{\mathrm{k}}$，则 $\dot{I}_{\mathrm{k1}}$ 和 $\dot{I}_{\mathrm{k2}}$ 的相位差 180°。

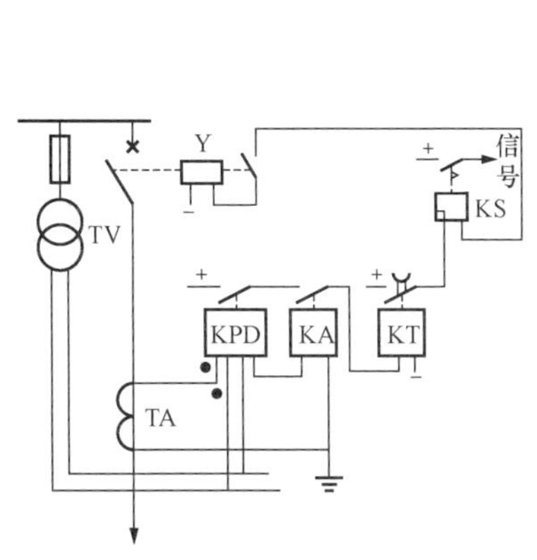

图 2-21　方向过电流保护的单相原理接线图

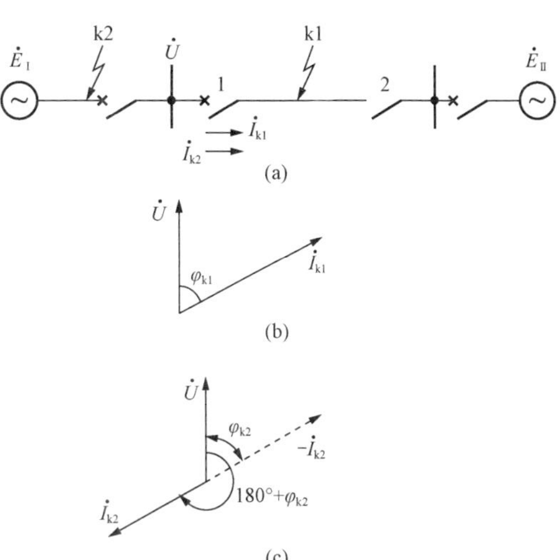

图 2-22　方向继电器的工作原理

（a）网络接线图；（b）k1 点短路相量图；（c）k2 点短路相量图

因此，利用判别短路方向的功率或电流、电压之间的相位关系，就可以判断发生故障的方向。用以判别功率方向或测定电流、电压之间的相位角的继电器称为功率方向继电器。由于它主要反应于加入继电器中的电流、电压之间相位而工作，因此用相位比较方式来实现最为简单。

对继电保护中的功率方向继电器的基本要求是：

(1) 应具有正确的方向性，即在正方向发生各种故障（包括故障点有过渡电阻的情况）时，能可靠动作；而在反方向故障时，可靠不动作。

(2) 故障时继电器的动作有足够的灵敏度。

2. 功率方向继电器的动作特性

如果按电工技术中测量功率的概念，对 A 相的功率方向继电器加入电压 $\dot{U}_{K}=\dot{U}_{A}$ 和电流 $\dot{I}_{K}=\dot{I}_{A}$，则当正方向短路时，A 相继电器中电压引前于电流的相角［见图 2-22 (b)］为

$$\varphi_{A}=\arg\frac{\dot{U}_{A}}{\dot{I}_{k1A}}=\varphi_{k1} \tag{2-27}$$

式中 arg——取相量 $\dot{U}_{A}/\dot{I}_{k1A}$ 的幅角。

反方向短路时，A 相继电器中电压引前于电流的相位角［见图 2-22 (c)］为

$$\varphi_{A}=\arg\frac{\dot{U}_{A}}{\dot{I}_{k2A}}=180^{\circ}+\varphi_{k2} \tag{2-28}$$

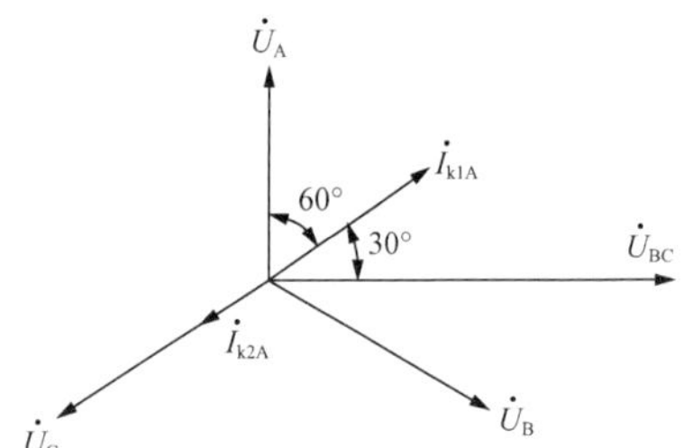

图 2-23 三相短路 $\varphi_{k}=60°$时的相量图

如果取 $\varphi_{k}=60°$可画出相量关系，如图 2-23 所示。

一般的功率方向继电器当输入电压和电流的幅值不变时，其输出（转矩或电压）值随两者间相位差的大小而改变，输出为最大时的相位差称为继电器的最大灵敏角。为了在最常见的短路情况下使继电器动作最灵敏，采用上述接线的功率方向继电器应做成最大灵敏角 $\varphi_{sen\cdot max}=\varphi_{k}=60°$。

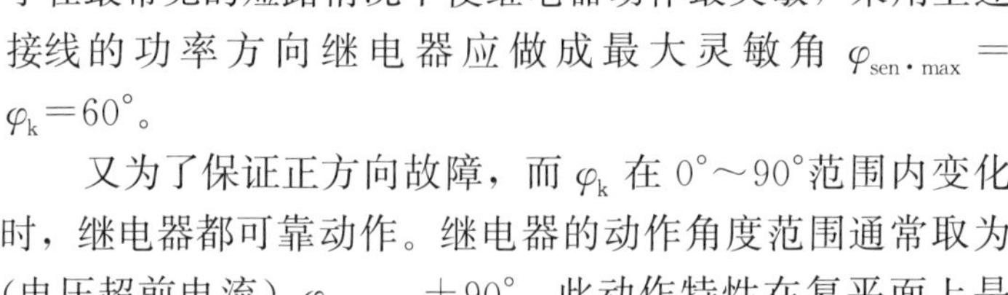

又为了保证正方向故障，而 φ_{k} 在 0°～90°范围内变化时，继电器都可靠动作。继电器的动作角度范围通常取为（电压超前电流）$\varphi_{sen\cdot max}\pm 90°$，此动作特性在复平面上是一条直线，如图 2-24 (a) 所示，阴影部分为动作区。其动作方程可表示为

$$90^{\circ}\geqslant\arg\frac{\dot{U}_{K}e^{-j\varphi_{sen\cdot max}}}{\dot{I}_{K}}\geqslant-90^{\circ} \tag{2-29}$$

式 (2-29) 表明，当选取 $\varphi_{sen\cdot max}=\varphi_{k}=60°$时，以继电器电流 $\dot{I}_{K}$ 为参考相量（$\dot{I}_{K}$ 与横轴一致），在继电器中电压 $\dot{U}_{K}$ 超前其 150°至滞后其 30°的范围内，继电器均能动作。如用 φ 表示 $\dot{U}_{K}$ 超前 $\dot{I}_{K}$ 的角度，并用功率的形式表示动作条件，则式 (2-29) 可写成

$$U_{K}I_{K}\cos(\varphi-\varphi_{sen\cdot max})>0 \tag{2-30}$$

当余弦项和 $\dot{U}_{K}$、$\dot{I}_{K}$ 越大时，其值也越大，继电器的灵敏度越高；而任一项等于零或余

弦项为负时，继电器将不能动作。

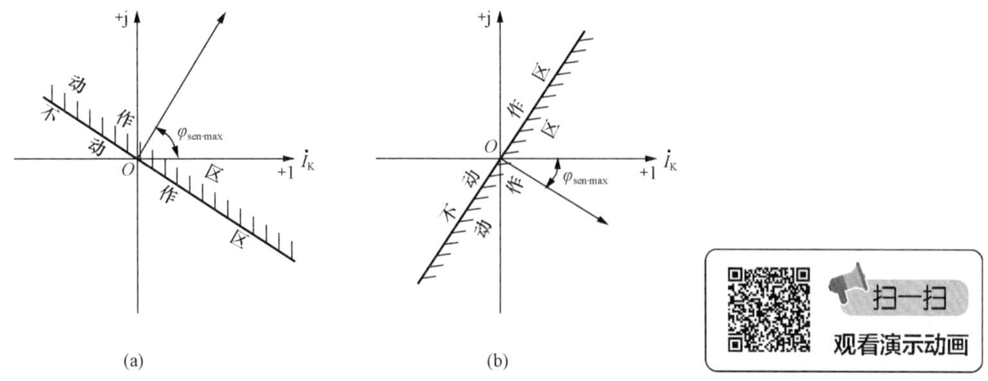

图 2-24　功率方向继电器的动作特性

(a) 按式 (2-29) 构成；(b) 按式 (2-31) 构成

采用这种接线和特性的继电器时，在其正方向出口附近发生三相短路，A—B 或 C—A 两相接地短路时，由于 $U_A \approx 0$ 或数值很小，使继电器不能动作，这称为继电器的“电压死区”。当上述故障发生在死区范围以内时，整套保护将要拒动，这是一个很大的缺点。因此实际上这种接线方式很少使用。

为了减小和消除死区，在实际上广泛采用非故障相间电压作为参考量去判断电流的相位。例如对 A 相的方向继电器加入电流 $\dot{I}_A$ 和电压 $\dot{U}_{BC}$（详见本节四的分析），此时，$\varphi = \arg\dot{U}_{BC}/\dot{I}_A$。

正方向短路时，当 $\varphi_k = 60°$时，$\dot{U}_{BC}$ 滞后于 $\dot{I}_A$30°，因此 φ 是一个负角，可表示为 $\varphi = -(90° - \varphi_k) = -30°$；反方向短路时，$\dot{U}_{BC}$ 引前于 $\dot{I}_A$150°，$\varphi = 180° - 30° = 150°$。相量关系示于图 2-23 中。在这种情况下，继电器的最大灵敏角应设计为 $\varphi_{sen\cdot max} = \varphi_k - 90° = -30°$，动作特性如图 2-24 (b) 所示，动作方程为

$$90° \geqslant \arg\frac{\dot{U}_K e^{j(90°-\varphi_k)}}{\dot{I}_K} \geqslant -90° \tag{2-31}$$

习惯上采用 $90° - \varphi_k = \alpha$，α 称为功率方向继电器的内角，则式 (2-31) 可变为

$$90° \geqslant \arg\frac{\dot{U}_K e^{j\alpha}}{\dot{I}_K} \geqslant -90° \tag{2-32}$$

如用功率形式表示，则为

$$U_K I_K \cos(\varphi + \alpha) > 0 \tag{2-33}$$

对 A 相功率方向继电器而言，可具体表示为

$$U_{BC} I_A \cos(\varphi + \alpha) > 0 \tag{2-34}$$

式 (2-34) 表明当 $\varphi_k = 60°$时，$\varphi = -30°$，α 取 30°时，A 相功率方向继电器动作功率最大。

除了正方向出口附近发生三相短路时，$\dot{U}_{BC} = 0$，继电器具有很小的电压死区以外，在任何包含 A 相的不对称短路时，电流 $\dot{I}_A$ 很大，电压 $\dot{U}_{BC}$ 也很高，因此继电器不仅没有死区，

而且动作灵敏度很高。为了减小和消除三相短路的死区，可以采用电压记忆回路，并尽量提高继电器动作时的灵敏度。

三、集成电路型功率方向继电器

1. 构成继电器的框图

按式（2-31）用相位比较方式构成的集成电路型功率方向继电器的构成框图如图 2-25 所示。加入继电器的电压 $\dot{U}_K$ 和电流 $\dot{I}_K$ 经过电压形成回路后，变成适合于集成运算放大器所需要的电压，并与电压、电流互感器的二次回路相隔离，以防止来自二次回路干扰的影响。然后使 $\dot{U}_K$ 移相 α 角以获得参考相量 $\dot{U}_K e^{j\alpha}$。$\dot{U}_K e^{j\alpha}$ 与 $\dot{I}_K R$ 均经 50Hz 带通有源滤波器，以消除短路暂态过程中非周期分量和各种谐波分量的影响，而后形成方波。方波形成回路通常用开环的运算放大器构成，具有很好的灵敏度，其负半周输出经二极管检波后变为 0V 信号，以便与 CMOS 门电路配合工作。由与门、或非门延时 5ms、展宽 20ms 等器件组成的相位比较回路可对两个方波进行比较。当满足式（2-31）的条件后即输出高电平 1 态信号表示继电器动作。

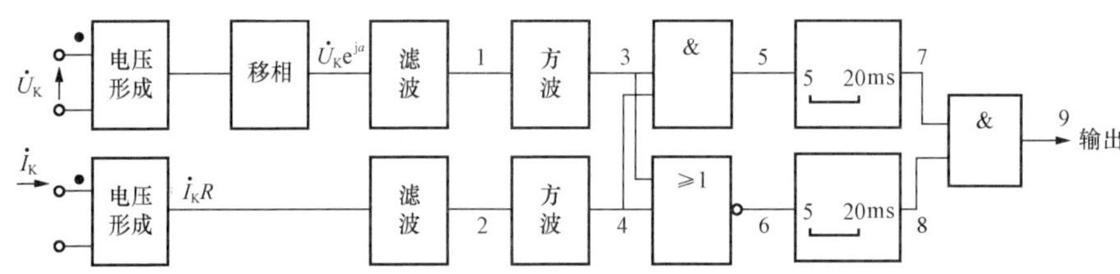

图 2-25 集成电路型功率方向继电器的构成框图

2. 相位比较回路

广泛采用的相位比较方法之一是测量两个电压瞬时值同时为正（或同时为负）的持续时间来实现，例如当 $\dot{U}_K e^{j\alpha}$ 与 $\dot{I}_K R$ 同相位时，如图 2-26（b）所示，其瞬时值同时为正的时间等于工频的半个周期，对 50Hz 而言，即为 10ms。而当上述两个电压的相位差增至 90°时，如图 2-26（a）所示，其瞬时值同时为正的时间减至 5ms。因此比较 $\dot{U}_K e^{j\alpha}$ 与 $\dot{I}_K R$ 的相位差，可通过一定的逻辑关系，用测量这两个电压瞬间同时为正的时间来实现。当两者之间的相位差不大于 90°时，其瞬时值同时为正的时间必然不小于 5ms，满足这个关系时继电器就应该动作。

在图 2-26 中，两个方波接入与门后的输出电压 U_5，能反应瞬时值同时为正的时间；而接入或非门后的输出电压 U_6，则能反应同时为负的时间。因此这个电路可以同时进行正负半周的比相。当 U_5 电压与 U_6 电压为高电平的持续时间不小于 5ms 时，可经 20ms 的展宽回路变为长信号输出。在图 2-26 中采用正负半周比相与门输出方式，即 U_7 和 U_8 必须同为高电平后，U_9 才输出高电平，表示继电器动作，这种继电器最快的动作时间为 15ms，如图 2-26（b）所示。

四、相间短路功率方向继电器的接线方式

由于功率继电器的主要任务是判断短路功率的方向，因此对接线方式应提出如下要求：

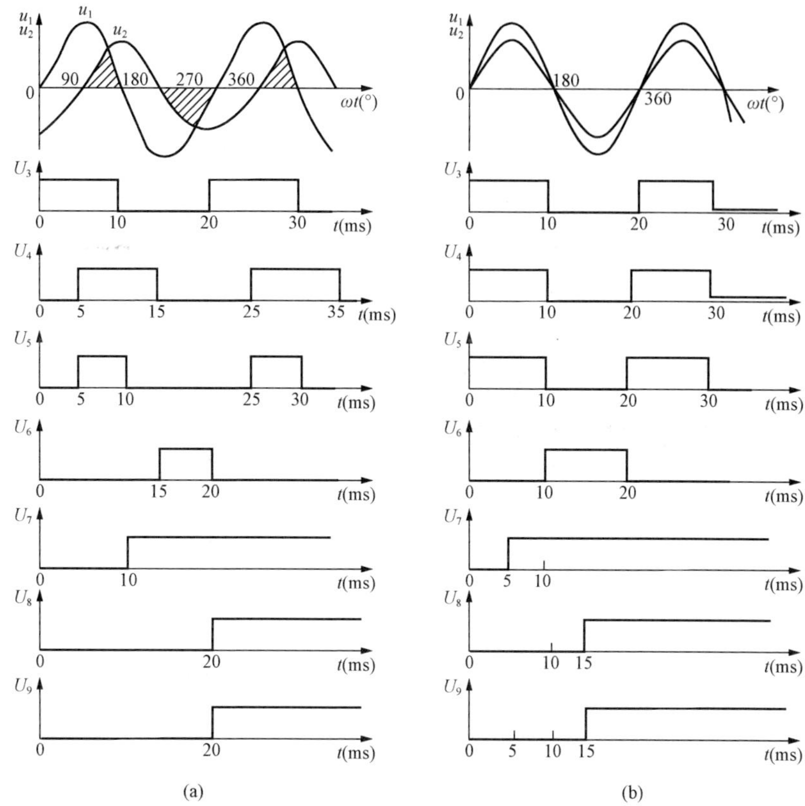

图 2-26 相位比较回路中各点输出电压波形图

(a) 临界动作条件 $\arg\dfrac{\dot{U}_K e^{j\alpha}}{\dot{I}_K}=90°$；(b) 动作最灵敏条件 $\arg\dfrac{\dot{U}_K e^{j\alpha}}{\dot{I}_K}=0°$

(1) 正方向任何形式的故障都能动作，而当反方向故障时则可靠不动作。

(2) 故障以后加入继电器的电流 $\dot{I}_K$ 和电压 $\dot{U}_K$ 应尽可能地大一些，并尽可能使 φ 接近于最大灵敏角 $\varphi_{sen \cdot max}$，以便消除和减小方向继电器的死区。

为了满足以上要求，功率方向继电器广泛采用 90°接线方式。所谓 90°接线方式是指在三相对称的情况下，当 $\cos\varphi=1$ 时，如图 2-27 所示加入 A 相继电器的电流 $\dot{I}_A$ 和电压 $\dot{U}_{BC}$ 相位相差 90°。这个定义仅为称呼方便，没有物理意义。

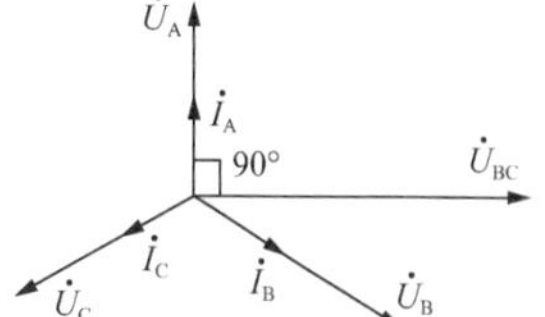

图 2-27 $\cos\varphi=1$ 时的相量图

图 2-28 即为采用这种接线方式时，将三个继电器分别接于 $\dot{I}_A$、$\dot{U}_{BC}$、$\dot{I}_B$、$\dot{U}_{CA}$ 和 $\dot{I}_C$、$\dot{U}_{AB}$ 而构成的三相式方向过电流保护的原理接线图。顺便指出，对功率方向继电器 KPD 的接线，必须十分注意继电器电流线圈和电压线圈的极性问题。如果有一个线圈的极性接错，就会出现正方向短路时拒动作而反方向短路时误动作的严重事故。

现对 90°接线方式下，线路发生各种故障的动作情况分别讨

论如下。

1. 正方向发生三相短路

正方向发生三相短路时的相量图如图 2-29 所示。图中 $\dot{U}_A$、$\dot{U}_B$、$\dot{U}_C$ 表示保护安装地点的母线电压，$\dot{I}_A$、$\dot{I}_B$ 和 $\dot{I}_C$ 为三相的短路电流，电流滞后电压的角度为线路阻抗角 φ_k。

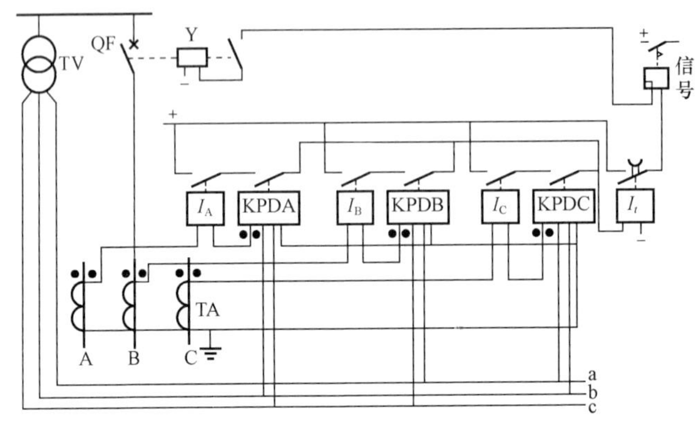

图 2-28　功率方向继电器采用 90°接线时三相式方向过电流保护的原理接线图

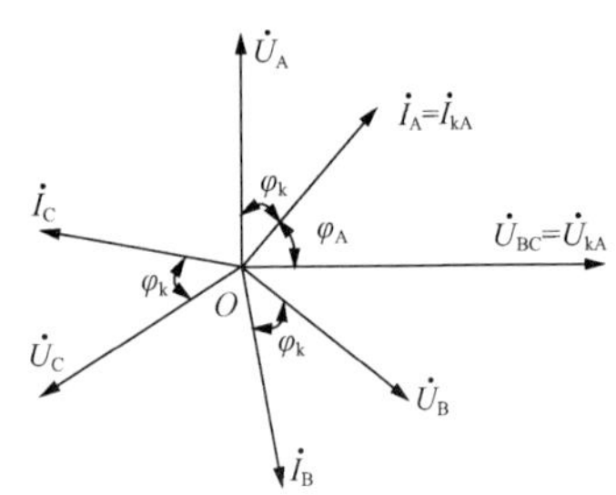

图 2-29　正方向发生三相短路时的相量图

由于三相对称，三个方向继电器工作情况完全相同，故可只取 A 相继电器来分析。由图 2-29 可见，$\dot{I}_{kA}=\dot{I}_A$，$\dot{U}_{kA}=\dot{U}_{BC}$，$\varphi_A=\varphi_k-90°$，电流超前于电压。根据式（2-34），A 相继电器的动作条件应为

$$U_{BC}I_A\cos(\varphi_k-90°+\alpha)>0 \tag{2-35}$$

为使继电器工作于最灵敏的条件下，则应使 $\cos(\varphi_k-90°+\alpha)=1$，即要求 $\varphi_k+\alpha=90°$。因此，如果线路阻抗角 $\varphi_k=60°$ 则应取 $\alpha=30°$；如果 $\varphi_k=45°$，则取 $\alpha=45°$ 等。

一般而言，电力系统中任何电缆或架空线路的阻抗角（包括有过渡电阻短路的情况）都位于 $0°<\varphi_k<90°$，为使方向继电器在任何 φ_k 的情况下均能动作，就必须要求式（2-35）始终大于 0，为此要选择一个合适的内角才能满足要求：

当 $\varphi_k\approx0°$ 时，必须选择 $0°<\alpha<180°$；

当 $\varphi_k\approx90°$ 时，必须选择 $-90°<\alpha<90°$。

为同时满足以上两个条件，使方向继电器在任何情况下均能动作，则在三相短路时应选择 $0°<\alpha<90°$。

2. 正方向发生两相短路

如图 2-30 所示，设 B—C 两相短路，此时可以有两种极限情况。

（1）短路点位于保护安装地点附近，短路阻抗 $Z_k\ll Z_s$（保护安装处到电源间的阻抗），极限时取 $Z_k=0$，此时的相量图如图 2-31 所示。图中短路电流 $\dot{I}_B$ 由电动势 $\dot{E}_{BC}$ 产生，$\dot{I}_B$ 滞后 $\dot{E}_{BC}$ 的角度为 φ_k，电流 $\dot{I}_C=-\dot{I}_B$，短路点也是保护安装地点的电压为

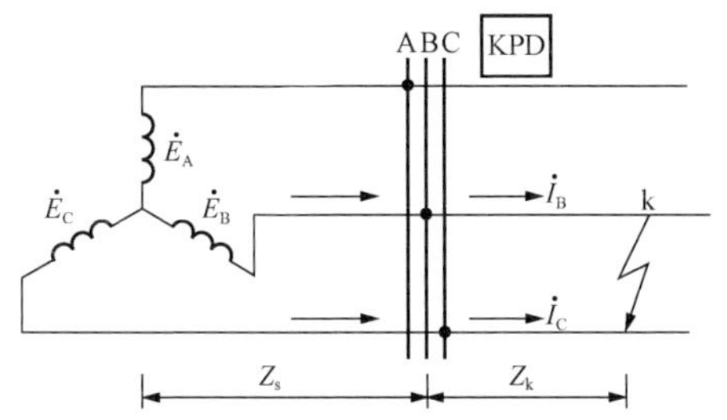

图 2-30　B—C 两相短路的电网接线图

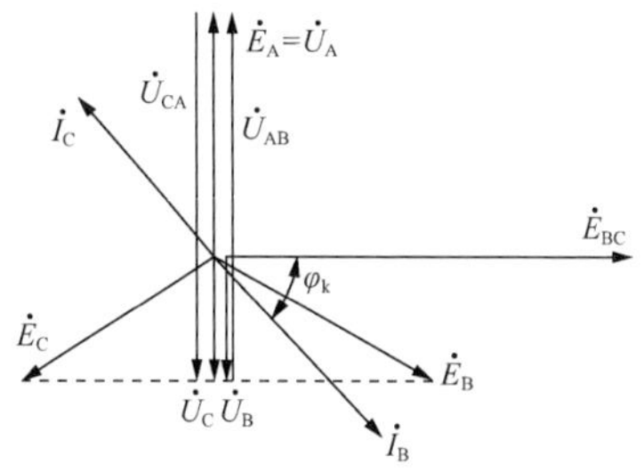

图 2-31　保护安装地点出口处 B—C 两相短路的相量图

$$\left.\begin{aligned}\dot{U}_{kBC} &= 0\\ \dot{U}_A &= \dot{U}_{kA} = \dot{E}_A\\ \dot{U}_B &= \dot{U}_{kB} = a^2\dot{U}_{k(1)} + a\dot{U}_{k(2)} = -\frac{1}{2}\dot{E}_A\\ \dot{U}_C &= \dot{U}_{kC} = a\dot{U}_{k(1)} + a^2\dot{U}_{k(2)} = -\frac{1}{2}\dot{E}_A\end{aligned}\right\}\tag{2-36}$$

$$a^2 = -\frac{1}{2} - \mathrm{j}\frac{\sqrt{3}}{2}$$

$$a = -\frac{1}{2} + \mathrm{j}\frac{\sqrt{3}}{2}$$

正序与负序分量电压

$$\dot{U}_{k(1)} = \dot{U}_{k(2)} = \frac{1}{2}\dot{E}_A$$

此时，对于 A 相继电器，当忽略负荷电流时，$\dot{I}_A \approx 0$，因此继电器不动作。

对于 B 相继电器，$\dot{I}_{kB} = \dot{I}_B$，$\dot{U}_{kB} = \dot{U}_{CA} = \dot{U}_C - \dot{U}_A$（箭头指向 $\dot{U}_C$），$\varphi_B = -(90° - \varphi_k) = \varphi_k - 90°$（电压滞后于电流），则动作条件应为

$$\dot{U}_{CA}\dot{I}_B\cos(\varphi_k - 90° + \alpha) > 0 \tag{2-37}$$

对于 C 相继电器，$\dot{I}_{kC} = \dot{I}_C$，$\dot{U}_{kC} = \dot{U}_{AB} = \dot{U}_A - \dot{U}_B$（箭头向 $\dot{U}_A$），$\varphi_C = -(90° - \varphi_k) = \varphi_k - 90°$，则动作条件应为

$$\dot{U}_{AB}\dot{I}_C\cos(\varphi_k - 90° + \alpha) > 0 \tag{2-38}$$

以上两式的关系与式（2-35）相同，因此同三相短路时的分析，为了在 $0° < \varphi_k < 90°$ 的范围内，使继电器均能动作，也需要选择 $0° < \alpha < 90°$。

（2）短路点远离保护安装地点，且系统容量很大，此时 $Z_k \gg Z_s$，极限时取 $Z_s = 0$，B—C 两相短路的相量图如图 2-32 所示。图2-32中电流 $\dot{I}_B$ 仍由电动势 $\dot{E}_{BC}$ 产生，并滞后 $\dot{E}_{BC}$ 的角度为 φ_k，保护安装地点的电压为

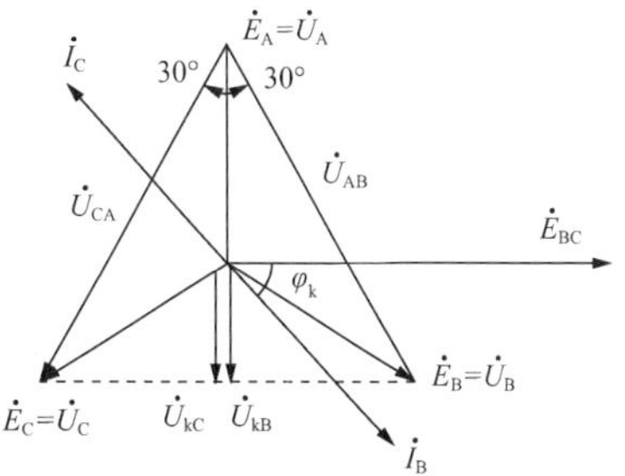

图 2-32　远离保护安装地点 B—C 两相短路的相量图

$$\left.\begin{aligned}\dot{U}_A &= \dot{E}_A \\ \dot{U}_B &= \dot{U}_{kB} + \dot{I}_B Z_k \approx \dot{E}_B \\ \dot{U}_C &= \dot{U}_{kC} + \dot{I}_C Z_k \approx \dot{E}_C\end{aligned}\right\} \tag{2-39}$$

对于B相继电器，由于电压$\dot{U}_{CA} \approx \dot{E}_{CA}$，较出口短路时$\dot{U}_{CA}$的相位滞后了30°，即$\dot{I}_B$超前$\dot{U}_{CA}$的角度增加了30°，因此$\varphi_B = -(90° + 30° - \varphi_k) = \varphi_k - 120°$，则动作条件为

$$\dot{U}_{CA}\dot{I}_B\cos(\varphi_k - 120° + \alpha) > 0 \tag{2-40}$$

因此，当$0° < \varphi_k < 90°$时继电器能够动作的条件为$30° < \alpha < 120°$。

对于C相继电器，由于电压$\dot{U}_{AB} \approx \dot{E}_{AB}$，$\dot{U}_{AB}$较出口短路时向超前方向移了30°，即$\dot{I}_C$引前$\dot{U}_{AB}$的角度减少了30°，因此$\varphi_C = -(90° - 30° - \varphi_k) = \varphi_k - 60°$，则动作条件为

$$\dot{U}_{AB}\dot{I}_C\cos(\varphi_k - 60° + \alpha) > 0 \tag{2-41}$$

因此，φ_k在0°～90°之间变化时，继电器能够动作的条件是$-30° < \alpha < 60°$。

综合三相和各种两相短路的分析得出，当$0° < \varphi_k < 90°$时，使方向继电器在一切故障情况下都能动作的条件为$30° < \alpha < 60°$。

用于相间短路的功率方向继电器一般都提供了$\alpha = 45°$和$\alpha = 30°$两个内角，就能满足上述要求。

由于90°接线方式对各种两相短路都没有死区，适当选择继电器的内角α后，对线路上发生的各种故障都能保证动作的方向性，因此90°接线得到广泛的应用。

五、双侧电源网络中电流保护整定的特点

1. 电流速断保护

对应用于双侧电源线路上的电流速断保护，可画出线路上各点短路时短路电流的分布曲线，如图2-33所示。其中曲线①为电源$\dot{E}_{I}$供给的电流；曲线②为由$\dot{E}_{II}$供给的电流，由于两侧电源容量不同，因此电流大小也不同。

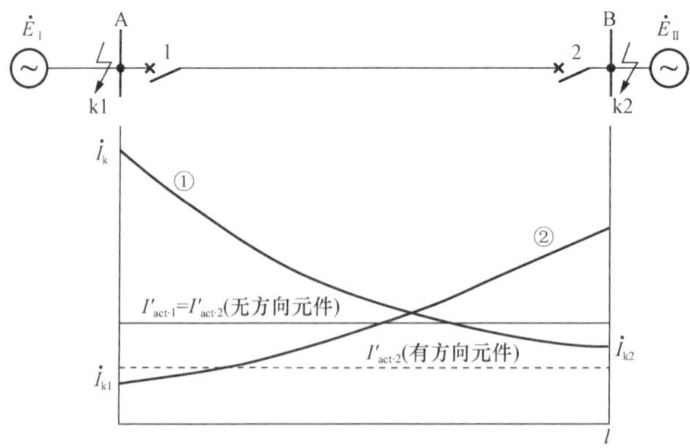

图2-33 双侧电源线路上的电流速断保护的整定

当任一侧区外相邻线路出口处（如图2-33中的k1点和k2点）短路时，短路电流$\dot{I}_{k1}$

和 $\dot{I}_{k2}$ 要同时流过两侧的保护 1 和保护 2，此时按照选择性的要求，两个保护均不应动作，因此两个保护的启动电流应选得相同，并按照较大的一个短路的电流整定，例如当 $\dot{I}_{k2\cdot max}>\dot{I}_{k1\cdot max}$ 时应取

$$\dot{I}'_{act\cdot1}=\dot{I}'_{act\cdot2}=K'_{rel}\dot{I}_{k2\cdot max} \tag{2-42}$$

这样整定的结果，将使位于小电源侧保护 2 的保护范围缩小。当两端电源容量的差别越大时，对保护 2 的影响就越大。

为了解决这个问题，就需要在保护 2 处装设方向元件，使其只当电流从母线流向被保护线路时才动作，这样保护 2 的启动电流就可以按照躲开 k1 点短路来整定，选择

$$I'_{act\cdot2}=K'_{rel}I_{k1\cdot max} \tag{2-43}$$

如图 2-33 中的虚线所示，其保护范围较前增加了很多。必须指出，在上述情况下，保护 1 处无须装设方向元件，因为它从定值上已经可靠地躲开了反方向短路时流过保护的最大电流 $I_{k1\cdot max}$。

2. 限时电流速断保护

对应用于双侧电源网络中的限时电流速断保护，其基本的整定原则同图 2-6 的分析，仍应与下一级保护的电流速断保护相配合，但需考虑保护安装地点与短路点之间有电源或线路（通称为分支电路）的影响。对此可归纳为如下两种典型的情况：

（1）助增电流的影响。如图 2-34 所示，分支电路中有电流，此时故障线路中的短路电流 $\dot{I}_{BC}$ 将大于 $\dot{I}_{AB}$，其值为 $\dot{I}_{BC}=\dot{I}_{AB}+\dot{I}'_{AB}$。这种使故障线路电流增大的现象，称为助增。有助增以后的短路电流分布曲线亦示于图 2-34 中。

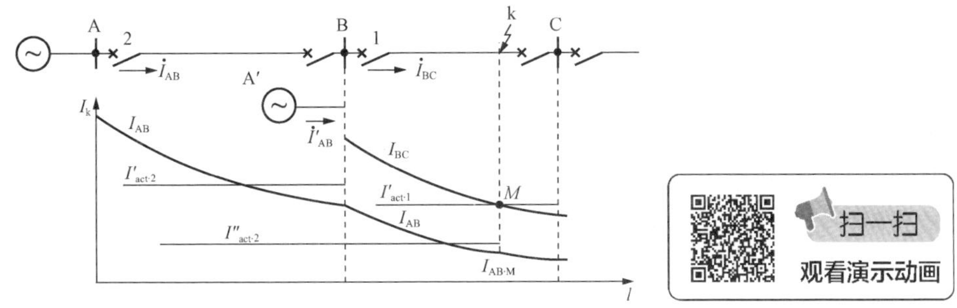

图 2-34 有助增电流时限时电流速断保护的整定

此时保护 1 电流速断保护的整定值仍按躲开相邻线路出口短路整定为 $I'_{act\cdot1}$，其保护范围末端位于 M 点。在此情况下，流过保护 2 的电流为 $I_{AB\cdot M}$，其值小于 $I_{BC\cdot M}(=I'_{act\cdot1})$，因此保护 2 的限时电流速断保护的整定值为

$$I''_{act\cdot2}=K''_{rel}I_{AB\cdot M} \tag{2-44}$$

引入分支系数 K_{bra}，其定义为

$$K_{bra}=\frac{\text{故障线路流过的短路电流}}{\text{前一级保护所在线路上流过的短路电流}} \tag{2-45}$$

在图 2-34 中，整定配合点 M 处的分支系数为

$$K_{bra}=\frac{I_{BC\cdot M}}{I_{AB\cdot M}}=\frac{I'_{act\cdot1}}{I_{AB\cdot M}}$$

代入式（2-44），则得

$$I''_{\mathrm{act}\cdot 2}=\frac{K''_{\mathrm{rel}}}{K_{\mathrm{bra}}}I'_{\mathrm{act}\cdot 1} \tag{2-46}$$

与单侧电源线路的整定式（2-14）相比，在分母上多了一个大于1的分支系数的影响。

（2）外汲电流的影响。如图2-35所示，分支电路为一并联的线路，此时故障线路中的电流 $\dot{I}'_{\mathrm{BC}}$ 将小于 $\dot{I}_{\mathrm{AB}}$，其关系为 $\dot{I}_{\mathrm{AB}}=\dot{I}'_{\mathrm{BC}}+\dot{I}''_{\mathrm{BC}}$，这种使故障线路中的电流减小的现象，称为外汲。此时分支系数 $K_{\mathrm{bra}}<1$，短路电流的分布曲线亦示于图2-35中。

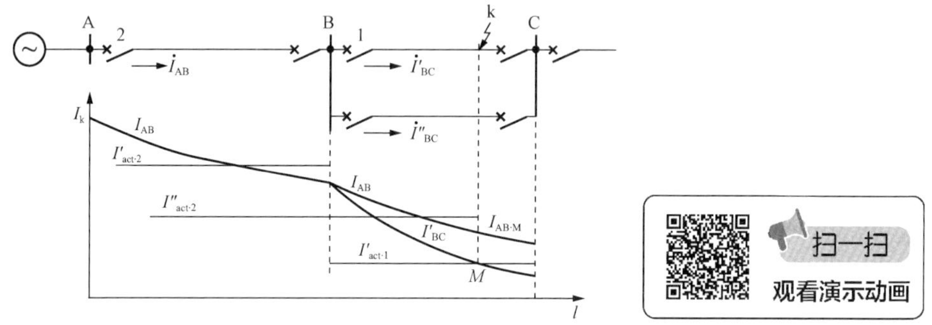

图2-35 有外汲电流时限时电流速断保护的整定

有外汲电流影响时的分析方法同有助增电流的情况，限时电流速断的启动电流仍应按式（2-46）整定。

当变电站母线上既有电源又有并联的线路时，其分支系数可能大于1，也可能小于1，此时应根据实际可能的运行方式，选取分支系数的最小整定值进行计算。对单侧电源供电的线路，实际为 $K_{\mathrm{bra}}=1$ 的一种特殊情况。

六、对方向性电流保护的评价

由以上分析可见，在具有两个以上电源的网络接线中，必须采用方向性保护才有可能保证各保护之间动作的选择性，这是方向保护的主要优点；但当保护安装地点附近正方向发生三相短路时，由于母线电压降低至零，方向元件将失去判别相位的依据，不能动作，其结果是导致整套保护装置拒动，出现方向保护“死区”。

鉴于上述缺点的存在，在继电保护中应力求不用方向元件。实际上是否能够取消方向元件而同时保证动作的选择性，将根据电流保护的工作情况和具体的整定计算来确定。例如：

（1）对于电流速断保护，以图2-33中的保护1为例，如果反方向线路出口处短路时，由电源 $\dot{E}_{\mathrm{II}}$ 供给的最大短路电流小于本保护装置的启动电流 $I'_{\mathrm{act}\cdot 1}$，则反方向任何地点短路时，由电源 $\dot{E}_{\mathrm{II}}$ 供给的短路电流都不会引起保护1误动作，这实际上是已经从整定值上躲开了反方向的短路，因此就可以不用方向元件。

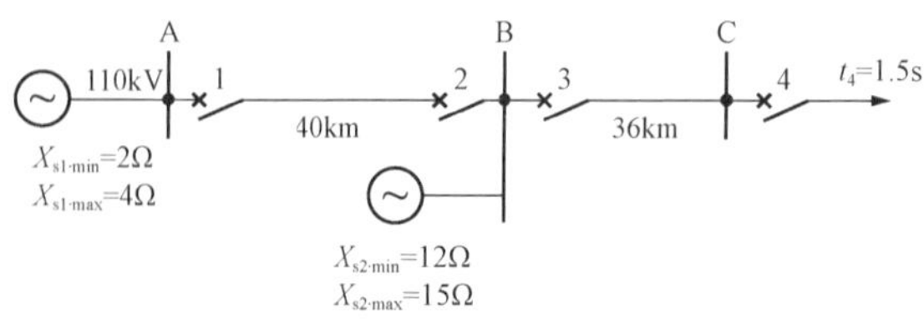

图2-36 ［例2-1］图

（2）对于过电流保护，一般都很难从电流的整定值躲开，而主要决定于动作时限的大小。以图2-20中保护6为例，如果其过电流保护的动作时限 $t_6 \geqslant t_1 + \Delta t$，其中 t_1 为保护 1 的过电流保护的时限，则保护 6 就可以不用方向元件，因为当反方向线路 C—D 上短路时，它能以较长的时限来保证动作的选择性。但在这种情况下，保护 1 必须具有方向元件，否则当在线路 B—C 上短路时，由于 $t_1 < t_6$，它将先于保护 6 而误动作。由以上分析还可以看出，当 $t_1 = t_6$ 时，则保护 1 和保护 6 都需要安装方向元件。

【例 2-1】 试对图 2-36 所示保护 1 进行三段式电流保护的整定计算，即要求计算一次动作电流 I'_{act}、I''_{act}、I_{act}，动作时间 t'_1、t''_1、t_1，计算灵敏度校验值，即电流速断保护的保护范围 l_{min}，Ⅱ段保护的 K_{sen}，Ⅲ段保护的近、远后备保护的 K_{sen}。计算中取 $K'_{rel}=1.3$，$K''_{rel}=1.1$，$K_{rel}=1.2$，$K_{re}=0.85$，$K_{Ms}=1.5$。线路单位阻抗 $z_l=0.4\Omega/km$，系统电压为 110kV。$I_{L \cdot max}=180A$。

解　Ⅰ段：

$$I_{k \cdot B \cdot max} = \frac{\frac{110}{\sqrt{3}}}{2+40\times 0.4} = 3.53(kA)$$

（1）$I'_{act \cdot 1} = K'_{rel} I_{k \cdot B \cdot max} = 1.3 \times 3.53 = 4.59$（kA）

（2）Ⅰ段保护范围 l_{min}

$$I'_{act} = \frac{\sqrt{3}}{2} \times \frac{\frac{110}{\sqrt{3}}}{4+l_{min}\times 0.4} = 4.59$$

$$l_{min} = 19.96(km)$$

$$\frac{19.96}{40} \times 100\% = 49.9\% > 15\% \sim 20\%$$

（3）$t'_1 = 0s$。

Ⅱ段：

（1）
$$I_{k \cdot C \cdot max} = \frac{\frac{110}{\sqrt{3}}}{(2+40\times 0.4)//12+36\times 0.4} = 2.94(kA)$$

$$I'_{act \cdot 3} = K'_{rel} I_{k \cdot C \cdot max} = 1.3 \times 2.94 = 3.822(kA)$$

分支系数为

$$K_{bra1} = \frac{12+(2+40\times 0.4)}{12} = 2.5$$

$$K_{bra2} = \frac{12+(4+40\times 0.4)}{12} = 2.67$$

$$K_{bra3} = \frac{15+(2+40\times 0.4)}{15} = 2.2$$

$$K_{bra4} = \frac{15+(4+40\times 0.4)}{15} = 2.33$$

$$K_{bra \cdot min} = 2.2$$

$$I''_{act \cdot 1} = \frac{K''_{rel}}{K_{bra \cdot min}} I'_{act \cdot 3} = \frac{1.1}{2.2} \times 3.822 = 1.911(kA)$$

（2）
$$I_{k \cdot B \cdot min} = \frac{\frac{110}{\sqrt{3}}}{4+40\times 0.4} \times \frac{\sqrt{3}}{2} = 2.75(kA)$$

$$K_{sen} = \frac{2.75}{1.911} = 1.44 > 1.3$$

（3）$t''_1 = 0.5s$。

Ⅲ段：

（1）
$$I_{act}=\frac{K_{rel}K_{Ms}}{K_{re}}I_{L\cdot max}=\frac{1.2\times1.5}{0.85}\times180\times10^{-3}=0.38(kA)$$

（2）近后备

$$K_{sen}=\frac{I_{k\cdot B\cdot min}}{I_{act}}=\frac{2.75}{0.38}=7.24>1.3\sim1.5$$

而
$$I_{k\cdot C\cdot min}=\frac{\sqrt{3}}{2}\times\frac{\frac{110}{\sqrt{3}}}{(4+40\times0.4)//15+36\times0.4}=2.39(kA)$$

远后备
$$K_{sen}=\frac{I_{k\cdot C\cdot min}}{I_{act}K_{bra\cdot max}}=\frac{2.39}{0.38\times2.67}=2.36>1.2$$

（3）$t_1=1.5+0.5+0.5=2.5(s)$。

第三节　中性点直接接地电网中接地短路的零序电流及方向保护

当中性点直接接地的电网（又称电流大接地系统）中发生接地短路时，将出现很大的零序电流，而在正常运行情况下它们是不存在的，因此利用零序电流来构成接地短路的保护，就具有显著的优点。

一、接地短路时零序电压、电流和功率的分布

如图 2-37（a）所示，当电力系统发生接地短路时，可利用对称分量的方法将电流和电压分解为正序、负序和零序分量。当发生单相接地短路时（如 A 相），故障点对称分量表示的边界条件为

$$\left.\begin{aligned}\dot{I}_{k1}=\dot{I}_{k2}=\dot{I}_{k0}\\ \dot{U}_{k1}+\dot{U}_{k2}+\dot{U}_{k0}=0\end{aligned}\right\}\tag{2-47}$$

当发生两相接地短路时（如 BC 相）故障点对称分量表示的边界条件为

$$\left.\begin{aligned}\dot{I}_{k1}+\dot{I}_{k2}+\dot{I}_{k0}=0\\ \dot{U}_{k1}=\dot{U}_{k2}=\dot{U}_{k0}\end{aligned}\right\}\tag{2-48}$$

式中　$\dot{I}_{k1}$、$\dot{I}_{k2}$、$\dot{I}_{k0}$——分别为正、负、零序等值网络中的电流；

$\dot{U}_{k1}$、$\dot{U}_{k2}$、$\dot{U}_{k0}$——分别为正、负、零序等值网络故障处端口的电压，且均不为零。

根据对称分量边界条件，将各序等值网络连接成复合序网，可进行短路电流计算。对应图 2-37（a）的系统接线的零序等值网络如图 2-37（b）所示，零序网中没有电源，只有故障点端口的电压 $\dot{U}_{k0}$，零序电流可以看成是在故障点出现的零序电压 $\dot{U}_{k0}$ 产生的，它必须经过变压器接地的中性点构成回路。对零序电流的方向，仍然采用母线流向故障点为正，而对零序电压的方向，是线路高于大地的电压为正，如图 2-37（b）中的“↑”所示。

由上述等效网络可见，零序分量的参数具有如下特点：

（1）故障点的零序电压最高，系统中距离故障点越远处的零序电压越低。零序电压的分布如图 2-37（c）所示，在变电站 A 母线上零序电压为 U_{A0}，变电站 B 母线上零序电压为 U_{B0} 等。

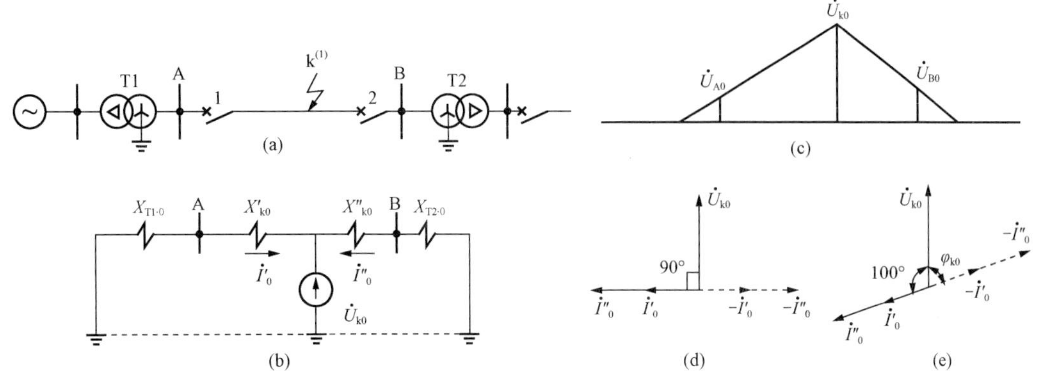

图 2-37　接地短路时的零序等效网络

(a) 系统接线；(b) 零序网络；(c) 零序电压的分布；(d) 忽略电阻时的相量图；

(e) 计及电阻时的相量图（设 $\varphi_{k0}=80°$）

(2) 由于零序电流是由 $\dot{U}_{k0}$ 产生的，当忽略回路的电阻时，按照规定的正方向画出零序电流和电压的相量图，如图 2-37 (d) 所示，$\dot{I}'_0$ 和 $\dot{I}''_0$ 将超前 $\dot{U}_{k0}$ 90°；而当计及回路电阻时，例如取零序阻抗角 $\varphi_{k0}=80°$，则如图 2-37 (e) 所示，$\dot{I}'_0$ 和 $\dot{I}''_0$ 将超前 $\dot{U}_{k0}$ 100°。

零序电流的分布，主要决定于送电线路的零序阻抗和中性点接地变压器的零序阻抗，而与电源的数目和位置无关，如在图 2-37 (a) 中，当变压器 T2 的中性点不接地时，则 $\dot{I}''_0=0$。

(3) 对于发生故障的线路，两端零序功率的方向与正序功率的方向相反，零序功率方向实际上都是由线路流向母线的。

(4) 从任一保护（如保护 1）安装处的零序电压与电流之间的关系看，由于 A 母线上的零序电压 $\dot{U}_{A0}$ 实际上是从该点到零序网络中性点之间零序阻抗上的电压降，因此可表示为

$$\dot{U}_{A0}=(-I'_0)Z_{T1\cdot0} \tag{2-49}$$

式中　$Z_{T1\cdot0}$——变压器 T1 的零序阻抗。

该处零序电流与零序电压之间的相位差也将由 $Z_{T1\cdot0}$ 的阻抗角决定，而与被保护线路的零序阻抗及故障点的位置无关。

(5) 在电力系统运行方式变化时，如果送电线路和中性点接地的变压器数目不变，则零序阻抗和零序等效网络就是不变的。但此时，系统的正序阻抗和负序阻抗要随着运行方式而变化，因此正、负序阻抗的变化将引起 U_{k1}、U_{k2}、U_{k0} 之间电压分配的改变，因而间接地影响零序分量的大小。

用零序电压过滤器和零序电流过滤器即可实现接地短路的零序电流和方向保护，现分别

讨论如下。

二、零序电压过滤器

为了取得零序电压，通常采用如图 2 - 38（a）所示的三个单相式电压互感器或图 2 - 38（b）所示的三相五柱式电压互感器，其一次绕组接成星形并将中性点接地，其二次绕组接成开口三角形，这样从 m、n 端子上得到的输出电压为

$$\dot{U}_{mn}=\dot{U}_a+\dot{U}_b+\dot{U}_c=3\dot{U}_0 \tag{2 - 50}$$

而对正序或负序分量的电压，因三相相加后等于零，没有输出。因此，这种接线实际上就是零序电压过滤器。

此外，当发电机的中性点经电压互感器或消弧线圈接地时［见图 2 - 38（c）］，从它的二次绕组中也能够取得零序电压。

在集成电路保护和微机保护中，由电压形成回路取得三个相电压后，利用加法器将三个相电压相加，也可以从内部合成零序电压，如图 2 - 38（d）所示。

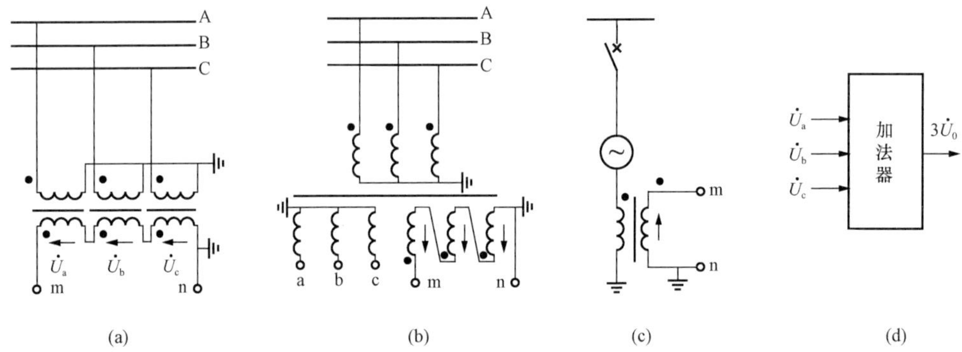

图 2 - 38　取得零序电压的接线图

（a）用三个单相式电压互感器；（b）用三相五柱式电压互感器；（c）用接于发电机中性点的电压互感器；（d）在集成电路保护和微机保护装置内部合成零序电压

实际上在正常运行和电网相间短路时，由于电压互感器的误差以及三相系统对地不完全平衡，在开口三角形侧也可能有数值不大的电压输出，此电压称为不平衡电压 U_{unb}。此外，当系统中存在有三次谐波分量时，一般三相中的三次谐波电压是同相位的，因此，在零序电压过滤器的输出端也有三次谐波电压输出。对反应于零序电压而动作的保护装置，应该考虑躲开它们的影响。

三、零序电流过滤器

为了取得零序电流，通常采用三相电流互感器按图 2 - 39（a）的方式连接，此时流入继电器回路中的电流为

$$\dot{I}=\dot{I}_a+\dot{I}_b+\dot{I}_c=3\dot{I}_0 \tag{2 - 51}$$

而对正序或负序分量的电流，因三相相加后等于零，因此就没有输出。这种过滤器的接线实际上就是三相星形接线方式中，在中线上所流过的电流，因此在实际的使用中，零序电流过滤器并不需要专门用一组电流互感器，而是接入相间保护用电流互感器的中性线上就可以了。

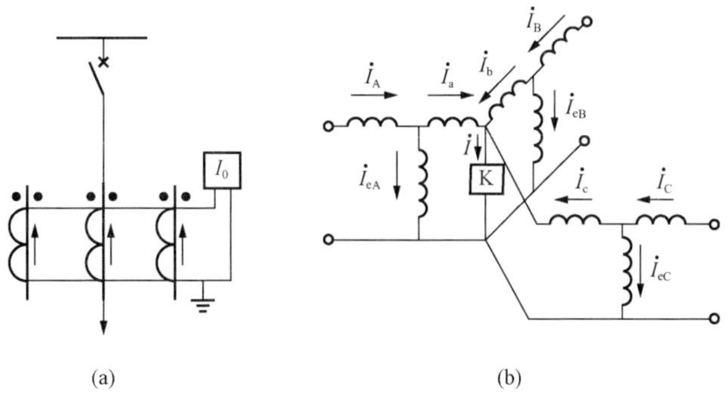

图 2-39 零序电流过滤器

(a) 原理接线；(b) 等效电路

零序电流过滤器也会产生不平衡电流。图 2-40 所示为一个电流互感器的等效回路，考虑励磁电流的影响后，二次电流和一次电流的关系应为

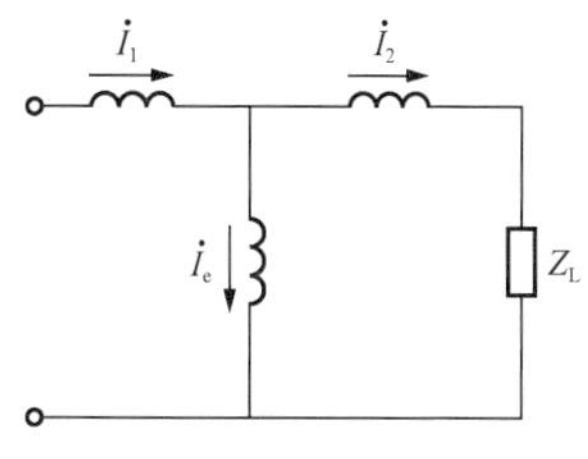

图 2-40 电流互感器的等效电路

$$\dot{I}_2 = \frac{1}{n_{TA}}(\dot{I}_1 - \dot{I}_e) \tag{2-52}$$

因此，零序电流过滤器的等效电路即可用图 2-39（b）来表示，此时流入继电器的电流为

$$\begin{aligned}\dot{I} &= \dot{I}_a + \dot{I}_b + \dot{I}_c \\ &= \frac{1}{n_{TA}}[(\dot{I}_A - \dot{I}_{eA}) + (\dot{I}_B - \dot{I}_{eB}) + (\dot{I}_C - \dot{I}_{eC})] \\ &= \frac{1}{n_{TA}}(\dot{I}_A + \dot{I}_B + \dot{I}_C) - \frac{1}{n_{TA}}(\dot{I}_{eA} + \dot{I}_{eB} + \dot{I}_{eC})\end{aligned} \tag{2-53}$$

在正常运行和一切不伴随有接地的相间短路时，三个电流互感器一次侧电流的相量和必然为零，因此流入继电器中的电流为

$$\dot{I} = \frac{1}{n_{TA}}(\dot{I}_{eA} + \dot{I}_{eB} + \dot{I}_{eC}) = \dot{I}_{unb} \tag{2-54}$$

此 $\dot{I}_{unb}$ 称为零序电流过滤器的不平衡电流，是由三个互感器励磁电流不对称而产生的，而励磁电流的不对称，则是由铁芯的磁化曲线不完全相同以及制造过程中的某些差别而引起的。当发生相间短路时，电流互感器一次侧流过的电流值最大并且包含有非周期分量，因此不平衡电流也达到最大值 $\dot{I}_{unb \cdot max}$。

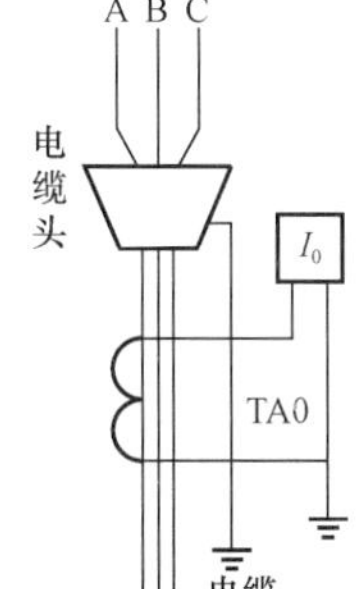

图 2-41 零序电流互感器接线示意图

当发生接地短路时，在过滤器的输出端有 $3\dot{I}_0$ 的电流输出，此时 $\dot{I}_{unb}$ 相对于 $3\dot{I}_0$，一般很小，因此可以忽略，零序保护即可反应于这个电流而动作。

此外，对于采用电缆引出的送电线路，还广泛地采用了零序电流互感器的接线以获得 $3\dot{I}_0$，如图 2-41 所示。此电流互感器就套在电缆的外面，从其铁芯中穿过的电缆就是电流互感器的一次绕组，因此这个互感器的一次电流就是 $\dot{I}_A+\dot{I}_B+\dot{I}_C$，只当一次侧出现零序电流时，在互感器的二次侧才有相应的 $3\dot{I}_0$ 输出，故称它为零序电流互感器。采用零序电流互感器的优点，和零序电流过滤器相比，主要是不平衡电流减小，同时接线也更简单，但它不适宜在架空线路中采用。

四、零序电流速断（零序Ⅰ段）保护

在发生单相或两相接地短路时，也可以求出零序电流 $3I_0$ 随线路长度 l 变化的关系曲线，然后与相间短路电流保护的原则类似可进行保护的整定计算。

零序电流速断保护的整定原则如下。

（1）躲开下一条线路出口处单相或两相接地短路时可能出现的最大零序电流 $3\dot{I}_{0\cdot max}$，引入可靠系数 K'_{rel}（一般取为 1.2～1.3），即

$$\dot{I}'_{act}=K'_{rel}\times 3\dot{I}_{0\cdot max} \tag{2-55}$$

（2）躲开断路器三相触头不同期合闸时所出现的最大零序电流 $3\dot{I}_{0\cdot ut}$，引入可靠系数 K_{rel}，即

$$\dot{I}'_{act}=K_{rel}\times 3\dot{I}_{0\cdot ut} \tag{2-56}$$

$3\dot{I}_{0\cdot ut}$ 可按断线分析方法求解。如果保护装置的动作时间大于断路器三相不同期合闸的时间，则可以不考虑这一条件。

整定值应选取其中较大者。但在有些情况下，如按照上述（2）整定将使启动电流过大，因而保护范围缩小时，也可以采用在手动合闸以及三相自动重合闸时，使零序Ⅰ段保护带有一个小的延时（约 0.1s），以躲开断路器三相不同期合闸的时间，这样在定值上就无需考虑上述（2）了。

（3）当线路上采用单相自动重合闸时，按上述（1）、（2）整定的零序Ⅰ段保护，往往不能躲开在非全相状态下又发生系统震荡时，所出现的最大零序电流，而如果按这一条件整定，则正常情况下发生接地故障时，其保护范围又要缩小，不能充分发挥零序Ⅰ段保护的作用。

因此，为了解决这个矛盾，通常是设置两个零序Ⅰ段保护。一个是按上述（1）或（2）整定（由于其定值较小，保护范围较大，因此，称为灵敏Ⅰ段保护），主要任务是对全相运行状态下的接地故障起保护作用，具有较大的保护范围，而当单相重合闸启动时，则将其自动闭锁，需待恢复全相运行时才能重新投入；另一个是按上述（3）整定（由于它的定值较大，因此称为不灵敏Ⅰ段保护），装设它的主要目的，是为了在单相重合闸启动过程中，其他两相又发生接地故障时，用以弥补失去灵敏Ⅰ段保护的缺陷，尽快地将故障切除。当然，不灵敏Ⅰ段保护也能反映全相运行状态下的接地故障，只是其保护范围较灵敏Ⅰ段保护为小。

五、零序电流限时速断（零序Ⅱ段）保护

零序Ⅱ段保护的工作原理与相间短路限时电流速断保护一样，其启动电流首先考虑和下一条线路的零序电流速断保护相配合，可参照式（2-14）的原则选择，并带有高出一个 Δt 的时限，以保证动作的选择性。

但是，如图 2-42（a）所示，当两个保护之间的变电站母线上接有中性点接地的变压器时，则由于这一分支电路的影响，将使零序电流的分布发生变化。此时的零序等效网络如图 2-42（b）所示，零序电流的变化曲线如图 2-42（c）所示。当线路 B—C 上发生接地短路

时，流过保护 1 和保护 2 的零序电流分别为 $\dot{I}_{k0\cdot BC}$ 和 $\dot{I}_{k0\cdot AB}$，两者之差就是从变压器 T2 中性点流回的电流 $\dot{I}_{k0\cdot T2}$。

显然可见，这种情况与图 2 - 34 所示的有助增电流的情况相同，引入零序电流的分支系数 $K_{0\cdot bra}$ 之后，则零序Ⅱ段保护的启动电流应整定为

$$I''_{act\cdot 2}=\frac{K''_{rel}}{K_{0\cdot bra}}I'_{act\cdot 1} \tag{2-57}$$

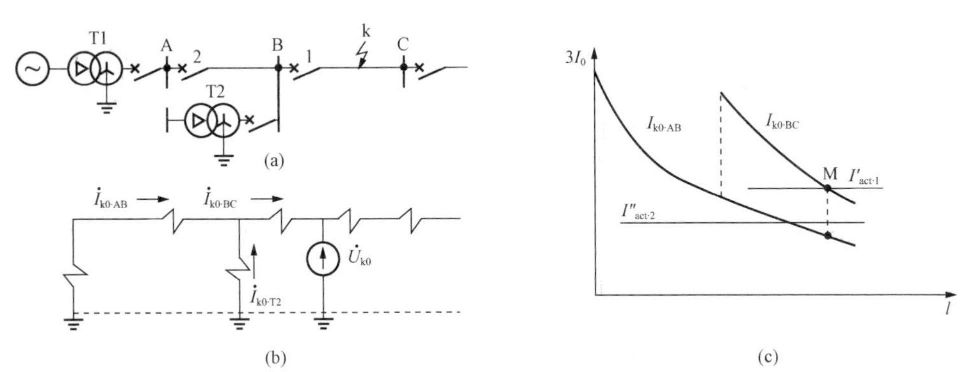

图 2 - 42　有分支电路时，零序Ⅱ段动作特性的分析

（a）网络接线图；（b）零序等效网络；（c）零序电流变化曲线

当变压器 T2 切除或中性点改为不接地运行时，则该支路即从零序等效网络中断开，此时零序等效网络分支系数 $K_{0\cdot bra}=1$。

零序Ⅱ段保护的灵敏系数，应按本线路末端接地短路时的最小零序电流来校验，并应满足 $K_{sen}\geqslant 1.5$ 的要求。当由于下一条线路比较短或运行方式变化比较大，因而不能满足对灵敏系数的要求时，可以考虑用下列方式解决：

（1）使零序Ⅱ段保护与下一条线路的零序Ⅱ段保护相配合，时限再抬高一级，取为 0.7～1.2s。

（2）保留 0.5s 的零序Ⅱ段保护，同时再增加一个按上述第（1）项原则整定的保护，这样保护装置中，就具有两个定值和时限均不相同的零序Ⅱ段保护。一个是定值较大，能在正常运行方式和最大运行方式下，以较短的延时切除本线路上所发生的接地故障；另一个则具有较长的延时，能保证在各种运行方式下线路末端接地短路时，保护装置具有足够的灵敏系数。

（3）从电网接线的全局考虑，改用接地距离保护。

六、零序过电流（零序Ⅲ段）保护

零序Ⅲ段保护的作用相当于相间短路的过电流保护，在一般情况下是作为后备保护使用的，但在中性点直接接地电网中的终端线路上，也可以作为主保护使用。

在零序过电流保护中，对继电器的启动电流，原则上是按照躲开在下一条线路出口处相间短路时所出现的最大不平衡电流 $I_{unb\cdot max}$ 来整定，引入可靠系数 K_{rel}，即

$$I'''_{act}=K_{rel}I_{unb\cdot max} \tag{2-58}$$

同时还必须要求各保护之间在灵敏系数上要互相配合。

因此，实际上对零序过电流保护的整定计算，必须按逐级配合的原则来考虑，具体说就

是本保护零序Ⅲ段的保护范围，不能超出相邻线路上零序Ⅲ段保护的保护范围。当两个保护之间具有分支电路时，参照图 2-42 的分析，保护装置的启动电流应整定为

$$I'''_{act\cdot 2}=\frac{K_{rel}}{K_{0\cdot bra}}I'''_{act\cdot 1}\tag{2-59}$$

式中　K_{rel}——可靠系数，一般取为 1.1～1.2；

$K_{0\cdot bra}$——在相邻线路的零序Ⅲ段保护范围末端发生接地短路时，故障线路中零序电流与流过本保护装置中零序电流之比。

保护装置的灵敏系数，当作为相邻元件的后备保护时，应按照相邻元件末端接地短路时，流过本保护的最小零序电流（应考虑图 2-42 所示的分支电路使电流减小的影响）来校验。

按上述原则整定的零序过电流保护，其启动电流一般都很小（在二次侧为 2～3A），因此，在本电压级网络中发生接地短路时，都可能启动，这时为了保证保护的选择性，各保护的动作时限也应按照图 2-10 所示的原则来确定。如图 2-43 所示的网络接线中，安装在受端变压器 T1 上的零序过电流保护 4 可以是瞬时动作的，因为在 Yd 接线变压器低压侧的任何故障都不能在高压侧引起零序电流，因此，就无须考虑和保护 1～保护 3 的配合关系。按照选择性的要求，保护 5 应比保护 4 高出一个时间阶段，保护 6 又应比保护 5 高出一个时间阶段等。

为了便于比较，在图 2-43 中也绘出了相间短路过电流保护的动作时限，是从保护 1 开始逐级配合的。由此可见，在同一线路上的零序过电流保护与相间短路的过电流保护相比，将具有较小的时限，这也是它的一个优点。

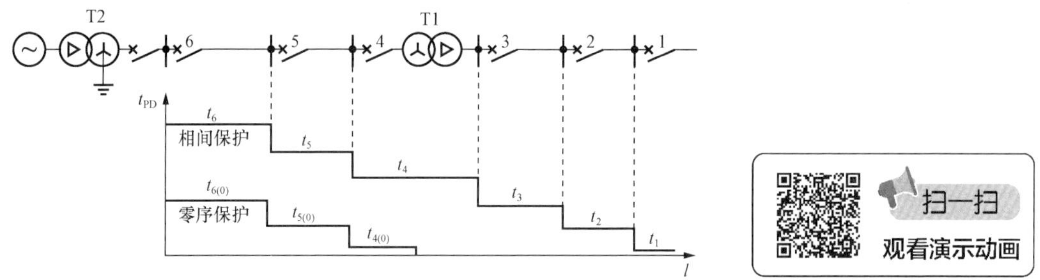

图 2-43　零序过电流保护的时限特性

七、方向性零序电流保护

在双侧或多侧电源的网络中，电源处变压器的中性点一般至少有一台要接地，由于零序电流的实际流向是由故障点流向各个中性点接地的变压器，因此在变压器接地数目比较多的复杂网络中，就需要考虑零序电流保护动作的方向性问题。

如图 2-44（a）所示的网络接线，两侧电源处的变压器中性点均直接接地，这样当 k1 点短路时，其零序等效网络和零序电流分布如图 2-44（b）所示，按照选择性的要求，应该由保护 1 和保护 2 动作切除故障，但是零序电流 $I''_{0\cdot k1}$ 流过保护 3 时，就可能引起它的误动作；同样当 k2 点短路时，如图 2-44（c）所示，零序电流 $I'_{0\cdot k2}$ 又可能使保护 2 误动作。此情况类似本章第二节中的分析，必须在零序电流保护上增加功率方向元件，利用正方向和反方向故障时零序功率方向的差别来闭锁可能误动作的保护，才能保证动作的选择性。

零序功率方向继电器接于零序电压 $3\dot{U}_0$ 和零序电流 $3\dot{I}_0$ 之上，如图 2-45 所示。它只反映零序功率的方向而动作。当保护范围内部故障时，按规定的电流、电压正方向，$3\dot{I}_0$ 超前于 $3\dot{U}_0$ 为 95°～110°（对应于保护安装地点背后的零序阻抗角为 70°～85°的情况），继电器此时应正确动作，并应工作在最灵敏的条件之下。

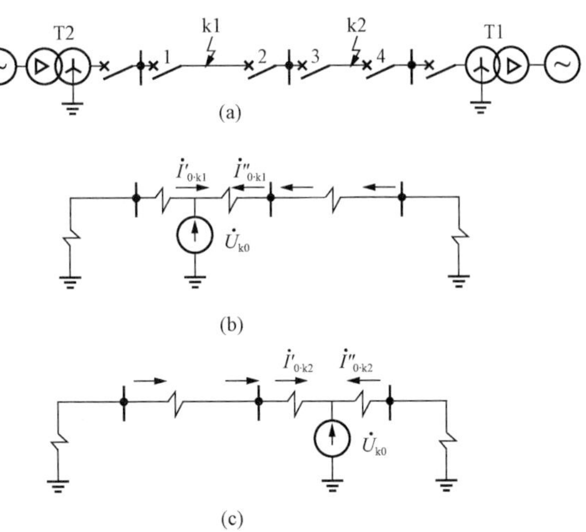

图 2-44　零序方向保护工作原理的分析

（a）网络接线；（b）k1 点短路的零序网络；（c）k2 点短路的零序网络

根据零序分量的特点，对照式（2-29），零序功率方向继电器显然应该采用最大灵敏角 $\varphi_{sen}=-95°\sim-110°$。当按规定极性对应加入 $3\dot{U}_0$ 和 $3\dot{I}_0$ 时，继电器正好工作在最灵敏的条件下，其接线如图 2-45（a）所示，简单清晰，易于理解。在静态功率方向继电器的技术条件中，即规定其最大灵敏角为 $-105°\pm5°$，与上述接线是一致的。

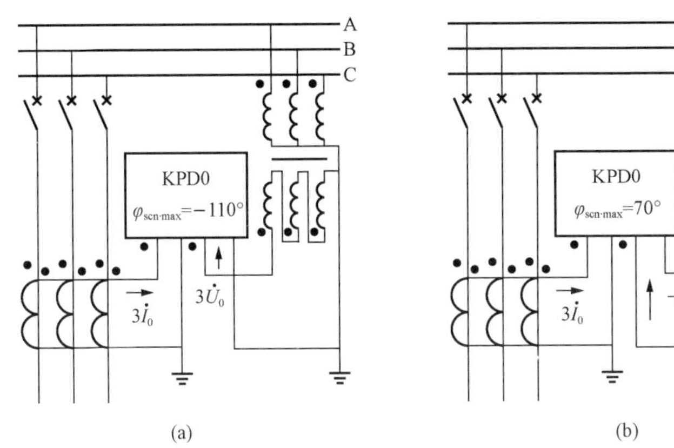

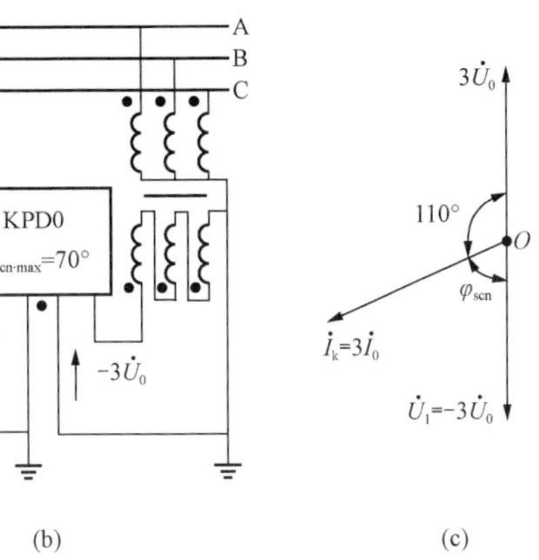

图 2-45　零序功率方向继电器的接线方式

（a）静态继电器采用的接线；（b）实际上广泛应用的接线；（c）接线的相量图

但是目前电力系统中还有一些仍在使用的整流型零序功率方向继电器，都是把最大灵敏角 $\varphi_{sen\cdot max}$ 做成 70°～85°，即要求加入继电器的 $\dot{U}_K$ 应超前 $\dot{I}_K$ 70°～85°时动作最灵敏。为了适应这个要求，对此种零序功率方向继电器的接线应如图 2-45（b）所示，将电流线圈与电流互感器之间同极性相连，而将电压线圈与电压互感器之间不同极性相连，即 $\dot{I}_K=3\dot{I}_0$，$\dot{U}_K=-3\dot{U}_0$，$\varphi=70°\sim85°$，相量关系如图 2-45（c）所示，刚好符合最灵敏的条件。

图 2-45（a）、（b）接线实质上完全一样，只是在图 2-45（b）的情况下，先在继电器内部的电压回路中倒换一次极性，然后在外部接线时再倒换一次极性。由于在正常运行情况

下，没有零序电流和电压，零序功率方向继电器的极性接错不易发现，故在实际工作中应给予特别注意。接线时必须实际检查继电器的内部极性连接，画出相量图，并进行试验，以免发生错误。

由于越靠近故障点的零序电压越高，因此零序方向元件没有电压死区。相反，倒是当故障点距保护安装点很远时，由于保护安装处的零序电压较低，零序电流较小，继电器反而可能不启动。为此，必须校验方向元件在这种情况下的灵敏系数。例如当作为相邻元件的后备保护时，即应采用相邻元件末端短路时，在本保护安装处的最小零序电流、电压或功率（经电流、电压互感器转换到二次侧的数值）与功率方向继电器的最小启动电流、电压或启动功率之比来计算灵敏系数，并要求 $K_{sen}\geqslant 2$。

具有方向性的三段式零序电流保护的原理接线如图 2-46 所示。其中方向元件 KPD 接于 $3\dot{I}_0$ 和 $-3\dot{U}_0$，由它的触点控制三段电流元件的动作，只当方向元件和电流元件同时动作后，才能分别去启动出口中间继电器或各自的时间继电器。装设信号继电器和连接片 XB 的作用，同图 2-19 的说明。

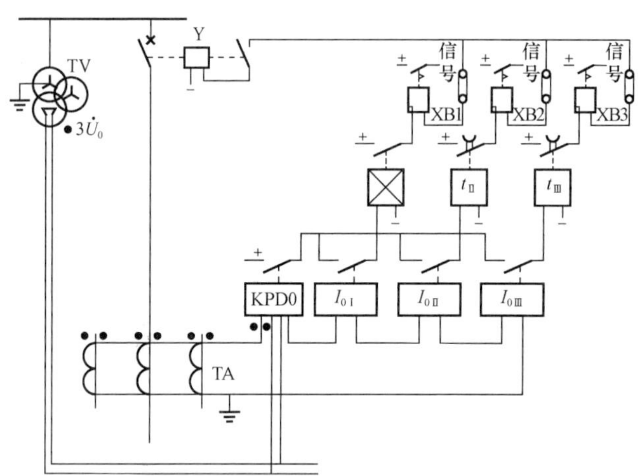

图 2-46 具有方向性的三段式零序电流保护的原理接线

八、对零序电流保护的评价

在本章第一节分析相间短路保护的接线方式中曾经指出，采用三相星形接线方式时，它也可以反应单相接地短路。那么为什么还要采用专门的零序保护呢？这是因为两者相比，后者具有很多的优点，如：

（1）相间短路的过电流保护是按照大于负荷电流整定，继电器的启动电流一般为 5～7A，而零序过电流保护则按照躲开不平衡电流的原则整定，其值一般为 2～3A，由于发生单相接地故障时，故障相的电流与零序电流 $3I_0$ 相等，因此，零序过电流的灵敏度高。

由图 2-43 可见，零序过电流保护的动作时间也较相间保护为短。尤其对于两侧电源的线路，当线路内部靠近任一侧发生接地短路时，本侧零序Ⅰ段动作跳闸后，对侧零序电流增大可使对侧零序Ⅰ段也相继动作跳闸，因而使总的故障切除时间更加缩短。

（2）相间短路的电流速断和限时电流速断保护直接受系统运行方式变化的影响很大，而零序电流保护受系统运行方式变化的影响小得多。

此外，由于线路零序阻抗远较正序阻抗为大，$X_0=(2\sim3.5)X_1$，故线路始端与末端短路时，零序电流变化显著，曲线较陡，因此零序Ⅰ段保护范围较大，也较稳定，零序Ⅱ段保护的灵敏系数也易于满足要求。

(3) 当系统中发生某些不正常运行状态时，如系统振荡、短时过负荷等，三相是对称的，相间短路的电流保护均将受它们的影响而可能误动作，因而需要采取必要的措施予以防止，而零序保护则不受它们的影响。

(4) 在110kV及以上的高压和超高压系统中，单相接地故障占全部故障的70%～90%，而且其他的故障也往往是由单相接地发展起来的，因此，采用专门的零序保护就具有显著的优越性，从我国电力系统的实际运行经验中，也充分证明这一点。

零序电流保护的缺点如下：

(1) 对于短线路和运行方式变化很大的情况，保护往往不能满足系统运行所提出的要求。

(2) 随着单相重合闸的广泛应用，在重合闸动作的过程中将出现非全相运行状态，再考虑系统两侧的电机发生摇摆，则可能出现较大的零序电流，因而影响零序电流保护的正确工作，此时应从整定计算上予以考虑，或在单相重合闸动作过程中使之短时退出运行。

(3) 当采用自耦变压器联系两个不同电压等级的网络时（如110kV和220kV电网），则任一网络的接地短路都将在另一网络中产生零序电流，这将使零序保护的整定配合复杂化，并将增大Ⅲ段保护的动作时限。

实际上，在中性点直接接地的电网中，由于零序电流保护简单、经济、可靠，因而获得了广泛的应用。

第四节　中性点非直接接地电网中单相接地故障的零序电压、电流及方向保护

在中性点非直接接地电网（又称小电流接地系统）中发生单相接地时，由于故障点的电流很小，而且三相之间的线电压仍然保持对称，对负荷的供电没有影响，因此，在一般情况下都允许再继续运行1～2h，而不必立即跳闸，这也是采用中性点非直接接地运行的主要优点。但是在发生单相接地以后，其他两相的对地电压要升高$\sqrt{3}$倍。为了防止故障进一步扩大成两点或多点接地短路，就应及时发出信号，以便运行人员采取措施予以消除。

因此，在单相接地时，一般只要求继电保护能有选择性地发出信号，而不必跳闸。但当单相接地对人身和设备的安全有危险时，则应动作于跳闸。

一、中性点不接地电网中单相接地故障的特点

如图2-47所示的最简单的网络接线，电源和负荷的中性点均不接地，在正常运行情况下，三相对地有相同的电容C_0，在相电压作用下，每相都有一超前于相电压90°的电容电流流入地中，而三相电流之和等于零。假设在A相发生了单相接地短路，则在接地点处A相对地电压变为零，对地电容被短接，电容电流为零，而其他两相的对地电压升

高$\sqrt{3}$倍，对地电容电流也相应增大$\sqrt{3}$倍，相量关系如图 2-48 所示。在单相接地时，由于三相中的负荷电流和线电压仍然是对称的，因此下面不予考虑，而只分析对地关系的变化。

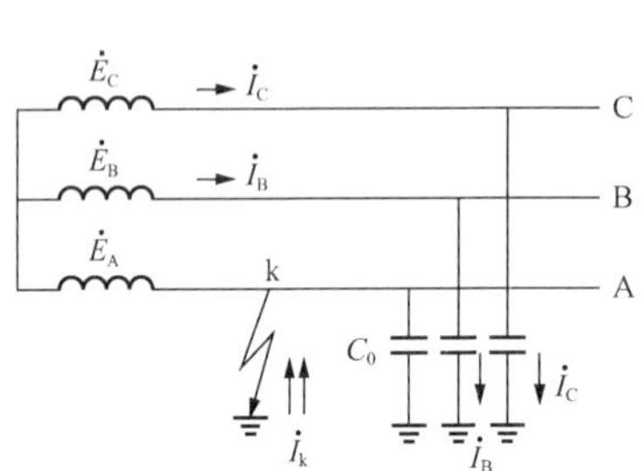

图 2-47 最简单网络接线示意图

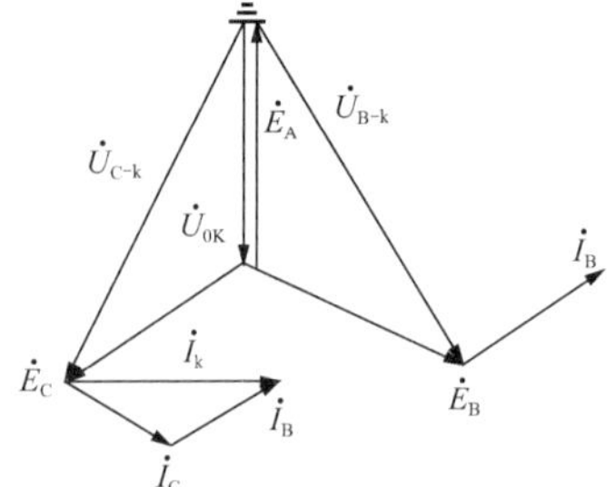
图 2-48 A 相接地时的相量图

在 A 相接地以后，由于线路的对地电容 C_0 较小，电容的阻抗$\dfrac{1}{\omega C_0}$较大，因此可以忽略负荷电流和电容电流在线路阻抗上产生的电压降，在故障点处各相对地的电压为

$$\dot{U}_{A-k}=0$$

$$\left.\begin{aligned}\dot{U}_{B-k}&=\dot{E}_B-\dot{E}_A=\sqrt{3}\dot{E}_A e^{-j150^\circ}\\ \dot{U}_{C-k}&=\dot{E}_C-\dot{E}_A=\sqrt{3}\dot{E}_A e^{j150^\circ}\end{aligned}\right\}\tag{2-60}$$

故障点 k 的零序电压为

$$\dot{U}_{0k}=\frac{1}{3}(\dot{U}_{A-k}+\dot{U}_{B-k}+\dot{U}_{C-k})=-\dot{E}_A\tag{2-61}$$

在非故障相中流向故障点的电容电流为

$$\left.\begin{aligned}\dot{I}_B&=\dot{U}_{B-k}j\omega C_0\\ \dot{I}_C&=\dot{U}_{C-k}j\omega C_0\end{aligned}\right\}\tag{2-62}$$

其有效值为

$$I_B=I_C=\sqrt{3}U_{ph}\omega C_0$$

式中 U_{ph}——相电压的有效值。

此时，从接地点流回的电流为 $\dot{I}_k=\dot{I}_B+\dot{I}_C$，由图 2-48 可见，其有效值为 $I_k=3U_{ph}\omega C_0$，是正常运行时单相对地电容电流的 3 倍。

如图 2-49 所示，当网络中有发电机（G）和多条线路存在时，每台发电机和每条线路对地均有电容存在，设以 C_{0G}、$C_{0\text{I}}$、$C_{0\text{II}}$ 等集中电容来表示，当线路Ⅱ A 相接地后，如果忽略负荷电流和电容电流在线路阻抗上的电压降，则全系统 A 相对地的电压均等于零，因而各元件 A 相对地的电容电流也等于零，同时 B 相和 C 相的对地电压和电容电流也都升高$\sqrt{3}$

倍，仍可用式（2-60）～式（2-62）的关系来表示，在这种情况下的电容电流分布，在图2-49中用“→”表示。

由图2-49可见，在非故障的线路Ⅰ上，A相电流为零，B相和C相中流有本身的电容电流，因此在线路始端所反应的零序电流为

$$3\dot{I}_{0\text{Ⅰ}}=\dot{I}_{B\text{Ⅰ}}+\dot{I}_{C\text{Ⅰ}}$$

参照图2-48所示的关系，其有效值为

$$3\dot{I}_{0\text{Ⅰ}}=3U_{ph}\omega C_{0\text{Ⅰ}} \qquad (2-63)$$

即零序电流为线路Ⅰ本身的电容电流，电容性无功功率的方向为由母线流向线路。

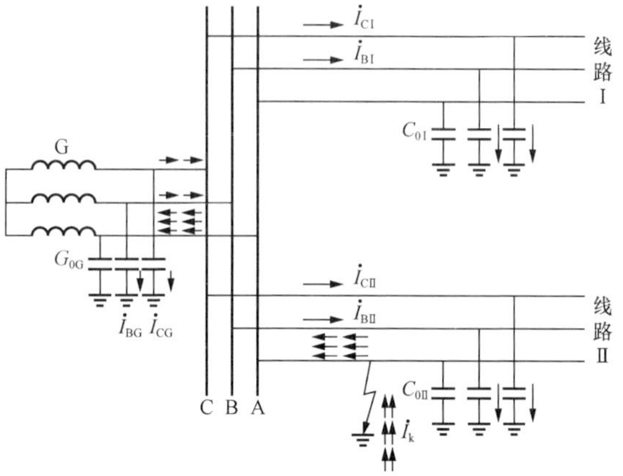

图2-49　单相接地时，用三相系统表示的电容电流分布图

当电网中的线路很多时，上述结论可适用于每一条非故障的线路。

在发电机G上，首先有它本身的B相和C相的对地电容电流 $\dot{I}_{BG}$ 和 $\dot{I}_{CG}$，但是由于它还是产生其他电容电流的电源，因此，从A相中要流回从故障点流上来的全部电容电流，而在B相和C相中又要分别流出各线路上同名相的对地电容电流，此时从发电机出线端所反应的零序电流仍应为三相电流之和。由图2-49可见，各线路的电容电流由于从A相流入后又分别从B相和C相流出了，因此相加后互相抵消，而只剩下发电机本身的电容电流，故

$$3\dot{I}_{0G}=\dot{I}_{BG}+\dot{I}_{CG}$$

有效值为 $3I_{0G}=3U_{\varphi}\omega C_{0G}$，即零序电流为发电机本身的电容电流，其电容性无功功率的方向是由母线流向发电机，这个特点与非故障线路是一样的。

现在再看发生故障的线路Ⅱ，在B相和C相上，与非故障的线路一样，流有它本身的电容电流 $\dot{I}_{B\text{Ⅱ}}$ 和 $\dot{I}_{C\text{Ⅱ}}$，而不同之处是在接地点要流回全系统B相和C相对地电容电流之总和，其值为

$$\dot{I}_{k}=(\dot{I}_{B\text{Ⅰ}}+\dot{I}_{C\text{Ⅰ}})+(\dot{I}_{B\text{Ⅱ}}+\dot{I}_{C\text{Ⅱ}})+(\dot{I}_{BG}+\dot{I}_{CG})$$

有效值

$$I_{k}=3U_{ph}\omega(C_{0\text{Ⅰ}}+C_{0\text{Ⅱ}}+C_{0G})=3U_{ph}\omega C_{0\Sigma} \qquad (2-64)$$

式中　$C_{0\Sigma}$——全系统每相对地电容之和。

此电流要从A相流回去，因此从A相流出的电流可表示为 $\dot{I}_{A\text{Ⅱ}}=-\dot{I}_{k}$，这样在线路Ⅱ始端所流过的零序电流则为

$$3\dot{I}_{0\text{Ⅱ}}=\dot{I}_{A\text{Ⅱ}}+\dot{I}_{B\text{Ⅱ}}+\dot{I}_{C\text{Ⅱ}}=-(\dot{I}_{B\text{Ⅰ}}+\dot{I}_{C\text{Ⅰ}}+\dot{I}_{BG}+\dot{I}_{CG})$$

有效值

$$3I_{0\text{Ⅱ}}=3U_{ph}\omega(C_{0\Sigma}-C_{0\text{Ⅱ}}) \qquad (2-65)$$

由此可见，由故障线路流向母线的零序电流，其数值等于全系统非故障元件对地电容电

流之总和（但不包括故障线路本身），其电容性无功功率的方向为由线路流向母线，恰好与非故障线路上的相反。

根据上述分析结果，可以做出单相接地时的零序等效网络图，如图 2-50（a）所示。在接地点有一个零序电压 $\dot{U}_{0k}$，而零序电流的回路是通过各个元件的对地电容构成的，由于送电线路的零序阻抗远小于电容的阻抗，因此可以忽略不计，在中性点不接地电网中的零序电流，就是各元件的对地电容电流，其相量关系如图 2-50（b）所示（其中 $I'_{0\text{II}}$ 表示线路Ⅱ本身的零序电容电流），这与直接接地电网是完全不同的。

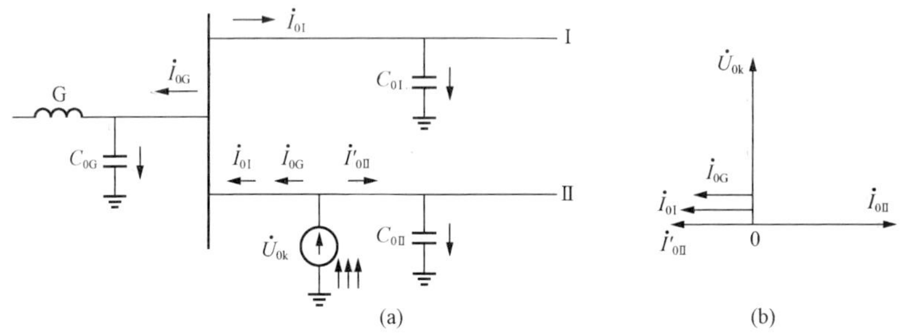

图 2-50 单相接地时的零序等效网络（对应图 2-49）及相量图

（a）等效网络；（b）相量图

对中性点不接地电网中的单相接地故障，利用图 2-49 的分析，可以给出清晰的物理概念，根据该图的分析方法，得出如图 2-50（a）所示的零序等效网络以后，对计算零序电流的大小和分布则是十分方便的。总结以上分析的结果，可以得出如下结论：

（1）在发生单相接地时，全系统都将出现零序电压。

（2）在非故障的元件上有零序电流，其数值等于本身的对地电容电流，电容性无功功率的实际方向为由母线流向线路。

（3）在故障线路上，零序电流为全系统非故障元件对地电容电流之总和，数值一般较大，电容性无功功率的实际方向为由线路流向母线。

这些特点和区别，将是考虑保护方式的依据。

二、中性点经消弧线圈接地电网中单相接地故障的特点

根据以上分析，当中性点不接地电网中发生单相接地时，在接地点要流过全系统的对地电容电流，如果此电流比较大，就会在接地点燃起电弧，引起弧光过电压，从而使非故障相的对地电压进一步升高，致使绝缘损坏，形成两点或多点的接地短路，造成停电事故。为了解决这个问题，通常在中性点接入一个电感线圈，如图 2-51（a）所示。这样当单相接地时，在接地点就有一个电感分量的电流流过，此电流和原系统中的电容电流相抵消，就可以减少流经故障点的电流。因此，称这个电感线圈为消弧线圈。

在各级电压网络中，当全系统的电容电流超过 10A 时，即应装设消弧线圈（原规程中规定 3～10kV配电网中单相接地电容电流大于 30A 才要求安装消弧线圈，新规程 DL/T 620—1997《交流电气装置的过电压保护和绝缘配合》中将电容电流降低为大于 10A 时要求装消弧线圈）。

当采用消弧线圈以后，单相接地时的电流分布将发生重大的变化。假定在图 2-49 所示的网络中，在电源的中性点接入了消弧线圈，如图 2-51（a）所示，当线路Ⅱ上 A 相接地

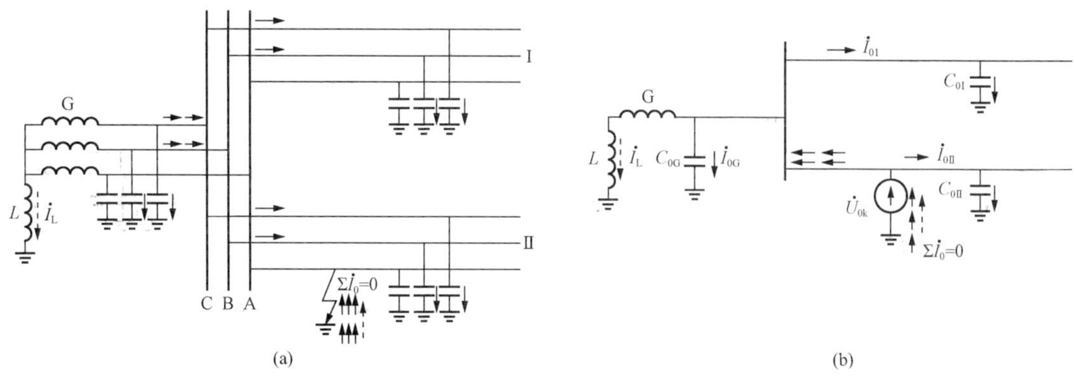

图 2-51 消弧线圈接地电网中单相接地时的电流分布

(a) 用三相系统表示；(b) 零序等效网络

以后，电容电流的大小和分布与不接消弧线圈时是一样的，不同之处是在接地点又增加了一个电感分量的电流 $\dot{I}_L$，因此从接地点流回的总电流为

$$\dot{I}_k = \dot{I}_L + \dot{I}_{C\Sigma} \tag{2-66}$$

式中 $\dot{I}_{C\Sigma}$ ——全系统的对地电容电流，可用式（2-64）计算；

$\dot{I}_L$ ——消弧线圈的电流，设用 L 表示它的电感，则 $\dot{I}_L = \dfrac{-\dot{E}_A}{j\omega L}$。

由于 $\dot{I}_{C\Sigma}$ 和 $\dot{I}_L$ 的相位大约相差 180°，因此 $\dot{I}_k$ 将因消弧线圈的补偿而减小。相似地，可以做出它的零序等效网络图，如图 2-51（b）所示。

根据对电容电流补偿程度的不同，消弧线圈可以有完全补偿、欠补偿及过补偿三种补偿方式。

（1）完全补偿就是使 $I_L = I_{C\Sigma}$，接地点的电流近似为 0。从消除故障点的电弧，避免出现弧光过电压的角度来看，这种补偿方式是最好的，但是从其他方面来看，则又存在有严重的缺点。因为完全补偿时，$\omega L = \dfrac{1}{3\omega C_\Sigma}$，正是电感 L 和三相对地电容 $3C_\Sigma$ 对 50Hz 交流串联谐振的条件，这样在正常情况时，如果架空线路三相的对地电容不完全相等，则电源中性点对地之间就产生电压偏移，根据相关电路原理课程的分析，应用戴维南定理，当 L 断开时中性点的电压为

$$\dot{U}_N = \frac{\dot{E}_A j\omega C_A + \dot{E}_B j\omega C_B + \dot{E}_C j\omega C_C}{j\omega C_A + j\omega C_B + j\omega C_C} = \frac{\dot{E}_A C_A + \dot{E}_B C_B + \dot{E}_C C_C}{C_A + C_B + C_C} \tag{2-67}$$

式中 $\dot{E}_A$、$\dot{E}_B$、$\dot{E}_C$ ——三相电源电动势；

C_A、C_B、C_C——三相对地电容。

此外，在断路器合闸三相触头不同时闭合时，也将短时出现一个数值更大的零序分量电压。

在上述两种情况下所出现的零序电压，都是串联接于 L 和 $3C_\Sigma$ 之间的，其零序等效网络如图 2-52 所示。此电压将在串联谐振的回路中产生很大的电压降落，从而使电源中性点对地电压严重升高，这是不能允许的。因此在实际上不宜采用这种补偿方式。

（2）欠补偿就是使 $I_{L} < I_{C\Sigma}$，补偿后的接地点电流仍然是电容性的。采用这种方式时，仍然不能避免上述问题的发生，因为当系统运行方式变化时，如某个元件被切除或因发生故障而跳闸，则电容电流就将减小，这时很可能又出现 I_{L} 和 $I_{C\Sigma}$ 两个电流相等的情况，而又引起过电压。因此，欠补偿方式一般也是不采用的。

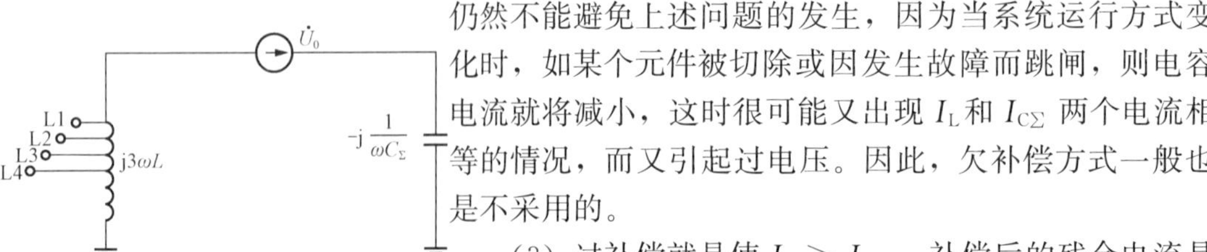

图 2-52 产生串联谐振的零序等效网络

（3）过补偿就是使 $I_{L} > I_{C\Sigma}$，补偿后的残余电流是电感性的。这种方式不可能发生串联谐振的过电压问题，因此在实际中获得了广泛的应用。

I_{L} 大于 $I_{C\Sigma}$ 的程度用过补偿度 P 来表示，其关系为

$$P = \frac{I_{L} - I_{C\Sigma}}{I_{C\Sigma}} \tag{2-68}$$

一般选择过补偿度 P 为 5%～10%，而不大于 10%。

总结以上分析的结果，可以得出如下结论：

（1）当采用完全补偿方式时，流经故障线路和非故障线路的零序电流都是本身的电容电流，电容性无功功率的实际方向都是由母线流向线路（见图 2-51），因此，在这种情况下，利用稳态零序电流的大小和功率方向都无法判断出哪一条线路上发生了故障。

（2）当采用过补偿方式时，流经故障线路的零序电流将大于本身的电容电流，而电容性无功功率的实际方向仍然是由母线流向线路，和非故障线路的方向一样。因此，在这种情况下，首先就无法利用功率方向的差别来判别故障线路；其次由于过补偿度不大，因此，也很难像中性点不接地电网那样，利用零序电流大小的不同来找出故障线路。

采用消弧线圈补偿时，为了保证在最大运行方式（指本电压网络中 $I_{C\Sigma}$ 为最大的方式）下保证过补偿度 P 的要求，人们提出了消弧线圈应能够根据运行方式的不同而自动跟踪补偿电容电流的变化，并满足对补偿度 P 的要求，即 $I_{L} = (1+P)I_{C\Sigma}$，称为自适应式消弧线圈自动跟踪补偿电容电流的装置，该装置已在研究应用中。

三、单相接地过渡过程的特点

以上所讨论的都是在稳态情况下故障点电容电流的分布。当发生单相接地故障时，接地电容电流的暂态分量可能较其稳态值大很多倍。

在一般情况下，由于电网中绝缘被击穿而引起的接地故障，经常发生在相电压接近于最大值的瞬间，因此，可以将暂态电容电流看成是如下两个电流之和（见图 2-53）。

（1）由于故障相电压突然降低而引起的放电电容电流，此电流在图 2-53 中以“↦”表示，它通过母线而流向故障点。放电电流衰减很快，其振荡率高达数千赫，振荡频率主要决定于电网中线路的参数（R 和 L 的数值）、故障点的位置以及过渡电阻的数值。

（2）由非故障相电压突然升高而引起的充电电容电流，此电流在图 2-53 中以“➛”表示，要通过电源而成回路。由于整个流通回路的电感较大，因此充电电流衰减较慢，振荡频率也较低（仅为数百赫）。故障点暂态电容电流的波形如图 2-54 所示。

对于中性点经消弧线圈接地的电网，由于暂态电感电流的最大值应出现在接地故障发生在相电压经过零值的瞬间，而当故障发生在相电压接近于最大值瞬间时，$i_{L} \approx 0$，因此，暂态电容电流较暂态电感电流大得多，所以在同一电网中，无论中性点绝缘还是经消弧线圈接

地，在相电压接近于最大值时发生故障瞬间，其过渡过程是近似相同的。

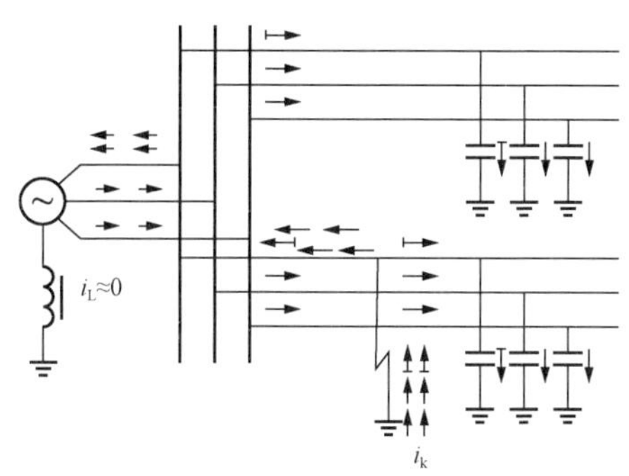

图 2-53　单相接地暂态电容电流的分布

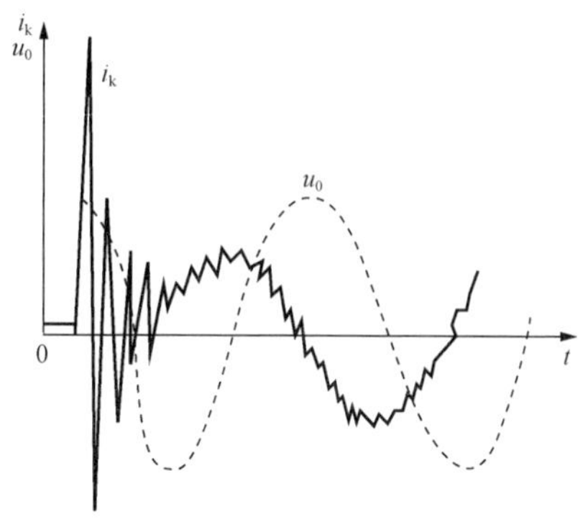

图 2-54　故障点暂态电容电流波形图

在过渡过程中，接地电容电流分量的估算，可以利用图 2-55 的等效网络来进行，图 2-55 中表示了网络的分布参数 R、L 和 C，以及消弧线圈的集中电感 L_k。由于 $L_k \gg L$，因此实际上它不影响电容电流分量的计算，因而可以忽略。决定回路自由振荡衰减的电阻 R，应为接地电流沿途的总电阻值，包括导线的电阻、大地的电阻以及故障点的过渡电阻。

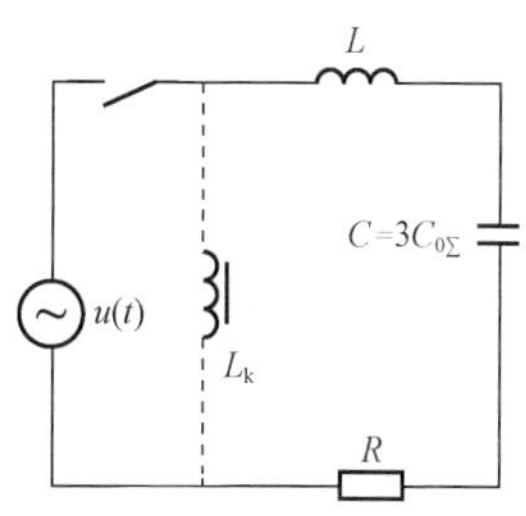

图 2-55　分析过渡过程的等效网络

在忽略 L_k 以后，对暂态电容电流的分析实际上就是一个 R、L、C 串联回路突然接通零序电压 $u_0(t)=U_m\cos\omega t$ 时的过渡过程分析。此时流经故障点电流的变化形式主要决定于网络 R、L、C 的关系。当 $R<2\sqrt{\frac{L}{C}}$ 时，电流的过渡过程具有衰减的周期特性；而当 $R>2\sqrt{\frac{L}{C}}$ 时，则电流经非周期衰减而趋于稳态值。

对于架空线路，由于 L 较大，C 较小，其 $R<2\sqrt{\frac{L}{C}}$，因此故障点的电流具有迅速衰减的形式，根据分析和测量的结果，自由振荡频率一般在 300～1500Hz 的范围内。对于电缆线路，由于 L 很小而 C 很大，因此其过渡过程与架空线路相比，所经历的时间极为短促且具有较高的自由振荡频率，一般为 1500～3000Hz。

如果故障是发生在相电压瞬时值为零的附近（如是由外界机械的原因而引起的单相接地），则电容电流的暂态分量值很小。因此在过渡过程中，电容电流的最大值是与发生接地瞬间故障相电压的瞬时值有关的。

四、中性点不接地电网中单相接地的保护

根据网络接线的具体情况，可利用以下方式来构成中性点不接地电网中单相接地保护。

1. 绝缘监视装置

在发电厂和变电站的母线上，一般装设网络单相接地的监视装置，利用接地后出现的零序电压，带延时动作于信号。为此，可用一过电压继电器接于电压互感器二次开口三角绕组的一侧，如图 2-56 所示。

只要本网络中发生单相接地故障，则在同一电压等级的所有发电厂和变电站的母线上，

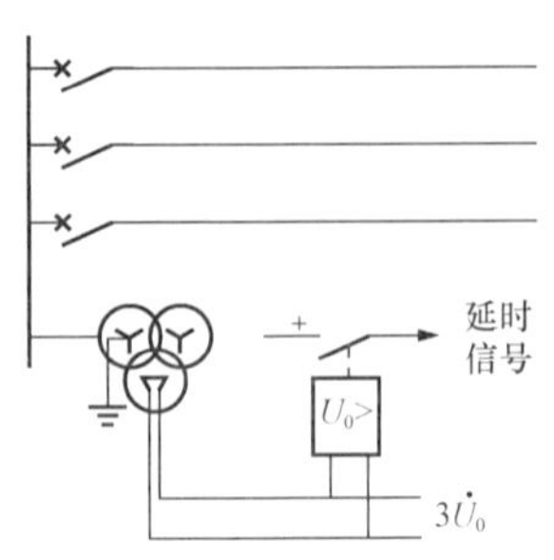

图 2-56 网络单相接地的信号装置原理接线图

都将出现零序电压，监视装置都会发出信号。因此，这种方法给出的信号是没有选择性的。要想发现故障是在哪一条线路上，还需要由运行人员依次短时断开每条线路，并继之以自动重合闸，将断开线路投入；当断开某条线路时，零序电压的信号消失，即表明故障是在该线路上。

2. 零序电流保护

利用故障线路零序电流较非故障线路为大的特点，来实现有选择性地发出信号或动作于跳闸。

这种保护一般使用在有条件安装零序电流互感器的线路上（如电缆线路或经电缆引出的架空线路），或当单相接地电流较大，足以克服零序电流过滤器中的不平衡电流的影响时，保护装置也可以接于三个电流互感器构成的零序回路中。

根据图 2-50 的分析，当某一线路上发生单相接地时，非故障线路上的零序电流为本身的电容电流，因此为了保证动作的选择性，保护装置的启动电流 I_{act} 应大于本线路的电容电流，参见式（2-63），即

$$I_{act}=K_{rel}3U_{ph}\omega C_0 \tag{2-69}$$

式中 C_0——被保护线路每相的对地电容。

按式（2-69）整定以后，还需要校验在本线路上发生单相接地故障时的灵敏系数，由于流经故障线路上的零序电流为全网络中非故障线路电容电流的总和，可用 $3U_{ph}\omega(C_{\Sigma}-C_0)$ 来表示，因此灵敏系数为

$$K_{sen}=\frac{3U_{ph}\omega(C_{\Sigma}-C_0)}{K_{rel}3U_{ph}\omega C_0}=\frac{C_{\Sigma}-C_0}{K_{rel}C_0} \tag{2-70}$$

式中 C_{Σ}——同一电压等级网络中，各元件每相对地电容之和，检验时应采用系统最小运行方式时的电容电流，也就是 C_{Σ} 为最小时的电容电流。

由式（2-70）可见，当全网络的电容电流越大或被保护线路的电容电流越小时，零序电流保护的灵敏系数就越容易满足要求。

3. 零序功率方向保护

在经消弧线圈接地的电网中，已无法用稳态情况下的零序电流或功率方向来实现有选择性的接地保护。因此，长期以来，这一直是人们探索研究的一个课题。近年来随着微机在电力系统及其自动化和继电保护领域的广泛应用，也使这个难题的解决取得了突破性的成果，出现了“百花齐放”的局面。有利用故障时电压电流中五次谐波的零序分量构成保护，有利用接地检测消弧线圈中有功功率的方法构成保护，还有利用过渡过程中小波变换方法构成接地选线的保护等。但还没有一种原理完善、动作可靠、实现简单的保护。

五、中性点经小电阻接地方式在城市配电网络中的应用

在我国大城市及沿海开放城市实现现代化的发展过程中，在市区 10kV 的配电网络中，普遍采用了电缆线路供电的方式，由于电缆线路的对地电容远大于架空线路的对地电容，因此在发生单相接地故障时，故障点将流过很大的电容电流（有的地区达到 100～150A）。如果采用消弧线圈进行补偿，不仅要增大消弧线圈及接地变压器的容量，而且在运行中由于电容电流变化范围较大，也使得消弧线圈自适应地跟踪补偿具有较大的困难。此外，在采用过补偿的方式时，接地点的残余电流也将较大（约为 10A 或更大），不利于电弧的熄灭，有可

能引起弧光过电压，从而达不到补偿的目的。为此采用了中性点经小电阻接地的方式，此时接地保护将反应于这个电阻性的电流而动作于跳闸。

1. 经小电阻接地方式需要考虑的主要问题

（1）这种方式的主要优点是解决了对地电容电流过大，以及弧光过电压引起的故障点绝缘不能自动恢复的问题。由于这种过电压可能高达 3.5～4 倍的相电压，因此对电网中电气设备的绝缘构成很大的威胁，而且由于电缆线路发生单相接地后一般都是永久性的，如果继续运行，也易于发展成相间短路，给电网带来更大的冲击。

（2）中性点经小电阻接地之后，发生单相接地故障时要求零序电流保护要有选择性地动作于跳闸，这将影响到对用户供电的可靠性，特别是影响对重要用户的供电可靠性。为此应考虑在供电网络中采用环网供电开环运行方式，并在开环处采用备用电源自动投入装置，以迅速恢复供电；也可以考虑由同一变电站单母线分段（分段断路器断开运行）的两段母线上分别送出的双回线供电方式，以及在有电缆及架空线路组合的线路上装设自动重合闸，来保证供电可靠性等措施。

（3）关于中性点接地电阻数值选择的问题，从保证零序电流保护动作的灵敏性、可靠性以及降低弧光过电压倍数的效果来考虑，阻值选择得小一点较好；而从单相接地时降低故障点的跨步电压差和接触电压差以保护人身的安全，降低零序电流对通信的干扰等因素来考虑，则阻值选择较大一些为好。

2. 应用实例

在我国南部地区，如深圳、珠海、广州等地均采用中性点经 16Ω 电阻接地的方式，而在华北地区，如北京、天津等则采用 10Ω 电阻接地的方式。

此时中性点给小电阻接地电网中，单相接地（设为线路ⅢC 相接地）时电阻性及电容性电流的分布如图 2-57 所示。图中 C 相经过渡电阻 R_t 接地，金属性接地时 $R_t=0$，此时 C 相对地电容电流为 0。电网的对地总电容 C_Σ 及接地点过渡电阻 R_t 的大小不同，将使接地点稳态电流也不同。

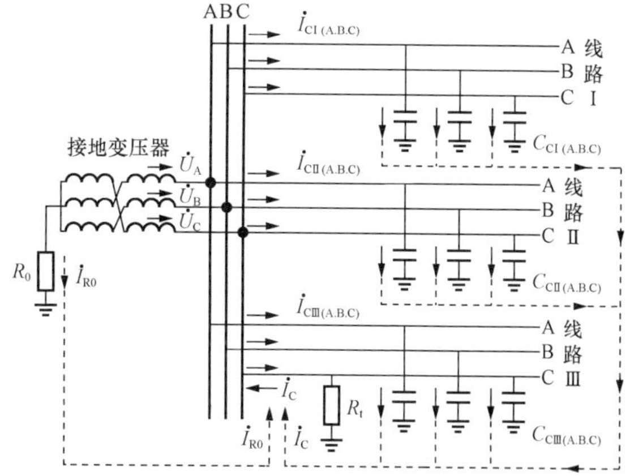

图 2-57　中性点经小电阻接地电网中单相接地时的电流分布图

当 $R_t=0$ 时，接地点的电流最大，此时由于 $R_0 \ll \left|\frac{1}{j3\omega C_\Sigma}\right|$，因此可近似求得接地点的稳态电流为

$$I_t \approx \frac{U_{ph}}{R_0} = \frac{5800}{10} = 580(A)$$

当取 $R_t=100\Omega$ 时，则可近似求出

$$I_t \approx \frac{U_{ph}}{R_0+R_t} = \frac{5800}{110} = 59.3(A)$$

如果要求零序电流保护能够反应 100Ω 的过渡电阻，则保护装置的启动电流应整定为 $I_{act}<59.3A$，并保证必要的灵敏度。此外，其整定值还应该考虑躲开电网中发生单相故障时自身的电容电流，以及相间短路时可能出现的最大不平衡电流。

当零序电流不能满足灵敏性的要求时，可考虑装设反应于电阻性电流的零序方向保护。

习 题

一、填空题

1. 运行中不允许电流互感器二次侧________，也不允许电压互感器二次侧短路。

2. 过量继电器的返回系数恒________。

3. 电流继电器的________电流与动作电流的比值称为继电器的返回系数。

4. 定时限过电流保护的动作时限是按________来选择的。

5. 若某一功率方向继电器的动作范围为（$-100°$，$60°$），当加入继电器的电流反相时，其动作范围变为________。

6. 由三相和各种两相短路的分析得出，当 $0°<\varphi_k<90°$时，使功率方向继电器在一切故障情况下都能动作的内角 α 的范围是________。

7. 中性点直接接地系统发生单相接地时，加到零序功率方向继电器上零序电压与零序电流的相位角 φ_k 取决于________的阻抗角。

8. 过电流保护的反时限特性是指________。

9. 三段式电流保护广泛用于________及以下电压等级的电网。

二、选择题

1. 在使用整流型功率方向继电器之前，应选择好合适的______。

A. 阻抗角　　B. 最大灵敏角　　C. 内角

2. 在电流保护的整定计算中，需要考虑大于 1 的可靠系数是为了保证动作的______。

A. 可靠性　　B. 选择性　　C. 灵敏性　　D. 速动性

3. 在电流保护中防止反向短路误动作的方案可以是______。

A. 装设功率方向继电器　　B. 采用不完全星形接线

C. 装设方向阻抗继电器　　D. 比较保护之间的动作时限或整定值

4. 按 90°接线的功率方向继电器，若 $\dot{U}_K=-\dot{U}_{CA}$，则 $\dot{I}_K$ 应为______。

A. $\dot{I}_A$　　B. $\dot{I}_B$　　C. $-\dot{I}_A$　　D. $-\dot{I}_B$

5. 在中性点非直接接地电网中的并联线路上发生跨线不同相两点接地短路时，两相星形接线电流保护只切除一个故障点的概率为______。

A. 100%　　B. 2/3　　C. 1/3　　D. 0

6. 作为高灵敏度的线路接地保护，零序电流灵敏Ⅰ段保护在非全相运行时需______。

A. 投入运行　　B. 有选择性的投入运行

C. 有选择性的退出运行　　D. 退出运行

三、基本概念

继电特性、最大/最小运行方式、继电器的动作（启动）电流、继电器的返回电流、返回系数、短路功率、功率方向继电器、最大灵敏角、电压死区、继电器的内角（α）、90°接线、分支系数、助增和外汲。

四、分析及简答题

1. 如图 2-58 所示，当 AB 线路 A 侧出口发生三相短路时，试分析方向性电流保护 1～

保护 4 中的方向元件的动作情况，并简要说明原因。

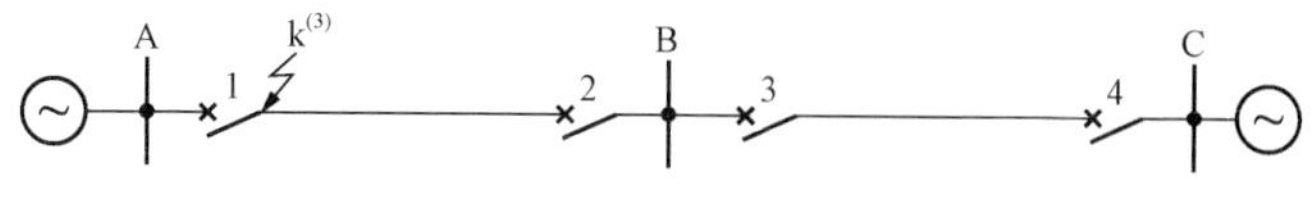

图 2-58 网络接线图

2. 相间电流保护可不装设方向元件的条件是什么？

3. 零序电流保护灵敏Ⅰ段与零序电流保护不灵敏Ⅰ段的区别是什么？分别在哪种情况下起作用？

4. 在中性点直接接地系统中，发生接地短路后，分析正序、负序、零序电压和正序、负序、零序电流的分布特点，并总结用零序电压、电流分量构成保护的优点。

5. 比较中性点直接接地系统与中性点不直接接地系统中发生接地短路故障后，在下述方面有何异同？

（1）零序等值网络及元件的零序参数；

（2）零序电压、电流的分布规律；

（3）故障线路与非故障线路零序功率流动的方向；

（4）故障电流的大小及流动规律；

（5）故障后各相电压的变化；

（6）故障对电力系统运行造成的危害程度；

（7）对保护切除故障速度的要求。

6. 总结下列电流保护的基本原理、适用网络及各自的优缺点。

（1）相间短路的三段式电流保护；

（2）方向性电流保护；

（3）零序电流保护；

（4）方向性零序电流保护；

（5）中性点非直接接地系统中的电流电压保护。

7. 在什么情况下电流保护采用两相星形接线的中线上再接入一个继电器的接线方式？试画出其原理接线图。

8. 小电流接地系统中在什么情况下应加装消弧线圈？有哪几种补偿方式？

五、计算题

1. 如图 2-59 所示，试计算保护 1 电流速断保护的动作电流、动作时限及最小保护范围，并说明当 $Z_{s\cdot max}$ 由 18Ω 增加为 24Ω 时情况如何？由此得出什么结论？已知：$K'_{rel}=1.2$，$z_l=0.4\Omega/km$，$Z_{s\cdot min}=12\Omega$，$Z_{s\cdot max}=18\Omega$。

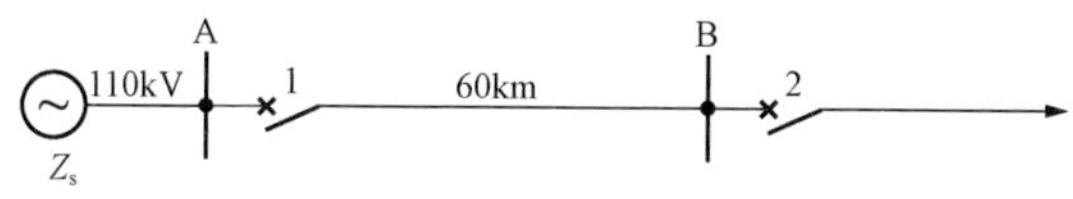

图 2-59 网络接线图

2. 如图 2-60 所示，已知 $K_{rel}=1.3$，$K_{re}=0.85$，$K_{Ms}=1$，线路 $z_l=0.4\Omega/km$，$P_{AB}=$

50MW，$\cos\varphi=0.9$，试计算保护 1 过电流保护的动作电流、动作时限及灵敏度。

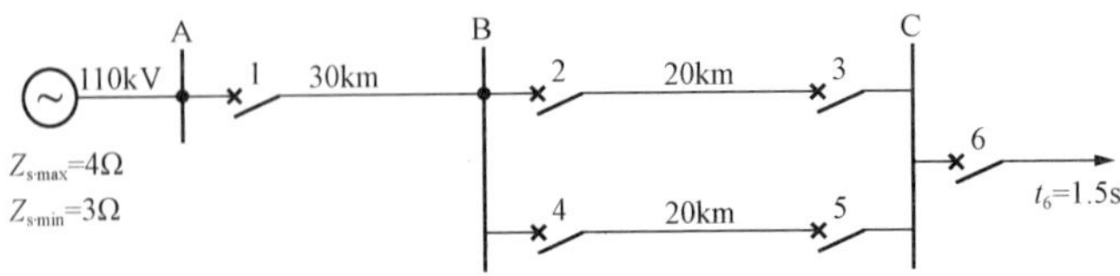

图 2-60 网络接线图

第三章　微机继电保护基础

微机保护是指以微型机、微控制器作为核心部件构成的继电保护。1984年国内第一套微机距离保护样机经过试运行并通过鉴定后，经过30多年的研究、应用、推广与实践，现在新投入使用的高中压等级继电保护设备几乎均为微机保护产品。微机保护在动作速度、动作性能及可靠性方面优于传统保护，已在电力系统中占据主导地位，代表了现代继电保护发展的方向。

第一节　微机保护装置硬件系统的构成原理

微机保护硬件系统按功能可分为以下五个部分：

（1）数据采集系统。数据采集系统（或称模拟量输入系统）包括电压形成、低通滤波器、采样保持（S/H）、多路转换开关（MPX）以及模数转换（A/D）等功能块，完成将模拟输入量转换为微型机能够识别的数字量。

（2）微型机主系统。微型机主系统包括微处理器（MPU）、只读存储器（ROM）或闪存内存单元（FLASH）、随机存取存储器（RAM）、定时器、并行接口以及串行接口等。微型机执行编制好的程序，对由数据采集系统输入至RAM区的原始数据进行分析、处理，完成各种继电保护的测量、逻辑和控制功能。

（3）开关量输入/输出系统。开关量输入/输出系统由微型机的并行接口（PIA或PIO）、光电隔离器件及有触点的中间继电器等组成，以完成各种保护的出口跳闸、信号、外部触点输入、人机对话及通信等功能。

（4）通信接口。通信接口包括多种通信接口电路以实现多机通信或联网。

（5）电源。电源供给微处理器、数字电路、模数转换芯片及继电器所需的电力。

图3-1为一种典型的微机保护装置硬件结构示意图。

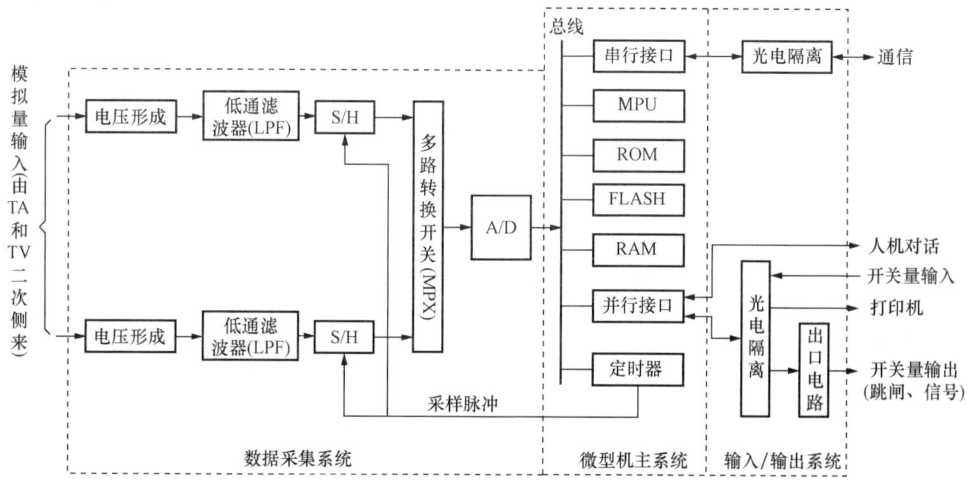

图3-1　典型的微机保护装置硬件结构示意图

目前，随着集成电路技术的不断发展，已有许多单一芯片将微处理器（MPU）、只读存储器（ROM）、随机存取存储器（RAM）、定时器、模数转换器（A/D）、并行接口（PIO）、闪存单元（FLASH）、数字信号处理单元（Digital Signal Processor，DSP）、通信接口等多种功能集成于一个芯片内，构成了功能齐全的单片微型机系统，为微机保护的硬件设计提供了更多的选择。由于芯片内部资源丰富，因此无须通过数据总线、地址总线和控制总线，在外部扩展存储器，实现了“总线不出芯片”的设计，这种芯片的应用将有利于提高微机保护设备的可靠性和抗干扰性能。

本章仅介绍除微机主系统以外的各子系统的电路构成原理。

一、数据采集系统

（一）电压形成回路

微机保护模拟量的设置应以满足保护功能为基本准则，输入的模拟量与计算方法结合后，应能够反应被保护对象的所有故障特征。以高压线路保护和三绕组变压器差动保护为例，由于高压线路保护一般具备了全线速动保护（如高频保护或光纤电流纵联差动保护）、距离保护、零序保护和重合闸功能，所以模拟量一般设置为 I_a、I_b、I_c、$3I_0$、U_a、U_b、U_c、U_x 共 8 个模拟量，其中 I_a、I_b、I_c、$3I_0$、U_a、U_b、U_c 用于构成保护的功能，U_x 为断路器的另一侧电压，用于实现重合闸功能；对于三绕组变压器的差动保护，至少应该接入三侧的三相电流，共 9 个模拟量。

在微机保护中，通常根据模数转换器输入范围的要求，将输入信号变换为 ±5V 或 ±10V范围内的电压信号。因此，一般采用中间变换器来实现以上变换。交流电压信号可以采用电压变换器；而将交流电流信号变换为成比例的电压信号，一般采用电流变换器将电流信号变换为电压信号。电流变换器最大优点是只要铁芯不饱和，则其二次电流及并联电阻上的二次电压的波形可基本保持与一次电流波形相同且同相，即它的传变可使原信息不失真。这点对微机保护是很重要的，因为只有在这种条件下做精确的运算或定量分析才是有意义的。至于移相、提取某一分量或抑制某些分量等，在微机保护中，根据需要可以容易地通过软件实现。电流变换器的缺点是在非周期分量的作用下容易饱和，线性度较差，动态范围也较小，这在设计和使用中应予以注意。采用电流变换器时，连接方式如图 3 - 2 所示。图中 Z 为模拟低通滤波器及 A/D 输入端等回路的综合阻抗，在工频信号条件下，该综合阻抗的数值可达 80kΩ 以上；R_{TAM}为电流变换器二次侧的并联电阻，数值为几欧到十几欧，远远小于 Z。因为 R_{TAM}与 Z 的数值差别很大，所以由图 3 - 2 可得

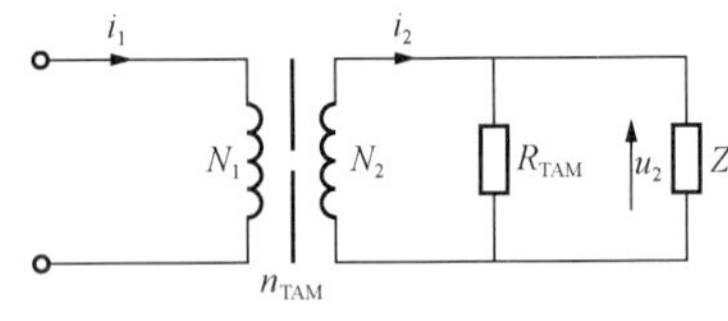

图 3 - 2 电流变换器的连接方式

$$u_2 = R_{TAM} i_2 = R_{TAM} \frac{i_1}{n_{TAM}} \tag{3 - 1}$$

于是在设计时，相关参数应满足下列条件

$$R_{TAM} \frac{i_{1max}}{n_{TAM}} \leqslant U_{max} \tag{3 - 2}$$

上两式中 R_{TAM}——并联电阻；

n_{TAM}——电流变换器的变比；

i_{1max}——电流变换器一次电流的最大瞬时值；

U_{max}——A/D 转换器在双极性输入情况下的最大正输入范围，如 A/D 的输入范围为±5V，则 $U_{max}=5V$。

通常，在中间变换器的一次和二次之间，应设计一个屏蔽层，并将屏蔽层可靠地与地网连接，以便提高交流回路抗共模干扰（作用在装置对引线端子和机壳之间的干扰）的能力，如图 3－3（a）所示。在存在共模干扰情况下的等效电路如图 3－3（b）所示，其中 C_1、C_2 为变换器两侧与屏蔽层之间的等效电容，Z_L 为交流输入传输导线的等效阻抗，Z_f 为设备对地的等效阻抗，Z_g 为接地阻抗（一般要求 Z_g 小于 0.5Ω）。由于 Z_g 很小，所以由电路的基本分析可以知道，共模干扰信号对变换器二次侧的影响得到了极大的抑制。这样中间变换器还起到屏蔽和隔离共模干扰信号的作用，可提高交流回路的可靠性。

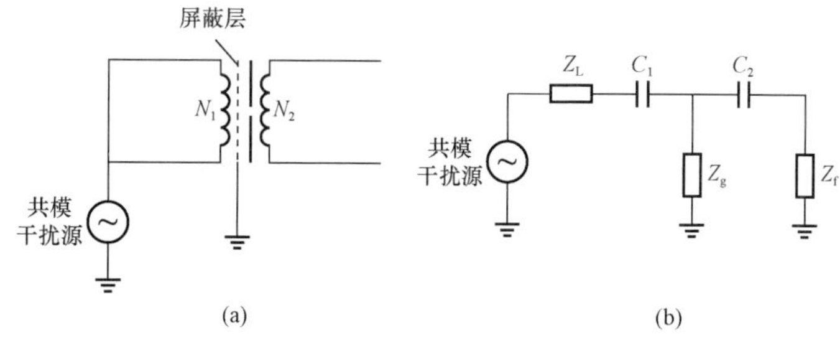

图 3－3　屏蔽层作用的等效电路

（a）共模干扰及屏蔽层示意图；（b）屏蔽层作用的等效电路图

（二）采样保持电路和模拟低通滤波器

1. 采样保持电路的作用及原理

采样保持电路又称 S/H（Sample/Hold）电路，其作用是在一个极短的时间内测量模拟输入量在该时刻的瞬时值，并在模拟数字转换器进行转换的期间内保持其输出不变。利用采样保持电路后，可以方便地对多个模拟量实现同时采样。S/H 电路的工作原理可利用图 3－4（a）来说明。它由一个电子模拟开关 SA、保持电容器 C_h 以及两个阻抗变换器组成。模拟开关 AS 受逻辑输入端的电平控制，该逻辑输入就是采样脉冲信号。

在逻辑输入为高电平时 AS 闭合，此时电路处于采样状态，C_h 迅速充电到 u_{sr} 在采样时刻的电压值。AS 的闭合时间应满足使 C_h 有足够的充电时间即采样时间，显然希望采样时间越短越好。这里，应用阻抗变换器Ⅰ的目的是它在输入端呈现高阻抗，对输入回路的影响很小；而输出阻抗很低，使充放电回路的时间常数很小，保证 C_h 上的电压能迅速跟踪到在采样时刻的瞬时值 u_{sr}。

AS 打开时，电容器 C_h 上保持住 AS 闭合时刻的电压，电路处于保持状态。为了提高保持能力，电路中应用了另一个阻抗变换器Ⅱ，它在 C_h 侧呈现高阻抗，使 C_h 对应充电回路的时间常数很大，而输出阻抗（u_{sc}侧）很低，以增强带负载能力。阻抗变换器Ⅰ和Ⅱ可由运算放大器构成。

采样保持的过程如图 3－4（b）所示。图中，T_C 称为采样脉冲宽度；T_S 称为采样间隔（或称采样周期）。由微型机控制内部的定时器产生一个等间隔的采样脉冲，用于对“信号”（模拟量）进行定时采样，从而得到反映输入信号在采样时刻的信息，即图 3－4（b）中的“采样信号”；随后，在一定时间内保持采样信号处于不变的状态，如图 3－4（b）中“采样和保持信号”，这样，在保持阶段，无论何时进行模数转换，其转换的结果都反映了采样时刻的信息。

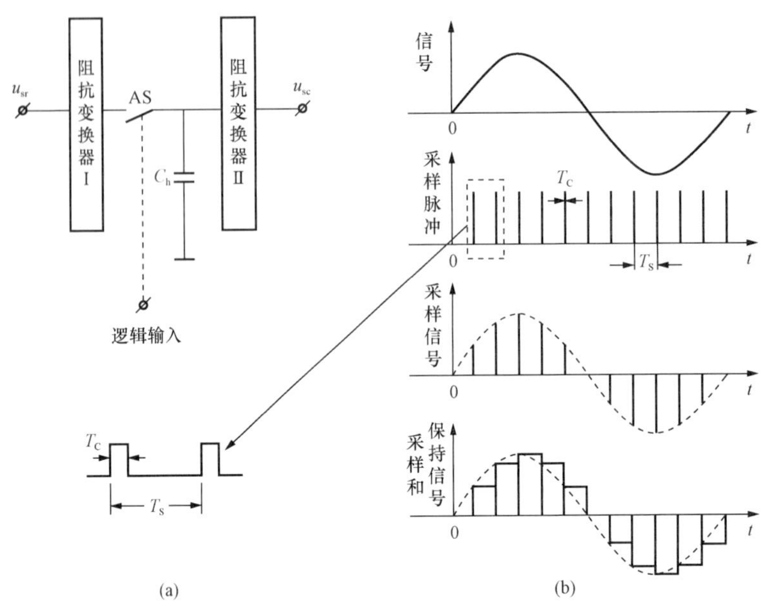

图 3 - 4 采样保持电路工作原理图及其采样保持过程示意图

（a）采样保持电路工作原理图；（b）采样保持过程示意图

2. 对采样保持电路的要求

高质量的采样保持电路应满足以下几点要求：

（1）C_h 上的电压按一定的精度（如误差小于 0.1%）跟踪上 u_{sr} 所需要的最小采样宽度 T_C（或称为截获时间），对快速变化的信号采样时，要求 T_C 尽量短，以便可用很窄的采样脉冲，这样才能更准确地反映某一时刻的 u_{sr} 值。

（2）保持时间要长。通常用下降率 $\frac{\Delta u}{T_S - T_C}$ 来表示保持能力。

（3）模拟开关的动作延时、闭合电阻和开断时的漏电流要小。

图 3 - 5（a）就是 LF - 398 型采样保持电路芯片（采样保持器）的原理图，其他型号采样保持器的工作原理大同小异。电路主要由两只高性能的运算放大器 A1、A2 构成的跟随器

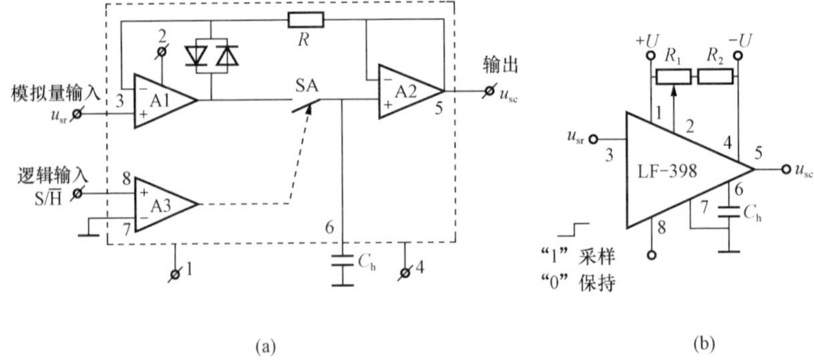

图 3 - 5 LF - 398 型采样保持电路芯片原理图及实用接线图

（a）原理图；（b）实用接线图

组成，其中 A2 是典型的跟随器接法，其反相端直接与输出端相连。由于运算放大器的开环放大倍数极高，A2 的“+”“−”输入端之间的电位差实际上为零，所以输出端对地电压能跟踪上输入端对地电压，也就是保持电容器 C_h 两端的电压。A1 和 A2 的接法实质相同，在采样状态（SA 接通时），A1 的反相输入端从 A2 输出端经电阻器 R 获得负反馈，使输出跟踪输入电压。在 SA 断开后的保持阶段，虽然模拟量输入仍在变化，但 A2 的输出电压却不再变化，这样 A1 不再从 A2 的输出端获得负反馈，为此在 A1 的输出端和反相输入端之间跨接了两个反向并联的二极管，直接从 A1 的输出端经过二极管获得负反馈，以防止 A1 进入饱和区，同时配合电阻器 R 起到隔离第二级输出与第一级输出的联系。

跟随器的输入阻抗很高（达 $10^{10}\Omega$），输出阻抗很低（最大 6Ω），因而 A1 对输入信号 u_{sr}来说是高阻抗；而在采样状态时，对电容器 C_h 为低阻抗充电，故可快速采样。又由于 A2 的缓冲和隔离作用，使电路有较好的保持性能。

SA 为场效应晶体管模拟开关，由运算放大器 A3 驱动。A3 的逻辑输入端 $S/\overline{H}$ 由外部电路（通常可由定时器）按一定时序控制，进而控制着 C_h 处于采样或保持状态。符号 $S/\overline{H}$ 表示该端子有双重功能，即 $S/\overline{H}=$“1”电平为采样（Sample）功能，$S/\overline{H}=$“0”电平为保持（Hold）功能。某个符号上面带一横，表示该功能为低电平有效，这是数字电路的习惯表示法。

3. 采样频率的选择和模拟低通滤波器的应用

因为电网频率的波动较小，所以通常按照时间等间隔来设计采样间隔 T_S，完全满足工程的实际要求，这种方法的 T_S 控制方式很简单。

采样间隔 T_S 的倒数称为采样频率 f_S。采样频率的选择是微机保护硬件设计中的一个关键问题，为此要综合考虑很多因素，并要从中做出权衡。采样频率越高，要求微型机的运行速度越高。因为微机保护是一个实时系统，数据采集系统以采样频率不断地向微型机输入数据，微型机必须要来得及在两个相邻采样间隔时间 T_S 内，处理完对每一组采样值所必须做的各种操作和运算，否则微型机将跟不上实时节拍而无法工作。相反，采样频率过低，将不能真实地反映被采样信号的情况。由采样定理$f_S>2f_{max}$可以知道，如果被采样信号中所含最高频率成分的频率为 f_{max}，则采样频率 f_S 必须大于 f_{max}的 2 倍。采样频率的设置在满足采样定理后，才能通过一定的计算方法，从采样信号中获取连续时间信号的有关信息。

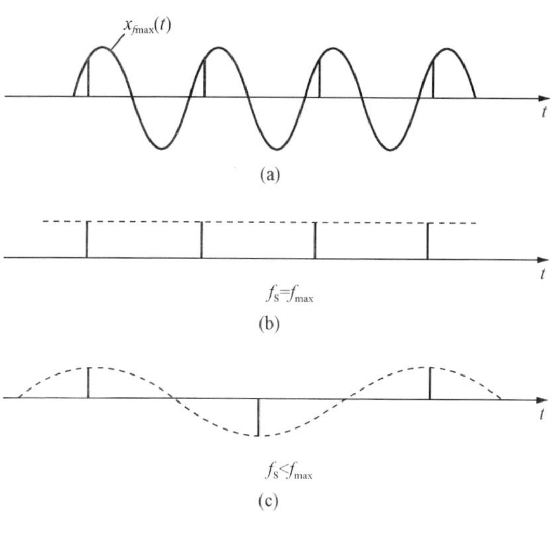

图 3-6　频率混叠示意图

（a）$x_{f_{max}}$（t）波形；（b）$f_S=f_{max}$采样波形；（c）$f_S<f_{max}$采样波形

这里仅从概念上来说明采样频率过低造成频率混叠的原因。设被采样信号 $x(t)$ 中含有的最高频率为 f_{max}，现将 $x(t)$ 中这一频率成分 $x_{f_{max}}(t)$ 单独画在图 3-6（a）中。从图 3-6（b）可以看出，当 $f_S=f_{max}$时，采样所看到的为一直流成分；而从图 3-6（c）看出，当 f_S 略小于 f_{max}时，采样所看到的是一个差拍低频信号。这就是说，一个高于 $f_S/2$ 的频率成分在采样后将被错误地认为是一低频信号，或称高频信号“混叠”到了低频段。显然，满足采样定理 $f_S>2f_{max}$后，将不会出现这种混叠现象。工程中一般取 $f_S=(2.5\sim3)f_{max}$。

对微机保护系统来说，在故障初瞬，电压、电流中可能含有相当高的频率分量（如2kHz以上），为防止混叠，f_S 将不得不用得很高，从而对硬件速度提出过高的要求。但实际上，目前大多数的微机保护原理都是反映工频量的，在这种情况下，可以在采样前用一个低通模拟滤波器（Low Pass Filter，LPF）将高频分量滤掉，这样就可以降低 f_S，从而降低对硬件提出的要求。实际上，在第二节将看到，由于数字滤波器有许多优点，因而通常并不要求图 3-1 中的模拟低通滤波器滤掉所有的高频分量，而仅用它滤掉 $f_S/2$ 以上的分量，以消除频率混叠，防止高频分量混叠到工频附近来。低于 $f_S/2$ 的其他暂态频率分量，可以通过数字滤波来滤除。还应当提出，实际上电流互感器、电压互感器对高频分量已有相当大的抑制作用，因此不必对抗混叠的模拟低通滤波器的频率特性提出很严格的要求，如不一定要求很陡的过渡带，也不一定要求阻带有理想的衰耗特性，否则高阶的模拟滤波器将带来较长的过渡过程，影响保护的快速动作。最简单的模拟低通滤波器如图 3-7 所示，其中的一种参数设计为：$R=4.3\text{k}\Omega$，$C=0.1\mu\text{F}$。

采用低通滤波器消除频率混叠问题后，采样频率的选择在很大程度上取决于保护的原理和算法的要求，同时还要考虑硬件的速度问题。例如，一种常用的采样频率是使采样间隔 $T_S=5/3\text{ms}$，这正好相当于工频电角度为 30°，因而可以很方便地实现 30°、60°或90°移相，从而构成负序滤过器等。考虑到硬件目前实际可达到的速度和保护算法的要求，绝大多数微机保护的采样间隔 T_S 都在 0.1～2ms 的范围内。

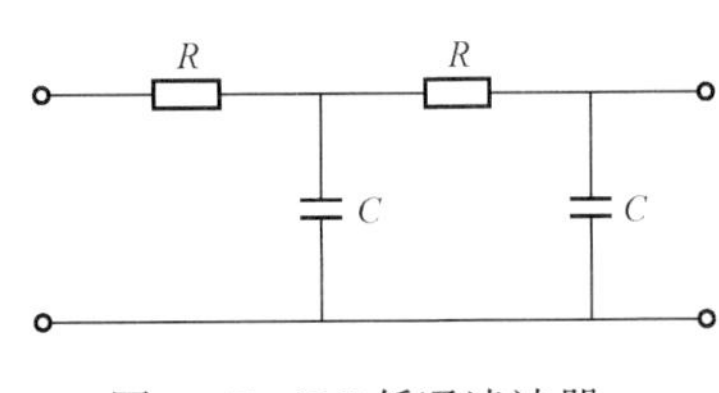

图 3-7　RC 低通滤波器

（三）模拟量多路转换开关

对于反映两个量以上（如反映阻抗、功率方向等）的继电保护装置，都要求对各个模拟量同时采样，以准确地获得各个量之间的相位关系，因而图 3-1 中要对每个模拟输入量设置一套电压形成、抗混叠低通滤波和采样保持电路。所有采样保持器的逻辑输入端并联后，由定时器同时供给采样脉冲。但由于模数转换器价格相对较贵，通常不是每个模拟量输入通道设一个 A/D，而是共用一个，中间经多路转换开关 MPX（Multiplex）切换，轮流由公用的 A/D 转换成数字量输入给微机。多路转换开关包括选择接通路数的二进制译码电路和由它控制的各路电子开关，它们被集成在一个电路芯片中。以 AD7506 型 16 路多路转换开关芯片为例，其内部电路组成框图如图 3-8 所示。因为要选择 16 路输入量，所以它有 A0～A3 四个路数选择线，以便由微型机通过并行接口或其他硬件电路给A0～A3 赋以不同的二进制码，选通 SA1～SA16 中相应的一路电子开关 SA，从而将被选中的某一路模拟量接通至公共的输出端，供给 A/D 转换器。

图 3-8 中的 EN（Enable）端为芯片选择线，也称为允许端，只有在 EN 端为高电平时多路开关才接通，否则不论 A0～A3 在什么状态，SA1～SA16 均处于断开状态。设置 EN 端是为了便于控制 2 个或更多个的 AD7506 型多路转换开关芯片，以扩充多路转换开关的路数。

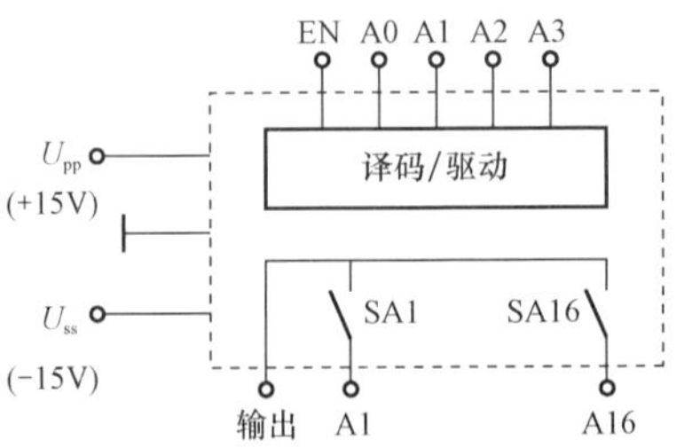

图 3-8　AD7506 型 16 路多路转换开关芯片的内部电路组成框图

（四）模数转换器

1. 模数转换器一般原理

模数转换器（A/D转换器或称ADC）是实现计算机控制的关键技术，是将模拟量转变成计算机能够识别的数字量的桥梁。由于计算机只能对数字量进行运算，而电力系统中的电流、电压信号均为模拟量，因此必须采用模数转换器将连续的模拟量转变为离散的数字量。

模数转换器可以认为是一个编码电路。它将输入的模拟量 U_{sr} 相对于模拟参考量 U_R 经编码电路转换成数字量 D 输出。一个理想的A/D转换器，其输出与输入的关系式为

$$D=\frac{U_{sr}}{U_R} \tag{3-3}$$

式中　D——一般为小于1的二进制数（与A/D的进位技术有关）；

U_{sr}——输入信号；

U_R——参考电压，也反映了模拟量的最大输入值。

对于单极性的模拟量，小数点在最高位前，即要求输入 U_{sr} 必须小于 U_R。D 可表示为

$$D=B_1\times 2^{-1}+B_2\times 2^{-2}+\cdots+B_n\times 2^{-n} \tag{3-4}$$

式中　B_1——最高位，常用英文缩写MSB（Most Significant Bit）表示；

B_n——最低位，英文缩写为LSB（Least Significant Bit）。

B_1～B_n 均为二进制码，其值只能是“1”或“0”，因而，式（3-3）又可写为

$$U_{sr}\approx U_R(B_1\times 2^{-1}+B_2\times 2^{-2}+\cdots+B_n\times 2^{-n}) \tag{3-5}$$

式（3-5）即为A/D转换器中将模拟信号进行量化的表达式。

由于编码电路的位数总是有限的，如式（3-5）中有 n 位，而实际的模拟量公式 $\frac{U_{sr}}{U_R}$ 却可能为任意值，因而对连续的模拟量用有限长位数的二进制表示时，不可避免地要舍去比最低位LSB更小的数，从而引入一定的误差。显然，单从数学角度看，这种量化误差的绝对值最大不会超过和LSB相当的值，因而模数转换编码的位数越多，即数值分得越细，所引入的量化误差就越小或称分辨率就越高。量化误差为 $q=\frac{1}{2^n}U_R$。

模数转换器有线性变换、双积分、逐次逼近方式等多种工作方式，这里仅以逐次逼近方式为例，介绍A/D模数转换器的工作原理。

2. 数模转换器（DAC或D/A转换器）

由于逐次逼近式模数转换器一般要用到数模转换器，同时在继电保护测试仪中，也广泛地将D/A数模转换器应用于模拟量输出的控制，因此先介绍一下D/A数模转换器。

数模转换器的作用是将数字量 D 经解码电路变成模拟电压或电流输出。图3-9为一个4位数模转换器原理图，其中电子开关S0～S3分别受输入4位数字量 B_4～B_1 控制。在某一位为“0”时，其对应开关合向右侧，即接地；而为“1”时，开关合向左侧，即接至运算放大器的A的反相输入端（虚地）。流向运算放大器反相端的总电流 I_Σ 反映了4位输入数字量的大小，它经过带负反馈电阻 R_F 的运算放大器，变换成电压 u_{sc} 输出。由于运算放大器A的“+”端接参考地，所以其负端为“虚地”，这样运算放大器A的反相输入端的电位实际上也是地电位，因此不论图3-9中各开关合向哪一侧，对图3-9中电阻网络的电流（I_1～I_4）分配是没有影响的。在图3-9中，电阻网络的等值阻抗都是 R，因而a点电位必定是 $(1/2)U_R$，b点电位则为 $(1/4)U_R$，c点为 $(1/8)U_R$。相应的，图3-9中各电流分别为 $I_1=$

$U_R/2R$，$I_2=(1/2)I_1$，$I_3=(1/4)I_1$，$I_4=(1/8)I_1$。

各电流之间的相对关系正是二进制每一位之间的权的关系，因而，图 3-9 中，总电流 I_Σ 必然正比于数字量 D。按式（3-4），由图 3-9 得

$$I_\Sigma = B_1 I_1 + B_2 I_2 + B_3 I_3 + B_4 I_4 = \frac{U_R}{R}(B_1 \times 2^{-1} + B_2 \times 2^{-2} + \cdots + B_n \times 2^{-n}) = \frac{U_R}{R} D$$

而输出电压为

$$u_{sc} = I_\Sigma R_F = \frac{U_R R_F}{R} D \tag{3-6}$$

可见，输出模拟电压正比于控制输入的数字量 D，比例常数为 $\frac{U_R R_F}{R}$。

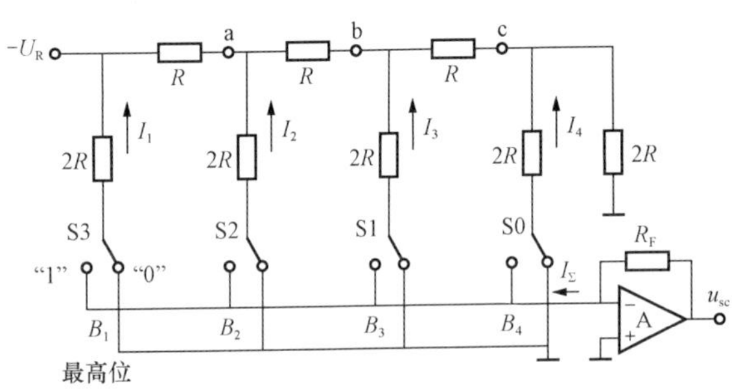

图 3-9　4 位 D/A 转换器原理图

图 3-9 所示 D/A 转换器电路通常被集成在一块芯片上，由于采用激光技术，集成电阻值可以制作得相当精确，因而 D/A 转换器的精度很高。

3. 逐次逼近式模数转换器的基本原理

图 3-10 所示为一个应用微型机控制一片 16 位 D/A 转换器和一个比较器，实现 A/D 转换的基本原理框图。该图是在微型机控制下由软件来实现逐次逼近的，仅用于理解 A/D 转换逐次逼近过程。实际上，逐次逼近式 A/D 转换过程的控制、比较都是由硬件控制电路自动实现的，并且整个电路都集成在一块芯片上。但从图 3-10 可以很清楚地理解逐次逼近式 A/D 转换的基本原理。

图 3-10 的模数转换器工作原理为并行接口的 PB15～PB0 用作输出，由微型机通过该口往 16 位 D/A 转换器试探性地送数。每送一个数，微型机通过读取并行口的 PA0（用作输入）的状态（“1”或“0”）来观察试送的 16 位数对应模拟输入量是偏大还是偏小。如果偏大，即 D/A 转换器的输出 u_{sc} 大于待转换的模拟输入电压，则比较器输出“0”，否则为“1”。通过软件方法，如此不断地修正送往D/A转换器 16 位二进制数，直到找到最相近的二进制数值，这个二进制数就是 A/D 转换器的转换结果。

逼近的步骤通常采用二分搜索法。图 3-11 所示为一个三位转换器的二分搜索法示意图。图中大于、小于符号的判别是指输入模拟量与 D/A 输出值的比较。二分搜索法是一种最快的逼近方法，n 位转换器只要比较 n 次即可，比较次数与输入模拟量大小无关。

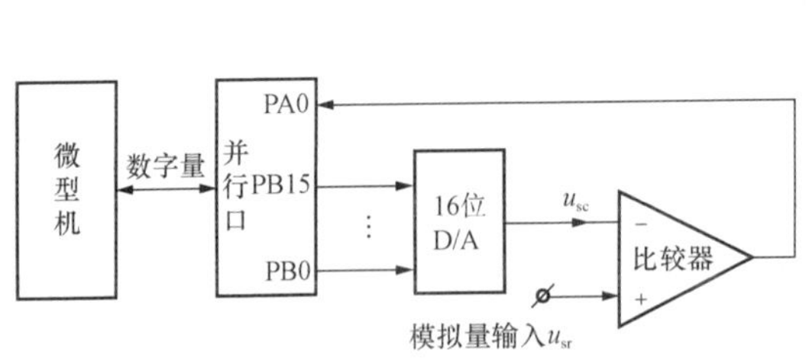

图 3-10　A/D 转换器基本原理框图

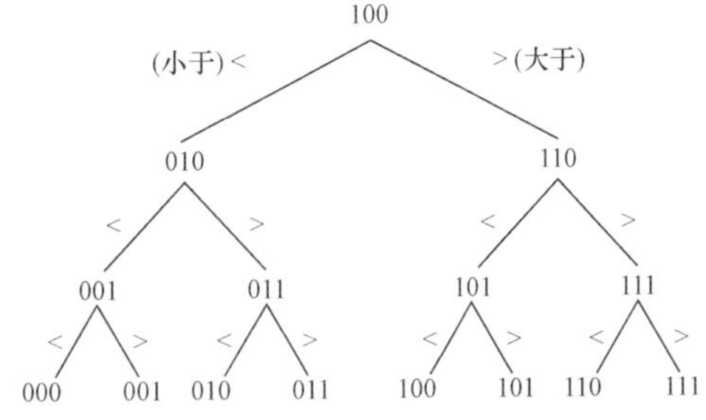

图 3-11　三位转换器的二分搜索法示意图

这种原理原则上只适用于单极性输入电压，对于图 3-10 所示的接法，输入电压必须是正的，如果为负，则不论负值多大，比较结果必然是 0000H。但继电保护所反映的交流电流、交流电压都是双极性的，为了实现对双极性模拟量的模数转换，需要设置一个直流偏置量，其值为最大允许输入量的一半。将此偏置直流量同交变的输入量相加，变成单极性模拟量后再接到比较器，接法如图 3-12 所示。显然双极性接法时，允许的最大输入电压幅值将比单极性时缩小一半。如单极性时允许电压的输入范围为0～+10V，则接成双极性时，偏置电压应当取+5V，这样，输入双极性电压的最大允许范围为±5V，这一点可以从图 3-13 清楚地看出。加上偏置电压后，A/D 转换器的数字量输出实际反映的是 u_{sr} 和 U_b 之和，只要减去同 U_b 所相当的数字量，就能还原成用补码形式表示的与双极性输入对应的数字量输出。以 16 位的 A/D 转换器为例，如果 10V 相当于单极性的最大输出 FFFFH，则+5V 的偏置相当于 8000H。任何 16 位二进制减去 8000H，相当于把最高位反相（即“1”变“0”或“0”变“1”）。

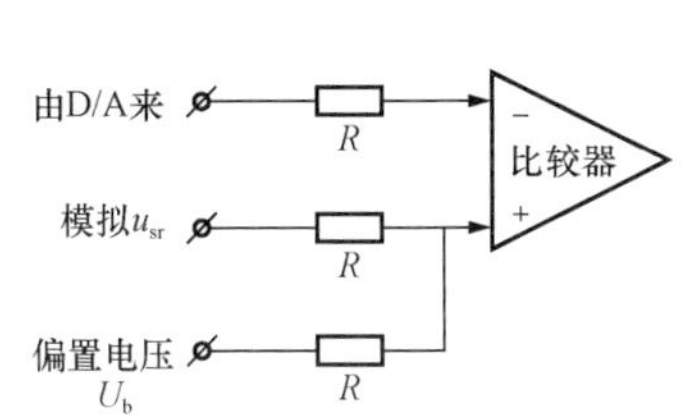

图 3-12 A/D 转换器的双极性接线图

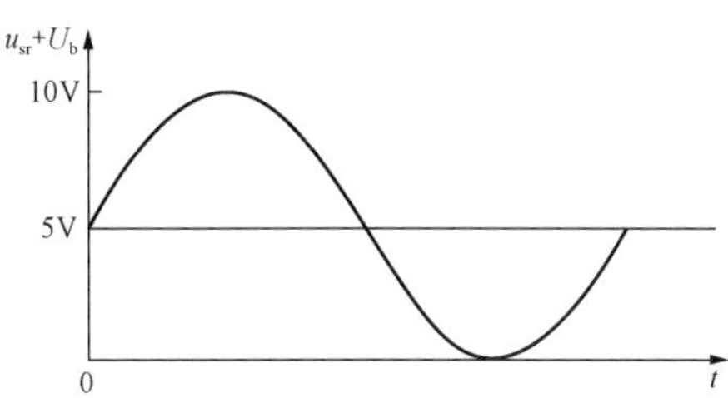

图 3-13 加偏置电压后输入双极性波形图

4. 模数转换与微型机的接口

在 A/D 转换器中，AD7665 型器件是一种逐次逼近式 16 位快速模数转换器，转换速率为 500kSPS 或 570kS/s。器件内部包含了一个高速的 16 位数模转换电路，一个采样保持电路，一个适用于不同输入范围的电阻电路，一个用于控制转换的内部时钟，一个纠错电路，输入方式既可以是串行接口也可以是并行接口，以便于和各种微型机接口。

由于 AD7665 型器件的转换速度和微型机的指令速度都很快，因此 A/D 转换与微型机的接口方式常用查询方式或中断方式。无论采用何种接口和读取数据方式，都要求实时读取 A/D 转换结果。下面以图 3-14 并行接口和查询方式为例，介绍数据采集系统的工作过程。

图 3-14 中，管脚的“0”或“1”设置，主要是将 AD7665 型器件设置为并行工作，且输出为 2 的补码方式。为了实现图 3-14 的电路功能，微型机还应在初始化程序中，将 PA 口（PA0～PA15）和 PB7 设置为输入方式，将（PB0～PB5）设置为输出方式，设计定时器采样间隔 T_S 和采样脉冲信号，同时将存数指针（POINT）设置为等于采样值存储区的首地址。

如前所述，微机保护的采样脉冲是由定时器产生。为了实时、快速地进行 A/D 转换，将采样信号转换成数字量，在微机保护中可以采用脉冲的下降沿作为微型机的中断信号，从而触发微型机响应中断，保证中断服务程序能够快速地与采样脉冲实现同步。在微型机的多个中断源中，一般将完成数据采集系统功能的中断设置为优先级最高。这样，就可以需要实时、快速、与采样脉冲同步的功能程序放在优先级最高的中断服务程序中予以执行。微机保护数据采集系统的控制和 A/D 数据存储，就是属于需要实时、快速、与采样脉冲同步的功能之一。应该说，数据采集系统与中断的配合方式还有多种方案，这里介绍的只是较为典型的一种方案。

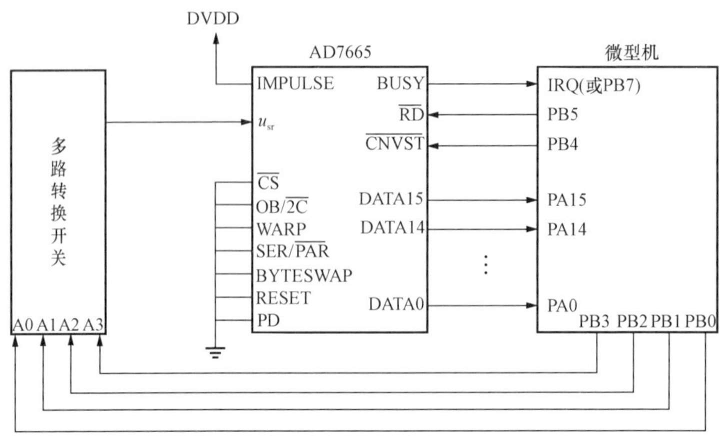

图 3-14 AD7665 型器件的并行接口示意图

于是，在每一个采样信号 T_C 到来时，由采样脉冲控制采样保持器（见图 3-1），对所有模拟量进行同时采样，保证同时性；当采样信号 T_C 结束时，采样脉冲的下降沿触发微型机产生一次中断，从而让微型机执行一次中断，在中断服务程序中完成数据采集系统的控制和数据的存储。数据采集系统与采样脉冲之间的时序关系如图 3-15 所示。

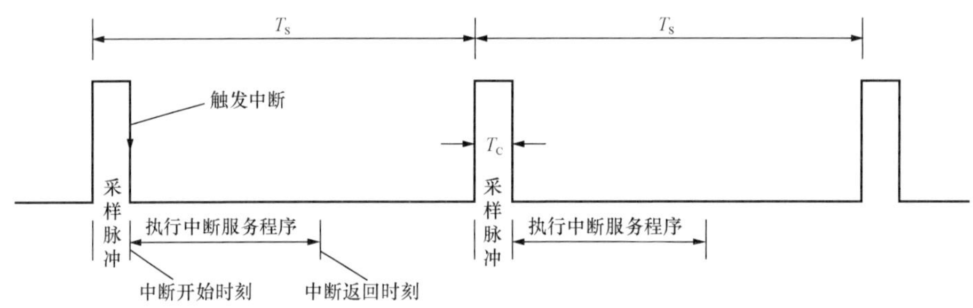

图 3-15 数据采集系统与采样脉冲之间的时序关系示意图

在中断服务程序中，数据采集系统的软件控制流程如图 3-16 所示。

图 3-16 中，数据采集系统控制流程的工作过程如下：

（1）控制 PB0～PB3=0，从而控制多路转换开关的 A0～A3，先将 0 通道的模拟量连接到 A/D 的输入端 u_{sr}。

（2）控制 PB4=0，使$\overline{CNVST}$=0，触发 AD7665 开始转换。

（3）判断这一次的 A/D 转换是否结束。按照 AD7665 的转换速率，这个时间约为 2μs。正是由于采用了查询 BUSY 状态的方法，因此将这种方法称为查询方式。

（4）当 A/D 转换结束后，控制 PB4（$\overline{CNVST}$）=1 和 PB5（$\overline{RD}$，读）=0，让 AD7665 器件将转换结果送到并行输出端 DATA15～DATA0。

（5）微型机读取 A/D 转换结果，并按照一定的格式存入循环寄存器中，以便微型机对新的采样数据进行分析、计算和判断。循环寄存器较为典型的数据存储格式如图 3-17 所示。图中，"第 1 个时刻的采样值存放区"将被"第（NM+1）个时刻的采样值存放区"替代。这里，N 表示一个工频周期的采样点数，M 表示采样值记忆的周期数（M 可以为非整数）。

（6）修改存数指针（见图 3-17 中用 POINT 表示）为下一个存数单元，同时控制$\overline{RD}$为

1 电平，收回读 A/D 数据的命令，准备下一次 A/D 转换。

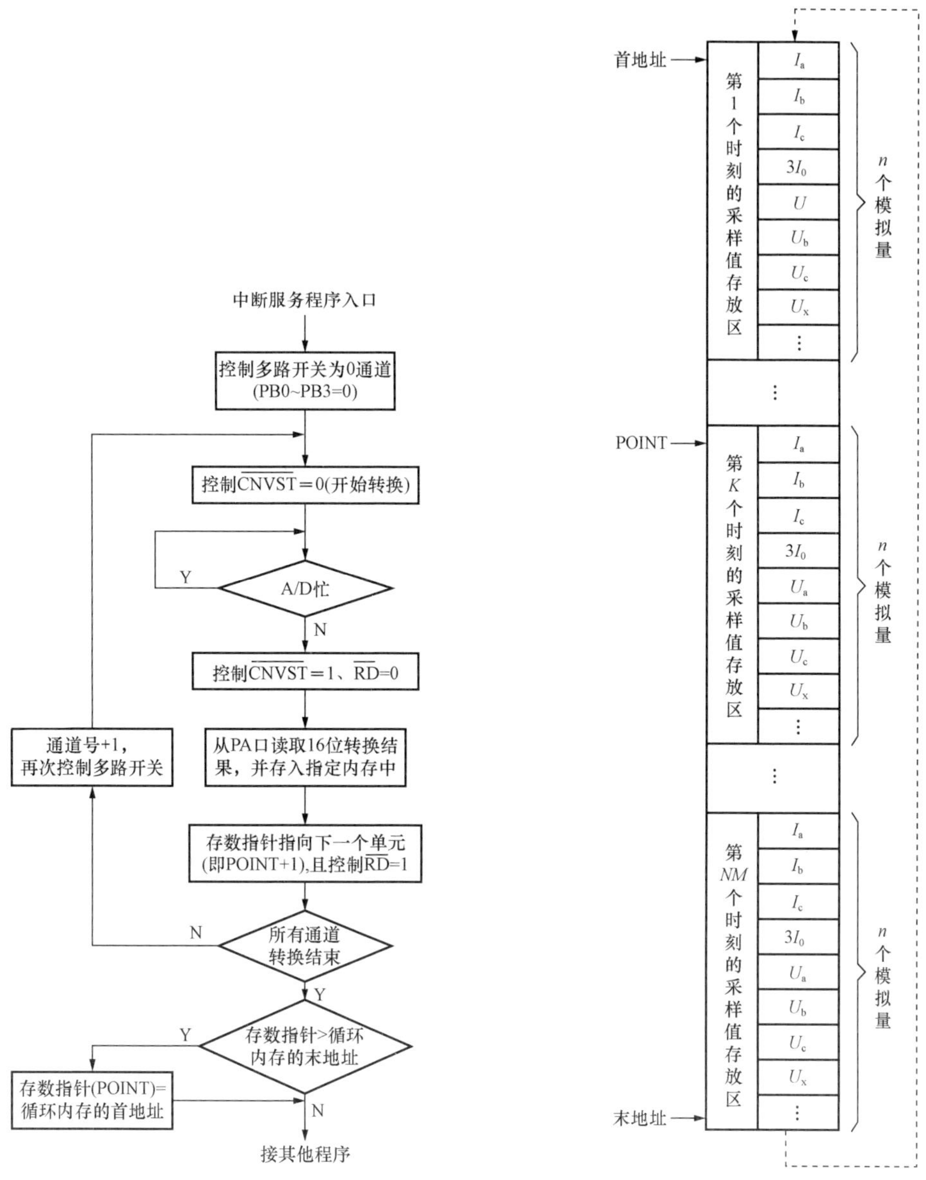

图 3 - 16　数据采集系统的软件控制流程示意图

图 3 - 17　数据存储格式

(7) 判断本次采样时刻的所有模拟量是否都已经转换完毕。如果还有模拟量没有转换，则控制 PB0～PB3，使通道号加 1，控制多路转换开关切换到下一个模拟量。

于是，重复上述 (2) ～ (7) 项的过程，进行下一个模拟量的 A/D 转换。

(8) 当本次采样时刻所有模拟量都已转换结束，则判断存数指针 POINT 是否超出了循环寄存器的末地址。如果存数指针 POINT 大于循环寄存器的末地址时，则应将存数指针 POINT 重新置为首地址，以便保证采样值都能够存放在正确的位置，不致紊乱。这样相当于把首地址接在末地址后面，如图 3 - 17 所示中的虚线，构成循环存数形式，从而成为循环寄存器。

到此，本次采样的 A/D 转换已经完成。应当注意，存数指针 POINT 指向的是下一个采样值存放的地址单元，所以最新采样值的地址单元应当是（POINT－1）～（POINT－N）。

（9）随后，可以执行中断服务流程中的其他程序。

对于 n 个模拟量，如果工频信号每周期采样 N 点，且希望存放 M 周的数据，那么在存储器为 16 位时，存放采样值的寄存器的总容量为 nNM。

5. A/D 转换器的主要技术指标

（1）分辨率。分辨率是指 A/D 转换器所能分辨模拟输入信号的最小变化量，通常用数字输出最低位（LSB）所对应的模拟输入的电平值表示“1”所代表的模拟量的大小。设 A/D转换器的位数为 n，满量程电压为 FSR，则 A/D 转换器的分辨率定义为

$$分辨率 = \frac{FSR}{2^n}$$

例如，一个满量程电压为 10V 的 12 位 A/D 转换器，能够分辨模拟输入电压变化的最小值为 2.44mV。

可以清楚地看出，A/D 转换器分辨率的高低取决于位数的多少，因此，目前一般都简单地用 A/D 转换器的位数 n 来间接代表分辨率。

（2）量程。量程是指 A/D 转换器所能转换模拟信号的电压范围，如 0～5V、－5～＋5V、0～10V、－10～＋10V 等。

（3）精度。A/D 转换器的精度分为绝对精度和相对精度两种。

绝对精度，对应于输入数码的实际模拟输入电压与理想模拟输入电压之差。

相对精度，为绝对精度与满量程电压值之比的百分数，即

$$相对精度 = \frac{绝对精度}{FSR} \times 100\%$$

注意：精度和分辨率是两个不同的概念。精度是指转换后所得的结果相对于实际值的准确度；分辨率是指转换器所能分辨的模拟信号的最小变化值。

（4）转换时间和转换速率。

转换时间，指按照规定的精度将模拟信号转换为数字信号并输出所需要的时间，一般用 μs 或 ms 来表示。

转换速率，指能够重复进行数据转换的速度，即每秒钟转换的次数。

6. 微机保护对 A/D 转换器的主要要求

就微机保护来说，当选择 A/D 转换器芯片时，要考虑的主要是两个指标：一是转换时间，二是数据输出的位数。

转换时间影响着 A/D 的最高采样频率。以图 3 - 1 为例，由于各模拟量通道共用一个 A/D 转换器，所以至少要求采样间隔时间 T_S 为

$$T_S > n(t_{AD} + t_R) + t_Y \tag{3 - 7}$$

式中 T_S——采样间隔；

n——模拟量的路数；

t_{AD}——A/D 转换一路的时间；

t_R——读取一次 A/D 转换结果的时间；

t_Y——时间裕度。

实际上，采样间隔时间 T_S 还应考虑中断程序的执行时间。

对于 A/D 转换器的位数，前已提及，它决定了量化误差的大小，反映了转换的精度和

分辨率，这一点对继电保护十分重要。因为保护在工作时，输入电压和电流的动态范围很大，在输入值接近 A/D 转换器量程的上限附近时，1 个 LSB 的最大量化误差是可以忽略的；但当输入电压、电流很小时，1 个 LSB 的量化误差所引入的相对误差就不能忽略了。例如，输电线的微机距离保护，既要求在最大可能的短路电流（如 100A）时，保证 A/D 转换器不溢出，又要求有尽可能小的精确工作电流值（如 0.5A），以保证在最小运行方式下远方短路仍能精确测量距离，这就要求有接近 200 倍的精确工作范围。采用 8 位的 A/D 转换器显然是不能满足要求的。因为对于双极性模拟量的 8 位 A/D 转换器，其二进制数字输出的有效位才有 7 位，因此最大值与 LSB 之比为 $2^7=128$。如果输入为 100A 有效值时，要求其峰值不溢出，则 0.5A 时其峰值将小于 LSB，即输入 0.5A 有效值的正弦量时，A/D 转换器的输出将始终为零。实际上，对于交变的模拟量输入不论有效值多大，则在过零附近的采样值总是很小，因而经 A/D 转换后的相对量化误差可能相当大，这样将产生波形失真，但只要峰值附近的量化误差可以忽略，这种波形失真将带来的谐波分量可由第二节介绍的数字滤波器来抑制。分析和实践指出，采用 12 位的 A/D 转换器配合数字滤波，可以做到约 200 倍的精确工作范围。当采用 16 位的 A/D 转换器时，动态范围更容易满足微机保护的测量要求。应当指出，交流信号的测量精度还与交流变换器的动态范围和转变特性有密切的关系。

由于 A/D 转换器的位数越多，价格越高，加之微机保护通常计算的是工频信号或二次、三次谐波分量，对采样频率的要求不是很高，所以，微机保护较多采用将所有模拟量通道公用一片或几片 A/D 转换器的方案。

（五）VFC 型数据采集系统

电压频率转换器（Voltage Frequency Converter，VFC）是另一种实现模数转换功能的器件。按照图 3-18 的连接方式，可以将 VFC 器件与其他电路一起构成数据采集系统，从而实现模数转换的功能。图 3-18 中，电压、电流信号经电压形成回路后，均变换成与输入信号成比例的电压量，经过 VFC 将模拟电压量变换为脉冲信号，该脉冲信号的频率与输入电压成正比，经快速光电耦合器隔离后，由计数器对脉冲进行计数，随后微型机在采样间隔 T_S 内读取的计数值就与输入模拟量在 T_S 内的积分成正比，达到了将模拟量转换为数字量的目的，实现了数据采集系统的功能。

VFC 内部电路结构图如图 3-19 所示，A1 为运算放大器，按图示电路接法，其输入端 a 点为“虚地”，A1 还与 R_{sr}、C 共同组成一个积分器。A2 为零电压比较器，A2 实际设计为 U_C 稍微偏负一点才检测出来，但为了方便起见，可以将 A2 看作零点指示器。

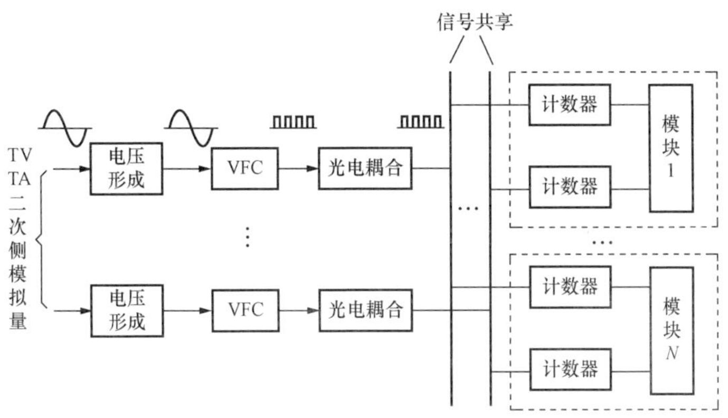

图 3-18　VFC 型数据采集系统示意图

VFC 器件对电路设计提出了一个要求

$$I_{sr\cdot max}<I_R=\frac{E_R}{R_R}$$

即

$$U_{sr\cdot max}<\frac{R_{sr}}{R_R}E_R$$

式中 $U_{sr\cdot max}$、$I_{sr\cdot max}$——允许输入的最大电压、电流值；

E_R——基准电压；

R_{sr}——输入电阻，可以根据需要来设计；

R_R——a 点到基准电压 E_R 之间的电阻，已设计在 VFC 器件内部。

1. 直流输入的工作原理

为了简单明了地了解 VFC 的工作过程，先假设输入电压 U_{sr} 为正的直流信号，随后再推广到一般的交变信号输入。

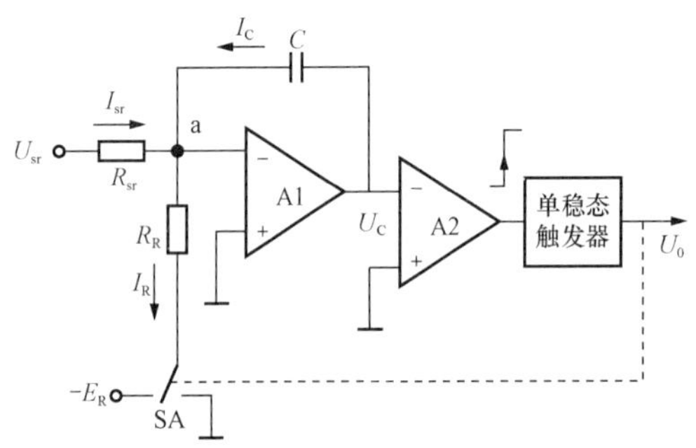

图 3-19 VFC 内部电路结构图

（1）当输入电压 U_{sr} 为 0V 时，电容器 C（电容量为 C）的电压 $U_C=0V$，单稳态触发器无任何输出，电子开关 SA 接到参考地的端子侧。

（2）当输入端 U_{sr} 刚施加了正的直流信号时，由于电子开关 SA 已处于连接到参考地的端子侧，所以 $I_R=0$，有 $I_C=I_R-I_{sr}=-I_{sr}$，于是造成积分器的输出电压 U_C 有向负方向变化的趋势，该趋势很快被零点指示器检测到，随即零点指示器的输出发生正跳变，该正跳变脉冲进而触发单稳态触发器，使之在 U_0 端产生一个宽度固定为 T_0 的脉冲。T_0 的大小由芯片内部参数确定，早期 VFC 芯片的 T_0 由外接电阻、电容参数确定。

为了方便起见，将“积分器的输出电压 U_C 有向负方向变化的趋势，该趋势很快被零点指示器检测到”这个过程的时间按照“0”延时来处理。实际的小延时并不影响工作过程的分析和最终的结果，只是推导过程稍微复杂一些。

（3）在 T_0 信号期间，电子开关 SA 切换到负参考电压（$-E_R$）侧，此时出现了 I_R 电流，使得电流关系发生了变化，即 $I_C=I_R-I_{sr}$，因此由 $C\frac{dU_C}{dt}=I_C$ 可得

$$U_C(t)=\frac{1}{C}\int_0^t(I_R-I_{sr})dt+U_C(0^-)=\frac{1}{C}(I_R-I_{sr})t+0=\frac{1}{C}(I_R-I_{sr})t \quad (3-8)$$

因为设计要求 $I_{sr}<I_R$，即 $I_R-I_{sr}>0$，所以 $U_C(t)$ 在式（3-8）的积分过程中，随时间变化而上升，如图 3-20 中的 $0\sim t_1$ 时间段。在 T_0 信号消失的时刻，$U_C(t)$ 上升到最大值，其值为 $U_C=\frac{1}{C}(I_R-I_{sr})T_0$。

（4）当 T_0 信号消失后，电子开关 SA 又接到参考地的端子侧，使得 $I_R=0$，因此 $I_C=-I_{sr}$，于是有

$$U_C(t)=\frac{1}{C}\int_{T_0}^t(-I_{sr})dt+U(T_0)$$

$$=\frac{1}{C}(-I_{sr})(t-T_0)+\frac{1}{C}(I_R-I_{sr})T_0=\frac{1}{C}(I_RT_0-I_{sr}t) \tag{3-9}$$

从式（3-9）可以看出，在此期间 $U_C(t)$ 是随时间变化而下降的，如图 3-20 中的 t_1-t_2 时间段。

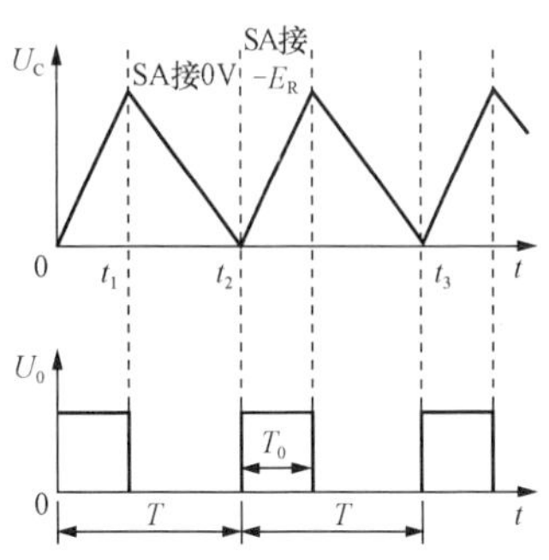

图 3-20　VFC 电路波形图

当 $U_C(t)$ 下降到 0V 时，再次被零点指示器检测到，于是重复上述（2）～（4）的过程，这个重复过程一直持续下去。

由于 $U_C(t)$ 下降到 0V 时，立即被零点指示器检测出来，促使 $U_C(t)$ 再次由 0V 开始上升，所以将 t_2 和 $U_C(t_2)=0$ 代入式（3-9），得到

$$\frac{1}{C}(I_RT_0-I_{sr}t_2)=0 \tag{3-10}$$

综合式（3-8）、式（3-9）可以看出，每个重复过程的上升斜率、上升时间和下降斜率等参数都是一样的，所以 $U_C(t)$ 的波形呈周期性变化，且每个周期的波形都是一样的，如图 3-20 所示。于是可以将式（3-10）中的 t_2 改写为周期符号 T，这样有 $I_RT_0-I_{sr}T=0$，即

$$T=\frac{I_RT_0}{I_{sr}} \tag{3-11}$$

因此

$$f=\frac{1}{T}=\frac{I_{sr}}{I_RT_0}=\frac{1}{I_RT_0R_{sr}}U_{sr}=\frac{R_R}{E_RT_0R_{sr}}U_{sr}=K_VU_{sr} \tag{3-12}$$

$$K_V=\frac{R_R}{E_RT_0R_{sr}}$$

以上式中　E_R——基准电压；

R_R——A1 负端到 E_R 端之间的电阻；

R_{sr}——输入电阻；

T_0——VFC 芯片固定的时间常数；

K_V——VFC 的转换系数。

由于 $U_C(t)$ 的变化周期与 VFC 输出端 U_0 的周期是一致的，且式（3-12）中，R_R、E_R、T_0 和 R_{sr} 均为固定的常数，即转换系数 K_V 为常数，因此可以知道，VFC 输出信号 U_0 的频率 f 与输入电压 U_{sr} 成正比。

这样，只要测量到 VFC 输出端的方波脉冲频率，就可以反映出输入电压的大小。图 3-18 中的计数器就是测量方波频率的有效方法。计数器实际上是在统计脉冲的“个数”，最后计数器输出的是数字量，便于计算机读取，从而实现了模拟量到数字量的变换，达到了模数转换的目的。

如果在一个采样间隔 T_S 内对计数器的计数结果进行读数的话，那么相当于在这个间隔 T_S 内对脉冲的“个数”进行求和计算。由于输入直流电压时，VFC 的输出为固定频率 f，所以，脉冲计数的结果与计数的时间 T_S 有关，计数值 $D=fT_S$。由数学的定积分定义可以知道，这种求和计算能够等效为 $D=\int_0^{T_S}f\mathrm{d}t$。

于是，微型机通过计数器读到的数值相当于

$$D=\int_0^{T_S}f\mathrm{d}t=K_V\int_0^{T_S}U_{sr}\mathrm{d}t \tag{3-13}$$

也有

$$D=\int_{t}^{t+T_S} f\mathrm{d}t=K_V\int_{t}^{t+T_S} U_{sr}\mathrm{d}t \tag{3-14}$$

这说明，VFC型模数转换器的输出值与输入电压信号的积分成正比。

2. 交流输入的工作原理

与图3-12类似，只要在图3-19的A1运算放大器输入端引入一个正偏置电流，即可允许输入信号为正负交变的交流量。通常取正偏置电流为$I_b=\frac{I_R}{2}=\frac{E_R}{2R_R}$，对应到输入端的偏置电压为$U_b=R_{sr}I_b=\frac{R_{sr}}{2R_R}E_R$。当然，引入偏置后，一般应在微型机读取的模数转换数值中减去偏置的影响，以便还原为与交变信号的大小、符号相对应的采样值。

交流信号输入时，$U_C(t)$随时间变化，波形类似于图3-20，但在$0\sim t_1$阶段不是直线上升。当输入信号为

$$u_{sr}(t)=U_{sr\cdot max}\sin(\omega t+\alpha) \tag{3-15}$$

VFC输出频率的表达式为

$$f(t)=K_V U_{sr\cdot max}\sin(\omega t+\alpha)=K_V u_{sr}(t) \tag{3-16}$$

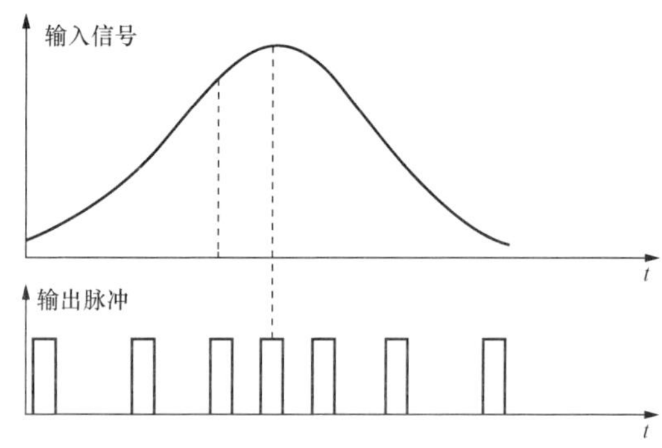

图3-21 VFC输入输出信号关系图

转换系数$K_V=\frac{R_R}{E_R T_0 R_{sr}}$与输入为直流时的表达式完全一样。在一个采样间隔内VFC的输出值为

$$D=K_V\int_{t}^{t+T_s} u_{sr}(t)\mathrm{d}t \tag{3-17}$$

VFC输出为一等幅脉冲串，其频率正比于输入电压瞬时值，如图3-21所示。

因此，可以得出关于VFC的重要结论：VFC型数据采集系统的输出值与输入电压$u_{sr}(t)$的积分成正比，且比例系数为常数。由积分关系可知，VFC器件构成的数据采集系统具有低通滤波的效果，具体的幅频特性如图3-22所示。

3. VFC的分辨率与采样频率的关系

分辨率一般用A/D转换器输出的数字量位数来衡量。等效位数取决于两个因素：一是VFC的最高频率f_{VFC}；二是采样间隔NT_S的大小。

VFC的最大输出数字量D_{max}与VFC最高频率f_{VFC}之间的关系为

$$D_{max}=f_{VFC}NT_S=N\frac{f_{VFC}}{f_S} \tag{3-18}$$

式中 D_{max}——最大输出数字量；

f_{VFC}——VFC的最高频率；

T_S——采样间隔；

N——积分间隔数。

由式（3-18）可知，VFC的最大输出数字量D_{max}与采样频率$f_S=\frac{1}{T_S}$成反比，通过选择适

当积分间隔数 N，就可以减小 D_{max} 与 f_S 的矛盾，从而获得较满意的最大输出数字量 D_{max}。

积分间隔数 N 与采样间隔 T_S 之间的关系，如图 3-23 所示。

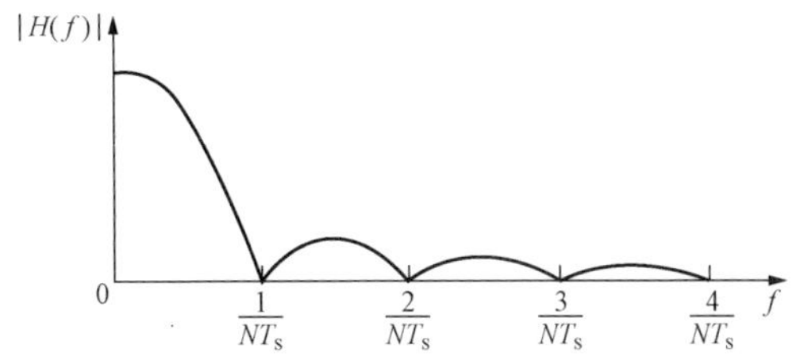

图 3-22　VFC 幅频特性

T_S—采样间隔；N—积分间隔数

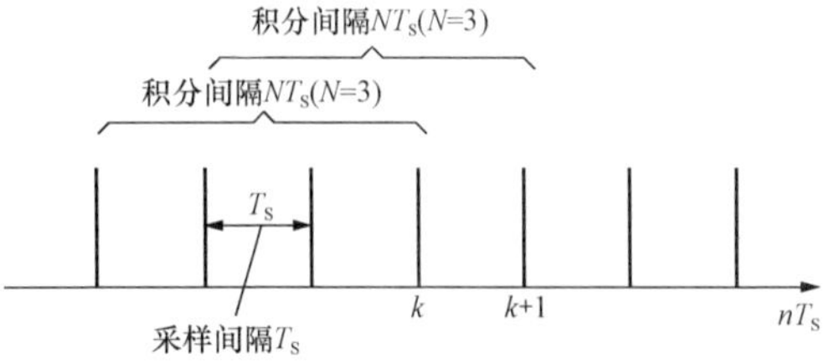

图 3-23　N 与 T_S 的关系

以 VFC 最高频率 $f_{VFC}=4$MHz 为例，最大的输出数字量为

$$D_{max}=4\times10^6NT_S$$

取 $T_S=5/3$ms($f_S=600$Hz)，$N=1$ 时，最大的输出数字量为

$$D_{max}=(4\times10^6)\times(5/3\times10^{-3})=6667$$

这个数字量相当于 12.7 位的 A/D 转换器输出。如果取 $N=2$，则 $D_{max}=13334$，相当于 13.7 位的 A/D 转换器输出。

4. VFC 型数据采集系统的特点

(1) 由图 3-18 可见，VFC 型数据采集系统的工作根本不需要微型机控制，微型机只需要定时去读取计数器的计数值即可。

(2) VFC 型 A/D 转换器与计数器之间接入光电耦合器，使数据采集系统与微型机在电器回路上完全隔离，对抗干扰极为有利。

(3) VFC 型数据采集系统对输入信号的连续积分不仅具有低通滤波效果，也增强抗干扰能力。

(4) 直接式 A/D 数据采集系统中，A/D 转换结果可直接用于保护的有关算法。而 VFC 型数据采集系统属于计数式电压频率转换芯片，微处理器每隔一定时间读得的计数器的计数值不能直接用于算法，必须将相隔 NT_S 的计数值相减后才能用于各种算法。

(5) 直接式 A/D 转换器是瞬时值比较，抗干扰能力差但转换速度快。VFC 型 A/D 转换器为平均值响应，抗干扰能力强，但转换速度慢。

二、数据处理单元

一般的处理器都有一定的内部寄存器、存储器和输入接口、输出接口，但当其用于实现保护功能时，首先遇到的问题就是存储器扩展。微处理器内部虽然设置了一定容量的存储器，但仍满足不了实际的需求，因此需要从外部进行扩展，配置外部存储器，包括程序存储器或数据存储器。程序常驻存于只读存储器（EPROM）中，计算过程和故障数据记录所需要的临时存储是由随即读写存储器（RAM）实现。保护定值或其他重要信息则放置在电可擦除可编程只读存储器（EEPROM）中，它可以在 5V 电源下反复读写，无须特殊读写电路，写入成功后即使断电也不会丢失数据。快闪存储器 Flash 的数据读写和存储特点与并行 EEPROM 类似（即快读慢写，掉电后不丢失数据），但存储容量更大，可靠性更高。根据不同保护功能和设计要求，一般还要扩展一些并行口或计数器等，微处理器的数据总线、地址总线和控制总线是其与外扩存储器输入及输出接口芯片进行信息交换的通道。微处理器通过总线通道及译码器与存储器等部件进行数据交换。

三、开关量输入及输出接口电路

微机保护所采集的信息通常可分为模拟量和开关量。无论何种类型的信息，在微机系统内部都是以二进制的形式存放在存储器中。断路器和隔离开关、继电器的触点、按钮和普通开关、开关都具有分与合两种工作状态，可以用“0”“1”表示，因此对它们的工作状态的输入和控制命令的输出都可以表示为数字量的输入和输出。

1. 开关量输入电路

开关量输入电路是为了读入外部触点的状态，包括断路器和隔离开关的辅助触点或跳合闸位置继电器触点、压力继电器触点，还包括某些装置上连接片位置输入等。微机保护装置的开关量输入（触点状态的接通或断开）电路如图 3-24 所示。

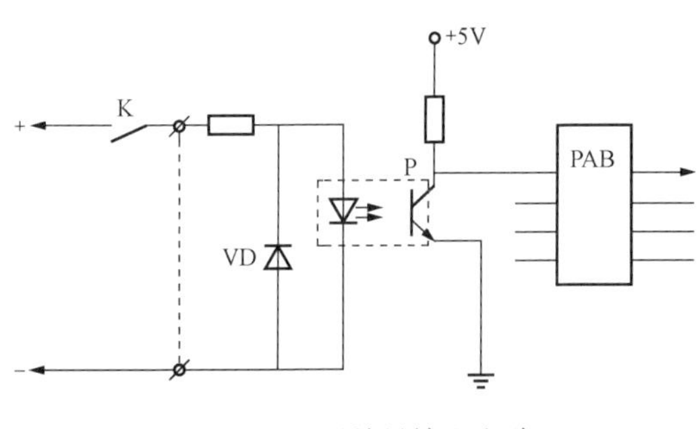

图 3-24 开关量输入电路

图 3-24 中虚线框内是一个光电耦合器件，集成在一个芯片内。当外部触点 K 接通时，有电流流过光电耦合器件的发光二极管回路，使光敏三极管导通，PAB 点电位近似为 0。K 打开时，光敏三极管截止，PAB 点电位为＋5V。因此光敏三极管的导通和截止完全反映了外部触点的状态。PAB 可以是微处理器的输入、输出或外扩并行口。

光电隔离是由光电隔离器件完成的。光电隔离器是以光为媒介传输信号的器件，其输入端配置发光源，输出端配置受光器，因此输入和输出回路在电气上是完全隔离的。光电耦合器的隔离作用，使夹杂在输入开关量信号中的各种干扰脉冲都被挡在耦合器的输入端一侧。所以，开关量输入电路具有较高的电气隔离和抗干扰能力。光隔耦合芯片通常由发光二极管和光敏三极管构成，如图 3-24 所示。

由于一般光电耦合芯片发光二极管的反向击穿电压较低，为防止开关量输入回路电源极性接反时损坏光电耦合器，图中二极管 VD 对光隔离芯片起保护作用。

2. 开关量输出电路

开关量输出主要包括保护的跳闸出口信号以及反应保护工作情况的本地和中央信号等，一般都采用并行接口的输出口去控制有触点继电器（干簧或密封小中间继电器）的方法，但为提高抗干扰能力，最好也经过一级光电隔离，如图 3-25 所示。只要由软件指令使并行口的 PB0 输出“0”，PB1 输出“1”，便可使“与非门”H 输出低电平，光敏三极管导通。继电器 K 触点被吸合，信号输出。

在装置上电初始化和需要继电器 K 返还时，应使 PB0 输出“1”，PB1 输出“0”。设置反相器 B 及与非门 H，而不是将发光二极管直接同并行口相连，一方面是因为采用与非门后要同时满足两个条件才能使继电器 K 动作，提高了电路抗干扰能力；另一方面这样的设计可防止拉合直流电源过程中继电

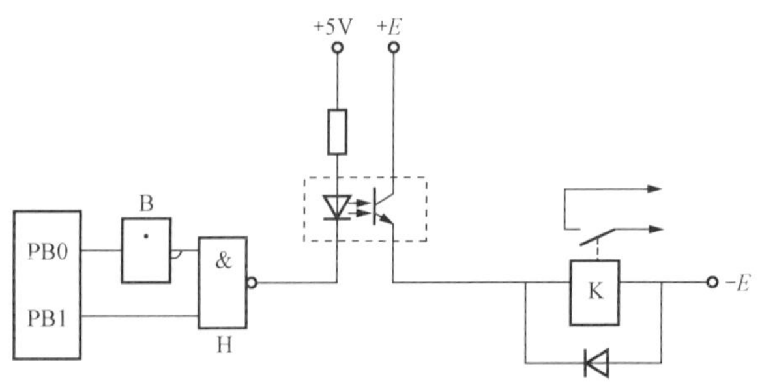

图 3-25 开关量输出电路接线图

器 K 的短时误动。因为在拉合直流电源过程中，当 5V 电源未达到芯片正常工作电压值时，可能由于逻辑电路的工作紊乱而造成保护误动作。特别是保护装置的电源往往接有电容器，所以拉合直流电源时，无论是 5V 电源还是驱动继电器用的电源 E，都可能缓慢地上升或下降，从而造成继电器 K 的触点短时闭合。考虑到 PB0 和 PB1 在电源拉合过程中只可能同时变号的特性，在开关量输出回路中两个相反的驱动条件互相制约，可以可靠地防止继电器的误动作。

3. 打印机并行接口电路

打印机作为微机保护装置的输出设备，在调试状态下，输入相应的键盘命令，微机保护装置可将执行结果通过打印机打印出来，以了解装置是否正常。在运行状态下，系统发生故障后，可将有关故障信息、保护动作行为及采样报告打印出来，为事故分析提供依据。

由于继电保护装置对可靠性要求较高，而其工作环境中电磁干扰比较严重，因此，微机保护装置与打印机数据线连接均需经光电隔离。

4. 人机对话接口回路

（1）对显示器和键盘的控制，为满足调试微机保护装置、检查修改、固化定值等功能要求，应提供简易的人机对话功能，通过人机对话接口可以显示一次回路的连接情况、查阅和修改定值、查阅存储器内数据，可以启动录波和查阅当前电流、电压值，启动打印和通信，还可以巡检各 CPU 插件的工作情况。

（2）由硬件时钟芯片提供日历与计时，可实现从毫秒到年月日的自动计时。

四、通信接口

随着微处理器和通信技术的发展，其应用已从单机逐渐转向多机或联网，而多机应用的关键在于微机之间的互相通信，互传数字信息。在微型机系统中，CPU 与外部通信的基本方式有两种：①并行通信，即数据各位同时传输；②串行通信，即数据一位一位顺序传输。

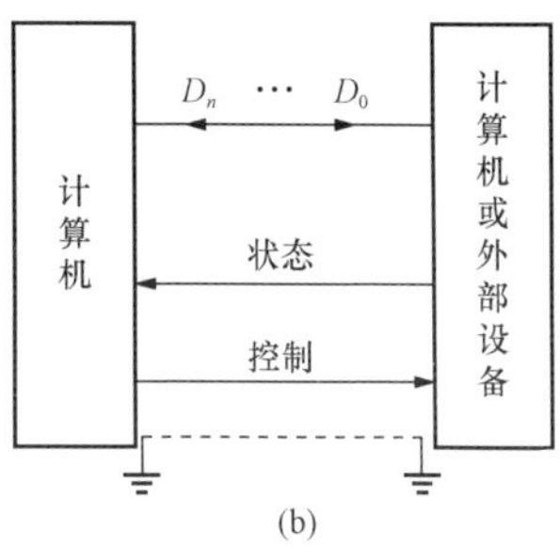

图 3-26 并行通信与串行通信方式的示意图

(a) 并行通信；(b) 串行通信

图 3-26 是这两种通信方式的示意图。前面涉及的微处理器与外扩存储器之间的数据传输大多采用并行通信方式。从图 3-26 可以看到，在并行通信中，数据有多少位就需要多少根数据传输线，并行通信的硬件连接及数据传输比较简单；而串行通信可以分时使用同一传输线，故串行通信能节省传输线，尤其是当数据位数很多和远距离数据传输时，这一优点更加突出。串行通信的主要缺点是传输速度比并行通信要慢。

这里主要介绍串行通信。基于串行通信的特点，它常用于保护装置与其他硬件装置或上位机之间的数据传输。串行通信是指将构成字符的每个二进制数据位，依据一定的顺序逐位进行传输的通信方法。它有异步或同步两种基本的通信方式。

1. 异步通信

异步串行通信规定了字符数据的传输格式，即每个数据以相同的帧格式传输，如图 3-27 所示，每一帧信息由起始位、数据位、奇偶校验位和停止位组成。

（1）起始位。在通信线上没有数据传输时处于逻辑“1”状态。当发送设备要发送一个字符数据时，首先发出一个逻辑“0”信号，这个逻辑低电平就是起始位。起始位通过同心线传向接收设备，当接收设备检测到这个逻辑电平后，就开始准备接收数据。因此，起始位所起的作用就是表示字符传输开始。

（2）数据位。当接收设备收到起始位后，紧接着就会收到数据位。数据位的个数可以是5、6、7或8位的数据。在字符数据传输过程中，数据位从最小有效位（最低位）开始传输。

（3）奇偶校验位。数据位发送完之后，可发送奇偶校验位，即将数据中的“1”相加，如有奇数个“1”，则校验位为“1”；如有偶数个“1”，则校验位为“0”。发送到接收端后，按奇偶校验位检查接收到的数据是否正确。奇偶校验用于有限差错检测，通信双方在通信时须约定一致的奇偶校验方式。就数据传输而言，奇偶校验位是冗余位，但它表示数据的一种性质，这种性质用于检错，虽有限但很容易实现。

（4）停止位。在奇偶校验位或数据位（当无奇偶校验时）之后发送的是停止位逻辑高电平，可以是1位或2位。停止位是一个字符数据的结束标志。

在异步通信中，字符数据以图3-27所示的格式一个接一个的传输。在发送间隙，即空闲时，通信线路总是处于逻辑“1”状态（高电平），每个字符数据的传输均以逻辑“0”（低电平）开始。

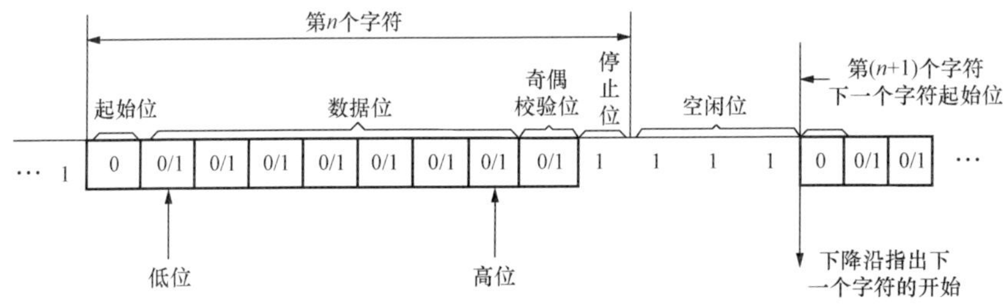

图3-27 异步通信的数据传输格式

2. 同步通信

在异步通信中每一个字符要用起始位和停止位作为字符起始和结束的标志，以致占用了数据传输的时间。所以在数据传输时，为了提高通信速度，常去掉这些标志，而采用同步传输方式。同步通信不像异步通信那样，靠起始位在每个字符数据开始时使发输和接收同步，而是通过同步字符在每个数据块传输开始时使收/发双方同步。其数据传输格式如图3-28所示。

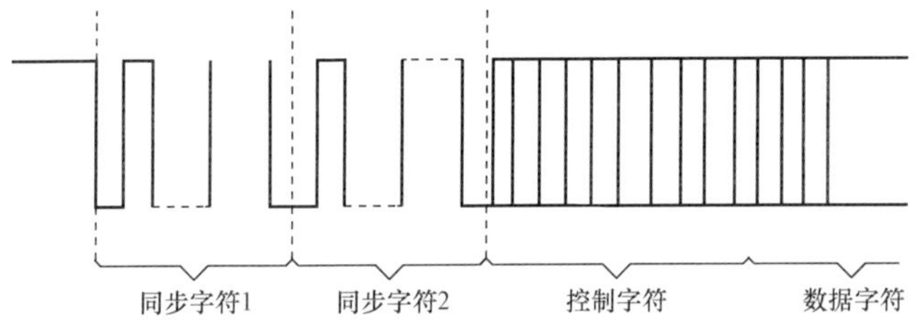

图3-28 同步通信的数据传输格式

同步通信是以同步字符作为信息传输的开始，用户可选择一个或两个特殊的八位二进制码作为同步字符。控制字符中包含有信息量大小的信息，接收端据此信息接收数据。

异步通信常用于传输信息量不太大、传输速度比较低的场合。在信息量很大，传输速度要求较高的场合，应采用同步通信。

DL/T 451—1991《循环式远动传输规约》（简称 CDT 规约）是采用同步传输方式，同步字符为 EB90H。

串行通信的数据传输速率称为波特率（Baud rate）。通信线上的字符数据是按位传输的，每一位宽度（位信号持续时间）由数据传输速率决定。波特率即是对数据传输速率的规定，是指单位时间内传输的信息量，以每秒传输的位（bit）表示，单位为 Bd，即

$$1\text{Bd}=1\text{bit/s}$$

例如，电传打字机最快传送速率为 10 字符/s，每个字符 11bit，则波特率为

$$11\text{bit}\times 10\ \text{字符/s}=110\text{bit/s}=110\text{Bd}$$

位时间（每位宽）T_d 为波特率的倒数

$$T_d=\frac{1}{110\text{Bd}}\approx 0.0091\text{s}=9.1\text{ms}$$

在异步串行通信中，接收设备和发送设备保持相同的传输波特率，并使每个字符数据的起始位与发送设备保持同步。起始位、数据位、奇偶校验位和停止位的约定，在同一次传输过程中必须保持一致，这样才能成功地传输数据。

实现串行通信方式的硬件电路称为串行通信接口电路芯片。从本质上讲，所有的串行接口电路都是以并行数据形式与 CPU 接口，而以串行数据形式与外部传输设备接口，它们的基本功能是从外部设备接收串行数据，转换成并行数据后传输给 CPU，或者从 CPU 接收并行数据，转变成串行数据后输出给外部设备。串行通信接口电路至少包括一个接收器和一个发送器，而接收器和发送器都分别包括一个数据寄存器和一个移位寄存器，以实现数据的 CPU 输出→并行→串行→发送或接收→串行→并行→CPU 输入的操作。图 3-29 给出了异步通信硬件电路中发送数据操作的情况。

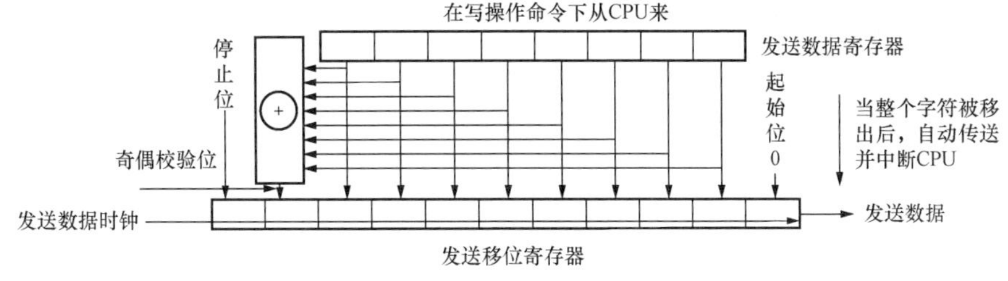

图 3-29　串行数据发送操作

选择通信接口必须考虑传输介质、电平转换等问题。为保证高可靠性的通信要求，须注意以下两点：

（1）通信速度和通信距离。标准串行通信接口的电气特性一般都有满足可靠传输时的最大通信速度和传输距离两个指标。这两个指标之间具有相关性，适当地降低通信速度，可以提高传输距离，反之亦然。

（2）抗干扰能力。通常选择的标准接口，在不超过其使用范围时都有一定的抗干扰能力，以保证可靠的信号传输。在高噪声污染环境中，通过使用光纤介质减少电磁噪声干扰，经过光电隔离提高通信系统的安全性都是一些行之有效的办法。

五、电源

微机保护装置对电源要求较高，通常这种电源是逆变电源，即将直流逆变为交流，再把交流整流为保护装置所需的直流电压。它把变电站强电系统的直流电源与微机保护装置的弱电系统电源完全隔离开。通过逆变后的直流电源具有很强的抗干扰能力，可以大大消除来自变电站中因断路器合闸等原因产生的强干扰。新型的微机保护装置的工作电源不仅允许输入电压的范围较宽，而且也可以输入交流电源电压。

目前，微机保护装置均按模块化设计，也就是说对于各种线路保护、元件保护，无论用于何种电压等级，都是由上述五个部分的模块化电路组成的。所不同的是软件程序及硬件模块化的组合与数量不同。不同的保护原理用不同的软件程序来实现；不同的使用场合按不同的模块化组合方式构成。这样的成套微机保护装置，给设计及调试人员带来了极大的方便。

第二节　数字滤波的基本概念

一、概述

继电保护通过对采样序列的数字运算和时序逻辑处理来实现继电保护的原理和功能。数字运算主要包括数字滤波和算法。算法指电流、电压的幅值及阻抗、功率等基本特征量和保护动作方程的运算。

目前，大多数微机保护是以故障信息中的基频分量或某种整次谐波分量为基础构成的。而在实际的故障情况下，输入的电流、电压信号中，除了保护所需的有用分量外，还包括衰减的直流分量和各种交流分量，称为“噪声”分量。为了抑制“噪声”分量的影响，一种方法是首先采用数字滤波器对输入信号采样序列进行滤波，然后再使用算法对滤波后的有效信号进行处理；另一种方法是设计算法时使其本身具有良好的滤波性能，直接对输入信号采样序列进行运算处理，但两者或多或少都需要用到数字滤波器。

数字滤波器的特点是通过对采样序列的数字运算得到一个新的序列（通常仍称为采样序列），在这个新的采样序列中已滤除了不需要的频率成分，只保留了需要的频率成分。下面用一个简单的例子予以说明。

设一个模拟信号既包括了工频基波信号，也包括了三次谐波成分，表达式为

$$X(t)=\sin\omega_1 t+0.6\sin(3\omega_1 t) \tag{3-19}$$

式中　ω_1——工频基波角频率；

$3\omega_1$——三次谐波角频率。

式（3-19）的波形如图3-30（a）所示。现分析经过采样计算如何滤去三次谐波。

如果应用采样间隔 $T_S=5/3\text{ms}$ 对该信号采样，那么微型机将得到一系列离散化的采样值 $x(k)$，见表3-1中的第二行。当然，如果采用其他的采样间隔，就会得到另一组离散化的采样值。

表3-1　　离散化的采样值

k	0	1	2	3	4	5	6	7	8	9	10	11
$x(k)$	0	1.1	0.866	0.4	0.866	1.1	0	−1.1	−0.866	−0.4	−0.866	−1.1
$y(k)$	—	—	0.5	0.866	1	0.866	0.5	0	−0.5	−0.866	−1	−0.866

注　表中只列出部分采样值，并假设A/D转换等各环节的传变变比均为1。

当微型机得到采样值后，可以应用下式进行计算，即

$$y(kT_S)=\frac{1}{\sqrt{3}}\{x(kT_S)+x[(k-2)T_S]\}$$

离散序列通常是按照间隔 T_S 采样得到的，所以在一般情况下，忽略符号 T_S（下同），将上式简写为

$$y(k)=\frac{1}{\sqrt{3}}[x(k)+x(k-2)] \tag{3-20}$$

经式（3 - 20）计算，微型机得到另一组新的离散化序列 $y(k)$，见表 3 - 1 中的第三行。将新序列 $y(k)$ 再描述出来的话，得到图 3 - 30（b）所示的曲线。

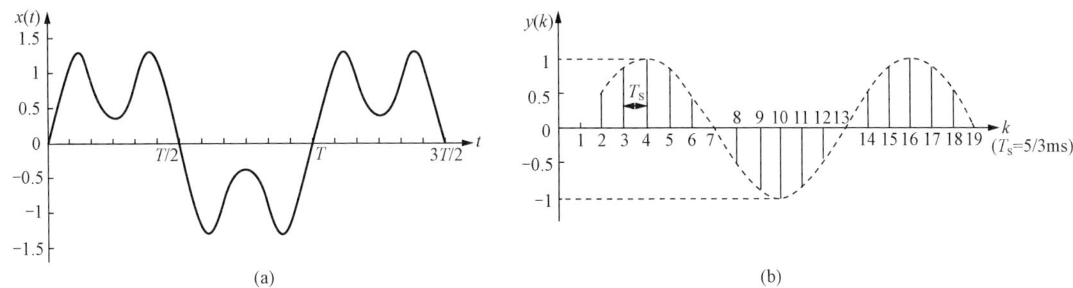

图 3 - 30　输入与输出的波形

（a）输入模拟信号的波形；（b）新序列波形

由图 3 - 30（b）可以看出，新序列所得到的是一个标准的工频基波信号，其幅值与原始输入信号中的基波幅值是一样的，同时已经将三次谐波滤除掉了；并且新序列信号与原始信号之间会产生一个固定的相移，该相移通过相频特性分析可以事先知道。于是，经过式（3 - 20）的计算后，新序列 $y(k)$ 中完全反映了原始工频基波信号的幅值、初相位等基本特征，没有了三次谐波的任何影响。

设计数字滤波器的过程就是如何设计具体的计算公式，以满足滤波特征的要求。

二、基本知识和定义

1. 系统

凡是反映原因和结果关系的装置或运算都可称为系统。系统是物理装置和数字运算的统称，可以用图 3 - 31 来表示。滤波器就是系统的一个典型例子。

若用算子符号 $T[\cdot]$ 来描述系统，则可以写成 $y(t)=T[x(t)]$，表示 $x(t)$ 经过某种函数 T 处理后得到 $y(t)$。

2. 因果系统

因果系统是指输出变化不会发生在输入变化之前的系统。也就是说，如果在 $t=0$ 时，加上输入信号 $x(t)$，系统的输出为 $y(t)$；而当 $t<0$ 时，若 $x(t)=0$，则 $y(t)$ 也必为零。

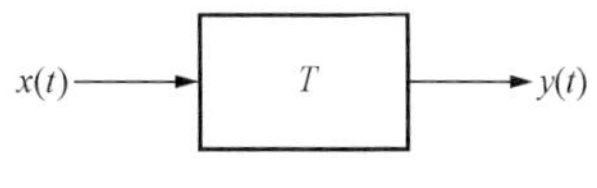

图 3 - 31　系统的表示法

3. 冲激函数 $\delta(t)$

冲激函数 $\delta(t)$ 定义是

$$\int_{-\infty}^{\infty}\delta(t)\mathrm{d}t=1$$

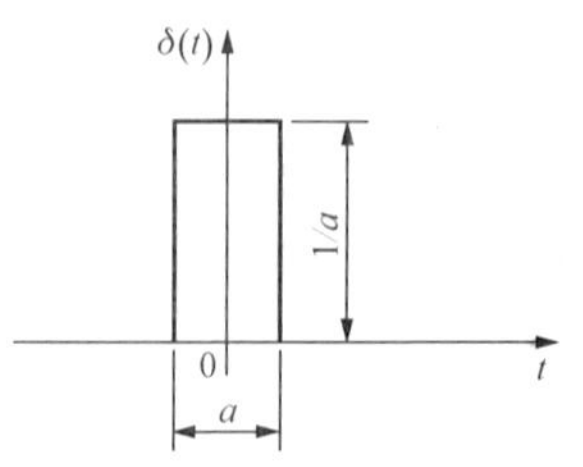

图 3-32 面积为 1 的矩形脉冲

$$\delta(t)=\begin{cases}\infty, t=0\\0, t\neq 0\end{cases}$$

从上式可见，它是发生在 $t=0$ 时并具有单位面积的一个无限窄的脉冲，可以用一个箭头表示，可以把 $\delta(t)$ 理解为如图 3-32 所示的面积为 1 的矩形脉冲在脉冲宽度 a 趋于零时的极限。

$\delta(t)$ 具有的重要性质：

（1）一个任意函数 $f(t)$ 同 $\delta(t)$ 相乘后，沿时间轴的积分即为该函数在 $t=0$ 时的值，即

$$\int_{-\infty}^{\infty} f(t)\delta(t)\mathrm{d}t = f(0) \tag{3-21}$$

（2）类似的，有

$$\int_{-\infty}^{\infty} f(t)\delta(t-t_1)\mathrm{d}t = f(t_1) \tag{3-22}$$

式中 $\delta(t-t_1)$——发生在 $t=t_1$ 的一个冲激。

(3) $\delta(t)$ 的频谱。

傅氏变换定义为

$$F(f) \stackrel{\Delta}{=} \int_{-\infty}^{\infty} f(t)\mathrm{e}^{-\mathrm{j}2\pi ft}\mathrm{d}t$$

并应用式（3-21）得 $\delta(t)$ 的频谱为

$$F[\delta(t)] = \int_{-\infty}^{\infty} \delta(t)\mathrm{e}^{-\mathrm{j}2\pi ft}\mathrm{d}t = 1 \tag{3-23}$$

根据式（3-23），应用傅氏变换的延时定理得

$$F[\delta(t-t_1)] = \mathrm{e}^{-\mathrm{j}2\pi ft_1} \tag{3-24}$$

三、离散时间信号的表示及其傅氏变换

一个模拟信号 $x(t)$ 经采样和模数转换后，输入至微型机的是一串时间离散化、数值整量化的离散数列。如果忽略其量值上的整量化误差，并假设采样是理想的，则此数列可以写为

$$x(nT_\mathrm{S}) = x(t)\big|_{t=nT_\mathrm{S}}$$

式中 T_S——采样间隔。

$x(t)$ 和 $x(nT_\mathrm{S})$ 分别示于图 3-33（a）和图 3-33（b）。注意，$x(nT_\mathrm{S})$ 仅在离散的时域有意义，因此不能沿时间轴积分，它的傅氏变换定义为求和形式，即

$$X(\mathrm{e}^{\mathrm{j}\omega T_\mathrm{S}}) \stackrel{\Delta}{=} \sum_{n=-\infty}^{\infty} x(nT_\mathrm{S})\mathrm{e}^{-\mathrm{j}\omega t} = \sum_{n=-\infty}^{\infty} x(nT_\mathrm{S})\mathrm{e}^{-\mathrm{j}2\pi fnT_\mathrm{S}} \tag{3-25}$$

其中，$\omega=2\pi f$。注意，式（3-25）中左侧频域的自变量写成 $\mathrm{e}^{\mathrm{j}\omega T_\mathrm{S}}$，而不写成 f 或 ω，是因为离散时间信号的傅氏变换或频谱是 f 的周期性函数，其周期为 f_S。变量 f 总是以 $\mathrm{e}^{\mathrm{j}\omega T_\mathrm{S}}$ 的形式出现，因为 $\mathrm{e}^{\mathrm{j}\omega T_\mathrm{S}}$ 是以 f_S 为周期的周期性函数。

为了推导 $X(\mathrm{e}^{\mathrm{j}\omega T_\mathrm{S}})$ 和被采样的连续函数 $x(t)$ 的频谱 $X(f)$ 之间的关系，定义

$$x_*(t) \stackrel{\Delta}{=} x(t)\sum_{n=-\infty}^{\infty}\delta(t-nT_\mathrm{S}) = \sum_{n=-\infty}^{\infty} x(nT_\mathrm{S})\delta(t-nT_\mathrm{S}) \tag{3-26}$$

$x_*(t)$ 称为采样信号，其图形示于图 3-33（c）。它是 $x(t)$ 和一个间隔为 T_S 的均匀冲激 $\delta_\mathrm{T}(t)$ 的乘积，因而仍然是一串冲激。各冲激的强度就是该采样时刻 $x(t)$ 的瞬时值。

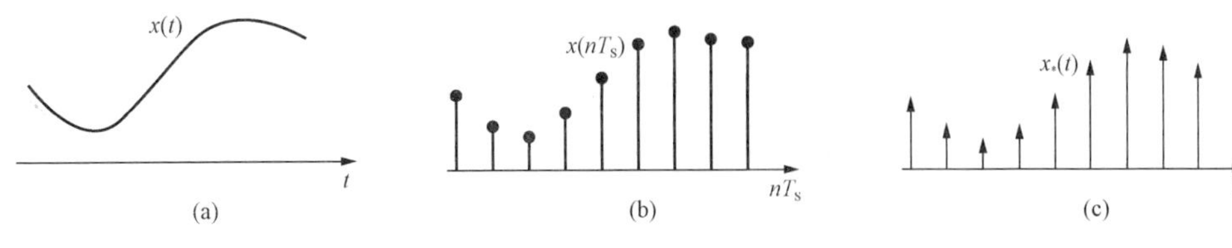

图 3-33　采样信号的表示法

(a) 连续函数；(b) 离散时域表示法；(c) 冲激表示法

注意：$x_*(t)$ 是定义在连续域的，因而可以沿 t 轴积分，求出它的傅氏变换。$x_*(t)$ 的傅氏变换为

$$F[x_*(t)]=X_*(f)=\int_{-\infty}^{\infty}\sum_{n=-\infty}^{\infty}x(nT_S)\delta(t-nT_S)e^{-j2\pi ft}dt$$

$$=\sum_{-\infty}^{\infty}x(nT_S)\int_{-\infty}^{\infty}\delta(t-nT_S)e^{-j2\pi ft}dt$$

应用式（3-24）代入上式得

$$X_*(f)=\sum_{n=-\infty}^{\infty}x(nT_S)e^{-j2\pi fnT_S} \tag{3-27}$$

对比式（3-25）可见，$X_*(f)$ 和 $X(e^{j\omega T_S})$ 有相同的表达式，说明 $X_*(f)$ 正是离散时间信号的频谱。由式（3-27）看到，$x_*(t)$ 的傅氏变换是周期性的。可以证明，$X_*(f)$ 的图形与被采样信号 $X(t)$ 的频谱 $X(f)$ 的图形关系相当于将 $X(f)$ 以 f_S 为周期，拓广成频率的周期性函数，如图 3-34 所示。

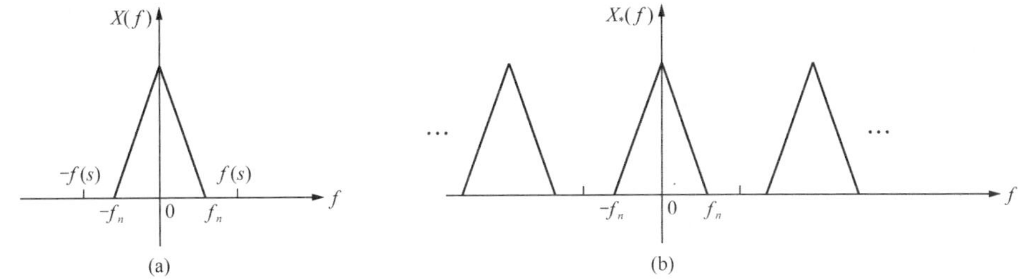

图 3-34　$x_*(f)$ 和 $x(f)$ 的关系

(a) 原连续信号的频谱；(b) 理想采样信号的频谱

这意味着在这样的条件下，虽然通过采样只知道 $x(t)$ 各时刻的值 $x(nT_S)$，但这些值却已包含了 $x(t)$ 的全部信息，因为只要知道了 $x(nT_S)$，就可以由式（3-27）求出 $X_*(f)$。

四、离散时间系统的单位冲激响应和频率特性

离散系统的输入和输出都是定义在离散域的。

1. 单位冲激序列和单位冲激响应

单位冲激序列的定义是

$$\delta(nT_S)=\begin{cases}1, n=0\\0, n\neq 0\end{cases}$$

同 $\delta(t)$ 的不同点是，它定义在离散域，且 $n=0$ 时其值为有限值 1。数字滤波器是一个典型的离散系统。一个离散系统对 $\delta(nT_S)$ 响应记作 $h(nT_S)$，称为该系统的单位冲激响应，

应用算子符号 T 表示为

$$h(nT_S) \overset{\Delta}{=} T[\delta(nT_S)]$$

由于任意的离散输入信号 $x(nT_S)$ 都可以表示为一串互相错开、幅度受到调制的单位冲激序列之和，即

$$x(nT_S) = \sum_{k=-\infty}^{\infty} x(kT_S)\delta(nT_S - kT_S)$$

所以，对应的输出可以用单位冲激响应表示为

$$\begin{aligned} y(nT_S) &= T\Big[\sum_{k=-\infty}^{\infty} x(kT_S)\delta(nT_S - kT_S)\Big] \\ &= \sum_{k=-\infty}^{\infty} x(kT_S)T[\delta(nT_S - kT_S)] = \sum_{k=-\infty}^{\infty} x(kT_S)h(nT_S - kT_S) \end{aligned} \tag{3-28}$$

式中 n——变量；

k——错开间隔系数，当 $k=n$ 时，$\delta(nT_S - kT_S) = 1$。

经过适当的变量变换，可以证明

$$y(nT_S) = \sum_{k=-\infty}^{\infty} h(kT_S)x(nT_S - kT_S) \tag{3-29}$$

式（3-28）和式（3-29）右侧的形式称为卷积和，记作

$$y(nT_S) = h(nT_S) * x(nT_S) = x(nT_S) * h(nT_S)$$

同卷积积分形式相似，只是积分变成了求和。

2. 离散时间系统的频率特性

一个单位冲激响应为 $h(nT_S)$ 的系统，其输入和输出在频域的关系可由式（3-28）两边进行傅氏变换得到

$$\begin{aligned} Y(e^{j\omega T_S}) &= \sum_{n=-\infty}^{\infty}\Big[\sum_{k=-\infty}^{\infty} x(kT_S)h(nT_S - kT_S)\Big]e^{-j\omega nT_S} \\ &= \sum_{k=-\infty}^{\infty} x(kT_S)\Big[\sum_{n=-\infty}^{\infty} h(nT_S - kT_S)e^{-j\omega(nT_S - kT_S)}\Big]e^{-j\omega kT_S} \\ &= \Big[\sum_{k=-\infty}^{\infty} x(kT_S)e^{-j\omega kT_S}\Big] * \Big[\sum_{n=-\infty}^{\infty} h(nT_S - kT_S)e^{-j\omega(nT_S - kT_S)}\Big] \\ &= X(e^{j\omega T_S})H(e^{j\omega T_S}) \end{aligned} \tag{3-30}$$

式中 $X(e^{j\omega T_S})$——输入信号的频谱；

$H(e^{j\omega T_S})$——离散系统的频率特性。

$H(e^{j\omega T_S})$ 与其单位冲激响应 $h(nT_S)$ 构成一对傅氏变换。$H(e^{j\omega T_S})$ 也是以采样频率 $f_S = \dfrac{1}{T_S}$ 为周期的周期函数，这是因为它是离散时间函数 $h(nT_S)$ 的频谱，它在一个周期（$-f_S/2$ 到 $f_S/2$）内的形状描述了它的滤波特性。

3. 离散时间信号的 Z 变换

由于许多时间函数的傅氏变换可能不收敛，但拉氏变换却可以收敛，因此需要应用离散时间函数的拉氏变换。连续时间信号的拉氏变换为

$$F(S) \overset{\Delta}{=} \int_{-\infty}^{\infty} f(t)e^{-St}dt$$

式中　S——复数自变量，$S=\sigma+\mathrm{j}\omega$。

对比拉氏变换同傅氏变换的定义，可见拉氏变换相当于将 $f(t)$ 先乘上 $\mathrm{e}^{-\sigma t}$ 后再作傅氏变换，σ 称为收敛因子。相似于连续时间函数的变换，离散时间信号的拉氏变换是将式（3－25）中的 $\mathrm{j}\omega$ 用复数 S 代替，得

$$X(\mathrm{e}^{ST_S})=\sum_{-\infty}^{\infty}x(nT_S)\mathrm{e}^{-SnT_S}$$

和式（3－25）左侧写成 $x(\mathrm{e}^{\mathrm{j}\omega T_S})$ 同样的道理，因为离散信号变换后的自变量 S 总是以 e^{ST_S} 的形式出现，所以可以用变量 $Z=\mathrm{e}^{ST_S}$ 置换，写成

$$X(Z)\overset{\Delta}{=}\sum_{n=-\infty}^{\infty}x(nT_S)Z^{-n}\quad(3-31)$$

称为离散时间信号的 Z 变换，就是离散时间信号的拉氏变换。S 平面上的虚轴 $\mathrm{j}\omega$ 映射到 Z 平面是一个单位圆。如图 3－35 所示，当 S 平面上沿虚轴从 $-\mathrm{j}\infty$ 到 $\mathrm{j}\infty$ 变化时，Z 在单位圆上反时针转无穷多个圆，因而在单位圆上的 Z 变换即离散信号的傅氏变换。

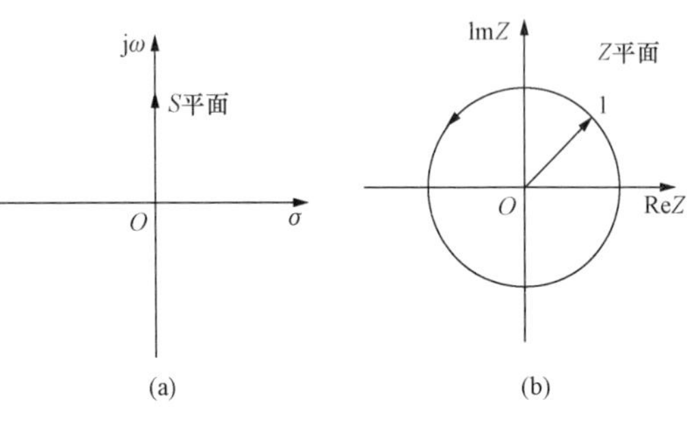

图 3－35　S 平面和 Z 平面的映射

（a）S 平面；（b）Z 平面

$h(nT_S)$ 的 Z 变换是

$$H(Z)=\sum_{n=-\alpha}^{\alpha}h(nT_S)Z^{-n}\quad(3-32)$$

称为系统的变换函数或传递函数。

五、非递归型数字滤波器

非递归型数字滤波器是将输入信号和滤波器的单位冲激响应作卷积和而实现的一类滤波器，即

$$y(nT_S)=\sum_{k=0}^{N}h(kT_S)*x(nT_S-kT_S)\quad(3-33)$$

式（3－33）中卷积和的上下限分别为 0 和 N，因为一个因果系统在 $k<0$ 时 $h(kT_S)$ 必为零；另外，用非递归方式实现滤波器，其单位冲激响应必须是有限长的，否则意味着有无限长的运算量无法实现。非递归滤波器必定是有限冲激响应滤波器，简称 FIR（Finite Impulse Response）滤波器。

非递归滤波器的设计可以先在连续域进行，即根据频域提出的要求，找到一个合适的傅氏变换对 $H(f)$ 和 $h(t)$，称为设计样本，然后对 $h(t)$ 按系统的采样频率采样，得到 $h(kT_S)$ 的各系数值，即可按式（3－33）实现滤波器。

当系统或滤波器的输入为冲激函数 $\delta(t)$ 时，其输出记作 $h(t)$，称为该系统的冲激响应，如果用算子符号 $T[\cdot]$ 描述系统，则可以写为 $h(t)\overset{\Delta}{=}T[\delta(t)]$。一个连续系统的输入和输出在频域的关系为 $Y(f)=X(f)H(f)$，$H(f)$ 为该系统的频率特性，可以证明 $H(f)$ 和 $h(t)$ 两者是一对傅氏变换对，即

$$H(f)=\int_{-\infty}^{\infty}h(t)\mathrm{e}^{-\mathrm{j}\omega t}\mathrm{d}t,\ h(t)=\int_{-\infty}^{\infty}H(f)\mathrm{e}^{\mathrm{j}\omega t}\mathrm{d}f$$

当分析一个已知的 FIR 滤波器的频率特性时，可以直接根据已知的 $h(nT_S)$ 各系数，用离散信号的傅氏变换求出频率特性 $H(e^{j\omega T_S})$，或者先用 Z 变换式求出 $H(Z)$，再用 $e^{j\omega T_S}$ 取代 Z 而得到频率特性。下面用两个微机保护常用的非递归型数字滤波器的例子说明。

1. 差分滤波器

差分滤波器的单位冲激响应只有两点，即 $h(0T_S)=1$ 和 $h(1T_S)=-1$［见图 3-36(a)］，代入式（3-33）得

$$y(nT_S)=x(nT_S)-x[(n-1)T_S]$$

从上式可以看出差分的含义。将差分滤波器的单位冲激响应按式（3-25）求傅氏变换，得到其频率特性

$$Y(e^{j\omega T_S})=X(e^{j\omega T_S})-X(e^{j\omega T_S})e^{-j\omega T_S}$$

其中，用到了傅氏变换的延时定理，即

$$H(e^{j\omega T_S})=Y(e^{j\omega T_S})/X(e^{j\omega T_S})=1-e^{-j2\pi f/f_S}$$

其图形示于图 3-36（b）中。差分滤波器常用于消除直流分量，但从图 3-36（b）可见，它将放大高频分量。

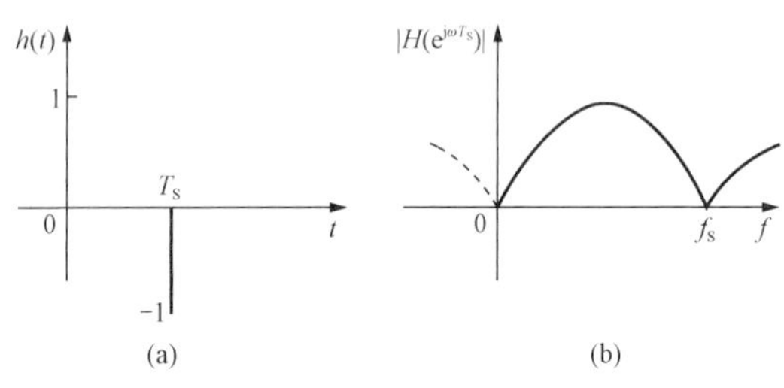

图 3-36 差分滤波器单位冲激响应和幅频特性
（a）冲激响应；（b）幅频特性

2. 积分滤波器

$$h(nT_S)=\begin{cases}1, & 0\leqslant n\leqslant N-1\\ 0, & 其他\end{cases}$$

将 $h(nT_S)$ 代入式（3-33）并应用式（3-25）可以求得

$$\begin{aligned}y(nT_S)&=\sum_{k=0}^{N-1}h(kT_S)x(nT_S-kT_S)\\&=1\times x(nT_S)+1\times x(nT_S-T_S)+1\times x(nT_S-2T_S)+\cdots+1\times x[nT_S-(N-1)T_S]\end{aligned}$$

$$\begin{aligned}Y(Z)&=\sum_{n-\infty}^{\infty}y(nT_S)Z^{-n}=\sum_{n=-\infty}^{\infty}x(nT_S)Z^{-n}+\sum_{n=-\infty}^{\infty}x(nT_S)Z^{-n}Z^{-1}\\&\quad+\sum_{n=-\infty}^{\infty}x(nT_S)Z^{-n}Z^{-2}+\cdots+\sum_{n=-\infty}^{\infty}x(nT_S)Z^{-n}Z^{-(N-1)}\\&=X(Z)+X(Z)Z^{-1}+X(Z)Z^{-2}+\cdots+X(Z)Z^{-(N-1)}\end{aligned}$$

则
$$H(Z)=\frac{Y(Z)}{X(Z)}=1+Z^{-1}+Z^{-2}+\cdots+Z^{-(N-1)}=\frac{1-Z^{-(N-1)}Z^{-1}}{1-Z^{-1}}=\frac{1-Z^{-N}}{1-Z^{-1}}$$

将 $Z=e^{j\omega T_S}$ 代入，得

$$H(e^{j\omega T_S})=\sum_{n=0}^{N-1}e^{-j\omega nT_S}=\frac{1-e^{-j\omega NT_S}}{1-e^{-j\omega T_S}}$$

若设 $N=12$，$T_S=5/3$ms，代入上式，当 $f=50$Hz 或 $f=100$Hz 时，$H(e^{j\omega T_S})=0$；而当 $f=0$ 时，$H(e^{j\omega T_S})=1$。说明积分滤波器不能滤去信号中的直流分量和低频分量，但对高频分量有一定的抑制作用。如图 3-37 所示。

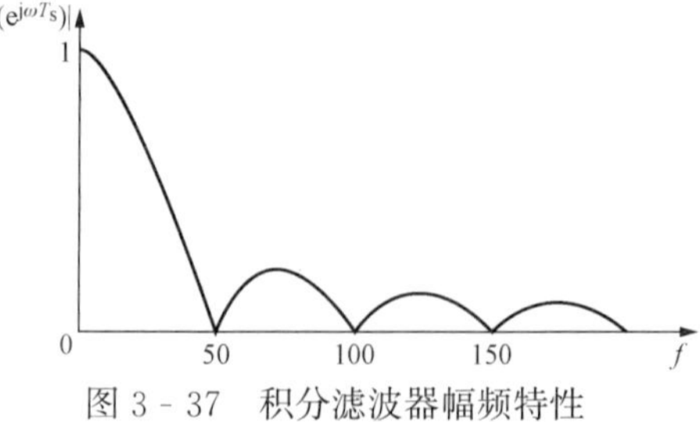

图 3-37 积分滤波器幅频特性

六、递归型数字滤波器

递归型数字滤波器按下式实现，即

$$y(nT_S)=\sum_{k=1}^{N}b_k y(nT_S-kT_S)+\sum_{k=0}^{M}a_k x(nT_S-kT_S) \tag{3-34}$$

和非递归型不同的是，式（3-34）中，$y(nT_S)$ 的求得不仅用到了 $x(nT_S)$，$x(nT_S-T_S)$，$x(nT_S-MT_S)$ 等输入值，还用到了前几次的输出值 $y(nT_S-T_S)$，$y(nT_S-2T_S)$，…，$y(nT_S-NT_S)$。正因为它还用到了前几次的输出值作为输入来求下一次的输出，故称为递归型数字滤波器。

式（3-34）中，各系数 a_k 和 b_k 均为决定滤波器特性的常数，但式（3-34）没有直接显示出它的单位冲击响应，因而不能从 $h(nT_S)$ 推出频率特性。为了求出递归型滤波器的频率特性，可以求式（3-34）两边的傅氏变换，得

$$Y(e^{j\omega T_S})=\sum_{k=1}^{N}b_k Y(e^{j\omega T_S})e^{-j\omega kT_S}+\sum_{k=0}^{m}a_k X(e^{j\omega T_S})e^{-j\omega kT_S} \tag{3-35}$$

推导中应用了傅氏变换的延时定理，即

$$F[x(nT_S-kT_S)]=F[x(nT_S)]e^{-j\omega kT_S} \tag{3-36}$$

将式（3-35）整理得

$$H(e^{j\omega T_S})=\frac{Y(e^{j\omega T_S})}{X(e^{j\omega T_S})}=\frac{\sum_{k=0}^{M}a_k e^{-j\omega kT_S}}{1-\sum_{k=1}^{N}b_k e^{-j\omega kT_S}}$$

$$=\frac{a_0+a_1e^{-j\omega T_S}+a_2e^{-j\omega 2T_S}+\cdots+a_Me^{-j\omega MT_S}}{1-b_1e^{-j\omega T_S}-b_2e^{-j\omega 2T_S}-\cdots-b_Ne^{-j\omega NT_S}} \tag{3-37}$$

递归型数字滤波器由于有了递归（或称反馈），就有了记忆作用，所以除个别例外，都是无限冲击响应滤波器，简称 IIR（Infinite Impulse Response）滤波器。

递归型滤波器的设计就是根据频域的要求确定式（3-34）的各系数 a_k 和 b_k，常用的设计步骤示于图 3-38 中。

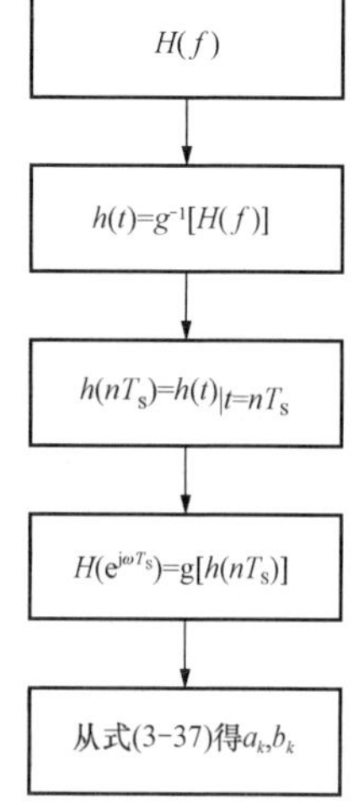

图 3-38　递归型滤波器的设计步骤

根据频域要求，借用模拟滤波器的综合技术，确定一个分式多项式的频率特性 $H(f)$，将 $H(f)$ 因式分解后再用傅氏反变换求出 $h(t)$，并对它采样得 $h(nT_S)$，然后求傅氏变换得到 $H(e^{j\omega T_S})$，其表达式可整理成式（3-37）的形式，从而求得各系数 a_k 和 b_k。这种方法称为冲击响应不变法，意思是所设计的数字滤波器的单位冲击响应是样本模拟滤波器的采样。下面以一个实例来说明递归型滤波器的单位冲击响应的设计步骤。

设已知一个样本模拟滤波器的频率特性为

$$H(f)=\frac{1}{a+j\omega} \tag{3-38}$$

这是一个一阶巴特沃思（Butterworth）低通滤波器，其冲击响应为

$$h(t)=e^{-at}u(t) \tag{3-39}$$

式中　$u(t)$——阶跃函数。

一个一阶巴特沃思低通滤波器可以由一个最简单的 RC 电路构成。

式（3 - 38）和式（3 - 39）中的 $a=\frac{1}{RC}$。图 3 - 39 为其电路图，其冲激响应和幅频特性如图 3 - 40 所示。

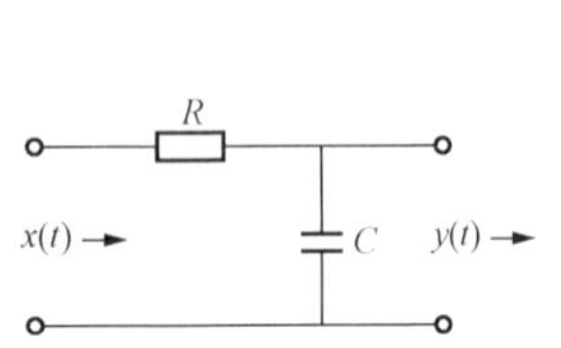

图 3 - 39 一阶 RC 低通滤波器电路图

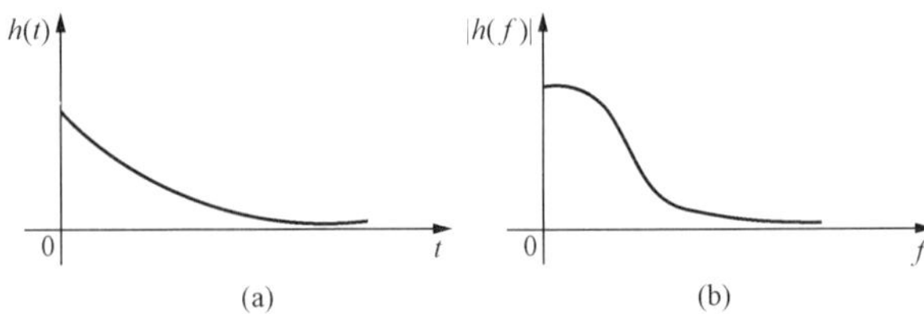

图 3 - 40 一阶 RC 低通滤波器的冲激响应及幅频特性
（a）冲激响应；（b）幅频特性

由图 3 - 40 可见这是一个 IIR 滤波器。对 $h(t)$ 采样得

$$h(nT_S)=\sum_{n=0}^{\infty}e^{-anT_S} \tag{3 - 40}$$

两边求傅氏变换，得

$$H(e^{j\omega T_S})=\sum_{n=0}^{\infty}e^{-anT_S}e^{-j\omega T_S n}=\frac{1}{1-e^{-aT_S}e^{-j\omega T_S}} \tag{3 - 41}$$

上式推导中应用了等比级数求和公式。将式（3 - 41）和式（3 - 37）对比可见

$$M=0,a_0=1,N=1,b_1=e^{-aT_S}$$

将这些数字代入式（3 - 34）得

$$y(nT_S)=e^{-aT_S}y(nT_S-T_S)+x(nT_S)$$

和非递归型数字滤波器一样，在设计过程中，从 $h(t)$ 取得 $h(nT_S)$ 时，如果不满足不产生混叠的条件，那么所设计的数字滤波器的频率特性将不能完全同样本一样。

第三节 微机电流保护算法

微机保护装置根据模数转换器提供的输入电气量的采样数据或从数字滤波器输出的采样序列进行分析、运算和判断，以实现各种继电保护功能的方法称为算法。

算法的核心问题是算出被保护对象的电压、电流等电气量的有效值和相量值，或者算出它们的序分量、基波分量或某次谐波分量的大小和相位等。有了这些基本电气量的计算值，就可以容易地构成不同原理的保护。

目前，已提出的算法有很多种，分析和评价各种不同算法优劣的标准是精度和速度。速度包括算法所要求的采样点数（或称数据窗长度）和算法的运算量。精度和速度是相互矛盾的，若要求计算精度，往往要利用更多的采样点和进行更多的计算量和工作量。所以研究算法的实质是如何在速度和精度两方面进行权衡。还应当指出，有些算法本身具有数字滤波的功能，有些算法则需配合数字滤波器一起实现，因此评价算法时还要考虑它对数字滤波的要求。

一、突变量电流算法

继电保护装置的启动元件用于反应电力系统中的扰动或故障。微机保护装置中的启动元件是由软件来实现的。它的工作原理目前一般多采用反映两相电流差的突变量，其公式为

$$\left.\begin{aligned}\Delta I_{ab}&=\|i_{abn}-i_{ab(n-N)}|-|i_{ab(n-N)}-i_{ab(n-2N)}\|\\ \Delta I_{bc}&=\|i_{bcn}-i_{bc(n-N)}|-|i_{bc(n-N)}-i_{bc(n-2N)}\|\\ \Delta I_{ca}&=\|i_{can}-i_{ca(n-N)}|-|i_{ca(n-N)}-i_{ca(n-2N)}\|\end{aligned}\right\}$$

其中

$$i_{abn}=i_{an}-i_{bn}$$
$$i_{bcn}=i_{bn}-i_{cn}$$
$$i_{can}=i_{cn}-i_{an}$$

式中　N——一个工频周期内的采样点数；

i_{an}、i_{bn}、i_{cn}——当前时刻的采样值；

$i_{ab(n-N)}$、$i_{bc(n-N)}$、$i_{ca(n-N)}$——一周前对应时刻的采样值；

$i_{ab(n-2N)}$、$i_{bc(n-2N)}$、$i_{ca(n-2N)}$——两周前对应时刻的采样值。

以 ΔI_{ab} 为例，正常运行时 i_{an}、$i_{a(n-N)}$、$i_{a(n-2N)}$ 的值近似相等，所以 $\Delta I_{ab}\approx 0$，启动元件不动作，如图 3-41 所示。

电力系统正常运行但频率发生变化偏离 50Hz 时，则 i_{an}、$i_{a(n-N)}$、$i_{a(n-2N)}$ 的值将不相等。这是因为采样是按等时间间隔进行的，频率变化时，i_{an} 和 $i_{a(n-N)}$ 两采样值将不是相差一个周期的采样值，于是 $i_{an}-i_{a(n-N)}$ 将出现差值，同样 $i_{a(n-N)}-i_{a(n-2N)}$ 也将出现差值，且两差值接近相等。此时 ΔI_{ab} 仍为零或很小。

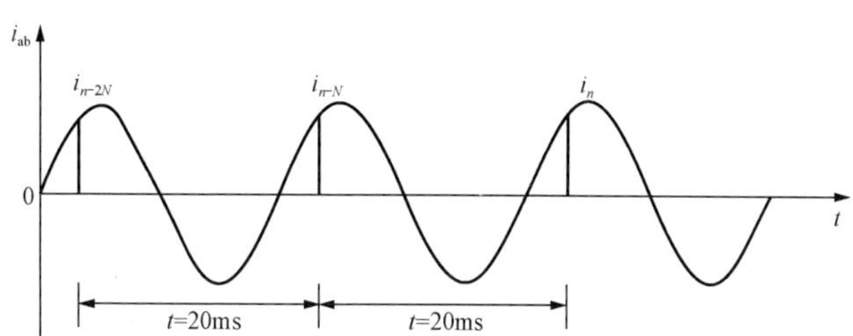

图 3-41　系统正常运行时采样值比较

系统发生故障时，由于故障电流增大，于是 i_{an} 将增大，$i_{a(n-N)}$ 为故障前负荷电流，故 $i_{an}-i_{a(n-N)}$ 反映出由于故障电流产生的突变量电流，$i_{a(n-N)}-i_{a(n-2N)}$ 仍接近为零，从而 ΔI_{ab} 反映了故障电流的突变量，如图 3-42 所示。

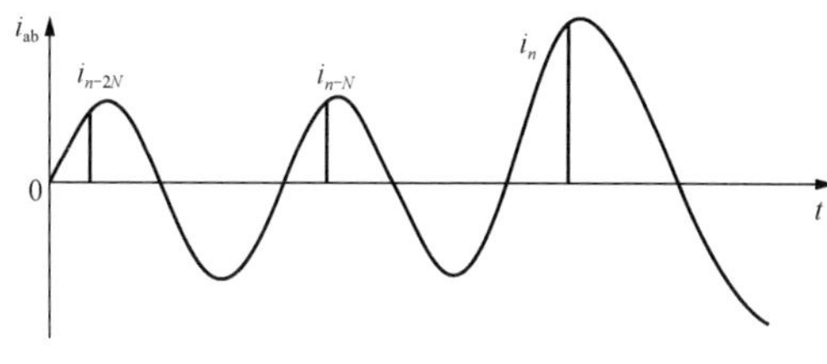

图 3-42　故障后电流的突变

采用相电流差突变量构成的启动元件比相电流突变量启动元件有两点好处：

（1）对各种相间故障提高了启动元件的灵敏度，例如对于两相短路灵敏度可提高一倍。

（2）抗共模干扰能力强。

二、半周积分算法

半周积分算法的依据是一个正弦信号在任意半个周期内绝对值的积分正比于其幅值。如图 3-43 所示，以正弦电流为例，上述定理可表示为

$$\begin{aligned}S&=\int_0^{\frac{T}{2}}|i(t)|\,dt=\int_0^{\frac{T}{2}}|I_m\sin(\omega t+\alpha)|\,dt\\&=\frac{I_m}{\omega}\left(\int_\alpha^\pi\sin\omega t\,d\omega t+\int_0^\alpha\sin\omega t\,d\omega t\right)=\frac{2I_m}{\omega}=\frac{2\sqrt{2}I}{\omega}\end{aligned}\tag{3-42}$$

在微机保护中，可利用矩形法近似求出公式中的积分值，即

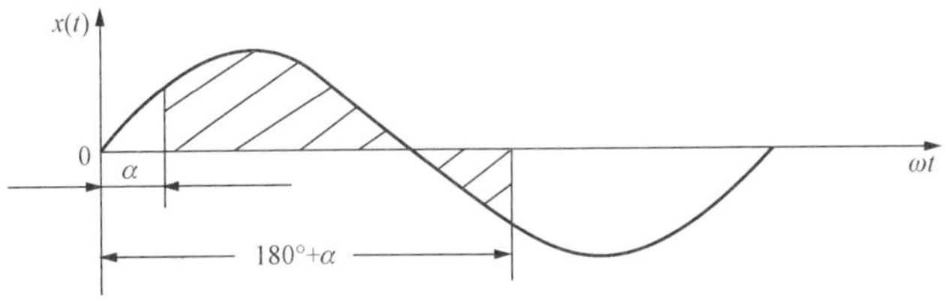

图 3 - 43 半周积分算法

$$S \approx \sum_{k=1}^{N/2} \mid i_k \mid T_S \tag{3 - 43}$$

式中 i_k——第 k 次采样值；

N——每工频周期采样点数；

T_S——采样间隔。

求出积分值 S 后，可求出电流有效值为

$$I = \frac{S\omega}{2\sqrt{2}}$$

求出的有效值会包含误差，其误差由以下两个因素引起：

（1）由梯形法近似求面积引起。因此，误差值随采样频率的提高而减少。

（2）在同样的采样频率下计算出的 S 值与第一个采样点的初相角有关。

半周积分算法需要的数据窗为 10ms。该算法本身具有一定的滤除高频分量的作用。因为在积分的过程中，某些谐波分量的正、负半周相互抵消，而剩余的未被完全抵消的部分所占的比重就小多了。但是该算法不能滤除直流分量。由于该算法运算量小，因而在一些对精度要求不高的电流、电压保护中采用这种算法。必要时可用差分滤波器来抑制信号的直流分量。

三、傅里叶级数算法

1. 基本原理

傅里叶级数算法的基本原理来自傅里叶级数，算法本身具有滤波作用。假定被采样模拟信号是一个周期性时间函数，除基波外还含有不衰减的直流分量和各次谐波，可表示为

$$\begin{aligned} x(t) &= \sum_{n=0}^{\infty} x_n \sin(n\omega_1 t + \alpha_n) \\ &= \sum_{n=0}^{\infty} [(x_n \sin\alpha_n)\cos n\,\omega_1 t + (x_n \cos\alpha_n)\sin n\,\omega_1 t] \\ &= \sum_{n=0}^{\infty} (b_n \cos n\,\omega_1 t + a_n \sin n\,\omega_1 t) \end{aligned} \tag{3 - 44}$$

式中 n——自然数，代表谐波次数，$n=0$，1，2，…；

a_n、b_n——各次谐波的正弦项和余弦项的振幅，由于各次谐波的相位可能是任意的，所以把它们分解成有任意振幅的正弦项和余弦项之和。

a_1 和 b_1 分别为基波分量的正、余弦项的振幅，b_0 为直流分量的值。根据傅氏级数的原理，可求 a_1 和 b_1。由于

$$\int_0^T x(t)\sin\omega_1 t\,\mathrm{d}t = \int_0^T a_1 \sin\omega_1 t \sin\omega_1 t\,\mathrm{d}t = \int_0^T a_1 \frac{1-\cos 2\omega_1 t}{2}\mathrm{d}t = \frac{a_1 T}{2} \tag{3 - 45}$$

$$\int_0^T x(t)\cos\omega_1 t\mathrm{d}t = \int_0^T b_1\cos\omega_1 t\cos\omega_1 t\mathrm{d}t = \frac{b_1 T}{2} \tag{3-46}$$

写为一般形式，即

$$a_1 = \frac{2}{T}\int_{t_0}^{t_0+T} x(t)\sin\omega_1 t\mathrm{d}t \tag{3-47}$$

$$b_1 = \frac{2}{T}\int_{t_0}^{t_0+T} x(t)\cos\omega_1 t\mathrm{d}t \tag{3-48}$$

基波分量为

$$x_1(t) = a_1\sin\omega_1 t + b_1\cos\omega_1 t \tag{3-49}$$

$$x_1(t) = \sqrt{2}X_1\sin(\omega_1 t + \alpha_1) \tag{3-50}$$

式中　X_1——基波的有效值；

α_1——$t=0$ 时基波分量的初相角。

用和角公式展开，不难得到 X_1 和 α_1 同 a_1 和 b_1 之间的关系为

$$\begin{aligned} a_1 &= \sqrt{2}X_1\cos\alpha_1 \\ b_1 &= \sqrt{2}X_1\sin\alpha_1 \end{aligned} \tag{3-51}$$

$$X_1 = \sqrt{\frac{a_1^2 + b_1^2}{2}}$$

$$\tan\alpha_1 = \frac{b_1}{a_1} \tag{3-52}$$

用微机处理时，式（3-47）和式（3-48）的积分可以用梯形法则求得

$$a_1 = \frac{2}{N}\sum_{k=0}^{N} x_k\sin(\omega_1 t) = \frac{2}{N}\sum_{k=1}^{N-1} x_k\sin\left(k\,\frac{2\pi}{N}\right) \tag{3-53}$$

$$b_1 = \frac{2}{N}\sum_{k=0}^{N} x_k\cos(\omega_1 t) = \frac{2}{N}\sum_{k=1}^{N-1} x_k\cos\left(k\,\frac{2\pi}{N}\right) + \frac{x_0}{N} + \frac{x_N}{N} \tag{3-54}$$

$$\omega_1 t = 2\pi f_1 k T_S = 2\pi f_1 k\,\frac{1}{f_S} = \frac{2\pi f_1 k}{N f_1} = \frac{2\pi k}{N} \tag{3-55}$$

式中　N——基波信号的一周采样点数；

x_k——第 k 次采样值。

b_1 中按照梯形法则两边值各取$\frac{1}{2}$。

当 $\omega_1 T_S=30°(N=12)$ 时，基波正弦和余弦的系数见表 3-2。于是，可以得到式（3-53）和式（3-54）的采样值计算公式为

$$\begin{aligned} a_1 &= \frac{1}{12}\left[2\left(\frac{1}{2}x_1 + \frac{\sqrt{3}}{2}x_2 + x_3 + \frac{\sqrt{3}}{2}x_4 + \frac{1}{2}x_5 - \frac{1}{2}x_7 - \frac{\sqrt{3}}{2}x_8 - x_9 - \frac{\sqrt{3}}{2}x_{10} - \frac{1}{2}x_{11}\right)\right] \\ &= \frac{1}{12}\left[(x_1 + x_5 - x_7 - x_{11}) + \sqrt{3}(x_2 + x_4 - x_8 - x_{10}) + 2(x_3 - x_9)\right] \end{aligned} \tag{3-56}$$

$$\begin{aligned} b_1 &= \frac{1}{12}\left[x_0 + 2\left(\frac{\sqrt{3}}{2}x_1 + \frac{1}{2}x_2 - \frac{1}{2}x_4 - \frac{\sqrt{3}}{2}x_5 - x_6 - \frac{\sqrt{3}}{2}x_7 - \frac{1}{2}x_8 + \frac{1}{2}x_{10} + \frac{\sqrt{3}}{2}x_{11}\right) + x_{12}\right] \\ &= \frac{1}{12}\left[(x_0 + x_2 - x_4 - x_8 + x_{10} + x_{12}) + \sqrt{3}(x_1 - x_5 - x_7 + x_{11}) - 2x_6\right] \end{aligned} \tag{3-57}$$

式中　x_0，x_1，x_2，…，x_{12}——$k=0$，1，2，…，N 时刻的采样值。

表 3-2　　N=12 时正弦和余弦的系数

k	0	1	2	3	4	5	6	7	8	9	10	11	12
$\sin\left(k\frac{2\pi}{N}\right)$	0	$\frac{1}{2}$	$\frac{\sqrt{3}}{2}$	1	$\frac{\sqrt{3}}{2}$	$\frac{1}{2}$	0	$-\frac{1}{2}$	$-\frac{\sqrt{3}}{2}$	-1	$-\frac{\sqrt{3}}{2}$	$-\frac{1}{2}$	0
$\cos\left(k\frac{2\pi}{N}\right)$	1	$\frac{\sqrt{3}}{2}$	$\frac{1}{2}$	0	$-\frac{1}{2}$	$-\frac{\sqrt{3}}{2}$	-1	$-\frac{\sqrt{3}}{2}$	$-\frac{1}{2}$	0	$\frac{1}{2}$	$\frac{\sqrt{3}}{2}$	1

傅里叶级数算法不仅可用于基波分量的计算，还可用于谐波分量的计算。其谐波分量的计算公式为

$$a_n = \frac{2}{N}\sum_{k=1}^{N-1} x_k \sin\left(nk\frac{2\pi}{N}\right) \tag{3-58}$$

$$b_n = \frac{2}{N}\sum_{k=1}^{N-1} x_k \cos\left(nk\frac{2\pi}{N}\right) + \frac{x_0}{N} + \frac{x_N}{N} \tag{3-59}$$

式中　n——谐波次数。

相当于将式（3-47）和式（3-48）中的 ω_1 更换为 $n\omega_1$，即可求得 n 次谐波的正弦、余弦项的振幅。

2. 滤波特性

傅里叶级数算法假定被采样信号是周期性的，符合这一假定条件时，可以准确地求出基频分量。但实际上故障电流中的非周期分量不是纯直流，而是按指数规律衰减的，如图 3-44（a）所示，其频谱如图 3-44（b）所示。由于频谱曲线是连续的，表明在衰减直流分量中不但含有纯直流分量，还有低频分量。另外，对于输电线路保护来说，由于线路分布电容而造成的暂态高频分量的主要频率成分取决于行波在故障点和保护安装处母线之间来回反射所需要的时间，不一定是基频分量的整数倍，而这些高频分量也都是随时间不断衰减的。因此，短路后的电流和电压都不是周期函数。

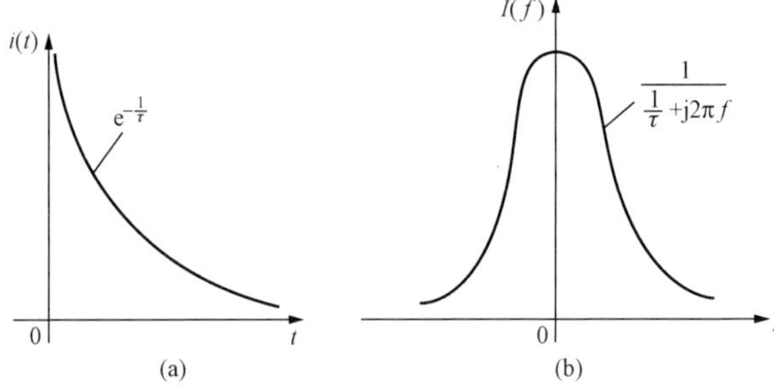

图 3-44　非周期分量的曲线及其频谱
（a）时域；（b）频域

图 3-45 为全波傅里叶级数算法的滤波特性。从图 3-45 中看出，傅里叶级数算法不仅能完全滤掉各种整次谐波和纯直流分量，对非整次高频分量和按指数规律衰减的非周期分量所包含的低频分量也有一定的抑制能力。它需一个周波的数据窗长度，运算工作量中等。目前，微机保护装置中常采用差分傅里叶级数算法来削弱非周期分量对算法精度的影响。

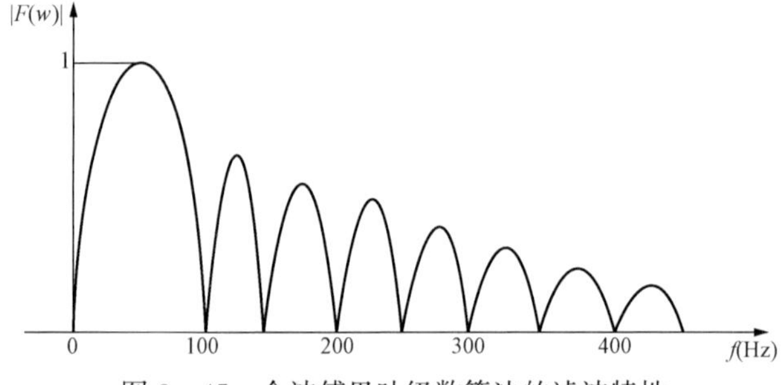

图 3-45　全波傅里叶级数算法的滤波特性

第四节 微机电流保护程序流程

一、概述

微机保护装置由硬件电路和软件程序共同构成。不同原理的微机保护装置的硬件基本相同，保护装置的原理、特性及性能特点更多地由软件来实现，因此将算法与程序结合，并合理安排程序结构就成为实现保护功能的关键所在。本节介绍一种微机电流保护程序流程，使读者对如何用软件实现继电保护的功能有一个比较具体和完整的概念，便于设计和阅读其他流程。熟悉模拟型保护的逻辑和工作过程，必将有助于理解微机保护的程序流程。

对具有苛刻时间条件的活动以及外来信息要求进行快速处理，并在一定的时间内做出响应的系统称为实时系统。一方面要求实时地采集各种输入信号，随时跟踪运行工况；另一方面，要求在电力系统短路时，快速判别短路的位置或区域，尽快地切除短路。为了满足实时系统的快速性和实时性要求，微型机的中断机制是一种很有效的实现手段之一。

在采用了中断机制后，当各种参数、信息、活动等需要及时处理时，可以在任何时刻向微型机发出中断请求，要求微型机快速响应，达到快速处理的目的。此外，中断功能还可以实现微型机和其他设备同时工作，并实现对异常情况的自行处理，如电源异常、存储出错、运算溢出等。

引起中断的原因或能发出中断申请的来源，称为中断源。微机保护要用到的中断源一般有定时器中断、通信中断、异常中断等。

在实时系统中，会出现两个或多个中断源同时提出中断请求的情况，这样，就必须要求设计者事先根据待处理事件的轻重缓急，给每个中断源确定一个处理的顺序，这就是所谓的中断优先级问题。当多个中断源同时提出中断申请时，微型机能够找到优先级别最高的中断源，优先响应其中断申请，及时处理对应的最实时、最紧迫事件；在优先级别最高的中断源处理结束后，再响应级别较低的中断源。

在微机保护中，应当合理地安排各种中断的优先级别。一般情况下，将定时器产生的采样中断确定为级别较高的中断源。另外，定时采样中断的时间间隔是一个较为固定的时间单元，因此，微机保护中的各种时间元件通常可以将采样间隔 T_S 作为基本的时间计时单元。

二、电流保护流程

在微机电流保护中，可以将保护流程图设计为如图 3－46 所示。图中，只画出了系统程序流程和定时中断服务程序流程，其他中断方式的使用，可以根据实际应用情况予以综合考虑。

图 3－46（a）的上方是程序入口。每当微机保护装置刚接通电源或有复位信号（RESET）后，微型机都要响应复位中断，将从一个微型机规定的地址（称为复位向量地址）中，去提取第一条要执行的指令或者去执行一条跳转指令，具体由微型机设计而定，直接控制微型机跳转到程序入口。复位向量地址是微型机器件事先设计好的规定地址，编程人员无法改变它，且复位向量地址必须存放在 ROM 或 FLASH 中，不能存放在 RAM 中，否则造成停电丢失，无法在上电后让微型机按照设计的流程运行。这样，微型机都把所希望运行的程序入口地址存放在复位向量地址中，保证每次接通电源或 RESET 后，微型机都自动地进入程序的入口，随后按照编制的程序运行。

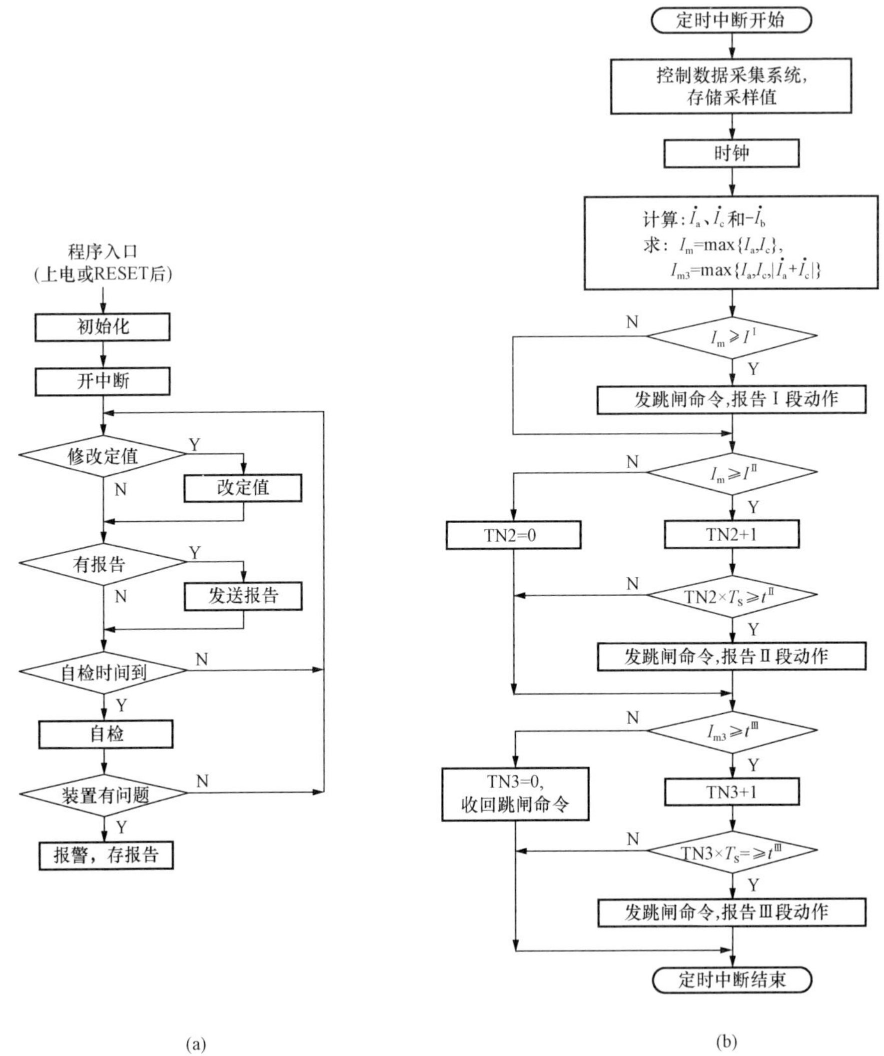

图 3 - 46 电流保护流程图

(a) 系统程序；(b) 中断服务程序

(一) 系统程序流程

1. 初始化

从图 3 - 46 (a) 可见，程序入口的第一个模块是初始化，该模块主要完成如下工作：

(1) 对硬件电路所设计的可编程并行接口进行初始化。按电路设计的输入和输出要求，设置每一个端口用作输入还是输出，用于输出的还要赋予初值，如第一章中的出口回路控制、A/D 接口方式等。这一步必须首先执行，保证所有的继电器均处于预先设计的状态，如出口继电器应处于不动作状态；同时，便于通过并行接口读取各开关量输入的状态。

(2) 读取所有开关量输入的状态，并将其保存在规定的 RAM 或 FLASH 地址单元内，以备以后在自检循环时，不断监视开关量输入是否有变化。

(3) 对装置的软硬件进行一次全面的自检，包括 RAM、FLASH 或 ROM、各开关量输出通道、程序和定值等，保证装置在投入使用时处于完好的状态。这一次全面自检不包括对数据采集系统的自检，因为它尚未工作。对数据采集系统的检测安排在中断服务程序中。当然，只要在自检中发现有异常情况，就发出告警信号，并停止保护程序的运行。

（4）在经过全面自检后，应将所有标志字清零，因为，每一个标志代表了一个“软件继电器”和逻辑状态，这些标志将控制程序流程的走向。

（5）进行数据采集系统的初始化，包括循环寄存器存数指针“POINT”的初始化（一般指向存放采样值第一个地址单元），为使采样间隔符合规定值，应设计定时器的计数初值。

2. 系统程序的其他流程

经过初始化和全面自检后，表明微型机的准备工作已经全部就绪，此时开放中断，将数据采集系统投入工作，于是可编程的定时器将按照初始化程序规定的采样间隔 T_S（如图 3 - 15 的采样脉冲信号）不断地发出采样脉冲，控制各模拟量通道的采样和 A/D 转换，并在每一次采样脉冲的下降沿（也可以是其他方式）向微型机请求中断。应该做到，只要微机保护不退出工作、装置无异常状况，就要不断地发出采样脉冲，实时地监视和获取电力系统的采样信号。

之后，系统程序进入一个自检循环回路，除了分时地对装置各部分软硬件进行自动检测外，还包括人机对话、定值显示和修改、通信以及报文发送等功能。将这些不需要完全实时响应的功能安排在这里执行，是为了尽量少占用中断程序的时间，保证继电保护的功能可以更实时地运行。当然，在软硬件自检的过程中，一旦发现异常情况，就应当发出信号和报文，如果异常情况会危及保护的安全性和可靠性，则立即停止保护工作。

应当指出，从保护启动到复归之前的过程中，应当退出相关的自检功能，尤其应当退出出口跳闸回路的自检，以免影响安全性和可靠性。另外，定值的修改应先在缓冲单元进行，等全部定值修改完毕后，再更换定值，避免在保护运行中出现一部分是修改前的定值，另一部分是修改后的定值。

在微型机开中断后，每间隔一个 T_S，定时器就会发出一个采样脉冲，随即产生中断请求，于是微型机先暂停一下系统程序的流程，转而执行一次中断服务程序，以保证对输入模拟量的实时采集，同时实时地运行一次继电保护的相关功能。因此在开中断后，微型机实际上是交替地执行系统程序和中断服务程序的，两个程序流程的时序关系如图 3 - 47 所示。图 3 - 47（a）中，用 IRQ 表示中断服务程序的一个完整流程；用 M—N 表示系统程序的流程，并将中间可能会出现的循环流程假设为顺序执行，这个假设不影响问题的实质。图 3 - 47（a）中，当系统程序流程执行到 A 处时，定时器产生了一次中断，于是微型机自动地将 A 处的位置和关键信息保存起来（一般由微型机通过堆栈来实现），随即微型机转而执行一遍完整的中断服务程序 [图 3 - 47（b）中的 t_1 就是执行中断服务程序的时间段]，在中断服务程序结束后，微型机恢复执行 A 处被暂停的系统程序流程；当系统程序流程执行到 B 处时，定时器再次产生中断信号，从而微型机又暂停 B 处的流程，再次执行一遍中断服务程序。其中微型机在 t_1、t_3、t_5、…、t_k 时间段分别完整地执行一遍中断服务程序，在 t_2、t_4、t_6、…、t_{k+1}时间段则分时地执行系统程序流程。如此反复，在不同时间段上交替执行两种程序。应当说明，图 3 - 47（a）中，A、B、C、D、…、X 和 Y 处的位置是随机的。

在微型机中，通过程序计数器和堆栈技术，保证被中断所暂停的系统流程能够按顺序、分时地得以完整执行。对于系统程序流程，相当于分时地执行 MA 段流程、AB 段流程（t_2 时间）、BC 段流程（t_4 时间）、CD 段流程（t_6 时间）、…、XY 段流程（t_{k+1}时间）和 YN 段流程，最终将 M—N 段流程全部执行完毕。

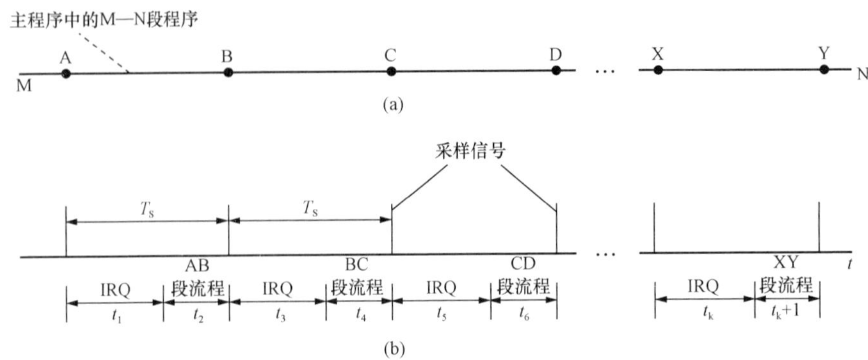

图 3-47　程序流程的时序关系

(a) 系统程序流程示意图；(b) 系统程序与中断服务程序的时序关系

实际上，当中断开放后，保护功能不要立即投入运行，而应当先利用中断功能，控制数据采集系统工作一段时间，在此期间，对模拟量的采样值进行分析，确认数据采集系统和交流回路处于正常状态后，才能将保护功能投入运行。

应当说，在图 3-46 的流程示意图中，保护的主要功能安排在中断服务流程中，系统程序的名称是相对于中断服务程序而言的。

（二）中断服务程序流程

中断服务程序流程示于图 3-46（b）。为了使流程和逻辑更清晰，图 3-46（b）中只画出了电流元件和时间元件的工作流程。这是电流保护功能的主体，主要包括以下功能：

(1) 控制数据采集系统，将各模拟输入量的信号转换成数字量的采样值，然后存入 RAM 区的循环寄存器中（详见本章第一节）。

(2) 时钟计时功能。便于在报告和报文中记录带有故障时刻的信息，当然，还可以在此功能模块中实现 GPS 对时的功能。

(3) 计算保护功能中用到的测量值（如电流、电压、序分量）和判断方向元件方向性等，具体的计算方法在有关章节中介绍。为了达到流程更清晰的目的，在图 3-46（b）中，将用于比较的电流只简单地取为各输入电流中的最大值。

(4) 将测量电流与Ⅰ段电流定值进行比较，如果测量电流大于Ⅰ段定值，则立即控制出口回路，发出跳闸命令和动作信号，同时保存Ⅰ段动作信息，用于记录、显示、查询和上传。一般情况下，可将动作信息存入 FLASH 内存中，避免掉电丢失。

(5) 在电流Ⅰ段的功能之后，执行电流Ⅱ段的功能。当Ⅱ段电流元件持续动作到 t^{II} 时，立即发出跳闸命令。当测量电流小于电流Ⅱ段定值时，可以考虑一个返回系数后，才让电流Ⅱ段返回（TN2=0）。

在电流Ⅱ段的逻辑中，需要用到延时的功能，在此采用计数器 TN2 计数的方式来实现精确的延时。由于中断服务流程的执行次数与采样间隔 T_S 是同步的，且 T_S 是一个固定和已知的常数，所以计数器 TN2 的计数值代表的延时为 TN2×T_S，用 TN2×T_S 的计时与Ⅱ段延时 t^{II} 进行比较，从而判断“时间继电器”是否满足动作条件。仅从时间延时本身来说，这种计时方式的时间误差不大于 T_S。当然，也可以事先求出 $N^{\text{II}}=t^{\text{II}}/T_S$ 的数字值，然后用 TN2 的计数值与 N^{II} 进行比较。

假设 T_S=0.5ms，那么当 TN2 的计数值等于 300 时，Ⅱ段时间继电器的持续延时就为

300×0.5=150（ms）。

（6）电流Ⅲ段的功能、逻辑和比较过程均与电流Ⅱ段相似，仅仅是在电流测量元件中考虑了第三相电流的合成，用以提高第Ⅲ段电流保护的灵敏度。

（7）当Ⅰ、Ⅱ、Ⅲ段的电流测量元件都不动作时，再控制出口回路，使出口继电器处于都不动作状态，达到收回跳闸命令的目的。

由于Ⅰ、Ⅱ、Ⅲ段电流保护的动作信息均可以记录、显示、查询和上传，所以动作信号可以共用一个指示灯。

应当说明，在微机保护中，通常采用事先定义好的存储器或标志位来表示“继电器”以及逻辑状态的行为。一般情况下，所定义的存储器或标志位应分别与“继电器”、逻辑状态一一对应，以免混乱。

三、方向元件

在双电源供电的系统中，为了提高供电的可靠性，保证继电保护的选择性，通常需要配置方向元件，用以区分短路的方向。当保护功能需要采用方向元件时，只要在图3-46的流程中考虑方向元件的判断，就可以实现相应的逻辑。

按接线方式的要求，计算出进行方向比较的两个电气量的相量$\dot{U}_m$和$\dot{I}_m$。由于电气量太小时，方向性不太明确或失去了方向性，所以只有在两个电气量$\dot{U}_m$和$\dot{I}_m$均大于一定的数值时，才可以应用下面的方法实现方向比较。

1. 方程比较方法

在微型机中，相量$\dot{U}_m$和$\dot{I}_m$的实部、虚部均为数字量，所以通过式（3-60）的幅值比较方程就可以构成灵敏角为0°的方向元件，其动作特性如图3-48所示，动作区域为180°。幅值比较动作方程为

$$|\dot{U}_m+\dot{I}_m| \geqslant |\dot{U}_m-\dot{I}_m| \tag{3-60}$$

当希望方向元件的动作特性如图3-49所示时，幅值比较动作方程只要改为

$$|\dot{U}_m e^{j\beta}+\dot{I}_m| \geqslant |\dot{U}_m e^{j\beta}-\dot{I}_m| \tag{3-61}$$

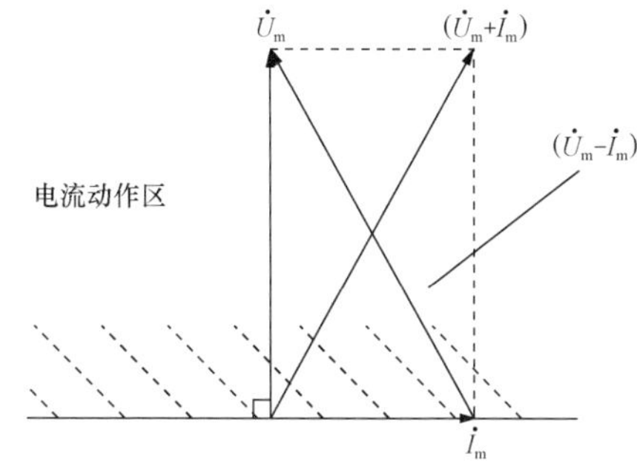

图3-48　灵敏角为0°的方向元件动作特性

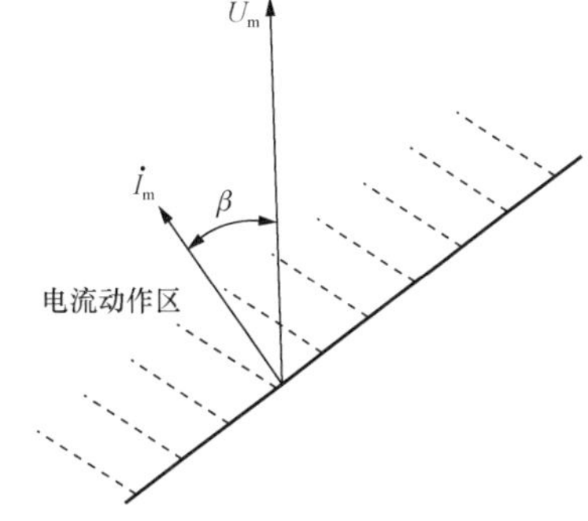

图3-49　任意灵敏角的方向元件动作特性

式（3-61）中，将$\dot{U}_m$乘以$e^{j\beta}$后，在（$\dot{U}_m e^{j\beta}$）与$\dot{I}_m$同相位时，方向元件最灵敏。于是当$\dot{U}_m$落后$\dot{I}_m$的角度为β时，方向元件最灵敏。β角度可以为任意值，且$e^{j\beta}$可以事先求得，

代入式（3-61）即可。

2. 虚拟阻抗方法

利用相量 $\dot{U}_m$ 和 $\dot{I}_m$，求出阻抗 $\dfrac{\dot{U}_m}{\dot{I}_m}=R+jX$，于是如果取 $R\geqslant 0$ 为动作条件，那么就可以构成灵敏角为 0°的方向元件，其动作特性如图 3-50 所示，动作特性为 180°。

若取（$\dot{U}_m e^{j\beta}$）和 $\dot{I}_m$ 求计算阻抗，动作条件仍为 $R\geqslant 0$，就可以获得与图 3-49 相似的动作特性。另外，应用直线比较方法，还可以很方便地构成图 3-51 的动作特性，动作区域可以小于 180°。对于低压电网的方向元件，常用的接线方式是 90°接线。利用与接线方式对应的 $\dot{U}_m$ 和 $\dot{I}_m$ 求阻抗时，计算值不一定就是短路阻抗（与短路类型有关），因此将这种方向元件构成的方法称之为虚拟阻抗法。

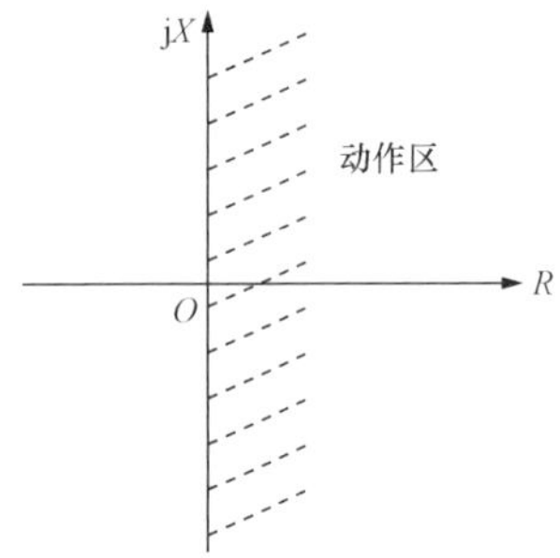

图 3-50 灵敏角为 0°的 $R\geqslant 0$ 的方向元件动作特性

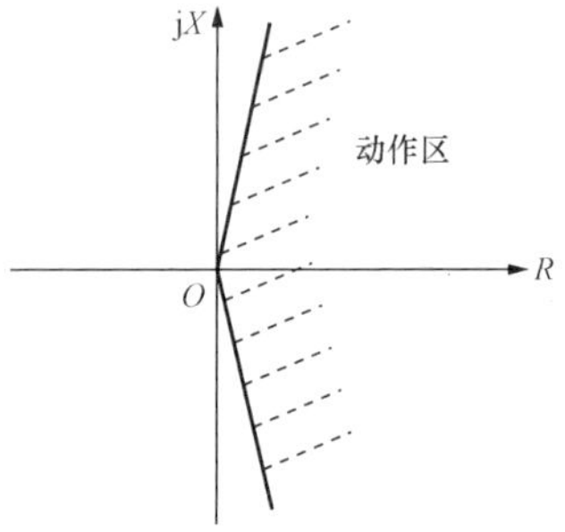

图 3-51 动作区域小于 180°

顺便指出，由于数据存储内存中至少存储了最新的几个周波采样值，所以微机保护可以很方便地获取记忆电压，从而实现用故障前的记忆电压与故障后的电流进行方向比较，还可以利用这些采样值进行一定的分析。当然，这里介绍的两种方向比较方法也可以应用于任意两个电气量的方向比较。

1. 绘出微机继电保护硬件原理框图。
2. 简要说明逐次比较式与电压/频率变换式数据采集系统的输出数字量与输入模拟量之间的关系。
3. 如何选择采样频率？
4. 模拟低通滤波器的作用是什么？
5. 异步通信与同步通信有何不同？
6. 什么是滤波？数字滤波的特点是什么？
7. 滤波器的频率特性与滤波器的单位冲激响应之间有何关系？
8. 简述非递归型数字滤波器的设计方法。
9. 简述递归型数字滤波器的设计方法。
10. 简要说明傅里叶级数算法的计算原理，给出计算基波分量的计算公式。

第四章　电网的距离保护

第一节　距离保护的作用原理

一、距离保护的基本概念

电流、电压保护的优点是简单、经济及工作可靠，但是由于这种保护整定值的选择、保护范围以及灵敏系数等方面都是直接受电网接线方式及系统运行方式的影响，所以在 35kV 以上电压的复杂网络中，它们都很难满足选择性、灵敏性以及快速切除故障的要求。为此，就必须采用性能更加完善的保护装置。距离保护就是适应这种要求的一种保护。

距离保护是反应故障点至保护安装地点之间的距离（阻抗），并根据距离的远近而确定动作时间的一种保护装置。该装置的主要元件为距离（阻抗）继电器，它可根据其端子所加的电压和电流测知保护安装处至短路点间的阻抗值，此阻抗称为元件的测量阻抗。当短路点距保护安装处近时，其测量阻抗小，动作时间短；当短路点距保护安装处远时，其测量阻抗增大，动作时间增长。这样就保证了保护有选择性地切除故障线路。如图 4-1（a）所示，当 k 点短路时，保护 1 测量的阻抗是 Z_k，保护 2 测量的阻抗是 $Z_{AB}+Z_k$。由于保护 1 距短路点较近，保护 2 距短路点较远，所以保护 1 的动作时间可以做到比保护 2 的动作时间短。这样，故障将由保护 1 切除，而保护 2 不致误动作。这种选择性的配合是靠适当地选择各个保护的整定值和动作时限来完成的。

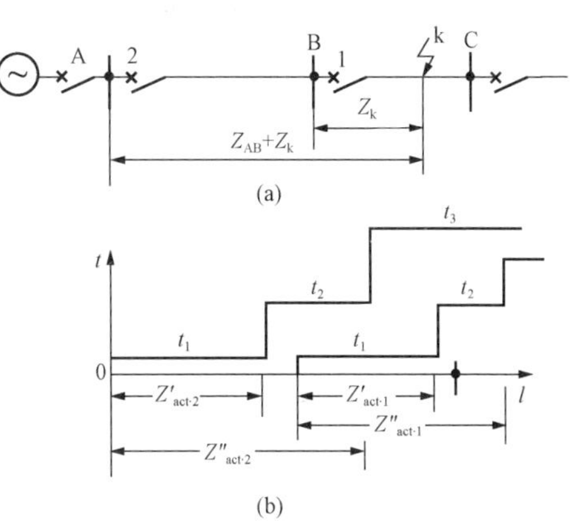

图 4-1　距离保护的作用原理

（a）网络接线；（b）时限特性

二、距离保护的时限特性

距离保护的动作时间与保护安装地点至短路点之间距离的关系 $t=f(l)$，称为距离保护的时限特性。为了满足速动性、选择性和灵敏性的要求，目前广泛应用具有三段动作范围的阶梯形时限特性，并分别称为距离保护的Ⅰ、Ⅱ、Ⅲ段，和第二章所讲的电流速断保护以及过电流保护相对应，如图 4-1（b）所示。

距离保护的第Ⅰ段是瞬时动作的，t_1 是保护本身的固有动作时间。以保护 2 为例，其第Ⅰ段本应保护线路 A—B 的全长，即保护范围为全长的 100%，然而实际上却是不可能的。因为当线路 A—B 末端短路时，保护 2 的测量阻抗与线路 B—C 始端短路时的测量阻抗相等，而 B—C 出口处短路时，保护 2 第Ⅰ段不应动作，为此其启动阻抗的整定值必须躲开这一点短路时所测量到的阻抗 Z_{AB}，即 $Z'_{set\cdot2}<Z_{AB}$。考虑到阻抗继电器和电流、电压互感器的误差，需引入可靠系数 K_{rel}（一般取 0.8～0.85），则

$$Z'_{set\cdot2}=(0.8\sim0.85)Z_{AB} \tag{4-1}$$

同理，对保护 1 的第Ⅰ段整定值应为

$$Z'_{set \cdot 1} = (0.8 \sim 0.85) Z_{BC} \tag{4-2}$$

如此整定后，距离Ⅰ段就只能保护本线路全长的 80%～85%，这是一个严重缺点。为了切除本线路末端 15%～20%范围以内的故障，就需设置距离保护第Ⅱ段。

距离Ⅱ段整定值的选择与限时电流速断相似，即应使其不超过下一段线路距离Ⅰ段的保护范围，同时带有高出一个 Δt 的时限，以保证选择性。例如在图 4 - 1（a）单侧电源网络中，当保护 1 第Ⅰ段末段短路时，保护 2 的测量阻抗 Z_2 为

$$Z_2 = Z_{AB} + Z'_{set \cdot 1}$$

引入可靠系数 K_{rel}，则保护 2 的启动阻抗为

$$\begin{aligned} Z''_{set \cdot 2} &= K''_{rel}(Z_{AB} + Z'_{set \cdot 1}) \\ &= 0.8[Z_{AB} + (0.8 \sim 0.85) Z_{BC}] \end{aligned} \tag{4-3}$$

距离Ⅰ段与Ⅱ段的联合工作构成本线路的主保护。

为了作为相邻线路保护装置和断路器拒绝动作的后备保护，同时也作为本身距离Ⅰ、Ⅱ段的后备保护，还应该装设距离保护第Ⅲ段。

对距离Ⅲ段整定值的考虑与过电流保护相似，其启动阻抗要按躲开正常运行时的最小负荷阻抗来选择，而动作时限则应根据图 2 - 10 的原则，使其比距离Ⅲ段保护范围内其他各保护的最大动作时限高出一个 Δt。

三、距离保护的主要组成元件

在一般情况下，距离保护装置由启动元件、距离元件、时间元件和振荡闭锁元件组成，其逻辑关系如图 4 - 2 所示。

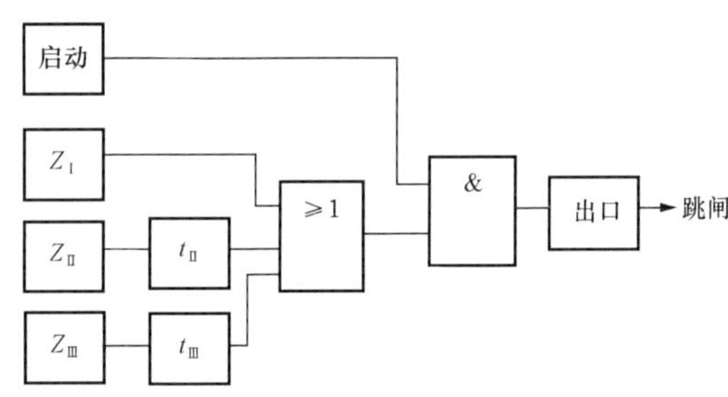

图 4 - 2 三段式距离保护的组成元件和逻辑框图

1. 启动元件

启动元件的主要作用是在发生故障的瞬间启动整套保护，并和距离元件动作后组成与门，启动出口回路动作于跳闸，以提高保护装置的可靠性。启动元件可由过电流继电器、低阻抗继电器或反应于负序和零序电流的继电器构成。具体选用哪一种，应由被保护线路的具体情况确定。

2. 距离元件

距离元件的主要作用实际上是测量短路点到保护安装地点之间的阻抗（即距离），一般 $Z_Ⅰ$ 和 $Z_Ⅱ$ 采用方向阻抗继电器，$Z_Ⅲ$ 采用偏移特性阻抗继电器。

在微机距离保护中，故障距离的测量和比较功能是由软件算法实现的。这时传统意义上的“元件”或“继电器”已不存在，但为了继承传统概念体现继电保护，也把实现这些功能算法的软件模块称为阻抗继电器或阻抗元件。

3. 时间元件

时间元件的主要作用是按照故障点到保护安装地点的远近，根据预定的时限特性确定动作的时限，以保证保护动作的选择性。时间元件一般采用时间继电器。

图 4 - 2 为三段式距离保护的简化逻辑框图。当正方向发生故障时，启动元件动作，如果故障位于第Ⅰ段范围内，则 $Z_Ⅰ$ 动作，并与启动元件的输出信号通过与门，瞬时作用于出

口回路，动作于跳闸。如果故障位于距离Ⅱ段保护范围内、Ⅰ段保护范围外，则 Z_{I} 不动作而 Z_{II} 动作，随即启动Ⅱ段的时间元件 t_{II}，待 t_{II} 延时到达后，也通过与门启动出口回路动作于跳闸。如果故障位于距离Ⅲ段保护范围以内，则 Z_{III} 动作启动 t_{III}，在 t_{III} 的延时之内，假定故障未被其他的保护动作切除，则在 t_{III} 延时到达后，仍通过与门和出口回路动作于跳闸，起到后备保护的作用。

4. 振荡闭锁元件

在电力系统发生振荡时，电压、电流幅值周期性变化，有可能导致距离保护误动作，为防止保护误动，设置该元件，要求该元件准确判别系统振荡，并将保护闭锁。

第二节 阻抗继电器及其动作特性

阻抗继电器是距离保护装置的核心元件，其主要作用是测量短路点到保护安装地点之间的阻抗，并与整定阻抗值进行比较，以确定保护是否应该动作。

阻抗元件按其构成方式可分为单相补偿式和多相补偿式两种，由于多相补偿式应用极少，本书只讨论单相补偿式。

单相补偿式阻抗继电器是指加入继电器的只有一个电压 $\dot{U}_{\mathrm{K}}$（可以是相电压或线电压）和一个电流 $\dot{I}_{\mathrm{K}}$（可以是相电流或两相电流之差）的阻抗继电器，$\dot{U}_{\mathrm{K}}$ 和 $\dot{I}_{\mathrm{K}}$ 的比值称为阻抗继电器的测量阻抗 Z_{K}，即

$$Z_{\mathrm{K}}=\frac{\dot{U}_{\mathrm{K}}}{\dot{I}_{\mathrm{K}}}$$

式中 $\dot{U}_{\mathrm{K}}$、$\dot{I}_{\mathrm{K}}$、Z_{K}——均为二次值。

由于 Z_{K} 可以写成 $R_{\mathrm{K}}+\mathrm{j}X_{\mathrm{K}}$ 的复数形式，所以就可以用复数平面来分析这种元件的动作特性，并用一定的几何图形把它表示出来，如图 4-3 所示。

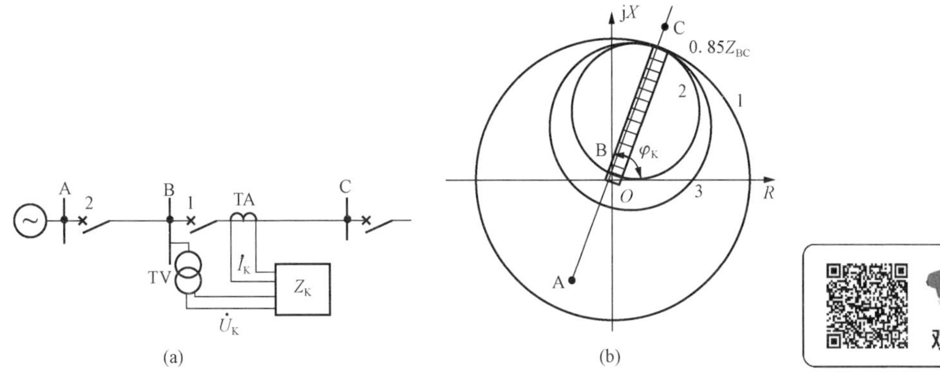

图 4-3 用复数平面分析阻抗继电器的特性
（a）网络接线；（b）被保护线路的测量阻抗及动作特性

一、构成阻抗继电器的基本原则

在电力系统正常运行时，$\dot{U}_{\mathrm{K}}$ 近似为额定电压，$\dot{I}_{\mathrm{K}}$ 为负荷电流，Z_{K} 为负荷阻抗，其量值

较大，阻抗角较小（一般功率因数不低于 0.9，对应的阻抗角不大于 25.8°）。当电力系统发生金属性短路时，$\dot{U}_K$ 降低，$\dot{I}_K$ 增大，Z_K 变为短路点与保护安装处之间的线路阻抗。如果忽略影响较小的分布电容和电导，则 Z_K 与短路距离 l_K 成线性正比关系，即

$$Z_K = KZ_l l_K = K(r_1 + jx_1)l_K \tag{4-4}$$

式中 Z_l——单位长度线路的复阻抗，Ω/km；

K——与互感器有关的比例系数；

r_1、x_1——单位长度线路的正序电阻和电抗，Ω/km。

测量阻抗角就等于输电线路的阻抗角，数值较大（对于 220kV 及以上电压等级的线路，阻抗角不低于 75°），如图 4-4 所示。

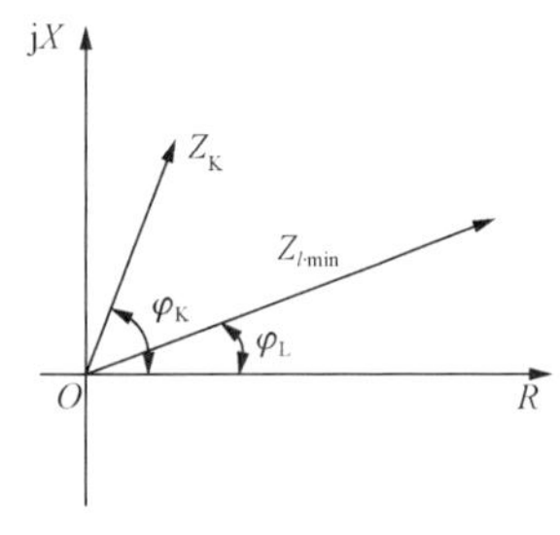

图 4-4 线路始端测量阻抗的矢量图

以图 4-3（a）中线路 B—C 的保护 1 为例，将阻抗继电器的测量阻抗画在复数阻抗平面上，如图 4-3（b）所示。线路的始端 B 位于坐标的原点，正方向线路的测量阻抗在第Ⅰ象限，反方向线路的测量阻抗在第Ⅲ象限，正方向线路测量阻抗与 R 轴之间的角度为线路 B—C 的阻抗角 φ_K。对保护 1 的距离Ⅰ段，启动阻抗应整定为 $Z'_{act\cdot 1}=0.85Z_{BC}$，阻抗继电器的启动特性就应包括 $0.85Z_{BC}$以内的阻抗，可用图 4-3（b）中阴影线所包括的范围表示。

由于阻抗继电器都是接于电流互感器和电压互感器的二次侧，其测量阻抗与系统一次侧的阻抗之间存在下列关系

$$Z_K = \frac{U_K}{I_K} = \frac{\dfrac{U_{(B)}}{n_{TV}}}{\dfrac{I_{BC}}{n_{TA}}} = \frac{U_{(B)}}{I_{BC}}\frac{n_{TA}}{n_{TV}} = Z\frac{n_{TA}}{n_{TV}} \tag{4-5}$$

式中 $U_{(B)}$——加于保护装置的一次侧电压，即母线 B 的电压；

I_{BC}——接入保护装置的一次电流，即从 B 流向 C 的电流；

n_{TV}——电压互感器的变比；

U_K——二次测量电压；

I_K——二次测量电流；

n_{TA}——线路 B—C 上电流互感器的变比；

Z——一次侧的测量阻抗；

Z_K——二次侧的测量阻抗。

如果保护装置的整定阻抗一次值经计算以后表示为 Z_{set}，则按式（4-5），继电器的整定阻抗应该选择为

$$Z_{K\cdot set} = Z_{set}\frac{n_{TA}}{n_{TV}} \tag{4-6}$$

在实际情况下，由于互感器误差、故障点过渡电阻等因素，继电器实际测量到的阻抗 Z_K 一般并不能严格地落在与 $Z_{K\cdot set}$同相的直线上，而是落在该直线附近的一个区域中。为了保证区域内故障情况下阻抗继电器都能可靠动作，在阻抗复平面上，其动作范围应该是一个包括 $Z_{K\cdot set}$对应线段在内，但在 $Z_{K\cdot set}$的方向上不超过 $Z_{K\cdot set}$的区域，如圆形区域、四边形区域等。当测量阻抗 Z_K 落在这样的动作区域内时，就判断为区内故障，阻抗继电器给出动作

信号；当测量阻抗 Z_K 落在该动作区域以外时，判断为区外故障，阻抗继电器不动作。这个区域的边界就是阻抗继电器的临界动作边界，理论上，微机保护可以实现任何复杂的能用数学表达式表达的动作区域。

为了减少过渡电阻及互感器误差的影响，尽量简化继电器的接线，并便于制造和调试，通常把阻抗继电器的动作特性扩大为一个圆。如图 4-3（b）所示，其中 1 为全阻抗继电器的动作特性，2 为方向阻抗继电器的动作特性，3 为偏移特性的阻抗继电器的动作特性。此外，尚有动作特性为透镜型、四边形的继电器等。

二、利用复数平面分析阻抗继电器动作特性

（一）全阻抗继电器

全阻抗元件的特性是以 B 点（保护装置安装地点）为圆心，以整定阻抗 $Z_{K\cdot set}$ 为半径所做的一个圆，如图 4-5 所示。当测量阻抗 Z_K 位于圆内时阻抗继电器动作，即圆内为动作区，圆外为不动作区；当测量阻抗正好位于圆周上时继电器刚好动作，对应此时的阻抗就是继电器的启动阻抗 $Z_{K\cdot act}$。由于这种特性是以原点为圆心而动作的圆，因此，不论加入继电器的电压与电流之间的角度 φ 为多大（0°～180°之间变化），继电器的启动阻抗在数值上等于整定阻抗，即 $|Z_{K\cdot act}|=Z_{K\cdot set}$。具有这种动作特性的继电器称为全阻抗继电器，没有方向性。

这种继电器以及其他特性的继电器，都可以采用两个电压幅值比较或两个电压相位比较的方式构成。为了简化表示，在以下分析中设电流互感器与电压互感器变比为 $n_{TA}=n_{TV}=1$，则 $Z_{K\cdot set}=Z_{set}$，$Z_{K\cdot act}=Z_{act}$。

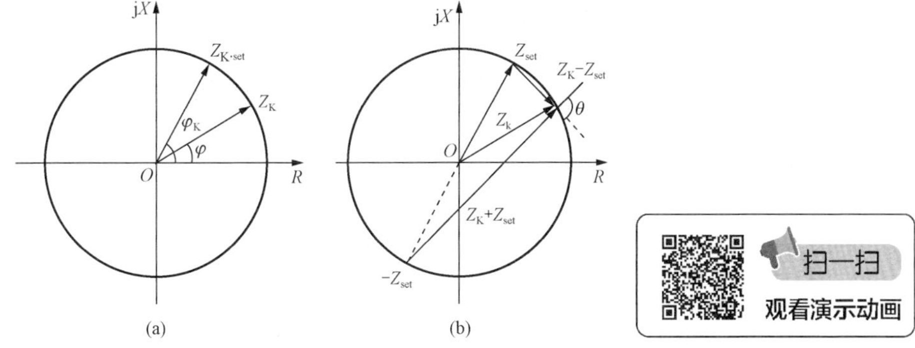

图 4-5　全阻抗继电器的动作特性

（a）幅值比较式；（b）相位比较式

1. 幅值比较式

如图 4-5（a）所示，当测量阻抗 Z_K 位于圆内时，继电器能够启动，其启动条件可用阻抗的幅值来表示，即

$$|Z_K|\leqslant|Z_{set}| \tag{4-7}$$

式（4-7）两端乘以电流 $\dot{I}_K$，因 $\dot{I}_K Z_K=\dot{U}_K$，公式变为

$$|\dot{U}_K|\leqslant|\dot{I}_K Z_{set}| \tag{4-8}$$

式（4-8）可看作两个电压幅值的比较，式中 $\dot{I}_K Z_{set}$ 表示电流在某一个恒定阻抗 Z_{set} 上的电压降落，在微机保护中可以用移相的算法来获得。

2. 相位比较式

相位比较式全阻抗继电器的动作特性如图 4-5（b）所示。当测量阻抗 Z_K 位于圆周上时，相量（Z_K+Z_{set}）超前于（Z_K-Z_{set}）的角度 $\theta=90°$；而当 Z_K 位于圆内时，$\theta>90°$；Z_K 位于圆外时，$\theta<90°$，如图 4-6（a）、（b）所示。因此，全阻抗继电器的启动条件可表示为

$$270° \geqslant \arg\frac{Z_K+Z_{set}}{Z_K-Z_{set}} \geqslant 90° \tag{4-9}$$

式（4-9）中 $180°\leqslant\theta\leqslant270°$ 对应于 Z_K 超前于 Z_{set} 时的情况，此时 θ 为负值，如图 4-6（c）所示。

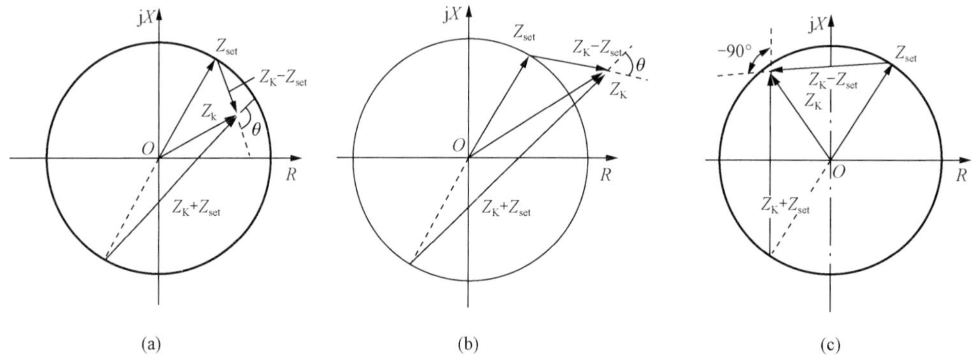

图 4-6　相位比较方式分析全阻抗继电器的动作特性

（a）测量阻抗在圆内；（b）测量阻抗在圆外；（c）Z_K 超前于 Z_{set}

将两个矢量均乘以电流 $\dot{I}_K$，即可得到可比较其相位的两个电压分别为

$$\left.\begin{aligned}\dot{U}_P &= \dot{U}_K+\dot{I}_K Z_{set}\\ \dot{U}_{OP} &= \dot{U}_K-\dot{I}_K Z_{set}\end{aligned}\right\} \tag{4-10}$$

因此全阻抗继电器的动作条件可写成

$$270° \geqslant \arg\frac{\dot{U}_K+\dot{I}_K Z_{set}}{\dot{U}_K-\dot{I}_K Z_{set}} \geqslant 90°$$

或

$$270° \geqslant \arg\frac{\dot{U}_P}{\dot{U}_{OP}} \geqslant 90° \tag{4-11}$$

式中　$\arg\frac{\dot{U}_P}{\dot{U}_{OP}}$ ——$\dot{U}_P$ 超前 $\dot{U}_{OP}$ 的角度。

此时继电器能够启动的条件只与 $\dot{U}_P$ 和 $\dot{U}_{OP}$ 的相位差有关，而与其大小无关。式（4-11）可以看成继电器的作用是以电压 $\dot{U}_P$ 为参考相量，来测定故障时电压相量 $\dot{U}_{OP}$ 的相位。一般称 $\dot{U}_P$ 为极化电压，$\dot{U}_{OP}$ 为补偿后的电压，简称为补偿电压或工作电压。关于 $\dot{U}_{OP}$ 的物理意义将在后面讨论。

3. 幅值比较式与相位比较式之间的关系

它们之间的关系可以从图 4-5 和图 4-6 的几种情况分析得出。

由平行四边形和菱形的定则可知，如用比较幅值的两个相量组成平行四边形，则相位比较的两个相量就是该平行四边形的两个对角线，三种情况下的关系如图 4-7 所示。

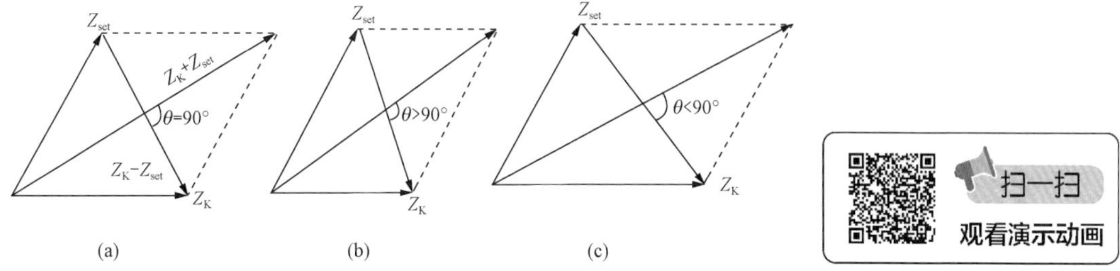

图 4-7　幅值比较与相位比较之间的关系

(a) $|Z_K|=|Z_{set}|$；(b) $|Z_K|<|Z_{set}|$；(c) $|Z_K|>|Z_{set}|$

(1) 如图 4-7 (a) 所示，当 $|Z_K|=|Z_{set}|$ 时，由这两个相量组成的平行四边形是一个菱形，因此其两个对角线 (Z_K+Z_{set}) 和 (Z_K-Z_{set}) 互相垂直，$\theta=90°$，正是元件刚好启动的条件。

(2) 如图 4-7 (b) 所示，当 $|Z_K|<|Z_{set}|$ 时，(Z_K+Z_{set}) 和 (Z_K-Z_{set}) 之间的角度 $\theta>90°$，元件能够动作。

(3) 如图 4-7 (c) 所示，当 $|Z_K|>|Z_{set}|$ 时，(Z_K+Z_{set}) 和 (Z_K-Z_{set}) 之间的角度 $\theta<90°$，元件不动作。

一般而言，设以 $\dot{A}$ 和 $\dot{B}$ 表示幅值的两个电压，且当 $|\dot{A}|\geqslant|\dot{B}|$ 时，继电器启动，又以 $\dot{C}$ 和 $\dot{D}$ 表示比较相位的两个电压，当 $270°\geqslant\arg\dfrac{\dot{C}}{\dot{D}}\geqslant 90°$ 时，继电器启动，则它们之间的关系为

$$\left.\begin{aligned}\dot{C}&=\dot{B}+\dot{A}\\ \dot{D}&=\dot{B}-\dot{A}\end{aligned}\right\}\tag{4-12}$$

于是已知 $\dot{A}$ 和 $\dot{B}$ 时，可以直接求出 $\dot{C}$ 和 $\dot{D}$。反之，如已知 $\dot{C}$ 和 $\dot{D}$，也可以利用式 (4-12) 求出 $\dot{A}$ 和 $\dot{B}$，即 $\dot{B}=\dfrac{1}{2}(\dot{C}+\dot{D})$，$\dot{A}=\dfrac{1}{2}(\dot{C}-\dot{D})$。由于 $\dot{A}$ 和 $\dot{B}$ 是进行幅值比较的两个相量，因此可以取消式中的 1/2 而表示为

$$\left.\begin{aligned}\dot{B}&=\dot{C}+\dot{D}\\ \dot{A}&=\dot{C}-\dot{D}\end{aligned}\right\}\tag{4-13}$$

以上各关系虽以全阻抗继电器为例导出，但其结果可以推广到所有比较两个电气量的继电器。

由此可见，幅值比较原理与相位比较原理之间具有互换性。因此不论实际的继电器是由哪一种方式构成，都可以根据需要而采用任一种方式来分析它的动作性能。但是必须注意以下几点：

(1) 它只适用于 $\dot{A}$、$\dot{B}$、$\dot{C}$、$\dot{D}$ 为同一频率的正弦交流量。

（2）只适用于相位比较式继电器动作范围为 $270°\geqslant \arg\dfrac{\dot{C}}{\dot{D}}\geqslant 90°$，以及幅值比较式继电器动作条件为 $|\dot{A}|\geqslant|\dot{B}|$ 的情况。

（3）对短路暂态过程中出现的非周期分量和谐波分量，以上转换关系显然是不成立的，因此不同比较方式构成的继电器受暂态过程的影响不同。

（二）方向阻抗继电器

方向阻抗继电器的特性是以整定阻抗 Z_{set} 为直径而通过坐标原点的一个圆，圆内为动作区，圆外为不动作区，如图 4-8 所示。当加入继电器的 $\dot{U}_K$ 和 $\dot{I}_K$ 之间的相位差 φ 为不同数值时，此种继电器的启动阻抗也将随之改变。当 φ 等于 Z_{set} 的阻抗角时，继电器的启动阻抗达到最大，等于圆的直径，此时阻抗继电器的保护范围最大，工作最灵敏，因此这个角度称为方向阻抗继电器的最大灵敏角，用 $\varphi_{sen\cdot max}$ 表示。当保护范围内部故障时，$\varphi=\varphi_K$（为被保护线路的阻抗角），因此应该调整继电器的最大灵敏角，使 $\varphi_{sen\cdot max}=\varphi_K$，以便继电器工作在最灵敏的条件下。

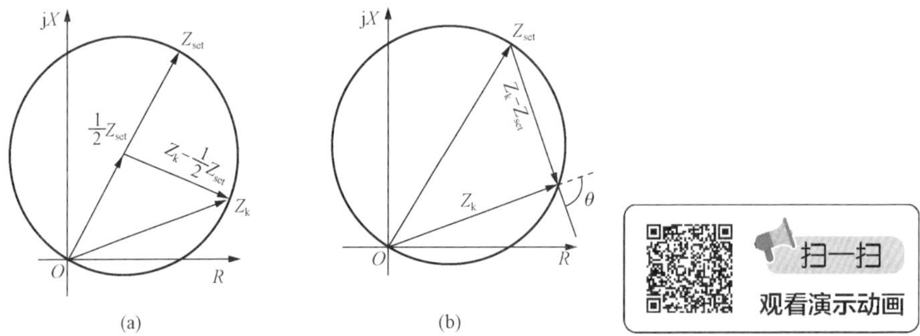

图 4-8　方向阻抗继电器的动作特性

(a) 幅值比较式的分析；(b) 相位比较式的分析

当反方向发生短路时，测量阻抗 Z_K 位于第Ⅲ象限，继电器不能动作，因此它本身就具有方向性，故称之为方向阻抗继电器。方向阻抗继电器也可以由幅值比较式或相位比较式构成。

1. 幅值比较式

如图 4-8（a）所示，继电器能够启动（即测量阻抗 Z_K 位于圆内）的条件是

$$\left|Z_K-\frac{1}{2}Z_{set}\right|\leqslant\left|\frac{1}{2}Z_{set}\right| \tag{4-14}$$

等式两端均乘以 $\dot{I}_K$，即变为如下两个电压的幅值的比较，即

$$\left|\dot{U}_K-\frac{1}{2}\dot{I}_K Z_{set}\right|\leqslant\left|\frac{1}{2}\dot{I}_K Z_{set}\right| \tag{4-15}$$

2. 相位比较式

如图 4-8（b）所示，当 Z_K 位于圆周上时，阻抗 Z_K 与 Z_K-Z_{set} 之间的相位差为 $\theta=90°$，相似于对全阻抗继电器的分析，同样可以证明 $270°\geqslant\theta\geqslant 90°$ 是继电器能够启动的条件。

将 Z_K 与 $Z_K - Z_{set}$ 均乘以电流 $\dot{I}_K$，即可得到比较相位的两个电压分别为

$$\left.\begin{aligned}\dot{U}_P &= \dot{U}_K \\ \dot{U}_{OP} &= \dot{U}_K - \dot{I}_K Z_{set}\end{aligned}\right\} \tag{4-16}$$

式中　$\dot{U}_P$ ——极化电压；

$\dot{U}_{OP}$ ——补偿电压或工作电压。

方向阻抗继电器的动作方程为

$$270° \geqslant \arg \frac{\dot{U}_K}{\dot{U}_K - \dot{I}_K Z_{set}} \geqslant 90° \tag{4-17}$$

当测量阻抗位于圆周上时继电器刚好动作，对应的阻抗是继电器的启动阻抗 $Z_{K \cdot act}$，对于具有方向圆特性的阻抗继电器来说，当测量阻抗 Z_K 的阻抗角不同时，对应的启动阻抗 $Z_{K \cdot act}$ 是不同的。一般情况下 $Z_{K \cdot act} \neq Z_{K \cdot set}$；当测量阻抗 Z_K 的阻抗角与整定阻抗 $Z_{K \cdot set}$ 的阻抗角相等时，阻抗继电器的启动阻抗最大，正好等于 $Z_{K \cdot set}$，即 $Z_{K \cdot act} = Z_{K \cdot set}$，此时继电器最灵敏，$Z_{K \cdot set}$ 的阻抗角称为最灵敏角。最灵敏角是阻抗继电器的一个重要参数，一般取为被保护线路的阻抗角。

（三）偏移特性阻抗继电器

偏移特性阻抗继电器的特点是当正方向的整定阻抗为 Z_{set} 时，同时向反方向偏移一个 αZ_{set}（$0 < \alpha < 1$），阻抗继电器的动作特性是圆内为动作区，圆外为不动作区，如图 4-9 所示。由图 4-9 可见，圆的直径为 $|Z_{set} + \alpha Z_{set}|$，圆心的坐标为 $Z_0 = \frac{1}{2}(Z_{set} - \alpha Z_{set})$，圆的半径为 $|Z_{set} - Z_0| = \frac{1}{2}|Z_{set} + \alpha Z_{set}|$。

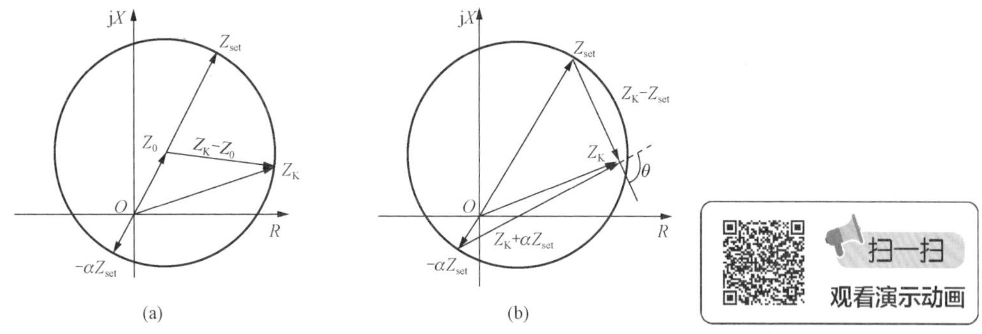

图 4-9　具有偏移特性的阻抗继电器

（a）幅值比较式的分析；（b）相位比较式的分析

这种继电器的动作特性介于方向阻抗继电器和全阻抗继电器之间，例如当采用 $\alpha = 0$ 时，即为方向阻抗继电器；而当 $\alpha = 1$ 时，则为全阻抗继电器。其启动阻抗 $Z_{K \cdot act}$ 既与 φ 有关，但又没有完全的方向性，一般称其为具有偏移特性的阻抗继电器。实际上通常采用 α 为 0.1～0.2，以便消除方向阻抗继电器在出口短路时的死区。现对其构成方式进行分析。

1. 幅值比较式

如图 4 - 9（a）所示，继电器能够启动的条件为

$$|Z_K - Z_0| \leqslant |Z_{set} - Z_0| \tag{4-18}$$

等式两端均乘以电流 $\dot{I}_K$，变为如下两个电压幅值的比较，即

$$|\dot{U}_K - \dot{I}_K Z_0| \leqslant |\dot{I}_K(Z_{set} - Z_0)| \tag{4-19}$$

2. 相位比较式

如图 4 - 9（b）所示，当 Z_K 位于圆周上时，矢量（$Z_K + aZ_{set}$）与（$Z_K - Z_{set}$）之间的相位差为 $\theta = 90°$，同样可以证明，$270° \geqslant \theta \geqslant 90°$ 也是继电器能够启动的条件。将（$Z_K + aZ_{set}$）与（$Z_K - Z_{set}$）均乘以电流 $\dot{I}_K$，即可得到用以比较其相位的两个电压为

$$\left.\begin{aligned} \dot{U}_P &= \dot{U}_K + a\dot{I}_K Z_{set} \\ \dot{U}_{OP} &= \dot{U}_K - \dot{I}_K Z_{set} \end{aligned}\right\} \tag{4-20}$$

与方向阻抗圆特性类似，偏移阻抗圆特性对于不同的 Z_K 阻抗角，启动阻抗也不相同。

至此，已介绍了电力系统中最常用的三种阻抗继电器的动作特性，其构成方式及结果汇总列于表 4 - 1 中。

表 4 - 1　　各种阻抗继电器的构成方式及结果

继电器特性	所需电压				启动特性的图形
	比较其幅值的两个电压		比较其相位的两个电压		
	$\dot{A}$	$\dot{B}$	$\dot{C} = \dot{B} + \dot{A}$	$\dot{D} = \dot{B} - \dot{A}$	
全阻抗继电器	$\dot{I}_K Z_{set}$	$\dot{U}_K$	$\dot{U}_K + \dot{I}_K Z_{set}$	$\dot{U}_K - \dot{I}_K Z_{set}$	图 4 - 5
偏移特性的阻抗继电器	$\dot{I}_K(Z_{set} - Z_0)$	$\dot{U}_K - \dot{I}_K Z_0$	$\dot{U}_K + \alpha \dot{I}_K Z_{set}$	$\dot{U}_K - \dot{I}_K Z_{set}$	图 4 - 9
方向阻抗继电器	$\frac{1}{2}\dot{I}_K Z_{set}$	$\dot{U}_K - \frac{1}{2}\dot{I}_K Z_{set}$	$\dot{U}_K$	$\dot{U}_K - \dot{I}_K Z_{set}$	图 4 - 8
功率方向继电器	$\dot{U}_K + \dot{I}_K Z_0$	$\dot{U}_K - \dot{I}_K Z_0$	$\dot{U}_K$	$0 - \dot{I}_K Z_0$	图 4 - 11
直线特性继电器	$2\dot{I}_K Z_{set} - \dot{U}_K$	$\dot{U}_K$	$\dot{I}_K Z_{set}$	$-\dot{I}_K Z_{set} + \dot{U}_K$	图 4 - 10（a）、（b）
电抗继电器	$2\dot{I}_K(jX_{set}) - \dot{U}_K$	$\dot{U}_K$	$\dot{I}_K(jX_{set})$	$-\dot{I}_K(jX_{set}) + \dot{U}_K$	图 4 - 10（c）
启动条件	$\lvert\dot{A}\rvert \geqslant \lvert\dot{B}\rvert$		$270° \geqslant \arg\frac{\dot{C}}{\dot{D}} \geqslant 90°$		—

（四）具有直线特性的继电器

如图 4 - 10 所示，当要求继电器的动作特性为任一直线时，由 O 点作动作特性边界线的垂线，其相量表示为 Z_{set}，测量阻抗 Z_K 位于直线的左侧为动作区，右侧为不动作区。

如图 4 - 10（a）所示，当用幅值比较式分析继电器的启动特性时，继电器能够启动的条件可表示为

$$|Z_K| \leqslant |2Z_{set} - Z_K| \tag{4-21}$$

两端均乘以电流，则变为如下两个电压的比较

$$|\dot{U}_K| \leqslant |2\dot{I}_K Z_{set} - \dot{U}_K| \tag{4-22}$$

则如图 4-10（b）所示，如用相位比较式分析继电器的动作特性，继电器能够启动的条件是相量 Z_{set} 和 $Z_K - Z_{set}$ 之间的夹角为 $270° \geqslant \theta \geqslant 90°$，将 Z_{set} 和 $Z_K - Z_{set}$ 均乘以电流 $\dot{I}_K$，即可得到可用以比较相位的两个电压分别为

$$\left.\begin{aligned} \dot{U}_P &= \dot{I}_K Z_{set} \\ \dot{U}_{OP} &= \dot{U}_K - \dot{I}_K Z_{set} \end{aligned}\right\} \tag{4-23}$$

在以上关系中，如果取 $Z_{set} = jX_{set}$，则动作特性如图 4-10（c）所示，即为一电抗型继电器，此时只要测量阻抗 Z_K 的电抗部分小于 X_{set} 就可以动作，而与电阻部分的大小无关。

具有直线特性继电器的构成方式及结果，亦列于表 4-1 中。

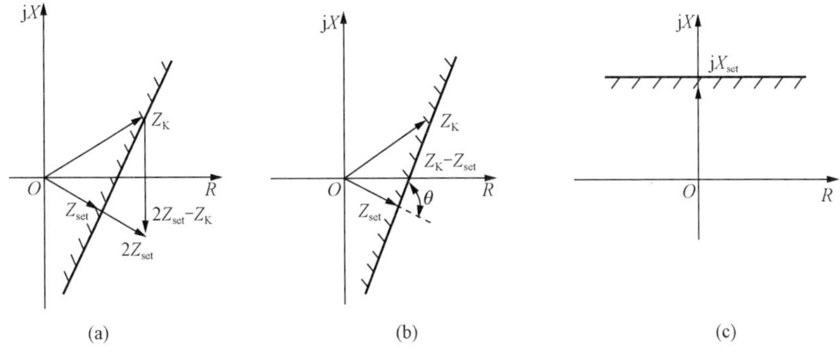

图 4-10　具有直线特性的继电器

（a）幅值比较式的分析；（b）相位比较式的分析；（c）电抗型继电器

如图 4-11（a）所示，当用幅值比较来分析功率方向继电器的启动特性时，在最大灵敏角的方向上任取两个相量 Z_0 和 $-Z_0$，当测量阻抗 Z_K 位于直线 AA' 以上时，它到 Z_0 的距离（即相量 $Z_K - Z_0$），恒小于到 $-Z_0$ 的距离（即相量 $Z_K + Z_0$）；而当正好位于直线上时，则到两者的距离相等，因此，继电器能够动作的条件可表示为

$$|Z_K - Z_0| \leqslant |Z_K + Z_0| \tag{4-24}$$

两端均乘以电流 $\dot{I}_K$，则变为两个电压幅值的比较，即

$$|\dot{U}_K - \dot{I}_K Z_0| \leqslant |\dot{U}_K + \dot{I}_K Z_0| \tag{4-25}$$

则如图 4-11（b）所示，如用相位比较式来分析功率方向继电器的特性，只要 Z_K 和 $-Z_0$ 之间的角度 θ 满足 $270° \geqslant \theta \geqslant 90°$，就是它能够动作的条件。将 Z_K 和 $-Z_0$ 均乘以电流 $\dot{I}_K$，即得到比较其相应的两个电压分别为

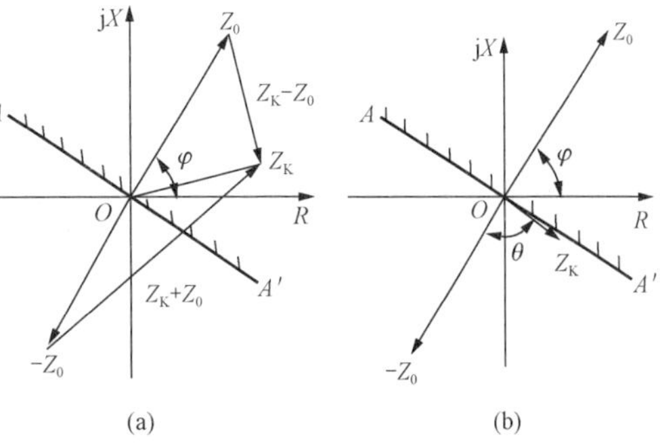

图 4-11　功率方向继电器的动作特性

（a）幅值比较式的分析；（b）相位比较式的分析

$$\left.\begin{aligned}\dot{U}_{P}&=\dot{U}_{K}\\ \dot{U}_{OP}&=-\dot{I}_{K}Z_{0}\end{aligned}\right\}\qquad(4-26)$$

（五）动作角度范围变化对元件特性的影响

在以上分析中均采用动作的角度范围为 $270°\geqslant\arg\dfrac{\dot{U}_{P}}{\dot{U}_{OP}}\geqslant 90°$，在复数平面上获得的是圆或直线特性。如果使动作范围小于 180°，例如采用 $240°\geqslant\arg\dfrac{\dot{U}_{P}}{\dot{U}_{OP}}\geqslant 120°$，则圆特性的方向继电器将变成透镜形特性的阻抗继电器，如图 4 - 12（a）所示；而直线特性的功率方向继电器的动作范围则变为一个小于 180°的折线，如图 4 - 12（b）所示。其他继电器特性的变化与此相似，不再赘述。

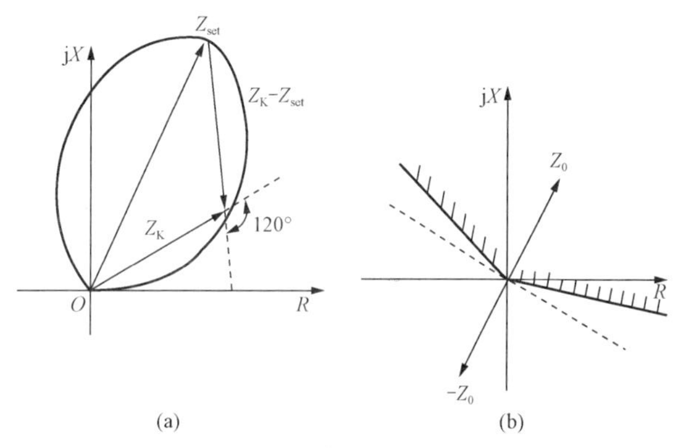

图 4 - 12　$240°\geqslant\arg\dfrac{\dot{U}_{P}}{\dot{U}_{OP}}\geqslant 120°$ 时的动作特性

（a）方向阻抗继电器；（b）功率方向继电器

如果使动作范围大于 180°，例如采用 $300°\geqslant\arg\dfrac{\dot{U}_{P}}{\dot{U}_{OP}}\geqslant 60°$，特性的变化请读者自行分析。

（六）继电器的极化电压和补偿电压

由表 4 - 1 可见，各种圆或直线特性的继电器均可用极化电压 $\dot{U}_{P}$ 与补偿电压 $\dot{U}_{OP}$ 进行比较而构成。以图 4 - 1（a）中的保护 1 为例，当发生金属性短路时，设电流和电压互感器的变比均为 1，则 $\dot{U}_{K}=\dot{I}_{K}Z_{K}$，$\dot{U}_{OP}=I_{K}(Z_{K}-Z_{set})$，前已提及，应选择继电器的最大灵敏角 $\varphi_{sen\cdot max}=\varphi_{k}$，因此 Z_K 与 Z_{set} 的阻抗角相同。

（1）当保护范围外部故障时，$Z_K>Z_{set}$，因此 $\dot{U}_{OP}$ 与 $\dot{U}_{K}$ 同相位。

（2）当保护范围末端故障时，$Z_K=Z_{set}$，因此 $\dot{U}_{OP}=0$，继电器应处于临界动作的条件。

（3）当保护范围内部故障时，$Z_K<Z_{set}$，因此 $\dot{U}_{OP}$ 与 $\dot{U}_{K}$ 相位差 180°。

由此可见，$\dot{U}_{OP}$ 相位的变化实质上反映了短路阻抗 Z_K 与整定阻抗 Z_{set} 的比较。阻抗继电器正是反应于这个电压相位的变化而动作的。因此在任何特性的阻抗继电器中均包含有 $\dot{U}_{OP}$ 这个电压。

为了判别 $\dot{U}_{OP}$ 相位的变化，必须有一个参考相量作为基准，这就是所采用的极化电压 $\dot{U}_{P}$。当 $\arg\dfrac{\dot{U}_{P}}{\dot{U}_{OP}}$ 满足一定的角度范围时，继电器应该启动，而当 $\arg\dfrac{\dot{U}_{P}}{\dot{U}_{OP}}=180°$ 时，继电器动作最灵敏。从这一观点出发，可以认为不同的阻抗继电器的区别只是在于所选的极化电压

$\dot{U}_P$ 不同。例如：

（1）当以母线电压 $\dot{U}_K$ 作为极化量时，可得到具有方向性的圆特性（见图 4-8）阻抗继电器或直线特性（见图 4-11）的功率方向继电器。当保护安装处出口短路时，$\dot{U}_K=0$，继电器将因失去极化电压而不能动作，从而出现电压死区。

（2）当以电流 $\dot{I}_K$ 作为极化量时，可得到动作特性为包括原点在内的各种直线，如图 4-10 所示，这些直线特性的继电器没有方向性，在反方向短路时（Z_K 转过 180°）也能够动作。

（3）当以 $\dot{U}_K$ 和 $\dot{I}_K$ 的复合电压（例如 $\dot{U}_K+\alpha\dot{I}_K Z_{set}$）作为极化量时，则得到偏移特性的阻抗继电器，而偏移的程度则取决于 α，即取决于所占 $\dot{I}_K Z_{set}$ 的比重。

最后顺便指出，还可以采用非故障相的电压、正序电压、零序电流及负序电流等作为极化量，来构成其他特性的各种阻抗继电器。

第三节　阻抗继电器的接线方式及故障选相

一、对接线方式的基本要求

根据距离保护的工作原理，加入继电器的电压 $\dot{U}_K$ 和电流 $\dot{I}_K$ 应满足以下要求：

（1）阻抗继电器的测量阻抗正比于短路点到保护安装地点之间的距离。

（2）阻抗继电器的测量阻抗应与故障类型无关，也就是保护范围不随故障类型而改变。

类似于功率方向继电器接线方式中的定义，参见图 2-27 的相量图，当阻抗继电器加入的电压和电流分别为 $\dot{U}_{AB}$ 和 $\dot{I}_A-\dot{I}_B$ 时称之为“0°接线”，分别为 $\dot{U}_{AB}$ 和 $\dot{I}_A$ 时称之为“+30°接线”等。当采用三个继电器 K1、K2、K3 分别接于三相时，常用的几种接线方式的名称及接入的电压和电流关系见表 4-2。

表 4-2　阻抗继电器采用不同接线方式时，接入的电压和电流关系

接线方式	继电器					
	K1		K2		K3	
	$\dot{U}_K$	$\dot{I}_K$	$\dot{U}_K$	$\dot{I}_K$	$\dot{U}_K$	$\dot{I}_K$
0°接线	$\dot{U}_{AB}$	$\dot{I}_A-\dot{I}_B$	$\dot{U}_{BC}$	$\dot{I}_B-\dot{I}_C$	$\dot{U}_{CA}$	$\dot{I}_C-\dot{I}_A$
+30°接线	$\dot{U}_{AB}$	$\dot{I}_A$	$\dot{U}_{BC}$	$\dot{I}_B$	$\dot{U}_{CA}$	$\dot{I}_C$
−30°接线	$\dot{U}_{AB}$	$-\dot{I}_B$	$\dot{U}_{BC}$	$-\dot{I}_C$	$\dot{U}_{CA}$	$-\dot{I}_A$
相电压和具有 $K\times3\dot{I}_0$ 补偿的相电流接线	$\dot{U}_A$	$\dot{I}_A+K\times3\dot{I}_0$	$\dot{U}_B$	$\dot{I}_B+K\times3\dot{I}_0$	$\dot{U}_C$	$\dot{I}_C+K\times3\dot{I}_0$

二、相间短路阻抗继电器的 0°接线方式

这是在距离保护中广泛采用的接线方式。现根据表 4-2 所示的关系，对各种相间短路时继电器的测量阻抗进行分析。在此，测量阻抗用电力系统一次阻抗表示，或认为电流和电

压互感器的变比为 $n_{TA}=n_{TV}=1$。

1. 三相短路

如图 4-13 所示，三相短路时，三相是对称的，三个元件 K1～K3 的工作情况完全相同，因此，可以 K1 为例来分析。设短路点至保护安装地点之间的距离为 l，线路每千米的正序阻抗为 z_l，则保护安装地点的电压 $\dot{U}_{AB}$ 应为

$$\dot{U}_{AB}=\dot{U}_A-\dot{U}_B=\dot{I}_A z_l l-\dot{I}_B z_l l=(\dot{I}_A-\dot{I}_B)z_l l$$

因此，在三相短路时，继电器 K1 的测量阻抗为

$$Z_{K1}^{(3)}=\frac{\dot{U}_{AB}}{\dot{I}_A-\dot{I}_B}=z_l l \tag{4-27}$$

在三相短路时，三个继电器的测量阻抗等于短路点到保护安装地点之间的阻抗，三个继电器均能动作。

2. 两相短路

如图 4-14 所示，设以 A—B 两相短路为例，则故障环路的电压 $\dot{U}_{AB}$ 为

$$\dot{U}_{AB}=\dot{I}_A z_l l-\dot{I}_B z_l l=(\dot{I}_A-\dot{I}_B)z_l l$$

因此，继电器 K1 的测量阻抗为

$$Z_{K1}^{(2)}=\frac{\dot{U}_{AB}}{\dot{I}_A-\dot{I}_B}=z_l l \tag{4-28}$$

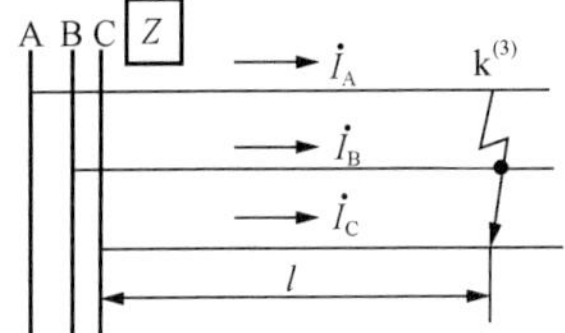

图 4-13　三相短路时测量阻抗分析

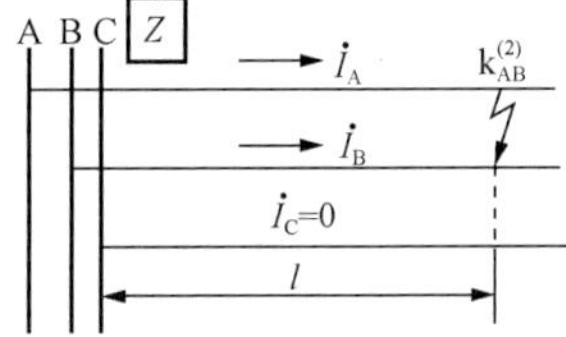

图 4-14　A—B 两相短路时测量阻抗分析

与三相短路时的测量阻抗相同，因此 K1 能正确动作。

在 A—B 两相短路的情况下，对继电器 K2 和 K3 而言，由于所加电压为非故障相间的电压，数值比 $\dot{U}_{AB}$ 高，而电流又只有一个故障相的电流，数值比（$\dot{I}_A-\dot{I}_B$）小，因此，其测量阻抗必然大于式（4-28）的数值，也就是说它们不能正确地测量保护安装地点到短路点的阻抗，因此不能启动。

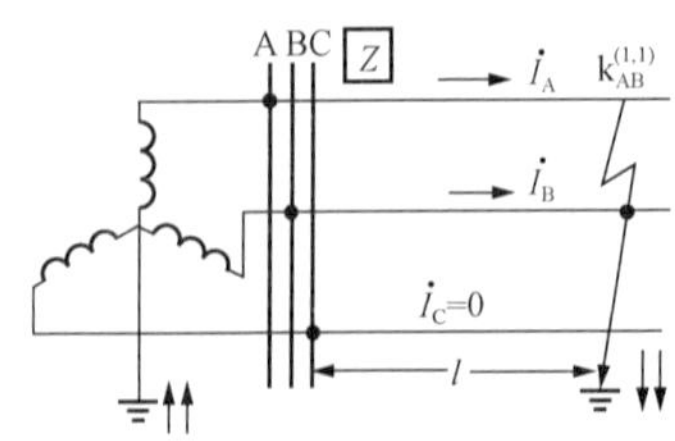

图 4-15　A—B 两相接地短路时测量阻抗的分析

由此可见，在 A—B 两相短路时，K1 能准确地测量短路阻抗而动作。同理，分析 B—C 和 C—A 两相短路可知，相应的只有继电器 K2 和 K3 能准确地测量到短路点的阻抗而动作。这就是为什么要用三个阻抗继电器并分别接于不同相间的原因。

3. 中性点直接接地电网中的两相接地短路

如图 4-15 所示，仍以 A—B 两相接地短路故障为例，它

与两相短路不同之处是地中有电流流回，因此，$\dot{I}_A \neq -\dot{I}_B$。

此时，可以把A相和B相看成两个“导线—地”的送电线路，并有互感器耦合在一起，设有z_L表示输电线每千米的自感阻抗，z_M表示每千米的互感阻抗，则保护安装地点的故障相电压应为

$$\dot{U}_A = \dot{I}_A z_L l + \dot{I}_B z_M l$$

$$\dot{U}_B = \dot{I}_B z_L l + \dot{I}_A z_M l$$

因此，继电器K1的测量阻抗为

$$\begin{aligned} Z_{K1}^{(1,1)} &= \frac{\dot{U}_{AB}}{\dot{I}_A - \dot{I}_B} = \frac{(\dot{I}_A - \dot{I}_B)(z_L - z_M)l}{(\dot{I}_A - \dot{I}_B)} \\ &= (z_L - z_M)l = z_l l \end{aligned} \tag{4-29}$$

由此可见，当发生A—B两相接地短路时，K1的测量阻抗与三相短路时相同，保护能够正确动作。

对相间短路阻抗继电器的30°接线方式，因应用很少，本书不再分析。

三、接地短路阻抗继电器的接线方式

在中性点直接接地的电网中，当零序电流保护不能满足要求时，一般考虑采用接地距离保护，主要任务是正确反应这个电网中的接地短路，因此，对阻抗继电器的接线方式需要做进一步的讨论。

在单相接地时，只有故障相的电压降低，电流增大，而非故障相间电压都是很高的，因此从原则上看，应该将故障相的电压和电流加入继电器中。例如，对A相阻抗继电器采用

$$\dot{U}_k = \dot{U}_A$$

$$\dot{I}_k = \dot{I}_A$$

对于这种接线能否满足要求，现分析如下：

将故障点的电压$\dot{U}_{kA}$和电流$\dot{I}_A$分解为对称分量，则

$$\left.\begin{aligned} \dot{I}_A &= \dot{I}_1 + \dot{I}_2 + \dot{I}_0 \\ \dot{U}_{kA} &= \dot{U}_{k1} + \dot{U}_{k2} + \dot{U}_{k0} = 0 \end{aligned}\right\} \tag{4-30}$$

按照各序的等效网络，在保护安装地点母线上各对称分量的电压与短路点的对称分量电压之间，应具有关系

$$\left.\begin{aligned} \dot{U}_1 &= \dot{U}_{k1} + \dot{I}_1 z_1 l \\ \dot{U}_2 &= \dot{U}_{k2} + \dot{I}_2 z_2 l \\ \dot{U}_0 &= \dot{U}_{k0} + \dot{I}_0 z_0 l \end{aligned}\right\} \tag{4-31}$$

因此，保护安装地点母线上的A相电压应为

$$\begin{aligned} \dot{U}_A &= \dot{U}_{A1} + \dot{U}_{A2} + \dot{U}_{A0} = \dot{U}_{k1} + \dot{I}_1 z_1 l + \dot{U}_{k2} + \dot{I}_2 z_2 l + \dot{U}_{k0} + \dot{I}_0 z_0 l \\ &= z_1 l\left(\dot{I}_1 + \dot{I}_2 + \dot{I}_0 \frac{z_0}{z_1}\right) = z_1 l\left(\dot{I}_A - \dot{I}_0 + \dot{I}_0 \frac{z_0}{z_1}\right) \end{aligned}$$

$$=z_1l\left(\dot{I}_A+\dot{I}_0\frac{z_0-z_1}{z_1}\right) \tag{4-32}$$

如果采用$\dot{U}_K=\dot{U}_A$和$\dot{I}_K=\dot{I}_A$的接线方式时，则继电器的测量阻抗为

$$Z_K=\frac{\dot{U}_K}{\dot{I}_K}=z_1l+\frac{\dot{I}_0}{\dot{I}_A}(z_0-z_1)l \tag{4-33}$$

此测量阻抗值与$\dfrac{\dot{I}_0}{\dot{I}_A}$的比值有关，而这个比值因受中性点接地数目与分布的影响，并不等于常数，故继电器就不能准确地测量从短路点到保护安装地点之间的阻抗，因此不能采用。

为了使继电器的测量阻抗在单相接地时不受$\dot{I}_0$的影响，根据以上分析的结果，应该给阻抗继电器加入的电压和电流为

$$\left.\begin{aligned}\dot{U}_K&=\dot{U}_A\\ \dot{I}_K&=\dot{I}_A+\dot{I}_0\frac{z_0-z_1}{z_1}=\dot{I}_A+K\times3\dot{I}_0\end{aligned}\right\} \tag{4-34}$$

式中 K——系数，$K=\frac{z_0-z_1}{3z_1}$，一般可近似认为零序阻抗角和正序阻抗角相等，因而K是一个实数，这样，继电器的测量阻抗将是

$$Z_K=\frac{\dot{U}_K}{\dot{I}_K}=\frac{z_1l(\dot{I}_A+K\times3\dot{I}_0)}{\dot{I}_A+K\times3\dot{I}_0}=z_1l \tag{4-35}$$

它能正确地测量从短路点到保护安装地点之间的阻抗，并与相间短路的阻抗继电器所测量的阻抗为同一数值。因此这种接线得到了广泛应用。

为了反应任一相的单相接地短路，接地距离保护也必须采用三个阻抗继电器，其接线方式分别为$\dot{U}_A$、$\dot{I}_A+K\times3\dot{I}_0$，$\dot{U}_B$、$\dot{I}_B+K\times3\dot{I}_0$，$\dot{U}_C$、$\dot{I}_C+K\times3\dot{I}_0$。

这种接线方式同样能够反应于两相接地短路和三相短路，此时接于故障相的阻抗继电器的测量阻抗也为z_1l。

四、故障选相

在110kV及以下电压等级的高压线路中，无论单相故障还是相间故障，均采用故障时跳三相断路器的方式。

在220kV及以上电压等级的超高压线路中，由于系统稳定的要求，需要实现分相跳闸，即单相故障只跳故障相，多相故障才跳三相，这就要求保护装置除能够测量出故障距离外，还应能选出故障的相别。

在模拟式距离保护装置中相间阻抗继电器或接地阻抗继电器K1、K2、K3是并行工作的，它们同时在测量着各自分管的故障类型的阻抗，因此，在选相跳闸时还要配合专门的选相元件。在用微机构成继电保护功能时，为了能够实现选相跳闸，同时防止非故障相的影响，一般都要设置一个故障类型、故障相别的判别程序。

选相方法，既可以用于选相跳闸，又可以在阻抗继电器中做到仅投入故障特征最明显的阻抗测量元件。在突变量启动元件检出系统有故障后，先由它判别故障类型和相别，然后针对已知的相别提取相应的电压、电流对，例如，当突变量选相环节选出A相接地短路时再

提取 A 相电压 $\dot{U}_a$ 与电流 $\dot{I}_a+K\times3\dot{I}_0$ 相除计算出 A 相阻抗，其中 $\dot{U}_a$ 与 $\dot{I}_a+K\times3\dot{I}_0$ 就是电压与电流对。进行阻抗计算。这种相别切换的原理在微机保护中得到了广泛的应用。这种相别切换的原理还带来一个附带的好处，即对于两相接地短路，经过故障相判别后，可按相间故障的方式计算阻抗，因而可以避免两相接地故障时，模拟接地阻抗继电器超前相的超越问题。

（一）突变量电流选相

微机保护装置可以方便地取得各相电流的突变量，去掉负荷分量的影响，使故障相判别十分简单可靠，而且切换完全由软件实现，并没有真正的切换触点。

故障判别程序所依据的各种故障类型的特征如下。

1. 单相接地故障（以 A 相为例）

根据对称分量法的基本理论，假定系统的正序阻抗和负序阻抗相等，不难得出 A 相接地时，流过保护安装处的电流（故障分量）相量图如图4-16 所示。两个非故障相电流可能和故障相电流相位相差 180°，也可能同相，这决定于故障点两侧系统正序和零序电流分量的分配系数。如图 4-17 所示，流过保护装置 1 的非故障 B、C 相电流为

$$\dot{I}_B=\alpha^2\dot{C}_{1m}\dot{I}_{1k}+\alpha\dot{C}_{2m}\dot{I}_{2k}+\dot{C}_{0m}\dot{I}_{0k}$$

$$\dot{I}_C=\alpha\dot{C}_{1m}\dot{I}_{1k}+\alpha^2\dot{C}_{2m}\dot{I}_{2k}+\dot{C}_{0m}\dot{I}_{0k}$$

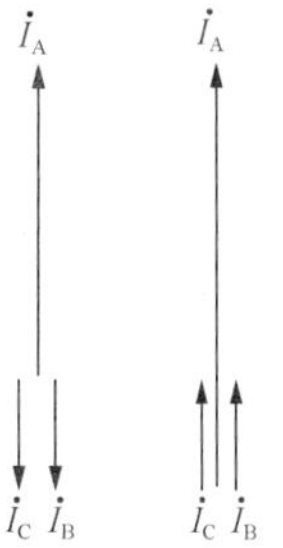

图 4-16　单相接地相量图

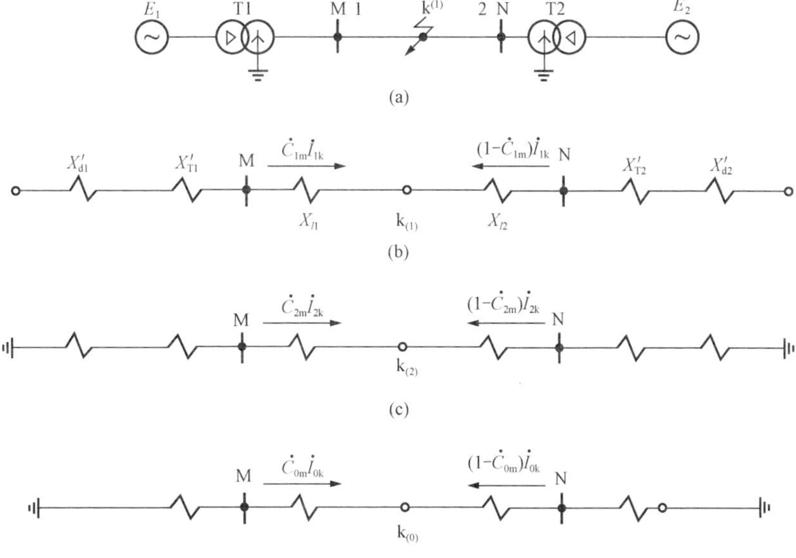

图 4-17　双侧电源电流分配图

由于故障处 $\dot{I}_{1k}=\dot{I}_{2k}=\dot{I}_{0k}=\frac{1}{3}\dot{I}_A$，则

$$\dot{I}_B=\dot{I}_C=-\dot{C}_{1m}\dot{I}_{1k}+\dot{C}_{0m}\dot{I}_{0k}=\dot{I}_{1k}(\dot{C}_{0m}-\dot{C}_{1m})$$

以上式中　$\dot{C}_{1m}$——保护安装地点的正序电流分配系数；

$\dot{C}_{2m}$ ——保护安装地点的负序电流分配系数；

$\dot{C}_{0m}$ ——保护安装地点的零序电流分配系数。

假定 $\dot{C}_{1m}=\dot{C}_{2m}$ 且 $\dot{C}_{1m}$ 和 $\dot{C}_{0m}$ 同相位。当 $\dot{C}_{0m}>\dot{C}_{1m}$ 时，$\dot{I}_B$、$\dot{I}_C$ 与 $\dot{I}_A$ 同相位，反之亦然。从图 4-16 可见，单相接地故障有一个独有的特征，就是两个非故障相电流之差为零，其他故障类型没有这个特征。

2. 两相不接地短路

两相不接地短路（以 BC 两相相间短路为例）时，非故障相电流为零，相量图如图 4-18 所示。可见三种不同相电流差中，两个故障相电流之差最大。

3. 两相接地短路

两相接地短路（以 BC 两相短路为例）时，相量图如图 4-19 所示。此时三种不同相电流差中，仍然是两故障相电流之差最大。

图 4-18　两相短路相量图　　　　图 4-19　两相接地相量图

4. 三相短路

相量图从略，显然是三个相电流差的有效值均相等。

根据以上各种故障类型的分析，结合每种故障类型的特点，编制出一个故障相判别程序流程图，如图 4-20 所示。

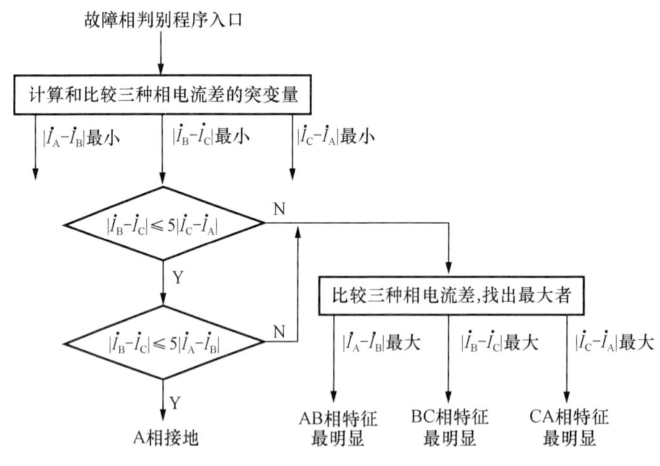

图 4-20　故障相判别程序流程图

流程中，第一步计算三种电流差突变量的有效值 $|\dot{I}_A-\dot{I}_B|$、$|\dot{I}_B-\dot{I}_C|$ 和 $|\dot{I}_C-\dot{I}_A|$，算法可以采用第三章介绍过的半周积分法，配合一个差分滤波器用以抑制非周期分量，也可以采用其他能够求出有效值的算法。半周积分法需要的数据窗为 $\left(\frac{N}{2}+1\right)$ 个采样点。

第二步是通过比较，求出三者中的一个最小者。这里有三种可能，图 4 - 20 中仅详细示出了 $|\dot{I}_B-\dot{I}_C|$ 最小的情形，其他两种情况可以类推。

(1) 如果 $|\dot{I}_B-\dot{I}_C|$ 最小，则先判断是否为单相接地，如果是单相接地，只可能是 A 相接地。判断的方法是观察 $|\dot{I}_B-\dot{I}_C|$ 是否远小于另两个电流差的有效值，工程实际中，可以用 5 倍的门槛来判定是否“远小于”。因为任何其他类型的短路，都不符合这个特征。

(2) 如果经判断不是单相接地，那么必定是相间短路。

(二) 对称分量选相

电流突变量选相元件在故障初始阶段有较高的灵敏度和准确性，但是突变量仅存在20～40ms，过了这个时间后，因为无法获得突变量，所以突变量选相元件就无法工作了。为了有效地实现选相，达到单相故障可以跳单相的目的，必须考虑其他的选相方案。除了突变量选相之外，常用的选相方法还有阻抗选相、电压选相、电压比选相、对称分量选相等，其中，对称分量选相是一种较好的选相方法。

分析输电线路发生各种单重故障的对称分量时，可以知道，只有单相接地短路和两相接地短路才同时出现零序和负序分量，而三相短路和两相相间短路均不出现稳态的零序电流。因此，可以考虑先用是否存在零序电流分量的方法，去掉三相短路和两相相间短路的影响，然后再用零序电流 $3\dot{I}_0$ 和负序电流 $3\dot{I}_2$ 进行比较，找出单相接地短路与两相接地短路的区别。

1. 单相接地短路

单相接地短路时，故障相的复合序网如图 4 - 21 所示。

图中，$\dot{E}_\Sigma$、$Z_{1\Sigma}$、$Z_{2\Sigma}$ 和 $Z_{0\Sigma}$ 均为复数参数。在故障支路，无论是金属性短路，还是经过渡电阻短路，始终存在 $\dot{I}_{1k}=\dot{I}_{2k}=\dot{I}_{0k}$。于是在保护安装地点可得

$$\varphi=\arg\frac{\dot{I}_2}{\dot{I}_0}=\arg\frac{\dot{C}_{2m}\dot{I}_{2k}}{\dot{C}_{0m}\dot{I}_{0k}}=\arg\frac{\dot{C}_{2m}}{\dot{C}_{0m}}\approx 0^\circ \tag{4-36}$$

式中 $\dot{I}_0$、$\dot{I}_2$——保护安装地点的零序和负序电流。

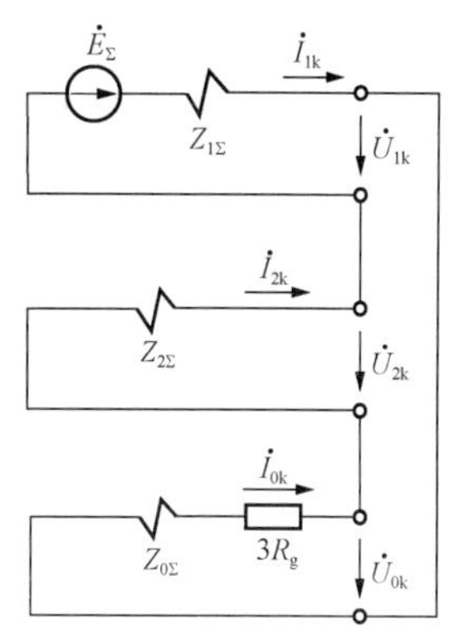

图 4 - 21 单相接地复合序网

这说明，考虑了各对称分量的分配系数后，保护安装地点的故障相负序电流 $\dot{I}_2$ 与零序电流 $\dot{I}_0$ 基本上仍然为同相。实际上，在后面确定的选相方案中，已考虑了 30°的裕度。因此有：

(1) A 相接地时，$\varphi=\arg\frac{\dot{I}_{2A}}{\dot{I}_0}\approx 0^\circ$，负序电流与零序电流的相量关系如图 4 - 22 所示。

(2) B 相接地时，$\varphi=\arg\frac{\dot{I}_{2B}}{\dot{I}_0}\approx 0^\circ$ 和 $\varphi=\arg\frac{\dot{I}_{2A}}{\dot{I}_0}\approx -120^\circ$，负序电流与零序电流的相量关系如图 4 - 23 所示。

（3）C 相接地时，$\varphi = \arg \frac{\dot{I}_{2C}}{\dot{I}_0} \approx 0°$ 和 $\varphi = \arg \frac{\dot{I}_{2A}}{\dot{I}_0} \approx 120°$，负序电流与零序电流的相量关系如图 4-24 所示。

图 4-22～图 4-24 中，为了突出 $\dot{I}_{2A}$ 与 $\dot{I}_0$ 的关系，B 相和 C 相的负序电流用虚线画出。

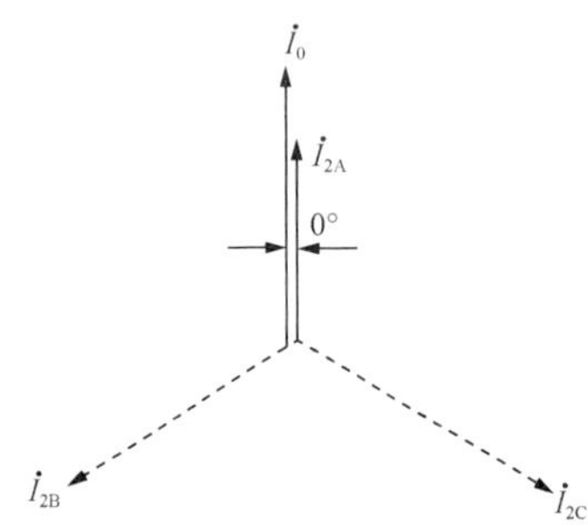

图 4-22　A 相接地的零序、负序相量关系

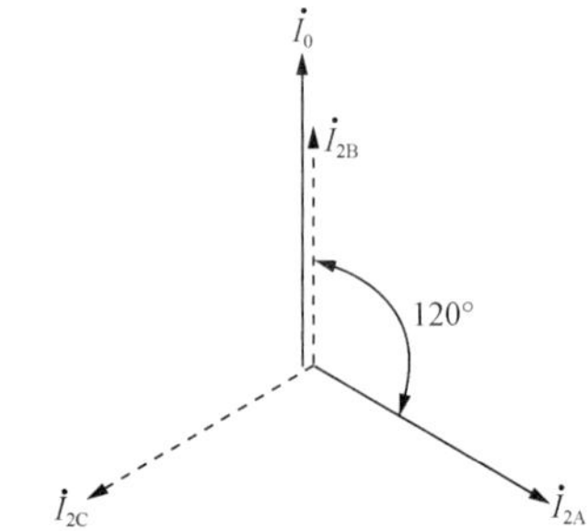

图 4-23　B 相接地的零序、负序相量关系

2. 两相接地短路

两相经过过渡电阻接地时，非故障相的复合序网如图 4-25 所示。在故障地点，有

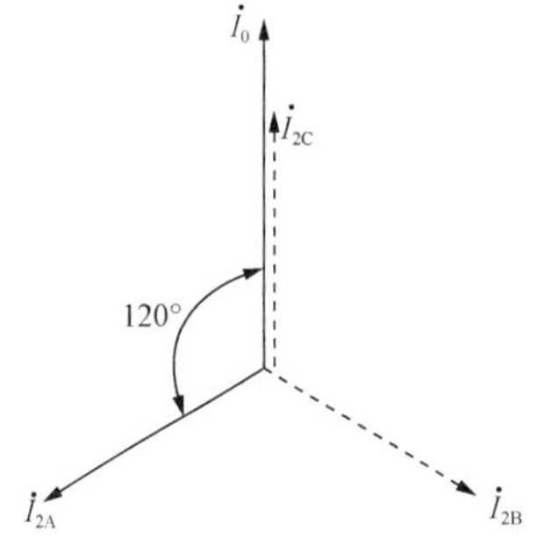

图 4-24　C 相接地的零序、负序相量关系

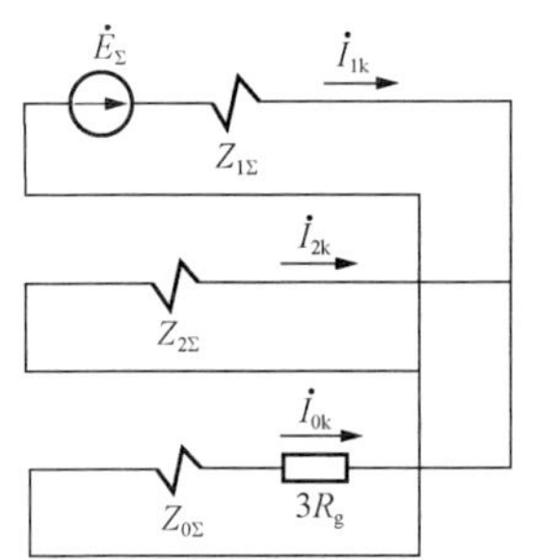

图 4-25　两相接地复合序网

$$\dot{I}_{2k} = -\frac{Z_{0\Sigma} + 3R_g}{Z_{2\Sigma} + Z_{0\Sigma} + 3R_g} \dot{I}_{1k} \tag{4-37}$$

$$\dot{I}_{0k} = -\frac{Z_{2\Sigma}}{Z_{2\Sigma} + Z_{0\Sigma} + 3R_g} \dot{I}_{1k} \tag{4-38}$$

于是

$$\varphi = \arg \frac{\dot{I}_{2k}}{\dot{I}_{0k}} = \arg \frac{Z_{0\Sigma} + 3R_g}{Z_{2\Sigma}} \approx 0° \sim -90° \tag{4-39}$$

考虑各对称分量的分配系数后，保护安装地点的非故障相负序电流 $\dot{I}_2$ 与零序电流 $\dot{I}_0$ 基本上仍然满足式（4-39）的关系，即 $\varphi = \arg \frac{\dot{I}_2}{\dot{I}_0} \approx 0° \sim -90°$。其中，$R_g \approx 0$ 对应 $\varphi = \arg \frac{\dot{I}_2}{\dot{I}_0} \approx$

0°，此时，相量关系与单相接地一致；R_g 趋向于∞时，对应 $\varphi = \arg \frac{\dot{I}_2}{\dot{I}_0}$ 趋向于−90°。以 BC 两相接地短路为例，保护安装地点 A 相负序电流 $\dot{I}_{2A}$ 与零序电流 $\dot{I}_0$ 的相量关系如图 4-26 所示。图中的半圆形虚线为不同过渡电阻情况下的 $\dot{I}_0$ 相量轨迹。AB 或 CA 两相接地短路的情况，结论相似，读者可自行分析。

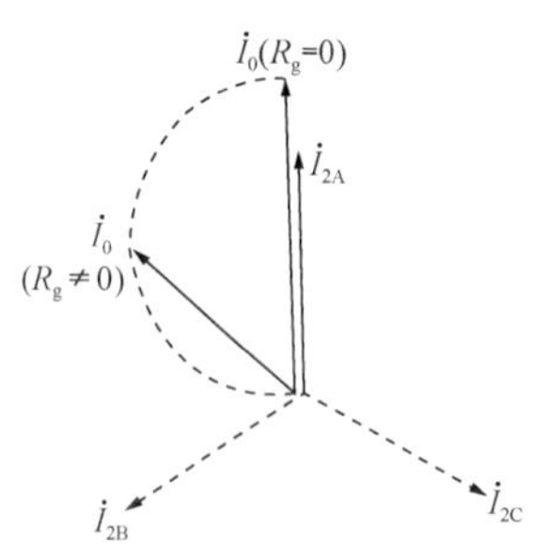

图 4-26　B、C 两相接地时的零序、负序电流相量关系

3. 选相方法

由上述分析各种接地短路的相量关系可以得出，如果不计算负序和零序电流分配系数之间的角度差，那么画出以 $\dot{I}_0$ 为基准相量的选相区域图，$\dot{I}_{2A}$ 落在不同的相位区，对应了不同的接地故障类型和相别，如图 4-27（a）所示，再考虑对称分量分配系数的角度差之后，实际应用的对称分量选相区域如图 4-27（b）所示。

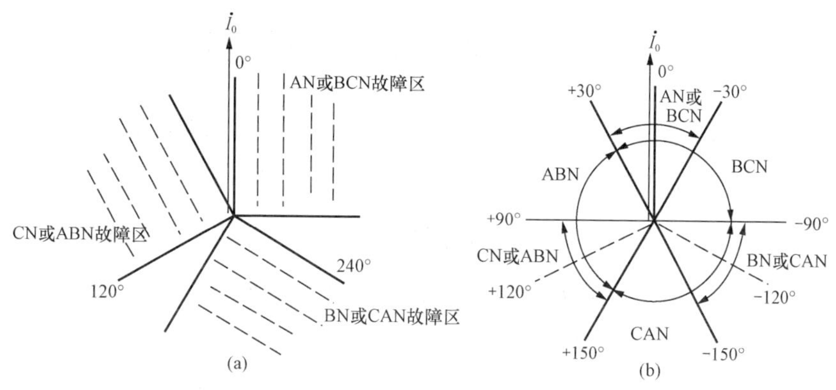

图 4-27　对称分量选相区域

（a）$\arg \frac{\dot{C}_{2m}}{\dot{C}_{0m}} = 0°$ 的序分量选相区；（b）实际应用的序分量选相区域

进一步的问题是，如何判别出同一个相位区域内是单相接地还是两相接地。由于测量电流受负荷电流的影响，不能实现准确判别，因此用阻抗确认是一种较好的选择。以 $-30° \leqslant \arg \frac{\dot{I}_{2A}}{\dot{I}_0} \leqslant 30°$ 的区域为例，如果是 A 相接地短路，那么 BC 两相相间阻抗基本上为负荷阻抗，其值较高，测量阻抗应大于Ⅲ段阻抗 $Z_{Ⅲ}$；如果是 BC 两相接地短路，那么 BC 两相相间测量阻抗应小于Ⅲ段阻抗 $Z_{Ⅲ}$。于是，区分 $k_A^{(1)}$ 和 $k_{BC}^{(1,1)}$ 的规则为：

当 $-30° \leqslant \arg \frac{\dot{I}_{2A}}{\dot{I}_0} \leqslant 30°$ 时，若 $Z_{BC} < Z_{Ⅲ}$，则判为 BC 两相接地短路；若 $Z_{BC} \geqslant Z_{Ⅲ}$，则判为 A 相接地。

对称分量的选相流程图如图 4-28 所示。

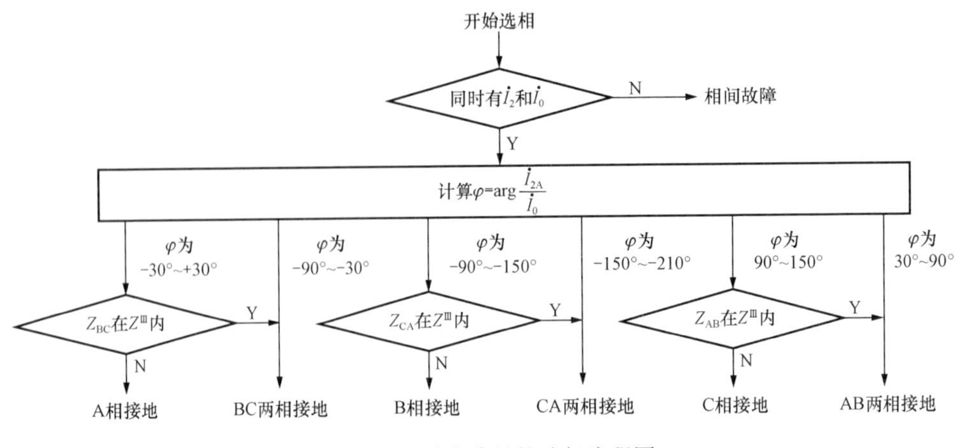

图 4-28　对称分量的选相流程图

第四节　阻抗继电器的实现方法

第二节讨论了阻抗继电器的动作特性和动作方程，本节讨论如何实现这些特性。

用幅值比较式和相位比较式实现各种不同特性的阻抗继电器时，被比较量 $\dot{A}$、$\dot{B}$、$\dot{C}$、$\dot{D}$ 的组成尽管不同，但是基本上都可以归纳为两种形式：一个是加入阻抗继电器的电压 $\dot{U}_K$；一个是加入阻抗继电器的电流 $\dot{I}_K$ 在某一已知阻抗上的电压降落，如 $-\dot{I}_K Z_{set}$、$\dot{I}_K Z_0$、$\dot{I}_K(jX_{set})$ 等。对于 $\dot{U}_K$ 可以直接从电压互感器二次侧取得，必要时再经过一个小型中间变压器 TVM 变换。对于后者过去使用的是通过电抗互感器 TX 来直接获得，在微机保护中可以利用移相的算法来获得。

一、电抗互感器 TX 的工作特性

TX 的作用是将电流互感器的二次电流变换成与之成正比，并超前其一定角度的电压，同时将保护回路与电流互感器二次回路隔离以降低干扰。

图 4-29（a）为电抗互感器结构示意图。铁芯中气隙使得一次侧和二次侧绕组间的互感系数接近常数。绕组 L_3 上连接一电阻 R，用以改变二次绕组中感应电动势 $\dot{E}_2$ 与 $\dot{I}_K$ 之间的相位。

图 4-29（b）为电抗互感器二次侧有电阻负载时的等效电路。铁芯中的磁通 $\dot{\Phi}$ 由电流 $\dot{I}_0$ 产生，电动势 $\dot{E}_2$ 滞后 $\dot{I}_0$ 90°，由于在二次侧接有负载电阻 R，因此回路中产生电流 $\dot{I}_2$，滞后 $-\dot{E}_2$ 的角度将由第二回路的阻抗角决定。

由一般变压器的原理可知，TX 一次电流应为 $\dot{I}_K=\dot{I}_0+\dot{I}_r+\dot{I}_2$（式中各电流是指归算到同一侧以后的数值），其相量图如图 4-29（c）所示。$-\dot{E}_2=\dot{U}_2$，$-\dot{E}_2$ 超前 $\dot{I}_K$ 的角度就是 Z 的阻抗角。

二、绝对值比较原理的实现

在传统的模拟式距离保护中，绝对值比较原理是以电压比较的形式出现的。以圆特性的

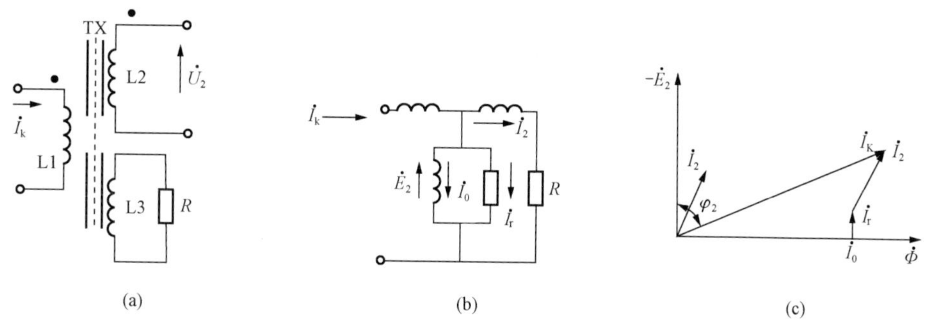

图 4-29　电抗互感器电路图及相量图

(a) 结构示意图；(b) 二次侧有电阻负载时的等效电路；(c) 二次侧有电阻负载时的相量图

方向阻抗继电器为例，获得表 4-1 中参与比较的电压 $\dot{A}$ 和 $\dot{B}$ 的接线如图 4-30 (a) 所示，采用电抗互感器 TX 和整定变压器 TVM，此时 TX 共有三个二次绕组，一个用以调节灵敏角，另外两个二次电压均为 $\frac{1}{2}\dot{I}_K Z_{set}$，其中之一就是比较电压 $\dot{A}$，另一个和 TVM 的二次绕组反极性相连，而取得比较电压 $\dot{B}=\dot{U}_K-\frac{1}{2}\dot{I}_K Z_{set}$，然后在绝对值比较回路中比较两者的大小，满足式 (4-15) 时给出动作信号。

在微机保护中，绝对值比较既可以用电压的形式实现，又可以用阻抗的形式实现，如式 (4-14)。

来自 TV 的测量电压和来自 TA 的测量电流分别通过各自的模拟量输入回路送到 A/D 转换器，转换成数字信号，由微机计算出相量 U_K 和 I_K，若用电压比较计算法，则直接根据动作特性要求用软件形成两个比较电压，并比较它们的大小，决定是否动作。若采用阻抗比较计算法，则先应算出 Z_K，然后按动作特性要求形成两个比较阻抗，判断它们的大小，决定是否动作。

可见微机保护中实现绝对值比较的关键是计算 $\dot{U}_K$、$\dot{I}_K$ 或 $\dot{Z}_K$，它们可以分别由傅氏变换等方法算出，此处仅以傅里叶级数算法为例简要说明。

设由傅里叶级数算法算出的电压和电流实、虚部分别用 U_R、U_I 和 I_R、I_I 表示，则

$$\dot{U}_K=U_R+jU_I=U_K\angle\varphi_U \tag{4-40}$$

$$\dot{I}_K=I_R+jI_I=I_K\angle\varphi_I \tag{4-41}$$

$$Z_K=\frac{\dot{U}_K}{\dot{I}_K}=\frac{U_R+jU_I}{I_R+jI_I}=\frac{U_RI_R+U_II_I}{I_R^2+I_I^2}+j\frac{U_II_R-U_RI_I}{I_R^2+I_I^2}=R_K+jX_K \tag{4-42}$$

或

$$Z_K=\frac{\dot{U}_K}{\dot{I}_K}=\frac{U_K}{I_K}\angle(\varphi_U-\varphi_I)=|Z_K|\angle\varphi_K \tag{4-43}$$

式中　U_K、I_K——分别为测量电压、电流基波的有效值；

φ_U、φ_I——分别为测量电压、电流的相角；

R_K、X_K——分别为测量阻抗的实、虚部；

$|Z_K|$、φ_K——分别为测量阻抗和阻抗角。

三、相位比较原理的实现

在传统的模拟式距离保护装置中，相位比较原理也是以电压比较的形式出现的。仍以圆特性的方向阻抗元件为例，获得表 4 - 1 中参与相位比较的两个电压 $\dot{C}$ 和 $\dot{D}$ 的接线如图 4 - 30（b）所示。图中采用电抗互感器 TX 和整定变压器 TVM，此时 TVM 具有两个二次绕组，一个直接用作比较电压 $\dot{C}$，另一个与 TX 的二次绕组（产生电压 $\dot{I}_K Z_{set}$）反极性相连，而取得比较电压 $\dot{D}=\dot{U}_K-\dot{I}_K Z_{set}$；然后在相位比较回路中比较两者的相位关系，满足式（4 - 17）时给出动作信号。

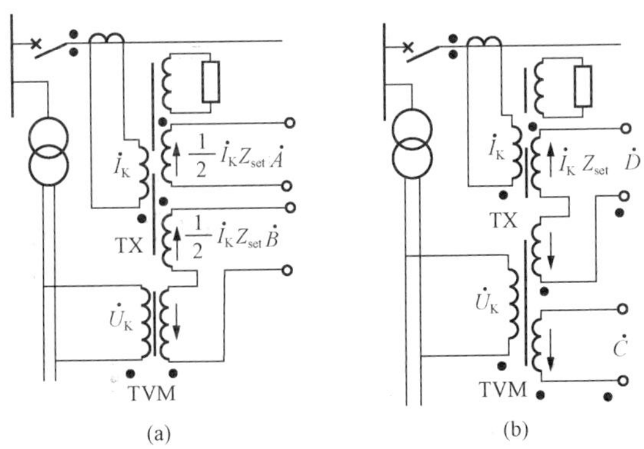

图 4 - 30　方向阻抗元件的比较电压

（a）幅值比较方式的 $\dot{A}$ 和 $\dot{B}$；（b）相位比较方式的 $\dot{C}$ 和 $\dot{D}$

在微机保护中，相位比较既可以用阻抗的形式实现，也可以用电压的形式实现。

用电压比较时，分为相量比较和瞬时采样值比较两种方式。

1. 相量比较方式

电力系统故障时，微机保护装置首先应用傅里叶级数算法等计算方法，求出保护安装处测量电压 $\dot{U}_K$ 和测量电流 $\dot{I}_K$，然后根据动作特性的要求求出电压相量 $\dot{C}$ 和 $\dot{D}$，在复数平面上，$\dot{C}$ 和 $\dot{D}$ 既可以用幅值和相角表示为极坐标的形式，也可以用实部和虚部表示为直角坐标的形式，即

$$\left.\begin{aligned}\dot{C}=\dot{U}_C=U_C\angle\varphi_C=U_{CR}+jU_{CI}\\ \dot{D}=\dot{U}_D=U_D\angle\varphi_D=U_{DR}+jU_{DI}\end{aligned}\right\}\qquad(4-44)$$

$\dot{U}_C$ 和 $\dot{U}_D$ 两个比较相量之间的相位差为 $\varphi_C-\varphi_D$。各种不同的相位比较方程，就是判断该相位差是否在给定的动作边界和范围之内。

（1）动作范围为 90°～270°，此时相位比较动作的条件为

$$270^\circ\geqslant\varphi_C-\varphi_D\geqslant 90^\circ\qquad(4-45)$$

即

$$\cos(\varphi_C-\varphi_D)\leqslant 0\qquad(4-46)$$

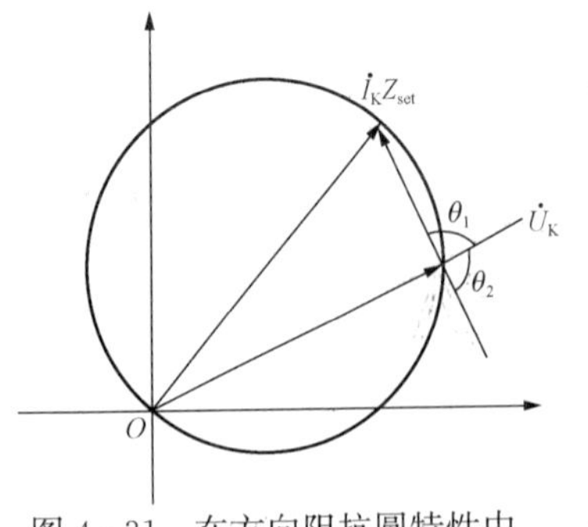

图 4 - 31　在方向阻抗圆特性中表示的 θ_1 与 θ_2 的区别示意

式（4 - 46）是个不习惯的表达式，因此需将相位比较阻抗继电器的动作条件转换，以方向阻抗继电器为例，动作条件转换为

$$90^\circ\geqslant\arg\frac{\dot{U}_K}{\dot{I}_K Z_{set}-\dot{U}_K}\geqslant-90^\circ\qquad(4-47)$$

$\dot{U}_K$ 引前于 $\dot{I}_K Z_{set}-\dot{U}_K$ 的角度 $360^\circ-\theta_1$，将不同于 $\dot{U}_K$ 引前于 $\dot{U}_K-\dot{I}_K Z_{set}$ 的角度 θ_2，如图 4 - 31 所示。

式（4 - 47）表示的相位比较式阻抗继电器动作范围

为$-90°\sim90°$，此时相位比较动作条件为

$$-90° \leqslant \varphi_C - \varphi_D \leqslant 90° \tag{4-48}$$

即

$$\cos(\varphi_C - \varphi_D) \geqslant 0 \tag{4-49}$$

将式（4-49）左端展开，并在两端同乘以$|\dot{U}_C||\dot{U}_D|$，得

$$\begin{aligned}|\dot{U}_C||\dot{U}_D|\cos(\varphi_C-\varphi_D) &= |\dot{U}_C|\cos\varphi_C|\dot{U}_D|\cos\varphi_D + |\dot{U}_C|\sin\varphi_C|\dot{U}_D|\sin\varphi_D \\ &= U_{CR}U_{DR} + U_{CI}U_{DI} \geqslant 0\end{aligned}$$

即比相动作的条件可以表示为

$$U_{CR}U_{DR} + U_{CI}U_{DI} \geqslant 0 \tag{4-50}$$

由于式（4-50）是通过$\dot{U}_C$和$\dot{U}_D$相角差余弦的形式导出的，所以称为余弦型相位比较判据。

（2）动作范围为$0°\sim180°$，此时比相动作的条件为

$$0° \leqslant \varphi_C - \varphi_D \leqslant 180° \tag{4-51}$$

即

$$\sin(\varphi_C - \varphi_D) \geqslant 0 \tag{4-52}$$

式（4-52）左端展开，并在两端同乘以$|\dot{U}_C||\dot{U}_D|$，得到

$$\begin{aligned}|\dot{U}_C||\dot{U}_D|\sin(\varphi_C-\varphi_D) &= |\dot{U}_C|\sin\varphi_C|\dot{U}_D|\cos\varphi_D - |\dot{U}_C|\cos\varphi_C|\dot{U}_D|\sin\varphi_D \\ &= U_{CI}U_{DR} - U_{CR}U_{DI} \geqslant 0\end{aligned}$$

则比相动作的条件可以表示为

$$U_{CI}U_{DR} - U_{CR}U_{DI} \geqslant 0 \tag{4-53}$$

由于该式是通过$\dot{U}_C$和$\dot{U}_D$相角差正弦的形式导出的，所以称为正弦型相位比较判据。

2. 瞬时采样值比较方式

与比较电压$\dot{U}_C$、$\dot{U}_D$对应的瞬时电压可以表示为

$$\left.\begin{aligned}u_C &= \sqrt{2}U_C\sin(\omega t + \varphi_C) \\ u_D &= \sqrt{2}U_D\sin(\omega t + \varphi_D)\end{aligned}\right\} \tag{4-54}$$

若当前的采样时刻为n，则当前时刻的采样值表示为

$$\left.\begin{aligned}u_C(n) &= \sqrt{2}U_C\sin(\omega t_n + \varphi_C) \\ u_D(n) &= \sqrt{2}U_D\sin(\omega t_n + \varphi_D)\end{aligned}\right\} \tag{4-55}$$

工频$\frac{1}{4}$周期以前时刻的采样值表示为

$$\left.\begin{aligned}u_C\left(n-\frac{N}{4}\right) &= \sqrt{2}U_C\sin\left[\omega\left(t_n-\frac{N}{4}\right)+\varphi_C\right] = -\sqrt{2}U_C\cos(\omega t_n + \varphi_C) \\ u_D\left(n-\frac{N}{4}\right) &= \sqrt{2}U_D\sin\left[\omega\left(t_n-\frac{N}{4}\right)+\varphi_D\right] = -\sqrt{2}U_D\cos(\omega t_n + \varphi_D)\end{aligned}\right\} \tag{4-56}$$

式（4-55）和式（4-56）中的对应项平方相加，可得

$$\left.\begin{aligned}u_C^2(n) + u_C^2\left(n-\frac{N}{4}\right) &= 2U_C^2 \\ u_D^2(n) + u_D^2\left(n-\frac{N}{4}\right) &= 2U_D^2\end{aligned}\right\} \tag{4-57}$$

式（4-55）和式（4-56）中的对应项相除，可得

$$\left.\begin{aligned}\frac{u_C(n)}{-u_C\left(n-\frac{N}{4}\right)}=\tan(\omega t_n+\varphi_C)\\ \frac{u_D(n)}{-u_D\left(n-\frac{N}{4}\right)}=\tan(\omega t_n+\varphi_D)\end{aligned}\right\}\tag{4-58}$$

若令 $U_{CI}=u_C(n)$、$U_{CR}=-u_C\left(n-\frac{N}{4}\right)$、$U_{DI}=u_D(n)$、$U_{DR}=-u_D\left(n-\frac{N}{4}\right)$，则式（4-57）、式（4-58）两式可以简写为

$$\left.\begin{aligned}U_{CI}^2+U_{CR}^2=2U_C^2\\ U_{DI}^2+U_{DR}^2=2U_D^2\end{aligned}\right\}$$

$$\left.\begin{aligned}\frac{U_{CI}}{U_{CR}}=\tan(\omega t_n+\varphi_C)\\ \frac{U_{DI}}{U_{DR}}=\tan(\omega t_n+\varphi_D)\end{aligned}\right\}$$

即 U_{CR}、U_{CI} 可以看作是幅值为 U_C、相角为 $(\omega t_n+\varphi_C)$ 的相量 $\dot{U}_C$ 的实部和虚部；U_{DR}、U_{DI} 可以看作是幅值为 U_D、相角为 $(\omega t_n+\varphi_D)$ 的相量 $\dot{U}_D$ 的实部和虚部。将它们分别代入式（4-50）和式（4-53），就可以得到用瞬时采样值表示的余弦比相方程和正弦比相方程分别为

$$u_C\left(n-\frac{N}{4}\right)u_D\left(n-\frac{N}{4}\right)+u_C(n)u_D(n)\geqslant 0\tag{4-59}$$

$$u_C\left(n-\frac{N}{4}\right)u_D(n)-u_C(n)u_D\left(n-\frac{N}{4}\right)\geqslant 0\tag{4-60}$$

这种算法只需要用相隔 $\frac{1}{4}$ 工频周期的两个采样值就可以完成比相，故可称为比相的两点积分算法。由于该方法用瞬时值比相，受输入量中的谐波等干扰信号的影响较大，故必须先用数字滤波算法滤除输入中的干扰信号，然后再进行比相。

3. 过渡过程对相位比较式阻抗继电器的影响

在以上分析比较式阻抗继电器工作原理和构成方法时，比较相位的两个电压 $\dot{U}_1$ 与 $\dot{U}_2$ 均采用稳态条件下，具有正弦特性的工频 50Hz 交流电压。但是实际上，在发生故障瞬间，由于电流和电压的突然变化，在电力系统的一次侧以及电流、电压互感器的二次侧，都要出现一个过渡过程。过渡过程的特点是出现非周期分量的电流。对于超高压输电线路，由于分布电容、串联电容和并联电抗的影响，还可能出现高于和低于工频的谐波分量。仅就非周期分量的影响而言，最严重的后果就是使阻抗元件出现“超范围”动作，即在保护范围以外故障时，可能误动作。例如在图 4-32（a）中，稳态情况下 $\dot{U}_1$ 与 $\dot{U}_2$ 相位差大于 90°，其瞬时值同时为正或同时为负的时间均小于 5ms，对于动作方程为

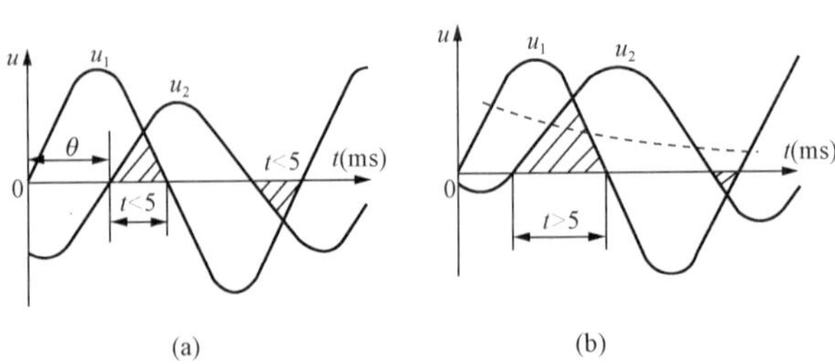

图 4-32 非周期分量影响分析
（a）稳态情况；（b）有非周期分量时的情况

$90° \geqslant \arg \dfrac{\dot{U}_1}{\dot{U}_2} \geqslant -90°$ 的阻抗继电器来说，相当于保护范围外部故障，阻抗继电器不应该动作。但是，如果在 $\dot{U}_2$ 包含有非周期分量，如图 4-32（b）所示，当非周期分量为正时，则 $\dot{U}_1$ 引前 $\dot{U}_2$ 的相位角就可能小于 90°，同时为正的时间大于 5ms，阻抗继电器将发生误动作；如果非周期分量为负，则当瞬时值为负时将发生误动作。这种情况称为"超范围"动作，或称为"暂态超越"。

在利用相位比较式阻抗继电器构成瞬时动作的保护时，必须考虑采取措施防止发生"超范围"动作，或把它限制在允许的范围内，一般要求在最大灵敏角下超范围不大于 5%。在微机保护中通常采取的措施是对 $\dot{U}_1$、$\dot{U}_2$ 进行滤波。

四、基于输电线路 *R*—*L* 模型的算法

微分方程的算法主要应用于输电线路的距离保护中，这种方法不需求出电压、电流的幅值及相位，而是直接计算出故障点至保护安装处的正序电抗 X 及电阻 R 的数值。

假设被保护线路的分布电容可以忽略不计，因而输电线路的模型可由电阻和电感构成。设从保护安装处至金属性短路点线路的正序电抗为 L，电阻为 R，如图 4-33 所示。

图 4-33　输电线路简化模型

于是可建立微分方程为

$$\left.\begin{aligned} u_1 &= Ri_1 + L\frac{\mathrm{d}i_1}{\mathrm{d}t_1} \\ u_2 &= Ri_2 + L\frac{\mathrm{d}i_2}{\mathrm{d}t_2} \end{aligned}\right\} \tag{4-61}$$

式中　u_1、u_2——分别为 t_1、t_2 两个时刻电压瞬时值；

i_1、i_2——分别为 t_1、t_2 两个时刻电流瞬时值；

$\dfrac{\mathrm{d}i_1}{\mathrm{d}t_1}$、$\dfrac{\mathrm{d}i_2}{\mathrm{d}t_2}$——分别为 t_1、t_2 时刻电流的微分值。

在用微机处理时，电流的导数可用差分来近似计算，则微分方程的未知数只有 R 和 L。联立求解该方程组，即可求出故障点至保护安装点的距离，这就是微分方程算法的基本原理。

为书写简单，用 D_1 代替 $\dfrac{\mathrm{d}i_1}{\mathrm{d}t_1}$，用 D_2 代替 $\dfrac{\mathrm{d}i_2}{\mathrm{d}t_2}$，则可解出

$$\left.\begin{aligned} L &= \frac{u_1 i_2 - u_2 i_1}{i_2 D_1 - i_1 D_2} \\ R &= \frac{u_2 D_1 - u_1 D_2}{i_2 D_1 - i_1 D_2} \end{aligned}\right\} \tag{4-62}$$

电力系统发生不同类型故障时，其微分方程的表达式会有不同，具体分析如下。

1. 相间故障的 *R*-*L* 模型算法

在微机保护的软件中通常设有选相元件。当选相元件判断结果为相间故障时（包括三相故障、两相故障、两相接地故障），取故障相电流、电压进行计算。例如选相结果为 AB 两相短路，则 u_1、i_1 应为 t_1 时刻的 u_a-u_b、i_a-i_b、u_2、i_2 则为 t_2 时刻的 u_a-u_b、i_a-i_b。

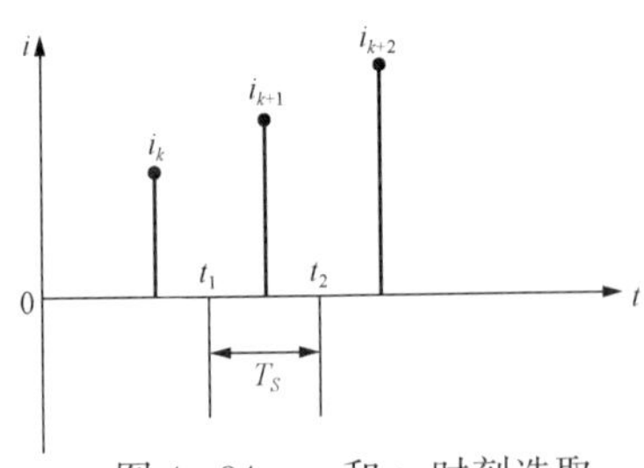

图 4-34　t_1 和 t_2 时刻选取

由于微分方程中有对电流的求导，而求导的计算通常用两个采样点的差分实现。差分计算的结果实际上与两采样点中点的导数值相近。因此，为了使微分方程中采样时刻与同样时刻的导数值相对应，t_1 和 t_2 时刻的选取方法如图 4-34 所示。取三个不同采样时刻分别为 t_k、t_{k+1}、t_{k+2}，则 t_1 时刻取在 t_{k+1} 至 t_k 时刻的中间，t_2 时刻取在 t_{k+2} 至 t_{k+1} 时刻的中间。

于是

$$\left.\begin{aligned} u_1 &= \frac{u_{k+1}+u_k}{2} \\ u_2 &= \frac{u_{k+2}+u_{k+1}}{2} \\ i_1 &= \frac{i_{k+1}+i_k}{2} \\ i_2 &= \frac{i_{k+2}+i_{k+1}}{2} \end{aligned}\right\}$$

$$\left.\begin{aligned} D_1 &= \frac{i_{k+1}-i_k}{T_S} \\ D_2 &= \frac{i_{k+2}-i_{k+1}}{T_S} \end{aligned}\right\}$$

式中　i_k、i_{k+1}、i_{k+2}——分别为经过数字滤波器后得到的 t_k、t_{k+1}、t_{k+2} 时刻的电流采样值；

u_k、u_{k+1}、u_{k+2}——分别为经过数字滤波器后得到的 t_k、t_{k+1}、t_{k+2} 时刻的电压采样值。

这种算法的精度稍差，但其计算所需的数据窗较短，从理论上讲，只需三个采样点即可实现。因此在近处故障（如出口故障）时采用此方法可以加快保护动作速度。

2. 接地故障的 $R-L$ 模型算法

这里所说的接地故障仅指单相接地故障。同样，当选取继电器判断为单相接地故障且确定是哪一相故障时，取故障相参数计算保护安装点至故障点的正序电阻 R 和电抗 X。

以 A 相接地故障为例，对接地故障建立的微分方程为

$$\left.\begin{aligned} u_{a1} &= R(i_{a1}+K_R\times 3i_{01})+L\frac{d(i_{a1}+K_L\times 3i_{01})}{dt_1} \\ u_{a2} &= R(i_{a2}+K_R\times 3i_{02})+L\frac{d(i_{a2}+K_L\times 3i_{02})}{dt_2} \end{aligned}\right\}$$

式中　u_{a1}、u_{a2}，i_{a1}、i_{a2}，i_{01}、i_{02}——分别为 t_1、t_2 时刻 A 相电压、A 相电流及零序电流的采样值；

K_R、K_L——分别为零序电阻、零序电抗补偿系数。

$$\left.\begin{aligned} K_R &= \frac{R_0-R_1}{3R_1} \\ K_L &= \frac{L_0-L_1}{3L_1} \end{aligned}\right\}$$

t_1、t_2 时刻的选取与相间故障时的选取方法一样。其中

$$i_{a1}=[i_{a(k+1)}+i_{ak}]/2,\ i_{a2}=[i_{a(k+2)}+i_{a(k+1)}]/2$$

$$u_{a1}=[u_{a(k+1)}+u_{ak}]/2,\ u_{a2}=[u_{a(k+2)}+u_{a(k+1)}]/2$$

$$i_{01}=[i_{0(k+1)}+i_{0k}]/2,\ i_{02}=[i_{0(k+2)}+i_{0(k+1)}]/2$$

$$D_1=\frac{\mathrm{d}(i_{a1}+K_L\times 3i_{01})}{\mathrm{d}t_1}=\frac{i_{a(k+1)}-i_{ak}}{T_S}+3K_L\frac{i_{0(k+1)}-i_{0k}}{T_S}$$

$$D_2=\frac{\mathrm{d}(i_{a2}+K_L\times 3i_{02})}{\mathrm{d}t_2}=\frac{i_{a(k+2)}-i_{a(k+1)}}{T_S}+3K_L\frac{i_{0(k+2)}-i_{0(k+1)}}{T_S}$$

令 $u_{a1}=u_1$，$u_{a2}=u_2$，$i_{a1}+K_L\times 3i_{01}=i_1$，$i_{a2}+K_L\times 3i_{02}=i_2$，则

$$\left.\begin{aligned}L&=\frac{u_1i_2-u_2i_1}{i_2D_1-i_1D_2}\\R&=\frac{u_2D_1-u_1D_2}{i_2D_1-i_1D_2}\end{aligned}\right\}$$

五、多边形特性阻抗继电器的实现算法

圆特性的阻抗继电器在整定值较小时，动作特性圆也较小，区内经过渡电阻短路时，测量阻抗容易落在区外，导致测量元件拒动作；而当整定值较大时，动作特性圆也较大，负荷阻抗有可能落在圆内，从而导致测量元件误动作。具有多边形特性的阻抗继电器可以克服这些缺点，能够兼顾耐受过渡电阻的能力和躲负荷的能力，最常用的多边形为稍作变形的准四边形特性，如图 4-35 所示。

通过阻抗计算求得测量阻抗 Z_K 的实部为 R_K，虚部为 X_K，则图 4-35 在第Ⅳ象限部分的特性可以表示为

$$\left.\begin{aligned}R_K&\leqslant R_{set}\\X_K&\geqslant -R_K\tan\alpha_1\end{aligned}\right\}\tag{4-63}$$

第Ⅱ象限部分的特性可以表示为

$$\left.\begin{aligned}X_K&\leqslant X_{set}\\R_K&\geqslant -X_K\tan\alpha_2\end{aligned}\right\}\tag{4-64}$$

而第Ⅰ象限部分的特性可以表示为

$$\left.\begin{aligned}R_K&\leqslant R_{set}+X_K\cot\alpha_3\\X_K&\leqslant X_{set}-R_K\tan\alpha_4\end{aligned}\right\}\tag{4-65}$$

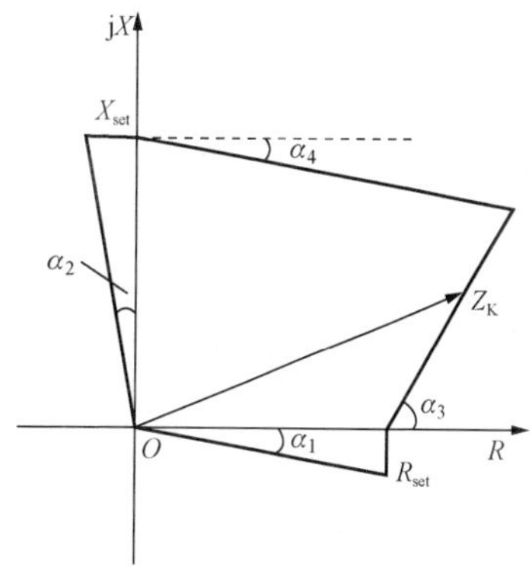

图 4-35　准四边形特性

综合以上三式，动作特性可以表示为

$$\left.\begin{aligned}-X_K\tan\alpha_2\leqslant R_K&\leqslant R_{set}+\hat{X}_K\cot\alpha_3\\-R_K\tan\alpha_1\leqslant X_K&\leqslant X_{set}-\hat{R}_K\tan\alpha_4\end{aligned}\right\}\tag{4-66}$$

$$\hat{X}_K=\begin{cases}0, & X_K\leqslant 0\\X_K, & X_K>0\end{cases}$$

$$\hat{R}_K=\begin{cases}0, & R_K\leqslant 0\\R_K, & R_K>0\end{cases}$$

若取 $\alpha_1=\alpha_2=14°$，$\alpha_3=45°$，$\alpha_4=7.1°$，则 $\tan\alpha_1=\tan\alpha_2=0.249\approx 0.25=\frac{1}{4}$，$\cot\alpha_3=1$，$\tan\alpha_4=0.1245\approx 0.125=\frac{1}{8}$，式（4-66）又可表示为

$$\left.\begin{aligned}-\frac{1}{4}X_K \leqslant R_K \leqslant R_{set}+\hat{X}_K\\ -\frac{1}{4}R_K \leqslant X_K \leqslant X_{set}-\frac{1}{8}\hat{R}_K\end{aligned}\right\} \tag{4-67}$$

上式可以方便地在微机保护中实现。

准四边形特性有如下说明：

（1）在第Ⅰ象限中，与水平虚线成 α_4 夹角的下偏边界是为了防止相邻线路出口经过渡电阻接地时的超越而设计的。α_4 值的选择原则应以躲区外故障时的超越为准，通常取 α_4 为 7°～10°。

（2）第Ⅳ象限向下偏移 α_1 的边界，是在本线路出口经过渡电阻接地时，保证保护能够可靠动作而设计的。

（3）第Ⅰ象限与 R 轴成 α_3 夹角的边界，是为了提高长线路避越负荷阻抗的能力。当取 $\alpha_3=60°$ 时是考虑了各种线路的阻抗角，保证在各种输电线路情况下，动作特性均有较好的躲过渡电阻能力。

（4）第Ⅱ象限边界线倾斜是考虑到金属性短路时，动作特性有一定的裕度。图 4-35 中，第Ⅱ象限和第Ⅳ象限的边界线均倾斜 14°，是因为 tan14°≈1/4，实现最方便。这两个倾斜的角度最大可以取约 30°。

最后指出，模拟距离保护的阻抗特性较多地使用各种圆特性，这并不说明圆特性是最好的特性，而是综合了特性的性能、可靠性、构成的方便性、调试的简便性、元器件的数量和电路的复杂程度等各种因素后，认为圆特性在综合性能上是较好的。

当用微机距离保护时，由于微机保护能够计算出测量电抗 X_K 和测量电阻 R_K，因此可以很方便地用一个圆的表达式来实现任意的圆内动作特性。通用圆特性的动作方程为

$$(X_K-X_0)^2+(R_K-R_0)^2 \leqslant r^2 \tag{4-68}$$

式中 X_0、R_0——圆心相量的电抗和电阻分量；

r——圆的半径。

对于图 4-36 所示的各种圆特性，可以方便地确定圆心参数 X_0、R_0 和半径 r 的大小，代入式（4-68）即可实现相应的特性。还可以由两个相交的圆特性，通过构成“与”“或”逻辑，实现橄榄形或苹果形特性。

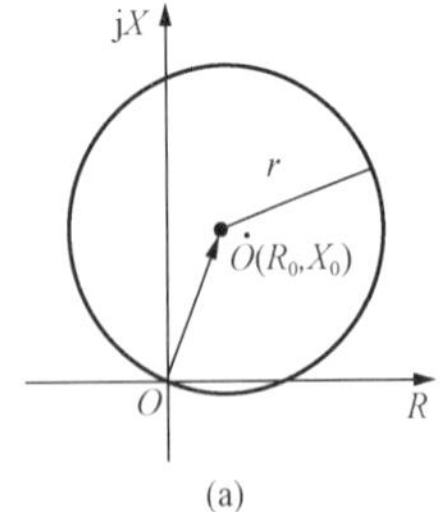

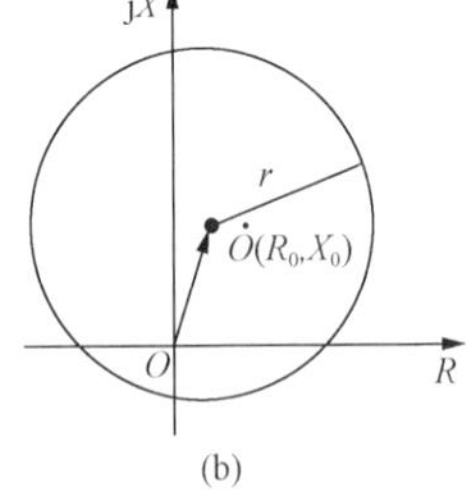

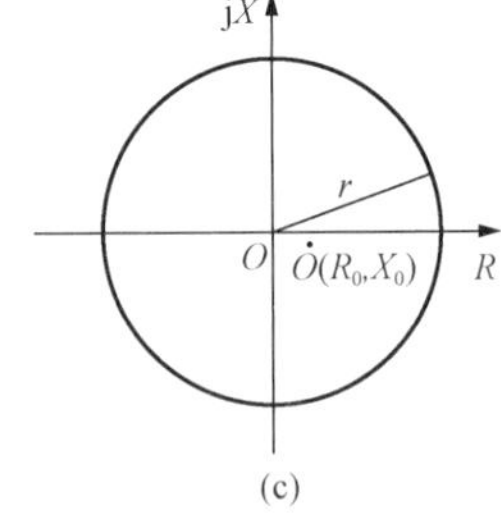

图 4-36 各种圆特性
（a）方向特性；（b）偏移特性；（c）全阻抗特性

由于微机保护的可靠性很高，因此，微机保护不受可靠性、构成的方便性、元器件的数量和复杂程度等因素影响。从理论上说，微机保护可以实现任意特性，无论多么复杂的特

性，微机保护均可以通过软件设计，方便地予以实现，并且一旦完成设计，特性不会出现任何变动。

第五节　圆特性方向阻抗继电器的动作特性分析

方向阻抗继电器在距离保护中应用广泛，故做进一步分析。由此得出的结论，也适用于其他特性的阻抗继电器。

一、方向阻抗继电器的死区及极化电压的意义

当保护安装地点正方向出口处发生相间短路时，故障环路的残余电压将降低到零。例如，在三相短路时，$U_{AB}=U_{BC}=U_{CA}=0$，A、B两相短路时，$U_{AB}=0$ 等。此时，方向阻抗继电器将因加入的电压为零而不能动作，从而出现保护的“死区”。

例如，对于幅值比较方式构成的阻抗继电器，当 $U_K=0$ 时，则被比较的两个电压就变为相等，阻抗继电器处于临界动作状态。对相位比较式构成的阻抗继电器，当 $U_K=0$ 时，则因极化电压变为零，从而失去了比较相位的依据，因而也不能启动。为了减小和消除死区，可以采用记忆回路或引入非故障相电压的方法。

在式（4 - 17）中，电压 $\dot{U}_K$ 的作用就是作为判断 $\dot{U}_K-\dot{I}_KZ_{set}$ 相位的参考，所以又称为参考电压或极化电压。若直接用 $\dot{U}_K$ 作为比相的极化电压时，无法保证出口短路时的选择性，为了克服这一缺点应选择相位不随故障位置变化，在出口短路时不为零的电压量作为比相的电压，也就是说极化电压的相位应与保护范围内的正方向非出口处短路时的 $\dot{U}_K$ 同相位。

二、以正序电压为极化电压的方向阻抗继电器

在各种两相短路时，只有故障相间的电压降低至零，而非故障相间电压仍然很高。因此，在阻抗元件动作特性中可考虑直接利用和部分利用非故障相的电压来消除两相短路时的死区。例如功率方向继电器所广泛采用的“90°接线方式”，就是这样做的。

由对称分量法可以知道，正序电压可由三相电压组合而成，用它作为极化电压，就相当于在极化电压中引入了非故障相电压。由于微机保护很容易实现正序电压的算法，因此，在微机保护中方向阻抗继电器选正序电压为极化电压。下面分析用正序电压作为极化电压时，方向阻抗继电器的动作特性。

在本章第三节中已经介绍阻抗继电器的接线方式，接线方式表明对于不同类型和相别的故障，应取故障环路上的电压、电流作为阻抗继电器的测量电压 $\dot{U}_K$ 和测量电流 $\dot{I}_K$。同样构成极化电压的正序电压，也应该取故障环路上的电压，例如，在相间距离保护接线方式下，BC相阻抗继电器中 $\dot{U}_K=\dot{U}_{BC}$，则应选取 $\dot{U}_{BC1}=\dot{U}_P=\dot{U}_{B1}-\dot{U}_{C1}$ 作为极化电压，而在接地距离保护接线方式下，A相阻抗元件中 $\dot{U}_K=\dot{U}_A$，则应选 $\dot{U}_{A1}$ 作为极化电压，即 $\dot{U}_P=\dot{U}_{A1}$。

（一）不同故障情况下正序极化电压的分析

以最严重的出口短路为例，假设短路前后非故障相的电压不变。

1. 出口两相短路

以BC相短路为例，由第二章图 2 - 31 可知，保护安装处三相电压为

$$\dot{U}_{A}=\dot{E}_{A}$$

$$\dot{U}_{B}=\dot{U}_{C}=-\frac{1}{2}\dot{E}_{A}$$

根据对称分量法

$$\dot{U}_{B1}=\frac{1}{3}(a^{2}\dot{U}_{A}+\dot{U}_{B}+a\dot{U}_{C})=\frac{1}{3}\left(a^{2}\dot{E}_{A}-\frac{1}{2}\dot{E}_{A}-\frac{1}{2}a\dot{E}_{A}\right)$$

$$=\frac{1}{3}\times\frac{3}{2}a^{2}\dot{E}_{A}=\frac{1}{2}\dot{E}_{B} \tag{4-69}$$

$$\dot{U}_{C1}=\frac{1}{3}(a\dot{U}_{A}+a^{2}\dot{U}_{B}+\dot{U}_{C})=\frac{1}{3}\left(a\dot{E}_{A}-\frac{1}{2}a^{2}\dot{E}_{A}-\frac{1}{2}\dot{E}_{A}\right)$$

$$=\frac{1}{3}\times\frac{3}{2}a\dot{E}_{A}=\frac{1}{2}\dot{E}_{C} \tag{4-70}$$

$$\dot{U}_{BC1}=\dot{U}_{B1}-\dot{U}_{C1}=\frac{1}{2}\dot{E}_{BC} \tag{4-71}$$

即出口两相短路，两故障相间正序电压的相位与该两相故障前相间电压的相位相同，幅值为故障前相间电压值的$\frac{1}{2}$。

2. 单相接地短路

以 A 相接地短路为例，保护安装处三相电压为 $\dot{U}_{A}=0$，$\dot{U}_{B}=\dot{E}_{B}$，$\dot{U}_{C}=\dot{E}_{C}$，则

$$\dot{U}_{A1}=\frac{1}{3}(\dot{U}_{A}+a\dot{U}_{B}+a^{2}\dot{U}_{C})=\frac{1}{3}(0+a\dot{E}_{B}+a^{2}\dot{E}_{C})=\frac{2}{3}\dot{E}_{A} \tag{4-72}$$

式（4-72）表明，出口单相接地短路时，故障相正序电压的相位与该相故障前电压的相位相同，幅值为该相故障前电压的$\frac{2}{3}$。

3. 两相接地短路

以 BC 相接地短路为例，保护安装处的三相电压为 $\dot{U}_{A}=\dot{E}_{A}$，$\dot{U}_{B}=\dot{U}_{C}=0$，则

$$\left.\begin{aligned}\dot{U}_{B1}&=\frac{1}{3}(a^{2}\dot{U}_{A}+\dot{U}_{B}+a\dot{U}_{C})=\frac{1}{3}a^{2}\dot{E}_{A}=\frac{1}{3}\dot{E}_{B}\\ \dot{U}_{C1}&=\frac{1}{3}(a\dot{U}_{A}+a^{2}\dot{U}_{B}+\dot{U}_{C})=\frac{1}{3}a\dot{E}_{A}=\frac{1}{3}\dot{E}_{C}\end{aligned}\right\} \tag{4-73}$$

$$\dot{U}_{BC1}=\dot{U}_{B1}-\dot{U}_{C1}=\frac{1}{3}\dot{E}_{BC} \tag{4-74}$$

即出口两相接地短路时，两故障相间正序电压的相位与该两相故障前相间电压的相位相同，幅值为故障前相间电压值的$\frac{1}{3}$。

以上分析表明，在出口发生各种不对称短路时，故障环路上的正序电压都有较大的量值，相位与故障前的环路电压相同。

出口三相短路时，各相正序电压都为 0，正序参考电压将无法应用。但当发生非出口三相短路时，正序电压将不为 0，变成相应相或相间残余电压，如果残余电压不低于额定电压的 10%～15%，正序电压就可以应用。

（二）以正序电压为极化电压的阻抗继电器的动作特性

正序电压作为极化电压时，有两种应用方式：一种是令极化电压 $\dot{U}_P$ 与正序电压 $\dot{U}_{K1}$ 的关系为 $\dot{U}_P=\dot{U}_{K1}$；另一种令 $\dot{U}_P=-\dot{U}_{K1}$，此种方式应用广泛，故以此为例进行分析。动作方程为

$$-90°\leqslant\arg\frac{\dot{U}_{OP}}{-\dot{U}_{K1}}\leqslant 90° \tag{4-75}$$

对应图 4 - 31，$\arg\frac{\dot{U}_{OP}}{-\dot{U}_{K1}}=\theta_1$ 的对顶角，式中的 $\dot{U}_{OP}=\dot{U}_K-\dot{I}_K Z_{set}$，$\dot{U}_{K1}$ 与 $\dot{U}_K$ 同相位。

式（4 - 75）为国内厂家产品说明书中用于表示相位比较的方程与方程式 $-90°\leqslant\arg\frac{\dot{U}_{OP}}{\dot{U}_{K1}}\leqslant$ 90° 代表的动作特性完全相同。

1. 对于采用 0°接线方式的 AB 相间距离方向阻抗继电器，$\dot{U}_K=\dot{U}_{AB}$，$\dot{U}_{K1}=\dot{U}_{AB1}$，$\dot{I}_K=\dot{I}_{AB}$，代入式（4 - 75）得

$$-90°\leqslant\arg\frac{\dot{U}_{AB}-\dot{I}_{AB}Z_{set}}{-\dot{U}_{AB1}}\leqslant 90° \tag{4-76}$$

图 4 - 37 中所示的双侧电源的系统中正方向发生金属性相间短路时，该系统的正、负序阻抗相等，则 M 侧保护安装处故障相的电压和正序电压分别为

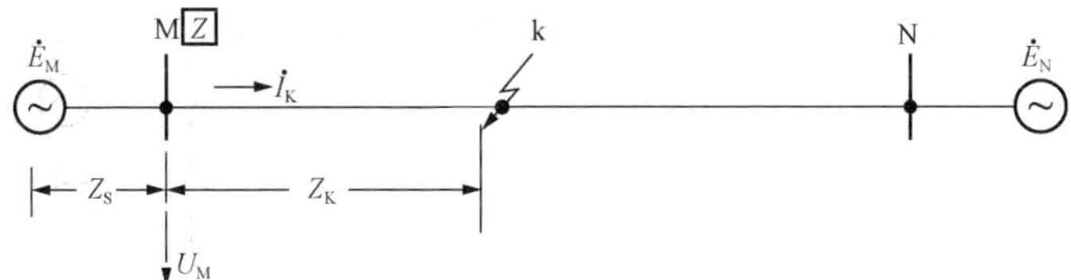

图 4 - 37 正方向故障系统图

$$\dot{U}_{ABM}=\dot{I}_{AM}Z_K-\dot{I}_{BM}Z_K=\dot{I}_{ABM}Z_K \tag{4-77}$$

$$\begin{aligned}\dot{U}_{AB1M}&=\dot{E}_{ABM}-\dot{I}_{AB1M}Z_S=\dot{E}_{ABM}-C_{1M}\frac{\dot{E}_{AB\Sigma}Z_S}{2Z_{1\Sigma}}=\left(1-\frac{C_{1M}Z_S}{2Z_{1\Sigma}}\right)\dot{E}_{ABM}\\&=\left(1-\frac{C_{1M}Z_S}{2Z_{1\Sigma}}\right)\dot{I}_{ABM}(Z_S+Z_K)\end{aligned} \tag{4-78}$$

式中 $\dot{E}_{ABM}$——M 侧系统电源电动势，$\dot{E}_{ABM}=\dot{E}_{AM}-\dot{E}_{BM}$；

$\dot{E}_{AB\Sigma}$——短路点等值电动势，并假设两侧电源电动势相等，并忽略负荷电流的作用，则 $\dot{E}_{AB\Sigma}=\dot{E}_{ABM}=\dot{E}_{ABN}$；

$Z_{1\Sigma}$——短路点看入的等值正序阻抗；

Z_S——M 侧系统的正序阻抗；

C_{1M}——正序电流 M 侧分流系数；

$\dot{U}_{ABM}$、$\dot{U}_{AB1M}$——保护安装处 M 点的 AB 相间电压和 AB 相间正序电压。

令 $K_C=1-\frac{C_{1M}Z_S}{2Z_{1\Sigma}}$，再假设 Z_S 与 $Z_{1\Sigma}$ 阻抗角相等，则 K_C 为大于 0 的实常数，它的存在不会对比相有任何的影响，所以式（4－76）的动作条件可表示为

$$-90^\circ \leqslant \arg\frac{Z_K-Z_{set}}{-(Z_S+Z_K)} \leqslant 90^\circ$$

$$-90^\circ \leqslant \arg\frac{Z_{set}-Z_K}{Z_S+Z_K} \leqslant 90^\circ \tag{4-79}$$

2. 对于接地距离方向阻抗元件

以 A 相为例的动作方程为

$$-90^\circ \leqslant \arg\frac{\dot{U}_A-(\dot{I}_A+K\times 3\dot{I}_0)Z_{set}}{-\dot{U}_{A1}} \leqslant 90^\circ \tag{4-80}$$

$$\dot{U}_A=(\dot{I}_A+K\times 3I_0)Z_K \tag{4-81}$$

$$\begin{aligned}\dot{U}_{A1}&=\dot{E}_{AM}-\dot{I}_{A1}Z_S=\dot{E}_{AM}-C_{1M}\frac{E_A}{2Z_{1\Sigma}+Z_{0\Sigma}}Z_S\\&=\left(1-C_{1M}\frac{Z_S}{2Z_{1\Sigma}+Z_{0\Sigma}}\right)\dot{E}_{AM}\\&=\left(1-C_{1M}\frac{Z_S}{2Z_{1\Sigma}+Z_{0\Sigma}}\right)(\dot{I}_A+K\times 3I_0)(Z_S+Z_K)\end{aligned} \tag{4-82}$$

式中符号的意义与式（4－78）类似。

将式（4－81）、式（4－82）代入式（4－80），同样可得到式（4－79）。式（4－79）说明相间距离与接地距离的方向阻抗继电器具有类似的动作特性。

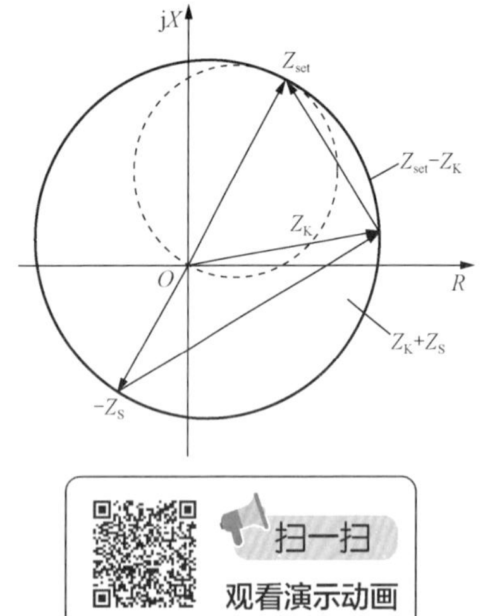

图 4－38　以正序电压为极化电压的方向阻抗继电器在正向故障时的动作特性

3. 正方向故障情况

式（4－79）对应的特性在阻抗复平面上为一个以 Z_{set} 与 $-Z_S$ 末端连线为直径的圆，如图 4－38 所示。在正方向故障的情况下，以正序电压为极化电压的方向阻抗继电器的动作特性变为一个包括坐标原点的偏移圆。正方向出口短路时，测量阻抗明确地落在动作范围内，能够可靠动作。此外，与整定阻抗相同的方向阻抗圆（图 4－38 中虚线所示）相比，该偏移圆的直径要大得多，因而其耐受过渡电阻的能力要比方向阻抗圆强。值得注意的是，该偏移特性是在正向故障的前提下导出的，所以动作区域包括原点并不意味着会失去方向性。

4. 反方向故障情况

反方向相间短路时，仍以 AB 相间短路为例，如图 4－39 所示，保护安装处实际电流的方向与规定正方向相反，$\dot{I}_K=-\dot{I}_{ABN}$，电压是母线处电压，从电压互感器上获得，其值总为正值。故障相的电压和正序极化电压可以表示为

$$\dot{U}_{ABM}=(\dot{I}_{AN}-\dot{I}_{BN})Z_K=\dot{I}_{ABN}Z_K=\dot{I}_KZ_K \tag{4-83}$$

$$
\begin{aligned}
\dot{U}_{AB1M} &= \dot{E}_{ABN} - \dot{I}_{AB1N}Z'_S = \dot{E}_{ABN} - \frac{C_{1N}E_{AB\Sigma}}{Z_{1\Sigma}+Z_{2\Sigma}}Z'_S = \left(1-\frac{C_{1N}Z'_S}{2Z_{1\Sigma}}\right)\dot{E}_{ABN} \\
&= K'_C(\dot{U}_{ABM} + \dot{I}_{ABN}Z'_S) = K'_C(\dot{I}_K Z_K - \dot{I}_K Z'_S)
\end{aligned}
\tag{4-84}
$$

式中 $\dot{E}_{ABN}$——N 侧系统电源电动势；

Z'_S——N 侧系统的正序阻抗与被保护线路全长正序阻抗之和；

C_{1N}——正序电流 N 侧分流系数；

$\dot{I}_{ABN}$——从电源 N 侧流入短路点的电流。

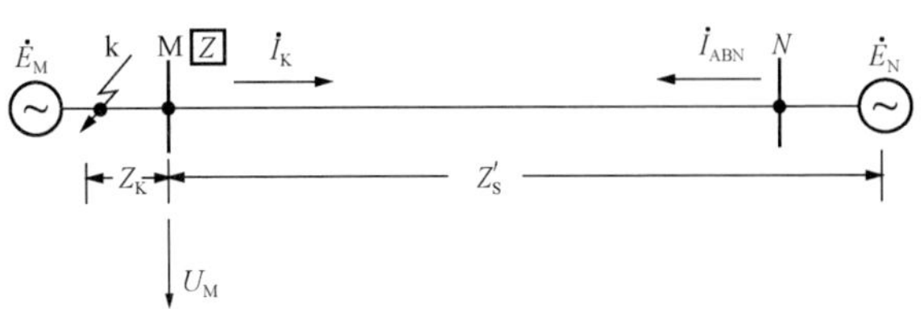

图 4-39 反方向短路系统图

令 $K'_C = 1-\frac{C_{1N}Z'_S}{2Z_{1\Sigma}}$，则 K'_C 为大于 0 的实常数，它的存在对比相没有任何影响。将式(4-83)、式（4-84）代入方向阻抗元件的动作条件式（4-75）中，则

工作电压
$$\dot{U}_{OP} = \dot{U}_{ABM} - \dot{I}_K Z_{set} = \dot{I}_K Z_K - \dot{I}_K Z_{set} = \dot{I}_K(Z_K - Z_{set}) \tag{4-85}$$

极化电压
$$\dot{U}_P = -\dot{U}_{AB1M} = -K'_C\dot{I}_K(Z_K - Z'_S) \tag{4-86}$$

所以反方向故障情况下动作条件可以表示为

$$-90° \leqslant \arg\frac{Z_K - Z_{set}}{Z'_S - Z_K} \leqslant 90° \tag{4-87}$$

在复平面上，式（4-87）表示反方向相间短路时，方向阻抗继电器的动作范围是一个以 Z'_S 与 Z_{set} 连线为直径的上抛圆（一般情况下取 Z_{set} 与 Z'_S 同相位），如图 4-40 所示。反方向出口短路时，测量阻抗在原点附近，远离动作区域，继电器可靠不动作。反方向远处短路时，$-Z_K$ 位于第Ⅲ象限，不可能落入圆内，阻抗继电器也不会动作。这表明，以正序电压为参考电压的方向阻抗元件具有明确的方向性。

图 4-40 反方向短路时以正序电压为极化电压的方向阻抗继电器动作特性

对于接地距离保护的方向阻抗继电器参照上述分析方法，可以得出式（4-87）的结论。

三、以记忆电压为极化电压的方向阻抗继电器

以正序电压为参考电压的方法，因在出口三相短路时三相电压均为 0 而失去比较的依据，因此，利用故障前的记忆电压作为方向阻抗元件的极化电压。在微机距离保护中，记忆电压就是存放在存储器中故障前电压的采样值。在模拟式距离保护中，记忆电压是由 LC 谐振记忆回路获得的。仍以相间距离保护方向阻抗继电器为例分析其动作特性。

设三相短路前后 AB 相间电压分别为 $\dot{U}_{AB}^{(0)}$ 和 $\dot{U}_{AB}$，为便于与负的正序电压作极化电压进行比较，以记忆电压的负值作为方向阻抗继电器的 $\dot{U}_P$ 的动作条件，可以表示为

$$-90^{\circ} \leqslant \arg \frac{\dot{U}_{AB} - \dot{I}_{AB} Z_{set}}{-\dot{U}_{AB}^{(0)}} \leqslant 90^{\circ} \tag{4-88}$$

假设系统两侧电源电动势相等，系统各部分阻抗角都相同，并忽略负荷电流的影响，则M侧系统正向故障时，有

$$\dot{U}_{ABM} = \dot{I}_{ABM} Z_K \tag{4-89}$$

$$\dot{U}_{ABM}^{(0)} \approx \dot{E}_{AB} = \dot{I}_{ABM}(Z_S + Z_K) \tag{4-90}$$

则式（4-88）的动作条件可表示为

$$-90^{\circ} \leqslant \arg \frac{Z_{set} - Z_K}{Z_S + Z_K} \leqslant 90^{\circ}$$

式（4-90）与式（4-79）完全相同，说明以记忆电压为极化电压与正序电压为极化电压的方向阻抗继电器具有相同的动作特性，即动作特性是具有偏移特性的阻抗圆。因此在正方向出口三相短路时，方向阻抗继电器能够可靠动作，且具有较强的耐受过渡电阻的能力。

反方向出口三相短路时，以记忆电压的负值作为极化电压的动作条件为

$$\dot{U}_{ABM} = \dot{I}_{ABN} Z_K = \dot{I}_K Z_K \tag{4-91}$$

$$\dot{U}_{AB}^{(0)} = \dot{E}_{ABN} = \dot{U}_{ABM} + \dot{I}_{ABN} Z'_S = \dot{I}_K Z_K - \dot{I}_K Z'_S = \dot{I}_K (Z_K - Z'_S) \tag{4-92}$$

$$\dot{U}_{OP} = \dot{U}_{AB} - \dot{I}_K Z_{set} = \dot{I}_K (Z_K - Z_{set}) \tag{4-93}$$

$$\dot{U}_P = -\dot{E}_{ABN} = -\dot{I}_K (Z_K - Z'_S) \tag{4-94}$$

方向阻抗继电器的动作条件为

$$-90^{\circ} \leqslant \arg \frac{Z_K - Z_{set}}{Z'_S - Z_K} \leqslant 90^{\circ}$$

式（4-94）与式（4-87）完全相同，因此对应的动作特性也完全相同，这表明以记忆电压为极化电压的方向阻抗继电器也具有明确的方向性。

在模拟式距离保护中，以AB相为例，引入保护装置的电压$\dot{U}_{AB}$间接有串联谐振元件R、L、C，从R上取电压$\dot{U}_R$作为模拟电压，系统正常运行时，测量电压为额定电压，LC谐振回路储存一定的电磁能量，系统出口短路时，测量电压$\dot{U}_{AB}=0$，依靠LC回路的自由谐振$\dot{U}_R$记忆故障前电压$\dot{U}_{AB}$的方向，由于回路有电阻存在，记忆电压值$\dot{U}_R$逐渐衰减，故障一定时间后，记忆电压衰减至故障后的测量电压，记忆作用消失，方向阻抗继电器的动作特性仍是以Z_{set}为直径，经过圆点的方向圆特性。

在微机保护中，记忆电压是存放在存储器中的故障前电压的采样值，不存在衰减问题，所以短时间内特性不会随时间变化而变化，但是故障发生一段时间后，电源的电动势变化，记忆电压将不再等于故障前电压，方向阻抗继电器的特性也将发生变化，所以记忆电压仅能在故障后的一定时间使用。

在实际保护装置中，常常把正序极化电压和记忆极化电压结合考虑，如距离阻抗元件中当动作条件为$-90^{\circ} \leqslant \arg \dfrac{\dot{U}_{op \cdot \varphi}}{\dot{U}_{p \cdot \varphi}} \leqslant 90^{\circ}$时，工作电压为

$$\dot{U}_{op\cdot\varphi}=\dot{U}_{\varphi}-\dot{I}_{\varphi}Z_{set} \quad (4-95)$$

极化电压为

$$\dot{U}_{p\cdot\varphi}=-\dot{U}_{1\varphi M} \quad (4-96)$$

$\dot{U}_{1\varphi M}$ 为记忆故障前正序电压，正向故障时记忆作用消失前 $\dot{U}_{1\varphi M}=\dot{E}_{M\varphi}$。

由上述分析可见，当极化电压的相位与故障相电压的相位一致时，所得到的动作特性为方向圆特性。当极化电压的相位与故障相电压相位不一致时，所得到的特性将发生偏转，限于篇幅将不予讨论。

第六节 距离保护的整定计算原则及对距离保护的评价

一、距离保护的整定计算原则

在距离保护的整定计算中，假定保护装置具有阶梯式的时限特性，并认为保护具有方向性，其原则如下。

（一）距离保护第Ⅰ段的整定

一般按躲开下一条线路出口处短路的原则来确定，按式（4－1）和式（4－2）计算，在一般线路上可靠系数取 0.8～0.85。

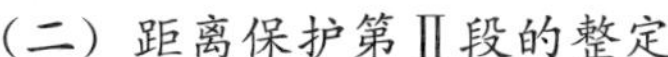
（二）距离保护第Ⅱ段的整定

对图 4－41 所示网络接线，应按以下两个原则来确定：

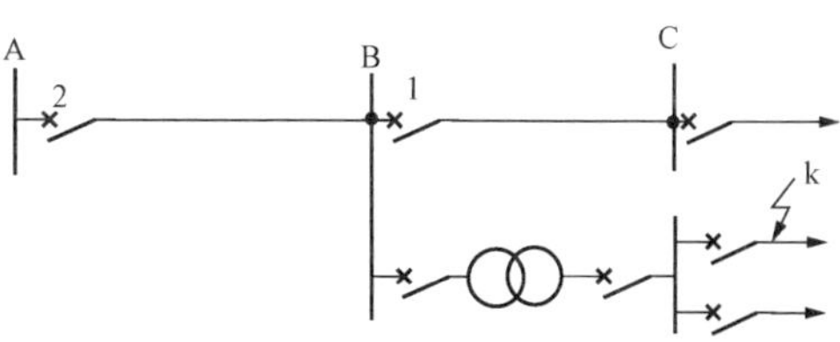

图 4－41 选择整定阻抗的网络接线

（1）与相邻线路距离保护第Ⅰ段相配合，参照式（4－3）的原则，并考虑分支系数 K_{bra} 的影响，距离保护第Ⅱ段整定计算式为

$$Z''_{set\cdot2}=K''_{rel}(Z_{AB}+K_{bra}Z'_{set\cdot1}) \quad (4-97)$$

式中 K''_{rel}——可靠系数，一般采用 0.8；

K_{bra}——分支系数，应采用当保护 1 第Ⅰ段末段短路时，可能出现的最小数值。

例如在图 2－34 所示具有助增电流影响时，在 k 点短路时变电站 A 距离保护 2 的测量阻抗将是

$$Z_2=\frac{\dot{U}_{kA}}{\dot{I}_{AB}}=\frac{Z_{AB}\dot{I}_{AB}+Z_K\dot{I}_{BC}}{\dot{I}_{AB}}=Z_{AB}+\frac{\dot{I}_{BC}}{\dot{I}_{AB}}Z_K=Z_{AB}+K_{bra}Z_K \quad (4-98)$$

此时 $K_{bra}>1$，由于助增电流的影响，与无分支的情况相比，将使保护 2 处的测量阻抗增大。在图 2－35 中，分支电路为一并联线路，由于外汲电流的影响，$K_{bra}<1$，与无分支的情况相比，将使保护 2 处的测量阻抗减小。

因此，为充分保证保护 2 与保护 1 之间的选择性，就应该按 K_{bra} 为最小的运行方式来确定保护 2 距离Ⅱ段的整定值，使之不超出保护 1 距离Ⅰ段的范围。这样整定之后，在遇有 K_{bra} 增大的其他运行方式时，距离Ⅱ段的保护范围只会缩小而不可能失去选择性。

（2）躲开线路末端变电站变压器低压侧出口处（图 4－41 中 k 点）短路时的阻抗值。设变压器的阻抗为 Z_T，则启动阻抗应整定为

$$Z''_{set\cdot2}=K''_{rel}(Z_{AB}+K_{bra}Z_T) \quad (4-99)$$

式中 K''_{rel}——与变压器配合时的可靠系数，考虑到 Z_T 的误差较大，一般采用 $K''_{rel}=0.7$；

K_{bra}——分支系数，则应采用当 k 点短路时可能出现的最小值。

计算后，应取以上两式中数值较小的一个。此时距离Ⅱ段的动作时限应与相邻线路的距离Ⅰ段相配合，一般取为 0.3～0.5s。

校验距离Ⅱ段在本线路末端短路时的灵敏系数。由于是反应于数值下降而动作，其灵敏系数为

$$K_{sen}=\frac{\text{保护装置的动作阻抗}}{\text{保护范围内发生金属性短路时故障阻抗的计算值}} \tag{4-100}$$

对距离Ⅱ段来讲，在本线路末端短路时，其测量阻抗即为 Z_{AB}，因此灵敏系数为

$$K_{sen}=\frac{Z''_{set\cdot 2}}{Z_{AB}} \tag{4-101}$$

一般要求 $K_{sen}\geqslant 1.25$。当校验灵敏系数不能满足要求时，应进一步延伸保护范围，使之与下一条线路的距离Ⅱ段相配合，时限整定为 1～1.2s，考虑原则与限时电流速断保护相同。

（三）距离保护第Ⅲ段的整定

距离保护第Ⅲ段的整定阻抗，按以下几个原则计算。

1. 按与相邻下一级线路距离Ⅱ段或Ⅲ段配合整定

在与相邻下一级距离Ⅱ段配合时，Ⅲ段的整定阻抗为

$$Z'''_{set\cdot 2}=K_{rel}(Z_{AB}+K_{bra}Z''_{set\cdot 1}) \tag{4-102}$$

可靠系数 K_{rel}的取法与距离Ⅱ段整定类似，分支系数 K_{bra}应取各种情况下的最小值。如果校验灵敏度系数不满足要求，则应改为与相邻下一级线路距离Ⅲ段相配合。

2. 按与相邻下一级变压器的电流、电压保护配合整定

定值计算为

$$Z'''_{set\cdot 2}=K_{rel}(Z_{AB}+K_{bra}Z_{min}) \tag{4-103}$$

式中 Z_{min}——电流、电压保护的最小保护范围对应的阻抗值。

3. 按躲过正常运行时的最小负荷阻抗整定

当线路上流过最大负荷电流 $\dot{I}_{L\cdot max}$，且母线电压最低时（用 $\dot{U}_{L\cdot min}$ 表示），负荷阻抗最小，其值为

$$Z_{L\cdot min}=\frac{U_{L\cdot min}}{I_{L\cdot max}}=\frac{(0.9\sim 0.95)\dot{U}_N}{\dot{I}_{L\cdot max}} \tag{4-104}$$

参照过电流保护的整定原则，考虑到外部故障切除后，在电动机自启动的条件下，距离保护第Ⅲ段必须立即返回的要求，应采用

$$Z'''_{act}=\frac{1}{K_{rel}K_{Ms}K_{re}}Z_{L\cdot min} \tag{4-105}$$

其中可靠系数 K_{rel}、自启动系数 K_{Ms}和返回系数 K_{re}均为大于 1 的数值。

在上面的计算中使用的都是一次系统的参数值，实际应用时，应将一次系统参数值换算至保护接入的二次系统参数值。根据式（4-5）的关系可求得阻抗元件的启动阻抗为

$$Z'''_{Kact}=Z'''_{act}\frac{n_{TA}}{n_{TV}} \tag{4-106}$$

距离保护第Ⅲ段采用方向阻抗继电器，在整定其动作特性圆时，尚须考虑其启动阻抗随角度 φ_K 的变化关系以及正常运行时负荷潮流和功率因数的变化，以确定适当的数值。例如

选择阻抗元件的 $\varphi_{sen \cdot max}=\varphi_K$，则圆的直径（即第Ⅲ段的整定阻抗）应为

$$Z'''_{Kset}=\frac{Z'''_{Kact}}{\cos(\varphi_K-\varphi_L)} \tag{4-107}$$

如图 4-42 中的圆 2 所示。由此可见，采用方向阻抗继电器能得到较好的躲负荷性能。在长距离重负荷的输电线路上，如采用方向阻抗继电器仍不能满足灵敏度的要求时，可考虑采用具有透镜形动作特性的阻抗继电器。

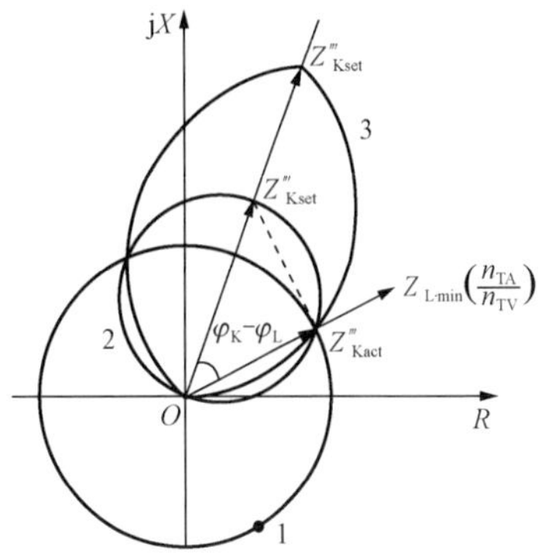

图 4-42　第Ⅲ段启动阻抗的整定

距离保护第Ⅲ段既作为本线路Ⅰ、Ⅱ段保护的近后备，又作为相邻下一级设备保护的远后备，灵敏度应分别进行校验。

作为近后备时，按线路末端短路校验，计算式为

$$K_{sen(1)}=\frac{Z'''_{set}}{Z_{AB}}\geqslant 1.5 \tag{4-108}$$

作为远后备时，按相邻设备末端短路校验，计算式为

$$K_{sen(2)}=\frac{Z'''_{set}}{Z_{AB}+K_{bra\cdot max}Z_{next}}\geqslant 1.2 \tag{4-109}$$

式中　Z_{next}——相邻线路或变压器的阻抗；

$K_{bra \cdot max}$——分支系数最大值。

距离Ⅲ段的动作时间，应比与之配合的相邻设备保护动作时间大一个时间级差 Δt，但考虑到距离Ⅲ段一般不经振荡闭锁（见本章第七节），其动作时间不应小于最大的振荡周期（1.5～2s）。

（四）阻抗继电器精确工作电流倍数的校验

在距离保护的整定计算中，应分别按各段保护范围末端短路时的最小短路电流校验各段阻抗继电器的精确工作电流倍数，按照要求，此最小短路电流与继电器精确工作电流之比应为 1.5 倍以上。

当加入继电器的电流较小时，对于模拟式保护，继电器的启动阻抗将下降，使阻抗继电器的实际保护范围缩短，对于微机式保护，将引起测量阻抗的误差。这将影响到与相邻线路阻抗元件的配合，甚至引起非选择性动作。为了把启动阻抗的误差限制在一定的范围内，规定了精确工作电流 I_{PW} 这一指标。

所谓精确电流，就是指当 $I_K=I_{PW}$ 时，继电器的启动阻抗 $Z_{Kact}=0.9Z_{Kset}$，即此整定阻抗缩小了 10%，因此，当 $I_K>I_{PW}$ 时，就可以保证启动阻抗的误差在 10%以内，而这个误差在选择可靠系数时，已经被考虑进去了。

二、对距离保护的评价

从对继电保护所提出的基本要求来评价距离保护，可以做出如下几个主要的结论：

（1）根据距离保护的工作原理，它可以在多电源的复杂网络中保证动作的选择性。

（2）距离Ⅰ段是瞬时动作的，但是它只能保护线路全长 80%～85%，因此，两端合起来就使得在 30%～40%的线路长度内的故障不能从两端瞬时切除，在一端须经 0.3～0.5s 的延时才能切除，在 220kV 及以上电压的网络中，有时候这不能满足电力系统稳定运行的要求，因而不能作为主保护来使用。

（3）由于阻抗继电器同时反应于电压的降低和电流的增大而动作，因此，距离保护较电流、电压保护具有较高的灵敏度。此外，距离Ⅰ段的保护范围不受系统运行方式变化的影响，其他两段受到的影响也比较小，因此保护范围比较稳定。

（4）由于距离保护中采用了复杂的阻抗继电器和大量的辅助继电器，再加上各种必要的闭锁装置（详见本章第七节的分析），因此接线复杂，可靠性比电流保护低，这也是它的主要缺点。

【例 4-1】 设图 4-43 所示网络各线路均装设有距离保护，试对保护 1 的Ⅰ、Ⅱ、Ⅲ段进行整定计算，即求各段动作阻抗 Z'_{act}、Z''_{act}、Z_{act}，动作时间 t'_1、t''_1、t_1 及灵敏度校验值，$l_{min}\%$，Ⅱ段保护的灵敏度 K_{sen}，Ⅲ段保护的近、远后备灵敏度 $K_{sen(1)}$、$K_{sen(2)}$。已知：$E_{s1}=E_{s2}=115/\sqrt{3}$kV；$X_{s1\cdot min}=20\Omega$，$X_{s1\cdot max}=25\Omega$；$X_{s2\cdot min}=25\Omega$，$X_{s2\cdot max}=30\Omega$；变压器容量为 31.5MVA，$U_k\%=10.5\%$；$I_{L\cdot max\cdot AB}=350$A，$\cos\varphi_L=0.9$，$\varphi_k=70°$，$K'_{rel}=0.85$，$K''_{rel}=0.8$，$K_{rel}=1.2$，$K_{re}=1.15$，线路 $z_l=0.4\Omega$/km。正常时母线最低电压 $U_{L\cdot min}=0.9U_N$，其他参数见图 4-43（Ⅲ段采用方向阻抗继电器）。

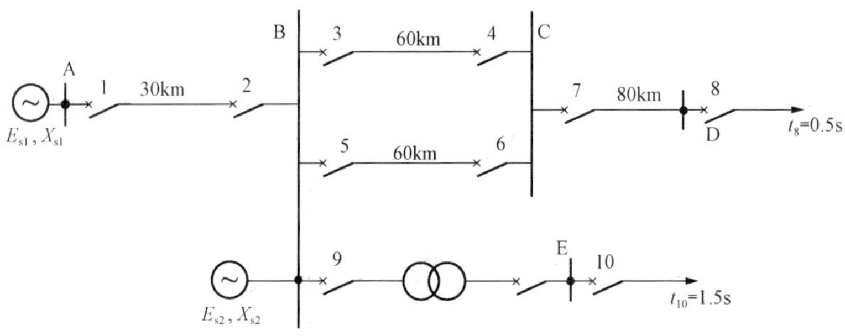

图 4-43 网络接线图

解 （1）元件阻抗的计算：

$$Z_{AB}=z_l l_{AB}=0.4\times30=12(\Omega)$$

$$Z_{BC}=z_l l_{BC}=0.4\times60=24(\Omega)$$

$$Z_T=\frac{U_k}{100}\frac{U_N^2}{S_B}=0.105\times\frac{115^2}{31.5}=44.1(\Omega)$$

（2）距离Ⅰ段的整定：

1）$Z'_{set\cdot1}=0.85Z_{AB}=0.85\times12=10.2(\Omega)$；

2）$t'=0(s)$；

3）$l_{min}\%=\frac{Z'_{set\cdot1}}{Z_{AB}}\times100\%=85\%$。

（3）距离Ⅱ段的整定：

1）距离Ⅱ段整定值（与相邻线路配合）

$$Z''_{set\cdot1}=0.8(Z_{AB}+K_{bra\cdot min}Z'_{set\cdot3})$$

$$Z'_{set\cdot3}=0.85Z_{BC}=0.85\times24=20.4(\Omega)$$

$K_{bra\cdot min}$为保护 3 的Ⅰ段末端 k1 点发生短路时对保护 1 而言的最小分支系数。

当保护 3 末端 k1 点短路时，有

$$K_{bra}=\frac{I_2}{I_1}=\frac{X_{s1}+Z_{AB}+X_{s2}}{X_{s2}}\frac{(1+0.15)Z_{BC}}{2Z_{BC}}=\left(\frac{X_{s1}+Z_{AB}}{X_{s2}}+1\right)\times\frac{1.15}{2}$$

其中 X_{s1}取 $X_{s1\cdot min}$，X_{s2}取 $X_{s2\cdot max}$，2 表示双回运行，如图 4-44 所示，则

$$K_{bra\cdot min}=\left(\frac{20+12}{30}+1\right)\times\frac{1.15}{2}=1.19$$

$$Z''_{set\cdot1}=0.8\times(12+1.19\times20.4)=29(\Omega)$$

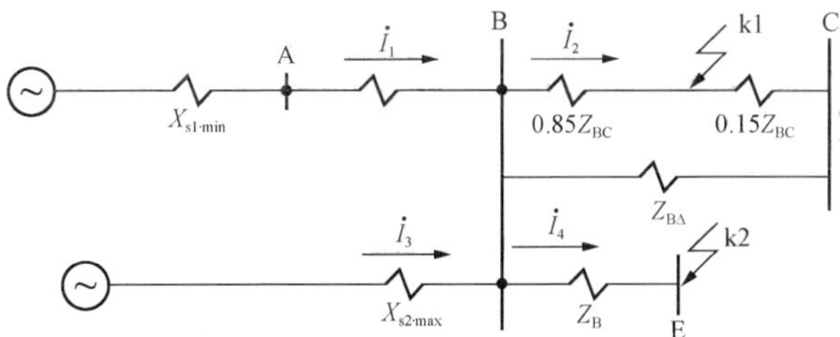

图 4-44　保护 3 末端 k1 点短路（取 $X_{s1\cdot min}$，$X_{s2\cdot max}$）

距离Ⅱ段整定值（与相邻变压器配合）

$$Z''_{set\cdot 1} = 0.7(Z_{AB} + K_{bra\cdot min}Z_B)$$

$K_{bra\cdot min}$为相邻变压器低压侧 k2 点短路时对保护 1 的最小分支系数，其值为

$$K_{bra\cdot min} = \frac{\dot{I}_4}{\dot{I}_1} = \frac{X_{s1\cdot min} + Z_{AB}}{X_{s2\cdot max}} + 1 = \frac{20+12}{30} + 1 = 2.07$$

$$Z''_{set\cdot 1} = 0.7(12 + 2.07 \times 44.1) = 72.2(\Omega)$$

取以上两个计算结果中较小者为定值，即 $Z''_{set\cdot 1}=29(\Omega)$。

2）$t''_1=t'_3+\Delta t=t'_5+\Delta t=t'_B+\Delta t=0.5(s)$。

3）$K_{sen}=\frac{Z''_{set\cdot 1}}{Z_{AB}}=\frac{29}{12}=2.42>1.5$，满足要求。

（4）距离Ⅲ段的整定计算：

1）$Z_{act\cdot 1}=\frac{1}{K_{rel}K_{Ms}K_{re}}Z_{L\cdot min}=\frac{1}{1.2\times1\times1.15}\times163.5=118.5(\Omega)$

而 $Z_{L\cdot min}=\frac{U_{L\cdot min}}{I_{L\cdot max}}=\frac{0.9\times\frac{110}{\sqrt{3}}}{0.35}=163.5(\Omega)$，取方向阻抗继电器的 $\varphi_{sen}=\varphi_k=70°$，当 $\cos\varphi_l=0.9$ 时，$\varphi_l=25.8°$，则

$$Z_{set\cdot 1} = \frac{Z_{set}}{\cos(\varphi_k - \varphi_L)} = \frac{118.5}{\cos(70° - 25.8°)} = 165.3(\Omega)$$

2）$t_1=t_8+3\Delta t=0.5+1.5=2(s)$ 或 $t_1=t_{10}+2\Delta t=1.5+2\times0.5=2.5(s)$，取其中较长者，即 $t_1=2.5(s)$。

3）近后备：$K_{sen(1)}=\frac{165.3}{12}=13.8$，满足要求。

远后备：

$$K_{sen(2)} = \frac{Z_{set}}{Z_{AB} + K_{bra\cdot max}Z_{BC}}$$

式中：$K_{bra\cdot max}$为$\begin{cases}\text{相邻线路 B—C 保护末端短路时对保护 1 而言的最大分支系数；}\\\text{相邻变压器低压侧出口 k2 短路时对保护 1 而言的最大分支系数。}\end{cases}$

对于线路有

$$K_{bra\cdot max} = \frac{I_2}{I_1} = \frac{X_{s1\cdot max} + Z_{AB}}{X_{s2\cdot min}} + 1 = \frac{25+12+25}{25} = 2.48$$

单回运行，因此有

$$K_{sen(2)} = \frac{165.3}{12 + 2.48 \times 24} = 2.31 > 1.2$$

满足要求。

对于变压器有

$$K_{\text{bra}\cdot\max}=\frac{I_4}{I_1}=2.48$$

$$K_{\text{sen}(2)}=\frac{165.3}{12+2.48\times 44.1}=1.36>1.2$$

满足要求。

第七节　影响距离保护正确动作的因素及防止方法

一、短路点过渡电阻对距离保护的影响及防止方法[1]

（一）短路点过渡电阻对距离保护的影响

电力系统中的短路一般都不是金属性的，而是在短路点存在过渡电阻。此过渡电阻的存在，将使距离保护的测量阻抗发生变化，一般情况下是使保护范围缩短，但有时也能引起保护的超范围动作或反方向动作。现对过渡电阻的性质及其对距离保护工作的影响进行讨论。

1. 短路点过渡电阻对距离保护的影响

短路点的过渡电阻 R_t 是指当相间短路或接地短路时，短路电流从一相流向另一相或从相导线流入地的途径中所通过的物质的电阻，包括电弧电阻、中间物质的电阻、相导线与地之间的接触电阻、金属杆塔的接地电阻等。国外进行的一系列实验证明，当故障电流相当大时（数百安以上），电弧上的电压梯度几乎与电流无关，可取为每米弧长上 1.4～1.5kV（最大值）。根据这些数据可知电弧实际上呈现有效电阻，其值可按下式决定

$$R_t\approx 1050\frac{l_t}{I_t}$$

式中　I_t——电弧电流的有效值，A；

l_t——电弧长度，m。

在一般情况下，短路初瞬间，电弧电流 I_t 最大，弧长 l_t 最短，弧阻 R_t 最小。几个周期后，在风吹、空气对流和电动力等作用下，电弧逐渐伸长，电阻 R_t 有急剧增大之势，如图 4-45（a）所示。图中弧阻较大的曲线则属于线路电压较高的情况。

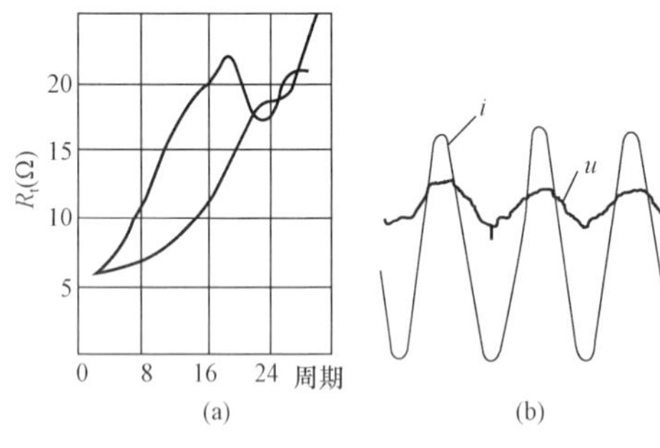

图 4-45　架空输电线短路时产生的电弧

（a）电弧电阻随时间变化举例；（b）经电弧短路时电弧上电流、电压波形

在相间短路时，过渡电阻主要由电弧电阻构成，其值可按上述经验公式估计。在导线对铁塔放电的接地短路时，铁塔及其接地电阻构成过渡电阻的主要部分。铁塔的接地电阻与大地导电率有关。对于跨越山区的高压线路，铁塔的接地电阻可达数十欧。此外，当导线通过树木或其他物体对地短路时，过渡电阻更高，难以准确计算。目前我国对 500kV 线路接地短路的最大过渡电阻按 300Ω 估计，对 220kV 线路则按 100Ω 估计。

2. 单侧电源线路上过渡电阻的影响

如图 4-46 所示，短路点的过渡电阻 R_t 总是使继电器的测量阻抗增大，使保护范围缩短。

然而，由于过渡电阻对不同安装地点的保护影响不同，因而在某种情况下，可能导致保护无选择性动作。例如，当线路 B—C 的始端经 R_t 短路，则保护 1 的测量阻抗为 $Z_{K \cdot 1}=R_t$，而保护 2 的测量阻抗为 $Z_{K \cdot 2}=Z_{AB}+R_t$。由图 4 - 47 可见，由于 $Z_{K \cdot 2}$是 Z_{AB}与 R_t 的相量和。

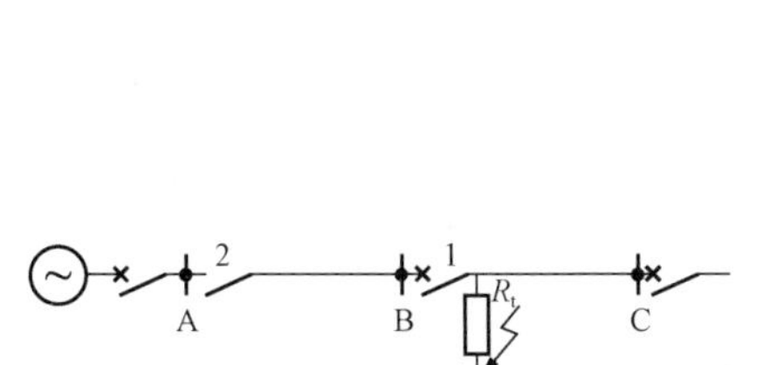

图 4 - 46　单侧电源线路经过渡电阻 R_t 短路的等效图

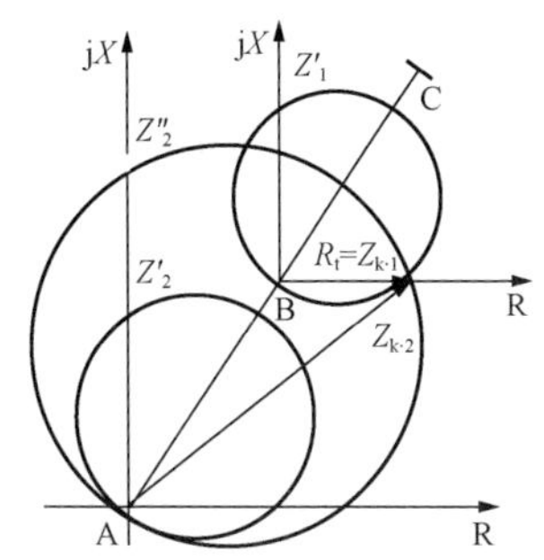

图 4 - 47　过渡电阻对不同安装地点距离保护影响的分析

当 R_t 较大时，就可能出现 $Z_{K \cdot 1}$已超出保护 1 第Ⅰ段整定特性圆范围，而 $Z_{K \cdot 2}$仍位于保护 2 第Ⅱ段整定特性圆范围以内的情况。此时两个保护将同时以第Ⅱ段的时限动作，从而失去选择性。但是当保护 1 第Ⅰ段的极化电压有记忆回路时，则利用它的特性仍可保证动作的选择性。

由以上分析可见，保护装置距短路点越近时，受过渡电阻的影响越大；同时保护装置的整定值越小，则相对地受过渡电阻的影响也越大。因此对短线路的距离保护应特别注意过渡电阻的影响。

3. 双侧电源线路上过渡电阻的影响

如图 4 - 48 所示双侧电源线路上，短路点的过渡电阻还可能使某些保护的测量阻抗减小。如在线路 B—C 的始端经过渡电阻 R_t 三相短路时，$\dot{I}'_k$ 和 $\dot{I}''_k$ 分别为两侧电源供给的短路电流，则经 R_t 的电流为 $\dot{I}_k=\dot{I}'_k+\dot{I}''_k$，此时变电站 A 和变电站 B 母线上的残余电压为

$$\dot{U}_B=\dot{I}_k R_t \tag{4-110}$$

$$\dot{U}_A=\dot{I}_k R_t+\dot{I}'_k Z_{AB}=(\dot{I}'_k+\dot{I}''_k)R_t+\dot{I}'_k Z_{AB} \tag{4-111}$$

则保护 1 和保护 2 的测量阻抗为

$$Z_{K\cdot2}=\frac{\dot{U}_B}{\dot{I}'_k}=\frac{\dot{I}_k}{\dot{I}'_k}R_t=\frac{I_k}{I'_k}R_t e^{j\alpha} \tag{4-112}$$

$$Z_{K\cdot1}=\frac{\dot{U}_A}{\dot{I}'_k}=Z_{AB}+\frac{I_k}{I'_k}R_t e^{j\alpha}=Z_{AB}+R_t+\frac{I''_k}{I'_k}R_t e^{j\alpha_1} \tag{4-113}$$

此处 α 表示 $\dot{I}_k$ 超前$\dot{I}'_k$ 的角度。当 α 为正时，测量阻抗的电抗部分增大；而当 α 为负时，测量阻抗的电抗部分减小。在后一种情况下，也可能引起某些保护的无选择性动作，如图 4 - 48（b）所示。

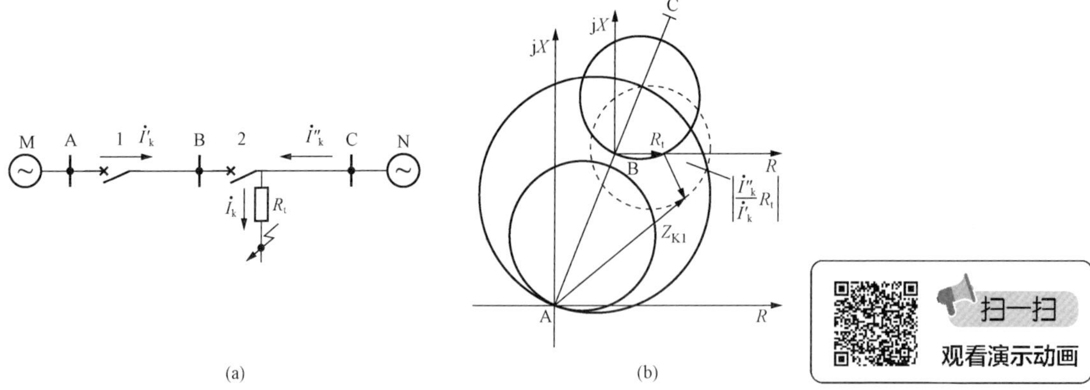

图 4-48 双侧电源线路 R_t 的影响

（a）系统示意图；（b）对不同安装地点的距离保护的影响

这种因过渡电阻的存在而导致保护测量阻抗变小，进一步引起保护误动作的现象，称为距离保护的稳态超越。

4. 过渡电阻对不同动作特性阻抗继电器的影响

在图 4-49（a）所示的网络中，假定保护 2 的距离Ⅰ段采用不同特性的阻抗继电器，它们的整定值选择的都一样，为 0.85Z_{AB}。如果在距离Ⅰ段保护范围内阻抗为 $Z_{K\cdot 2}=Z_K+R_t$。由图4-49（b）可见，当过渡电阻达 R_{t1} 时，具有透镜形特性的阻抗继电器开始拒动；当过渡电阻达 R_{t2} 时，方向阻抗继电器开始拒动；当过渡电阻达 R_{t3} 时，则全阻抗继电器开始拒动。一般说来，阻抗继电器的动作特性在 $+R$ 轴方向所占的面积越大则受过渡电阻影响越小。

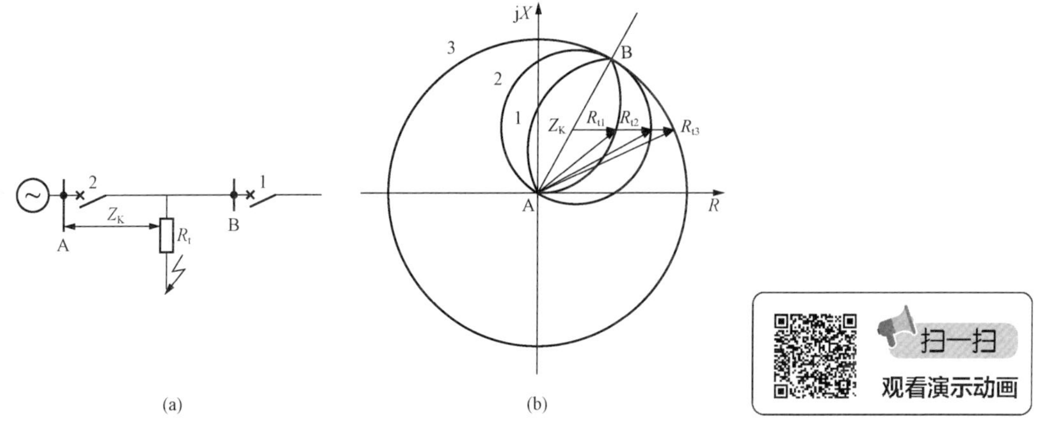

图 4-49 过渡电阻对不同动作特性阻抗继电器影响的比较

（a）网络接线；（b）对影响的比较

（二）减小过渡电阻影响的方法

根据图 4-49 分析所得的结论，采用能容许较大的过渡电阻而不致拒动的阻抗继电器，可防止过渡电阻对继电器工作的影响。例如，对于过渡电阻只能使测量阻抗的电阻部分增大的单侧电源线路，可采用如图 4-10（c）所示的不反应有效电阻的电抗型阻抗继电器，在双侧电源线路上，可采用具有如图 4-50 所示可减小过渡电阻影响的动作特性的阻抗继电器。

图 4 - 50（a）所示的多边形动作特性的上边$\overline{XA}$向下倾斜一个角度，以防止过渡电阻使测量电抗减小时阻抗继电器的超越。右边$\overline{RA}$可以在 R 轴方向独立移动以适应不同数值的过渡电阻。图 4 - 50（b）所示的动作特性是将方向阻抗特性向第Ⅰ象限偏移，以扩大允许故障过渡电阻的能力。为实现该特性，只要在相位比较式的方向阻抗继电器中的极化电压表示为 $U_{P\varphi}=-U_{1\varphi}e^{j\theta_1}$，$U_{1\varphi}$为正序电压，$\theta_1$ 取值范围为 0°、15°、30°。

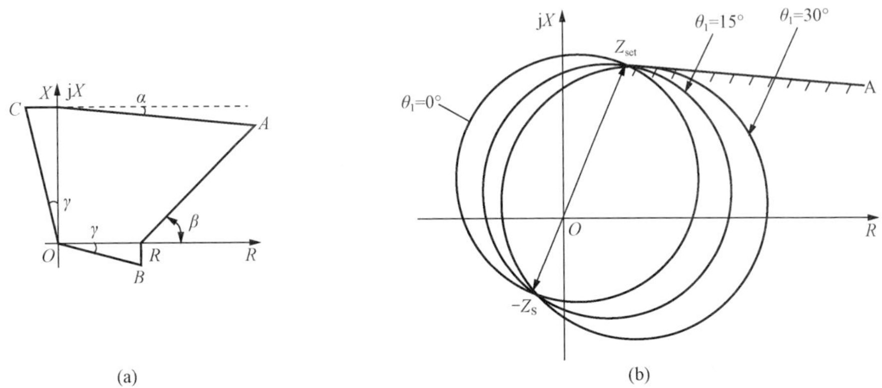

图 4 - 50　可减小过渡电阻影响的动作特性

（a）多边形动作特性；（b）向第Ⅰ象限偏移的方向阻抗特性

二、电力系统振荡对距离保护的影响[1]

当电力系统中发生同步振荡或异步运行时，各点的电压、电流和功率的幅值和相位都发生周期性变化，电压与电流之比所代表的阻抗继电器的测量阻抗也将周期性变化。当测量阻抗进入动作区域时，保护将发生误动作，因此对于距离保护必须考虑电力系统同步振荡或异步运行（以下简称为系统振荡）对其工作的影响。

1. 电力系统振荡时电流、电压的分布与变化

在电力系统中，由于输电线路输送功率过大而超过静稳定极限，由于无功功率不足而引起系统电压降低，由于短路故障切除缓慢或采用非同期自动重合闸不成功时，都可能引起系统振荡。

下面以两侧电源辐射形网络［见图 4 - 51（a）］为例，说明系统振荡时各种电气量的变化。如在系统全相运行（三相都处于运行状态）时发生系统振荡，由于三相总是对称的，故可以按照单相系统来分析。

在图 4 - 51（a）中给出了系统和线路的参数以及电压、电流的假定正方向。如以电动势 $\dot{E}_M$ 为参考，使其相位角为零，则 $\dot{E}_M=E_M$。在系统振荡时，可认为 N 侧系统等值电动势 $\dot{E}_N$ 围绕 $\dot{E}_M$ 旋转或摆动。因 $\dot{E}_N$ 落后于 $\dot{E}_M$ 角度 δ 在 0°～360°之间变化，关系式为

$$\dot{E}_N = E_M e^{-j\delta} \tag{4 - 114}$$

在任意一个 δ 角度时，两侧电源的电动势差可表示为

$$\begin{aligned}\Delta\dot{E} &= \dot{E}_M-\dot{E}_N = E_M\left(1-\frac{E_N}{E_M}e^{-j\delta}\right)\\ &= E_M(1-he^{-j\delta}) = E_M\sqrt{1+h^2-2h\cos\delta}\,e^{+j\theta}\end{aligned} \tag{4 - 115}$$

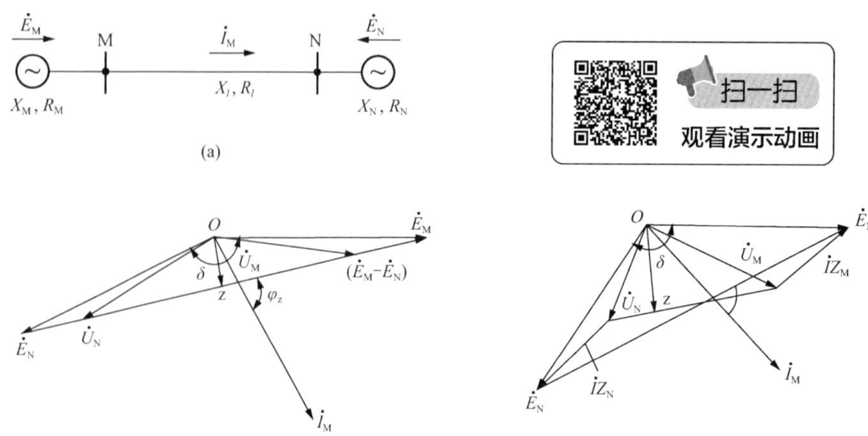

图 4 - 51　两侧电源系统中的振荡

（a）系统接线；（b）系统阻抗角和线路阻抗角相等时的相量图；（c）阻抗角不等时的相量图

式中　h——两侧系统电动势幅值之比，$h=\dfrac{E_N}{E_M}$；

θ——$\Delta\dot{E}$ 超前 $\dot{E}_M$ 的角度，$\theta=\arg\dfrac{\Delta\dot{E}}{\dot{E}_M}=\arctan\dfrac{h\sin\delta}{1-h\cos\delta}$。

当 $h=1$ 可得

$$\Delta E = 2E_M\sin\frac{\delta}{2} \tag{4 - 116}$$

由此电动势差产生的由 M 侧流向 N 侧的电流（又称为振荡电流）$\dot{I}_M$ 为

$$\dot{I}_M=\frac{\Delta\dot{E}}{Z_M+Z_l+Z_N}=\frac{E_M}{Z_\Sigma}(1-h\mathrm{e}^{-\mathrm{j}\delta}) \tag{4 - 117}$$

此电流落后于 $\Delta\dot{E}$ 的角度为系统总阻抗 Z_Σ 的阻抗角 φ_z

$$\varphi_z=\arctan\frac{X_M+X_l+X_N}{R_M+R_l+R_N}=\arctan\frac{X_\Sigma}{R_\Sigma}$$

因此振荡电流一般可表示为

$$\dot{I}_M=\frac{\Delta\dot{E}}{Z_\Sigma}=\frac{\dot{E}_M}{Z_\Sigma}\sqrt{1+h^2-2h\cos\delta}\,\mathrm{e}^{\mathrm{j}(\theta-\varphi_z)} \tag{4 - 118}$$

当 $h=1$ 时，可得

$$I_M=\frac{2E_M}{Z_\Sigma}\sin\frac{\delta}{2} \tag{4 - 119}$$

由此可知，振荡电流的幅值与相位都与振荡角度 δ 有关。只有当 δ 恒定不变时，I_M和 θ 为常数，振荡电流才是纯正弦函数。图 4 - 52（a）示出振荡电流幅值随 δ 的变化。当 δ 为 π 的偶数倍时，I_M最小；当 δ 为 π 的奇数倍时，I_M最大。

下面来分析系统中的各点电压变化。

在振荡时，系统中性点电位仍保持为零，故线路两侧母线的电压 $\dot{U}_M$ 和 $\dot{U}_N$ 为

$$\dot{U}_M=\dot{E}_M-\dot{I}_M Z_M \tag{4 - 120}$$

$$\dot{U}_{N} = \dot{E}_{M} - \dot{I}_{M}(Z_{M} + Z_{l}) = \dot{E}_{N} + \dot{I}_{M}Z_{N} \tag{4-121}$$

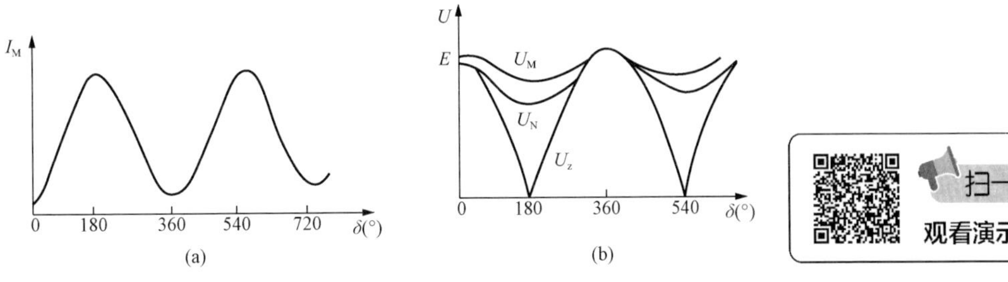

扫一扫
观看演示动画

图 4 - 52　电力系统振荡时电流、电压的变化（全系统阻抗角相等，$h=1$）
（a）电流幅值曲线；（b）电压幅值曲线

此时输电线路上的压降为

$$\dot{U}_{MN} = \dot{U}_{M} - \dot{U}_{N} = \dot{I}_{M}Z_{l} \tag{4-122}$$

当全系统的阻抗角相等且 $h=1$ 时，按照上述关系式可画出相量图，如图 4 - 51（b）所示。以 $\dot{E}_M$ 为实轴，$\dot{E}_N$ 落后于 $\dot{E}_M$ 的角度为 δ。连接 $\dot{E}_M$ 和 $\dot{E}_N$ 相量端点得到电动势差 $\dot{E}_M - \dot{E}_N$。电流 $\dot{I}_M$ 落后于此电动势差的角度为 φ_Z。从 $\dot{E}_M$ 减去 Z_M 上的降落 $\dot{I}_M Z_M$ 后得到 M 点电压 $\dot{U}_M$。而 $\dot{E}_N$ 加 Z_N 上的电压降 $\dot{I}_M Z_N$ 得到 N 点电压 $\dot{U}_N$。由于系统阻抗角等于线路阻抗角，也等于总阻抗的阻抗角，故 $\dot{U}_M$ 和 $\dot{U}_N$ 的端点必然落在直线（$\dot{E}_M - \dot{E}_N$）上。相量（$\dot{U}_M - \dot{U}_N$）代表输电线上的电压降落。如果输电线是均匀的，则输电线上各点电压相量的端点沿着直线（$\dot{U}_M - \dot{U}_N$）移动。从原点与此直线上任一点连线所作成的相量即代表输电线上该点的电压。从原点作直线（$\dot{U}_M - \dot{U}_N$）的垂线所得的相量最短，垂足 z 所代表的输电线上那一点在振荡角度 δ 下的电压最低，该点称为系统在振荡角度为 δ 时的电气中心或称振荡中心。此时振荡中心不随 δ 的改变而移动，始终位于系统纵向总阻抗（$Z_M + Z_l + Z_N$）之中点，振荡中心的名称即由此而来。当 $\delta=180°$，振荡中心的电压将降至零。从电压、电流的数值看，这和在此点发生三相短路无异。但是系统振荡属于不正常运行状态而非故障，继电保护装置不应动作切除振荡中心所在的线路。因此，继电保护装置必须具备区别三相短路和系统振荡的能力，才能保证在系统振荡状态下的正确工作。

图 4 - 51（c）为系统阻抗角与线路阻抗角不相等的情况。在此情况下电压相量 $\dot{U}_M$ 和 $\dot{U}_N$ 的端点不会落在直线（$\dot{E}_M - \dot{E}_N$）上。如果线路阻抗是均匀的，则线路上任一点的电压相量的端点将落在代表线路电压降落的直线（$\dot{U}_M - \dot{U}_N$）上。从原点作直线（$\dot{U}_M - \dot{U}_N$）的垂线即可找到振荡中心的位置及振荡中心的电压。不难看出，在此情况下振荡中心的位置将随着 δ 的变化而变化。

图 4 - 52（b）为 M、N 和 Z 点电压幅值随 δ 变化的典型曲线。

对于系统各部分阻抗角不同的一般情况，也可用类似的图解法进行分析，此处从略。

2. 电力系统振荡时测量阻抗的变化规律及对距离保护的影响

如图 4 - 53 所示，设距离保护安装在变电站 M 的线路上。当系统振荡时，按式（4 - 117），

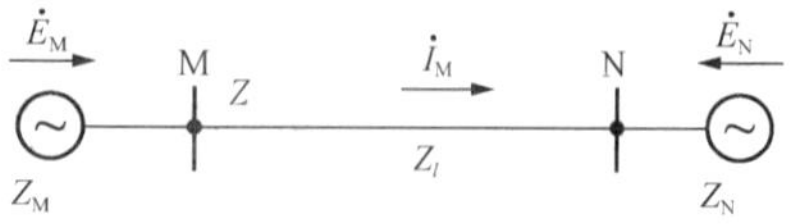

图 4－53　分析系统振荡用的系统接线图

振荡电流为

$$\dot{I}_{M}=\frac{\dot{E}_{M}-\dot{E}_{N}}{Z_{M}+Z_{l}+Z_{N}}=\frac{\dot{E}_{M}-\dot{E}_{N}}{Z_{\Sigma}}$$

按式（4－120）知，M 点的母线电压为

$$\dot{U}_{M}=\dot{E}_{M}-\dot{I}_{M}Z_{M}$$

因此安装于 M 点阻抗继电器的测量阻抗为

$$Z_{K\cdot M}=\frac{\dot{U}_{M}}{\dot{I}_{M}}=\frac{\dot{E}_{M}-\dot{I}_{M}Z_{M}}{\dot{I}_{M}}=\frac{\dot{E}_{M}}{\dot{I}_{M}}-Z_{M}=\frac{\dot{E}_{M}}{\dot{E}_{M}-\dot{E}_{N}}Z_{\Sigma}-Z_{M}$$

$$=\frac{1}{1-he^{-j\delta}}Z_{\Sigma}-Z_{M} \tag{4-123}$$

在近似计算中，假定 $h=1$，系统和线路的阻抗角相同，由于

$$1-e^{-j\delta}=1-\cos\delta+j\sin\delta=2\sin^{2}\frac{\delta}{2}+j2\sin\frac{\delta}{2}\cos\frac{\delta}{2}$$

$$=2\sin^{2}\frac{\delta}{2}\left(1+j\cot\frac{\delta}{2}\right)=\frac{2}{1-j\cot\frac{\delta}{2}}$$

所以阻抗元件测量阻抗随 δ 的变化关系式为

$$Z_{K\cdot M}=\frac{1}{1-he^{-j\delta}}Z_{\Sigma}-Z_{M}=\frac{1}{2}Z_{\Sigma}\left(1-j\cot\frac{\delta}{2}\right)-Z_{M}$$

$$=\left(\frac{1}{2}Z_{\Sigma}-Z_{M}\right)-j\frac{1}{2}Z_{\Sigma}\cot\frac{\delta}{2} \tag{4-124}$$

将此继电器测量阻抗随 δ 变化的关系，画在以保护安装地点 M 为原点的复数阻抗平面上，当全系统所有阻抗角都相同时，即可由图 4－54 证明，$Z_{K\cdot M}$将在 Z_{Σ} 的垂直平分线$\overline{OO'}$上移动。

绘制此轨迹的方法是：先从 M 点沿$\overline{MN}$方向做出相量$\left(\frac{1}{2}Z_{\Sigma}-Z_{M}\right)$，然后再从其端点作出相量$-j\frac{1}{2}Z_{\Sigma}\cot\frac{\delta}{2}$，在不同的 δ 角度时，此相量可能滞后或超前于相量 Z_{Σ} 90°，其计算结果见表 4－3。将后一相量的端点与 M 连接即得 $Z_{K\cdot M}$。

表 4－3　$j\frac{1}{2}Z_{\Sigma}\cot\frac{\delta}{2}$ 的计算结果

δ	$\cot\frac{\delta}{2}$	$j\frac{1}{2}Z_{\Sigma}\cot\frac{\delta}{2}$
0°	∞	$j\infty$
90°	1	$j\frac{1}{2}Z_{\Sigma}$
180°	0	0
270°	−1	$-j\frac{1}{2}Z_{\Sigma}$
360°	$-\infty$	$-j\infty$

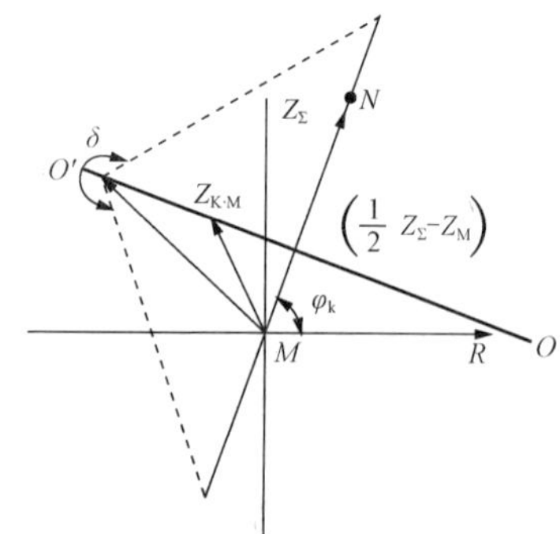

图 4－54　系统振荡时测量阻抗的变化

由此可见，当 $\delta=0°$时，$Z_{K\cdot M}=\infty$；当 $\delta=180°$时 $Z_{K\cdot M}=\frac{1}{2}Z_{\Sigma}-Z_{M}$，即等于保护安装地点到振荡中心之间的阻抗。此分析结果表明，当 δ 改变时，不仅测量阻抗的数值在变化，而且阻抗角也在变化，其变化的范围在($\varphi_k-90°$) 到($\varphi_k+90°$) 之间。

在系统振荡时，为了求出不同安装地点距离保护测量阻抗变化的规律，在式（4-124）中可令 Z_X 代替 Z_M，并假定 $m=Z_X/Z_{\Sigma}$，m 为小于 1 的变数，则式（4-124）可改写为

$$Z_{K\cdot M}=\left(\frac{1}{2}-m\right)Z_{\Sigma}-\mathrm{j}\,\frac{1}{2}Z_{\Sigma}\cot\frac{\delta}{2} \tag{4-125}$$

当 m 为不同数值时，测量阻抗变化的轨迹应是平行于$\overline{OO'}$线的一直线簇，如图 4-55 所示。当 $m=\frac{1}{2}$时，特性直线通过坐标原点，相当于保护装置安装在振荡中心处；当 $m<\frac{1}{2}$ 时，直线簇与 $+\mathrm{j}X$ 轴相交，相当于图 4-54所示的情况，此时振荡中心位于保护范围的正方向；而当 $m>\frac{1}{2}$时，直线簇则于$-\mathrm{j}X$ 相交，振荡中心将位于保护范围的反方向。

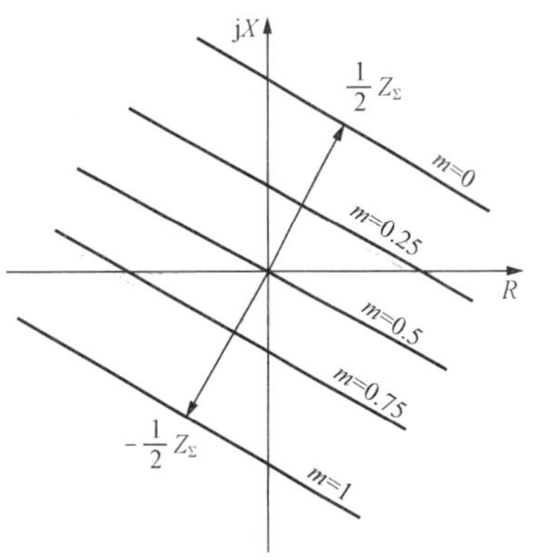

图 4-55　系统振荡时，不同安装地点距离保护测量阻抗的变化

当两侧系统的电动势 $E_M\neq E_N$，即 $h\neq1$ 时，继电器测量阻抗的变化将更复杂。按照式（4-123）进行分析的结果表明，此复杂函数的轨迹应是位于直线$\overline{OO'}$某一侧的一个圆，如图 4-56 所示。当 $h<1$ 时，为位于$\overline{OO'}$上面的圆周 1，而当 $h>1$ 时，则为下面的圆周 2。在这种情况下，当 $\delta=0°$时，由于两侧电动势不相等而产生一个环流，因此测量阻抗不等于∞，而是一个位于圆周上的有限数值。

引用以上推导结果，可以分析系统振荡时距离保护所受到的影响。如仍以变电站 M 处的距离保护为例，其距离Ⅰ段启动阻抗整定为 $0.85Z_l$，在图 4-57 中以长度$\overline{MA}$表示，由此可以绘出各种阻抗继电器的动作特性曲线，其中曲线 1 为方向透镜形特性继电器动作特性，曲线 2 为方向阻抗继电器动作特性，曲线 3 为全阻抗继电器动作特性。当系统振荡时，测量阻抗的变化如图 4-54 所示（采用 $h=1$ 的情况）。找出各种动作特性与直线$\overline{OO}$的交点 O' 和 O''，其所对应的角度为 δ' 和 δ''，则在这两个交点的范围以内继电器的测量阻抗均位于动作特

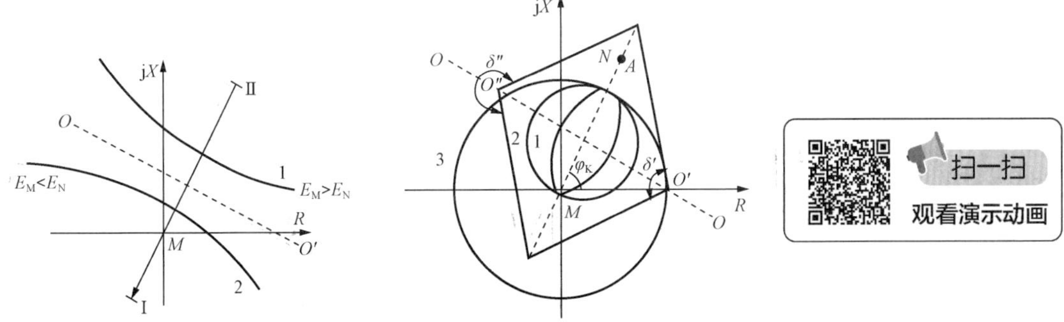

图4-56　当 $h\neq1$ 时，测量阻抗的变化　　图 4-57　系统振荡 M 变电站测量阻抗的变化

性圆内，因此，继电器就要启动，也就是说，在这段范围内，距离保护受振荡的影响可能误动作。由图 4 - 57 可见，在同样整定值的条件下，全阻抗继电器受振荡的影响最大，而透镜形特性继电器所受的影响最小。一般而言，阻抗继电器的动作特性在阻抗平面上沿$\overline{OO}$方向所占的面积越大，受振荡的影响就越大。

此外，根据对图 4 - 54 的分析还可看到，距离保护受振荡的影响还与保护的安装地点有关。当保护安装地点越靠近于振荡中心时，受到的影响就越大，而振荡中心在保护范围以外或位于保护的反方向时，则在振荡的影响下距离保护不会误动作。

当保护的动作带有较大的延时（如≥1.5s）时，如距离Ⅲ段，可利用延时躲开振荡的影响。

三、距离保护的振荡闭锁措施

对于在系统振荡时可能误动作的保护装置，应该设置专门的振荡闭锁措施，以防止系统振荡时误动。当系统振荡使两侧电源之间的角度摆到$\delta=180°$时，保护所受到的影响与在系统振荡中心处三相短路时的效果是一样的，因此，就必须要求振荡闭锁措施能够有效地区分系统振荡和发生三相短路这两种不同情况。

（一）电力系统发生振荡和短路时的主要区别

（1）振荡时，电流和各点电压的幅值均做周期性变化（如图 4 - 52 所示），只在$\delta=180°$时才出现最严重的现象；而短路后，短路电流和各点电压的值，当不计其衰减时是不变的。此外，振荡时电流和各点电压幅值的变化速度$\left(\frac{\mathrm{d}I}{\mathrm{d}t}\text{和}\frac{\mathrm{d}U}{\mathrm{d}t}\right)$较慢；而短路时电流是突然增大，电压也突然降低，变化速度很快。

（2）振荡时，任一点电流与电压之间的相位关系都随δ的变化而变化；而短路时电流和电压之间的相位关系是不变的。

（3）振荡时，三相完全对称，电力系统中没有负序分量出现；而短路时总要长期（在不对称短路过程中）或瞬间（在三相短路开始时）出现负序分量。

根据以上区别，振荡闭锁措施从原理上可以分为两种：一种是利用负序分量的出现与否来实现，另一种是利用电流、电压或测量阻抗变化速度的不同来实现。

（二）振荡闭锁措施与振荡闭锁开放元件

1. 振荡闭锁措施

距离保护振荡闭锁措施应满足的基本要求：

（1）系统发生振荡而没有故障时，应可靠地将保护闭锁，且振荡不停息，闭锁不应解除。

（2）系统发生各种类型的故障（包括转换性故障），保护应不闭锁而能可靠动作。

（3）在振荡的过程中发生不对称故障时，保护应能快速地正确动作，对于对称故障则允许保护带延时动作。

（4）先故障而后发生振荡时，保护不致无选择性动作。

为了提高保护动作的可靠性，在系统没有故障时，距离保护中的振荡闭锁措施使保护一直处于闭锁状态；当系统发生故障时，短时开放距离保护允许保护出口跳闸称为短时开放。若在开放的时间内，阻抗继电器动作，说明故障点位于阻抗继电器的动作范围之内，将故障线跳开；若在开放的时间内阻抗继电器未动作，则说明故障不在保护区内，重新将保护闭锁。这种振荡闭锁方式的原理如图 4 - 58 所示。

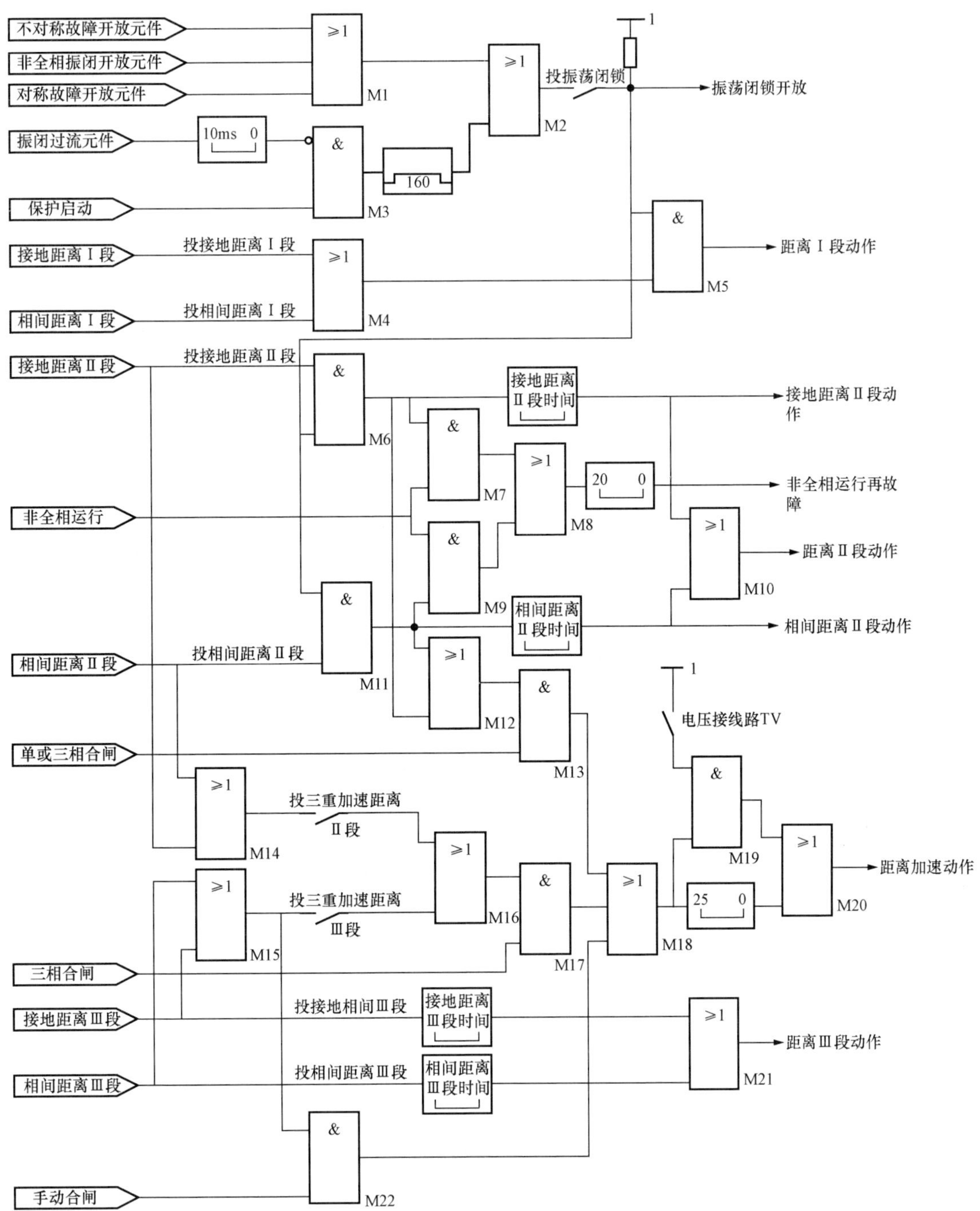

图 4-58 利用故障时短时开放的方式实现振荡闭锁

图 4-58 中与门 M3 右边时间元件中 0～160ms 表示振荡闭锁的开放时间，或称允许动作时间 160ms。它的选择要兼顾两个原则：一是要保证在正向区内故障时，保护Ⅰ段有足够的时间可靠跳闸，保护Ⅱ段的阻抗元件能够可靠动作，因而时间不能太短，一般不应小于 0.1s；二是要保证在区外故障引起振荡时测量阻抗不会在故障后的开放时间内进入动作区，

因而时间又不能太长，一般应不大于0.3s。

2. 振荡闭锁开放元件

振荡闭锁开放元件又称为故障判断元件，用来完成系统是否发生短路的判断，对它的要求是灵敏度高、动作速度快、系统振荡时不误动作。目前距离保护中应用的振荡闭锁开放元件，主要有反映电压、电流中负序分量或零序分量的不对称故障开放元件，反映电流突变量的开放元件，反映振荡期间电阻变化的对称故障开放元件和反映振荡中心电压的对称故障开放元件。

（1）反映电压、电流中负序分量或零序分量的开放元件。

电力系统正常运行或因静态破坏而引发振荡时，系统均处于三相对称状态，电压、电流中不存在负序分量或零序分量。电力系统发生各种类型的不对称短路时，故障电压、电流中都会出现较大的负序分量或零序分量；三相对称性短路时，一般由不对称短路发展而来，短时也会有负序分量、零序分量输出。反映电压、电流中负序分量或零序分量的开放元件利用负序分量或零序分量是否存在，作为系统是否发生短路的判断。该元件的动作判据为

$$|I_0|+|I_2|>m|I_1| \tag{4-126}$$

式中 $|I_2|$、$|I_0|$、$|I_1|$——分别为负序分量、零序分量和正序分量；

m——比例系数，一般取0.5～0.7。

当系统发生保护区内不对称相间和接地故障时，将有较大的零序或负序分量，这时式（4-126）成立，振荡闭锁开放。

当系统振荡时，I_0、I_2 接近于零，式（4-126）不开放是容易实现的。

当系统振荡同时区外故障时，相间和接地阻抗元件都会动作，这时式（4-126）不应该开放，保证不开放的条件是 m 取值合理。m 的取值要根据最不利的系统条件下，振荡有区外故障时以振荡闭锁不开放为条件验算，并留有相当裕度。

关于获得负序分量的方法，本书仅介绍目前广泛使用的微机保护中应用的序分量算法。

在各种继电保护原理中，广泛使用对称分量。以电压为例，用相电压相量表示的零序电压 $\dot{U}_0$、正序电压 $\dot{U}_1$ 及负序电压 $\dot{U}_2$ 的表达式为（以a相电压为基准）

$$\left.\begin{aligned}3\dot{U}_0&=\dot{U}_a+\dot{U}_b+\dot{U}_c\\3\dot{U}_1&=\dot{U}_a+a\dot{U}_b+a^2\dot{U}_c\\3\dot{U}_2&=\dot{U}_a+a^2\dot{U}_b+a\dot{U}_c\end{aligned}\right\} \tag{4-127}$$

$$a^2=e^{-j\frac{2}{3}\pi}=\cos(-2\pi/3)+j\sin(-2\pi/3)=-1/2-j\sqrt{3}/2$$

$$a=e^{-j\frac{4}{3}\pi}=\cos(-4\pi/3)+j\sin(-4\pi/3)=-1/2+j\sqrt{3}/2$$

对称分量的计算根据输入量的性质也有两种算法，即复相量的滤序算法和正弦采样序列的滤序算法。

1）复相量的滤序算法。假定已通过前面的算法（如傅里叶级数算法）求得了各相电压基频相量的实部和虚部，令三相电压的相量记为

$$\left.\begin{aligned}\dot{U}_a&=U_{Ra}+jU_{Ia}\\\dot{U}_b&=U_{Rb}+jU_{Ib}\\\dot{U}_c&=U_{Rc}+jU_{Ic}\end{aligned}\right\} \tag{4-128}$$

而零序分量、正序分量及负序分量电压的相量记为

$$\left.\begin{aligned}\dot{U}_0 &= U_{R0} + jU_{I0}\\ \dot{U}_1 &= U_{R1} + jU_{I1}\\ \dot{U}_2 &= U_{R2} + jU_{I2}\end{aligned}\right\} \tag{4-129}$$

这时只需将式（4-128）、式（4-129）代入式（4-127），便可直接算出各序分量的相量。以负序分量为例，由式（4-127）～式（4-129）可得

$$\left.\begin{aligned}3U_{R2} &= U_{Ra} - \frac{1}{2}U_{Rb} + \frac{\sqrt{3}}{2}U_{Ib} - \frac{1}{2}U_{Rc} - \frac{\sqrt{3}}{2}U_{Ic}\\ 3U_{I2} &= U_{Ia} - \frac{1}{2}U_{Ib} - \frac{\sqrt{3}}{2}U_{Rb} - \frac{1}{2}U_{Ic} + \frac{\sqrt{3}}{2}U_{Rc}\end{aligned}\right\} \tag{4-130}$$

零序分量和正序分量仿此计算。

2）正弦采样序列的滤序算法。假定已通过前面的数字滤波求得了各相电压基频分量采样值序列，三相基频电压采样值分别为 $U_{a(n)}$、$U_{b(n)}$、$U_{c(n)}$。

零序分量的计算比较简单，可采用同时刻的采样值直接相加，即

$$3U_{0(n)} = U_{a(n)} + U_{b(n)} + U_{c(n)} \tag{4-131}$$

对于负序分量（正序分量仿此计算），参考式（4-126），可利用时差移相原理，即通过对采样序列的延时来获得移相序列。β 为移相角度，当 $\beta>0$，向超前方向（逆时针）移相；当 $\beta<0$，向滞后方向（顺时针）移相。移相后的序列与原始序列的关系可表示为

$$u'(n) = u(n-k) = u(nT_S - kT_S) = u(t-\beta/\omega) = u(t-\Delta t) \tag{4-132}$$

则有

$$3U_{2(n)} = U_{a(n)} + U_{b(n-N/3)} + U_{c(n+N/3)} = U_{a(n)} + a^2U_{b(n)} + aU_{c(n)} \tag{4-133}$$

式（4-133）的数据窗宽度 $W_d=2N/3+1$（延时为 2/3 个基频周期），计算时间较长。

为了缩小数据窗，注意到对于正弦量有 $u_{(n)}=-u_{(n-N/2)}$，依次来处理式（4-133）的 c 相电压，即取 $u_{c(n+N/3)}=-u_{c(n+N/3-N/2)}=-u_{c(n-N/6)}$；再利用正弦函数的关系 $\sin(\varphi-2\pi/3)=-\sin\varphi+\sin(\varphi-2\pi/6)$，依次来处理式（4-133）中的 b 相电压，即取 $u_{b(n-N/3)}=-u_{b(n)}+u_{b(n-N/6)}$，代入式（4-133）可得

$$3u_{2(n)} = u_{a(n)} - u_{b(n)} + u_{b(n-N/6)} - u_{c(n-N/6)} \tag{4-134}$$

式（4-134）的数据窗宽度 $W_d=N/6+1$（相当于 1/6 个基频周期），计算时间大大缩短。由于采样次数只能为整数，因此采用式（4-133）时，N 必须为 3 的倍数；而采用式（4-134）时，N 必须为 6 的倍数。

以上介绍的采样值滤序算法的特点是计算量非常小，只需要做简单的加减法运算，而且响应速度也比较快，但对 N 的选取有限制。

（2）反映电流突变量的开放元件。

反映电流突变量的开放元件是根据正常或振荡时电流变化比较缓慢而在系统故障时电流会出现突变，电流突变量的检测在微机保护中由突变量算法实现，可参见第三章第三节内容。如图 4-58 所示，该元件在正常运行突然发生故障时立即开放 160ms；当系统振荡时，正序过流元件动作，动作时间达 10ms 时，该元件被闭锁。

（3）反映振荡期间电阻变化的对称故障开放元件。

系统振荡时，保护安装处的测量电阻或测量阻抗不断地持续变化，测量阻抗在系统振荡时在 $R-X$ 平面上的轨迹是一条直线还是圆弧，决定于两侧电源等值电动势比值的大小，见图 4－56；变化速率取决于振荡周期和功角。图 4－59 中的曲线 1 和 2 为测量电阻随时间的变化情况，R_L 为负载电阻分量，T_z 为振荡周期。

当被保护线路发生短路以后，测量电阻基本上为短路电阻 R_k，其数值变化很小或几乎维持不变，如图 4－60 所示。

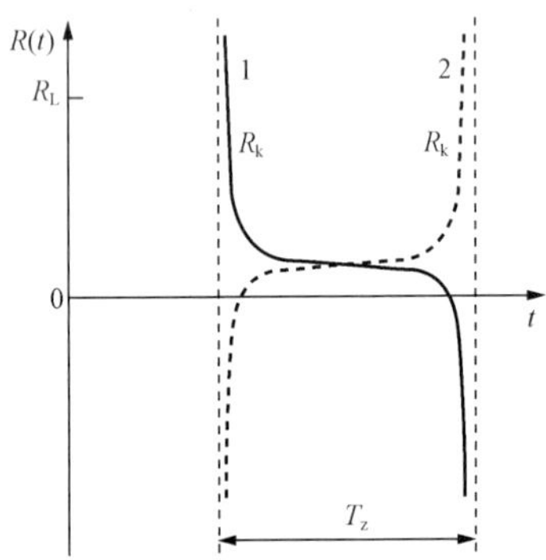

图 4－59 测量电阻 R_k 随时间的变化

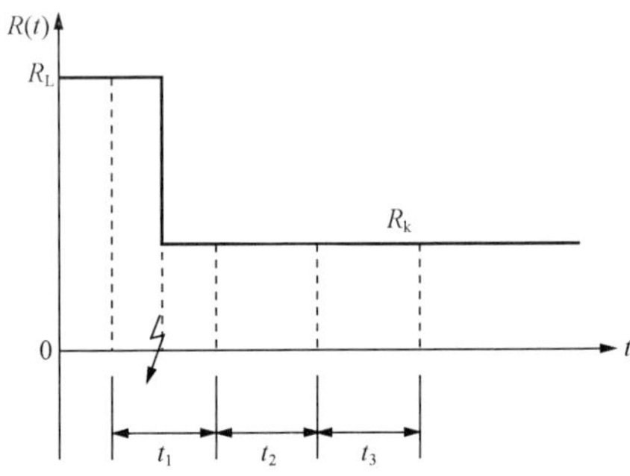

图 4－60 故障前后测量电阻随时间的变化

对比图 4－59 和图 4－60 可以看出，如果在某一时间段内，测量电阻一直在变化，且变化率超过一个门槛值，则可以判定为系统处于振荡状态。由图 4－60 分析振荡期间电阻变化最小的情况可以知道，电阻变化最小的情况出现在最大振荡 $T_{z\cdot max}$时，$\delta=180°$附近。对应一个时间 τ，就得出一个电阻变化的最小值 ΔR_{min}（180°，$T_{z\cdot max}$，τ），这样在任何的振荡周期和任何的时间 τ 内，均有 $\Delta R>\Delta R_{min}$（180°，$T_{z\cdot max}$，τ）。因此，考虑误差和裕度后，作为振荡判别的条件为

$$\Delta R \geqslant K\Delta R_{min}(180°, T_{z\cdot max}, \tau) \quad (4-135)$$

式中 K——小于 1 的可靠系数。

在时间 τ 内，满足式（4－135）的条件判定为系统发生了振荡，不满足则判定为系统发生了短路。

（4）反映振荡中心电压的对称故障开放元件。

在启动元件开放 160ms 以后或系统振荡过程中，如发生内部三相故障，则上述几项开放措施均不能开放振荡闭锁，故障元件将不能被快速切除。为了克服此缺点，振荡闭锁元件中还可增设振荡过程中再故障的判别逻辑，判出振荡过程中又发生内部短路时，将保护再次开放。采用测量振荡中心电压可判别振荡与短路。

反映振荡中心电压的对称故障开放元件的动作判据为

$$-0.03U_N < U\cos\varphi < 0.08U_N \quad (4-136)$$

式中 φ——电流落后电压的相角。

在图 4－61 中假设系统联系阻抗的阻抗角为 90°，则电流相量垂直于 $\dot{E}_M$ 与 $\dot{E}_N$ 连线，与振荡中心电压方向相同。图中 $\dot{U}$ 为保护安装处正序电压，$\dot{U}_{OS}$ 为振荡中心电压，它们的关系式为

$$U_{OS}=U\cos\varphi \tag{4-137}$$

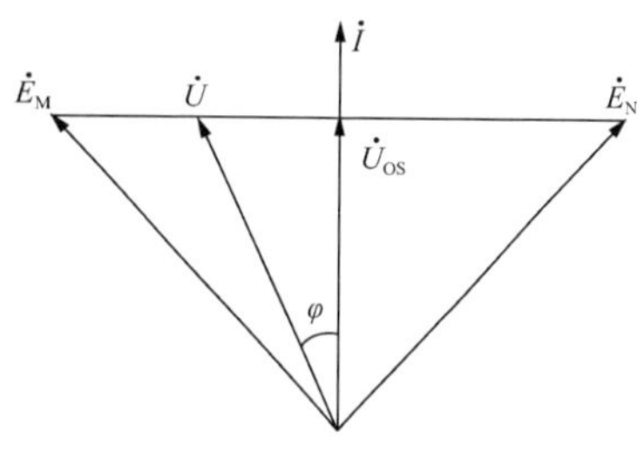

图 4 - 61 系统电压相量图

分析表明，在系统振荡时，$U\cos\varphi$ 近似为振荡中心电压，当 $\delta=180°$时，该电压值很小，可能会满足式（4 - 136），但当 δ 为其他角度时，该电压值比较高，不会满足式（4 - 136）。而当系统发生三相短路时，如果忽略系统阻抗和线路阻抗中的电阻分量，则 $U\cos\varphi$ 近似等于故障点处的过渡电阻压降，过渡电阻是弧光电阻，其上的压降小于 $5\%U_N$，且与故障距离无关，基本不随时间的变化而变化。这样，用式（4 - 136）配合一个延时时间（150ms 左右）就能够区分出三相故障和振荡。

第八节 工频变化量距离继电器

一、工频变化量的概念

电力系统发生短路故障时，根据叠加原理，其短路电流、电压可分解为故障前电流、电压分量和故障分量的叠加。如图 4 - 62（b）的短路状态可分解为图 4 - 62（c）、（d）两种状态下电流电压的叠加。图 4 - 62（c）中各点处的电流、电压均与故障前的情况一致，图 4 - 62（d）为故障引入的附加故障状态。该系统中各点的电压、电流为故障分量或突变量。这样，系统故障时保护安装处测量到的全电压 $\dot{U}_M$、全电流 $\dot{I}_k$ 可以看作是故障前状态下非故障分量电压 $\dot{U}_M^{(0)}$、电流 $\dot{I}^{(0)}$ 与故障分量电压 $\Delta\dot{U}$、电流 $\Delta\dot{I}$ 的叠加，即

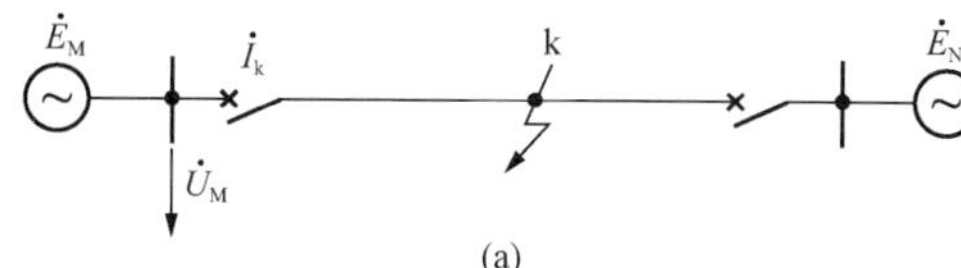

(a)

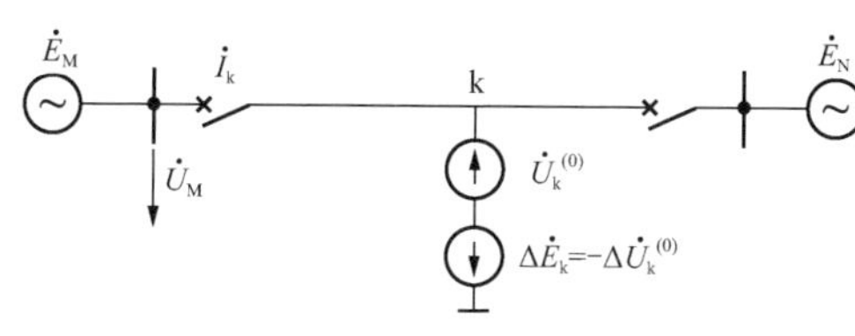

(b)

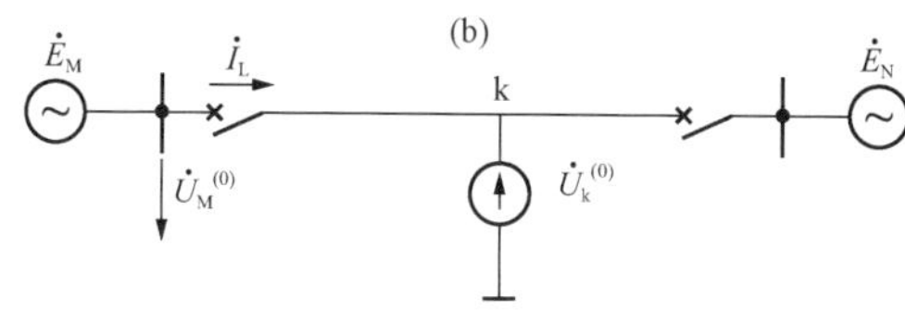

(c)

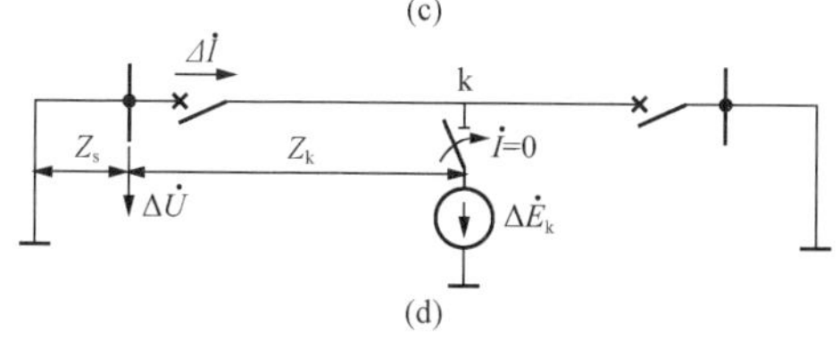

(d)

图 4 - 62 短路时电气变化量的计算图

（a）故障后电力系统；（b）图（a）等值网络

（c）故障前电力系统状态；（d）故障附加状态

$$\left.\begin{aligned}\dot{U}_M&=\dot{U}_M^{(0)}+\Delta\dot{U}\\ \dot{I}_k&=\dot{I}^{(0)}+\Delta\dot{I}\end{aligned}\right\} \tag{4-138}$$

则故障分量计算方法为

$$\left.\begin{aligned}\Delta\dot{U}&=\dot{U}_M-\dot{U}_M^{(0)}\\ \Delta\dot{I}&=\dot{I}_k-\dot{I}^{(0)}\end{aligned}\right\} \tag{4-139}$$

在 $\Delta\dot{U}$ 和 $\Delta\dot{I}$ 中，既包含了系统短路引起的工频电压、电流变化量，还包含了短路引起的暂态分量，即

$$\left.\begin{aligned}\Delta\dot{U}&=\Delta\dot{U}_{st}+\Delta\dot{U}_{tr}\\ \Delta\dot{I}&=\Delta\dot{I}_{st}+\Delta\dot{I}_{tr}\end{aligned}\right\} \tag{4-140}$$

式中 $\Delta\dot{U}_{st}$、$\Delta\dot{I}_{st}$——分别为电压、电流故障分量中的工频稳态分量，称为工频变化量、突变量，通过数字滤波器可以获得；

$\Delta\dot{U}_{tr}$、$\Delta\dot{I}_{tr}$——分别为电压、电流故障分量中的暂态分量。

由于 $\Delta\dot{U}_{st}$ 和 $\Delta\dot{I}_{st}$ 是按工频变化的正弦量，所以它们可以用相量的方式表示，记为 $\Delta\dot{U}$ 和 $\Delta\dot{I}$。

故障分量的特点是故障点的故障分量电压最大，系统中性点的故障分量电压为零。由于保护安装处的故障分量电流、电压间相量关系由保护安装处到背后侧系统中性点间的阻抗决定，且不受系统电动势和短路点过渡电阻的影响，基本不受负荷状态、系统振荡等因素的影响，因此能获得良好的工作特性。

二、工频变化量距离继电器的工作原理

工频变化量距离继电器是通过反映工频变化量电压、电流而工作的阻抗继电器。在图 4-62（d）中，保护安装处的工频变化量电流、电压可以表示为

$$\Delta\dot{I}=\frac{\Delta\dot{E}_k}{Z_s+Z_k} \tag{4-141}$$

$$\Delta\dot{U}=-\Delta\dot{I}Z_s \tag{4-142}$$

取工频变化量阻抗继电器的工作电压为

$$\Delta\dot{U}_{OP}=\Delta\dot{U}-\Delta\dot{I}Z_{set}=-\Delta\dot{I}(Z_s+Z_{set}) \tag{4-143}$$

式中 Z_{set}——继电器的整定阻抗，一般取为线路正常阻抗的 80%～85%。

图 4-63 为在保护区内、外不同地点发生金属性短路时电压故障分量的分布，式（4-143）中的 $\Delta\dot{U}_{OP}$ 对应图中 z 点的电压。

如图 4-63（b）所示，在保护区内 k1 点短路时，$\Delta\dot{U}_{OP}$ 在 O 与 $\Delta\dot{E}_{k1}$ 连线的延长线上，这时有 $|\Delta\dot{U}_{OP}|>|\Delta\dot{E}_{k1}|$。

如图 4-63（c）所示，在正向区外 k2 点短路时，$\Delta\dot{U}_{OP}$ 在 O 与 $\Delta\dot{E}_{k2}$ 连线上，有 $|\Delta\dot{U}_{OP}|<|\Delta\dot{E}_{k2}|$。

如图 4-63（d）所示，在反方向区外 k3 点短路时，$\Delta\dot{U}_{OP}$ 在 O 与 $\Delta\dot{E}_{k3}$ 连线上，有 $|\Delta\dot{U}_{OP}|<|\Delta\dot{E}_{k3}|$。

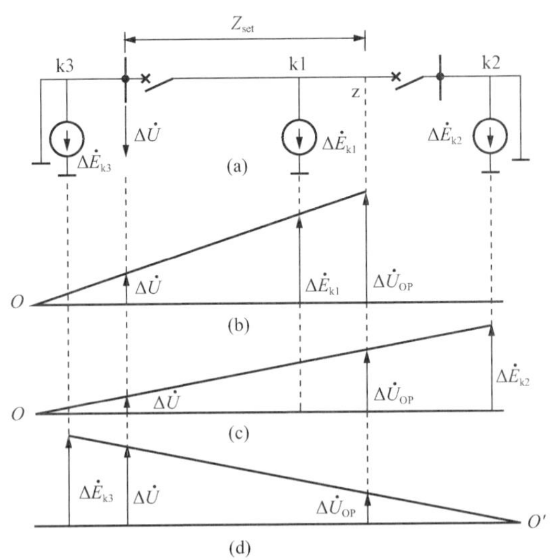

图 4-63 不同地点发生短路时电压故障分量的分布
（a）故障附加网络；（b）区内短路；
（c）正向区外短路；（d）反向区外短路

可见，比较工作电压 $\Delta\dot{U}_{OP}$ 与故障附加状态下的电源电动势 $\Delta\dot{E}_k$ 的幅值大小就能够区分出区内外的故障。故障附加状态下的电源电动势的大小是无法测量的，可用故障前

短路点的电压 $\dot{U}_{k}^{(0)}$ 代替 $\Delta\dot{E}_{k}$。假定故障前为空载，短路点电压的大小等于保护安装处母线电压的大小，通过记忆的方式很容易得到，工频变化量阻抗继电器的动作判据可以表示为

$$|\Delta\dot{U}_{OP}| \geqslant \dot{U}_{k}^{(0)} \approx \dot{U}_{M}^{(0)} \tag{4-144}$$

式中　$\dot{U}_{M}^{(0)}$ ——保护安装处故障前母线的电压。

满足式（4 - 144）判定为区内故障，保护动作；不满足式（4 - 144）判定为区外故障，保护不动作。

三、工频故障分量距离继电器的动作特性

工频故障分量距离继电器在正向故障时动作特性可用图 4 - 64（a）所示的等值网络图分析。

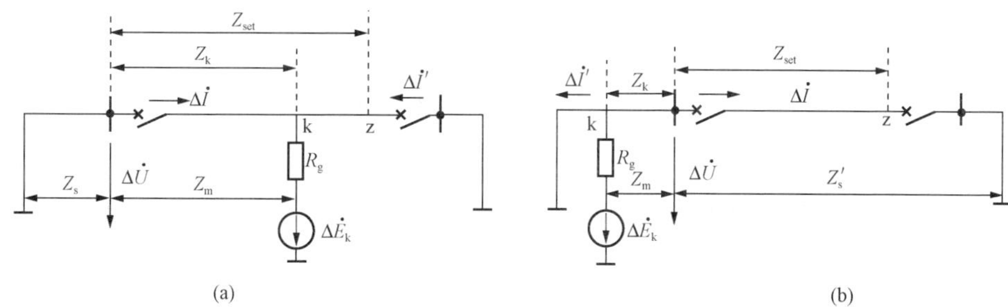

图 4 - 64　动作特性分析等值网络图

（a）正向故障；（b）反向故障

在式（4 - 144）中，$U_{k}^{(0)}$ 为动作门槛，取其为故障附加电源电动势的幅值，即 $U_{k}^{(0)} = |\Delta\dot{E}_{k}|$，由图 4 - 64（a）可得：

故障前短路点电压

$$U_{k}^{(0)} = |\Delta\dot{E}_{k}| = |-\Delta\dot{I}(Z_{s}+Z_{k}) - c\Delta\dot{I}R_{g}| = |-\Delta\dot{I}||Z_{s}+Z_{m}| \tag{4-145}$$

工作电压

$$|\Delta\dot{U}_{OP}| = |\Delta\dot{U} - \Delta\dot{I}Z_{set}| = |-\Delta\dot{I}Z_{s} - \Delta\dot{I}Z_{set}| = |-\Delta\dot{I}||Z_{s}+Z_{set}| \tag{4-146}$$

$$Z_{m} = Z_{k} + cR_{g}$$

$$c = \frac{\Delta\dot{I} + \Delta\dot{I}'}{\Delta\dot{I}}$$

以上式中　Z_{m}——正向故障时测量阻抗；

c——正向故障时工频故障分量电流助增系数。

将式（4 - 145）、式（4 - 146）代入式（4 - 144）得到

$$|Z_{s}+Z_{set}| \geqslant |Z_{s}+Z_{m}| \tag{4-147}$$

式（4 - 147）中系统阻抗 Z_{s} 与整定阻抗 Z_{set} 均为常数，测量阻抗 Z_{m} 随着短路距离和过渡电阻的变化而变化。在阻抗复平面上，当取 Z_{set} 和 Z_{s} 阻抗角相等时，该特性是以 $-Z_{s}$ 末端为圆心，以 $Z_{set}+Z_{s}$ 为半径的圆，如图 4 - 65（a）所示。当测量阻抗 Z_{m} 落在圆内时，阻抗继电器动作，可见这种阻抗继电器有大的允许过渡电阻能力。当过渡电阻受对侧电流助增时，由于 $\Delta\dot{I}'$ 一般与 $\Delta\dot{I}$ 同相位，过渡电阻呈电阻性，与 R 轴平行，因此不存在由于对侧电

流助增所引起的稳态超越问题。

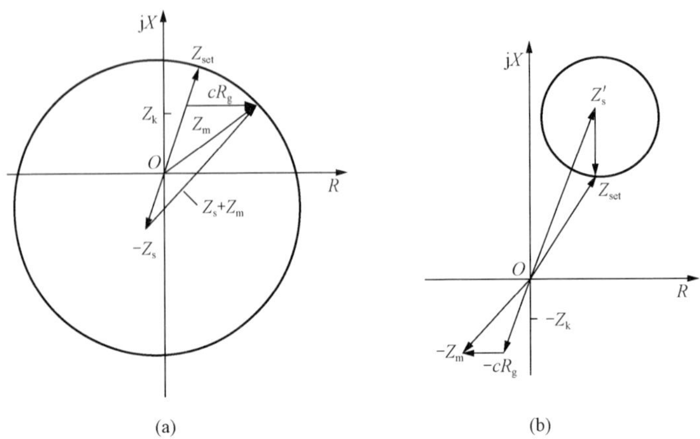

图 4 - 65　工频故障分量距离继电器的动作特性

（a）正向故障；（b）反向故障

反方向故障时，系统分析网络如图 4 - 64（b）所示。

仍假设 $U_k^{(0)}=|\Delta\dot{E}_k|$，则

$$U_k^{(0)}=|\Delta\dot{E}_k|=|\Delta\dot{I}(Z_s'+Z_k)+c\Delta\dot{I}R_g|=|\Delta\dot{I}||Z_s'+Z_m| \tag{4-148}$$

$$|\Delta\dot{U}_{OP}|=|\Delta\dot{U}-\Delta\dot{I}Z_{set}|=|\Delta\dot{I}Z_s'-\Delta\dot{I}Z_{set}|=|\Delta\dot{I}||Z_s'-Z_{set}| \tag{4-149}$$

$$Z_m=Z_k+cR_g$$

$$c=\frac{\Delta\dot{I}+\Delta\dot{I}'}{\Delta\dot{I}}$$

式中　Z_m——反向故障时测量阻抗；

c——反向故障时工频故障分量电流助增系数；

Z_s'——从保护安装处到对端系统中性点等值阻抗。

将式（4 - 148）、式（4 - 149）代入式（4 - 144）得到

$$|Z_s'-Z_{set}|\geqslant|Z_s'+Z_m|=|Z_s'-(-Z_m)| \tag{4-150}$$

在阻抗复平面上当取 Z_s' 与 Z_{set} 阻抗角相等时，该特性是以 Z_s' 末端为圆心，以 $|Z_s'-Z_{set}|$ 为半径的一个圆，如图 4 - 65（b）所示。由于测量阻抗 $-Z_m$ 位于第Ⅲ象限而圆的动作区域在第Ⅰ象限，所以继电器不可能动作，具有明确的方向性。

四、工频变化量距离保护的特点及应用

通过上述分析，可以看出工频故障分量距离保护具有如下特点：

（1）阻抗元件以电力系统故障引起的故障分量电压、电流为测量信号，不反应故障前的负荷量和系统振荡，动作性能基本不受非故障状态的影响，无需加振荡闭锁。

（2）阻抗元件仅反应故障分量中的工频稳态量，不反应其中的暂态分量，动作性能较为稳定。

（3）阻抗元件的动作判据简单，因而实现方便，动作速度较快。

（4）阻抗元件具有明确的方向性，因而既可以作为距离元件，又可以作为方向元件使用。

（5）阻抗元件本身具有较好的选相能力。

鉴于上述特点，工频故障分量距离保护可以作为快速距离保护的Ⅰ段，用来快速切除Ⅰ段范围内的故障。此外，它还可以与四边形特性的阻抗元件复合组成复合距离元件，作为纵联保护的方向元件。

习　题

一、选择题

1. 距离Ⅱ段的动作值应按分支系数 K_{bra} 为最小的运行方式来确定，目的是为了保证保护的________。

   A. 速动性　　B. 选择性　　C. 灵敏性　　D. 可靠性

2. 在下列保护中，不采用振荡闭锁回路的是________。

   A. 相间距离保护Ⅰ段　　B. 相间距离保护Ⅱ段

   C. 相间距离保护Ⅲ段　　D. 相间电流速断保护

3. 采用0°接线的阻抗元件，当发生金属性相间短路时，其测量阻抗为________。

   A. $z_l l+R_t$　　B. R_t　　C. Z_L　　D. $Z_l l$

4. 方向阻抗继电器中，记忆电压的作用是________。

   A. 提高灵敏度

   B. 消除正方向出口相间短路死区

   C. 记忆动作时间

   D. 防止反方向出口短路误动作

5. 反应接地短路的阻抗元件接线方式是________。

   A. 0°接线　　B. 90°接线

   C. $3\dot{U}_0$，$3\dot{I}_0$　　D. $\dot{U}_P$，$\dot{I}_P+K\times 3\dot{I}_0$(P代表A、B、C相)

二、基本概念

继电器的测量阻抗、整定阻抗、启动阻抗、极化电压、补偿电压、振荡中心、暂态超越、工频变化量。

三、分析及简答题

1. 为什么在整定距离Ⅱ段定值时要考虑最小分支系数？

2. 总结全阻抗继电器、方向阻抗继电器和偏移特性阻抗继电器的相位/幅值比较式动作方程，并画出动作特性。

3. 简述在单侧电源和双侧电源网络中，短路点过渡电阻是如何影响距离保护的正确工作的。

4. 什么是振荡？振荡时的电流、电压有何特点？阻抗元件的测量阻抗如何变化？它是如何影响距离保护的正确工作的？

5. 电力系统发生振荡和短路时各电气量的主要区别是什么？距离保护的振荡闭锁措施有哪些？

6. 接地短路阻抗继电器的接线方式是什么？它能否正确反应相间短路？为什么？

7. 为了切除线路上各种类型的短路故障，一般配置哪几种接线方式的距离保护协同工作？

8. 在整定值相同的情况下，比较全阻抗继电器、方向阻抗继电器、偏移特性阻抗继电器、透镜形特性阻抗继电器的躲负荷能力。

9. 故障选相的作用是什么？简述相电流差突变量选相的原理。

10. 常用的选相原理有哪些？

11. 以正序、负序为例说明滤序算法。

12. 说明相间故障的 $R-L$ 算法。

13. 说明微机保护中相位比较原理的实现方法。

14. 简述工频变化量距离继电器的工作原理与动作特性。

15. 图 4 - 66 所示网络发生振荡，$E_M=E_N$，$Z_l=0.4\Omega/km$，$K'_k=0.8$，$K''_k=0.8$，$\varphi_k=70°$，若保护均采用方向阻抗继电器，试回答：

（1）求出振荡中心位置；

（2）分析保护 1，2，3，4 的距离Ⅰ段及距离Ⅱ段是否受振荡影响。

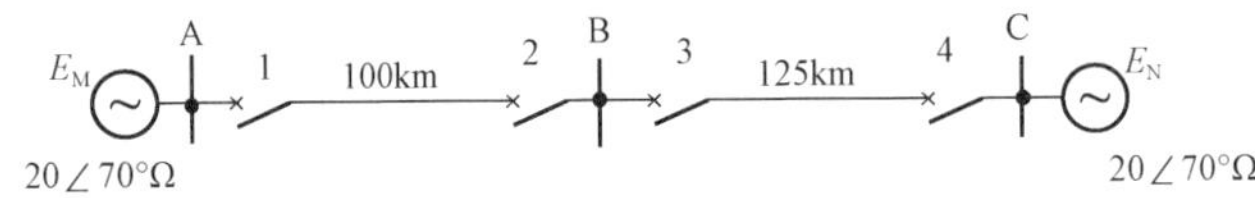

图 4 - 66 网络图

四、计算题

1. 如图 4 - 67 所示，各线路均装设距离保护，$Z_l=0.4\Omega/km$，试对保护 1 的距离Ⅱ段进行整定计算。

2. 如图 4 - 68 所示，各线路均装设距离保护，$Z_l=0.4\Omega/km$，试对保护 1 的距离Ⅱ段进行整定计算。

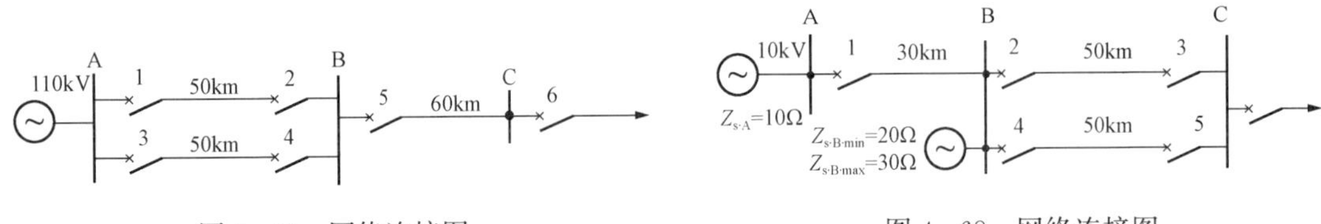

图 4 - 67 网络连接图　　图 4 - 68 网络连接图

第五章 输电线路纵联保护

第一节 基本原理与类别

电流保护和距离保护原理用于输电线路时，只需将线路一端的电流、电压经过互感器引入保护装置，比较容易实现。但由于互感器传送的误差、线路参数值的不精确性以及继电器本身的测量误差等原因，这种保护装置可能将被保护线路对端所连接的母线上的故障，或与母线相连的其他线路出口处故障，误判断为本线路末端的故障而将被保护线路切断。为了防止这种非选择性动作，不得不将这种保护的无时限保护范围缩短到小于线路全长。一般应将保护的无时限Ⅰ段的保护范围整定为线路全长的80％～90％，对于其余的10％～20％线路上的故障，只能按第Ⅱ段的时限切除。为了保证故障切除后电力系统的稳定运行，对于某些重要线路这是不能允许的。在这种情况下，只能采用反映输电线路两侧电量的纵联保护输电线路，以实现线路全长范围内任何点故障的无时限切除。

输电线的纵联保护，就是用某种通信通道（简称通道）将输电线两端或各端（对于多端线路）的保护装置纵向连接起来，将各端的电气量（电流、功率的方向等）传送到对端，并进行比较，以判断故障是在本线路范围内还是在线路范围之外，从而决定是否切除被保护线路。因此，理论上这种纵联保护具有绝对的选择性。

输电线路的纵联保护随着所采用的通道、信号功能、传输方式及所应用原理的不同分为不同的类型。

任何纵联保护都是依靠通信通道传送的某种信号，来判断故障的位置是否在被保护线路以内，因此，信号的性质和功能在很大程度上决定了保护的性能。信号按其性质可分为闭锁信号、允许信号和跳闸信号三种，其逻辑图如图5-1所示。这三种信号可用任一种通信通道产生和传送。

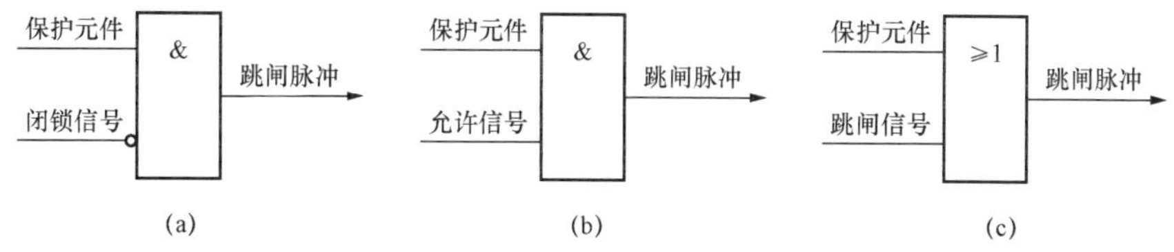

图5-1 保护信号逻辑图

(a) 闭锁信号；(b) 允许信号；(c) 跳闸信号

以两端线路为例，所谓闭锁信号是指收不到这种信号是保护动作跳闸的必要条件。就是当发生外部故障时，由判定为外部故障的一端保护装置发出闭锁信号，将两端的保护装置闭锁；而当内部故障时，两端均不发，因而也收不到闭锁信号，保护即可动作于跳闸。

所谓允许信号是指收到这种信号是保护动作跳闸的必要条件。因此，当内部故障时，两端保护应同时向对端发出允许信号，使保护装置能够动作于跳闸；因而外部故障时，则因靠近故障点一端判出故障在反方向而不发允许信号，对端保护不能跳闸，本端则因判出故障在反方向也不能跳闸。

跳闸信号是指收到这种信号是保护动作于跳闸的充要条件。实现这种保护时，实际上是利用装设在每一端的瞬时电流速断保护、距离保护Ⅰ段或零序电流瞬时速断保护等，当其保护范围内部故障而动作于跳闸的同时，还向对端发出跳闸信号，可以不经过其他监控元件而直接使对端的断路器跳闸。采用这种工作方式时，两端保护的构成比较简单，无须互相配合，但是必须要求各端发送跳闸信号保护的动作范围小于线路全长，而两端保护动作范围之和应大于线路全长。前者是为了保证动作的选择性，而后者则是为了保证两端保护动作范围有交叉，在全线上任一点故障时总有一端能发出跳闸信号。

目前广泛使用的纵联保护的通信通道有输电线载波或称高频通道（Power Line Carrier）、微波通道（Microwave）以及光纤通道（Optical Fiber）三种。因此按照所应用的通信通道，纵联保护可分为载波（高频）保护、微波保护和光纤通道保护。

按照输电线两端所用的保护原理分类，又可分为纵联差动保护（相位比较式差动和全电流差动保护）、方向比较式纵联保护和距离纵联保护三类。

第二节　纵联保护的通信通道

一、输电线载波通道

（一）输电线载波通道的构成

输电线的载波保护又称为高频保护，是利用高压输电线用载波的方法传送 40～500kHz 的高频信号以实现纵联保护。高频通道可用一相导线和大地构成，称为“相-地”通道；也可用两相导线构成，称为“相-相”通道。

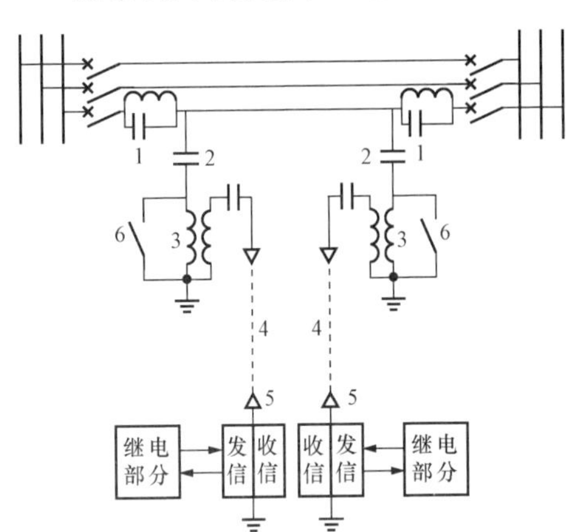

图 5-2　载波通道构成原理图

1—高频阻波器；2—结合电容器；3—连接滤波器；4—高频电缆；5—高频收、发信机；6—接地开关

利用“相-地”作为高频通道是比较经济的方案，因为它只需要在线路一相上装设构成通道的设备，称为高频加工设备，在我国得到了广泛的应用；缺点是高频信号的能量衰耗和受到的干扰都比较大。

输电线高频保护所用的载波通道构成原理图如图 5-2 所示。现将其主要元件及其作用分述如下。

1. 高频阻波器

高频阻波器具有由一电感线圈与可变电容并联组成的回路，其并联后的阻抗 Z 与频率的关系曲线如图 5-3 所示。当并联谐振时，它所呈现的阻抗最大。利用这一特性做成的阻波器，需使其谐振频率为所用的载波频率。这样，高频信号就被限制在被保护输电线路的范围内，而不能穿越到相邻线路上去。但对于 50Hz 的工频电流，阻波器基本上仅呈现电感线圈的阻抗，数值很小（约为 0.04Ω），并不影响它的传输。

2. 结合电容器

结合电容器与连接滤波器共同配合将载波信号传递至输电线路，同时使高频收、发信机与工频高压线路绝缘。由于结合电容器对于工频电流呈现极大的阻抗，故由它所导致的工频泄漏电流极小。

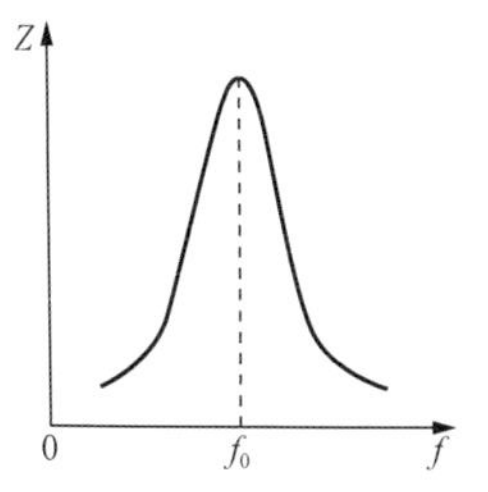

图 5-3　高频阻波器阻抗与频率的关系曲线

3. 连接滤波器

连接滤波器由一个空心变压器及连接至高频电缆一侧的电容器组成。

结合电容器与连接滤波器共同组成一个四端网络式的“带通滤波器”，使所需频带的高频电流能够通过。

带通滤波器从线路一侧看入的阻抗与输电线路的波阻抗（与输电线路的结构有关，对于220kV线路的波阻抗约为400Ω）匹配，而从电缆一侧看入的阻抗，则应与高频电缆的波阻抗（约为100Ω或600Ω）相匹配。这样，就可以避免高频信号的电磁波通过时发生反射，从而减小高频能量的附加衰耗。

并联在连接滤波器两侧的接地开关6，是当检修连接滤波器时，接通接地开关，使结合电容器下端可靠接地。

4. 高频收、发信机

发信机部分是由继电保护装置控制，通常都是在电力系统发生故障时，保护启动之后才发出信号，但有时也可采用长期发信，故障时停信或改变信号频率的方式。收信机接收由本端和对端所发出的高频信号，经过比较判断之后，再动作于继电保护，使之跳闸或将其闭锁。

“相-相”通道的构成原理与“相-地”通道相似，不过是在作为通道的两相上都要装设阻波器和结合电容器，将图5-2中收、发信机的接地端经过另一结合电容器接到另一相，即可构成“相-相”通道。

（二）高频信道的信号形式

“信号”是一种信息的载体。必须将“高频电流”和“高频信号”区别开来。在正常时无高频电流的通道中，故障时启动发信机发出高频电流，此高频电流就是一种信号，或是闭锁信号，或是允许信号，或是跳闸信号，视保护原理而定。但在经常有高频（闭锁）电流的通道，故障时取消这种电流也是一种信号。此信号可以是允许信号或解除闭锁信号，视保护原理而定。此外，如果通道中经常有一种频率的高频电流用作闭锁保护或通道监视，在发生故障时将其改为另一种频率的电流，此频率的电流可作为允许信号或跳闸信号，视保护原理而定。因此频率移动也是一种信号，称为移频信号。频率移动一般只需200Hz左右。

保护装置所使用的信号形式决定了其对高频发信机的控制方法，控制方法一般有两种：

（1）键控（on-off）。用这种方式控制发信机发出或停发高频电流，可以认为是对高频电流进行幅度调制。高频相位差动保护在电流正半周发出高频信号，在负半周不发信号就是一种键控方式。

（2）移频（frequency shift）。用这种方式控制发信机，在正常时发出一种频率的电流，将保护闭锁，或作为通道监视；而在故障时改发另一种频率的电流，用作允许信号或跳闸信号。这可以认为是对高频电流进行频率调制。

这两种控制方式和相应的信号形式都得到了广泛的应用。

二、微波通道

电力系统利用 300MHz～300GHz 间的电磁波进行无线通信称为微波通信。在这样宽的频带内可以同时传送很多带宽为 4kHz 的音频信号。因此，微波通道的通信容量非常大，同时可免除载波通道昂贵的高频加工设备。在输电线两端实现了微波通信的情况下，应尽可能采用微波通道实现纵联保护。微波通道的组成原理框图如图 5-4 所示。先将输电线两端保护的测量值和有关信息调制于音频载波信号，再将此音频载波信号调制于微波信号，然后由微波收、发器发送到对端；对端收、发器接收到的微波信号先经过微波解调器解调出音频信号，再由音频解调器解调出保护的测量值或有关信息。微波通道独立于输电线之外，不受输电线路故障的影响，也不受输电线结冰的影响，没有高频信号的反射、差拍等现象，可用于各种长度的线路，相当可靠。因而，用微波通道可实现传送允许信号和直接跳闸信号。

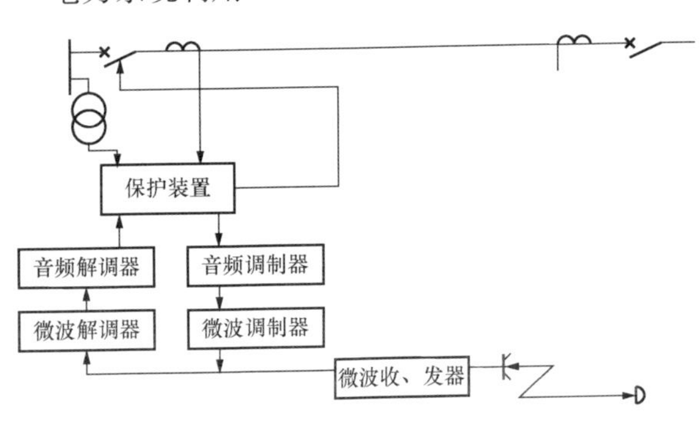

图 5-4 微波通道的组成原理框图

微波的直接传输限于视线可及的范围内，因此每隔一定距离（一般为 50km 左右）就需要建立一个中继站，将微波信号整形、放大后再转发出去。为了增大视线距离，中继站一般都在山顶或高层建筑的屋顶上，因此，输电线两端间的微波线路和输电线路可能相距很远。微波信号的传输路程可以远大于输电线的长度，因此微波信号的传输可能有一定延时，这个延时是固定不变的，可以补偿掉。

微波通道的缺点之一是微波信号的衰耗与天气有关，在空气中水蒸气含量过大时，信号衰耗增大，称为信号的衰落，必须加以注意。目前已有一些方法，减小这种衰落的影响，例如在接收塔上同时用两个接收天线，在垂直方向相距 10m，即可减小这种影响。

微波保护在国外应用很多，有的特高压线路的保护要求通道双重化，即同时用载波通道和微波通道。我国电力系统微波通信非常发达，广泛应用于高压电网调度自动化系统中，但微波保护应用不多，这主要是由于微波通信和继电保护管理体制的差异，微波通道不能满足继电保护极高的可靠性要求。

三、光纤通道

以光纤作为信号传递媒介的通道称为光纤通道。随着光纤技术的发展和光纤制作成本的降低，光纤通信正在成为电力通信网的主干网，光纤通道在电力系统通信中得到越来越多的应用，例如连接各高压变电站的电力调度自动化信息系统、利用光纤通信的纵联保护、配电自动化通信网等都应用光纤通信。

（一）光纤传播光波的基本原理

光纤通道先将电信号调制在激光信号上，再通过光纤来传送。光导纤维是由高纯度石英做成的，可以传输激光。在激光光谱上波长在 0.85、1.3、1.5μm 左右的激光，在光纤中传输时光能衰耗较小，称为三个工作窗口。由于激光的频率比微波高得多，故可传输更多的信息，单个光纤即可传送 8000 多路信号，应用多根光纤构成的光缆可以传送更多的信号。图 5-5（a）为光纤横截面示意图，光纤由纤芯、包层、涂敷层和塑套四部分组成。纤芯位于光纤的中央，是光传输的主要途径，其主要成分是高纯度的二氧化硅，其纯度要达到99.9999%，其余成分为掺入的杂质，常用的杂质有五氧化二磷（P_2O_5）和二氧化锗（GeO_2）。掺入杂质的作用是提高纤芯的电介常数和折射率。纤芯的直径 $2a$ 一般为 5～50μm。包层也掺入有少量杂质的高纯度二氧化硅，所用的杂质为氟或硼，其作用是降低包层的电介常数和折射率。包层的直径 $2b$ 一般约为 125μm。包层的外面涂敷一层很薄的环氧树脂或硅橡胶，其作用是增加光纤的机械强度。涂敷层之外是用尼龙或聚乙烯做成的塑套，其作用也是加强光纤的机械强度。

当光从一种介质入射到另一种介质时，由于光在两种介质中传播的速度不同，在两种介质的分界面上要反射和折射。如果两种介质材料成分都是均匀的，则其物理常数如磁导率 μ 和电介常数 ε 也必然是均匀的。设用下标 1 和下标 2 分别表示两种介质，其磁导率都等于空气的磁导率，即 $\mu_1=\mu_0$，$\mu_2=\mu_0$，其介电常数分别为 ε_1 和 ε_2，光在两种介质中传输速度各为 $v_1=\sqrt{\mu_1\varepsilon_1}$，$v_2=\sqrt{\mu_2\varepsilon_2}$，其对于光的折射率分别为：$n_1=\sqrt{\varepsilon_1}$，$n_2=\sqrt{\varepsilon_2}$。设光的入射角为 θ_1，反射角为 θ_1'，折射角为 θ_2，如图 5-5（b）所示，根据斯奈尔（snell）定律有

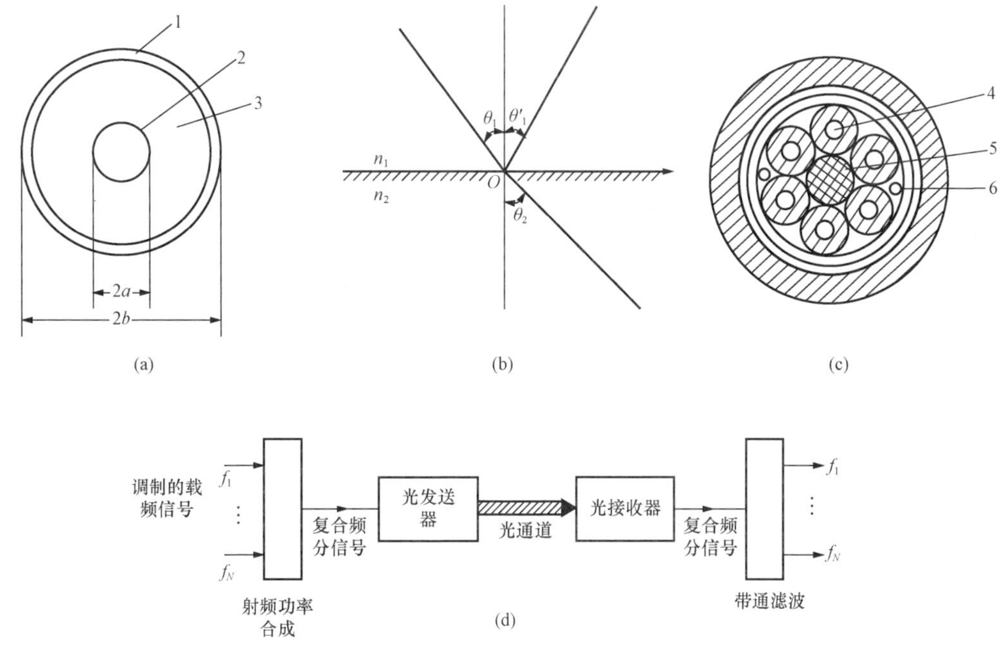

图 5-5　光缆的结构和光纤通道的组成示意图

（a）光纤横截面示意图；（b）光的反射和折射；（c）光缆的结构；（d）光纤通道的组成

1—塑套；2—纤芯；3—包层；4—光纤；5—钢丝绳；6—铜线

$$\frac{\sin\theta_1}{\sin\theta_2}=\frac{n_2}{n_1}$$

如果使上面列举的两种介质的折射率之间的关系为 $n_1>n_2$，如果再使 $\sin\theta_1>n_2/n_1$，则可以发生 $\sin\theta_2=\dfrac{\sin\theta_1}{n_2/n_1}>1$。

由于一个角度的正弦不可能大于 1，该式说明折射角 $\theta_2>90°$，即光不会进入介质 2，而是全部反射回介质 1。这种现象就是光的全反射。光是依靠全反射原理在光纤中传输的。从

上面两个公式可见，是否产生全反射不但与$\frac{n_2}{n_1}$有关，也与入射角 θ_1 有关。设产生全反射的临界入射角为 θ_c，则应有

$$\sin\theta_c = \frac{n_2}{n_1}$$

（二）光纤中光传输形式和信道复用

图 5-5（c）所示为光缆的结构。光纤围绕一根多股钢丝绳排列，其作用是增强光缆的机械强度。

光纤有三种基本形式：①多模（折射率）阶跃式，简称多模阶跃式；②多模（折射率）渐变式，简称多模渐变式；③单模（折射率）阶跃式，简称单模阶跃式。

图 5-6 为在三种光纤中光传输途径示意图。n 表示折射率。所谓阶跃式是指在纤芯中和包层中光的折射率都是均匀分布的，包层的折射率 n_2 小于纤芯的折射率 n_1，从纤芯到包层，在分界面上折射率突然减小。所谓渐变式是指在纤芯中从轴线沿着径向方向折射率逐渐减小。多模是指可传送多束光线，单模则指沿轴线传送一束光线。

光缆敷设的方法中将光缆包在架空地线的铝绞线内的方法在国内外得到了大量的应用。光纤通道用于 50～70km 以下的短距离输电线，不需要中继站，没有过电压、电磁干扰等问题。目前，对光纤的降低衰耗、现场“焊接”、对正等技术和工具问题都已解决，故光纤通道可用于长距离的输电线，只是与微波保护一样每经过 50～70km 需要设立一个中继站。图 5-5（d）为光纤通道的组成示意图。由于光纤通道是单方向的，发送和接收各用一根光纤，而光纤通信容量很大，因此可与其他通信部门“复用”。“复用”是一种将若干个彼此独立的信号合并为一个可在同一信道上传输的复合信号的方法。例如在电话系统中，传输的语言信号的频谱一般为 300～3400Hz。为了使若干个这种信号能在同一信道上传输，可以使它们的频谱调制到不同的频段，合并在一起而不致相互影响，并能在接收端彼此分离开来。常见的信道复用采用按频率区分或按时间区分，按频率区分信号的方法称为频分复用（Frequency-Division Multiplexing，FDM），按时间区分信号的方法称为时分复用（Time-Division Multiplexing，TDM）。图 5-5（d）示意输入端调制载频信号为 $f_1 \sim f_N$ 复合频分信号，输出端将复合频分信号经带通滤波器解调为各个频率信号。

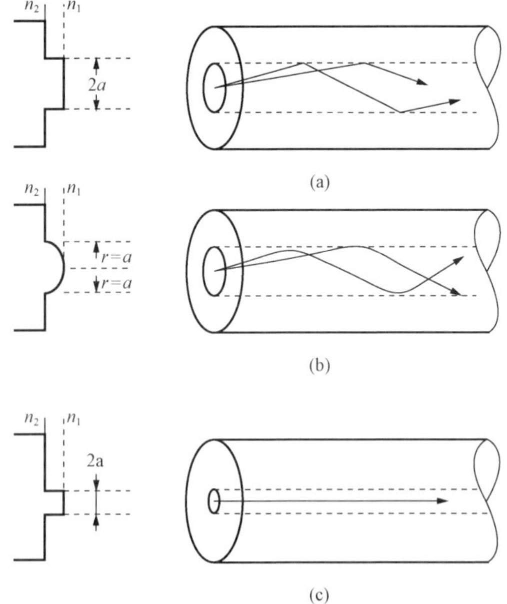

图 5-6　光纤中光传输途径示意图
（a）多模阶跃式；（b）多模渐变式；（c）单模阶跃式

（三）光纤通信的构成

图 5-7 所示为点对点光纤通信系统的构成示意图。它通常由光发射机、光纤、中继器（或光放大器）和光接收机组成。光发射机的作用是把电信号转变为光信号，一般由电调制器和光调制器组成。光接收机的作用是把光信号转变为电信号，一般由光探测器

和电解调器组成。

图 5-7 单向点对点光纤通信系统的构成示意图

电调制器的作用是把信息转换为适合信道传输的信号。光调制器的作用是把电调制信号转换为适合光纤信道传输的光信号，如直接调制激光器的光强度（见图 5-8），或通过外调制器调制激光器的相位。中继器的作用是对经光纤传输衰减后的信号进行放大。中继器有光-电-光中继器和全光中继器两种。如需对信号进行分出和插入，可使用光-电-光中继器；如只要求对光信号放大，则可以使用光放大器。光探测器的作用是把经光纤传输后的微弱光信号转变为电信号。电解调器的作用是把电信号放大，恢复出原信号[5]。

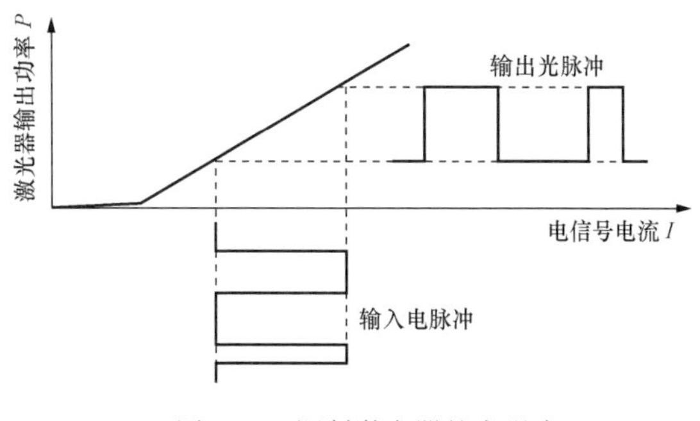

图 5-8 调制激光器的光强度

第三节 分相电流纵联差动保护

一、纵联差动保护的基本原理

电流差动保护是最理想的保护原理，该原理被誉为有绝对选择性的快速保护原理，它已被广泛应用于电力系统的发电机、变压器、母线等重要电气设备的保护，短距离输电线也应用这种保护。用金属导线作为通信通道的输电线纵联差动保护称为输电线的导引线纵联保护。

图 5-9 为短距离输电线纵联差动保护的原理示意图。图示为两端线路，实际上这种原理同样适用于三端或多端线路。下面仅以两端线路为例进行说明，在线路的 M 和 N 两端装设特性和变比完全相同的电流互感器，两侧电流互感器一次回路的正极性均置于靠近母线的一侧，二次回路的同极性端子相连接（标“.”号为正极性），差动继电器则并联接在电流互感器的二次端子上，两侧电流互感器之间的线路是差动保护的保护范围[1]。

在线路两端，仍规定一次侧电流（$\dot{I}_{1M}$ 和 $\dot{I}_{1N}$）的正方向为从母线流向被保护的线路，那么在电流互感器采用上述连接方式以后，流入继电器的电流即为各互感器二次电流的总和，即

$$\dot{I}_{k}=\dot{I}_{2m}+\dot{I}_{2n}=\frac{1}{n_{TA}}(\dot{I}_{1M}+\dot{I}_{1N}) \tag{5-1}$$

式中 n_{TA}——电流互感器的变比。

当正常运行以及保护范围外部故障时，实际上是同一个电流 $\dot{I}_{1M}$ 从线路的一端流入，又从另一端流出，也可以用图 5-9（b）表示。如果不计电流互感器励磁电流的影响，则二次

侧也流过相同的电流 $\dot{I}_{2m}$，此电流在导引线中形成环流，而流入继电器回路（或称差流回路）的电流 $\dot{I}_{k}=0$，继电器不动作。实际上，由于电流互感器的误差和励磁电流的影响，在正常运行和外部短路的情况下，仍将有一些电流流入差流回路，此电流称为不平衡电流，将在下面详述。

对上述正常运行及外部故障的情况，如按规定的电流正方向看，则如图 5-9（c）所示，$\dot{I}_{1N}=-\dot{I}_{1M}$，当不计电流互感器励磁电流的影响时，$\dot{I}_{2n}=-\dot{I}_{2m}$，因此 $\dot{I}_{k}=\dot{I}_{2m}+\dot{I}_{2n}=0$，所得结果与上述分析相同。以上两种表示方法，在实用中均可采用。本书中将采用按规定电流正方向，即图 5-9（c）的方法进行分析。

图 5-9 所示的称为环流式接线的输电线导引线纵联差动保护。

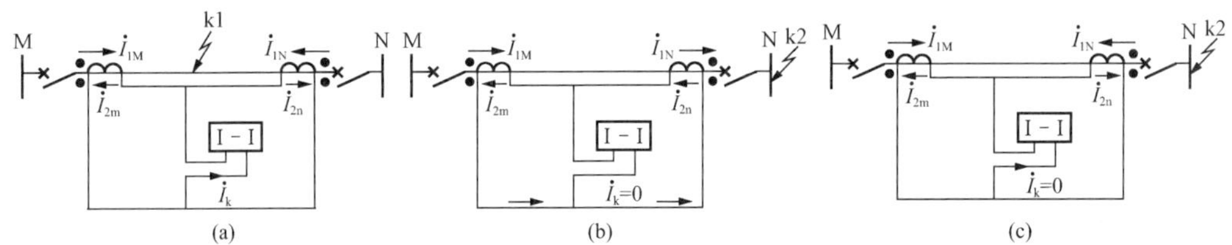

图 5-9　短距离输电线纵联差动保护的原理示意图

（a）内部故障情况；（b）正常运行或外部故障情况；

（c）按规定的电流正方向，外部故障情况

二、电流互感器的不平衡电流

影响输电线导引线纵联差动保护正确工作的因素主要是电流互感器的误差和不平衡电流。

（一）稳态情况下的不平衡电流

如果电流互感器具有理想的特性，按环流式接线构成的纵联差动保护，在正常运行和外部故障时，两个电流互感器二次电流大小相等，相位差 180°，相加为零。但实际上，由于电流互感器总是有励磁电流，且励磁特性不会完全相同，以图 5-9 为例，因此二次侧电流的数值应为

$$\dot{I}_{2m}=\frac{1}{n_{TA}}(\dot{I}_{1M}-\dot{I}_{eM}) \tag{5-2}$$

$$\dot{I}_{2n}=\frac{1}{n_{TA}}(\dot{I}_{1N}-\dot{I}_{eN}) \tag{5-3}$$

式中　$\dot{I}_{eM}$、$\dot{I}_{eN}$——两个电流互感器的励磁电流；

$\dot{I}_{2m}$、$\dot{I}_{2n}$——其二次电流；

n_{TA}——两电流互感器的额定变比。

在正常运行及保护范围外部故障时，如上述 $\dot{I}_{1N}=-\dot{I}_{1M}$，因此流过差动继电器的电流即不平衡电流为

$$\dot{I}_{unb}=\dot{I}_{2m}+\dot{I}_{2n}=\frac{-1}{n_{TA}}(\dot{I}_{eM}+\dot{I}_{eN}) \tag{5-4}$$

因 $\dot{I}_{eN}$ 也和 $\dot{I}_{eM}$ 符号相反，故不平衡电流 $\dot{I}_{unb}$ 实际上是两个电流互感器励磁电流之差。因此，两个电流互感器励磁特性的差别和导致励磁电流增加的各种因素都将使 $\dot{I}_{unb}$ 增大。为此，需对电流互感器的特性及其误差做进一步分析。

根据图 5-10（a）所示电流互感器的等效电路，可以求出二次电流与一次电流的关系为

$$\dot{I}_2 = \dot{I}'_1 \frac{Z'_e}{Z'_e + Z_2}$$

则

$$\dot{I}'_e = \dot{I}'_1 \frac{Z_2}{Z'_e + Z_2} \tag{5-5}$$

式中　$\dot{I}'_1$、$\dot{I}'_e$——分别为折合到二次侧的一次电流和励磁电流；

Z_2——二次侧总阻抗，包括二次绕组的电阻、漏抗和负载阻抗。

具有铁芯的线圈是一个非线性元件，其励磁阻抗 Z'_e 实际上是随着铁磁材料磁化曲线的工作点而变化的。当铁芯不饱和时，Z'_e 的数值很大且基本不变，因此励磁电流很小。此时可认为 $\dot{I}_2$ 和 $\dot{I}'_1$ 成正比而且误差很小。当电流互感器的一次电流增大后，铁芯开始饱和，则 Z'_e 迅速下降，励磁电流增大，因而二次电流的误差也随之迅速增大，铁芯越饱和则误差越大，其关系如图 5-10（b）所示。由于铁芯的是否饱和主要取决于铁芯中的磁通密度，因此，对于已经做成的电流互感器而言，影响其误差的主要因素是：

（1）当一次电流 $\dot{I}'_1$ 一定时，二次侧的总阻抗 Z_2 越大，则要求二次侧的感应电动势越大，因而，要求铁芯中的磁通密度越大，铁芯就越容易饱和。

（2）当二次总阻抗已确定后，一次电流的升高也将引起铁芯中磁通密度增大。因此，一次电流越大时，二次电流的误差也增大。

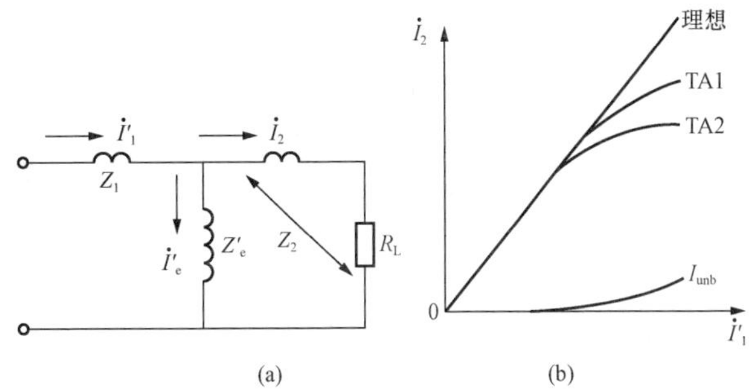

图 5-10　电流互感器的等效回路和磁化特性

（a）等效电路；（b）磁化特性

为了保证继电保护的正确工作，就要求电流互感器在流过故障电流时，应保持一定的准确度。根据国家标准，用于保护的电流互感器有 5% 和 10% 两个准确度等级。实际工作中对于对准确度和动作速度要求不太高的保护，都是按照电流互感器的 10% 误差曲线配置二次总阻抗。当电流互感器的容量和二次阻抗满足 10% 误差曲线的要求时，在最大的外部短路电流下，其二次电流的误差小于 10%，相应的角度误差不大于 7°。

对用于纵差保护的电流互感器，只需考虑外部故障时流过电流互感器的最大工频短路电流 $I_{k \cdot max}$，并保证在这个最大的一次电流下，二次电流的误差不大于 10%。这样，在纵联差动保护中，不平衡电流的稳态值计算式为

$$I_{unb} = 0.1 K_{ss} I_{k \cdot max} / n_{TA} \tag{5-6}$$

式中　K_{ss}——电流互感器的同型系数，当两侧电流互感器的型号、容量均相同时，可取为 0.5；

0.1——考虑 10% 误差的系数。

（二）暂态过程中的不平衡电流

由于差动保护是瞬时动作的，因此还需要进一步分析在外部短路暂态过程中，差动回路

中出现的不平衡电流。这时，在一次侧短路电流中包含有非周期分量，如图 5 - 11（a）所示。由于它对时间的变化率$\left(\frac{\mathrm{d}i}{\mathrm{d}t}\right)$远小于周期分量的变化率，因此很难传变到二次侧，而大部分成为电流互感器的励磁电流。传变到二次回路的一部分称为强制的非周期分量。又由于电流互感器励磁回路电感中的电流不能突变，从而引起非周期自由分量。而二次回路和负载中也有电感，故短路电流中的周期分量也将在二次回路中引起自由非周期分量电流。此外，非周期分量将使电流偏于时间轴的一侧，使电流峰值增大，使铁芯饱和，进一步增大励磁电流。所以在暂态过程中，励磁电流将大大超过其稳态值，并含有大量缓慢衰减的非周期分量，这将使不平衡电流大为增加。图5 - 11（b）、（c）、（d）示出了外部短路暂态过程中两个电流互感器的励磁电流以及两个励磁电流之差，即 I_{unb}。图 5 - 11（e）为通过实验录取的不平衡电流波形。由图可见，暂态不平衡电流可能超过稳态不平衡电流数倍，而且由于两个电流互感器的励磁电流中含有很大的非周期分量，从而使不平衡电流（励磁电流之差）也含有很大的非周期分量，全偏于时间轴的一侧。图中不平衡电流最大值出现的时间较迟，是由于励磁回路具有很大的电感，励磁电流不能立即变化的缘故。图 5 - 11 中 i_{k}、i'_{e}、i''_{e} 均为折合到电流互感器二次的电流。

为了保证纵联差动保护的选择性，差动继电器的整定值必须躲开上述最大不平衡电流。因此，$I_{\text{unb}\cdot\max}$ 越小，则保护的灵敏性就越好，故如何减小不平衡电流就成为一切差动保护的中心问题。

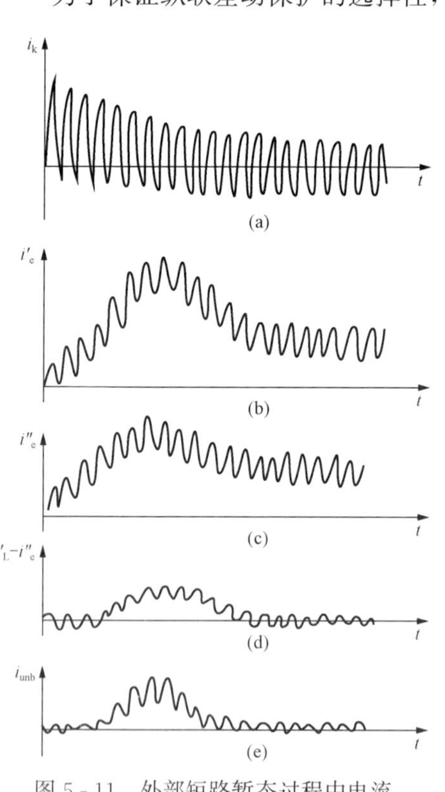

图 5 - 11　外部短路暂态过程中电流互感器的励磁电流和不平衡电流波形图

（a）外部短路电流；（b）、（c）两侧电流互感器的励磁电流；（d）两个励磁电流之差（i_{unb}）；（e）实验录取的不平衡电流

为减小不平衡电流，对于输电线路纵联差动保护以及其他纵联差动保护应采用型号、磁化特性一致，铁芯截面积较大的高精度电流互感器，必要时还可采用铁芯磁路中有小气隙的电流互感器。

计及非周期分量影响时，不平衡电流计算式为

$$I_{\text{unb}} = 0.1K_{\text{ss}}K_{\text{aper}}I_{\text{k}\cdot\max}/n_{\text{TA}} \qquad (5-7)$$

式中　K_{aper}——非周期分量影响系数。

三、分相电流纵联差动保护的基本原理

无论采用哪种敷设导引线方式都有发生短路或断线的可能，对于环流式接线，导引线断线将造成保护误动作，导引线短路将造成输电线内部短路时保护拒动。因此，导引线纵联差动保护已不再多用，但是用导引线纵联差动保护说明电流差动纵联差动保护的基本原理概念非常清楚。

限于导引线的通信能力和通信距离，只能用于短线路（10km 以下），对于长距离输电线路的纵联差动保护必须用高频载波、微波和光纤等介质构成通信通道。由于载波和微波信号在传送过程中有巨大的衰耗，抗扰度低，不能正确传送电流幅值，因此不用载波通道构成电流纵联差动保护，而发展了相位差动原理。随着数字通信的普遍采用，利用光纤通道同时传送四

个电流（三相电流和中性线零序电流）瞬时值的数字光纤电流纵联差动保护原理成为超高压长距离输电线很有发展前景的保护原理。

对于长距离高压输电线的分相差动保护，因线路分布电容电流大，并有电抗器电流以及短路电流中非周期分量使电流互感器饱和等原因，在外部短路时可能引起的不平衡电流大，必须采用某种制动方式才能保证保护不误动。

输电线路分相电流纵联差动保护常用不带制动作用和带有制动作用的两种动作特性。

（一）不带制动特性的差动继电器特性[2]

不带制动特性的差动继电器，其动作方程为

$$I_{d} = |\dot{I}_{m} + \dot{I}_{n}| \geqslant I_{set} \tag{5-8}$$

式中 I_{d}——流入差动继电器的电流；

I_{set}——差动继电器的动作电流整定值。

I_{set}值通常按以下两个条件选取：

（1）躲过外部短路时的最大不平衡电流，即

$$I_{set} = K_{rel} K_{aper} K_{er} K_{ss} I_{k\cdot max} / n_{TA} \tag{5-9}$$

式中 K_{rel}——可靠系数，取 1.2～1.3；

K_{aper}——非周期分量系数，当差动回路采用速饱和变流器时取 1，当差动回路是用串联电阻降低不平衡电流时取 1.5～2；

K_{er}——电流互感器的 10%误差系数；

K_{ss}——同型系数；

$I_{k\cdot max}$——外部短路时流过电流互感器的最大短路电流一次值。

（2）躲过最大负荷电流，考虑正常运行时一侧电流互感器二次断线时差动继电器在流过线路的最大负荷电流时保护不动作，即

$$I_{set} = K_{rel} I_{L\cdot max} / n_{TA} \tag{5-10}$$

式中 $I_{L\cdot max}$——线路正常运行时的最大负荷电流一次值。

取式（5-9）和式（5-10）整定值中较大的一个作为差动继电器的整定值。保护应满足线路在单侧电源运行发生内部短路时有足够的灵敏度，即

$$K_{sen} = \frac{I_{r}}{I_{set}} = \frac{I_{k\cdot min} / n_{TA}}{I_{set}} \geqslant \alpha \tag{5-11}$$

式中 $I_{k\cdot min}$——单侧最小电源作用且被保护线路末端短路时流过保护的最小短路电流。

若纵差保护不满足灵敏度要求，可采用带制动特性的纵联差动保护。

（二）带制动线圈的差动继电器特性

如图 5-12 所示，这种原理的电磁型差动继电器有两组线圈，制动线圈流过两侧互感器的循环电流 $|\dot{I}_{m} - \dot{I}_{n}|$，在正常运行和外部短路时制动作用增强，在动作线圈中流过两侧互感器的和电流 $|\dot{I}_{m} + \dot{I}_{n}|$，在内部短路时制动作用减弱（相当于无制动作用），而动作的作用极强。其动作特性如图 5-12（b）所示。

继电器的动作方程为

$$|\dot{I}_{m} + \dot{I}_{n}| - K|\dot{I}_{m} - \dot{I}_{n}| > I_{s} \tag{5-12}$$

式中 K——制动系数，$0 < K < 1$；

I_{s}——很小的门槛值，克服继电器动作机械摩擦或保证电路状态发生翻转需要的值，远小于起制动

作用时按式（5-9）和式（5-10）计算的值。

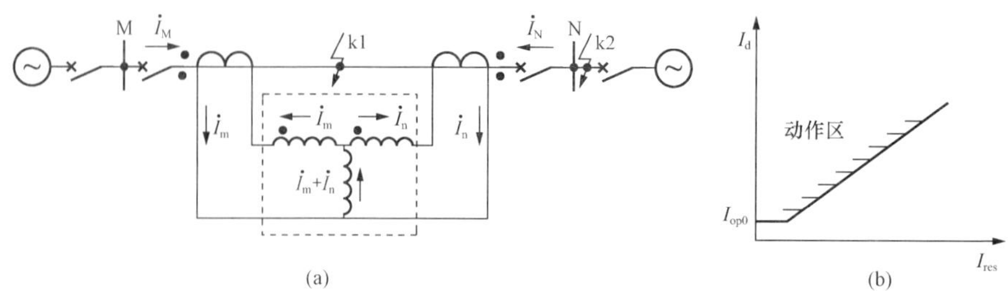

图 5-12 带制动线圈的差动继电器原理及动作特性

（a）继电器原理示意图；（b）动作特性

这种动作电流 $|\dot{I}_{m}+\dot{I}_{n}|$ 不是定值，随制动电流 $|\dot{I}_{m}-\dot{I}_{n}|$ 变化的特性，称为制动特性。该特性不仅提高了内部短路时的灵敏度，而且提高了外部短路时不动作的可靠性，因而在电流差动保护中得到了广泛的应用。

（三）不同制动特性的比较

对于能够实现电流瞬时值采样、A/D 转换及各种算法的微机保护，容易获得动作电流 $\dot{I}_{d}$ 与制动电流 $\dot{I}_{res}$。

动作电流为

$$\dot{I}_{d}=|\dot{I}_{m}+\dot{I}_{n}| \tag{5-13}$$

制动电流有三种方式为

$$I_{res1}=K|\dot{I}_{m}-\dot{I}_{n}| \tag{5-14}$$

$$I_{res2}=K_{1}(|\dot{I}_{m}|+|\dot{I}_{n}|) \tag{5-15}$$

$$I_{res3}=K_{2}\sqrt{|\dot{I}_{m}||\dot{I}_{n}|\cos\theta_{mn}} \tag{5-16}$$

式中 θ_{mn}——两端电流 $\dot{I}_{m}$、$\dot{I}_{n}$ 间相角差。

由式（5-13）与式（5-14）组成的动作表达式为式（5-12）。

如果被保护线路内部故障时，$\dot{I}_{m}$ 与 $\dot{I}_{n}$ 都为从母线流向线路，同为正方向，$\dot{I}_{m}$ 与 $\dot{I}_{n}$ 都从 TA 的极性端子流出，动作电流远大于制动电流，继电器可靠动作。

如果被保护线路外部短路时，$\dot{I}_{m}=-\dot{I}_{n}$，$\dot{I}_{m}$ 从 TA 的极性端子流出，则 $\dot{I}_{n}$ 从 TA 的非极性端子流出，此时，动作电流 $|\dot{I}_{m}+\dot{I}_{n}|=0$，而制动电流 $|\dot{I}_{m}-\dot{I}_{n}|=2\dot{I}_{m}$，继电器被可靠制动。

如果内部故障时两端电流接近相同，这种方式可使内部故障时制动量最小。但当外部故障而由于某种原因使得两侧电流相位和 180°相差较大时，如果用式（5-14）的制动方式，则动作量和制动量可能相近，有误动可能。式（5-15）的制动方式较为可靠，动作方程为

$$|\dot{I}_{m}+\dot{I}_{n}|-K_{1}(|\dot{I}_{m}|+|\dot{I}_{n}|)\geqslant I_{s} \tag{5-17}$$

采用式（5-13）与式（5-16）组成的动作表达式称为标积制动方式，即

$$|\dot{I}_m+\dot{I}_n|-K_2\sqrt{|\dot{I}_m||\dot{I}_n|\cos\theta_{mn}}>I_s \tag{5-18}$$

其中，制动量是被保护线路两侧电流的标积。

对于式（5-18）所示的标积制动方式，在单电源内部短路时，$\dot{I}_m$ 和 $\dot{I}_n$ 两个量中有一个为零，此时灵敏度最高。

四、两侧电流同步测量

对于数字式的电流纵联差动保护，所比较的是电流采样值。而线路各端的保护装置电流采样是各自独立进行的，为了保证差动保护算法的正确性，保护必须比较同一时刻各端的电流值。这就要求线路保护装置对各端电流采样数据进行同步化处理。目前，电流采样同步化方法是采样时刻调整法和基于全球定位系统（GPS）同步时钟的同步方法。

1. 采样时刻调整法

采样时刻调整法是设定一端保护装置的采样时刻作为标准，其余各端的装置通过不断调整，以使线路两端的保护装置的采样时刻保持一致，如图5-13（a）所示。

在线路两端的保护装置中，任意设定一端为主机，另一端为从机。两端的采样速率相等，采样间隔均为 T_S，但由各自的晶振控制实现。为了实现两端装置的同步采样，在正式开始采样之前，主机在 t_S 时刻首先向从机发出通道延时 T_d 的计算命令，从机收到此命令后，将命令码延时 T_m 回送给主机。假设两个方向的信息传送延时相同，则主机可在 t_R 时刻收到从机的回答信息后，算出通道的传送延时为

$$T_d=\frac{t_R-t_S-T_m}{2} \tag{5-19}$$

时间间隔 T_m 是相对时间，两端一样。最后，主机再将计算结果 T_d 送给从机。如果几次计算出 T_d 一样，表示整个通信过程正确无误，则可以开始采样了；否则，将继续自动重复上述过程。求出正确的 T_d 后即可进行采样时刻的调整。主机的采样独立，从机的采样时刻在原有的基础上，根据通信测量的两端采样时刻的误差进行调整。从图5-13（b）可以看出，设 M_i 为主机端采样并发出信息I的时刻，S_R 为从机端收到此信息的时刻，S_i 为 S_R 之前从机最靠近 M_i 的采样时刻，则从机与主机的采样时刻差为

$$\Delta t=T_d-T_R$$

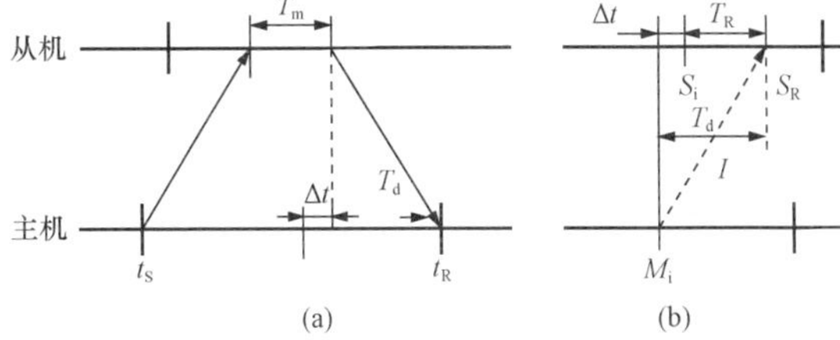

图5-13　采样时刻同步法

（a）采样时刻同步法原理；（b）采样时刻调整法

$\Delta t>0$ 说明从机的采样落后于主机，$\Delta t<0$ 说明从机的采样超前于主机。根据这一结果，应将从机的下次采样时间间隔 T_k 调整为 $T_k=T_S-\Delta t$ 以达到两端装置的采样时刻同步。为了保证调整的稳定，实际的调整不可能一次到位，而应按上述步骤多次调整，如果每次计算结果非常相似也可取其平均值。

本方法的优点在于采样同步后的差动保护算法处理较为简单，运算与通道延时参数 T_d 无直接的关系。在整个通信处理中，采样同步处理与电流数据处理是分开的。由于产生采样时刻的晶振一般都稳定性好、精度高，只要采样同步完成之后，在正常的情况下，这一同步能保持一段较长的时间，这就给测量通道延时参数 T_d 带来充分的时间，前后两次采样时刻

的误差测量和调整的时间间隔也可以较长。因此，它真正受通道媒介的误码干扰的影响较少，保护装置用于采样同步的处理时间也较少，有利于提高传送电流数据的效率。另外，它既能用于传送电流相量的方式，也能用于传送电流采样瞬时值的方式。其缺点是调整的时间较长，不利于一旦采样失步后快速恢复采样同步；在测量保护装置之间的采样时刻的误差时，仍然与通道延时参数有关，不能适应收发路由不同的通信系统。

2. 基于 GPS 的同步法

GPS 是美国于 1993 年全面建成的新一代导航和定位系统，由 24 颗卫星组成，具有全球覆盖、全天候工作、24h 连续实时地为地面上无限个用户提供高精度位置和时间信息的能力。GPS 传递的时间能在全球范围内与国际标准时钟（UTC）保持高精度同步，是迄今为止最为理想的全球共享无线电时钟信号源。基于 GPS 的时钟同步法如图 5-14 所示。图中采用专用 GPS 接收机来接收 GPS 卫星发送的时间信息。通过对接收到的信息进行解码、运算和处理后，可以从中获取到两种时间信息：

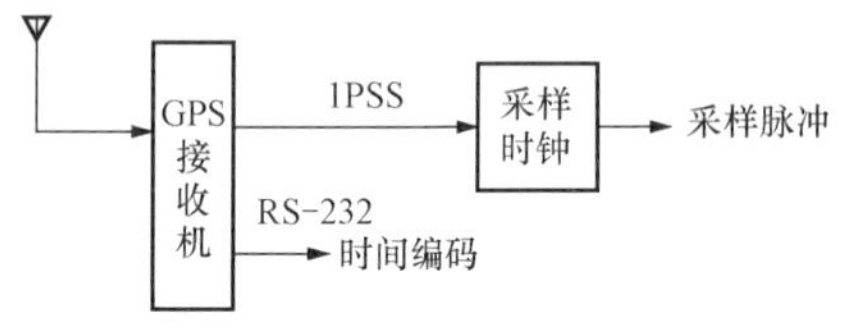

图 5-14 基于 GPS 的时钟同步法

（1）秒脉冲信号 1PPS（1 Pulse Per Second）。该脉冲信号的上升沿与 UTC 的同步误差不超过 $1\mu s$。

（2）通过串行通信口输出的是与 1PPS 对应的 UTC 时间编码。

由高稳晶振构成的采样时钟，能产生满足采样频率要求的采样脉冲信号。该采样脉冲信号每秒钟再被 1PPS 同步一次（相位锁定）。经这样的处理后，就能保证采样脉冲信号的脉冲前沿与 UTC 同步。如果线路各端均安装这样的同步装置，则这些同步装置输出给各端差动保护装置的采样脉冲信号之间是完全同步的，其误差不会超过 $2\mu s$。接收机输出的时间编码直接送给保护装置的 CPU，用作电流采样数据的时间标签。运算差动保护算法时，只要对齐时间标签即可。

与前面的各种方法相比，基于 GPS 的同步法的优点很明显，就是采样同步与通信路由无关，可以适应各种形式的通信系统；同时，精度也很高，不受电网频率的影响；计算量也较少。该方法从原理上基本克服了以上各种方法的缺点，是一种理想的采样同步方法，再加上 GPS 接收机价格的不断下降和 GPS 技术的普及，有很好的应用前景；不足之处仅是要安装 GPS 接收机、天线及设计采样时钟与 GPS 秒脉冲同步的锁相回路。

第四节 方向纵联保护与距离纵联保护

方向纵联保护和距离纵联保护，不论采用何种通道，都是基于被保护线路两端对故障方向的判断结果（在被保护线路方向还是在反方向）向对端发出相应信息，两端根据本端和对端对故障方向判断的结果综合判断出故障的位置，然后独立采取跳闸或不跳闸的决定。

一、方向元件

1. 负序方向元件

负序方向元件反应负序功率的方向，即负序电压 $\dot{U}_2$ 和负序电流 $\dot{I}_2$ 之间的角度 φ，简称负序方向元件。如图 5-15（a）和图 5-15（b）所示，在线路 M 端保护的正方向 k1 点发生不对称短路时进入 M 端保护的负序电流 $\dot{I}_{2m}$ 超前于母线负序电压 $\dot{U}_{2m}$ 的角度为（180°$-\theta_s$），其中θ_s 为保护安装处背后系统阻抗的阻抗角，设为 70°，即$-\dot{I}_{2m}$落后于$\dot{U}_{2m}$70°，或$\dot{I}_{2m}$超前于$\dot{U}_{2m}$110°，如图 5-15（c）所示。在此情况下方向元件应该动作。此时$\dot{U}_{2m}=-\dot{I}_{2m}Z_{ms}$，其中 Z_{ms}为 M 侧保护安装处背后系统阻抗。M 侧的被保护线路反方向 k2 点不对称短路时，进入保护的 $\dot{I}_{2m}$ 与规定正方向相同，$\dot{I}_{2m}$ 将落后于 $\dot{U}_{2m}$70°（设短路点两侧的阻抗角相同），如图 5-15（d）所示。在此情况下方向元件不应动作。对于高频闭锁负序方向保护，需要一个在此角度附近（具体数值决定于线路和系统阻抗角）灵敏的负序方向元件，即方向元件的最大灵敏角约为 70°。在模拟式保护中由负序电流过滤器和负序电压过滤器电路输出 $\dot{U}_2$ 和 $\dot{I}_2$，将 $\dot{U}_2$ 和 $\dot{I}_2$ 分别接入一个方向继电器的电压线圈和电流线圈即可组成负序方向继电器。在微机保护中都用软件实现数字式相序过滤器和方向元件，在第四章第七节与第三章第四节已分别做了介绍。

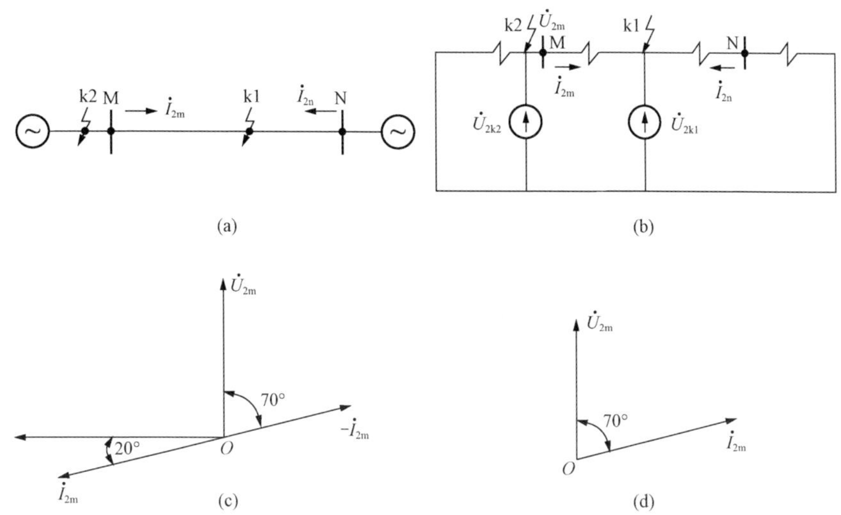

图 5-15 线路正反方向不对称短路时负序电压和电流相量图

（a）系统接线；（b）不对称短路时负序等效网络；（c）正方向不对称短路时负序电压和电流的相量图；（d）反方向不对称短路时负序电压和电流的相量图

2. 工频变化量方向元件

工频变化量方向元件是利用故障时电压、电流中故障分量中的工频正序和负序分量判断故障方向的一种方向元件。由于这种分量不只是在故障时产生，在系统操作或其他状态突变时也会产生，故称为工频变化量。

工频变化量方向元件的微机式高频保护目前在我国应用很广。这种方向元件动作速度很快，介于模拟式保护和行波方向保护之间，动作时间在 10ms 以下。

以图 5-16（a）所示系统为例说明其工作原理。在 MN 线路上，对于 M 侧的保护，当正方向 k1 点故障时，相当于故障附加状态的等效网络中在 k1 点接入一个新电源，

如图 5 - 16（b）所示，变化量即由 k1 点的新电源产生。继电器所感受的电压变化即故障分量为

$$\left.\begin{aligned}\dot{U}_{\rm A}&=-(\dot{I}_1Z_{1s}+\dot{I}_2Z_{2s}+\dot{I}_0Z_{0s})\\\dot{U}_{\rm B}&=-(a^2\dot{I}_1Z_{1s}+a\dot{I}_2Z_{2s}+\dot{I}_0Z_{0s})\\\dot{U}_{\rm C}&=-(a\dot{I}_1Z_{1s}+a^2\dot{I}_2Z_{2s}+\dot{I}_0Z_{0s})\\\dot{U}_0&=-\dot{I}_0Z_{0s}\end{aligned}\right\}\tag{5-20}$$

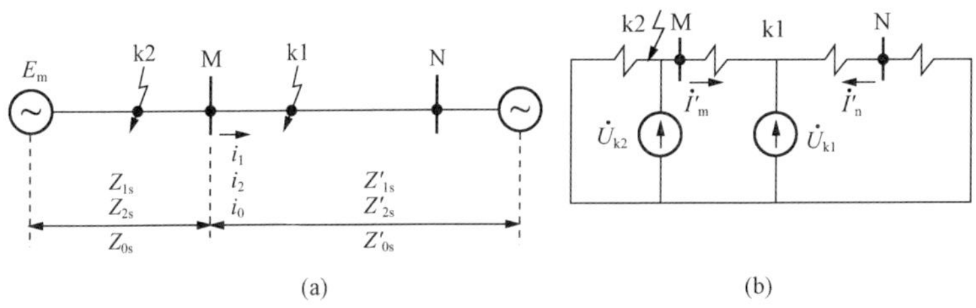

图 5 - 16 工频变化量方向元件原理图

（a）系统接线；（b）故障附加状态等效图

这里的 $\dot{U}$、$\dot{I}$ 均表示电压、电流的故障分量。当故障点在反方向 k2 时，相当于在 k2 点接入一电源，故障分量由此电源产生，这时由式（5 - 20）得到

$$\left.\begin{aligned}\dot{U}_{\rm A}&=\dot{I}_1Z'_{1s}+\dot{I}_2Z'_{2s}+\dot{I}_0Z'_{0s}\\\dot{U}_{\rm B}&=a^2\dot{I}_1Z'_{1s}+a\dot{I}_2Z'_{2s}+\dot{I}_0Z'_{0s}\\\dot{U}_{\rm C}&=a\dot{I}_1Z'_{1s}+a^2\dot{I}_2Z'_{2s}+\dot{I}_0Z'_{0s}\\\dot{U}_0&=\dot{I}_0Z'_{0s}\end{aligned}\right\}\tag{5-21}$$

从保护安装处故障分量中减去零序分量所得到的方向元件只反应正、负序分量，用上标“ ′”表示，称为工频变化量，有

$$\left.\begin{aligned}\dot{U}'_{\rm A}&=\dot{U}_{\rm A}-\dot{U}_0\\\dot{U}'_{\rm B}&=\dot{U}_{\rm B}-\dot{U}_0\\\dot{U}'_{\rm C}&=\dot{U}_{\rm C}-\dot{U}_0\\\dot{I}'_{\rm A}&=\dot{I}_{\rm A}-\dot{I}_0\\\dot{I}'_{\rm B}&=\dot{I}_{\rm B}-\dot{I}_0\\I'_{\rm C}&=\dot{I}_{\rm C}-\dot{I}_0\end{aligned}\right\}\tag{5-22}$$

方向元件的动作判据是

$$\left.\begin{aligned}\varphi_1 < \arg\frac{\dot{U}'_A}{-\dot{I}'_A Z_d} < \varphi_2\\ \varphi_1 < \arg\frac{\dot{U}'_B}{-\dot{I}'_B Z_d} < \varphi_2\\ \varphi_1 < \arg\frac{\dot{U}'_C}{-\dot{I}'_C Z_d} < \varphi_2\end{aligned}\right\} \tag{5-23}$$

式中　Z_d——方向元件的模拟阻抗，阻抗角调整为80°，Z_d 实际上是一个参考阻抗。

在正方向故障时，方向元件所测量到的是保护安装处到背后系统中性点的阻抗 Z_s，而在反方向故障时方向元件所测量到的是保护安装处到对侧系统中性点的阻抗 Z'_s，都与参考阻抗 Z_d 比相，即可判断故障的方向。

在电力系统的暂态过程中，由于发电机的负序电抗 $X_2 \approx X'_d$，因此正、负序阻抗一般很相近，假定 $Z_{1s}=Z_{2s}$、$Z'_{1s}=Z'_{2s}$。

将以上的关系及式（5-20）、式（5-21）代入式（5-22）中得到正向故障时，有

$$\left.\begin{aligned}\dot{U}'_A &= -(\dot{I}_1+\dot{I}_2)Z_{1s} = -\dot{I}'_A Z_{1s}\\ \dot{U}'_B &= -(a^2\dot{I}_1+a\dot{I}_2)Z_{1s} = -\dot{I}'_B Z_{1s}\\ \dot{U}'_C &= -(a\dot{I}_1+a^2\dot{I}_2)Z_{1s} = -\dot{I}'_C Z_{1s}\end{aligned}\right\} \tag{5-24}$$

同理，反方向故障时，有

$$\left.\begin{aligned}\dot{U}'_A &= \dot{I}'_A Z'_{1s}\\ \dot{U}'_B &= \dot{I}'_B Z'_{1s}\\ \dot{U}'_C &= \dot{I}'_C Z'_{1s}\end{aligned}\right\} \tag{5-25}$$

将式（5-24）、式（5-25）代入式（5-23），分子分母消去 $\dot{I}'$ 项，三相的方向元件得到同一个判别式为

$$\left.\begin{aligned}\varphi_1 < \arg\frac{Z_{1s}}{Z_d} < \varphi_2\\ \varphi_1 < \arg\frac{Z'_{1s}}{-Z_d} < \varphi_2\end{aligned}\right\} \tag{5-26}$$

式（5-26）是构成工频变化量方向元件的理论基础，从此式可以得到以下结论：

（1）判别式（5-26）中只用到保护安装处两侧的线路和系统阻抗，没有故障点过渡电阻，因此，这种方向元件一般不受故障点过渡电阻的影响。但如果过渡电阻过大，使故障分量减得很小时，将影响其灵敏度。

（2）式中没有电源助增的因素，因此，这种方向元件一般不受电源助增的影响。但如果助增作用过大，即助增电源侧阻抗过小，对灵敏度也有一定影响。

（3）由于 Z_{1s}、Z'_{1s}是系统的综合正序阻抗，在一般情况下，电力系统综合阻抗的阻抗角为80°左右。因此，从式（5-26）中可以看出，正方向故障时，Z_{1s}和 Z_d 完全同相位；反方

向故障时，$-Z'_{1s}$和 Z_d 完全反相位。方向元件有着极明确的方向性。

（4）由于三相方向元件得到同一个方向判别式，即有着完全相同的方向性，因此，非故障相不会误判方向。

（5）式（5-26）的推导过程中，并没有假定发生了什么故障，因此，继电器可判别出任何接地和相间故障的方向，有着完全相同的方向性。

从上述分析可知，三相方向元件的动作判据虽然都可归纳为式（5-26），实际上三相方向元件存在着灵敏度的差异。在不同类型的短路时，$\dot{I}'_A$、$\dot{I}'_B$、$\dot{I}'_C$ 的值是不一样的，在任何正向故障的情况，至少总有一相的方向元件的灵敏度最高，保证动作。

对于双端电源的输电线路，按照规定的电压、电流正方向，在保护的正方向短路时，保护安装处电流、电压的关系为

$$\Delta\dot{U}=-\Delta\dot{I}Z_s \tag{5-27}$$

式中 $\Delta\dot{U}$、$\Delta\dot{I}$ ——保护安装处工频故障分量的电压、电流；

Z_s——保护安装处母线等效电源的阻抗。

在保护的反方向短路时，保护安装处的电流、电压关系为

$$\Delta\dot{U}=\Delta\dot{I}Z'_s \tag{5-28}$$

式中 Z'_s——线路阻抗和对侧母线等效电源阻抗之和。

由式（5-23）可见，比较故障分量的电压、电流的相位关系，可以明确判定故障的方向。为了便于实现电压、电流相位关系的判定，实际上的方向元件总是比较故障分量电压和故障分量电流在模拟阻抗 Z_d 上的电压相位关系。设 Z_d、Z_s 及 Z'_s 的阻抗角相等，所以正方向故障时功率方向为正，即

$$\arg\frac{\Delta\dot{U}}{Z_d\Delta I}=\arg\frac{U'_A}{I'_AZ_d}=\arg\frac{-I'_AZ_{1s}}{I'_AZ_d}=\arg\left(-\frac{Z_{1s}}{Z_d}\right)=180° \tag{5-29}$$

考虑各种因素的影响，动作范围为 180°，正方向故障时，功率方向为正的判据为

$$270°>\arg\frac{\Delta U}{\Delta IZ_d}>90° \tag{5-30}$$

反方向故障时，功率方向为负，即

$$\arg\frac{\Delta\dot{U}}{Z_d\Delta I}=\arg\frac{U'_A}{I'_AZ_d}=\arg\frac{I'_AZ_{1s}}{I'_AZ_d}=\arg\left(\frac{Z_{1s}}{Z_d}\right)=0° \tag{5-31}$$

考虑各种因素的影响，动作范围为 180°，反方向故障时，功率方向为负的判据为

$$90°>\arg\frac{\Delta U}{\Delta IZ_d}>-90° \tag{5-32}$$

对于零序、负序分量类似，正方向故障时有

$$\begin{aligned}\dot{U}_2&=-Z_{1s}\dot{I}_2\\ \dot{U}_0&=-Z_{0s}\dot{I}_0\end{aligned} \tag{5-33}$$

反方向故障时有

$$\begin{aligned}\dot{U}_2&=Z'_{1s}\dot{I}_2\\ \dot{U}_0&=Z'_{0s}\dot{I}_0\end{aligned} \tag{5-34}$$

负序、零序方向元件在正方向故障时，功率方向为正的判据为

$$\left.\begin{array}{l}270^{\circ}>\arg\dfrac{\Delta\dot{U}_{2}}{Z_{2\mathrm{d}}\Delta\dot{I}_{2}}>90^{\circ}\\[2ex]270^{\circ}>\arg\dfrac{\Delta\dot{U}_{0}}{Z_{0\mathrm{d}}\Delta\dot{I}_{0}}>90^{\circ}\end{array}\right\}\tag{5-35}$$

式中　Z_{2d}、Z_{0d}——元件中模拟阻抗，其相角分别与电源的负序及零序阻抗角相等。

同理可得功率方向为负的判据为

$$\left.\begin{array}{l}90^{\circ}>\arg\dfrac{\Delta\dot{U}_{2}}{Z_{2\mathrm{d}}\Delta\dot{I}_{2}}>-90^{\circ}\\[2ex]90^{\circ}>\arg\dfrac{\Delta\dot{U}_{0}}{Z_{0\mathrm{d}}\Delta\dot{I}_{0}}>-90^{\circ}\end{array}\right\}\tag{5-36}$$

二、高频闭锁方向保护

高频闭锁方向保护是在外部故障时发出闭锁信号的一种保护。此闭锁信号由短路功率方向为负（指向被保护线路的反方向）的一端发出，这个信号被两端的收信机所接收，而将保护闭锁。现利用图 5-17 所示的故障情况来说明保护装置的作用原理。设故障发生在线路 B—C范围内，则短路功率 S_k 的方向如图 5-17 所示（此处指相功率而非对称分量功率或故障分量功率）。此时安装在线路 B—C 两端的高频保护 3 和保护 4 的功率方向为正，保护应动作于跳闸，故保护 3、4 都不发出高频闭锁信号，因而，在保护启动后，即可瞬时动作，跳开两端的断路器。但对非故障线路 A—B 和 C—D，其靠近故障点一端的功率方向由线路流向母线，即功率方向为负，则该端的保护 2 和保护 5 发出高频闭锁信号。此信号一方面被自己的收信机接收，同时经过高频通道送到对端的保护 1 和保护 6，使保护装置 1、2 和保护装置 5、6 都被高频信号闭锁，保护不会将线路 A—B 和 C—D 错误地切除。

图 5-17　高频闭锁方向保护的作用原理

这种保护工作原理是利用非故障线路的一端发出闭锁该线路两端保护的高频信号，而对于故障线路，两端不需要发出高频闭锁信号，这样就可以保证在内部故障并伴随高频通道破坏时（例如通道所在的一相接地或断线），保护装置仍然能够正确地动作。这是它的主要优点，也是这种高频闭锁式原理得到广泛应用的主要原因。

为清晰起见，图 5-18（a）用机电式继电器表示接于被保护线路一端的半套高频闭锁方向保护的原理和主要环节。这些环节在集成电路保护和微机保护中也是必须有的。另一端的半套保护与此完全相同，故略之。其逻辑框图则示于图 5-18（b）中。保护装置由以下主要元件组成：启动元件 KA1 和 KA2，其灵敏度选择不同，灵敏度较高的启动元件 KA1 只用来启动高频发信机，发出闭锁信号，而灵敏度较低的启动元件 KA2 则用于准备好跳闸的回路，功率方向元件 KP 用以判别短路功率的方向，中间继电器 KM1 用于在内部故障时停止发出高频闭锁信号，带有工作线圈和制动线圈的极化继电器 KM2 用以控制保护的跳闸回

路。在正方向短路时，KM2 的工作线圈由启动元件 KA2 和方向元件 KP 动作后供电，制动线圈在收信机收到高频闭锁信号时，由高频电流整流后供电。继电器做成当只有工作线圈中有电流而制动线圈中无电流时才动作，而当制动线圈有电流或两个线圈同时有电流时均不动作。这样，就只有在内部故障，两端均不发送高频闭锁信号的情况下，KM2 才能动作。现将发生各种故障时，保护的工作情况分述如下。

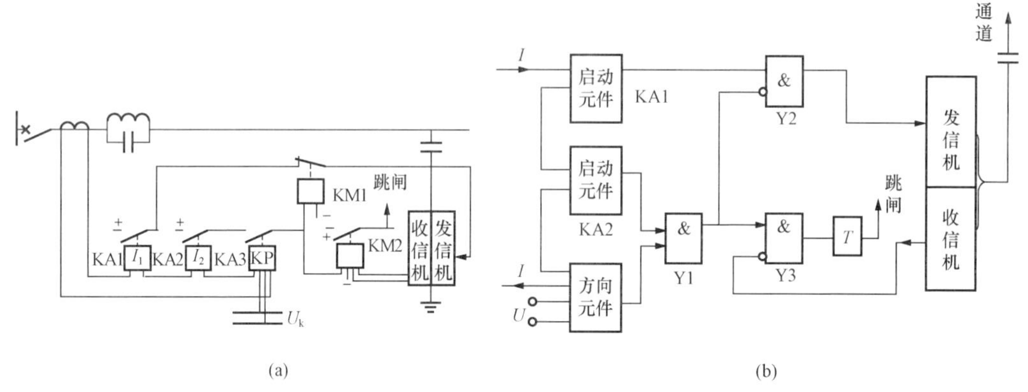

图 5-18 高频闭锁方向保护的原理接线图和逻辑框图

(a) 原理接线图；(b) 逻辑框图

1. 外部故障

在图 5-17 中 k 点发生故障时分析保护 1 和保护 2 的动作情况。在 A 端的保护 1 功率方向为正，在 B 端的保护 2 功率方向为负。此时，两侧的启动元件 KA1 均动作，经过 KM1 的常闭触点将启动发信机的命令加于发信机上。发信机发出的闭锁信号一方面为自己的收信机所接收，一方面经过高频通道，被对端的收信机接收。当收到信号后，KM2 的制动线圈中有电流，即把保护闭锁。此外，启动元件 KA2 也同时动作，闭合其触点，准备了跳闸回路。在短路功率方向为正的一端（保护 1），其方向元件 KP 动作，于是使 KM1 启动，使其常闭触点断开，停止发信，同时给 KM2 的工作线圈中加入电流。在方向为负的一端（保护 2），方向元件不动作，发信机继续发送闭锁信号。在这种情况下，保护 1 的 KM2 中的两个线圈均有电流，而保护 2 的 KM2 中只有制动线圈有电流。如上所述，两个继电器均不能动作，保护就一直被闭锁。待外部故障切除，启动元件返回以后，保护即恢复原状。为了确保保护 1 方向元件即使返回也能在区外故障切除时不误动，启动元件返回后，保护 2 经延时（一般为 100ms）后停止发信。

按图 5-18（b）所示的逻辑框图，在反方向故障时，近故障点一端方向元件 KP 不动作，低定值启动元件 KA1 动作后，因 Y1 无输出，可通过 Y2 去启动发信机，发出高频闭锁信号，闭锁两端保护。收信机收到本端或对端发出的闭锁信号，使 Y3 无输出，闭锁了跳闸回路。远故障点一端，高定值启动元件 KA2 和方向元件 KP 动作，使 Y1 有输出。但因启动元件 KA1 动作比 KA2 和 KP 快，故先发出很短时间的高频闭锁信号，当方向元件 KP 动作后立即停止发信，但收信机已接到对端发来的闭锁信号，使 Y3 停止输出。由于发信机启动和在通道中传输都需要有一定的时间，为了等待对端信号的到来，在 Y3 后，经过一延时元件才去跳闸回路。其延时 T 应大于从故障开始到对端闭锁信号到达本端所需的时间。在对端闭锁信号到达后，收信机的输出使 Y3 闭锁，此后虽然 Y1 仍有输出，也不会通过 Y3 去跳闸。

2. 两端供电线路内部故障

两端供电的线路内部故障时，两端的启动元件 KA1 和 KA2 均动作，其作用同上。之后两端的方向元件 KP 和 KM1 也动作，即停止了发信机的工作。这样 KM2 中就只有工作线圈有电流，它们能立即动作，分别使两端的断路器跳闸。

从图 5-18（b）看，在内部故障时，KA1、KA2、KP 都动作，但 KA1 动作最快，先使发信机启动发信，随即因 KA2 和 KP 动作，Y1 将 Y2 闭锁，使发信机停止发信。输电线两端发信机都停止发信，收信机无输出，使 Y3 动作，经延时元件的配合延时 T（为 3～5ms）后，发出跳闸脉冲。

3. 高频发信机远方启动

对于闭锁式保护，在外部故障时靠近故障点一端发出闭锁信号是至关重要的。但在某些情况下，可能由于启动发信机元件的灵敏度不足或其他原因使发信机未能启动，而远离故障点一端准备跳闸回路的启动元件能够启动，这必将造成该端保护误动作跳闸。为了消除这种现象，闭锁式保护一般都设有高频发信机远方启动回路，即在外部故障时，只要有一端的发信机启动，发出的高频闭锁信号即可通过通道去启动对端的发信机，并保持一固定的时间。这样，在外部故障时，如果靠近故障点一端的发信机由于启动元件灵敏度不足不能启动，仍可由远离故障点一端的发信机启动发信，在方向元件尚未动作停信之前的很短时间内通过通道使对端发信机启动发信，两端发信机相互连锁并保持一个固定的时间，使得两端保护闭锁。但为了防止线路在线路一端断开而从另一端手动投入于故障时，由于断开端发信机被远方启动发出闭锁信号，使投入端保护不能跳闸起见，在三相断路器都断开的情况下，自动断开发信机启动回路。

4. 弱电源端保护

对于闭锁式保护，当单端供电线路内部故障时，在受电端的半套保护的发信机也将启动（例如用负序电压和零序电流启动时），发送高频闭锁信号，而将电源端的保护闭锁，使其不能跳闸。

对于一端电源功率较弱的线路，在内部短路时，由于弱电源端不能提供足够大的短路电流使应该动作于停信的方向元件动作，使得被强电源端远方启动的发信机发出的闭锁信号不能停止，使两端保护都不能跳闸。

针对上述两种线路应设置弱电源保护。弱电源保护一般由电流、电压保护构成。当反应正反两方向故障的方向元件都不动作，同时，电流、电压都低于预定的定值时，此保护动作跳开弱电源端开关，并停止发信机发信，使对端保护也能跳闸。弱电源保护功能对强电源端没有用，反而由于保护和高频信号间的配合不当可能引起误动作。因此，我国继电保护反事故措施中规定，在强电源端不应投入弱电源保护。

5. 系统振荡

对接于相电流和相电压（或线电压）上的功率方向元件，当系统发生振荡并且振荡中心位于保护范围内时，由于两端的功率方向均为正，保护将要误动。这是高频闭锁方向保护的一个严重的缺点。而对于反应零序或负序的功率方向元件，则保护不受振荡的影响。

三、高频闭锁负序方向保护

利用负序功率方向元件构成的高频闭锁方向保护，可以反应各种不对称短路。由于三相短路的开始瞬间总有一个不对称的过程，因此，如果负序方向元件能够在这个过程中来得及启动和正确判断故障的方向，可以用记忆回路或程序把它们的动作固定下来，则对三相短路也可以反应。国外的经验是用负序功率方向元件经短时记忆后和一个反应相间短路的阻抗元件并联（通过与门）反应三相短路。这种接线的优点是：由于在反方向短路时有负序功率方向元件把关，因而对阻抗元件可采取向反方向偏移的特性，不必应用可靠性不高的记忆回路。其次，由于负序功率方向元件不受系统振荡的影响，故对阻抗元件可不设振荡闭锁装置。在手动合闸于未拆除的三相地线造成的三相短路时，由手合信号控制使阻抗元件独立工作切除故障。这种保护方式经过 20 余年运行，没有发生三相短路时保护拒动的情况。

图 5 - 19 用继电器回路说明这种保护（半套）的原理。其主要组成元件包括双方向动作的负序功率方向元件 KPD、具有工作线圈和制动线圈的极化继电器 KM2、串接于启动发信机回路中带延时返回的中间继电器 KM1 以及出口跳闸继电器 KM3。

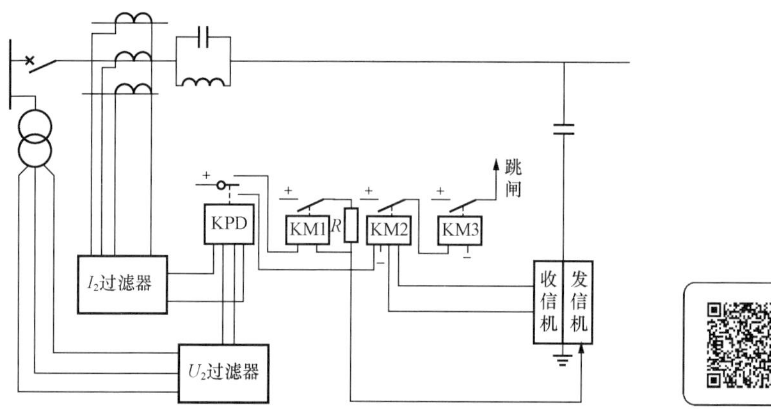

图 5 - 19　高频闭锁负序方向保护的原理接线图

构成保护的基本原则和动作情况与图 5 - 18（b）相似，不同点在于这里用了双方向动作的负序功率方向元件，发信机由反方向动作的方向元件启动。当内部故障时，两端 KPD 的触点均向下闭合，使 KM2 工作线圈带电，同时两端的发信机均不启动，由于发信机不启动，收信机收不到闭锁信号，因此 KM2 可动作于跳闸。而当外部故障时，靠近故障点一端的 KPD 触点向上闭合，经 KM1 的电流线圈启动发信机，KM1 的触点闭合后，又经电阻 R 实现对发信机的附加启动，发出闭锁信号，从而把两端的保护闭锁。KM1 带有返回延时，使高频发信机发出的闭锁信号在保护返回后仍能保持一段时间，防止保护误动作。为了保证这个闭锁作用的可靠性，必须要求负序方向元件 KPD 向上闭合触点启动发信机时的灵敏度较高，速度较快，而向下闭合触点启动极化继电器 KM2 的灵敏度较低，速度较慢，以便在灵敏度和动作时间方面都能得到很好的配合。

四、允许式方向纵联保护

在允许式方向纵联保护中每端的收信机只能接收对端的信号而不能接收自身的信号，每端的保护必须在正方向元件动作，同时又收到对端的允许信号之后，才能动作于跳闸。

允许式可采用各种通道，包括复用载波通道、微波通道、光纤通道等。在这种方式下，采用各种复用接口设备时，要求每端都有一个可产生两个不同频率（相差约 200Hz）的音频通信的收、发信机，每侧都只接收对侧传过来的命令信号。以采用复用载波通道为例说明允许式方向纵联保护工作原理。通常采用复用载波机构成允许式方向纵联保护，一般都采用键控移频的方式。正常运行时，两端保护控制发信机发出一种频率为 f_G 的监频信号，收信机经常收到对端发出的监频信号，其功率较小，用以监视通道的完好性。

当正方向区内，如图 5-20（a）中线路 B—C 发生故障时，功率方向为正的方向元件动作，使得键控发信机停发频率为 f_G 的信号而改发频率为 f_T 的跳频（或称移频）信号，并提升其功率，向对端发送允许信号，收信机收到对端的允许信号以后，即允许本端保护跳闸。对于非故障线路，如图 5-20（a）中线路 A—B，因故障点在线路 B—C 中，保护 1 因是正方向短路，其方向元件动作，但收不到对侧送来的允许信号，而保护 2 能收到允许信号，但方向元件因是反方向短路而不动作，因此保护 1 和保护 2 都不能跳闸。

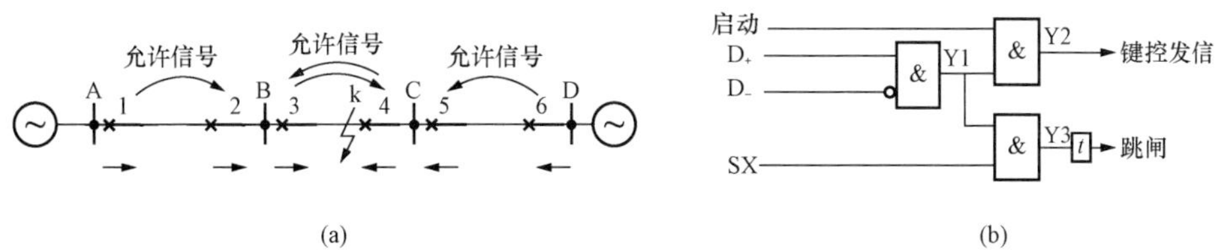

图 5-20　允许式方向纵联保护工作原理

（a）网络接线及允许信号的传送；（b）基本框图

构成允许式方向纵联保护的基本框图如图 5-20（b）所示。当保护范围内部故障时，启动元件动作，正方向元件 D_+ 动作，反方向元件 D_- 不动作，则 Y1 动作后 Y2 启动发信机，向对端发送允许信号，同时准备启动 Y3，当 SX 端收到对端发出的允许信号时，Y3 即可经抗干扰延时动作于跳闸。用距离继电器作方向元件时，一般无反方向元件，距离继电器的方向性必须可靠。

这种方式的最大优点是通道有经常的监视，有通道故障时，可将保护闭锁，并发出警告信号。而对于闭锁式保护，如果通道有故障不能及时发现，当外部短路时，闭锁信号不能通过，将使远离故障点一端的保护误动。由于监频信号是不断产生的，故发信机不需要专门的启动元件，也免除了两套启动元件灵敏度和时间需要配合所引起的问题。

允许式方向纵联保护的缺点是在区内故障时，必须要求收到对端的信号才能动作，因此就会遇到高频信号通过故障点时衰耗增大的问题，最严重的情况是区内故障伴有通道破坏，例如发生三相接地短路等，造成允许电流衰减过大，甚至完全送不过去，将引起保护的拒动。通常通道按照“相-相”耦合方式。对于不对称短路，一般信号都可通过，只有三相接地短路难以通过。有统计表明，高压线路保护不正确动作多数情况与收、发信机或载波通道有关。由于电力载波保护存在种种缺陷，随着光纤或微波通道被采用后闭锁保护不再具有优势，采用光纤通道与允许式方向纵联保护相结合的保护在超高压和特高压线路上获得越来越多的应用。

五、距离纵联保护

方向比较式纵联保护都是以只反应短路点方向的方向元件为基础构成的，这些方向元件的动作范围都必须超过线路全长并留有相当的裕度，称为超范围整定。方向比较式纵联保护可以快速地切除保护范围内的各种故障，但却不能作为变电站母线和下一段线路的后备保护。距离元件不但能够判断故障的方向，而且还有固定的动作范围，很少受运行方式、网络结构和负荷变化的影响。阶梯式距离保护Ⅰ段的动作范围小于被保护线路全长的80%～90%，是一种欠范围整定的方向元件，在此范围内的故障可以瞬时切除。其Ⅱ段动作范围应大于线路全长并具有一定裕度，这是一种超范围整定的方向元件。将其与高频通道结合起来构成的高频闭锁距离保护与前面所讲的高频闭锁方向保护的功能完全一样。其Ⅲ段一般作为下一段线路的后备保护，也是超范围整定，也可与高频通道配合构成高频闭锁距离保护。这样就形成了一种主保护和后备保护结合的完整的高频闭锁距离保护。其原理和主要环节的功能，用图5-21所示的机电式继电器组成的示意图说明比较清晰。设图5-21（a）的线路两端都装设有三段式距离保护。其Ⅰ段能保护线路全长的80%～85%。其Ⅱ段应保护线路全长并具有足够的裕度，作为正方向故障的判别元件和停止发信元件，动作时停发闭锁信号。Ⅲ段可作为相邻线路保护的后备。距离部分和高频部分配合的关系是：发生故障时，反应负序和零序电流突变量或负序、零序电压的启动元件KS动作启动发信机，发出闭锁信号。Ⅱ段距离元件KZ2动作时则启动KM1，停止高频发信机。距离Ⅱ段动作后一方面启动时间元件KT2，可经一定延时后跳闸，同时还可经过一收信闭锁继电器KM2的闭锁触点瞬时跳闸。KZ3动作时经过Ⅲ段延时KT3跳闸。当保护范围内部故障时（如k1点），两端的启动元件动作，启动发信机，但两端的距离Ⅱ段也动作，又停止了发信机。当收信机收不到高频信号时，KM2触点闭合，使距离Ⅱ段可瞬时动作于跳闸。而当保护范围外部故障时（如k2点），靠近故障点的N端距离Ⅱ段不动作，不停止发信，M端Ⅱ段动作停止发信机。但M端收信机可收到N端送来的高频信号使闭锁继电器KM2动作，其触点打开，因而断开了Ⅱ段的瞬时跳闸回路，使它只能经过Ⅱ段时间去跳闸，从而保证了动作的选择性。这种保护方式的主要缺点是，对于常规保护使主保护（高频保护）和后备保护（距离或零序保护）的接线互相连在一起，不便于运行和检修，但当实现微机保护时，不同的保护作用在不同的插件上，某一保护故障时，只需更换该保护插件，退出保护的时间很短，使这个缺点得到部分克服。

为了简单起见，图5-21（b）中的阻抗继电器画成接于相电压和相电流，这是示意图。实际上反应相间短路应采用线电压和两相电流之差的接线，为反应接地短路应采用按零序补偿接线，即相电压和相电流加$3K$倍零序电流，也即按接地距离接线。也可用零序电流方向元件反应单相接地，构成高频闭锁零序保护，工作原理与高频闭锁距离保护相同，只需用三段式零序电流方向元件代替上述三段式距离元件，并和高频通道相配合即可实现。

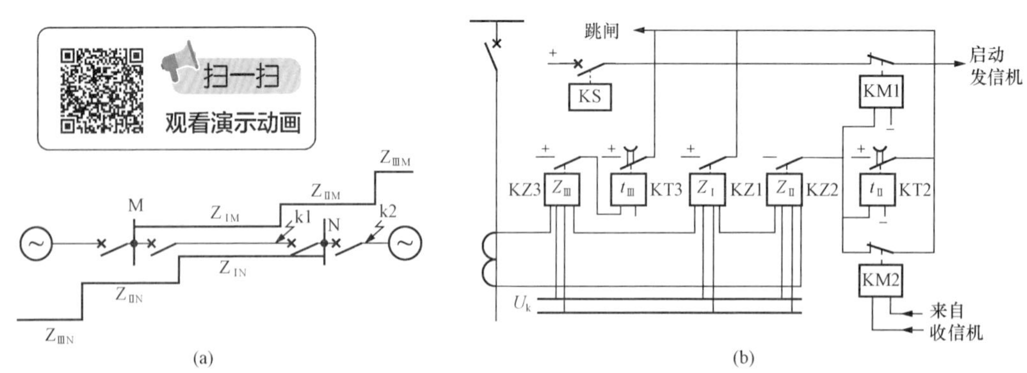

图5-21 高频闭锁距离保护的原理说明

（a）系统接线图；（b）原理接线图

六、影响方向比较式纵联保护正确动作的因素及应对措施

（一）功率倒向

图 5 - 22 所示为系统中假设线路装设高频闭锁负序方向保护，并假设故障发生在线路 L1 上靠近 M 侧 k 点，断路器 QF3 先于 QF4 跳闸。在 QF3 跳闸前，线路 L2 中短路功率由 N 侧流向 M 侧，线路 L2 中 M 侧的功率方向为负，方向元件不动作，向 N 侧发送闭锁信号。

在断路器 QF3 跳闸后 QF4 跳闸前，线路 L2 中的短路功率突然倒转方向，由 M 侧流向 N 侧，这一现象称为功率倒向。反应负序、零序和故障分量的方向元件在短路功率倒向时，如果动作不协调会出现误动作。在断路器 QF3 跳闸后 QF4 跳闸前，M 侧的功率方向由负变为正，功率方向元件动作，停止发信并准备跳闸；此时 N 侧的功率方向由正变负，方向元件应立即返回并向 M 侧发闭锁信号，但是可能 M 侧的方向元件动作快，N 侧的方向元件返回慢（称为“触点竞争”），于是有一段时间两侧方向元件均处于动作状态，M 侧没有闭锁信号，造成线路两端的保护误动。

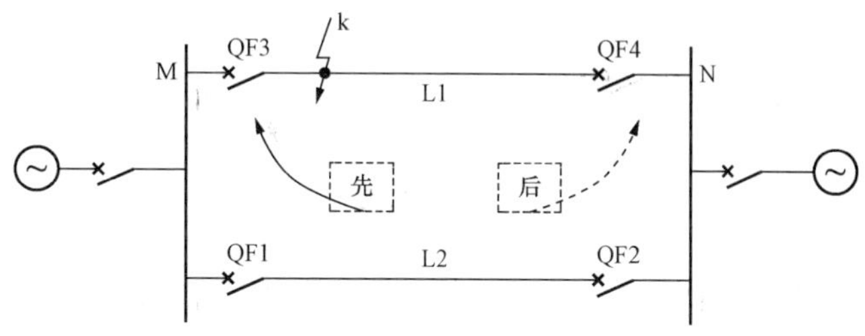

图 5 - 22 功率倒向用系统图

解决的办法是方向元件从反向倒正向时，发信元件动作后延时 t 时间返回，t 按照大于两侧方向元件动作才返回最大时间差再加一个裕度时间整定。

（二）相继动作

图 5 - 22 还可以说明相继动作的概念。当线路两端配置有阶段式电流保护或纵联保护时，有可能发生相继动作的情况。对于电流保护，k 点在线路 L1 上 M 侧保护的第Ⅰ段范围内，但在 N 侧保护第Ⅱ段范围内，当 QF3 跳闸后，由于 L2 上 M 侧的功率倒向，使通过 L1 上 N 侧保护的电流增大，QF4 也以第Ⅰ段保护动作时间跳闸。这种必须一侧保护先动作跳闸以后，另一侧保护才能动作跳闸的情况称为保护的“相继动作”，保护相继动作一侧故障切除时间变长。对于允许式方向纵联保护，k 点短路时，两侧方向元件灵敏度可能不同，为了确保实现相继动作，先跳 M 侧保护装置，检测到保护跳闸后要发信，并控制发信脉冲展宽 120ms，以保证 N 侧收到允许信号立即跳闸。

（三）非全相运行

在我国的超高压输电系统中，为了提高电力系统运行的稳定性，经常采用单相故障跳开故障单相的方式，保留非故障的两相继续运行，这种运行状态称为非全相运行状态。若被保护线路再次发生内部故障，保护应正确动作，若线路内部没有再次发生故障，方向纵联保护应该不动作。以下仅分析方向比较式纵联保护在非全相运行状态下的工作情况。

图 5 - 23 示出线路在 M 侧断开时的系统图、负序等值图、负序电压分布图和相量图，其中下标 M 代表母线侧，下标 L 代表线路侧，负序电压源接在 M、L 间的端口间（纵向不对称故障）。

分析图 5 - 23（b），可知在断口 L 处 $\dot{I}_{2M}$ 与 $\dot{U}_{2L}$ 的方向都是从 L 指向零电位；在断口 M 处

$\dot{U}_{2M}$ 与 $\dot{I}_{2M}Z_{MS}$ 的方向相反，若以 $\dot{I}_{2M}$ 方向为参考方向，可见 $\dot{U}_{2M}$ 与 $\dot{U}_{2L}$ 相位相反，如图5-23（c)所示。如果电压互感器接在线路侧，M 端负序方向元件取电压 $\dot{U}_{2L}$、电流 $\dot{I}_{2M}$，$\dot{U}_{2L}$ 与 $\dot{I}_{2M}$ 之间的关系如图5-23(d)所示，符合式（5-28）功率方向为负的关系，M 侧的方向元件判断为反方向短路，发出闭锁信号，保护就不会误动作；但如果负序方向元件采用母线电压 $\dot{U}_{2M}$、电流 $\dot{I}_{2M}$，则功率方向关系符合式（5-27）中功率方向为正的关系，负序方向元件动作，则如图5-19中的 KPD 触点向下闭合，停止发闭锁信号，两侧保护误跳闸。因为 N 侧保护总是判为正方向故障而不发闭锁信号。

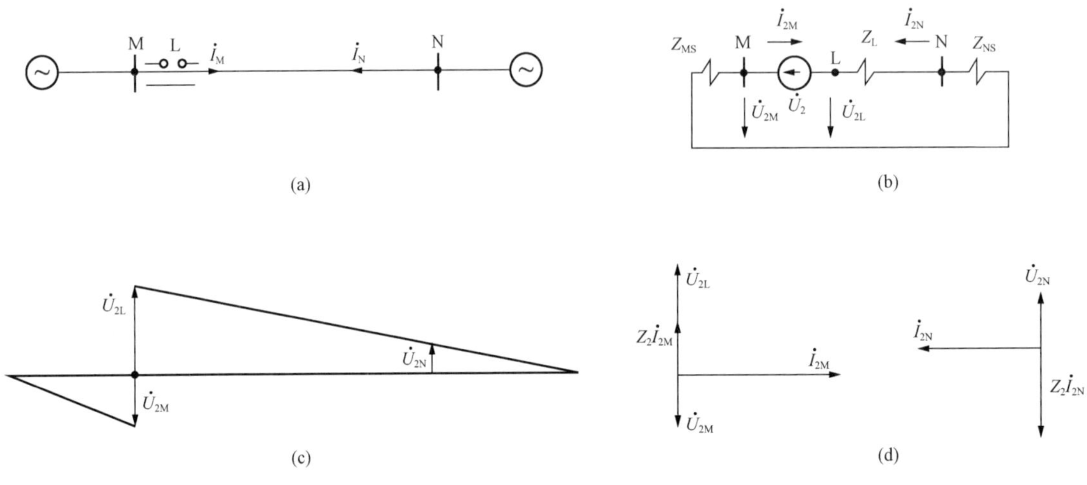

图5-23　系统一相仅在一侧断开的情况

（a）系统图；（b）负序等值图；（c）负序电压分布图；（d）相量图

实际非全相运行状态是一相在两侧同时断开的状态，需要分析有两个断线端口的复杂故障下负序电压、电流的相位关系，得到的结论是同样的。当使用线路侧电压时受电侧功率方向为正，送电侧的功率方向为负，发出闭锁信号，保护不会误动作；如果使用母线电压，两侧的负序功率方向同时为正，保护将误动作。

零序功率方向在非全相运行期间与负序功率方向的特点一致。

工频故障分量（突变量）方向元件能适应线路非全相运行，将非全相运行视为非故障状态，在两相运行的负荷状态下不会动作。在两相运行的线路上若再次发生故障，其故障附加网络是两相运行时的等值网络在故障点叠加一个故障电源，判别保护的正方向与反方向短路的式（5-27）和式（5-28）仍然成立，突变量方向元件无论使用母线电压还是线路电压，仍能正确动作。

克服非全相运行期间负序、零序方向纵联保护误动的措施一般是：使用线路侧电压，这也是超高压线路电压互感器装于线路侧的主要原因；在两相运行期间退出负序、零序方向元件，仅保留使用工频突变量的方向元件。

（四）长距离输电线的分布电容对方向比较式纵联保护的影响

在超高压长距离输电线上由于采用分裂导线，使相间和相对地的电容增大，同时由于线路长、电压高，因而线路的充电电流也很大。尤其是故障引起暂态充放电电流比稳态电容电流大，对暂态电压的各个谐波和谐间波，线路分布电容呈现的容抗与频率成反比，产生的充放电电流更大。这样，当线路处于不同运行状态时，其两端电流的大小和相位均将受到电容电流的影响而变化，尤其当线路在重负荷状态下负荷电流很大时，由于负荷电流和电容电流间相位差角很大，使得两端电流间产生很大相位差，这种影响就更为严重，甚至可能造成方向保护误动作。现将线路简化为图 5-24 所示的 T 形等效网络对外部短路情况进行分析。图中 x_1、x_0 为每千米的正序和零序感抗，l 为输电线路的全长，X_{C1}、X_{C0} 为线路的正序和零序容抗，线路的电阻相对很小，可予以忽略。

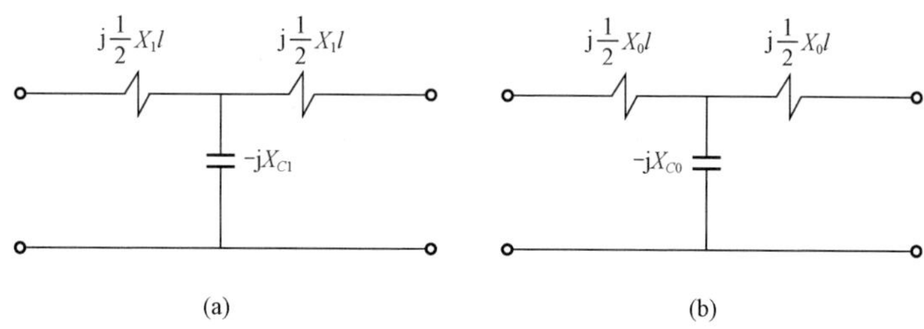

图 5-24　输电线路的 T 形等值网络

1. 单回线路保护范围外不对称短路

单回线路保护范围外不对称短路时（计及线路分布电容）的负序等值网络如图 5-25 所示。按照规定的正方向看，线路两端负序电流的关系为

$$\dot{I}_{N2}=\dot{I}_{C2}-\dot{I}_{M2}$$

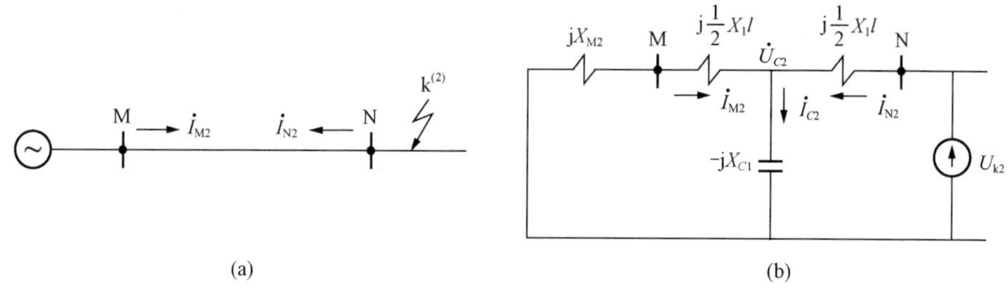

图 5-25　外部不对称短路时（计及线路分布电容）的系统图和负序等值网络
（a）系统图；（b）负序等值网络

设图 5-25（b）中电容左端的总电抗为 $X_2=X_{M2}+\dfrac{1}{2}x_1 l$，则电流幅值为

$$-\dot{I}_{M2}=\dot{I}_{N2}\frac{-X_{C1}}{X_2-X_{C1}}$$

$$\dot{I}_{C2}=\dot{I}_{N2}\frac{X_2}{X_2-X_{C1}}$$

则

$$\dot{I}_{N2}=\dot{I}_{C2}\frac{X_2-X_{C1}}{X_2}$$

$$\dot{I}_{M2}=\dot{I}_{C2}\frac{X_2-X_{C1}}{X_2}\frac{X_{C1}}{X_2-X_{C1}}=\dot{I}_{C2}\frac{X_{C1}}{X_2}$$

电流分布随着 X_2 与 X_{C1} 的大小不同可能有三种情况：

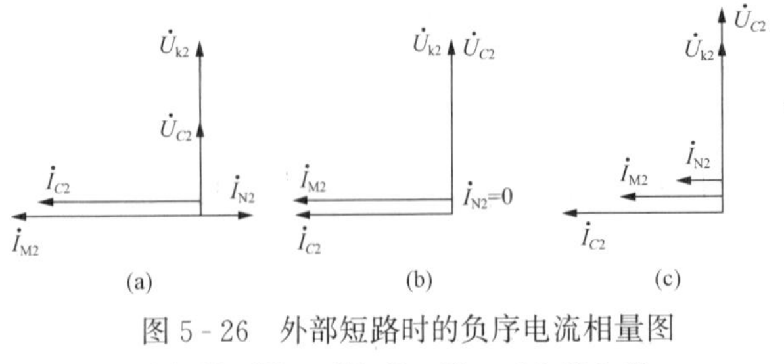

图 5-26　外部短路时的负序电流相量图

（a）$X_2<X_{C1}$；（b）$X_2=X_{C1}$；（c）$X_2>X_{C1}$

（1）$X_2<X_{C1}$时，相量图如图 5-26（a）所示，$-\dot I_{M2}$ 落后于电容器上电压 $\dot U_{C2}$ 90°，$\dot I_{M2}$ 则超前 $\dot U_{C2}$ 90°，$\dot I_{C2}$ 也超前 $\dot U_{C2}$ 90°。由于 $\dot I_{M2}>\dot I_{C2}$，且两者同相位，因此 $\dot I_{N2}$ 与 $\dot I_{M2}$ 相位相差 180°，但 $\dot I_{N2}$ 的数值较小。

（2）$X_2=X_{C1}$时，相量图如图 5-26（b）所示，$\dot I_{M2}=\dot I_{C2}$，$\dot I_{N2}=0$。

（3）$X_2>X_{C1}$时，相量图如图 5-26（c）所示。由于 $\dot I_{C2}>\dot I_{M2}$，因此 $\dot I_{N2}$ 变得与 $\dot I_{M2}$ 同相位。

在第一种情况下，电流的分布与不考虑分布电容影响而发生外部故障时的情况是一样的，只是两端电流的大小不相等，此时负序方向高频保护不会误动作。但是必须注意，由于 N 端的电流较小，应校验是否能满足启动元件灵敏度的要求。

在第二种情况下，由于 N 端电流为零，该端保护不能启动，因此，就不能向对端发送高频闭锁信号，这样位于 M 端的负序方向高频保护将误动作。

对于第三种情况，由于分布电容的影响，已使两端电流的相位和功率方向变为内部故障的关系，因此必然要引起负序方向高频保护的误动。

2. 线路空载合闸

如果线路一端断开，另一端进行三相合闸充电，则由于断路器三相触头不同时闭合，将出现一相或两相先合的情况，这时线路电容电流中将出现很大的负序和零序分量，可能引起高频保护的误动作。

以断路器两相先合闸为例，复合等效序网如图 5-27（b）所示。其中 X_{C1}、X_{C2}、X_{C0} 为线路分布电容的正序、负序和零序阻抗，而系统和线路的阻抗相对较小，可认为等于零。根据这一等效序网，如设 $X_{C1}=X_{C2}$，可以计算出负序和零序分量的电容电流 $\dot I_{C2}$ 和 $\dot I_{C0}$ 为

$$\dot I_{C1}=\dot E\Big/\left[-\mathrm{j}X_{C1}+\frac{-X_{C1}X_{C0}}{-\mathrm{j}(X_{C1}+X_{C0})}\right]$$

$$\left.\begin{aligned}\dot I_{C2}&=-\dot I_{C1}\left[-\mathrm{j}X_{C0}\big/-\mathrm{j}(X_{C0}+X_{C2})\right]=\mathrm{j}\dot E\left[B_1^2\big/(2B_1+B_0)\right]\\ \dot I_{C0}&=-\dot I_{C1}\left[-\mathrm{j}X_{C2}\big/-\mathrm{j}(X_{C0}+X_{C2})\right]=\mathrm{j}\dot E\left[B_1B_0\big/(2B_1+B_0)\right]\end{aligned}\right\}\tag{5-37}$$

式中　B_1、B_0——线路正序与零序导纳，$\mathrm{j}B_1=1/\mathrm{j}X_{C1}$，$\mathrm{j}B_0=1/\mathrm{j}X_{C0}$。

当电压互感器接于母线上时，三相电压对称，不会出现负序和零序电压，即 $U_{M2}=U_{M0}\approx0$，反应于负序和零序的方向元件不会动作；而如果电压互感器接于线路侧 M′，则将出现数值很大的负序和零序电压，有

$$\left.\begin{aligned}\dot U_{M'2}&=-\mathrm{j}\dot I_{C2}X_{C2}\\ \dot U_{M'0}&=-\mathrm{j}\dot I_{C0}X_{C0}\end{aligned}\right\}\tag{5-38}$$

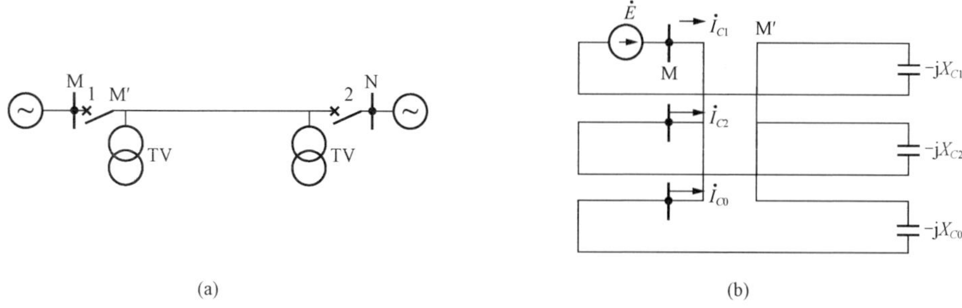

图 5-27　M 端带电投入线路而两相触头先闭合时的系统图和复合等效序网

(a) 系统图；(b) 复合等效序网

此电压滞后于电流的角度为 90°，因此，负序和零序方向元件均能动作。

上述电流只在空载合闸的一端产生，而另一端没有电流，如果高频保护中准备跳闸回路的启动元件不能躲开这个电流的影响，就将出现一端保护启动而另一端保护不启动，这时空载合闸端，当电压互感器装于线路侧时，反应于负序和零序的方向高频保护要误动。在空载合闸的过渡过程中，上述充电电流较稳态时按式（5-37）计算所得的数值更大，一般很难只从整定值上躲开。

3. 防止保护误动作的措施

当上述各种情况下的电流有可能引起动作元件误动作时，可适当考虑提高整定值以躲开。为防止过渡过程中误动作，也可考虑增加适当的延时。但这些方法都会影响保护的速动性和灵敏性，而且不能解决方向元件和相位比较回路误动作的问题。因此，根本的解决办法是在保护装置中加进消除分布电容影响的补偿措施，以抵消电容电流的影响。在微机保护中，也可研究用软件的方法进行补偿。

以上详细分析了利用高频载波通道实现方向比较式纵联保护的原理与动作性能。方向比较式纵联保护也可以用微波通道和光纤通道实现。继电保护部分的原理与性能完全相同，以上分析也完全适用。在通道方面的区别是要经过两次调制和解调。先将故障电流的波形（与正负半周对应的方波）调制到载波上，再将载波信号调制到微波或光波上，然后进行传送。在收信端反过来，先从微波或光波信号中解调出载波信号，再从载波信号中解调得到故障电流的波形进行比较。这比载波保护中用故障电流直接操作（控制）发信机产生半周期的高频信号要复杂一些，但可免去调试和维护结合电容器、连接滤波器、阻波器等高压设备的工作。

1. 纵联保护的最基本原理是什么?

2. 通道传输的信号种类、通道的工作方式有哪些?

3. 输电线路方向比较式纵联保护中，为什么优先采用负序方向故障分量的方向元件?有何优缺点?

4. 允许式纵联保护为什么获得越来越广泛的应用?

5. 输电线路纵联电流差动保护在系统振荡、非全相运行期间是否会误动，为什么?

6. 为什么电流纵联差动保护要求两侧测量和计算严格同步，而方向比较式纵联差动保护原理则无两侧同步的要求？

7. 什么是相继动作？为什么会出现相继动作？出现相继动作对电力系统有何影响？

8. 什么叫功率倒向？出现功率倒向对方向比较式纵联保护有何影响？采用何种措施应对？

9. 远方启动和弱电源端保护的意义是什么？

10. 试说明工频变化量方向元件的工作原理。

第六章　发 电 机 保 护

第一节　发电机的故障类型、不正常运行状态及其相应的保护方式

发电机的安全运行对保证电力系统的正常工作和电能质量起着决定性的作用，同时发电机本身也是一个十分贵重的电气元件，因此，应该针对各种不同的故障和不正常运行状态，装设性能完善的继电保护装置，见表 6-1。

表 6-1　　发电机的故障类型、不正常运行状态及其相应的保护方式

故障及不正常运行状态		相应的保护方式
故障类型	定子绕组相间短路	应装设各种原理的纵联差动保护
	定子一相绕组内的匝间短路	当绕组接成星形且每相中有引出的并联支路时，应装设横差保护、纵向零序电压匝间短路保护、负序功率方向保护等
	定子绕组单相接地	（1）对直接连于母线的发电机定子绕组单相接地故障，当发电机电压网络的接地电容电流大于或等于 5A 时（不考虑消弧线圈的补偿作用），应装设动作于跳闸的零序电流保护；当接地电容电流小于 5A 时，则装设作用于信号的接地保护。 （2）对于发电机—变压器组，一般在发电机电压侧装设作用于信号的接地保护；当发电机电压侧接地电容电流大于 5A 时，应装设消弧线圈。 （3）容量在 100MW 及以上的发电机，应装设保护区为 100%的定子接地保护
	转子绕组一点接地或两点接地	（1）对于水轮发电机组一般装设一点接地保护，小容量机组可采用定期检测装置。 （2）对于汽轮发电机一般采用定期检测装置，对大容量机组可装设一点接地保护；对两点接地故障应装设两点接地保护，在励磁回路发生一点接地故障后投入
	转子励磁回路励磁电流异常下降或完全消失	（1）在发电机不允许失磁运行时，应在自动灭磁开关断开时连锁断开发电机的断路器。 （2）对采用半导体励磁以及 100MW 及以上采用电机励磁的发电机，应增设直接反映发电机失磁时电气参数变化的专用失磁保护
不正常运行状态	由于外部短路引起的定子绕组过电流	（1）过电流保护（一般用于 1MW 以下的小发电机）。 （2）复合电压启动的过电流保护（一般用于 1MW 以上的发电机）。 （3）负序过电流及单相式低电压启动的过电流保护（一般用于 50MW 及以上发电机）
	由于负荷超过发电机的额定容量而引起的三相对称过负荷	应装设接于一相电流的过负荷保护
	由于外部不对称短路或不对称负荷而引起的发电机负序过电流和过负荷	应装设负序过电流保护（应用于 50MW 及以上的发电机）

续表

故障及不正常运行状态		相应的保护方式
不正常运行状态	由于突然甩负荷而引起的定子绕组过电压	应装设带延时的过电压保护
	由于励磁回路故障或强励时间过长而引起的转子绕组过负荷	对100MW及以上并采用半导体励磁系统的发电机，应装设转子过负荷保护
	由于汽轮机主汽门突然关闭而引起的发电机逆功率	对大容量的发电机组可考虑装设逆功率保护
其他	电力系统振荡	对300MW机组，宜装设失步保护
	汽轮机低频运行	可装设低频保护
	水冷发电机断水	可装设断水保护

第二节　发电机的纵差保护和横差保护

一、比率制动式纵差保护

（一）发电机纵差保护的基本原理与计算

纵联差动（纵差）保护是比较被保护设备各引出端电气量（如电流）大小和相位的一种保护。电流纵差保护不但能够正确区分区内、外故障，而且不需要与其他元件的保护配合，可以无延时地切除区内各种故障，具有独特的优点，因而被广泛地用作发电机、变压器、发电机—变压器组及母线的主保护。

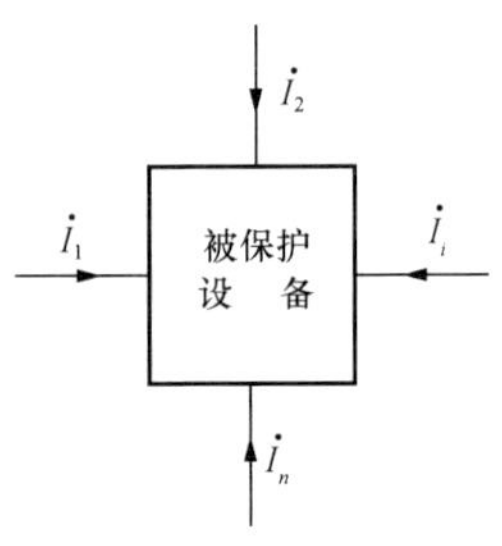

图6-1　纵差保护原理示意图

以图6-1为例，设被保护设备有n个引出端，各个端子的电流相量如图6-1所示，定义流入被保护设备为电流正向，则当被保护设备正常运行或外部短路时，一次电流恒有

$$\sum_{i=1}^{n}\dot{I}_i=0 \tag{6-1}$$

当被保护设备内部发生相间短路时，设短路电流为$\dot{I}_{k\Sigma}$，则有

$$\sum_{i=1}^{n}\dot{I}_i=\dot{I}_{k\Sigma} \tag{6-2}$$

由此可见，以被保护设备诸端子电流$\dot{I}_i$的相量和（$\sum\limits_{i=1}^{n}\dot{I}_i$）为动作参数的电流继电器，在被保护设备正常运行或外部发生各种短路时，该继电器中理论上没有动作电流，保护可靠不误动；当被保护设备本身发生相间短路时，巨大的短路电流全部流入该继电器，保护灵敏动作。这就是纵差保护的基本原理。它只反映被保护设备本身的相间短路，理论上与外部短路无关，当然也就可以用最快速度、高灵敏地切除被保护设备本身的相间短路，但对与之相邻的其他设备短路不能起后备保护作用。

一次电流$\dot{I}_i$必须经电流互感器（TA）才能引入电流继电器，设电流互感器的变比为n_{TA}，正常运行或外部短路电流经互感器传变后，由于互感器的误差（主要是饱和影响），虽然式（6-1）成立，但各二次电流 $\dot{I}'_i$ 的相量和 $\sum_{i=1}^{n}\dot{I}'_i \neq 0$，此即不平衡电流 $\dot{I}_{unb}$，实际工程计算时有

$$\dot{I}_{unb} = \sum_{i=1}^{n}\dot{I}'_i \approx K_{aper}K_{ss}f_i I_{k\cdot max}/n_{TA} \tag{6-3}$$

式中　$I_{k\cdot max}$——外部最大短路电流（周期性分量）；

f_i——电流互感器幅值误差，工程中要求不大于10%，故取 $f_i=0.1$；

K_{ss}——电流互感器的同型系数，发电机纵差保护用互感器是同一型号的，取 $K_{ss}=0.5$；

K_{aper}——非周期分量影响系数，考虑外部短路暂态非周期分量电流对互感器饱和的影响，一般 K_{aper} 为1.5～2.0。

为防止纵差保护在外部短路时误动，继电器动作电流 $\dot{I}_{K\cdot act}$ 应躲过不平衡电流 $\dot{I}_{unb}$，即

$$\dot{I}_{K\cdot act} = K_{rel}\dot{I}_{unb} = K_{rel}K_{aper}K_{ss}f_i I_{k\cdot max}/n_{TA} \tag{6-4}$$

式中　K_{rel}——可靠系数，取值为1.3～1.5。

在整定计算动作电流时，$I_{k\cdot max}$ 应采用机端三相短路次暂态工频电流。设 $X''_d \approx 0.2$，则 $I_{k\cdot max}=1/X''_d=5$；取 $f_i=0.1$，$K_{ss}=0.5$，$K_{aper}=2.0$，$K_{rel}=1.5$，$n_{TA}=1$，则用标幺值表示的动作电流为 $I_{K\cdot act}=0.75=75\%$。该保护在纵差保护区内发生机端两相金属性短路［电流为 $I^{(2)}_{k\cdot min}=0.866/X''_d$］时，保护灵敏度为

$$K_{sen} = [I^{(2)}_{k\cdot min}/n_{TA}]/I_{K\cdot act} = (0.866/0.2)/0.75 = 5.77$$

从表面上看，发电机纵差保护灵敏度很高，实际上发电机定子绕组中性点附近发生短路时，若短路匝数很少，特别是经过过渡电阻短路时，流入纵差保护的电流并不大，保护存在动作死区。因此在确保外部短路不误动的前提下，应尽量减小纵差保护的动作电流。下面讨论对发电机内部短路有较高灵敏度、外部短路能可靠不误动的比率制动式纵差保护。

（二）比率制动式纵差保护的基本原理

纵差保护动作电流 $\dot{I}_{K\cdot act}$ 按式（6-4）计算，其值较大，有可能在发电机内部相间短路时拒动。式（6-4）是在最大外部电流 $I_{k\cdot max}$ 下以保护不误动为条件来整定计算动作电流的，当外部短路电流小于 $I_{k\cdot max}$ 时，纵差保护动作电流可以比式（6-4）的计算值小些，仍可保证不误动。因此，可以考虑让 $\dot{I}_{K\cdot act}$ 随外部短路电流增大而增大。

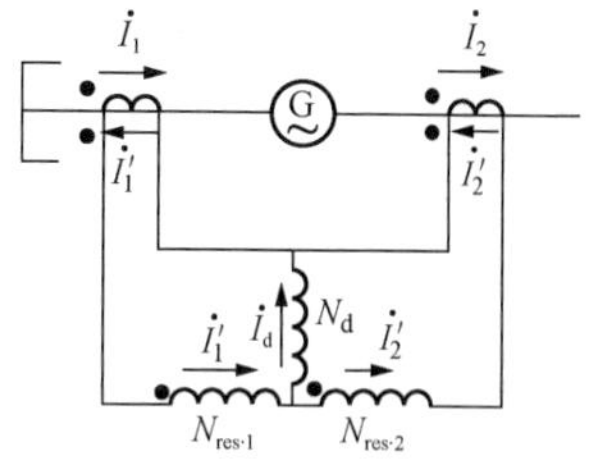

图6-2　发电机比率制动式纵差保护原理图

如图6-2所示，发电机每相首末两端电流各为 $\dot{I}_1$ 和 $\dot{I}_2$（$\dot{I}_2$ 正向定义与图6-1相反），互感器一、二次绕组极性和一、二次电流正向定义如图6-2所示，纵差保护继电器的差动线圈匝数为 N_d，制动线圈匝数为 $N_{res\cdot 1}$ 和 $N_{res\cdot 2}$，若有

$$N_{res\cdot 1} = N_{res\cdot 2} = 0.5N_d$$

此时，差动继电器的动作安匝为 $(\dot{I}'_1-\dot{I}'_2)N_d$、制动安匝为 $(\dot{I}'_1N_{res\cdot 1}+\dot{I}'_2N_{res\cdot 2})=0.5(\dot{I}'_1+\dot{I}'_2)N_d$。为了方便，直接以电流表示为

差动电流 $$\dot{I}_{d}=\dot{I}'_{1}-\dot{I}'_{2}=(\dot{I}_{1}-\dot{I}_{2})/n_{TA} \tag{6-5}$$

制动电流 $$\dot{I}_{res}=0.5(\dot{I}'_{1}+\dot{I}'_{2})=(\dot{I}_{1}+\dot{I}_{2})/2n_{TA} \tag{6-6}$$

当发电机本身无故障，机外（纵差保护区外）发生短路时，$\dot{I}_{1}=\dot{I}_{2}=\dot{I}_{k}$，$\dot{I}_{d}=0$，$\dot{I}_{res}=\dot{I}_{1}/n_{TA}=\dot{I}_{k}/n_{TA}$，制动电流很大，差动电流理论上为零，保护可靠制动。外部短路电流 I_k 越大，制动电流 I_{res} 越大，而差动电流仅为不平衡电流 I_{unb}，后者由式（6-3）决定。既然继电器制动电流 I_{res} 随外部短路电流线性增大，纵差保护的动作电流 $I_{K\cdot act}$ 也就随外部短路电流相应增大，如图 6-3 所示。图中 $I_{K\cdot act}$ 随外部短路电流 I_k 增大而增大的性能，通常称为“比率制动特性”（折线 ABC）。

当发电机正常运行时，各相电流不大于互感器一次额定电流 I_{1N}，这时纵差保护的不平衡电流 I_{unb} 很小，完全不需要比率制动特性，只用最小动作电流 $I_{K\cdot act\cdot min}$ 即可避越负荷状态下的不平衡电流，如图 6-3 中的水平线 AB。

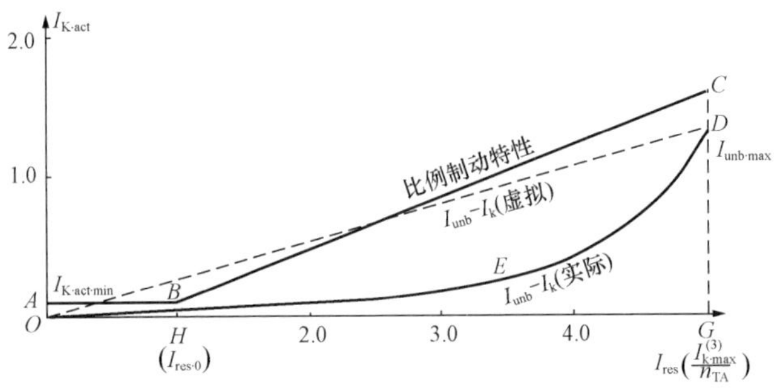

图 6-3 发电机纵差保护的比率制动特性

（三）发电机比率制动式纵差保护的整定计算

需要整定计算的是图 6-3 中的 A、B、C 三点。

1. 最小动作电流 $I_{K\cdot act\cdot min}$（A 点）

A 点整定原则是保证最大负荷状态下保护不误动。如前所述，在额定负荷电流下，5P 级[1]互感器的幅值误差为±1%，设一个互感器幅值误差为−1%，另一个为+1%，负荷状态下不平衡电流不大于 2%，考虑可靠系数为 2，可取 $I_{K\cdot act\cdot min*}=2\times2\%=4\%$。

[1] 用于继电保护的电流互感器应选用 P 级或 TP 级。P 级是一般保护用电流互感器，其误差是在稳态、正弦一次电流条件下的误差。P 级又分为 5P 和 10P 两种，其误差限值见下表。由于 5P 和 10P 在价格上很接近，所以一般采用 5P。

准确级	在额定一次电流时电流误差（±%）	在额定一次电流时相位差		在额定准确限值一次电流时复合误差（±%）
		±（′）	±（craa）*	
5P	1	60	1.8	5
10P	3	—	—	10

TP 级电流互感器可用于暂态条件下工作，是有暂态误差要求的保护用电流互感器。TP 级又分为 TPS、TPX、TPY、TPZ 四种。300MW 及以上发电机，500kV 及以上变压器采用 TPY 级。

TPY 级：准确限值规定为在指定的暂态工作循环中的峰值瞬时误差，剩磁通不超过饱和磁通的 10%。

10P 级互感器幅值误差为±3%，可取 $I_{K\cdot act\cdot min*}=2\times6\%=12\%$。

所以选取以下定值是充分安全的，即

$$I_{K\cdot act\cdot min}=(0.1\sim0.2)I_{N\cdot G}/n_{TA} \tag{6-7}$$

对于特殊情况，如由于各种实际条件而使负荷状态下不平衡电流异常增大，经实测不平衡电流，$I_{K\cdot act\cdot min}$ 可适当取较大值。但无根据地增大 $I_{K\cdot act\cdot min}$ 是有害的和完全不必要的，性能正常的发电机比率制动式纵差保护装置无需由增大 $I_{K\cdot act\cdot min}$ 来防止发电机正常运行条件下的保护误动作，相反应该尽可能减小 $I_{K\cdot act\cdot min}$ 来达到最大限度缩小保护动作死区。对那些因 TA 二次负载设计选择不当，造成在正常运行时就有较大 I_{unb} 的情况，也不应盲目增大 $I_{K\cdot act\cdot min}$，而应解决二次负载的均衡问题。

2. 比率制动特性起始点（拐点）B

图 6-3 中 B 点横坐标电流 $I_{res\cdot0}$ 应小于或等于发电机额定电流 $I_{N\cdot G}$ 的二次值，当外部短路电流 I_k 大于 $I_{N\cdot G}$ 时，继电器呈现比率制动特性，I_k 越大，保护的动作电流 $I_{K\cdot act}$ 就越大。关系式为

$$I_{res\cdot0}=(0.8\sim1.0)I_{N\cdot G}/n_{TA} \tag{6-8}$$

注意到 $I_{N\cdot G}$ 小于 TA 一次额定电流 I_{1N}，所以 $I_{res\cdot0}$ 实际只有 I_{1N} 的 60%～80%。

3. 最大外部短路电流 $I_{k\cdot max}^{(3)}$ 下的 C 点

在 $I_{k\cdot max}^{(3)}$ 下，纵差保护的最大不平衡电流由式（6-3）决定，即图 6-3 中的 D 点。保护的最大动作电流可按式（6-4）计算，即 C 点。

可用最大制动系数 $K_{res\cdot max}$ 确定 C 点，按定义有

$$K_{res\cdot max}=I_{K\cdot act\cdot max}/\frac{I_{k\cdot max}}{n_{TA}}=K_{rel}K_{aper}K_{ss}f_i \tag{6-9}$$

若取 $K_{rel}=1.5$，$K_{aper}=2.0$，$K_{ss}=0.5$，$f_i=0.1$，则有

$$K_{res\cdot max}=0.15$$

在采用不考虑暂态特性的 P 级 TA 时，特别是两侧 TA 的二次负荷不均衡时，采取非周期系数 $K_{aper}=1.5\sim2.0$ 不能认为已具有足够的避越暂态不平衡电流的能力，定值整定计算时宜适当取较大值。例如取制动特性直线的斜率 m 为 0.25。以 $I_{K\cdot act\cdot min}=0.15$，$I_{res\cdot0}=1.0$，$I_{res\cdot max}=5$(启动电流取额定电流的 5 倍)，$m=0.25$，则有

$$m=\frac{I_{K\cdot act\cdot max}-0.15}{5-1}=0.25$$

因此 $I_{K\cdot act\cdot max}=0.25\times4+0.15=1.15$

而按式（6-9）可得

$$I_{K\cdot act\cdot max}=K_{res\cdot max}I_{res\cdot max}=0.15\times5=0.75<1.15$$

所以选取斜率 $m=0.25$，相当于将最大制动系数由 0.15 提高到

$$K_{res\cdot max}=I_{K\cdot act\cdot max}/I_{res\cdot max}=1.15/5=0.23$$

提高最大制动系数可为躲开暂态不平衡电流创造有利条件。

按上述方法整定了 A、B、C 三点，比率制动特性完全确定。对于这种比率制动式发电机纵差保护的灵敏度校验，即以机端两相金属性短路（发电机不与系统并列）计算保护灵敏度，一定满足灵敏系数大于 2.0 的要求，不用再算。

为了正确整定发电机纵差保护的比率制动特性，必须建立两个基本概念：

（1）外部短路使纵差保护因互感器引起的不平衡电流 I_{unb} 与外部短路电流 I_k 的关系应是

图 6-3 中的曲线 OED，而不是虚线 OD，虚线 OD 反映的是不平衡电流随外部短路电流线性增大，这是不真实的。比率制动特性 ABC 虽与直线 OD 相交，但它完全位于 OED 曲线之上，不会因外部短路而误动。

（2）最大制动系数 $K_{res \cdot max}$ 只在最大外部短路电流 $I_{k \cdot max}$ 下是必需的，当 $I_k < I_{k \cdot max}$ 时，K_{res} 可以小于 $K_{res \cdot max}$。若不平衡电流完全由互感器产生，则比率制动特性只要满足在最大外部短路电流下的 $K_{res \cdot max}$ 和最大负荷状态下的 $I_{K \cdot act \cdot min}$，纵差保护就一定不会误动。

二、标积制动式纵差保护

另一种与比率制动式纵差保护非常接近但具有更高灵敏度的标积制动式纵差保护，也只能反映相间短路而不反映匝间短路，它由两侧电流 $\dot{I}_1$ 和 $\dot{I}_2$（见图 6-2）组成动作电流和制动电流，即

动作电流 $$I_k = |\dot{I}_1 - \dot{I}_2| \quad (6-10)$$

制动电流 $$I_{res} = \sqrt{I_1 I_2 \cos\alpha} \quad (6-11)$$

式中 α——$\dot{I}_1$ 和 $\dot{I}_2$ 的相位差，外部短路时 $\alpha = 0°$，内部短路时大多数情况下有 $\alpha = 180°$（由于定子绕组故障部分与非故障部分间的互感作用产生互感电动势，有时发电机定子绕组内部短路存在 $-90° < \alpha < 90°$，$\cos\alpha > 0$，即有外部短路的相位特征）。

外部短路时，$I_{res} = I_1$ 或 $I_{res} = I_2$，很大，而 I_k 仅为不大的不平衡电流，保护可靠制动。

内部短路时，大多数情况下 $\cos\alpha < 0$，此时令 $I_{res} = 0$，I_k 很大，保护灵敏动作。当发电机未并网而发生内部短路时，$I_2 = 0$，$I_{res} = 0$，$I_k = I_1$，仍能灵敏动作。

因此标积制动式纵差保护动作判据可表达为

$$|\dot{I}_1 - \dot{I}_2| > \sqrt{I_1 I_2 \cos\alpha} \quad (6-12)$$

式（6-12）中右侧未加入制动系数 K_{res}，或者说取 $K_{res} = 1.0$，所以无须整定标积制动式纵差保护的制动系数。

标积制动式纵差保护的动作特性如图 6-4 所示。基本动作特性为 $ABCD$，下方为制动区。图中 $\overline{OA} = I_{K \cdot act \cdot min} \approx 0.10$，这是考虑两侧电流互感器 TA 的差异和二次负载的不均衡而设置的，如果两侧 TA 差别较大，可以根据正常满负荷工况下不平衡电流实测值而适当加大 $I_{K \cdot act \cdot min}$。对应横坐标 1.0 的纵坐标 OF，表示制动特性直线的斜率 m，对于发电机而言，取 $\overline{OF} = 0.25$，即 $m = 0.25$。

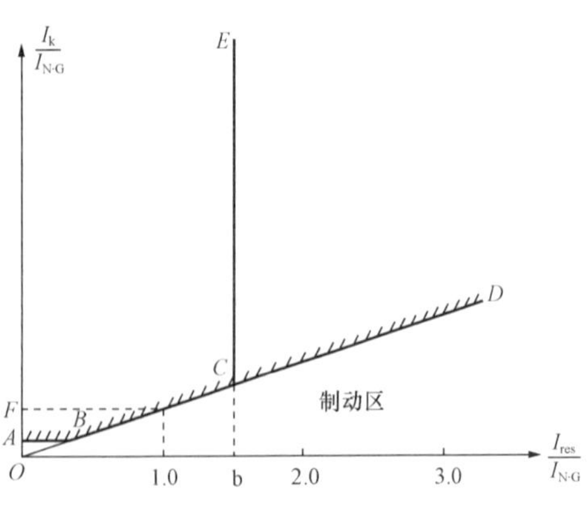

图 6-4 标积制动式纵差保护的动作特性

当 $\cos\alpha > 0$ 且 $I_1/I_{N \cdot G}$、$I_2/I_{N \cdot G}$、$I_{res}/I_{N \cdot G}$ 均大于 1.5 时，保护的动作特性由直线 CE 决定，此时 $I_{K \cdot act} = \infty$，保护可靠不误动。外部短路且两侧电流达到 $1.5 I_{N \cdot G}$ 时，TA 远未饱和，不平衡电流一定不大，不可能误动。因此图 6-4 的标积制动式纵差保护用电流互感器只要求采用 5P 级或 10P 级，就能满足外部暂态过程中不发生误动的要求。

三、不完全纵差保护

比率制动式纵差保护能灵敏地反映发电机定子绕组的相间短路，但是它对定子绕组同相的匝

间短路和定子绕组的分支开焊故障却没有作用。下面讨论可能同时对相间短路、匝间短路和定子绕组开焊故障起保护作用的一种新型发电机纵联差动保护——不完全纵差保护。

1. 传统（完全）纵差保护不反映匝间短路和开焊故障的原因

如图 6-2 所示，利用发电机每相首末两端定子全相电流 $\dot{I}'_1$ 和 $\dot{I}'_2$ 构成的传统（完全）纵差保护，当发生匝间短路或分支开焊时，两端电流 $\dot{I}'_1=\dot{I}'_2$，不管机内故障电流多么大，传统纵差保护将毫无反应。

2. 汽轮发电机不完全纵差保护

如图 6-5 所示，通常大型汽轮发电机定子绕组为每相两并联分支（中型水轮发电机也有这种情况），中性点侧引出 6 个或 4 个端子，因为 TA2 只引入部分相电流，所以互感器 TA1 和 TA2 构成不完全纵差保护，当然 TA1 和 TA2 的变比是不相同的，使正常运行或外部短路时的差动回路不平衡电流很小。

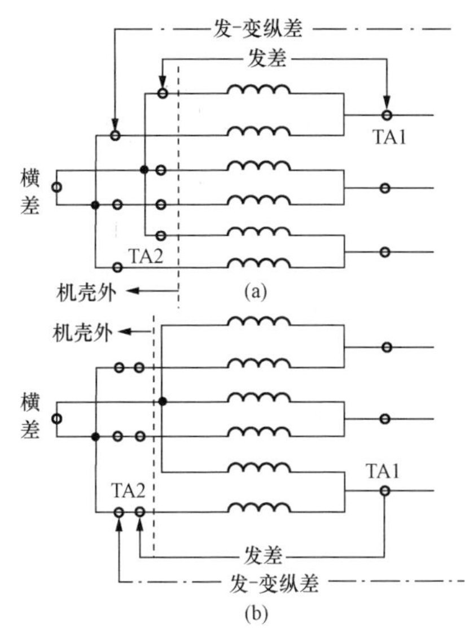

图 6-5 汽轮发电机不完全纵差保护原理接线图

(a) 中性点侧引出 6 个端子；(b) 中性点侧引出 4 个端子

不完全纵差保护之所以能反映发电机内部各种短路和开焊故障，是由于三相定子绕组分布在同一定子铁芯上，不同相间和不同匝间存在或大或小的互感联系。当未装设互感器的定子分支绕组发生故障时，通过互感磁通可以在装设互感器的非故障定子分支中感受到故障的发生，使不完全纵差保护动作。理论分析和试验研究均证明该保护原理的正确性。

这种不完全纵差保护的整定计算与传统纵差保护几乎一样，仅仅是电流互感器的同型系数 K_{ss} 不再是 0.5 而改取为 1.0（因变比不同而不再同型），比率制动特性可取：$I_{K\cdot act\cdot min}=0.10\sim0.20$（图 6-3$A$ 点），$I_{res\cdot 0}\leqslant1.0$（图 6-3$B$ 点），$K_{res\cdot max}=K_{rel}K_{aper}K_{ss}f_i$（图 6-3$C$ 点），一般可取为 0.2～0.3。

四、横联差动保护

前面几部分讨论的是纵差保护，都是比较定子绕组首末两端电流的差动保护。下面将讨论另一种差动保护，这种保护必须将定子绕组分成几部分，比较不同部分分支绕组电流，称为横联差动（横差）保护，包括裂相横差保护和零序电流型横差保护。

1. 裂相横差保护

图 6-6（a）示出裂相横差保护的单相原理图。图中汽轮发电机定子绕组每相有两个并联分支，每一分支均装设电流互感器，一相两分支互感器二次绕组的异极性端相接，差流引至电流继电器 KA。

当发电机正常运行或外部短路时有

$$\dot{I}_1=\dot{I}_2 \text{ 和 } \dot{I}'_1=\dot{I}'_2\text{（理论上）}$$

$$\text{继电器电流 } \dot{I}_d=\dot{I}'_1-\dot{I}'_2=0\text{（理论上）}$$

当定子绕组发生不同相的分支间短路（相间短路）、同相不同分支间或同相同分支间短路（匝间短路）以及分支绕组开焊故障时，同相两分支的平衡被破坏，$\dot{I}_1 \neq \dot{I}_2$，$\dot{I}'_1 \neq \dot{I}'_2$，$\dot{I}_d = \dot{I}'_1 - \dot{I}'_2 \neq 0$，继电器 KA 动作。

对于每相并联分支数 a 大于 2 的水轮发电机，例如图 6-6（b）中表示 $a=5$ 的发电机，可采用裂相横差保护。这时将定子绕组每相并联分支分成两部分，图 6-6（c）所表示的是三分支 a1、a3、a5 成一组，另两分支 a2、a4 成一组，每组装设的互感器二次并联，两组互感器按图 6-6（a）接成横差方式，这就是裂相横差保护 K1。对于 a 为奇数的互感器变比两组并不相同，若为微机保护，两组互感器可选用同一变比，由软件调整它们的平衡。

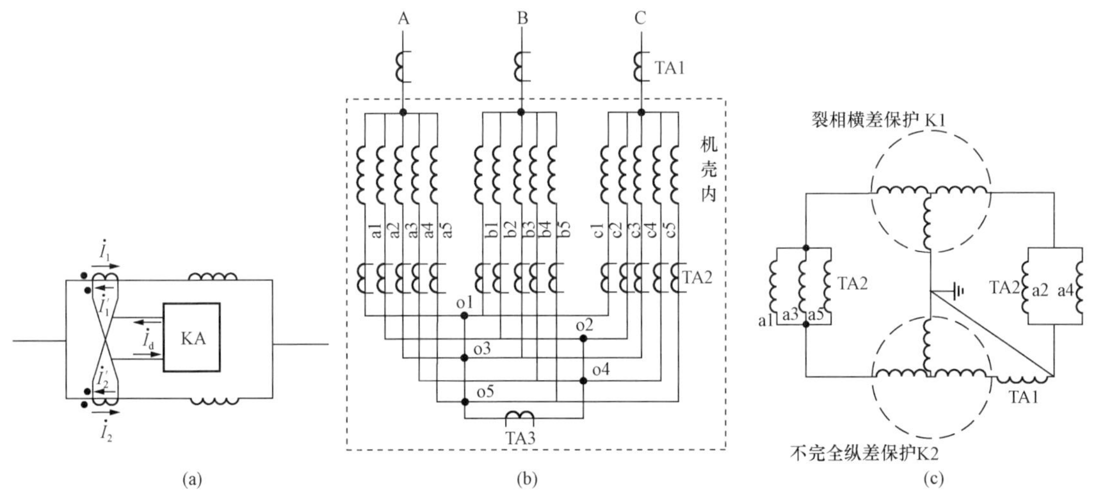

图 6-6　裂相横差保护原理图

（a）裂相横差保护；（b）三相定子绕组接线；（c）单相差动保护二次接线

裂相横差保护在国内外大型水轮发电机上广为采用，与不完全纵差、零序横差共同组成多分支分布中性点接线方式水轮发电机的综合差动保护。裂相横差保护对定子绕组相间短路和匝间短路均有作用，并能兼顾分支开焊故障，但当机端外部引线短路时无保护作用。

2. 零序电流型横差保护

如图 6-6（b）所示在定子绕组每相分裂成两部分的情况下，可以装设一套零序电流型横差保护，接在中性点 o1、o3、o5 与 o2、o4 之间的互感器 TA3 二次。因为一台发电机只装一个互感器和横差继电器，所以以前称为单元件横差保护。这种横差保护装置特别简单，而且功能全面，同样对相间短路、匝间短路和分支开焊有作用，但也不能反映机端外部引线相间短路。

另外，裂相横差保护在正常运行和外部短路条件的不平衡电流比零序横差保护的要大些，因为零序横差保护的不平衡电流中没有因互感器特性不一致产生的 I_{unb} 成分，只有各分支绕组在空间位置不同引起的一部分零序不平衡电流 $I_{unb\cdot 0}$，而且 $I_{unb\cdot 0} < I_{unb}$。这是因为 I_{unb} 中包含着正、负、零序分量电流，而 $I_{unb\cdot 0}$ 中只有零序分量电流。正是由于不平衡电流的大

小不同，相应的动作电流和灵敏度也就不同。

零序横差保护在发电机正常运行时，不平衡电流主要是基波；在外部短路时，不平衡电流中主要是三次谐波成分。

三次谐波不平衡电流 $I_{unb\cdot3}$ 不仅在幅值上大大超过基波不平衡电流 $I_{unb\cdot1}$，而且随外部短路电流的增大，$I_{unb\cdot3}$ 的增长速率也高于 $I_{unb\cdot1}$。当外部短路达到最大值 $I_{k\cdot max}$ 时，不平衡电流最大值 $I_{unb\cdot3\cdot max}$ 更远大于 $I_{unb\cdot1\cdot max}$。

基于对不平衡电流的实测和分析，得出提高零序横差保护灵敏度的一个重要技术措施：尽量加强不平衡电流的三次谐波阻波能力，使三次谐波滤过比 K_3（K_3 =继电器的三次谐波动作电流/基波动作电流）提高到 80%以上，这样不平衡电流 I_{unb} 就大大减小，零序横差保护的动作电流 $I_{k\cdot act\cdot(0)}$ 为

$$I_{k\cdot act\cdot(0)} = K_{rel}K_{aper}\sqrt{I^2_{unb\cdot1\cdot max} + (I_{unb\cdot3\cdot max}/K_3)^2} \tag{6-13}$$

式中 K_{rel}——可靠系数，K_{rel} =1.3～1.5；

K_{aper}——非周期系数，K_{aper} =2.0。

互感器一次额定电流 I_{1N} 减小虽有助于提高零序横差保护的灵敏度，但不应过分减小 I_{1N}，以免在发电机内部短路时互感器深度饱和；已知发电机内部短路时零序横差电流可高达 100kA，所以也不能片面强调提高灵敏度而不适当地减小互感器一次额定电流。大型发电机零序横差保护用互感器变比的选择，应该全面计算定子绕组内部短路时的零序横差电流大小，据此选择 I_{1N} 和互感器型号，例如 5P20 或 5P30（型号中的 20 与 30 表示额定准确限值系数），保证绝大部分内部短路时，互感器有 5%～10%的精度。

鉴于高灵敏零序横差保护装置简单，功能全面（同时对相间、匝间短路起保护作用，兼顾分支开焊故障），灵敏度高，成为发电机内部故障的第一主保护。

高灵敏零序横差保护是发电机定子绕组内部故障的第一保护，但它对机端外部引线相间短路无保护作用，虽然发电机机端出线均采用分相封闭母线，但引线两相接地短路仍有发生，所以在考虑大型发电机—变压器组保护总配置方案时，除在发电机上配备高灵敏零序横差保护外，还应考虑发电机机端引线相间短路的需要，装设其他纵差保护。

按照规程要求，用机端两相金属性短路来校验保护的灵敏度，对横差保护完全不适用。可用发电机内部故障计算软件校验横差保护灵敏度。

五、综合差动保护

我国大型水轮发电机上已运行的综合差动保护，如图 6-6（b）、（c）所示，包括不完全纵差保护 K2、裂相横差保护 K1 和高灵敏零序横差保护［装设在图 6-6（b）的 TA3 二次］。

早先的综合差动保护的一大特点是定子绕组的每一并联分支中性点侧均装有互感器，它们都在发电机壳内，常年与发电机本体一同振动，平时无法监视，一旦互感器二次断线，可能酿成大患。最近的综合差动保护已大大减少了分支互感器的数量，对于每相 8 并联分支的大型水轮发电机，不再配置裂相横差保护，但装了两套高灵敏零序横差保护、发电机和发电机—变压器组各一套不完全纵差保护。这种保护配置方案，对发电机内部短路具有四重化的主保护，对机端引线相间短路也有双重化的主保护。究竟装设哪几种主保护，原则上应由发电机内部短路计算灵敏度决定。

第三节 发电机定子绕组单相接地保护

一、发电机定子绕组单相接地特点与发电机单相接地处理方式

1. 发电机定子绕组单相接地故障特点

根据安全的要求，发电机的外壳都是接地的，因此定子绕组因绝缘破坏而引起的单相接地故障比较普遍。当接地电流比较大，能在故障点引起电弧时，将使绕组的绝缘和定子铁芯烧坏。

定子绕组单相接地故障对发电机的危害主要表现在定子铁芯的烧伤和接地故障扩大为相间或匝间短路。

铁芯烧伤的程度由故障点电流 I_{k} 和故障持续时间 t 决定，I_{k}^2t 越大，铁芯损伤越严重。对于没有伤及铁芯的定子绕组绝缘损坏，修复工作较简单，所以停机时间较短；一旦烧伤铁芯，由于大型发电机组定子铁芯结构复杂，修复困难，所以停机时间就长。如果说定子绕组绝缘损坏和单相接地故障是在所难免的，由此而殃及定子铁芯则是完全应该避免的，为此应设法减小定子绕组单相接地电流 I_{k}，同时缩短故障的持续时间。

定子绕组绝缘一点损坏（单相接地）时故障电流仅数安或数十安，故障处电弧时断时续，将产生间歇性弧光过电压，可能由此而引发多点绝缘损坏，轻微的单相接地故障扩展为灾难性的相间或匝间短路也是必须避免的。

定子绕组单相接地的故障电流和暂态过电压大小均与发电机中性点接地方式有关。现代发电机普遍采用中性点不接地或经消弧线圈接地的方式，因此，当发电机内部单相接地时，流经接地点的电流仍为发电机所在电压网络（与发电机有直接联系的各元件）对地电容电流之总和，其值很小。随着单机容量的进一步增大，三相对地电容 C 也相应增大，单相接地故障电容电流 $I_{\mathrm{k}\cdot C}$ 可能超过允许值。发电机定子绕组单相接地故障电流的允许值，应采用制造厂的规定值，如无规定值时，可参照表 6 - 2 所列的数据。

表 6 - 2 发电机单相接地电流允许值

发电机额定电压（kV）	发电机额定容量（MW）	接地电流允许值（A）
6.3	＜50	4
10.5	50～100	3
13.8～15.75	125～200	2（氢内冷发电机为 2.5）
18～20	300	1

按照我国国家标准要求，很多大型发电机的单相接地电容电流 $I_{\mathrm{k}\cdot C}$ 已超过上述允许值，所以大型发电机普遍采用中性点经消弧线圈的接地方式。发电机中性点经消弧线圈接地，能够最大限度地减小接地故障电流，完全符合国际上发电机中性点接地方式的总趋势。

当发电机内部单相接地时，流经接地点的电流仍为发电机所在电压网络（与发电机有直接联系的各元件）对地电容电流之总和，而不同之处在于故障点的零序电压将随发电机内部接地点的位置而变化，如图 6 - 7（a）所示。假设 A 相接地发生在定子绕组距中心点 a 处，a 表示由中性点到故障点的绕组占全部绕组匝数的百分比，则故障点各相电动势为 $a\dot{E}_{\mathrm{A}}$、

$a\dot{E}_B$ 和 $a\dot{E}_C$ ，而故障点各相对地电压分别为

$$\left.\begin{aligned}\dot{U}_{AD(a)} &= 0\\ \dot{U}_{BD(a)} &= a\dot{E}_B - a\dot{E}_A\\ \dot{U}_{CD(a)} &= a\dot{E}_C - a\dot{E}_A\end{aligned}\right\} \tag{6-14}$$

因此，故障点的零序电压为

$$\dot{U}_{k0(a)} = \frac{1}{3}(\dot{U}_{AD} + \dot{U}_{BD} + \dot{U}_{CD}) = -a\dot{E}_A \tag{6-15}$$

式（6-15）表明，故障点的零序电压将随着故障点位置的不同而改变。由此，发电机内部单相接地的零序等效网络如图 6-7（b）所示。图中 C_{0G} 为发电机每相的对地电容，C_{0L} 为发电机以外电压网络每相对地的等效电容。由此即可求出发电机的零序电容电流和网络的零序电容电流分别为

$$\left.\begin{aligned}3\dot{I}_{0G} &= j3\omega C_{0G}\dot{U}_{k0(a)} = -j3\omega C_{0G}a\dot{E}_A\\ 3\dot{I}_{01} &= j3\omega C_{0L}\dot{U}_{k0(a)} = -j3\omega C_{0L}a\dot{E}_A\end{aligned}\right\} \tag{6-16}$$

则故障点总的接地电流即为

$$\dot{I}_{k(a)} = -j3\omega(C_{0G} + C_{0L})a\dot{E}_A \tag{6-17}$$

有效值

$$I_{k(a)} = 3\omega(C_{0G} + C_{0L})aE_{ph}$$

式中　E_{ph}——发电机的相电动势。一般在计算时，常用发电机网络的平均额定相电压 U_φ 来代替 E_φ，即可表示为

$$I_{k(a)} = 3\omega(C_{0G} + C_{0L})aU_\varphi$$

流经故障点的接地电流也与 a 成正比，因此当故障点位于发电机出线端子附近时，$a \approx 1$，接地电流为最大，其值为 $3\omega(C_{0G} + C_{0L})U_\varphi$。

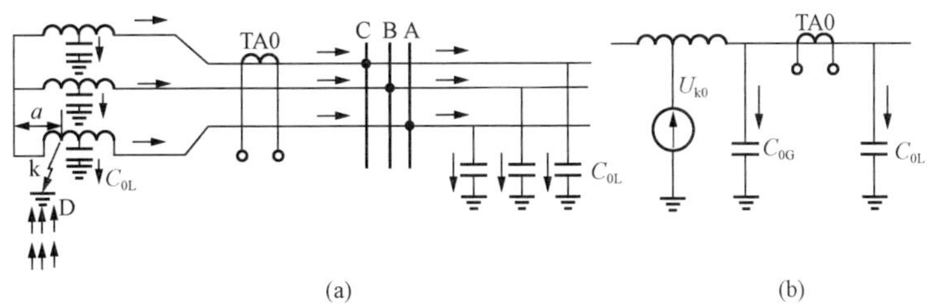

图 6-7　发电机内部单相接地时的电流分布

（a）三相网络接线；（b）零序等效网络

当发电机内部单相接地时，流经发电机零序电流互感器 TA0 一次侧的零序电流如图 6-7（b）所示，为发电机以外电压网络的对地电容电流 $3\omega C_{0L}aU_\varphi$。而当发电机外部单相接地时，如图 6-8 所示，流过 TA0 的零序电流为发电机本身的对地电容电流。

当发电机内部单相接地时，实际上无法直接获得故障点的零序电压 $\dot{U}_{k0(a)}$，而只能借助于机端的电压互感器来进行测量。由图 6-7 可见，当忽略各相电流在发电机内阻抗上的压降时，机端各相的对地电压应分别为

$$\left.\begin{aligned}\dot{U}_{AD} &= (1-a)\dot{E}_A \\ \dot{U}_{BD} &= \dot{E}_B - a\dot{E}_A \\ \dot{U}_{CD} &= \dot{E}_C - a\dot{E}_A\end{aligned}\right\} \tag{6-18}$$

其相量关系如图 6-9 所示。由此可求得机端的零序电压为

$$\dot{U}_{k0} = \frac{1}{3}(\dot{U}_{AD} + \dot{U}_{BD} + \dot{U}_{CD}) = -a\dot{E}_A = \dot{U}_{k0(a)} \tag{6-19}$$

其值和故障点的零序电压相等。

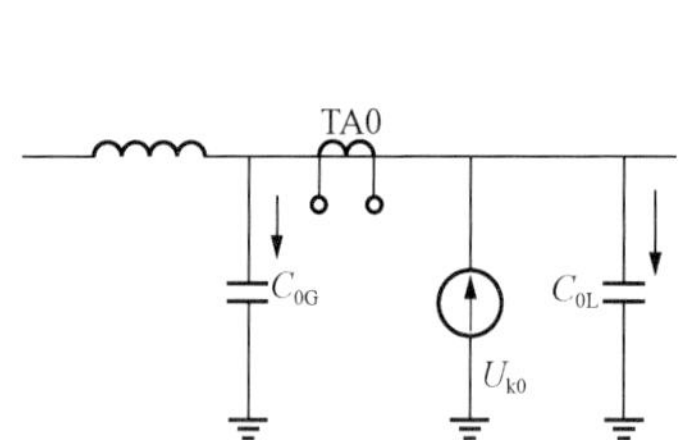

图 6-8 发电机外部单相接地的零序等效网络

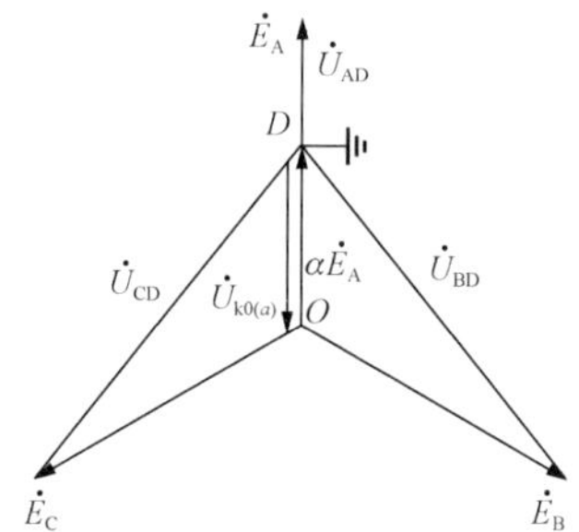

图 6-9 发电机内部单相接地时机端电压相量图

2. 大型发电机单相接地处理方式

由于发电机中性点经消弧线圈接地（欠补偿或完全补偿但必须串接小电阻），在发生单相接地故障时，保护不必立即跳闸，而仅发接地故障信号，值班人员马上向上级调度部门报告发电机定子绕组接地故障信息，并同时转移负荷，实现平稳停机检修，这种处理故障的方式有利于机组安全，对系统和负荷影响极小。由于保护不跳闸，发生定子绕组接地故障的发电机在处理过程中一直与系统并列，频率始终维持额定，也就不会产生严重的暂态过电压，因此没有引发相间或匝间短路的可能性。对于大型发电机组，虽不主张单相接地保护动作于跳闸，但也不主张继续运行，而是要求立即转移负荷，停机检修。

二、利用零序电压构成的发电机定子绕组单相接地保护

一般大、中型发电机在电力系统中大都采用发电机—变压器组的接线方式，在这种情况下，发电机电压网络中，只有发电机本身、连接发电机与变压器的电缆以及变压器的对地电容（分别以 C_{0G}、C_{0X}、C_{0T} 表示），其分布情况如图 6-10 所示。当发电机单相接地后，接地电容电流一般小于允许值。对于大容量的发电机—变压器组，若接地后的电容电流大于允许值，则可在发电机电压网络中装设消弧线圈予以补偿。由于上述三相电容电流的数值基本上不受系统运行方式变化的影响，因此装设消弧线圈后，可以把接地电流补偿到很小的数值。在上述两种情况下，均可以装设作用于信号的接地保护。

发电机内部单相接地的信号装置，一般是反映于零序电压而动作，其原理接线如图 6-11所示。图中过电压继电器连接于发电机电压互感器二次侧接成开口三角形的输出电压上。

由于在正常运行时，发电机相电压中还含有三次谐波，因此，在机端电压互感器接成开口三角形的一侧也有三次谐波电压输出；此外，当变压器高压侧发生接地故障时，由于变压器高、低压绕组之间有电容存在，因此，在发电机端也会产生零序电压。为了保证保护动作

的选择性，保护装置的整定值应躲开正常运行时的不平衡电压（包括三次谐波电压），以及变压器高压侧接地时在发电机端所产生的零序电压。根据运行经验，继电器的启动电压一般整定为15～30V。

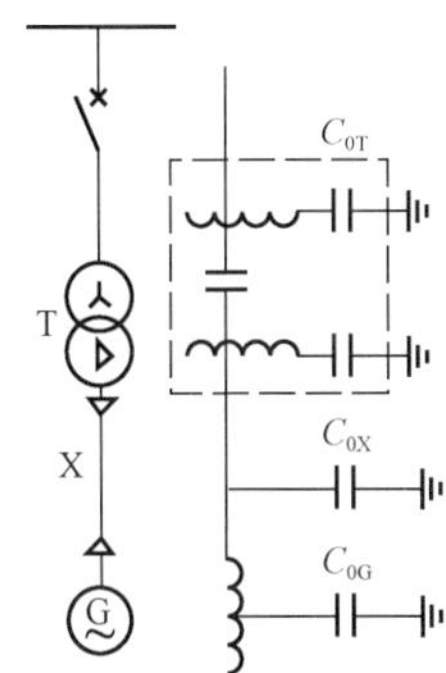

图6-10　发电机—变压器组接线中，发电机电压系统的对地电容分布

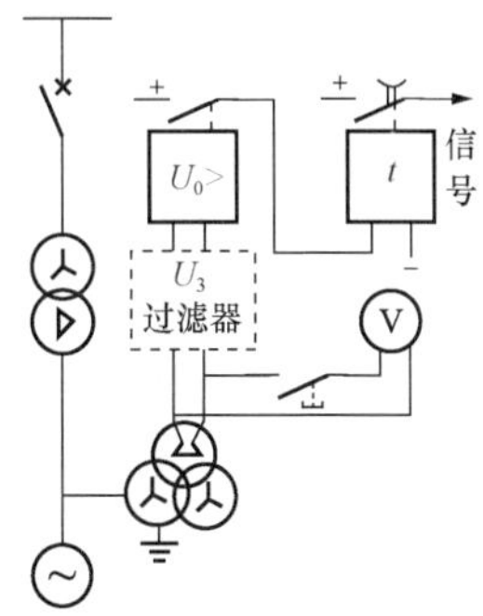

图6-11　发电机—变压器组单相接地的信号装置接线图

按以上条件整定的保护，由于整定值较高，因此，当中性点附近发生接地故障时，保护装置不能动作，因而出现死区。为了减小死区，可采取以下措施来降低启动电压：

（1）如图6-11所示，加装三次谐波带阻过滤器。

（2）对于高压侧中性点直接接地的电网，利用保护装置的延时来躲开高压侧的接地故障。

（3）在高压侧中性点非直接接地的电网中，利用高压侧的零序电压将发电机接地保护闭锁或利用它对保护实现制动。

采取以上措施以后，保护的整定值可降低到5～10V，因而零序电压保护范围虽然有所提高，但在中性点附近接地时仍然有一定的死区。

由此可见，利用零序电流和零序电压构成的接地保护，对定子绕组都不能达到100%的保护范围。对于大容量机组而言，由于振动较大而产生的机械损伤或发生漏水（指水内冷的发电机）等原因，都可能使靠近中性点附近的绕组发生接地故障。如果这种故障不能及时被发现，则一种可能是进一步发展成匝间或相间短路；另一种可能是如果又在其他地点发生接地，则形成两点接地短路。这两种结果都会造成发电机的严重损坏。因此，对大型发电机组，特别是定子绕组用水内冷的机组，应装设能反映100%定子绕组接地的接地保护。

目前，100%定子接地保护装置一般由两部分组成。第一部分是零序电压保护，如上所述它能保护定子绕组的85%以上；第二部分保护则用来消除零序电压保护不能保护的死区。为提高可靠性，两部分的保护区应相互重叠。构成第二部分保护的方案主要有：

（1）发电机中性点加固定的工频偏移电压，其值为额定相电压的10%～15%。当发电机定子绕组接地时，利用此偏移电压来加大故障点的电流（其值限制在10～25A），接地保护即反映于这个电流而动作。

（2）附加直流或低频（20Hz或25Hz）电源，通过发电机端的电压互感器将其电流注入发电机定子绕组，当定子绕组发生接地时，保护装置将反映于此注入电流的增大而动作。

（3）利用发电机固有的三次谐波电动势，以发电机中性点侧和机端侧三次谐波电压比值的变化或比值和方向的变化，来作为保护动作的判据。

在以上方案中，有些本身就具有保护区达100%的性能，此时可用零序电压保护作为后备，以进一步提高可靠性。

三、利用三次谐波电压构成的100%定子接地保护

1. 发电机三次谐波电动势的分布特点

由于发电机气隙磁通密度的非正弦分布和铁磁饱和的影响，在定子绕组中感应的电动势除基波分量外，还含有高次谐波分量。其中三次谐波电动势虽然可在线电动势中消除，但在相电动势中依然存在。因此，每台发电机总有约百分之几的三次谐波电动势，设以E_3表示。

如果把发电机的对地电容等效地看作集中在发电机的中性点N和机端S，每端为$\frac{1}{2}C_{0G}$，并将发电机端引出线、升压变压器、厂用变压器以及电压互感器等设备的每相对地电容C_{0S}也等效地放在机端，则正常运行情况下的等效网络如图6-12所示，由此即可求出中性点及机端的三次谐波电压分别为

$$U_{N3}=\frac{C_{0G}+2C_{0S}}{2(C_{0G}+C_{0S})}E_3$$

$$U_{S3}=\frac{C_{0G}}{2(C_{0G}+C_{0S})}E_3$$

此时，机端三次谐波电压与中性点三次谐波电压之比为

$$\frac{U_{S3}}{U_{N3}}=\frac{C_{0G}}{C_{0G}+2C_{0S}}<1 \tag{6-20}$$

由式（6-20）可见，在正常运行时，发电机中性点侧的三次谐波电压U_{N3}总是大于发电机端的三次谐波电压U_{S3}。极限情况是，当发电机出线端开路（$C_{0S}=0$）时，$U_{S3}=U_{N3}$。

当发电机中性点经消弧线圈接地时，其等值电路如图6-13所示，假设基波电容电流得到完全补偿，则

$$\omega L=\frac{1}{3\omega(C_{0G}+C_{0S})} \tag{6-21}$$

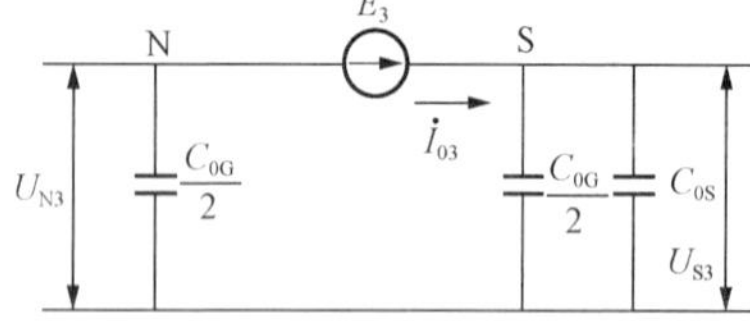

图6-12 发电机三次谐波电动势和对地电容的等值电路图

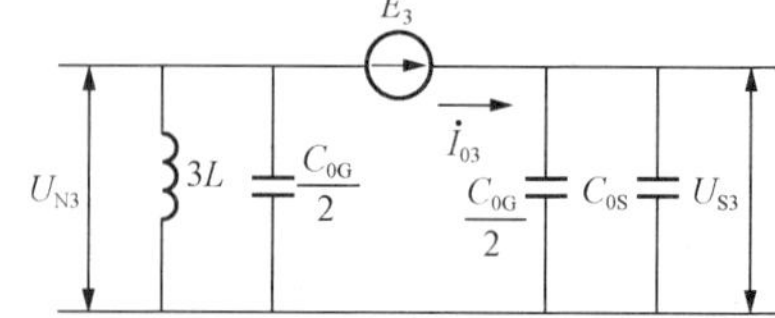

图6-13 发电机中性点接有消弧线圈时，三次谐波电动势及对地电容的等值电路图

此时发电机中性点侧对三次谐波的等值电抗为

$$X_{N3}=\mathrm{j}\frac{3\omega(3L)\left(\frac{-2}{3\omega C_{0G}}\right)}{3\omega(3L)-\frac{2}{3\omega C_{0G}}}$$

将式（6 - 21）代入上式整理后可得

$$X_{N3}=-\mathrm{j}\,\frac{6}{\omega(7C_{0G}-2C_{0S})}$$

发电机端对三次谐波的等值电抗为

$$X_{S3}=-\mathrm{j}\,\frac{2}{3\omega(C_{0G}+2C_{0S})}$$

因此，发电机端三次谐波电压和中性点侧三次谐波电压之比为

$$\frac{U_{S3}}{U_{N3}}=\frac{X_{S3}}{X_{N3}}=\frac{7C_{0G}-2C_{0S}}{9(C_{0G}+2C_{0S})} \tag{6 - 22}$$

式（6 - 22）表明，接入消弧线圈以后，中性点侧的三次谐波电压 U_{N3} 在正常运行时比机端三次谐波电压 U_{S3} 更大。在发电机出线端开路时，$C_{0S}=0$，则

$$\frac{U_{S3}}{U_{N3}}=\frac{7}{9} \tag{6 - 23}$$

在正常运行情况下，尽管发电机的三次谐波电动势 E_3 随着发电机的结构及运行状况而改变，但是其机端三次谐波电压与中性点三次谐波电压的比值总是符合以上关系的。

当发电机定子绕组发生金属性单相接地时，设接地发生在距中性点 a 处，其等值电路如图 6 - 14 所示。此时不管发电机中性点是否接有消弧线圈，恒有

$$U_{N3}=aE_3$$

$$U_{S3}=(1-a)E_3$$

则

$$\frac{U_{S3}}{U_{N3}}=\frac{1-a}{a} \tag{6 - 24}$$

U_{S3}、U_{N3} 大小随 a 而变化的关系如图 6 - 15 所示。当 $a<50\%$ 时，恒有 $U_{S3}>U_{N3}$。

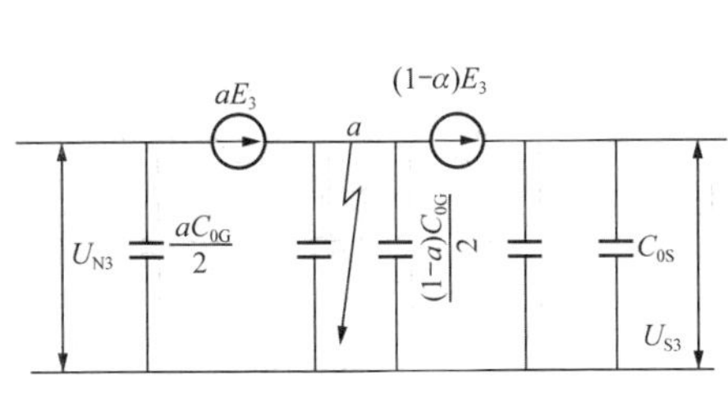

图 6 - 14　发电机内部单相接地时，三次谐波电动势分布的等值电路图

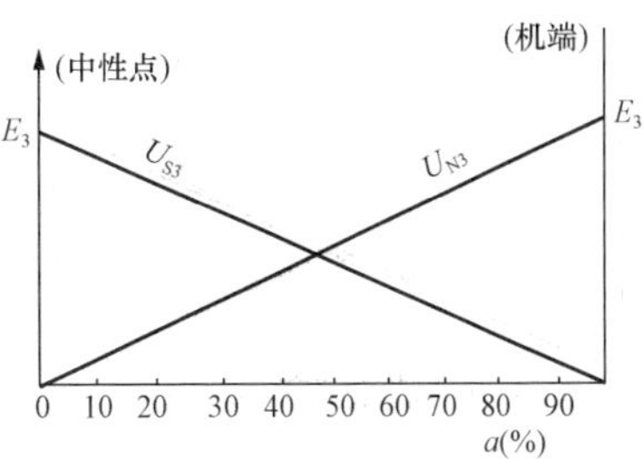

图 6 - 15　U_{S3}、U_{N3} 随 a 的变化曲线

因此，如果利用机端三次谐波电压 U_{S3} 作为动作量，而用中性点侧三次谐波电压 U_{NS} 作为制动量来构成接地保护，且当 $U_{S3}\geqslant U_{N3}$ 时为保护的动作条件，则在正常运行时保护不可能动作，而当中性点附近发生接地时，则具有很高的灵敏性。利用这种原理构成的接地保护，可以反映定子绕组中性点侧约 50%范围以内的接地故障。

2. 反映三次谐波电压的比值$\left(\frac{U_{N3}}{U_{S3}}\right)$和基波零序电压组合而构成的 100%定子接地保护

如上所述，利用三次谐波电压构成的接地保护可以反映发电机绕组中 $a<50\%$ 范围以内的单相接地故障，且当故障点越接近于中性点时，保护的灵敏性越高；而利用基波零序电

压构成的接地保护，则可以反映 $a>15\%$ 以上范围的单相接地故障，且当故障点越接近于发电机出线端时，保护的灵敏性越高。因此，利用三次谐波电压比值和基波零序电压的组合，构成了 100% 的定子绕组接地保护。

第四节　发电机负序过电流保护

一、负序过电流保护的作用

当电力系统发生不对称短路或在正常运行情况下三相负荷不平衡时，在发电机定子绕组中将出现负序电流，此电流在发电机空气隙中建立负序旋转磁场相对于转子为两倍的同步转速，因此将在转子绕组、阻尼绕组以及转子铁芯等部件上感应出 100Hz 的倍频电流，该电流使得转子上电流密度很大的某些部位（如转子端部、护环内表面等），可能出现局部灼热，甚至可能使护环受热松脱，从而导致发电机的重大事故。此外，负序气隙旋转磁场与转子电流之间以及正序气隙旋转磁场与定子负序电流之间所产生的 100Hz 交变电磁转矩，将同时作用在转子大轴和定子机座上，从而引起 100Hz 的振动。

负序电流在转子中所引起的发热量，正比于负序电流的平方及所持续时间的乘积。在最严重的情况下，假设发电机转子为绝热体（不向周围散热），则不使转子过热所允许的负序电流和时间的关系为

$$\int_0^t i_2^2 \mathrm{d}t = I_{2*}^2 t = A \tag{6-25}$$

$$I_{2*} = \sqrt{\frac{\int_0^t i_2^2 \mathrm{d}t}{t}} \tag{6-26}$$

式中　i_2——流经发电机的负序电流；

t——i_2 所持续的时间；

I_{2*}^2——在时间 t 内 i_2^2 的平均值，应采用以发电机额定电流为基准的标幺值；

A——与发电机类型和冷却方式有关的常数。

关于 A 的数值，应采用制造厂所提供的数据。其参考值为：对凸极式发电机或调相机，可取 $A=40$；对于空气或氢气表面冷却的隐极式发电机，可取 $A=30$；对于导线直接冷却的 100～300MW 汽轮发电机，可取 $A=6\sim15$ 等。

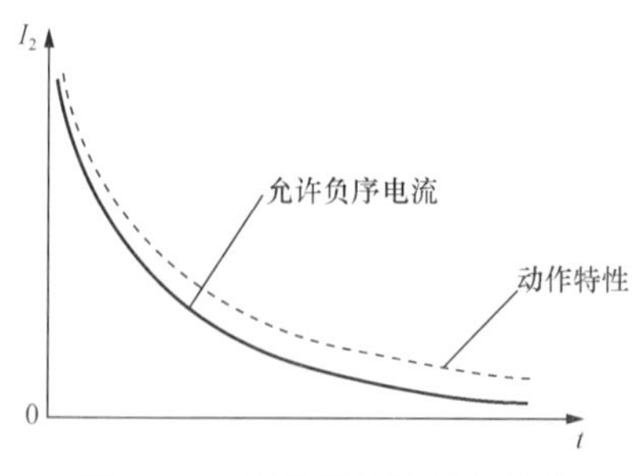

图 6-16　保护跳闸特性与负序电流曲线的配合

随着发电机组容量的不断增大，所允许的承受负序过负荷的能力也随之下降（A 值减小）。例如取 600MW 汽轮发电机 A 的设计值为 4，其允许负序电流与持续时间的关系如图6-16中的曲线所示。这就对负序电流保护的性能提出了更高的要求。

针对上述情况而装设的发电机负序过电流保护实际上是对定子绕组电流不平衡而引起转子过热的一种保护，因此应作为发电机的主保护方式之一。

此外，由于大容量机组的额定电流很大，而在相邻元件末端发生两相短路时的短路电流可能较小，此时采用复合电压（低电压和负序电压）启动的过电流保护往往不能满足作为相邻元件后备保护时对灵敏系数的要求。在这种情况

下，采用负序电流作为后备保护，就可以提高不对称短路时的灵敏性。由于负序过电流保护不能反映三相短路，因此，当用它作为后备保护时，还需要附加装设一个单相式的低电压启动过电流保护，以专门反映三相短路。

二、负序反时限过电流保护

负序反时限动作跳闸的特性与发电机允许的负序电流曲线相配合时，通常采用图 6-16 所示的方式，即动作特性在允许负序电流的上面，其间的距离按转子温升裕度决定。这样配合可以避免在发电机还没有达到危险状态时就把发电机切除。此时保护装置的动作特性可表示为

$$t=\frac{A}{I_2^2-a}$$

或

$$I_2^2t=A+at \tag{6-27}$$

式中　a——与转子的温升特性、温升裕度等因素有关的常数。

式（6-27）所代表的意义是：发电机允许负序电流的特性 $I_2^2t=A$ 是在绝热的条件下给出的，实际上考虑转子的散热条件后，对于同一时间内所允许的负序电流值要比 $I_2^2t=A$ 的计算值略高一些，因此在保护动作特性中引入了后面一项 at。

按式（6-27）构成反时限过电流保护原理框图如图 6-17 所示。I_2 过滤器的输出电压与负序电流成正比，同时加于过负荷启动回路和 I_2^2 运算回路。

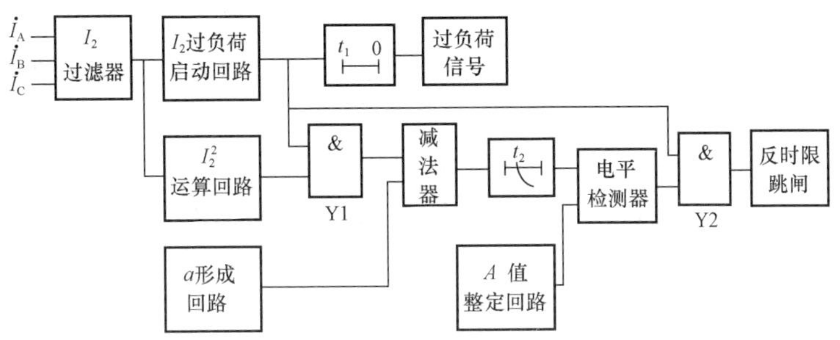

图 6-17　负序反时限过电流保护原理框图

启动回路动作后，当负序电流超过发电机的长期允许值时，延时 t_1 发出过负荷信号，同时还输出信号至 Y1 和 Y2 的输入端，Y1 用以开放反时限部分的计时回路，允许 I_2^2 运算回路的输出按式（6-27）所示关系进行工作，Y2 用以开放反时限部分的跳闸回路，以防止由于保护装置内部元件损坏造成误动作。

在反时限部分中，Y1 的输出和 a 形成回路的输出经减法器后形成（I_2^2-a），然后加于反时限元件 t_2，一般可由 RC 积分电路构成。电平检测器反映于 $(I_2^2-a)t\geqslant A$ 而动作，动作后即可通过 Y2 跳闸。当用于 A 值不同的发电机时，可利用 A 值的整定回路选取适当的数值，以满足被保护发电机的要求。

对过负荷的信号部分的整定值可按以下原则考虑：应按照躲开发电机长期允许的负序电流和最大负荷下负序过滤器的不平衡电流（均应考虑继电器的返回系数）来确定。根据有关规定，汽轮发电机的长期允许负序电流为 6%～8%的额定电流，水轮发电机的长期允许负序电流为 12%的额定电流。因此，一般情况下负序过负荷发信号整定值

可取为

$$I_{2\cdot act} = 0.1 I_{N\cdot G} \tag{6-28}$$

其动作时限则应保证在外部不对称短路时保护动作的选择性，一般采用5～10s。

第五节 发电机的失磁保护

一、发电机的失磁运行及其影响

发电机失磁故障是指发电机在运行过程中其励磁突然全部消失或部分消失的故障。引起失磁的原因有转子绕组故障、励磁机故障、自动灭磁开关误跳闸、半导体励磁系统中某些元件损坏或回路发生故障以及误操作等。

当发电机完全失去励磁时，励磁电流将逐渐衰减至零。由于发电机的空载电动势 E_q 随着励磁电流的减小而减小，因此，其电磁转矩也将小于原动机的转矩，因而引起转子加速，使发电机的功角 δ 增大。当 δ 超过静态稳定极限角时，发电机与系统失去同步。发电机失磁后将从并列运行的电力系统中吸收感性无功功率供给转子励磁电流，在定子绕组中感应电动势。在发电机超过同步转速后，转子回路中将感应出频率为 $f_G - f_s$（此处 f_G 为对应发电机转速的频率，f_s 为系统频率）的电流，此电流产生异步制动转矩，当异步转矩与原动机转矩达到平衡时，即进入稳定的异步运行。

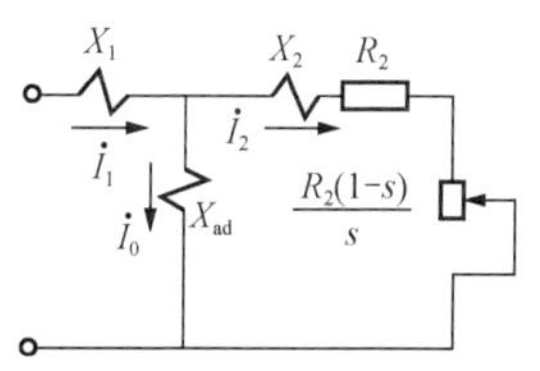

图 6-18 异步发电机的等效电路图
X_1 —定子绕组漏抗；X_2 —转子绕组漏抗；R_2 —转子绕组电阻；s—转差率，$s=\frac{f_s-f_G}{f_s}$；$\frac{R_2(1-s)}{s}$ —反映发电机功率大小的等效电阻；X_{ad} —定子与转子绕组之间的互感电抗

根据电机学的分析，异步发电机的等效电路与异步电动机的相似，可以用图 6-18 来表示。当发电机失磁后而异步运行时，将对电力系统和发电机产生以下影响：

（1）需要从电网中吸收很大的无功功率以建立发电机的磁场。所需无功功率的大小，主要取决于发电机的参数（X_1、X_2、X_{ad}）以及实际运行时的转差率。例如，汽轮发电机与水轮发电机相比，前者的同步电抗 X_d（$X_d = X_1 + X_{ad}$）较大，则所需的无功功率较小。又当 s 增大时，$\frac{R_2(1-s)}{s}$ 减小，$\dot{I}_1$ 和 $\dot{I}_2$ 随之增大，则相应所需的无功功率也要增加。假设失磁前发电机向系统送出无功功率 Q_1，而在失磁后从系统吸收无功功率 Q_2，则系统中将出现 $Q_1 + Q_2$ 的无功功率差额。

（2）由于从电力系统中吸收无功功率将引起电力系统的电压下降，如果电力系统的容量较小或无功功率的储备不足，则可能使失磁发电机的机端电压、升压变压器高压侧的母线电压或其他邻近点的电压低于允许值，从而破坏了负荷与各电源间的稳定运行，甚至可能因电压崩溃而使系统瓦解。

（3）由于失磁发电机吸收了大量的无功功率，因此为了防止其定子绕组过电流，发电机所能发出的有功功率将较同步运行时有不同程度的降低，吸收的无功功率越大则降低得越多。

（4）失磁后发电机的转速超过同步转速，因此，在转子及励磁回路中将产生频率为 $f_G - f_s$ 的交流电流，因而形成附加损耗，使发电机转子和励磁回路过热。显然，当转差率越大时，所引起的过热也越严重。

根据以上分析，结合汽轮发电机来看，由于其异步功率比较大，调速器也比较灵敏，因此当超速运行后，调速器立即关小汽门，使汽轮机的输出功率与发电机的异步功率很快达到平衡，在转差率小于0.5%的情况下即可稳定运行。故汽轮发电机在很小的转差下异步运行一段时间，原则上是完全允许的。此时，是否需要并允许其异步运行，则主要取决于电力系统的具体情况。例如，当电力系统的有功功率供应比较紧张，同时一台发电机失磁后，系统能够供给它所需要的无功功率，并能保证电网的电压水平时，则失磁后就应该继续运行；反之，如系统中有功功率有足够的储备，或者系统没有能力供给它所需要的无功功率，则失磁以后就不应该继续运行。

对水轮发电机而言，失磁后异步运行有如下后果：

1）其异步功率较小，必须在较大的转差下（一般达到1%～2%）运行，才能发出较大的功率。

2）由于水轮机的调速器不够灵敏，时滞较大，甚至可能在功率尚未达到平衡以前就大大超速，从而使发电机与系统解列。

3）其同步电抗较小，如果异步运行，则需要从电网吸收大量的无功功率。

4）其纵轴和横轴很不对称，异步运行时，机组振动较大等。因此水轮发电机一般不允许在失磁以后继续运行。

为此，在发电机上，尤其是在大型发电机上应装设失磁保护，以便及时发现失磁故障，并采取必要的措施，例如发出信号由运行人员及时处理、自动减负荷或动作于跳闸等，以保证电力系统和发电机的安全。

二、发电机失磁后的机端测量阻抗

以汽轮发电机经一联络线与无穷大系统并列运行为例，其等值电路和正常运行时的相量图如图6-19所示。

根据电机学中的分析，发电机送到受端的功率$W = P + jQ$分别为

$$P = \frac{E_q U_s}{X_\Sigma}\sin\delta \qquad (6-29)$$

$$Q = \frac{E_q U_s}{X_\Sigma}\cos\delta - \frac{U_s^2}{X_\Sigma} \qquad (6-30)$$

$$X_\Sigma = X_d + X_s$$

受端的功率因数角为

$$\varphi = \tan^{-1}\frac{Q}{P} \qquad (6-31)$$

在正常运行时，$\delta < 90°$；一般当不考虑励磁调节器的影响时，$\delta = 90°$为稳定运行的极限；$\delta > 90°$后发电机失步。

发电机从失磁开始到进入稳定异步运行，一般可分为三个阶段：失磁后到失步前、临界失步点、失步后的异步运行阶段。

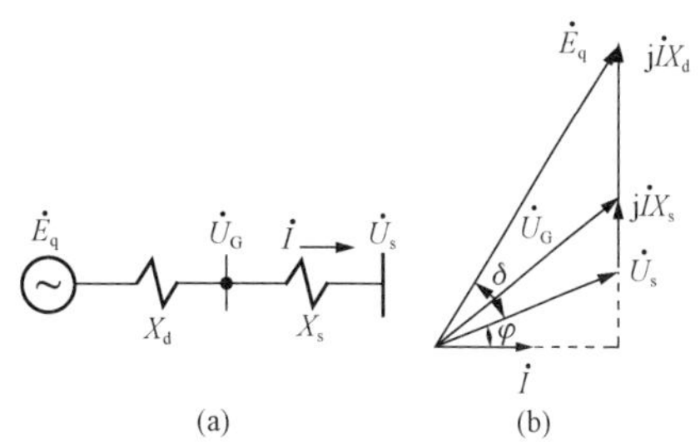

图6-19　发电机与无限大系统并列运行

(a) 等值电路；(b) 相量图

$\dot{E}_q$—发电机的空载电动势；$\dot{U}_G$—发电机端的相电压；$\dot{U}_s$—无穷大系统的相电压；$\dot{I}$—发电机的定子电流；X_d—发电机的同步电抗；X_s—发电机与系统之间的联系电抗；φ—受端的功率因数角；δ—$\dot{E}_q$和$\dot{U}_s$之间的夹角（即功角）

1. 失磁后到失步前

在失磁后到失步前的阶段中，转子电流逐渐衰减，E_q 随之减小，发电机的电磁功率 P 开始减小，由于原动机所供给的机械功率还来不及减小，于是转子逐渐加速，使 $\dot{E}_q$ 和 $\dot{U}_s$ 之间的功角 δ 随之增大，P 又要回升。在这一阶段中，$\sin\delta$ 的增大与 E_q 的减小相补偿，基本上保持了电磁功率 P 不变。

与此同时，无功功率 Q 将随着 E_q 的减小和 δ 的增大而迅速减小，按式（6-30）计算的 Q 值将由正变负，即发电机变为吸收感性无功功率。

在这一阶段中，发电机端的测量阻抗为

$$
\begin{aligned}
Z_G &= \frac{\dot{U}_G}{\dot{I}} = \frac{\dot{U}_s + j\dot{I}X_s}{\dot{I}} = \frac{\dot{U}_s\hat{\dot{U}}_s}{\dot{I}\hat{\dot{U}}_s} + jX_s = \frac{U_s^2}{\hat{\dot{W}}} + jX_s \\
&= \frac{U_s^2}{2P}\frac{P - jQ + P + jQ}{P - jQ} + jX_s = \frac{U_s^2}{2P}\left(1 + \frac{P + jQ}{P - jQ}\right) + jX_s \\
&= \frac{U_s^2}{2P}\left(1 + \frac{We^{j\varphi}}{We^{-j\varphi}}\right) + jX_s = \left(\frac{U_s^2}{2P} + jX_s\right) + \frac{U_s^2}{2P}e^{j2\varphi}
\end{aligned}
\tag{6-32}
$$

如上所述，式中的 U_s、X_s 和 P 为常数，而 Q 和 φ 为变数，因此它是一个圆的方程式。表示在复数平面上其圆心 O' 的坐标为 $\left(\frac{U_s^2}{2P},\ X_s\right)$，半径为 $\frac{U_s^2}{2P}$，如图 6-20 所示。

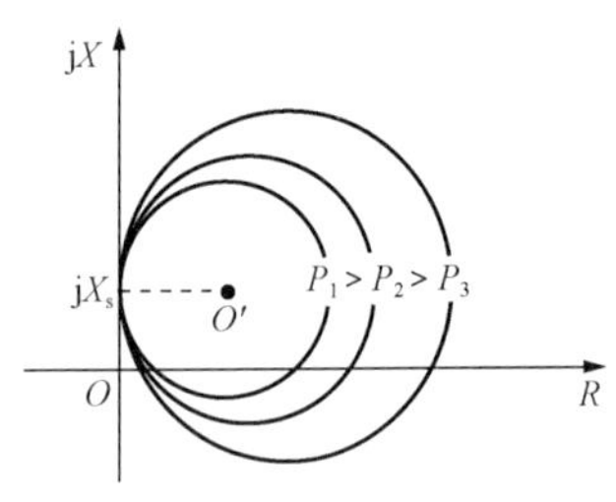

图 6-20 等有功阻抗圆

由于这个圆是在其一定有功功率 P 不变的条件下得出的，因此称为等有功阻抗圆。由式（6-32）可见，机端测量阻抗的轨迹与 P 有密切关系，对应不同的 P 值有不同的阻抗圆，且 P 越大时圆的直径越小。

发电机失磁以前，向系统送出无功功率，φ 角为正，测量阻抗位于第Ⅰ象限。失磁以后，随着无功功率的变化，φ 角由正值变为负值，因此测量阻抗也沿着圆周随之由第Ⅰ象限过渡到第Ⅳ象限。

2. 临界失步点

对汽轮发电机组，当 $\delta = 90^\circ$ 时，发电机处于失去静稳定的临界状态，故称为临界失步点。此时输送到受端的无功功率，根据式（6-30）为

$$
Q = -\frac{U_s^2}{X_\Sigma}
\tag{6-33}
$$

式（6-33）中 Q 为负值，表明临界失步时，发电机自系统吸收无功功率，且为一常数，故临界失步点也称为等无功点。此时机端的测量阻抗为

$$
\begin{aligned}
Z_G &= \frac{\dot{U}_G}{\dot{I}} = \frac{U_s^2}{\hat{\dot{W}}} + jX_s \\
&= \frac{U_s^2}{-j2Q}\frac{P - jQ - (P + jQ)}{\hat{\dot{W}}} + jX_s \\
&= \frac{U_s^2}{-j2Q}\left(1 - \frac{P + jQ}{P - jQ}\right) + jX_s
\end{aligned}
$$

$$= \frac{U_s^2}{-j2Q}(1 - e^{j2\varphi}) + jX_s$$

将式（6-33）的 Q 值代入上式并化简后可得

$$Z_G = \frac{X_d + X_s}{j2}(1 - e^{j2\varphi}) + jX_s$$
$$= -j\frac{X_d + X_s}{2} + j\frac{X_d + X_s}{2}e^{j2\varphi} + jX_s$$
$$= -j\frac{X_d - X_s}{2} + j\frac{X_d + X_s}{2}e^{j2\varphi} \tag{6-34}$$

由式（6-33）可知，发电机在输出不同的有功功率 P 而临界失步时，其无功功率 Q 恒为常数。因此，在式（6-34）中，φ 为变数，也是一个圆的方程，其圆心 O' 的坐标为 $\left(0,\ -\frac{X_d - X_s}{2}\right)$，圆的半径为 $\frac{X_d + X_s}{2}$，如图 6-21 所示。这个圆称为临界失步阻抗圆，也称等无功阻抗圆。其圆周为发电机以不同的有功功率 P 临界失步时，机端测量阻抗的轨迹，圆内为失步区。

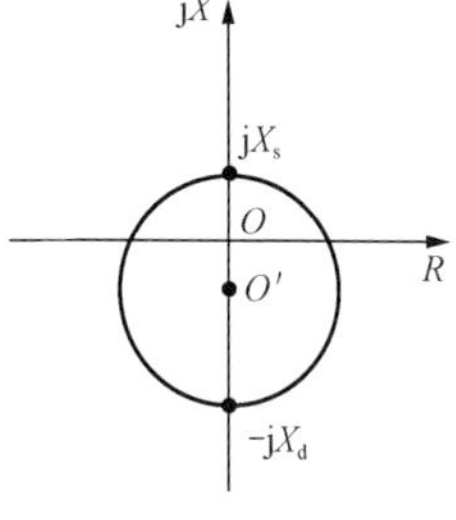

图 6-21　临界失步阻抗圆

3. 失步后的异步运行阶段

失步后的异步运行阶段可用图 6-18 所示的等效电路来表示，此时按图 6-19（a）所规定的电流正方向，机端测量阻抗应为

$$Z_G = -\left[jX_1 + \frac{jX_{ad}\left(\frac{R_2}{s} + jX_2\right)}{\frac{R_2}{s} + j(X_{ad} + X_2)}\right] \tag{6-35}$$

当发电机空载运行失磁时，$s \approx 0$，$\frac{R_2}{s} \approx \infty$，此时机端的测量阻抗为最大，有

$$Z_G = -jX_1 - jX_{ad} = -jX_d \tag{6-36}$$

当发电机在其他运行方式下失磁时，Z_G 将随着转差率的增大而减小，并位于第Ⅳ象限内。极限情况是当 $f_G \to \infty$ 时，$s \to -\infty$，$\frac{R_2}{s} \to$ 零，Z_G 的数值为最小，有

$$Z_G = -j\left(X_1 + \frac{X_2 X_{ad}}{X_2 + X_{ad}}\right) = -jX'_d \tag{6-37}$$

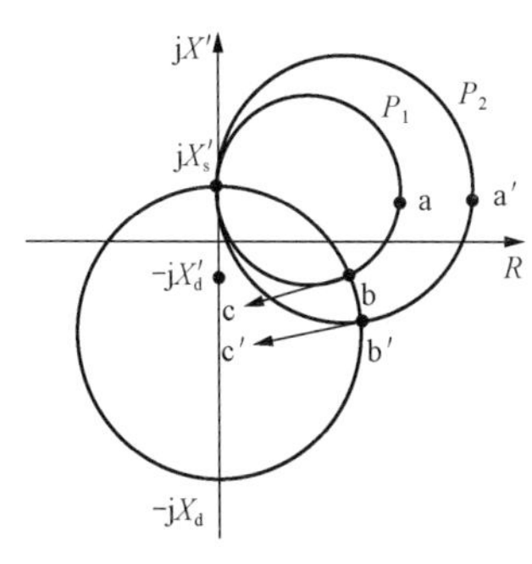

图 6-22　发电机端测量阻抗在失磁后的变化轨迹

综上所述，当一台发电机失磁前在过激状态下运行时，其机端测量阻抗位于复数平面的第Ⅰ象限（如图 6-22 中的 a 或 a′ 点），失磁以后，测量阻抗沿等有功阻抗圆向第Ⅳ象限移动。当它与临界失步圆相交时（b 或 b′点），表明机组运行处于静稳定的极限。越过 b（或 b′）点以后，转入异步运行，最后稳定于 c（或 c′）点，此时，平均异步功率与调节后的原动机输入功率相平衡。

4. 异步边界阻抗圆

失磁的发电机，由同步运行最终转入异步运行，发电机的参数将在 $X_d(X_q)$ 与 $X''_d(X''_q)$ 之间随转差率变化，转差率越大，越接近 X''_d 或 X''_q，转差率为零(即同步)时，参数为 $X_d(X_q)$，因此失磁发电机的参数以同步电抗

X_d(X_q) 为极限，不可能超越同步电抗值。为了检测发电机失磁后的异步运行状态，国内外习惯在机端装设异步边界阻抗继电器，其阻抗特性圆如图 6-24 所示。它以 $-jX'_d/2$ 和 $-jX_d$ 两点为直径画圆，进入圆内表明发电机已进入异步运行。该阻抗圆在第Ⅲ、第Ⅳ象限，其阻抗动作圆一定小于静稳定极限阻抗圆，即临界失步阻抗圆，所以同一台发电机在同一工况下的系统中运行，若失磁保护采用静稳极限阻抗继电器，在失磁故障时一定比采用异步边界阻抗继电器的动作早，与此同时，前者比后者的误动概率高。

三、发电机在其他运行方式下的机端测量阻抗

为了便于和失磁情况下的机端测量阻抗进行鉴别和比较，现对发电机在下列几种运行情况下的机端测量阻抗（如图 6-23 所示）进行简要说明。

1. 发电机正常运行时的机端测量阻抗

当发电机向外输送有功和无功功率时，其机端测量阻抗 Z_G 位于第Ⅰ象限，如图 6-24 中的 1 点所示，与 R 轴的夹角 φ 为发电机运行时的功率因数角。

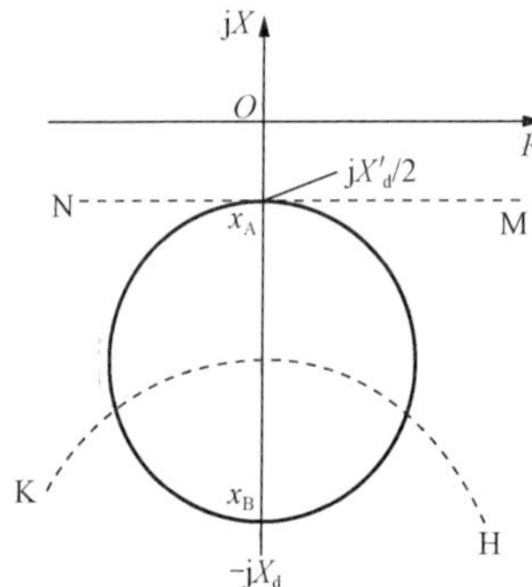

图 6-23　失磁异步边界阻抗圆

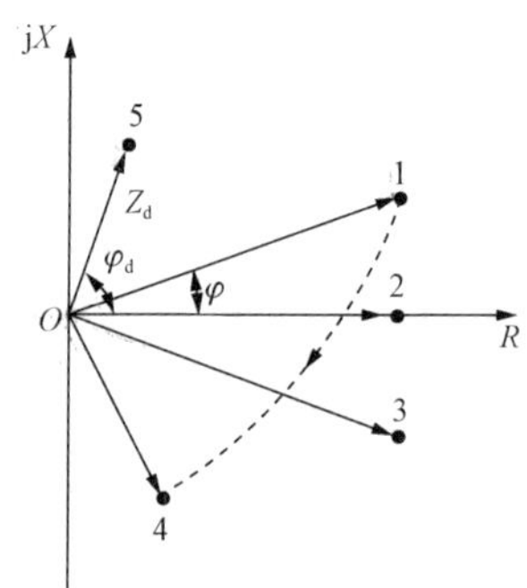

图 6-24　发电机在各种运行情况下的机端测量阻抗

当发电机只输出有功功率时，测量阻抗位于 R 轴上的 2 点。

当发电机欠激（进相）运行时，向外输送有功，同时从电网吸收一部分无功功率（Q 值变为负），但仍保持同步并列运行，此时，测量阻抗位于第Ⅳ象限的 3 点。

2. 发电机外部故障时的机端测量阻抗

当采用 0°接线方式时，故障相测量阻抗位于第Ⅰ象限，其大小和相位正比于短路点到保护安装地点之间的阻抗 Z_d，如图 6-24 中的 5 点。如继电器接于非故障相，则测量阻抗的大小和相位需经具体分析后确定。

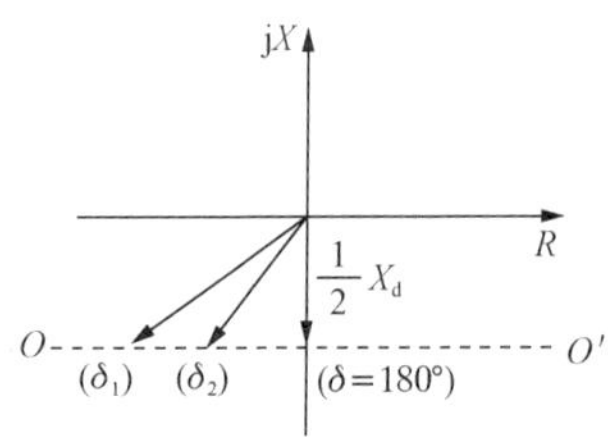

图 6-25　系统振荡时机端测量阻抗的变化轨迹

3. 发电机与系统间发生振荡时的机端测量阻抗

根据图 6-19（a）的等值电路和第四章第七节中有关分析，当认为 $E_q \approx U_s$ 时，振荡中心位于 $\frac{1}{2}X_{\Sigma}$ 处。当 $X_s \approx 0$ 时，振荡中心即位于 $\frac{1}{2}X_d$ 处，此时机端测量阻抗的轨迹沿直线 $\overline{OO'}$ 变化，当 $\delta = 180°$ 时，测量阻抗的最小值为 $Z_G = -j\frac{1}{2}X_d$，如图 6-25 所示。

四、失磁过程中的励磁电压 U_e 的变化特征

发电机失磁故障发生在转子中，早期的失磁保护判据就是以励磁电压 U_e 的极度下降为特征。后来随着电力系统的发展，出现许多超高压远距离输电线，后者有很大的三相电容。当负荷低谷时期，由于输电线的电容电流，使系统电压过高，发电机被迫减小励磁电压，有时做进相运行，发电机成为吸收感性无功的设备，起着调相机的作用，这时的发电机虽然励磁电压较低，但机端电压却是高的，绝非失磁或低励故障，因此失磁保护由原始简单的转子判据发展为定子判据，即根据机端三相电压和三相电流，用机端阻抗的变化检测低励失磁故障。这种利用机端阻抗判据的失磁保护装置，在并非失磁故障的系统振荡、经过渡电阻发生外部短路等情况下，机端阻抗有可能进入失磁保护阻抗动作范围内引起误动，为此又增设转子励磁电压作辅助判据，与机端阻抗主判据共同判别失磁故障与非失磁故障。

五、低励失磁保护的构成方式

失磁保护应能正确反映发电机的失磁故障，而在发电机外部故障、电力系统振荡、发电机自同步并列以及发电机低励磁（同步）运行时不误动作。

根据发电机容量和励磁方式的不同，失磁保护的方式有两种。

1. 利用自动灭磁开关连锁跳开发电机断路器

过去发电机失磁保护都是采用这种方式。但实际上发电机失磁并不都是由于自动灭磁开关跳开而引起的，特别是当采用半导体励磁系统时，由于半导体元件或回路的故障而引起发电机失磁是可能的，而在这种情况下保护将不能动作。因此，这种保护方式一般用于容量在100MW 以下带直流励磁机的水轮发电机以及不允许失磁运行的汽轮发电机上。

2. 利用失磁后发电机定子各参数变化的特点构成失磁保护

这种方式的保护所反映的是发电机定子参数的变化，如机端测量阻抗由第Ⅰ象限进入第Ⅳ象限，无功功率改变方向，机端电压下降，功角 δ 增大，励磁电压降低等。目前对容量在100MW 以上的发电机和采用半导体励磁的发电机，普遍增设了这种方式的保护。

（1）图 6-26 所示为汽轮发电机失磁保护装置（动作于跳闸）的一种构成方式。图中阻抗元件（Z）是失磁故障的主要判别元件，可按临界失步阻抗圆进行整定；母线低电压元件（U_G<）用以监视母线电压，按保证电力系统安全运行所允许的最低电压整定，是失磁故障的另一个主要判别元件；励磁低电压元件（U_{fd}<）用作闭锁元件，一般按躲开空载运行时的最低励磁电压整定，但应考虑在满载运行情况下部分失磁时，继电器可能拒动。

当发电机失磁时，阻抗元件和励磁低电压元件动作，启动 Y2，立即发出发电机已失步的信号，并经 t_2 延时后，通过 H 门动作于跳闸。延时 t_2 用以躲开系统振荡或自同步并列时的影响，一般取为 1～1.5s。

如果失磁后，机端电压下降到低于安全运行的允许值，则母线低电压元件动作，此时 Y1 启动，经 t_1 延时后，通过 H 门动作于跳闸。延时 t_1 用以躲开振荡过程中的短时间电压降低或自同步并列时的影响，一般取为 0.5～1s。

由于有励磁低电压元件（U_{fd}<）的闭锁，因此在短路故障以及电压互感器回路断线时，Y1 和 Y2 都不可能启动，因而保护装置不会误动作。当电压互感器回路断线时，（U_G<）或（Z）误动作后，均可发出电压回路断线信号。当励磁回路电压降低时，（U_{fd}<）动作，发出信号。

（2）图 6-27 所示为一种新型的、整定值能自动随有功功率 P 变化的转子低电压失磁继

电器（简称 U_L-P 继电器）作主要判据而构成失磁保护的方案。

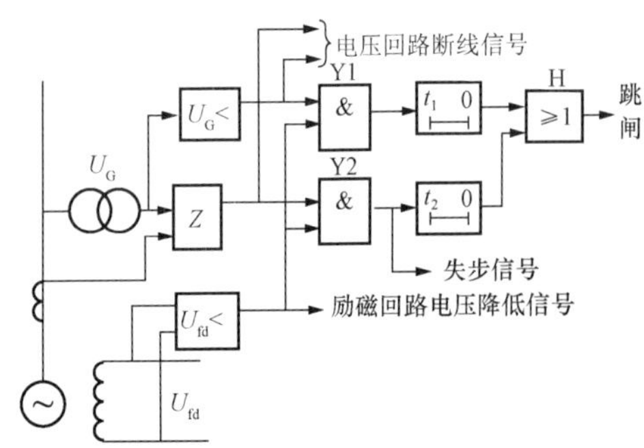

图 6-26　汽轮发电机失磁保护原理方框图

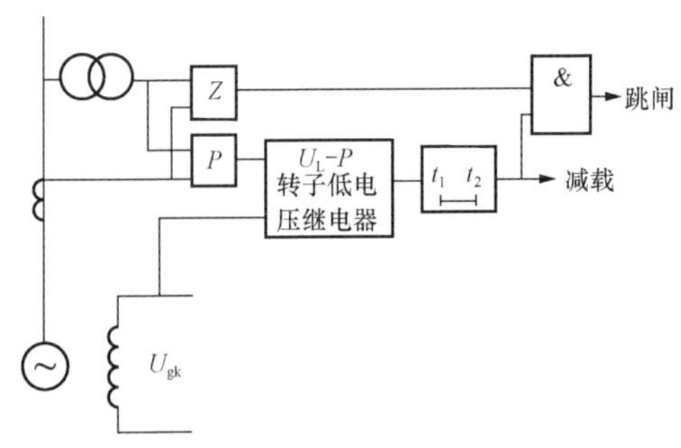

图 6-27　以 U_L-P 继电器为主要判据构成失磁保护的方案框图

U_L-P 继电器的主要特点是整定值随着发电机有功功率的增大而增大，从而可以灵敏地反映发电机在各种负荷状态下的失磁故障，当失磁后励磁电压降低到整定值时（此时尚未失步，而是预告了必然要失步），它可以比静稳边界提前约 1s 的时间动作，使发电机减载，从而更容易获得减载的效益，例如恢复同步或者进入较小转差率下的异步运行。

继电器动作后，经 t_1 延时 0.2s 使发电机减载。当达到静稳边界时，反映定子判据的阻抗元件（Z）动作，两者满足与门条件后可使发电机跳闸。在发电机失磁、δ 越过 180°之后，转差率 s、功率 P、励磁电压 U_{gk} 等均将出现较大的波动，此时由于 U_L-P 继电器定值的变化，可能出现无规则地动作和返回，为了保证 δ 越过 180°之后保护装置可靠动作，增设了 t_2 延时返回（或记忆）的电路。

第六节　发电机励磁回路接地保护

一、发电机励磁回路一点接地保护概述

1. 发电机励磁回路故障的成因和形式

转子绕组绝缘破坏常见的故障形式有两种：转子绕组匝间短路、励磁回路一点接地。

转子绕组匝间短路多发生在沿槽高方向的上层线匝，对于气体冷却的转子，这种匝间短路不会直接引起严重后果，也无须立即消除缺陷，所以并不要求装设转子绕组匝间短路保护。但是转子绕组匝间短路必然使励磁电流增大，此时发电机的输出无功功率必然减小，机组振动加剧，局部过热而损坏主绝缘和铜线。因此对于水内冷的转子，由于匝数少、电流密度大，不容许带着匝间短路长期运行。由此可见，转子绕组匝间短路的故障处理没有统一的标准，一旦发现这类故障，发电机是否继续运行应综合考虑现有的运行经验、故障的形式和特点、故障出现在机组运行期间或预防性试验中或机组安装时等诸多因素。

发电机励磁回路一点接地故障，也是常见的故障形式之一，两点接地故障也时有发生。

励磁回路一点接地故障，对发电机并不会造成危害，但若再相继发生第二点接地故障，则将严重威胁发电机的安全。

当发生两点接地故障时，由于故障点流过相当大的故障电流而烧伤转子本体；由于部分绕组被短接，励磁绕组中电流增加，可能因过热而烧伤；由于部分被短接，使气隙磁通失去平衡，从而引起振动，特别是多极机会引起更加严重的振动，甚至会因此而造成灾难性的后

果。此外，汽轮发电机励磁回路两点接地，还可能使轴系和汽机磁化。因此，励磁回路两点接地故障的后果是严重的。

2. 发电机励磁回路接地保护的现状

对于1MW以上的水轮发电机，都装设一点接地保护，动作于信号，不装设两点接地保护。对于中小型汽轮发电机，只装设供定期检测用的绝缘检查电压表和正常不投入运行的两点接地保护，不装设一点接地保护；当用绝缘检查电压表检出一点接地故障后，再把两点接地保护装置投入，两点接地保护动作后，经延时停机。对于转子水内冷汽轮发电机和100MW及以上汽轮发电机，应装设一点接地保护装置。

对于大型汽轮发电机，均应装设励磁回路一点接地保护，但是否应装设两点接地保护尚无定论。对于进口大型发电机组，一般不装此保护。

大型汽轮发电机的励磁回路一点接地故障并无直接严重后果，相应保护应动作于信号，避免毫无必要的大机组突然跳闸。应当指出，这里所说的一点接地时动作于信号，不是为了长期带一点接地故障运行，而是认为在发出一点接地信号之后，应当积极转移负荷，尽快安排停机。虽然中小型机组有带一点接地故障长期运行的经验，但对于大机组，这种带故障长期运行的方式是不可取的，因为励磁回路两点接地故障后果严重。

对励磁回路的一点接地保护，除简单、可靠这些一般要求外，还要求能够反映励磁回路中任一点发生的接地故障，并且要有足够高的灵敏度。在评价励磁回路一点接地保护时，灵敏度是用故障点对地之间的过渡电阻大小来定义的，若过渡电阻为R_t，保护装置处于动作边界，则称保护装置在该点的灵敏度为$R_t(\Omega)$。

大型发电机组的转子绕组及其外部励磁回路，对地电容比较大，而且机组容量不同、结构不同时，其对地电容值也不同。任何原理的励磁回路一点接地保护，均应采取技术措施，减少或完全消除对地电容对转子一点接地保护的不良影响。

二、励磁回路一点接地保护

1. 直流电桥式发电机励磁回路一点接地保护

利用电桥原理构成的一点接地保护原理如图6-28（a）所示。图中，励磁绕组LE对地绝缘电阻为分布参数，此分布电阻用位于励磁绕组中点的集中电阻R_y表示。励磁绕组电阻构成电桥的两臂，将外接电阻R_1和R_2构成电桥的另外两臂。在R_1和R_2的连接点a与地之间，接入继电器KA，相当于把继电器KA与绝缘电阻R_y串联后接于电桥的对角线上。在正常情况下，调节电阻R_1和R_2，使流过继电器KA的不平衡电流最小，并使继电器的动作电流大于这一不平衡电流。

当励磁绕组的某一点k经过渡电阻R_t接地后，电桥失去平衡。此时，流过继电器KA的电流由故障点k的位置和过渡电阻R_t的大小决定。当流过电流大于继电器KA的动作电流时，继电器动作，如图6-28（b）所示。

当励磁绕组的正端或负端发生故障时，这种保护装置的灵敏度很高。然而，当故障点在励磁绕组中点附近时，即使发生金属性接地，保护装置也不能动作，因而存在死区。

为消除电桥式一点接地保护的缺陷，通常在电桥的R_1臂上串联接入一非线性电阻R_{nl}，如图6-28（b）所示。因为是非线性电阻，当电压升高时，电流非线性也增加，电阻R_{nl}下降；反之，则R_{nl}上升。这样一来，随着励磁电压U_e的变化，非线性电阻时刻改变电桥的平衡条件，在某一电压下的死区，在另一电压下变为动作区，从而减小了拒动的概率。

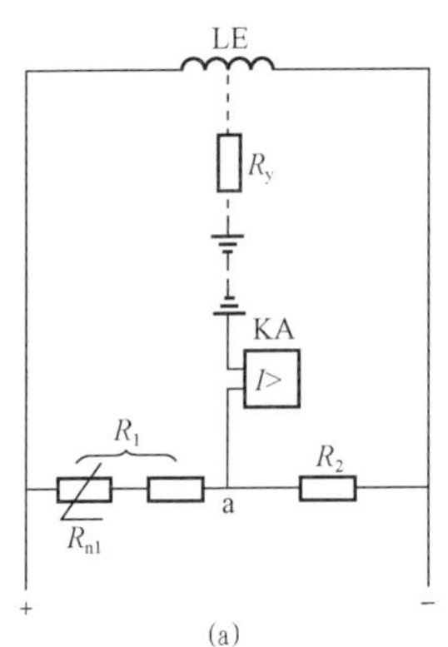

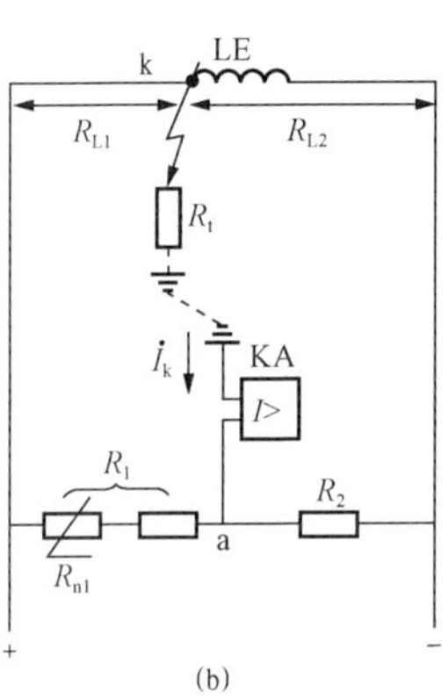

图 6-28 电桥式一点接地保护原理图

(a) 正常情况；(b) k 点经过渡电阻 R_t 一点接地

2. 切换采样式发电机励磁回路一点接地保护

一种切换采样式发电机励磁回路一点接地保护的原理图如图 6-29 所示。

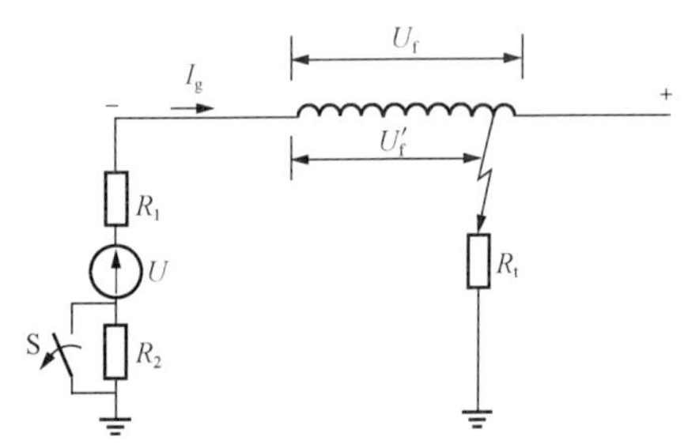

图 6-29 切换采样式发电机励磁回路一点接地保护的原理图

U'_f—定子负端点到故障点的绕组电压；R_t—过渡电阻；U—叠加电压；R_1、R_2—负载电阻

如图 6-29 所示，在转子的负极经 R_1、R_2 两电阻叠加一直流电压 U，为了能测量转子的接地电阻，在电阻 R_2 上并联电子开关 S，电子开关 S 以某一固定频率开合改变电路参数，保护检测在 S 闭合和打开过程中的电流 I_g。定义当 S 闭合时的电流 $I_g = I_c$，当 S 打开时的电流 $I_g = I_0$，则

$$\left.\begin{aligned} U'_f + U &= I_c(R_1 + R_t), &\text{S 闭合} \\ U'_f + U &= I_0(R_2 + R_1 + R_t), &\text{S 打开时} \end{aligned}\right\} \tag{6-38}$$

由式（6-38）消去 U 可得

$$R_t = \frac{R_1 I_0 - R_1 I_c + R_2 I_0}{I_c - I_0} \tag{6-39}$$

这种切换采样式转子一点接地保护灵敏度不因故障点位置的变化而变化，不受分布电容的影响，同时在启、停机时也能够实施保护。

三、发电机励磁回路两点接地保护简介

下面简单介绍一种基于反映发电机定子电压二次谐波分量原理的发电机转子两点接地及匝间短路保护。

当发电机转子绕组两点接地或匝间短路时，气隙磁通分布的对称性遭到破坏，出现偶次谐波，发电机定子绕组每相感应电动势也就出现了偶次谐波分量。因此，利用定子电压的二次谐波分量，就可以实现转子两点接地及匝间短路保护。

通过分析可以发现，转子侧发生两点接地或匝间短路故障在定子侧形成的二次谐波电压的相序，与发电机外部短路产生的直流分量所形成的定子二次谐波电压相序相反。利用此特征可以实现灵敏度更高的转子两点接地保护。

习 题

一、填空题

1. 发电机正常运行时的三次谐波电压，机端量总是________中性点量。

2. 发电机失磁后，机端测量阻抗沿等有功阻抗圆由________象限过渡到________象限。

3. 容量在 100MW 及以上的发电机，应装设保护区为________的定子接地保护；对 1MW 以上发电机的定子绕组及其引出线的相间短路，应装设纵差保护；在大型发电机上还应装设失磁保护，以便及时发现失磁故障并采取必要措施。

4. 裂相横差保护不仅能反映定子绕组匝间短路，而且能反映定子绕组的________。

二、选择题

1. 发电机定子装有纵差和横差保护，当发生________时两种保护会同时动作。

   A. 单相故障　　B. 接地故障　　C. 相间故障　　D. 所有故障

2. 利用定子二次谐波电压能反映的故障类型为________。

   A. 转子一点接地　　B. 转子两点接地

   C. 定子匝间短路　　D. 定子相间短路

3. 裂相横差保护的原理是（　　）。

   A. 比较不同相的两个支路电流之和

   B. 比较两个支路三次谐波电流之和

   C. 比较一相中两个支路电流之和

   D. 比较两个支路三相电流之和

三、分析及问答题

1. 发电机有哪些故障类型？应装设哪些相应的保护？

2. 写出发电机比率制动和标积制动差动原理的表达式。

3. 发电机的纵差保护能反映绕组的匝间短路吗？为什么？

4. 发电机失磁对系统和发电机本身有什么影响？发电机失磁保护的工作方式是什么？

5. 试分析失磁保护静稳边界阻抗圆的物理概念。

6. 发电机励磁回路为什么要装设一点接地和两点接地保护？

7. 大容量发电机为什么要采用 100%定子接地保护？如何构成 100%定子接地保护？

8. 为什么大容量发电机应采用负序反时限过流保护？

9. 试分析发电机纵差保护与横差保护的作用及保护范围各是什么？能否互相取代？

第七章 变压器保护

第一节 电力变压器的故障类型、不正常运行状态及其相应的保护方式

在电力系统中，变压器被广泛地用来升高或降低电压。变压器是电力系统不可缺少的重要电气设备，它的故障将对供电可靠性和系统安全运行带来严重的影响，同时大容量的电力变压器也是十分贵重的设备，因此应根据变压器容量等级和重要程度装设性能良好、动作可靠的继电保护装置，见表 7-1。

表 7-1 变压器的故障类型、不正常运行状态及其相应的保护方式

故障及不正常运行状态			相应的保护方式
故障类型	油箱外	套管和引出线上发生相间短路以及接地短路（常见）	各种原理的纵差保护和电流速断保护
	油箱内	绕组的相间短路、接地短路、匝间短路以及铁芯的烧损等（比较少）	差动保护和重瓦斯保护
不正常运行状态	由漏油等原因引起的油面降低		轻瓦斯保护
	由变压器外部相间短路引起的过电流		（1）过电流保护； （2）复合电压启动的过电流保护； （3）负序电流及单相式低电压启动的过电流保护； （4）阻抗保护（对于升压变压器和系统联络变压器，当采用前两种保护不能满足灵敏性和选择性的要求时；对 500kV 系统联络变压器高、中压侧均应装设阻抗保护）
	外部接地短路引起的过电流和中性点过电压		（1）在中性点直接接地的电力网内，如变压器中性点接地运行，应装设零序电流保护； （2）对自耦变压器和高、中压侧中性点都直接接地的三绕组变压器，当有选择性要求时，应增设零序方向元件； （3）当电力网中部分变压器中性点接地运行，为防止发生接地短路时，中性点接地的变压器跳开后，中性点不接地的变压器（低压侧有电源）仍带接地故障继续运行，应根据具体情况，装设专用的保护装置，如零序过电压保护，中性点装放电间隙加零序电流保护等
	对大容量变压器，由于其额定工作时的磁通密度相当接近于铁芯的饱和磁通密度，因此在过电压或低频等异常运行方式下，还会发生变压器的过励磁故障		高压侧电压为 500kV 以上的变压器，应装设过励磁保护。在变压器允许的过励磁范围内，保护作用于信号，当过励磁超过允许值时，可动作于跳闸
	由负荷长时间超过额定容量引起的过负荷		对 400kVA 以上的变压器，当数台并列运行，或单独运行并作为其他负荷的备用电源时，应根据可能过负荷的情况装设过负荷保护。过负荷保护接于一相电流上，并延时作用于信号。对于无人值守变电站，必要时过负荷保护可动作于自动减负荷或跳闸
其他	变压器温度及油箱内压力升高和冷却系统故障		装设可作用于信号或动作于跳闸的装置

第二节　变压器纵差保护

变压器内部的电气故障形式主要有各侧绕组的匝间短路、中性点直接接地侧绕组的单相接地短路、内部引线和套管故障、各侧绕组相间短路等。据统计，变压器保护正确动作率远低于发电机保护和220～500kV线路保护。

一、变压器纵差保护的基本原理和接线方式

双绕组单相变压器纵差保护的原理接线图如图7-1所示。流入差动继电器KA的差动电流为

$$\dot{I}_{\mathrm{d}}=\dot{I}'_1+\dot{I}'_2 \tag{7-1}$$

纵差保护的动作判据为

$$I_{\mathrm{d}}\geqslant I_{\mathrm{K\cdot act}} \tag{7-2}$$

$$I_{\mathrm{d}}=|\dot{I}'_1+\dot{I}'_2|$$

式中　$I_{\mathrm{K\cdot act}}$——纵差保护的动作电流；

I_{d}——差动电流的有效值。

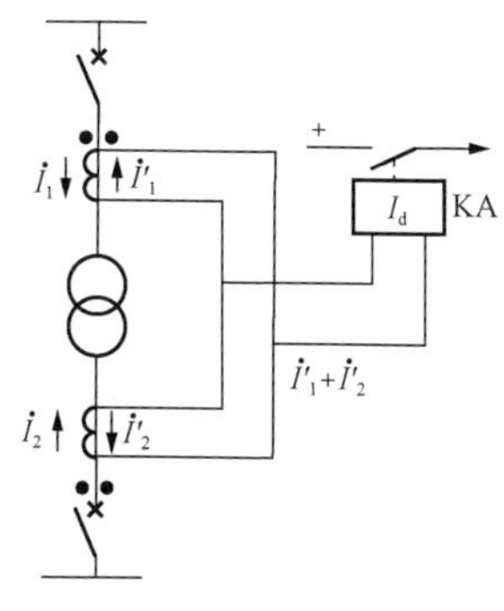

图7-1　双绕组单相变压器纵差保护的原理接线图

$\dot{I}_1$、$\dot{I}_2$—分别为变压器一次侧和二次侧的一次电流，参考方向为母线指向变压器；

$\dot{I}'_1$、$\dot{I}'_2$—相应的电流互感器二次电流

设变压器的变比 $n_{\mathrm{T}}=\dfrac{U_1}{U_2}$，电流互感器TA1变比为 n_{TA1}，电流互感器TA2变比为 n_{TA2}。式（7-1）可进一步表示为

$$\dot{I}_{\mathrm{d}}=\frac{\dot{I}_2}{n_{\mathrm{TA2}}}+\frac{\dot{I}_1}{n_{\mathrm{TA1}}}$$

变形为

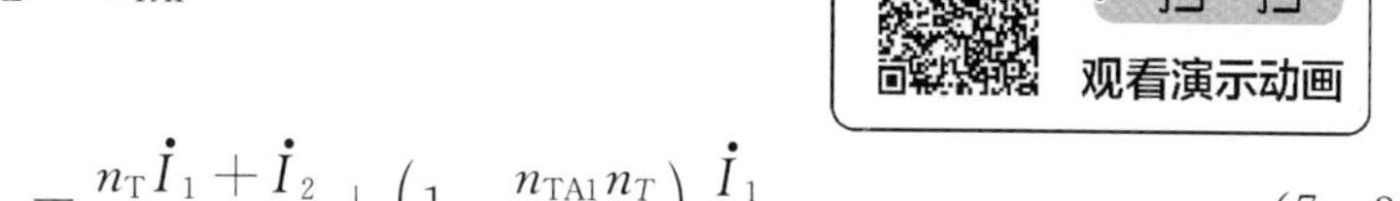

$$\dot{I}_{\mathrm{d}}=\frac{n_{\mathrm{T}}\dot{I}_1+\dot{I}_2}{n_{\mathrm{TA2}}}+\left(1-\frac{n_{\mathrm{TA1}}n_T}{n_{\mathrm{TA2}}}\right)\frac{\dot{I}_1}{n_{\mathrm{TA1}}} \tag{7-3}$$

若选择电流互感器的变比，使之满足

$$n_{\mathrm{T}}=\frac{n_{\mathrm{TA2}}}{n_{\mathrm{TA1}}} \tag{7-4}$$

这样式（7-3）变为

$$\dot{I}_{\mathrm{d}}=\frac{n_{\mathrm{T}}\dot{I}_1+\dot{I}_2}{n_{\mathrm{TA2}}} \tag{7-5}$$

忽略变压器的损耗，正常运行和区外故障时一次电流的关系为 $n_{\mathrm{T}}\dot{I}_1+\dot{I}_2=0$。根据式（7-5），正常运行和变压器外部故障时，差动电流为零，保护不会动作；变压器内部（包括变压器与电流互感器之间的引线）任何一点故障时，相当于变压器内部多了一个故障支路，流入差动继电器的差动电流等于故障点电流（变换到电流互感器二次侧），只要故障电流大于差动继电器的动作电流，差动保护就能迅速动作。因此，式（7-4）成为变压器纵差保护中电流互感器变比选择的依据。

二、变压器纵差保护与发电机纵差保护的不同

变压器纵差保护与发电机纵差保护一样，也可采用比率制动方式或标积制动方式达到外

部短路不误动和内部短路灵敏动作的目的。但是变压器纵差保护在以下几方面显著不同于发电机纵差保护：

（1）变压器各侧额定电压和额定电流各不相等，因此各侧电流互感器的型号一定不同，而且各侧三相接线方式不尽相同，所以各侧相电流的相位也可能不一致，这将使外部短路时不平衡电流增大，所以变压器纵差保护的最大制动系数比发电机的大，灵敏度相对较低。

（2）变压器高压绕组常有调压分接头，有的还要求带负荷调节，使变压器纵差保护已调整平衡的二次电流被破坏，不平衡电流增大，这将使变压器纵差保护的最小动作电流和制动系数都要相应的加大。

（3）对于定子绕组的匝间短路，发电机纵差保护完全没有保护作用。变压器各侧绕组的匝间短路，通过变压器铁芯磁路的耦合，改变了各侧电流的大小和相位，使变压器纵差保护对匝间短路起保护作用。

（4）无论变压器绕组还是发电机定子绕组的开焊故障，完全纵差保护均不能动作，但变压器还可依靠瓦斯保护或压力保护。

（5）变压器纵差保护范围除包括各侧绕组外，还包括变压器的铁芯，即变压器纵差保护区内不仅有电路还有磁路，这就违反了纵差保护的理论基础——基尔霍夫电流定律。对于仅包括电路的纵差保护对象（如发电机、电动机、母线、电抗器等）本身没有故障时，不管外部发生什么扰动，恒有诸端电路的相量和为零，即

$$\sum_{i=1}^{n}\dot{I}_i = 0 \tag{7-6}$$

式中 $\dot{I}_i$——被保护对象第 i 端电流相量。

因此发电机纵差保护在正常运行或区外短路时，由式（7-6）可见，差动回路不平衡电流理论上为零；当发电机内部故障时将有

$$\sum_{i=1}^{n}\dot{I}_i = \dot{I}_{k\Sigma} \tag{7-7}$$

流向短路点的全部短路电流 $\dot{I}_{k\Sigma}$ 将作为纵差保护的动作量，使保护灵敏动作。

但是若被保护对象是变压器，它有 n 个绕组和一个公共铁芯，即 n 条电路和一条公共磁路，如图 7-2（a）所示，有

$$\sum_{i=1}^{n}\dot{I}_i = \dot{I}_e \neq 0 \tag{7-8}$$

式中 $\dot{I}_e$——变压器励磁电流。

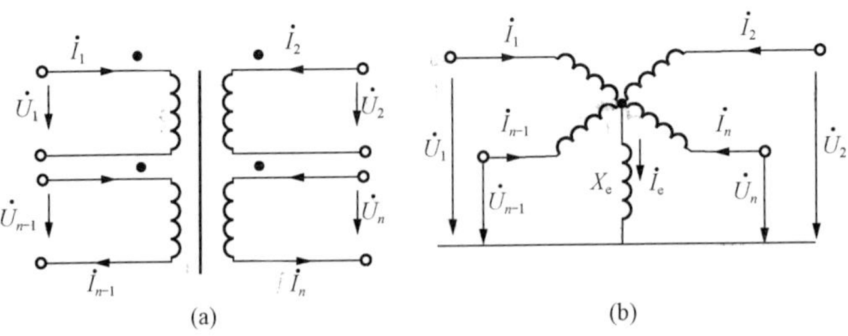

图 7-2 n 绕组变压器的等值电路

（a）n 绕组变压器；（b）等值电路

由式（7-8）可知，对于变压器，$\sum_{i=1}^{n}\dot{I}_i=\dot{I}_e$，此即变压器纵差保护的不平衡电流。当变压器及其所在系统正常运行时，对于大型变压器，$\dot{I}_e<(1\sim3)\%I_{N\cdot T}$（$I_{N\cdot T}$为变压器额定电流），不会影响变压器正常保护的工作性能；当外部系统短路时，电压严重下降，$\dot{I}_e$更微不足道。

在变压器铁芯磁通密度B［单位T（特斯拉），1T=1Wb/m^2］过高的稳态励磁工况下，铁芯严重饱和，图7-2（b）中的励磁电抗X_e极度减小，励磁电流$\dot{I}_e$剧增。由于大型变压器工作磁密B_m已使铁芯接近饱和，而且现代变压器铁芯的磁化特性非常“硬”（如图7-3所示），当过励磁（$B\approx1.3\sim1.4$T）时，稳态励磁电流可能高达$0.43I_{N\cdot T}$，对于最小动作电流为$(0.2\sim0.4)I_{N\cdot T}$的变压器纵差保护，势必造成误动作。

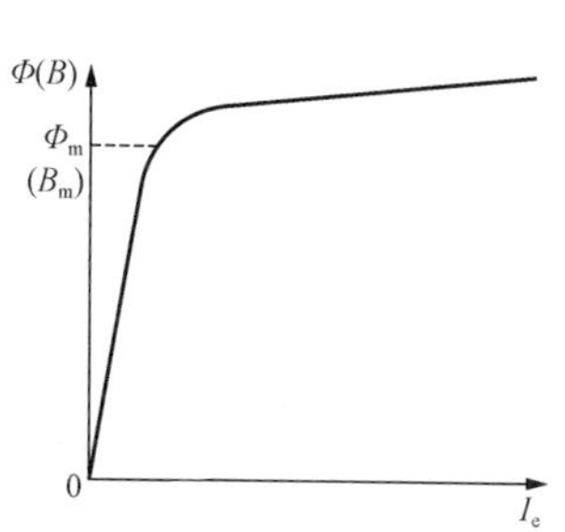

图7-3 变压器过励磁工况

更为严重的是变压器在空载合闸时的暂态过励磁电流，其值可为$I_{N\cdot T}$的数倍到10倍以上，这样大的暂态励磁电流通常称为励磁涌流，它将流入纵差保护的差动回路，使不平衡电流进一步增大。

三、变压器差动保护的不平衡电流及减小不平衡电流影响的方法

变压器的纵差保护同样需要躲过差动回路的不平衡电流I_{unb}。下面以双绕组单相变压器为例，对其不平衡电流产生的原因和消除方法分别讨论。

1. 变压器两侧电流相位不同而产生的不平衡电流及其补偿措施

由于变压器常常采用Yd11的接线，因此，其两侧电流的相位差为30°。此时，如果两侧的电流互感器仍采用通常的接线方式，则二次电流由于相位不同，也会有一个差电流流入继电器。为了消除这种不平衡电流的影响，通常都是将变压器星形侧的三个电流互感器接成三角形，而将变压器三角形侧的三个电流互感器接成星形，并适当考虑连接方式即可把二次电流的相位校正过来。在微机保护中，则可以利用软件把它校正过来。

图7-4（a）所示为Yd11接线变压器的纵差保护原理接线图，图中$\dot{I}_{A1}^{Y}$、$\dot{I}_{B1}^{Y}$、$\dot{I}_{C1}^{Y}$为星形侧的一次电流，$\dot{I}_{A1}^{\triangle}$、$\dot{I}_{B1}^{\triangle}$、$\dot{I}_{C1}^{\triangle}$为三角形侧的一次电流，后者超前30°，如图7-4（b）所示。现将星形侧的电流互感器也采用相应的三角形接线，则其二次侧输出电流为$\dot{I}_{A2}^{Y}-\dot{I}_{B2}^{Y}$、$\dot{I}_{B2}^{Y}-\dot{I}_{C2}^{Y}$、$\dot{I}_{C2}^{Y}-\dot{I}_{A2}^{Y}$，它们刚好与$\dot{I}_{A2}^{\triangle}$、$\dot{I}_{B2}^{\triangle}$、$\dot{I}_{C2}^{\triangle}$同相位，如图7-4（c）所示。这样差动回路两侧的电流就是同相位的了。

但当电流互感器采用上述连接方式以后，在互感器接成三角形侧的差动一臂中，电流又增大了$\sqrt{3}$倍。此时为保证在正常运行及外部故障情况下差动回路中应没有电流，就必须将该侧电流互感器的变比加大$\sqrt{3}$倍，以减小二次电流，使之与另一侧的电流相等，故此时选择变比的条件是

$$\frac{n_{TA2}}{n_{TA1}/\sqrt{3}}=n_T \tag{7-9}$$

式中 n_{TA1}、n_{TA2} ——适应 Yd11 接线的需要而采用的新变比。

目前在微机纵差保护中，普遍采用互感器二次均用星形接线方式，由软件实现移相和幅值调整，其理由是减少二次误接线的概率，易于实现一次断线和励磁涌流检测，还可兼供其他保护使用。

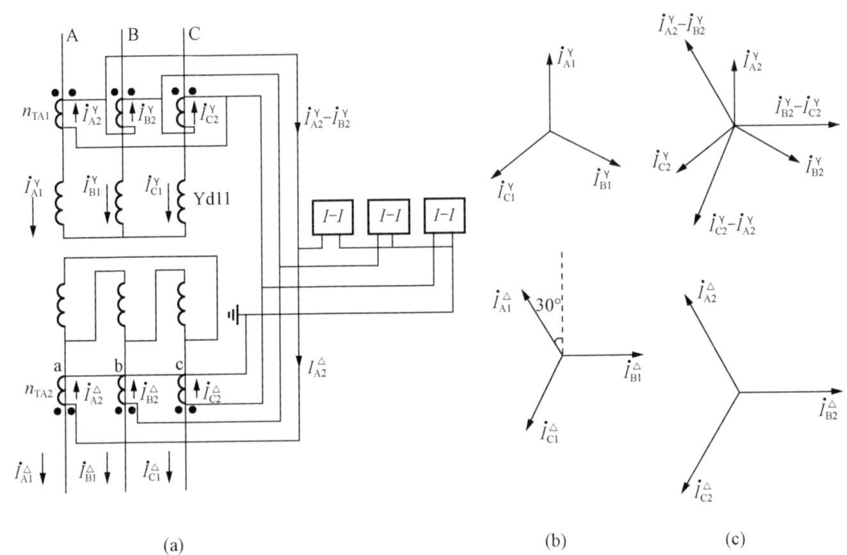

图 7 - 4　Yd11 接线变压器的纵差保护接线和相量图

（图中电流方向对应于正常工作情况）

（a）变压器及其纵差保护的接线；（b）电流互感器一次侧电流相量图；

（c）纵差回路两侧的电流相量图

2. 变压器的励磁涌流及鉴别方法

表 7 - 2 所示的数据，是对几次励磁涌流试验数据的分析。由此可见，励磁涌流具有以下特点。

表 7 - 2　　**励磁涌流试验数据举例**

励磁涌流（%）	例 1	例 2	例 3	例 4	励磁涌流（%）	例 1	例 2	例 3	例 4
基　波	100	100	100	100	四次谐波	9	6.2	5.4	—
二次谐波	36	31	50	23	五次谐波	5	—	—	—
三次谐波	7	6.9	9.4	10	直　流	66	80	62	73

（1）包含有很大成分的非周期分量，往往使涌流偏于时间轴的一侧。

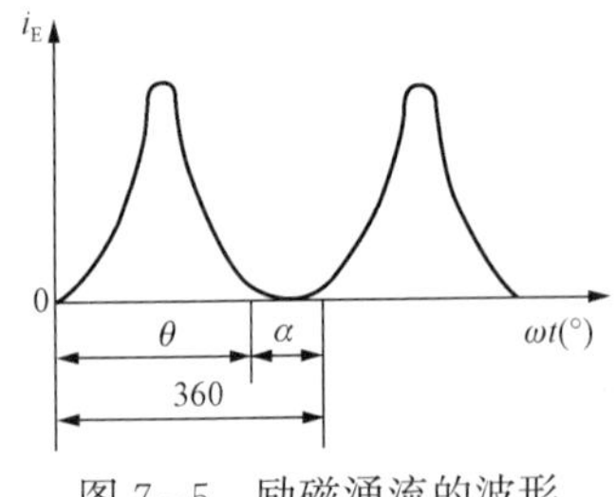

图 7 - 5　励磁涌流的波形

（2）包含有大量的高次谐波，而以二次谐波为主。

（3）波形之间出现间断，在一个周期中间断角为 α，涌流越大，间断角越小，如图 7 - 5 所示。

根据以上特点，在变压器纵差保护中防止励磁涌流影响的方法有采用具有速饱和铁芯的差动继电器，鉴别短路电流励磁涌流波形的差别，利用二次谐波制动等。

所以目前我国广泛应用的防涌流误动的措施有四种：

（1）非周期分量速饱和作用，使励磁涌流很少进入差动保护执行继电器（电流元件）。这是利用励磁涌流中经常含有很大的非周期分量，使速饱和变流器（BCH）迅速饱和，从而难以传变暂态涌流，如图7-6所示。但空载合闸时的三相变压器往往有一相涌流（实为两相差流）对称于时间轴，即包含很少非周期（直流）分量，为此该原理的变压器差动保护的动作电流不得不一律提高到（1.3～1.5）$I_{N\cdot T}$，势必降低变压器内部绕组短路的灵敏度；同时由于内部短路电流中也有非周期分量，通过速饱和变流器时必然延缓差动保护的动作速度。这种方案普遍应用于电磁式变压器差动保护中。

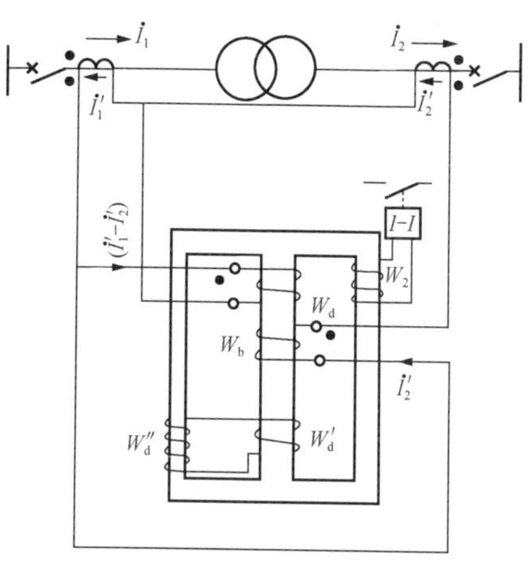

图7-6 利用速饱和变流器的平衡线圈消除差电流影响的原理接线图

（2）利用励磁涌流中含有较大的偶次谐波，国内外广泛采用二次谐波制动原理。鉴于励磁涌流发生机理的复杂性，二次谐波分量的大小随机性很大。不同合闸条件下的二次谐波成分可以减小到10%以下。不同制造公司、不同差动保护装置，二次谐波制动比 $I_{2\omega}/I_{1\omega}$ 的定值非常分散，需要由制造厂提出 $I_{2\omega}/I_{1\omega}$ 的定值，然后由电力变压器的现场空载合闸，评定其保护装置在防涌流误动方面的能力。

（3）利用励磁涌流一次波形的间断角特征，如图7-5所示。

（4）利用励磁涌流前后半波波形的不对称，提出了波形对称原理。实际做法是作差动电流的导数，观察前、后半波对应点的和与差的比值，表示为

$$\left|\frac{I'_i + I'_{i+180^\circ}}{I'_i - I'_{i+180^\circ}}\right| \geqslant K \tag{7-10}$$

式中 I'_i——差电流导数前半波第 i 点的数值；

I'_{i+180°——差电流导数后半波第 i 点的数值；

K——阈值。

当内部短路时，消去非周期分量后的短路电流近似呈正弦波，式（7-10）不能满足。当变压器空载合闸时，在一个周期中至少有1/4周期以上的点满足上述不等式。

3. 计算变比与实际变比不一致产生的不平衡电流

变压器两侧的电流互感器都是根据产品目录选取的标准变比，其规格种类是有限的，变压器的变比也是有标准的，三者的关系很难完全满足式（7-4），令变比差系数为

$$\Delta f_{za} = \left|1 - \frac{n_{TA1} n_T}{n_{TA2}}\right| \tag{7-11}$$

根据式（7-3）可得

$$I_{unb} = \frac{n_T \dot{I}_1 + \dot{I}_2}{n_{TA2}} + \frac{\Delta f_{za} \dot{I}_1}{n_{TA1}} \tag{7-12}$$

如果将变压器两侧的电流都折算到电流互感器的二次侧，并忽略 Δf_{za} 不为零的影响，则区外故障时变压器两侧电流大小相等，即 $I = I_2 = n_T I_1$，但方向相反，I 称为区外故障时变压器的穿越电流。设 $I_{k\cdot max}$ 为区外故障时最大的穿越电流，根据式（7-12）可知，由电流

互感器和变压器变比不一致产生的最大不平衡电流为

$$I_{\mathrm{unb\cdot max}}=\Delta f_{\mathrm{za}}I_{\mathrm{k\cdot max}}/n_{\mathrm{TA}} \tag{7-13}$$

可以通过以下措施来减小区外故障时纵差保护的不平衡电流。

令

$$\Delta n=-\left(1-\frac{n_{\mathrm{TA1}}n_{\mathrm{T}}}{n_{\mathrm{TA2}}}\right) \tag{7-14}$$

由式（7-3）可知，由计算变比与实际变比不一致产生的不平衡电流为 $-\Delta n\dot{I}'_1$。电流互感器变比选定后，Δn 就是一个常数，所以可以用 $\Delta n\dot{I}'_1$ 将这个不平衡电流补偿掉，此时引入差动继电器的电流为

$$\dot{I}_{\mathrm{d}}=\dot{I}'_1+\dot{I}'_2+\Delta n\dot{I}'_1 \tag{7-15}$$

式中 Δn——需要补偿的系数。

对于数字式纵差保护装置，只需按照式（7-15）进行简单的计算就能够实现补偿。对于电磁式纵差保护装置，可以采用中间变流器进行补偿。如图 7-7 所示，在中间变流器 TS 的铁芯上绕有主绕组（匝数为 w_{d}），接入差动电流 $\dot{I}'_1+\dot{I}'_2$。另外还绕一个平衡绕组（匝数为 w_{b}）和二次绕组（匝数为 w_2）。假设 $\Delta n>0$，则可以将 $\dot{I}'_2$ 先经 w_{b} 后再和 $\dot{I}'_1$ 差接起来。这样，在正常运行和外部故障时，只要满足 $w_{\mathrm{d}}(\dot{I}'_1+\dot{I}'_2)+w_{\mathrm{b}}\dot{I}'_2=0$，即 $w_{\mathrm{b}}/w_{\mathrm{d}}=\Delta n$，则中间变流器内总磁通等于零，在 w_2 上就没有感应电动势，从而没有电流流入继电器。

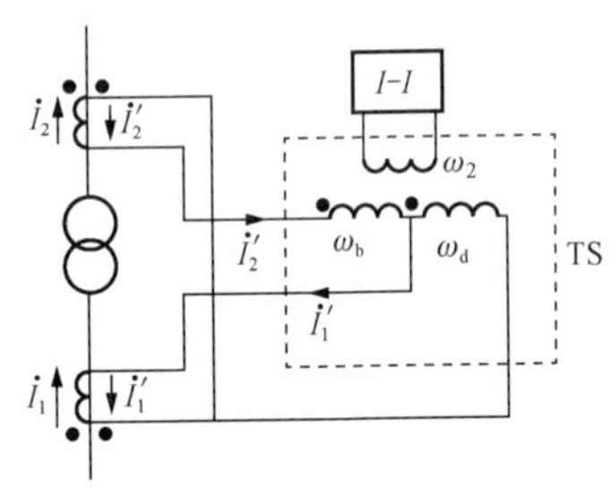

图 7-7 电流互感器变比的补偿

采用这种补偿方法时，由于匝数 w_{b} 不能平滑调节，选用的匝数与计算的匝数不可能完全一致，故仍有一部分不平衡电流流入继电器，但不平衡电流已大为减少。此时，式（7-13）中的 Δf_{za} 计算式为

$$\Delta f_{\mathrm{za}}=\left|\frac{w_{\mathrm{b}}}{w_{\mathrm{d}}}-\Delta n\right| \tag{7-16}$$

4. 两侧电流互感器型号不同而产生的不平衡电流

由于两侧电流互感器的型号不同，它们的饱和特性、励磁电流（归算至同一侧）也就不同，因此，在差动回路中所产生的不平衡电流也就较大。此时应选用电流互感器的同型系数 $K_{\mathrm{ss}}=1$。

应尽可能使用型号、性能完全相同的 D 级电流互感器，使得两侧电流互感器的磁化曲线相同，以减小不平衡电流。另外，减少电流互感器的二次负荷，并使各侧二次负载相同，能够减少铁芯的饱和程度，相应地也减少了不平衡电流。减小二次负荷的方法，除了减小二次电缆的电阻外，可以增大电流互感器的变比 n_{TA}。二次阻抗 Z_2 折算到一次侧的等效阻抗为 Z_2/n_{TA}^2，若采用二次侧额定电流为 1A 的电流互感器，等效阻抗只要额定电流为 5A 时的 1/25。

5. 由变压器带负荷调节分接头而产生的不平衡电流

电力系统中经常采用带负荷调压的变压器，利用改变变压器分接头的位置来保持系统的运行电压。改变分接头的位置，实际上就是改变变压器的变比 n_{T}，而电流互感器的变比选

定后不可能根据运行方式进行调整，只能根据变压器分接头未调整时的变比进行选择。因此，由于改变变压器分接头的位置产生的最大不平衡电流为

$$I_{unb\cdot max} = \Delta U I_{k\cdot max}/n_{TA} \tag{7-17}$$

式中　ΔU——由变压器分接头改变引起的相对误差，考虑到电压可以正、负两个方向进行调整，一般 ΔU 可取调整范围的一半。

总括看来，上述1、2项不平衡电流可用适当地选择电流互感器二次绕组的接法和变比，以及采用平衡绕组的方法，使其降到最小。但2、4、5各项不平衡电流，实际上是不可能消除的。因此，变压器的纵差保护必须躲开这些不平衡电流的影响。由于在满足选择性的同时，还要求保证内部故障时有足够的灵敏性，这就是构成变压器纵差保护的主要困难。

根据上述分析，在稳态情况下，为整定变压器纵差保护所采用的最大不平衡电流 $I_{unb\cdot max}$ 可表示为

$$I_{unb\cdot max} = (K_{ss} \times K_{aper} f_i + \Delta U + \Delta f_{za}) I_{k\cdot max}/n_{TA} \tag{7-18}$$

式中　f_i——电流互感器容许的最大相对误差；

K_{ss}——电流互感器的同型系数，取为1；

ΔU——由带负荷调压所引起的相对误差，如果电流互感器二次电流在相当于被调节变压器额定抽头的情况下处于平衡时，则 ΔU 等于电压调整范围的一半；

Δf_{za}——由所采用的互感器变比或平衡线圈的匝数与计算值不同所引起的相对误差；

K_{aper}——非周期分量影响系数；

$I_{k\cdot max}/n_{TA}$——保护范围外部最大短路电流归算到二次侧的数值。

四、纵差保护的整定计算原则

1. 纵差动保护动作电流的整定原则

（1）在正常运行情况下，为防止电流互感器二次回路断线时引起差动保护误动作，保护装置的起动电流应大于变压器的最大负荷电流 $I_{L\cdot max}$。当负荷电流不能确定时，可采用变压器的额定电流 $I_{W\cdot T}$，引入可靠系数 K_{rel}（一般采用1.3），则保护装置的启动电流为

$$I_{k\cdot act} = K_{rel} \cdot I_{L\cdot max}/n_{TA} \tag{7-19}$$

（2）躲开保护范围外部短路时的最大不平衡电流，此时继电器的启动电流应为

$$I_{k\cdot act} = K_{rel} \cdot I_{unb\cdot max} \tag{7-20}$$

式中　K_{rel}——可靠系数，采用1.3；

$I_{unb\cdot max}$——保护外部短路时的最大不平衡电流，可用式（7-18）计算。

（3）无论按上述哪一个原则考虑变压器纵差动保护的启动电流，都还必须能够躲开变压器励磁涌流的影响。当变压器纵差动保护采用波形鉴别或二次谐波制动的原理构成时，它本身就具有躲开励磁涌流的性能，一般无须再另作考虑。而当采用具有速饱和铁芯的差动继电器时，虽然可以利用励磁涌流中的非周期分量使铁芯饱和，来躲避励磁涌流的影响，但根据运行经验，差动继电器的启动电流仍需整定为 $I_{k\cdot act} \geqslant 1.3 I_{N\cdot T}/n_{TA}$ 时，才能躲开励磁涌流的影响。对于各种原理的差动保护，其躲开励磁涌流影响的性能，最后还应经过现场的空载合闸试验加以检验。

2. 纵差动保护灵敏系数的校验

变压器纵差动保护的灵敏系数可按下式校验

$$K_{sen} = \frac{I_{k\cdot min\cdot k}}{I_{k\cdot act}} \tag{7-21}$$

式中 $I_{k\cdot\min\cdot k}$应采用保护范围内部故障时，流过继电器的最小短路电流。即采用在单侧电源供电时，系统在最小运行方式下，变压器发生短路时的最小短路电流，按照要求，灵敏系数一般不应低于 2。当不能满足要求时，则需要采用具有制动特性的差动继电器。

必须指出，即使灵敏系数的校验能够满足要求，但对变压器内部的匝间短路，轻微故障等情况，纵差动保护往往也不能迅速而灵敏地动作。运行经验表明，在此情况下，常常都是瓦斯保护首先动作，然后待故障进一步发展，差动保护才动作。显然可见，差动保护的整定值越大，则对变压器内部故障的反应能力也就越低。

当变压器差动保护的启动电流按照上述第（2）、（3）项的原则整定时，为了能够可靠地躲开外部故障时的不平衡电流和励磁涌流，同时又能提高变压器内部故障时的灵敏性，在变压器的差动保护中采用具有不同特性的差动继电器，以下介绍应用广泛的具有制动特性的变压器纵联差动保护和二次谐波制动的差动保护。

五、具有制动特性的变压器纵联差动保护

当变压器差动保护的动作电流按前文所述整定原则整定时，为了能够可靠地躲开外部故障时的不平衡电流和励磁涌流，同时又能提高变压器内部故障时的灵敏性，通常采用具有制动特性的变压器比率差动保护。下面以机电式变压器纵联差动保护为例，说明具有制动特性的变压器纵联差动保护的特点。

1. 具有磁力制动的差动继电器

这种继电器（BCH - 1 型差动继电器）利用外部故障时短路电流来实现制动，使差动继电器的动作电流随制动电流的增加而增加，它能够可靠地躲开外部故障时的不平衡电流，并提高内部故障时的灵敏性。

现以实现双绕组变压器差动保护为例说明，单相式具有磁力制动差动继电器（BCH - 1）的变压器纵联差动保护原理接线图如图 7 - 8 所示。

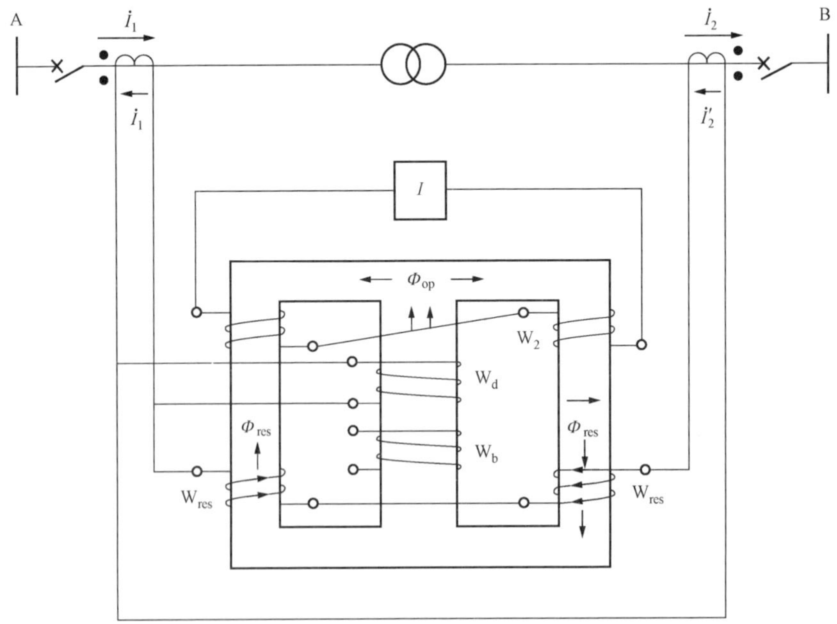

图 7 - 8 单相式具有磁力制动差动继电器（BCH - 1）的变压器纵联差动保护原理接线图

（1）继电器主要组成部分。继电器的主要元件是一个三铁芯柱的速饱和变流器。速饱和变流器上有六个线圈。

1）制动线圈 W_{res}：分成相等的两部分，分别接在两边柱上。线圈中流过差动回路中一侧的电流 $\dot{I}'_2$。

2）差动线圈 W_d：接在差流回路中。

3）二次线圈 W_2：分成相等的两部分，分别接在两边柱上。其输出接于执行元件（电流继电器）上。

4）平衡线圈 W_b：减小不平衡电流，根据正常运行情况下电流平衡情况，可接入也可不接入。

两个制动线圈 W_{res}的极性连接，应保证所产生的磁通 Φ_{res}只在两个边柱上形成回路而不流入中间铁芯。两个二次线圈 W_2的连接应保证制动线圈 W_{res}产生的磁通在线圈 W_2上所感应的电动势相互抵消，不影响执行元件的工作。这样当差动线圈 W_d 中有电流时，它所产生的磁通 Φ_{op}在二次线圈 W_2 中感应的电动势是相加的，因而在达到整定值后就能够使继电器动作。

（2）继电器工作原理。假设不考虑制动线圈的作用，则工作线圈和二次线圈之间就相当于一个速饱和变流器，因此它可以消除不平衡电流和励磁涌流中非周期分量的影响。

如图 7-8 所示，当制动线圈 W_{res}中没有电流时，为使差动继电器启动，需在差动线圈 W_d 中加入一个电流 $I_{act \cdot min}$，由此电流产生的磁通在二次线圈 W_2 中感应一定的电动势 E_{act}，刚好能使执行元件动作，此 $I_{act \cdot min}$称为继电器的最小动作电流。差动保护中，用 I_{act}表示差动保护的动作定值，也就是使保护刚好能动作的动作量，以下同。

当制动线圈 W_{res}中有电流以后，它将在铁芯的两个边柱上产生磁通 Φ_{res}，使铁芯饱和，致使磁导率下降。此时必须增大差动线圈 W_d 中的电流才能在二次线圈 W_2 中产生电动势 E_{act}，使执行元件动作，也就是说，继电器的动作电流随着制动电流的增大而增大。继电器动作电流 I_{act}与制动电流 I_{res}（这里的制动电流就是 I'_2）的关系，即 $I_{act}=f(I_{res})$，称为制动特性曲线，如图 7-9 中曲线 1 所示。

当制动电流比较小时，铁芯中磁通还没有饱和，因此动作电流变化不大，制动特性曲线的起始部分比较平缓。而当制动电流很大时，铁芯出现严重饱和，继电器的动作电流迅速增加，制动曲线上翘。

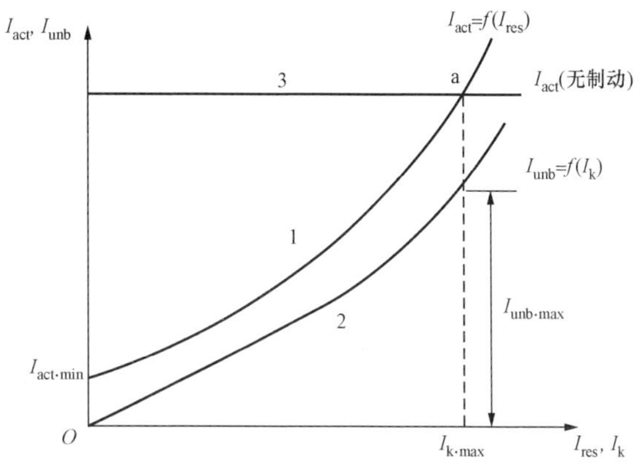

图 7-9 继电器的制动特性曲线及其整定方法

（3）具有制动特性的差动继电器的整定。由式（7-18）可知，不平衡电流 I_{unb}随外部短路电流 I_k（折算到二次侧）的增大而增大，且考虑到电流互感器 TA 饱和的影响，I_{unb}与 I_k 之间的关系如图 7-9中曲线 2 表示。设外部最大短路电流（归算到二次侧）为 $I_{k \cdot max}$，则可对应求出最大不平衡电流 $I_{unb \cdot max}$。如果采用无制动特性的差动继电器，则动作电流按式（7-20）整定，则差动继电器的动作定值 I_{act} 是一个常数，如图 7-9 中水平直线 3 所示。

如果采用具有制动特性的差动继电器，应当选择当制动电流 $I_{res\cdot max}=I_{k\cdot max}$ 时，使继电器的动作定值为 $K_{rel}I_{unb\cdot max}$，也就是使继电器的制动特性曲线通过图 7-9 中 a 点。只要选择一条适当的制动特性曲线，使它通过 a 点的同时保证位于曲线 2 的上面，即如图 7-9 所示的曲线 1，则在任何大小的外部短路电流作用下继电器的实际动作定值均大于相应的不平衡电流，继电器都不会误动作。

上述介绍的这种差动继电器的动作电流是随着制动电流的不同而改变的。而制动电流是变压器纵联差动保护中一侧的电流。在外部故障情况下，该电流实际上就是穿越变压器的电流。将差流与穿越性故障电流相比较，在外部故障时，差流仅仅是不平衡电流，明显小于变压器的穿越性电流；而在内部故障时，差流等于流向故障点的总的短路电流。这种利用穿越电流实现制动，使保护的动作电流随着短路电流的增大而增大的变压器纵联差动保护称为比率制动的差动保护。

（4）具有制动特性的差动继电器的动作分析。结合图 7-8，用以下四种情况说明具有制动特性的差动继电器可以在内部故障时提高保护的灵敏性。

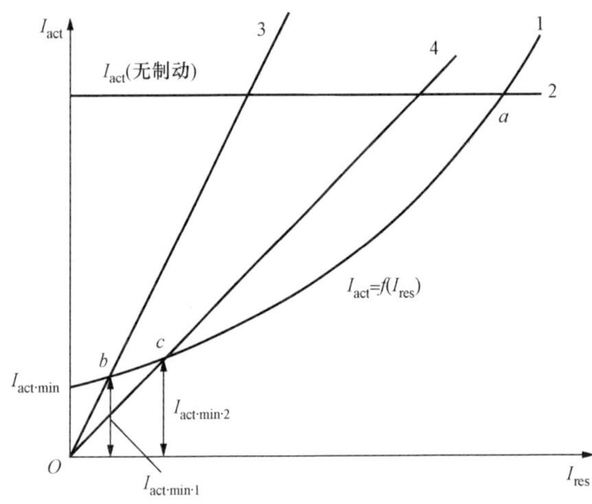

图 7-10　区内外故障时，具有磁力制动特性的差动继电器动作分析（图中电流仍为二次值）

1）变压器外部故障时，制动线圈 W_{res} 中的电流 I_{res} 即为短路电流 $\dot{I}_2'$；I_{act} 与 I_{res} 的关系如图 7-10 中曲线 1 所示。由于差动线圈 W_d 中无电流，继电器不会动作。

2）变压器内部故障，B 侧无电源时（如图 7-8 所示），制动线圈 W_{res} 中无电流，差动线圈 W_d 中为 A 侧电源供给的短路电路（变换到二次侧的数值），由于 $I_{res}=0$，因此，继电器的动作定值为 $I_{act\cdot min}$，如图 7-10 所示。

3）变压器内部故障，A 侧无电源时，制动线圈 W_{res} 中流过的电流与差动线圈 W_d 中相同，即 $I_{act}=I_{res}$，为继电器最不利的工作情况，关系曲线如图7-10直线 4 所示，它与横轴夹角为 45°，与制动特性曲线 1 交于 c 点。同上分析，继电器的实际动作定值为 $I_{act\cdot min\cdot 2}$，并在 c 点以上继电器均能动作。

4）变压器内部故障，如果 A、B 两侧供给的短路电流相等，制动线圈 W_{res} 中的电流为差动线圈 W_d 中电流的一半，即 $I_{act}=2I_{res}$，此关系如图 7-10 直线 3 所示。它与制动特性曲线 1 交于 b 点，此交点就是继电器实际需要的动作电流定值 $I_{act\cdot min\cdot 1}$。在 b 点以后，虽然动作电路随着制动电流的增加而增加，但由于差动线圈 W_d 的电流关系曲线（直线 3）始终位于制动特性曲线 1 之上，因此继电器均能动作。

由以上三种内部的短路典型情况分析可见，在各种可能的运行方式下变压器发生内部故障时，具有磁力制动的差动继电器的动作电流定值均在 $I_{act\cdot min}\sim I_{act\cdot min\cdot 2}$ 之间变化。由于制动特性曲线的起始部分变化平缓，因此，$I_{act\cdot min}$、$I_{act\cdot min\cdot 1}$、$I_{act\cdot min\cdot 2}$ 的数值实际相差不大，但却比无制动差动继电器的动作电流定值（图中的直线 2）小得多，显然它比无制动的差动保护的灵敏度数值要高。

2. 比率制动式变压器纵差保护整定

国内变压器纵差保护有比率制动式和标积制动式，有采用相电流的模拟式或数字式继电器，也有采用故障电流分量的数字式微机保护。它们的原理和整定计算方法原则可参考第六章的有关内容。这里仅以比率制动式变压器纵差保护为例，着重说明与发电机纵差保护在整定计算上的不同之处。

以三绕组变压器为例，三绕组变压器采用 YNyd11 接线，且正常情况下低压侧（L）二次电流最小。高压（H）和中压（M）侧有调压分接头，电流互感器二次额定电流设定为 1A。

（1）各侧电流互感器和中间电流互感器变比的选择。表 7 - 3 示出变压器三侧电流互感器变比的一般选择方法，各侧互感器均采用 5P 或 10P 型。由于 P 型互感器不考虑暂态特性，为了降低最大短路电流的倍数，宜采用较大的电流互感器一次额定电流，至于 500kV 变压器各侧互感器均应采用 TPY 型。

表 7 - 3　变压器纵差保护用互感器变比选择

项 目 名 称	各 侧 参 数		
	高 压（H）	中 压（M）	低 压（L）
额定电压 U_N	U_{NH}	U_{NM}	U_{NL}
额定电流 I_N	$I_{NH}=\dfrac{S_N}{\sqrt{3}U_{NH}}$	$I_{NM}=\dfrac{S_N}{\sqrt{3}U_{NM}}$	$I_{NL}=\dfrac{S_N}{\sqrt{3}U_{NL}}$
一次三相绕组接线	YN	y	d11
TA 二次三相接线方式	d11	d11	Y
TA 变比计算值 $n_{TA\cdot c}$	$n_{cH}=\dfrac{\sqrt{3}I_{NH}}{1}$	$n_{cM}=\dfrac{\sqrt{3}I_{NM}}{1}$	$n_{cL}=\dfrac{I_{NL}}{1}$
TA 变比选用值 $n_{TA\cdot s}$	n_{sH}	n_{sM}	n_{sL}
各侧 TA 二次电流	$I'_H=\dfrac{\sqrt{3}I_{NH}}{n_{sH}}$	$I'_M=\dfrac{\sqrt{3}I_{NM}}{n_{sM}}$	$I'_L=\dfrac{I_{NL}}{n_{sL}}$
TAA（辅助 TA）变比 n_{TAA}	$n_{aH}=\dfrac{I'_H}{I'_L}$	$n_{aM}=\dfrac{I'_M}{I'_L}$	$n_{aL}=1$

（2）比率制动特性的整定。比率制动特性的整定参见图 6 - 3。

1）最小动作电流 $I_{K\cdot act\cdot min}$

$$I_{K\cdot act\cdot min}=K_{rel}[2f_{i(n)}+\Delta U+\Delta f_{za}]I_{N\cdot T}/n_{TA} \tag{7-22}$$

式中 K_{rel} ——可靠系数，$K_{rel}=1.3\sim1.5$；

$f_{i(n)}$ ——电流互感器在 I_N 下的比值误差，$f_{i(n)}=\pm0.03(10P)$，$\pm0.01(5P)$；

ΔU ——变压器分接头调节引起的最大误差（相对额定电压）；

Δf_{za} ——TA 和 TAA 变比未完全匹配产生的误差，$\Delta f_{za}\approx0.05$，微机保护 $\Delta f_{za}=0$。

一般情况下可取

$$I_{K\cdot act\cdot min}=(0.20\sim0.50)I_{N\cdot T}/n_{TA} \tag{7-23}$$

2）拐点电流 $I_{res\cdot0}$ 。

可选取

$$I_{\text{res}\cdot0} \leqslant (0.8 \sim 1.0) I_{\text{N}\cdot\text{T}}/n_{\text{TA}} \tag{7-24}$$

3）最大制动系数 $K_{\text{res}\cdot\max}$ 和制动特性斜率 S。

外部短路时的最大不平衡电流 $I_{\text{unb}\cdot\max}$ 为

$$\begin{aligned} I_{\text{unb}\cdot\max} = (&K_{\text{ss}}K_{\text{aper}}f_i I_{\text{k}\cdot\max} + \Delta U_{\text{H}} I_{\text{k}\cdot\text{H}\cdot\max} + \Delta U_{\text{M}} I_{\text{k}\cdot\text{M}\cdot\max} \\ &+ \Delta f_{\text{za}\text{I}} I_{\text{k}\cdot\text{I}\cdot\max} + \Delta f_{\text{za}\text{II}} I_{\text{k}\cdot\text{II}\cdot\max})/n_{\text{TA}} \end{aligned} \tag{7-25}$$

式中 K_{ss}——TA 的同型系数，$K_{\text{ss}}=1.0$；

K_{aper}——TA 的非周期系数，$K_{\text{aper}}=1.5\sim2.0$（对 5P 或 10P 型 TA）或 $K_{\text{aper}}=1.0$（对 TP 型 TA）；

f_i——TA 的比值误差，$f_i=0.10$；

$I_{\text{k}\cdot\max}$——流过靠近故障侧 TA 的最大外部短路周期分量电流；

$I_{\text{k}\cdot\text{H}\cdot\max}$、$I_{\text{k}\cdot\text{M}\cdot\max}$——在所计算的外部短路时，流过调压侧（H、M）TA 的最大周期分量电流；

$I_{\text{k}\cdot\text{I}\cdot\max}$、$I_{\text{k}\cdot\text{II}\cdot\max}$——在所计算的外部短路时，流过非靠近故障点的另两侧（Ⅰ、Ⅱ）TA 的最大周期分量电流；

$\Delta f_{\text{za}\text{I}}$、$\Delta f_{\text{za}\text{II}}$——由于Ⅰ侧和Ⅱ侧的 TA（包括 TAA）变比不完全匹配而产生的误差，初选可取 $\Delta f_{\text{za}\text{I}} \approx \Delta f_{\text{za}\text{II}} \approx 0.05$，微机保护 $\Delta f_{\text{za}\text{I}} = \Delta f_{\text{za}\text{II}} = 0$。

对于双绕组变压器，式（7-25）可简化为

$$I_{\text{unb}\cdot\max} = (K_{\text{ss}}K_{\text{aper}}f_i + \Delta U + \Delta f_{\text{za}}) I_{\text{k}\cdot\max}/n_{\text{TA}} \tag{7-26}$$

最大制动系数为

$$K_{\text{res}\cdot\max} = K_{\text{rel}} \frac{I_{\text{unb}\cdot\max}}{I_{\text{res}}} \tag{7-27}$$

式中 I_{res}——纵差保护制动电流，与纵差保护原理、制动回路接线方式有关，对于两绕组变压器，$I_{\text{res}} = I_{\text{k}\cdot\max}/n_{\text{TA}}$；

$I_{\text{unb}\cdot\max}$——由式（7-25）或式（7-26）确定。

由式（7-22）决定 $I_{\text{K}\cdot\text{act}\cdot\min}$，由式（7-24）决定 $I_{\text{res}\cdot0}$，由式（7-25）、式（7-26）和式（7-27）决定 $K_{\text{res}\cdot\max}$，则图 6-3 中的比率制动特性 A、B、C 三点完全确定。

有时为了调试校验方便，常常要求给出比率制动特性 $\overline{BC}$ 线的斜率，由图 6-3 可知

$$S = \frac{\overline{CG} - \overline{BH}}{\overline{OG} - \overline{OH}} = \frac{\dfrac{\overline{CG}}{\overline{OG}} - \dfrac{\overline{BH}}{\overline{OG}}}{1 - \dfrac{\overline{OH}}{\overline{OG}}} = \frac{K_{\text{res}\cdot\max} - I_{\text{K}\cdot\text{act}\cdot\min}/I_{\text{res}\cdot\max}}{1 - I_{\text{res}\cdot0}/I_{\text{res}\cdot\max}} \tag{7-28}$$

若有 $I_{\text{K}\cdot\text{act}\cdot\min} \ll I_{\text{res}\cdot\max}$ 和 $I_{\text{res}\cdot0} \ll I_{\text{res}\cdot\max}$，则由式（7-28）可得

$$S = K_{\text{res}\cdot\max}$$

即该比率制动特性的折线 $\overline{ABC}$ 通过坐标原点 O，在任何制动电流下均有相同的制动系数。

4）内部短路的灵敏度校验。在系统最小运行方式下，计算变压器出口金属性短路的最小短路电流 $I_{\text{k}\cdot\min}$（周期分量），同时计算相应的制动电流 I_{res}；由继电器的比率制动特性查出对应 I_{res} 的继电器动作电流 $I_{\text{K}\cdot\text{act}}$，则灵敏系数为

$$K_{\text{sen}} = \frac{I_{\text{k}\cdot\min}}{n_{\text{TA}}} \Big/ I_{\text{K}\cdot\text{act}} \tag{7-29}$$

要求 $K_{\text{sen}} \geqslant 2.0$。

必须指出，按式（7-29）求得的 K_{sen} 即使大于 2.0，也不能保证变压器内部绕组短路时差动保护一定动作。只有在分析计算变压器内部绕组的各种短路后，才能真正了解差动保护

的实际灵敏度。

六、具有比率制动和二次谐波制动的差动继电器

由表 7 - 2 所列试验数据的分析可见，在励磁涌流的作用下，差动回路中含有很大成分的二次谐波电流。实践证明采用二次谐波制动的原理，可以有效地防止励磁涌流的影响。

具有比率制动（又称穿越电流制动）和二次谐波制动的差动继电器的单相式原理接线如图 7 - 11 所示，其主要组成部分和工作原理如下。

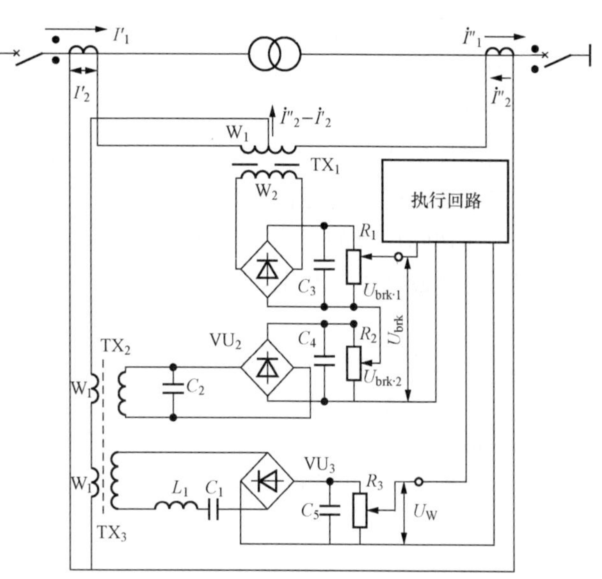

图 7 - 11　具有比率制动和二次谐波制动的差动继电器的原理接线图

1. 穿越电流制动回路

利用外部短路时穿越电流的制动回路由电抗互感器 TX_1、整流滤波回路 VU_1、C_3 和电位器 R_1 组成。TX_1 的一次线圈 W_1 接在差动回路的两个臂中，由其中点引出的是差动回路。在正常运行及外部故障时，W_1 中两部分电流 $\dot{I}'_2$ 与 $\dot{I}''_2$ 方向相同，在 TX_1 的二次线圈中可产生电压，其大小正比于一次侧流过的电流，可以实现制动作用，故称为穿越电流制动。又由于这种制动作用与穿越电流的大小成正比，因而使继电器的起动电流随着制动电流的增大而自动增加（两者之比称为继电器的制动系数），故又称为比率制动。

当变压器保护范围内部故障时，有一侧的电流要改变方向，因此 W_1 中两部分的电流方向相反，二次侧感应电动势减小，制动作用也就随之减弱，当两部分中的电流相等时，制动作用消失，继电器动作最灵敏。

TX_1 的二次电压经整流桥 VU_1、滤波电容 C_3 之后接于电位器 R_1 上，其输出电压 U_{brk1}，即作为外部短路时的制动电流，改变 R_1 滑动头的位置就可以调节制动系数的大小。

2. 二次谐波制动回路

二次谐波制动回路由电抗互感器 TX_2、电容 C_2、整流桥 VU_2、滤波电容 C_4 和电位器 R_2 组成。TX_2 的一次线圈 W_1 接在差动回路中，在正常运行及外部故障时，通过 W_1 的是不平衡电流，而当保护范围内部故障时，通过 W_1 的则是故障电流。TX_2 二次线圈的励磁阻抗与电容 C_2 组成一个对二次谐波（100Hz）的并联谐振回路，因此，对二次谐波分量呈现的阻抗很大，因而输出电压也高，将此电压整流滤波后接于电位器 R_2，其输出电压为 U_{brk2}，利用 U_{brk2} 实现二次谐波的制动。改变 R_2 滑动头的位置即可以调节二次谐波分量制动的效果。

3. 总制动回路

继电器的总的制动作用由上述两部分同方向串联来实现，因此，总的制动电压为

$$U_{brk}=U_{brk1}+U_{brk2}$$

当变压器空载合闸时，U_{brk2} 起主要的制动作用，而当区外故障时，U_{brk1} 起主要的制动作用。

4. 工作回路

工作回路由电抗互感器 TX_3、电感 L_1、电容 C_1、整流桥 VU_3、滤波电容 C_5 和电位器 R_3 组成。这是一个对 50Hz 串联谐振的回路，因此对基波分量的电压具有最大的输出，而对不平衡电流中的非周期分量和高次谐波分量则起一个滤波的作用，可以减小它们对工作回路的影响，将此电压整流滤波后加于电位器 R_3 上，其输出电压 U_w 即作为继电器的工作电压。改变 R_3 滑动头的位置，可以调节继电器的起动电流。

5. 执行回路

执行回路反应于 U_{brk} 和 U_w 幅值比较的结果而动作。

七、差动速断保护的定值整定

为了加速切除严重的变压器内部故障，常常增设差动速断保护，其动作电流整定条件之一是按照避越励磁涌流来整定，即

$$I_{K\cdot act}=K_{rel}I_{e\cdot max}/n_{TA} \tag{7-30}$$

式中　$I_{e\cdot max}$——变压器实际的最大励磁涌流；

K_{rel}——可靠系数，可取为 1.15～1.30。

实际的最大励磁涌流 $I_{e\cdot max}$ 是一个很难正确确定的电流，对于大型发电机—变压器组，由于不存在出现很大励磁涌流的客观条件，可取

$$I_{e\cdot max}=(2\sim3)I_{N\cdot T}$$

不加分析地取发电机—变压器组差动速断保护的 $I_{K\cdot act}=(6\sim8)I_{N\cdot T}/n_{TA}$，甚至 $I_{K\cdot act}=(8\sim10)I_{N\cdot T}/n_{TA}$ 是没有根据的，如此大的 $I_{K\cdot act}$，可能使保护安装处最小两相金属性短路电流 $I_{k\cdot min}/n_{TA}<I_{K\cdot act}$，即差动速断保护不能动作。

对于降压变压器，可参考图 7-12 的关系曲线。该 $I_{e\cdot max}$ 是变压器空载合闸到无穷大系统（系统电抗为零）的最大励磁涌流。实际系统的最小等值电抗（对应最大运行方式）设为 $X_{s\cdot min}$，变压器在空载合闸时是励磁电抗 X_e 在大范围内变动。当 $X_e\gg X_{s\cdot min}$ 时，合闸的过程中变压器得到的电源电压基本不变，但 X_e 很大就不可能出现很大的励磁涌流；若 $X_e\approx X_{s\cdot min}$，空载合闸时变压器合闸端口的电压将只有系统电源电压的一半左右，此时的励磁涌流一定比图 7-12 的 $I_{e\cdot max}$ 小得多。作为降压变压器的差动速断保护，为了防止空载合闸或外部短路时误动作（因为在这种保护中，既无比率制动，也无谐波制动或间断角原理的闭锁环节），建议按图7-12的上限来估算 $I_{e\cdot max}$，对于大中型降压变压器，可取

$$I_{K\cdot act}\approx K_{rel}I_{e\cdot max}/n_{TA}=K_{rel}(4\sim8)I_{N\cdot T}/n_{TA} \tag{7-31}$$

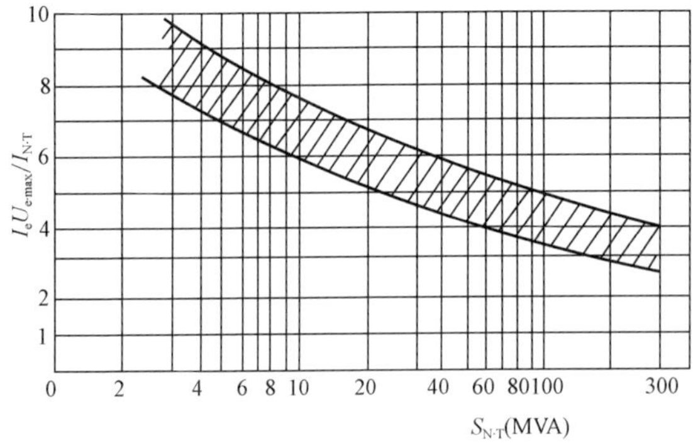

图 7-12　励磁涌流标幺值 $\frac{I_{e\cdot max}}{I_{N\cdot T}}$ 与变压器额定容量 $S_{N\cdot T}$ 的关系

在实际工作中，变压器差动速断保护的整定计算工作可按下述步骤进行：

（1）在保护安装处发生金属性两相或单相短路，最小短路电流为 $I_{k\cdot min}$，为保证差动速断保护的灵敏系数不小于 1.2，取动作电流为

$$I_{act}=\frac{I_{k\cdot min}}{1.2}$$

（2）观察 I_{act} 是否大于可能的最大励磁涌流 $I_{e\cdot max}$

$$I_{e\cdot max}=KI_{N\cdot T} \tag{7-32}$$

式（7-32）中 K 值可取为：

6300kVA 及以下：7～12。

6300～31500kVA：4.5～7.0。

40000～120000kVA：3.0～6.0。

120000kVA 及以上：2.0～5.0。

上述数据的变化范围比较大，对于一台具体的变压器，其取值可参考以下原则：

（1）低压侧空载合闸的 K 值应比高压侧的大。

（2）系统等值电抗 X_s 大的 K 值应比 X_s 小的要小。

当 $I_{act}<I_{e\cdot max}$ 时，取消装设差动速断保护。

为防止外部短路时差动速断保护误动作，可按式（7-25）计算最大不平衡电流 $I_{unb\cdot max}$，动作电流为 $(1.3\sim1.5)I_{unb\cdot max}$。

对于发电机—变压器组之间有断路器的情况，升压变压器可能单独运行，此时的差动速断保护动作电流可按降压变压器一样考虑。发电机—变压器组单元接线的差动速断保护动作电流可取为 $(2\sim3)I_{N\cdot T}$。

【例 7-1】 某 220kV 变电站一次接线如图 7-13 所示。已知主变压器采用微机保护装置，试分析其各保护的定值。变压器参数如下：

主变压器型号 SFSZ10-180000/220，变比为 220±8×1.25%/115/36.75kV，额定容量为 180MVA，容量比为 100/100/50。

短路电压百分比：$U_{k1-2}=14.15\%$，$U_{k2-3}=8.13\%$，$U_{k1-3}=24.74\%$。

标幺值电抗：$X_{1*}=0.7624$，$X_{2*}=0$，$X_{3*}=0.4933$。

变压器各侧数据见表 7-4。

说明：正常运行时高压侧、低压侧有电源，中压侧断开运行；变压器外部最大穿越电流在高压侧，为 2705A；校验灵敏度时采用单变压器小运行方式，内部最小短路电流取 $I_k^{(2)}=1058A$。

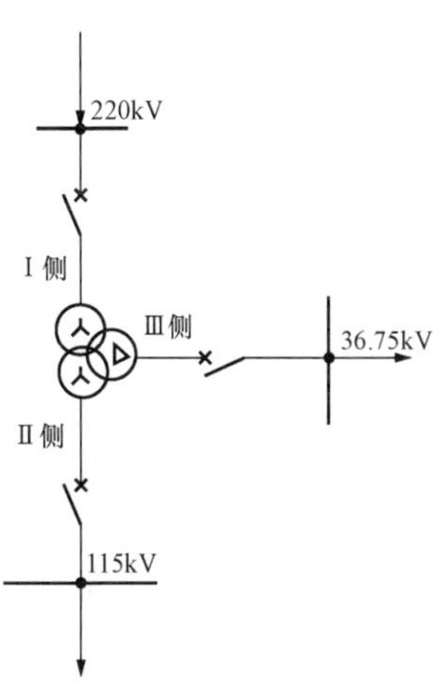

图 7-13　220kV 变电站一次接线图

表 7-4　　**变 压 器 各 侧 数 据**

名　称	变压器各侧数据		
额定电压（kV）	220	115	36.75
额定电流（A）	$\frac{180000}{\sqrt{3}\times220}=472.4$	$\frac{180000}{\sqrt{3}\times115}=903.7$	$\frac{90000}{\sqrt{3}\times36.75}=1414$
电流互感器接线	Y	Y	Y
电流互感器变比	600/1	1200/1	2000/1
二次额定电流（A）	$\frac{472.4}{600}=0.79$	$\frac{903.7}{1200}=0.75$	$\frac{1414}{2000}=0.71$

220kV 侧断路器 TA 6 组　　2×600/1A

220kV 侧套管 TA 3 组　　600～1200/1A

220kV 零序 TA　　200～600/1A
220kV 间隙 TA　　200/1A
110kV 侧断路器 TA 5 组　　2×600/1A
110kV 侧套管 TA　　600～1200/1A
110kV 零序 TA　　200～600/1A
110kV 间隙 TA　　200/1A
35kV 侧断路器 TA 6 组　　2000/1A
（隔离开关两侧各 3 组）

解　1. RCS-978E 型差动保护

（1）RCS-978E 型差动保护参数定值见表 7-5。其中，各侧 TA 变比：220kV 侧600/1A；110kV 侧1200/1A；35kV 侧 2000/1A。

表 7-5　　RCS-978E 型差动保护参数定值

序号	定值名称	整定值	序号	定值名称	整定值
1	变压器容量整数部分	180.0 MVA	15	Ⅱ侧零序 TV2 二次侧	100.0 V
2	变压器容量小数部分	0.0 MVA	16	Ⅲ侧零序 TV3 二次侧	33.3 V
3	额定频率	50.0 Hz	17	Ⅰ侧 TV1 一次侧	127.0 kV
4	TA 二次额定电流	1.0 A	18	Ⅱ侧 TV2 一次侧	63.5 kV
5	Ⅰ侧零序 TA6 二次侧	1.0 A	19	Ⅲ侧 TV3 一次侧	20.2 kV
6	Ⅰ侧间隙零序 TA7 二次侧	1.0 A	20	Ⅰ侧一次电压	220.0 kV
7	Ⅱ侧零序 TA8 二次侧	1.0 A	21	Ⅱ侧一次电压	115.0 kV
8	Ⅱ侧间隙零序 TA9 二次侧	1.0 A	22	Ⅲ侧一次电压	36.75 kV
9	Ⅰ侧零序 TA6 一次侧	600.0 A	23	变压器接线方式	1
10	Ⅰ侧间隙零序 TA7 一次侧	200.0 A	24	主保护投入	1
11	Ⅱ侧零序 TA8 一次侧	600.0 A	25	Ⅰ侧后备保护投入	1
12	Ⅱ侧间隙零序 TA9 一次侧	200.0 A	26	Ⅱ侧后备保护投入	1
13	TV 二次额定电压	57.7 V	27	Ⅲ侧后备保护投入	1
14	Ⅰ侧零序 TV1 一次侧	100.0 V	未整定的运行方式控制字置“0”		

注　1. 不用的 TA 二次侧整定为 5A，变压器哪一侧不用，该侧一次电压整定为 0。
　　2. Ⅰ、Ⅱ和Ⅲ侧 TV 一次侧定值为相应的相电压。

（2）RCS-978E 型谐波制动差动保护定值见表 7-6。

表 7-6　　RCS-978E 型谐波制动差动保护定值单

序号	定值名称	一次值（A）	二次值（A）	备注
1	Ⅰ侧 TA1 一次侧	600	—	—
2	Ⅱ侧 TA2 一次侧	1200	—	—
3	Ⅲ侧 TA3 一次侧	2000	—	—
4	差动启动电流	236.2	0.39	$0.5I_N$ 1：投入
5	比率制动特性斜率	—	0.5	—
6	二次谐波制动系数	—	0.2	—
7	差动速断电流	2834.3	4.72	$6I_N$ 1：投入

续表

序　号	定值名称	一次值（A）	二次值（A）	备　　注
8	TA报警差流定值	70.9	0.12	$0.15I_N$
9	TA断线闭锁差动控制字	—	—	1
10	涌流闭锁方式控制字	—	—	0：谐波闭锁
11	主保护跳闸控制字	—	—	000FH
12	工频变化量差动保护投入	—	—	1：投入

（3）差动速断电流定值。

取$6I_N=2834.3$A，二次电流为4.7A，$I_{act}=1.3\times(0.1+0.1+0.05)\times2705=879.125$（A），则

$$879/I_N=1.86\text{倍}$$

校验灵敏度：在单变压器小运行35kV母线两相故障情况下，$I_k^{(2)}=1058$A。

（4）差动动作电流。

取$0.5I_N=236.2$A，二次电流为0.39A。

（5）比率制动斜率取0.5。

（6）二次谐波制动比取0.2。

2. CSC-326B型差动保护

CSC-326B型差动保护定值见表7-7。

表7-7　CSC-326B型差动保护定值

序　号	定值名称	一次值（A）	二次值（A）	备　注
1	差动动作电流	236.2	0.39	$0.5I_N$ 1：投入
2	比率制动特性斜率	—	0.5	—
3	二次谐波制动系数	—	0.2	—
4	差动速断电流	2834.3	4.72	$6I_N$ 1：投入
5	调压闭锁电流	566.9	0.94	$1.2I_N$ 1：投入

第三节　变压器瓦斯保护

当在变压器油箱内部发生故障（包括轻微的匝间短路和绝缘破坏引起的经电弧电阻的接地短路）时，由于故障点电流和电弧的作用，将使变压器油及其他绝缘材料因局部受热而分解产生气体，因气体比较轻，它们将从油箱流向油枕的上部。当故障严重时，油会迅速膨胀并产生大量的气体，此时将有剧烈的气体夹杂着油流冲向油枕的上部。利用油箱内部故障时的这一特点，可以构成反映于上述气体而动作的保护装置，称为瓦斯保护。

气体继电器是构成瓦斯保护的主要元件，它安装在油箱与油枕之间的连接管道上，如图7-14所示。这样油箱内产生的气体必须通过气体继电器才能流向油枕。为了不妨碍气体的流通，变压器安装时应使顶盖沿气体继电器的方向与水平面具有1%～1.5%的升高坡度，通往继电器的连接管道具有2%～4%的升高坡度。

目前在我国电力系统中推广应用的是开口杯挡板式气体继电器，其结构如图7-15所示。正常运行时，上、下开口杯2和1都浸在油中，开口杯和附件在油内的重力所产生的力矩小于

平衡锤 4 所产生的力矩，因此开口杯向上倾，干簧触点 3 断开。当油箱内部发生轻微故障时，少量的气体上升后逐渐聚集在继电器的上部，迫使油面下降，而使上开口杯露出油面，此时由于浮力的减小，开口杯和附件在空气中的重力加上杯内油重所产生的力矩大于平衡锤 4 所产生的力矩，于是上开口杯 2 顺时针方向转动，带动永久磁铁 10 靠近干簧触点 3，使触点闭合，发出“轻瓦斯”保护动作信号。当变压器油箱内部发生严重故障时，大量气体和油流直接冲击挡板 8，使下开口杯 1 顺时针方向旋转，带动永久磁铁靠近下部的干簧触点 3 使之闭合，发出跳闸脉冲，表示“重瓦斯”保护动作。当变压器出现严重漏油而使油面逐渐降低时，首先是上开口杯露出油面，发出报警信号，继之下开口杯露出油面后也能动作，发出跳闸脉冲。

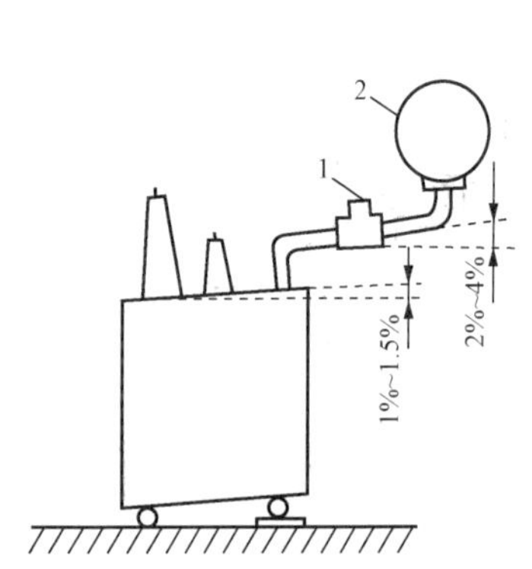

图 7-14 气体继电器安装示意图

1—气体继电器；2—油枕

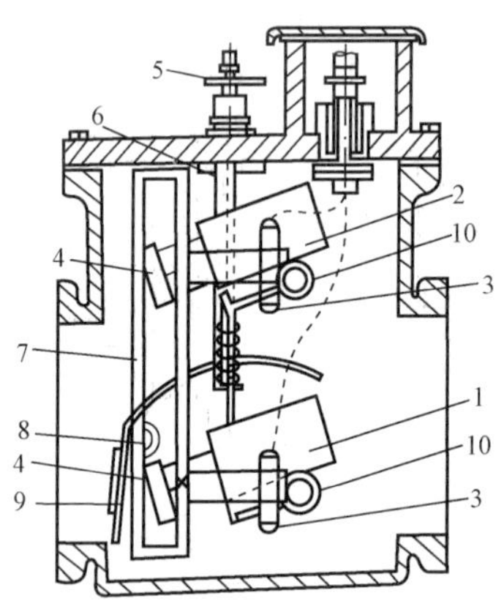

图 7-15 开口杯挡板式气体继电器的结构图

1—下开口杯；2—上开口杯；3—干簧触点；4—平衡锤；5—放气阀；6—探针；7—支架；8—挡板；9—进油挡板；10—永久磁铁

瓦斯保护的原理接线如图 7-16 所示。上面的触点表示轻瓦斯保护，动作后经延时发出报警信号。下面的触点表示重瓦斯保护，动作后启动变压器保护的总出口继电器，使继电器跳闸。当变压器油箱内部发生严重故障时，由于油流的不稳定可能造成干簧触点的抖动，此时为使断路器能可靠跳闸，应选用具有电流自保持线圈的出口中间继电器 KHO，动作后由断路器的辅助触点来解除出口回路的自保持。此外，为防止变压器换油或进行试验时引起重瓦斯保护误动作跳闸，可利用连接片 XB 将跳闸回路切换到信号回路。

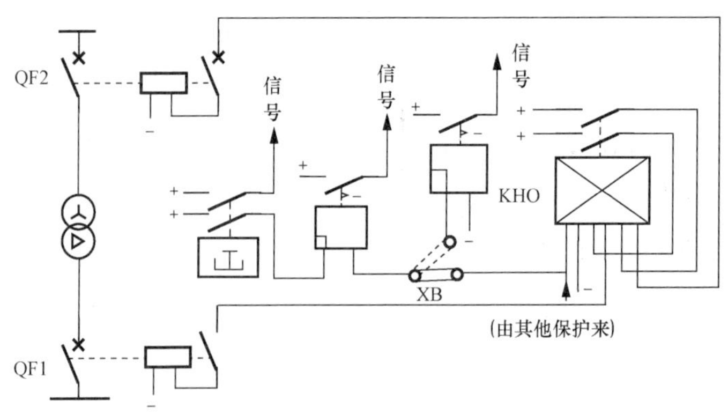

图 7-16 瓦斯保护的原理接线图

瓦斯保护的主要优点是动作迅速、灵敏度高、安装接线简单、能反映油箱内部发生的各种故障。其缺点则是不能反映油箱以外的套管及引出线等部位上发生的故障。因此瓦斯保护可作为变压器的主保护之一，与纵差保护互相配合、相互补充，实现快速而灵敏地切除变压器油箱内外及引出线上发生的各种故障。

第四节　发电机和变压器的后备保护

按照继电保护配置原则，中小型发电机、变压器只装设一套主保护，当主保护或有关断路器拒动时，应装设近后备和/或远后备保护，为被保护设备或相邻元件提供后备保护作用。

对于200～300MW及以上的发电机或发电机—变压器组，现在一般采用微机保护，其主保护将包含完全或不完全纵差保护、完全或不完全裂相横差保护、一组或两组零序电流型横差保护，对于任一内部故障具有两套或以上的主保护灵敏动作，即双重化主保护配置，因此从近后备保护来说，大型发电机或发电机—变压器组已没有必要再装设，特别是比较复杂的、容易误动的后备阻抗保护，更是弊多利少，因为发电机—变压器组内部任一点发生短路，已有多重高速、灵敏、选择性好的差动保护，后备保护实在用不上。相反，在发电机—变压器组外部短路时，由于后备保护在选择性上不及纵差保护，易于造成误动，其结果是发电机—变压器组上装设的后备保护（特别是后备阻抗保护）误动作率极高，对机组的安全运行不利。原因是发电机和变压器内部短路时，端口三相电流可能不大，三相电压可能不低，相应的测量阻抗就可能较大。这明显表现出主设备保护和线路保护的不同。

作为大容量发电机—变压器组的高压输电线，电压在220kV及以上，均装有双重高频保护，多段相间距离和接地距离保护，还有多段零序电流保护和断路器失灵保护，因此，超高压输电线路没有要求发电机—变压器组提供远后备保护。

220kV及以上的母线不一定总有两套母线保护，因此发电机—变压器组有必要为这种超高压母线提供后备保护，这是大型发电机—变压器组装设后备保护的唯一必要，为此装设的后备保护应该是最简单的一段距离保护，动作圆很小，无须振荡闭锁环节。

发电机有水、火之分，变压器有升压、降压之分，它们的后备保护有差别，但共性的内容多。本节在讨论后备保护时分相间短路后备保护和接地短路后备保护两部分讨论，每部分以常用的后备保护方案，由简到繁，逐个介绍它们的整定计算和有关问题。

一、相间短路后备保护

（一）过电流保护

这是最简单的一种后备保护，主要用于降压变压器、1MW及以下与其他发电机或电力系统并列运行的发电机。

1. 过电流保护的动作电流 I_{act} 按躲过最大负荷电流 $I_{Ld\cdot max}$ 整定，计算式为

$$I_{act}=\frac{K_{rel}}{K_{re}}I_{Ld\cdot max} \tag{7-33}$$

式中　K_{rel}——可靠系数，$K_{rel}=1.2\sim1.3$；

K_{re}——返回系数，$K_{re}=0.85\sim0.95$，静态继电器取较大值。

$I_{Ld\cdot max}$ 的取值可按下列情况选取最大值。

（1）不同容量的发电机或变压器并列运行时，考虑一台最大容量的并列运行发电机或变压器被切除，此时发电机或变压器有最大负荷电流。

（2）同容量 n 台设备并列运行时，在一台切除的条件下，发电机或变压器的过负荷电流为

$$I_{Ld\cdot max}=\frac{n}{n-1}I_{N} \tag{7-34}$$

式中 I_{N}——并列运行发电机或变压器的每台额定电流；

n——并列运行的可能最少台数。

2. 降压变压器低压侧接有大型电动机时

此时应考虑电动机的自启动问题，引入电动机的自启动系数 K_{Ms}，降压变压器过电流保护动作电流应按如下原则整定：

（1）按躲开变压器切除外部短路后，电动机自启动电流整定，计算式为

$$I_{act}=\frac{K_{rel}}{K_{re}}K_{Ms}I_{Ld\cdot max} \tag{7-35}$$

式中 $I_{Ld\cdot max}$——正常工作时的最大负荷电流（一般取为额定电流）。

（2）按躲开由自动重合闸或备用电源自动投入使电动机自启动时的电流整定，计算式为

$$I_{act}=K_{rel}K_{Ms}I_{Ld\cdot max} \tag{7-36}$$

式（7-36）与式（7-35）的不同在于不需考虑返回系数 K_{re}。

3. 与低压侧母线分段断路器的过电流保护相配合

此时，过电流保护动作电流为

$$I_{act}=1.1I_{act\cdot Q}+I_{Ld} \tag{7-37}$$

式中 $I_{act\cdot Q}$——分段断路器过电流保护的动作电流；

I_{Ld}——变压器所在母线的正常负荷电流。

选择以上诸 I_{act} 中的最大值作为变压器或发电机过电流保护的动作电流。

4. 灵敏系数校验

检验式为

$$K_{sen}=I_{k\cdot min}^{(2)}/I_{act} \tag{7-38}$$

式中 $I_{k\cdot min}^{(2)}$——后备保护区末端两相金属性短路时过电流保护的最小电流。

要求 $K_{sen}\geqslant 1.2$。

（二）低电压启动的过电流保护

当上述过电流保护的灵敏度不够时，可采用低电压启动的过电流保护，主要用于升压变压器或容量较大的降压变压器。

低电压启动过电流保护的原理接线如图 7-17 所示。只有当电流元件和电压元件同时动作后，才能启动时间继电器，经过预定的延时后，启动中间继电器动作于跳闸。

1. 动作电流

按变压器额定电流 I_{N} 整定，不必考虑电动机自启动和并列运行变压器跳闸引起的最大负荷电流，计算式为

$$I_{act}=\frac{K_{rel}}{K_{re}}I_{N} \tag{7-39}$$

式中 K_{rel} 和 K_{re} 的含义同式（7-33）。

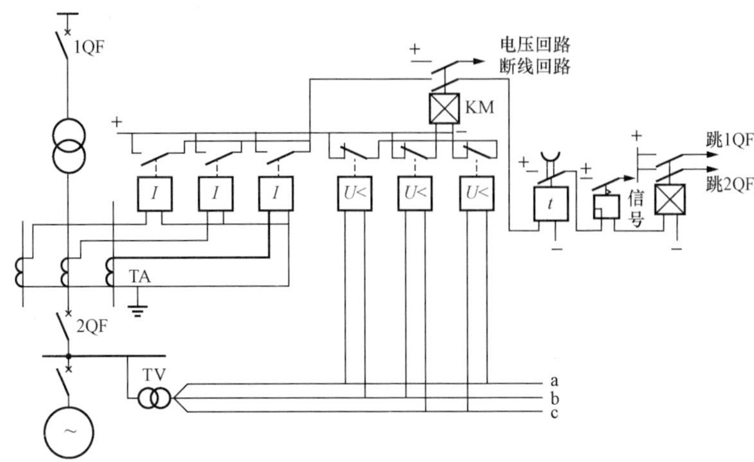

图 7 - 17 低电压启动过电流保护的原理接线图

2. 动作电压

(1) 按正常运行时可能出现的最低电压 U_{min} 整定，计算式为

$$U_{act}=\frac{U_{min}}{K_{rel}K_{re}} \tag{7-40}$$

式中 K_{rel}——可靠系数，取 $K_{rel}=1.2\sim1.3$；

K_{re}——返回系数，$K_{re}=1.05\sim1.25$，静态继电器取较小值；

U_{min}——最低电压，$U_{min}=0.9U_N$（U_N 为额定相或线电压）。

(2) 按电动机自启动时的电压整定。

当低电压继电器由变压器低压侧互感器供电时，有

$$U_{act}=(0.5\sim0.6)U_N \tag{7-41}$$

当低电压继电器由变压器高压侧电压互感器供电时，有

$$U_{act}=0.7U_N \tag{7-42}$$

3. 灵敏系数校验

电流继电器的灵敏系数校验与不带低电压启动的过电流保护相同。

低电压继电器的灵敏系数校验式为

$$K_{sen}=\frac{U_{act}}{U_{c\cdot max}} \tag{7-43}$$

式中 $U_{c\cdot max}$——计算运行方式下，灵敏系数校验点发生三相金属性短路时，保护安装处的最高残压。

要求 $K_{sen}\geqslant1.2$。

在校验电流继电器和电压继电器的灵敏度系数时，应采用相同的系统运行方式和相同的短路类型。

（三）复合电压启动的过电流保护

复合电压启动的过电流保护宜用于 1MW 以上的发电机和升压变压器、系统联络变压器和过电流保护不能满足灵敏度要求的降压变压器。

这种保护是低电压启动过电流保护的一个发展，其原理接线如图 7 - 18 所示。它将原来的三个低电压继电器改由一个负序电压继电器（由过电压继电器 4 接于负序电压过滤器上组

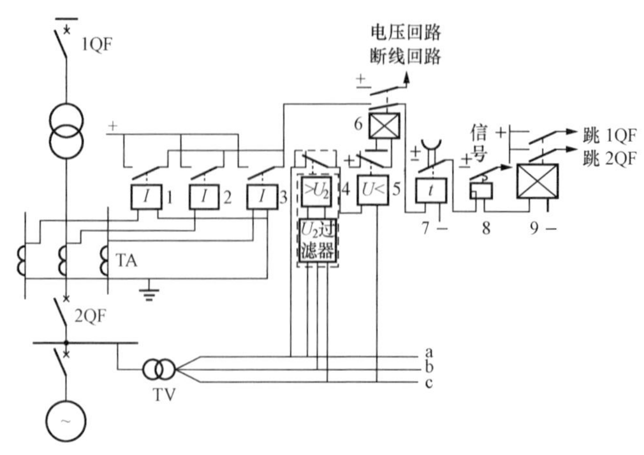

图7-18 复合电压启动的过电流保护原理接线图

成）和一个接于线电压上的低电压继电器5组成。

当发生各种不对称短路时，由于出现负序电压，因此继电器4动作，其动断触点打开，于是加于低电压继电器5上的电压被迫变成零，则5一定动作，这时电流继电器1～3中至少应有两个动作，于是就可以启动时间继电器7，经过预定的时限后动作于跳闸。

当发生三相短路时，由于在短路开始瞬间一般会短时出现一个负序电压，使继电器4动作，因此，低电压继电器5也随之动作，待负序电压消失后，继电器4返回，则继电器5又接于线电压U_{ca}上。由于三相短路时，三相电压均降低，故继电器5仍将处于动作状态，此时，保护装置的工作情况就相当于一个低电压启动的过电流保护。

1. 动作电流

电流继电器的动作电流应按躲过发电机或变压器的额定电流整定，计算公式同式(7-39)。

2. 接在相间电压上的低电压继电器的动作电压

应按躲过电动机自启动条件整定。对发电厂中的升压变压器，当电压继电器由发电机侧电压互感器供电时，还应考虑躲过发电机失磁运行时出现的低电压。一般动作电压为

$$U_{act}=(0.5\sim0.6)U_N \tag{7-44}$$

3. 负序动作电压

负序动作电压应按躲过正常运行时出现的不平衡电压整定，不平衡电压值一般可通过实测确定，当无实测值时，根据电力系统运行规程的规定可取为

$$U_{act}=0.06U_N \tag{7-45}$$

式中 U_N——额定相间电压。

4. 灵敏系数校验

电流继电器的灵敏系数校验同式（7-38），接在相间电压的低电压继电器的灵敏系数校验同式（7-43）。

负序电压继电器的灵敏系数计算式为

$$K_{sen}=\frac{U_{k\cdot min\cdot 2}}{U_{act\cdot 2}} \tag{7-46}$$

式中 $U_{k\cdot min\cdot 2}$——后备保护区末端两相金属性短路时，保护安装处的最小负序电压值。

要求$K_{sen}\geqslant 1.5$。

（四）负序电流和单相式低电压启动的过电流保护

此保护由负序电流继电器和单相式低电压启动的过电流保护构成。由负序电流继电器反映两相短路故障，由单相式低电压启动的过电流保护反映三相短路故障。此保护通常用于50MW及以上发电机和63MVA及以上升压变压器，其原理接线如图7-19所示。

1. 负序动作电流

(1) 根据经验，负序电流继电器的动作电流整定为

$$I_{act\cdot2}=\frac{K_{rel}}{K_{re}}(0.5\sim0.6)I_{N\cdot G} \tag{7-47}$$

其中，对间接冷却式汽轮发电机，用0.5，对水轮发电机，用0.6，对其他发电机，用 $I_{act\cdot2}=\sqrt{\frac{A}{120}}$，$A$ 为转子负序发热系数；K_{rel}、K_{re} 同式（7-33）。

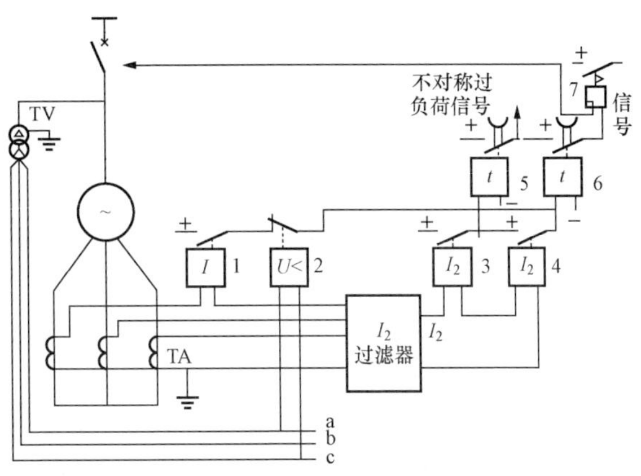

图7-19 发电机的负序电流及单相式低电压启动的过电流保护的原理接线图

(2) 躲过变压器最大负荷电流时，伴随系统频率变化、负序滤过器输出的不平衡电流，根据电力系统允许的频率偏差，这一不平衡电流一般不会超过变压器额定电流的20%。

(3) 当相间后备保护按远后备原则配置时，应躲过被保护变压器所连接的线路发生一相断线时，流过保护安装处的负序电流，防止负序过电流保护非选择性动作。负序动作电流整定为

$$I_{act\cdot2}=K_{rel}K_{bra\cdot2}\frac{I_{Ld}}{1+\frac{Z_{2\Sigma}}{Z_{1\Sigma}}+\frac{Z_{2\Sigma}}{Z_{0\Sigma}}} \tag{7-48}$$

式中 K_{rel}——可靠系数，取1.2；

$K_{bra\cdot2}$——负序电流分支系数，其值等于流过保护安装处的负序电流与流过断线处的负序电流之比；

$Z_{1\Sigma}$、$Z_{2\Sigma}$、$Z_{0\Sigma}$——由断线处看到的正序、负序、零序综合阻抗；

I_{Ld}——断线前流过断线线路的负荷电流。

最后还应校核与线路零序过电流保护的后备段在灵敏度上相配合的情况。

(4) 与被保护设备相邻元件的后备保护在灵敏度上相配合。对于单相接地短路，整定为

$$I_{act\cdot2}=K_{rel}\frac{K_{bra\cdot2}}{K_{bra\cdot0}}\frac{I_{l\cdot act\cdot0}}{3} \tag{7-49}$$

对于两相接地短路整定为

$$I_{act\cdot2}=K_{rel}\frac{K_{bra\cdot2}}{K_{bra\cdot0}}\frac{Z_{0\Sigma}}{Z_{2\Sigma}}\frac{I_{l\cdot act\cdot0}}{3} \tag{7-50}$$

式中 K_{rel}——可靠系数，取1.1～1.3；

$K_{bra\cdot2}$——负序电流分支系数；

$K_{bra\cdot0}$——零序电流分支系数；

$I_{l\cdot act\cdot0}$——线路零序保护后备段动作电流。

由于负序过电流保护的整定计算较为复杂，在实际工程中可以粗略选取 $I_{act\cdot2}=(0.5\sim0.6)I_N$。如灵敏度不能满足要求时，再做详细的灵敏度配合计算，降低负序电流保护的整定值。

2. 负序过电流保护的灵敏系数校验

检验式为

$$K_{sen}=\frac{I_{k\cdot min\cdot 2}}{I_{act\cdot 2}} \tag{7-51}$$

式中 $I_{k\cdot min\cdot 2}$——在最小运行方式下，后备保护区末端不对称相间短路时，流经保护处的负序电流。

3. 单相式低电压启动的过电流保护整定计算

单相式低电压启动的过电流保护中的电流继电器可按式（7-39）整定，电压继电器可按式（7-40）整定，校验灵敏系数时，应按后备保护末端三相金属性短路校验，即式（7-44）。

（五）低阻抗保护

当电流、电压保护不能满足灵敏度要求或根据网络保护间配合的要求，发电机和变压器的相间故障后备保护可采用阻抗保护。阻抗保护通常用于330～500kV大型升压及降压变压器，作为变压器引线、母线、相邻线路相间故障后备保护。

1. 低阻抗保护对发电机定子绕组和变压器高、低压绕组内部短路的后备保护作用

发电机定子绕组内部发生相间短路或匝间短路时，纵然故障点电流很大，但机端三相电流可能并不大，机端三相电压也可能并不显著降低，因此装在发电机机端的阻抗保护反应就很不灵敏。变压器高、低压绕组内部短路也有类似性质。所以阻抗保护不能胜任变压器或发电机绕组内部短路的后备保护作用，只能作为发电机或变压器引线、母线和相邻线路的相间短路后备保护。

2. 大型发电机—变压器组装设低阻抗后备保护的整定

不管是发电机或变压器，其后备保护的选型总是首先采用电流、电压型保护，只是在灵敏度不能满足要求或者根据系统各保护之间的相互配合需要，才采用低阻抗后备保护，这通常是大容量发电机或变压器才有的情况。对于大容量机组，很多是发电机—变压器组单元接线，其主设备和超高压输电线主保护都是多重化的，唯一例外的是超高压母线往往只有一套主保护，因此大型发电机—变压器组装设的低阻抗后备保护，主要作为母线保护的后备，这种后备阻抗保护应该是最简易的一段距离保护，满足母线短路的后备保护灵敏度就可以，因此它的动作特性圆很小，无须加装振荡闭锁装置，仅用一个小延时即可避免振荡误动，而这个小延时正是后备保护所固有的，所以称为“简易”阻抗保护。

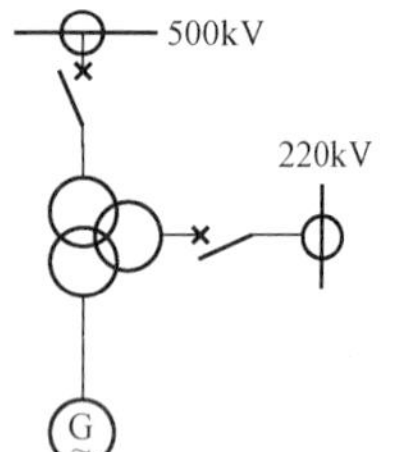

图7-20 后备阻抗保护的整定示例

以图7-20为例，说明后备阻抗保护的设计和整定。

图7-20表示一台三绕组升压变压器与发电机组成单元接线，发电机—变压器组及超高压输电线均有多重主保护和断路器失灵保护，但500kV和220kV母线仅有一套主保护，为此在500kV和220kV侧各装设一段后备阻抗保护，保证母线短路灵敏快速动作，不要求为变压器或发电机提供后备保护作用。

若选用全阻抗继电器，则动作阻抗为

$$Z_{act}=K_{rel}K_{bra}Z_{\mathrm{I}} \tag{7-52}$$

式中 K_{rel}——可靠系数，取0.8；

K_{bra}——分支系数，由实际系统参数决定；

Z_{I}——高压引出线中最短线路的第Ⅰ段动作阻抗。

若选用偏移特性阻抗继电器，其正向指向系统，动作阻抗整定仍按式（7-52）；反向指向变压器，反向动作阻抗可为正向动作阻抗的5%～10%，这样整定的目的不在保护变压器，主要对变压器引线起保护作用。另一种做法是正向指向变压器，$Z_{act}=0.7Z_{I}$；反向指向系统，其动作阻抗取为0.1 Z_{act}，并检查与系统相邻保护在动作阻抗和动作时间上的配合。

如上整定的低阻抗保护应有三段时限，第一段时限 $t_1=t_0+\Delta t$（t_0 为高压引出线保护配合段的动作时间），动作于缩小故障范围，例如断开母线联络断路器；第二段时限 $t_2=t_1+\Delta t$，动作于断开变压器本侧断路器；第三段时限 $t_3=t_2+\Delta t$，动作于断开变压器各侧断路器。

此阻抗保护不装设振荡闭锁装置，以其固有延时避越振荡误动，但必须有电压断线闭锁装置，以免发生电压断线阻抗保护误动作，此外还必须设电流启动元件。

（六）相间短路后备保护方向元件的设置

（1）三侧有电源的三绕组升压变压器，相间故障后备保护为了满足选择性要求，在高压侧或中压侧要加功率方向元件，其方向可指向该侧母线。方向元件的设置，有利于加速跳开小电源侧的断路器，避免小系统影响大系统。

（2）高压及中压侧有电源或三侧均有电源的三绕组降压变压器和联络变压器，相间故障后备保护为了满足选择性要求，在高压或中压侧要加功率方向元件，其方向宜指向变压器。

（3）反映相间故障的功率方向继电器，通常由两只功率方向继电器构成，接入功率方向继电器的电流和电压应按90°接线的要求。为了消除三相短路时功率方向继电器的死区，功率方向继电器的电压回路可由另一侧电压互感器供电。

（七）三绕组变压器相间短路后备保护的特点

三绕组变压器一侧断路器跳开后，另外两侧还能继续运行。所以三绕组变压器的相间短路的后备保护在作为相邻元件的后备时，应该有选择地只跳开近故障点一侧的断路器，保证另外两侧继续运行，尽可能缩小故障影响范围；而作为变压器内部故障的后备时，应该跳开三侧断路器，使变压器退出运行。例如，在图7-21中若k1点故障时，应只跳开断路器QF3，若k2点故障时则将QF1、QF2、QF3全部跳开。为此，通常需要在变压器的两侧或三侧都装设过电流保护（或复合电压启动的过电流保护等），各侧保护之间要互相配合。保护的配置与变压器的主接线方式及其各侧电源情况等因素有关。

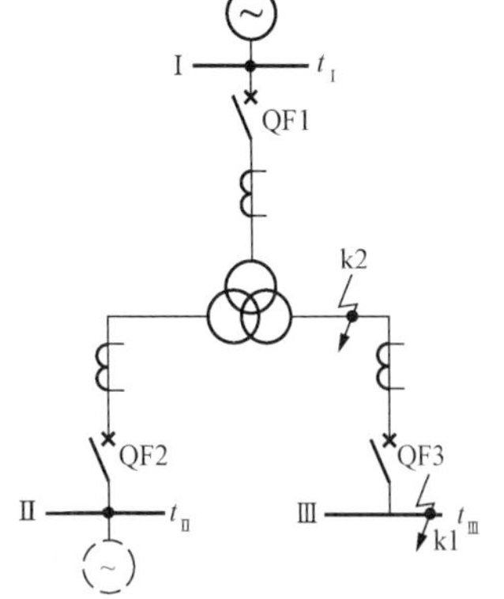

图7-21　三绕组变压器过电流保护配置示意图

二、接地短路后备保护

对于多台变压器并列运行的变电站，通常采用一部分变压器中性点接地运行，而另一部分变压器中性点不接地运行，这样可以将接地故障电流水平限制在合理范围内，同时也使整个电力系统零序电流的大小和分布情况尽量不受运行方式的变化，提高系统零序电流保护的灵敏度。

变压器装设接地故障保护作为变压器内部绕组、引线、母线和线路接地故障的后备保护。变压器接地保护方式及其整定值的计算与变压器的型式、中性点接地方式及所连接系统的中性点接地方式密切相关。变压器接地保护要与线路的接地保护在灵敏度和动作时间上相配合。

（一）中性点直接接地的普通变压器接地后备保护

中性点直接接地的普通变压器接地后备保护由两段式零序过电流保护构成，零序过电流继电器接在变压器接地中性点回路电流互感器二次侧，其接线如图 7 - 22 所示。

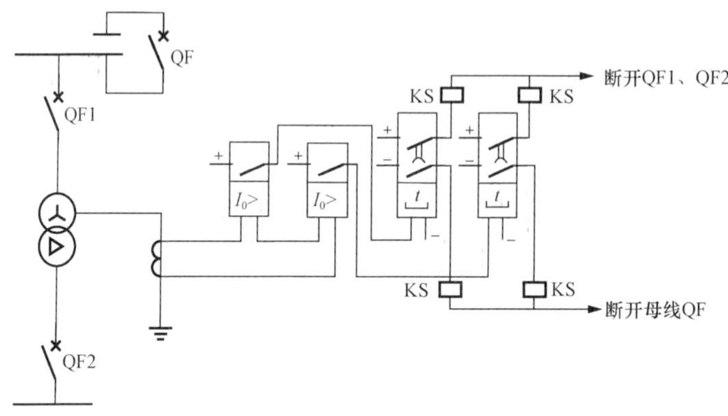

图 7 - 22 中性点直接接地变压器的接地保护

零序电流继电器的整定如下：

（1）Ⅰ段零序过电流继电器的动作电流应与相邻线路零序过电流保护第Ⅰ或第Ⅱ段相配合，计算式为

$$I_{\text{act}\cdot 0\cdot \text{I}} = K_{\text{rel}} K_{\text{bra}\cdot 0\cdot \text{I}} I_{l\cdot \text{act}\cdot 0\cdot \text{I}/\text{II}} \tag{7-53}$$

式中 $I_{\text{act}\cdot 0\cdot \text{I}}$ ——Ⅰ段零序过电流保护动作电流；

$K_{\text{bra}\cdot 0\cdot \text{I}}$ ——零序电流分支系数，其值等于出线零序过电流保护Ⅰ段保护区末端发生接地短路时，流过本保护的零序电流与流过线路的零序电流之比；

K_{rel} ——可靠系数，取 1.2；

$I_{l\cdot \text{act}\cdot 0\cdot \text{I}/\text{II}}$ ——线路零序过电流保护Ⅰ或Ⅱ段动作电流。

110kV 及 220kV 变压器Ⅰ段零序过电流保护以 $t_1 = t_0 + \Delta t$（t_0 为线路零序过电流保护Ⅰ或Ⅱ段动作时间）断开母联或分段断路器，以 $t_2 = t_1 + \Delta t$ 断开变压器各侧断路器。330kV 及 500kV 变压器高压侧Ⅰ段零序过电流保护只设一个时限，即 $t_1 = t_0 + \Delta t$，断开变压器本侧断路器。

（2）Ⅱ段零序过电流继电器的动作电流应与相邻线路零序过电流保护的后备段相配合，计算式为

$$I_{\text{act}\cdot 0\cdot \text{II}} = K_{\text{rel}} K_{\text{bra}\cdot 0} I_{l\cdot \text{act}\cdot 0\cdot \text{II}} \tag{7-54}$$

式中 $I_{\text{act}\cdot 0\cdot \text{II}}$ ——Ⅱ段零序过电流保护动作电流；

K_{rel} ——可靠系数，取 1.2；

$K_{\text{bra}\cdot 0}$ ——零序电流分支系数，出线零序过电流保护后备段保护范围末端发生接地故障，流过本保护的零序电流与流过线路的零序电流之比；

$I_{l\cdot \text{act}\cdot 0\cdot \text{II}}$ ——线路零序过电流后备段的动作电流。

110kV 及 220kV 变压器Ⅱ段零序过电流保护以 $t_3 = t_{l\cdot \max} + \Delta t$ 断开母联或分段断路器，以 $t_4 = t_3 + \Delta t$ 断开变压器各侧断路器，$t_{l\cdot \max}$ 为线路零序过电流保护后备段的动作时间。

330kV 及 500kV 变压器高压侧Ⅱ段零序过电流保护只设一个时限，即 $t_3 = t_{l\cdot\max} + \Delta t$ 断开变压器各侧断路器。

(3) 灵敏系数校验，计算式为

$$K_{sen} = \frac{3I_{k0\cdot\min}}{I_{act\cdot0}} \tag{7-55}$$

式中 $I_{k0\cdot\min}$ ——Ⅰ段（或Ⅱ段）保护区末端接地短路时流过保护安装处的零序电流；

$I_{act\cdot0}$ ——Ⅰ段（或Ⅱ段）零序过电流保护的动作电流。

（二）中性点可能接地或不接地运行的变压器接地后备保护

对中性点可能接地或不接地运行的变压器，应配置两种接地后备保护。一种接地保护用于变压器中性点接地运行状态，通常采用二段式零序过电流保护，其整定值及灵敏系数计算与式（7-53）～式（7-55）所述完全相同。另一种接地保护用于变压器中性点不接地运行状态，这种保护的配置、整定值计算、动作时间等与变压器的中性点绝缘水平、过电压保护方式以及并联运行的变压器台数有关。

1. 中性点全绝缘变压器

这种变压器的接地保护，除了设置两段零序过电流保护外，还应增设零序过电压保护，用于变压器中性点不接地时，所连接的系统发生单相接地故障同时又失去接地中性点的情况。发生此种故障对中性点全绝缘的变压器，虽然不致造成危害，但对中性点直接接地的其他电气设备的绝缘将构成威胁，因此，靠零序过电压保护切除故障。保护接线如图 7-23 所示。

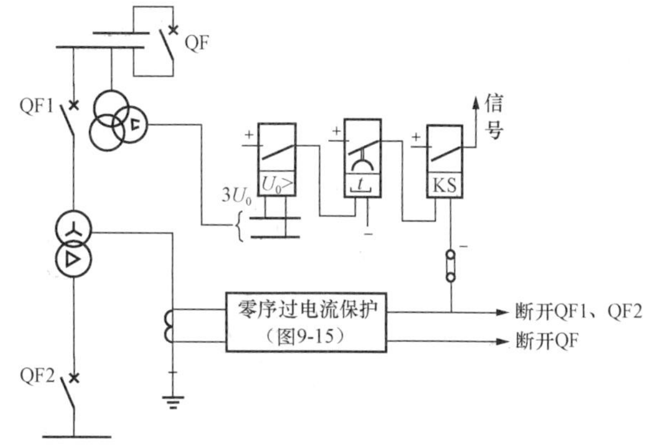

图 7-23 中性点可能接地或不接地变压器（全绝缘）的接地保护

过电压保护动作值整定公式为

$$U_{0\cdot\max} < U_{act\cdot0} \leqslant U_{sat} \tag{7-56}$$

式中 $U_{act\cdot0}$ ——零序过电压保护动作值；

$U_{0\cdot\max}$ ——在部分中性点接地的电网中发生单相接地时，保护安装处可能出现的最大零序电压；

U_{sat} ——用于中性点直接接地系统的电压互感器，在失去接地中性点并发生单相接地时，开口三角绕组可能出现的最低电压。

考虑到中性点直接接地系统中有 $\frac{X_{0\Sigma}}{X_{1\Sigma}} \leqslant 3$，一般取

$$U_{act\cdot0} = 180\text{V} \tag{7-57}$$

在电网发生单相接地，中性点接地的变压器已全部断开的情况下，零序过电压保护不需再与接地保护相配合，故其动作时间只需躲过暂态过电压的时间，通常小于 0.3s。

2. 分级绝缘且中性点装设放电间隙的变压器

此类变压器除了装设两段零序过电流保护用于变压器中性点直接接地运行情况以外，还应增设反映零序电压和间隙放电电流的零序电压电流保护，用于变压器中性点经放电间隙接地时的接地保护，其接线如图 7-24 所示。

装在中性点直接接地回路的两段零序过电流保护的整定计算及灵敏系数校验与中性点直

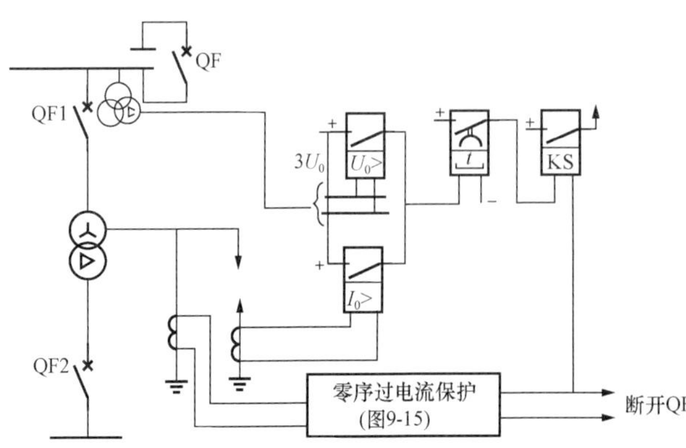

图 7-24 中性点经放电间隙接地的分级绝缘变压器接地保护

接接地的普通变压器接地后备保护所述相同。

装在放电间隙回路的零序过电流保护的动作电流与变压器的零序阻抗、间隙放电的电弧电阻等因素有关，难以准确计算。根据经验，保护的一次动作电流可取 100A。

零序过电压继电器的整定同式（7-57）。

用于中性点经放电间隙接地变压器的零序电流、零序电压保护动作后经一较短延时（躲过暂态过电压时间）断开变压器各侧断路器，这一延时一般不超过 0.3s。

3. 分级绝缘且中性点不装设放电间隙的变压器

此类变压器除装设两段零序过电流保护用于中性点直接接地运行情况以外，还应装设零序电流、电压保护用于变压器中性点不接地运行时保护变压器。当有两组以上变压器并联运行时，零序电流、电压保护动作先切除中性点不接地的变压器，后切除中性点接地的变压器。其接线如图 7-25 所示。

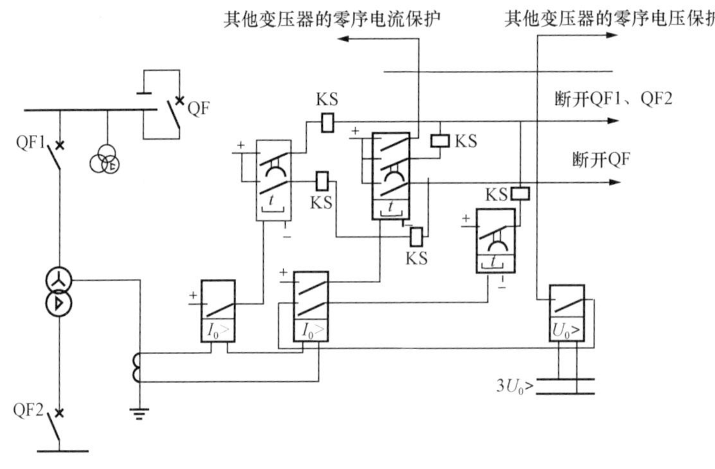

图 7-25 中性点不装设放电间隙的分级绝缘变压器接地保护

电流继电器的动作电流整定及灵敏系数的校验与中性点直接接地的普通变压器接地后备保护所述相同。

零序过电压继电器的整定同式（7-57）。切除变压器中性点不接地变压器的时间一般不大于 0.3s。

第五节 大型发电机—变压器组继电保护总体配置

一、大型发电机—变压器组继电保护的特点

随着大容量机组和大型发电厂的出现，发电机—变压器组接线在电力系统中获得了广泛

的应用。在发电机和变压器每个元件上可能出现的故障和不正常运行状态，在发电机—变压器组上也都可能发生，因此，其继电保护装置应能反映发电机和变压器单独运行时所应该反映的那些故障和不正常运行状态。例如，在一般情况下，应装设纵差保护、横差保护（当发电机有并联支路时）、瓦斯保护、定子绕组单相接地保护、后备保护、过负荷保护以及反映励磁回路故障的保护等。

但由于发电机和变压器的成组连接，相当于一个工作元件，因此，就能够把发电机和变压器中某些性能相同的保护合并成一个对全组公用的保护。例如，装设公共的纵差保护、后备（过电流）保护、过负荷保护等。这样的结合，可使发电机—变压器组的继电保护变得较为简单和经济。

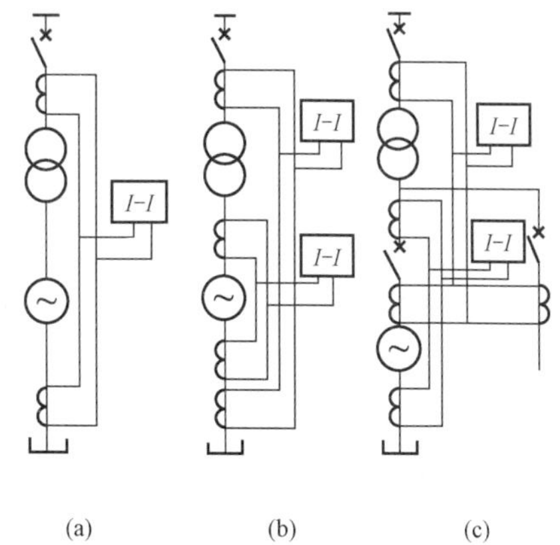

图 7-26 发电机—变压器组纵差保护单相原理图
（a）装设整组共用的纵差保护；（b）发电机装设单独的纵差保护；（c）发电机和变压器分别装设纵差保护

1. 发电机—变压器组纵差保护的特点

（1）当发电机和变压器之间无断路器时，容量在 100MW 及以下的发电机—变压器组一般装设整组共用的纵差保护，如图 7-26（a）所示；但对容量在 100MW 以上的发电机组，发电机应补充装设单独的纵差保护，如图 7-26（b）所示。

对 200～300MW 的发电机—变压器组也可在变压器上增设单独的纵差保护，即采用双重快速保护。

（2）当发电机与变压器之间有断路器时，发电机和变压器应分别装设纵差保护，如图 7-26（c）所示。

（3）当发电机与变压器之间有分支线时（如厂用电出线），应把分支线也包括在差动保护范围以内，其接线如图 7-26（c）所示。这时分支线上电流互感器的变比应与发电机回路的相同。

2. 发电机电压侧单相接地保护的特点

对于发电机—变压器组，由于发电机与系统之间没有电的联系，因此，发电机定子接地保护就可以简化。

对于发电机—变压器组，其发电机的中性点一般不接地或经消弧线圈接地，发生单相接地时的接地电容电流（或补偿后的接地电流）通常小于表 6-2 的允许值，故接地保护可以采用零序电压保护，并作用于信号。对大容量的发电机应装设保护范围为 100%的定子接地保护。

二、大型发电机—变压器组继电保护配置的原则

（1）在电机设计制造之前，继电保护工作者应主动向电机专业人员介绍有关大机组保护对发电机设计制造的要求，应标明发电机中性点侧引出方式和中性点接地方式、电流互感器配置要求等。

（2）切实加强大型发电机—变压器组主保护，保证在保护范围内任一点发生各种故障，均有双重或多重原理不同的主保护，有选择地、快速地、灵敏地切除故障，使机组受到的损

伤最轻，对电力系统的影响最小。

（3）为了慎重选定发电机—变压器组内部故障主保护方案，继电保护设计人员应确切了解主设备内部故障时的电气特性，在充分分析计算内部故障的基础上，提出发电机—变压器组的主保护方案和发电机中性点侧引出方式、电流互感器安装位置及其型号。

（4）在切实加强主保护的前提下，同时注意落实后备保护的简化。过于复杂的后备保护配置方案，不仅不必要，而且运行实践证明是有害的。具体说，大型发电机机端即主变压器低压侧不再装设后备保护，仅在主变压器高压侧配置反映相间短路和单相接地的后备保护，作为主变压器高压母线故障和主变压器引线部分故障的后备；同时为提高安全性，这些后备保护均不连锁跳高压母线上的联络断路器和分段断路器。

（5）主变压器高压侧相间短路后备保护，以高压母线两相金属性短路的灵敏度大于或等于 1.2 为整定条件，首先考虑采用过电流保护，如灵敏度不够，改用一段简易阻抗保护，不设振荡闭锁环节，以 0.5～1.0s 延时取得选择性和避越振荡，但应有电压回路断线闭锁和电流启动元件；对于发电机—变压器组中采用自并励方式的发电机时，还应校核短路电流衰减对后备保护即过电流或低阻抗保护的影响，并采取相应的技术措施，例如，低电压自保持的过电流保护、电压控制的过电流保护或精确工作电流足够小的低阻抗保护。

三、大型发电机—变压器组继电保护的配置示例

这里选用“某电网大型火力发电机—变压器组继电保护基本配置意见（试行稿）”作为示例，见表 7-8。表中未考虑装设零序电流型横差、裂相横差和不完全纵差保护，原因是发电机中性点侧只引出了 3 个端子，只可能装设纵差保护（传统）。

如果发电机中性点侧引出 4 或 6 个端子，则发电机和发电机—变压器组差动保护均为不完全纵差方式，而且一定还有零序电流型高灵敏横差保护，这就使发电机定子绕组的所有故障（相间短路、匝间短路和分支开焊）具有三重主保护。对于变压器内部故障将有变压器差动保护、瓦斯保护和发电机—变压器组不完全纵差保护，也具有三重主保护。因此发电机—变压器组无须再设后备保护，只是为了高压母线的需要，才有必要装设后备保护。

表 7-8　　300MW 汽轮发电机—变压器组保护配置和动作行为表

序号	保护装置名称	组号	保护动作行为					说　明
			停机	程序跳闸	信号	增减输出功率	增减励磁	
1	发电机差动保护	A	√					
2	主变压器差动保护	A	√					
3	支接高压厂用变压器差动保护	A	√					
4	发电机—变压器组大差动保护	B	√					
5	主变压器瓦斯保护	B	√					轻瓦斯接信号 重瓦斯接跳闸
6	支接高压厂用变压器瓦斯保护	B	√					
7	主变压器高压侧电流或阻抗保护	B	√					
8	主变压器高压侧零序过电流保护	B	√					
9	主变压器高压侧零序过电压保护	B	√					

续表

序号	保护装置名称		组号	保护动作行为					说 明
				停机	程序跳闸	信号	增减输出功率	增减励磁	
10	支接高压厂用变压器电流电压保护		A	√					Ⅰ段跳厂用变压器低压侧断路器；Ⅱ段停机
11	支接高压厂用变压器零序电流保护		A	√					
12	发电机定子匝间短路保护		A	√					
13	发电机定子接地短路保护	90%	A、B		√				
		100%	B			√			
14	发电机转子一点接地保护		A			√			必要时可动作于程序跳闸
15	发电机定子对称过负荷保护	定时限	A			√	√		
		反时限			√				
16	发电机定子不对称过负荷保护	定时限	A			√			
		反时限			√				
17	发电机转子过负荷保护	定时限	A			√		√	如AVR有此功能可不装本保护
		反时限			√				
18	发电机失磁保护		A、B		√		√	√	
19	发电机—变压器组过励磁保护		A		√			√	
20	发电机逆功率保护		A、B		√				
21	发电机失步保护		B			√			
22	发电机低频保护		B		√	√			
23	发电机启停机保护		B	√					正常时停用，启停机时投入
24	发电机意外突加电压保护		B	√					
25	高压断路器非全相运行保护		B	√					
26	高压断路器断口闪络保护		B					灭磁	
27	高压断路器失灵保护		B						

注 1. 1～12为发电机—变压器组短路故障保护，13～14为发电机接地保护，15～22为发电机异常运行保护（其中15～17兼作短路故障后备保护），23～24为发电机启停机保护，25～27为高压断路器异常运行保护。

2. 1～4、16、26用于启动断路器失灵保护，跳母线联络断路器和本母线所有其他断路器。

3. 除瓦斯保护外，本表不包括漏水、温度等其他非电量保护。

既然现在表7-8中没有采用不完全纵差保护和零序电流型高灵敏横差保护，发电机—变压器组本身就有必要装设后备保护。该表中拟用三套反时限过负荷保护兼作发电机—变压器组本身及高压母线的后备保护，一般来说，这些反时限过负荷保护的动作时限过长，虽对主设备的安全不构成威胁，但这三套过负荷保护在外部近处短路时可能动作过快而造成无选择性，外部远处短路时又可能动作太慢，而且发电机、变压器内部绕组故障时，这些过负荷保护的灵敏度也是没有把握的。因此这种把三套反时限过负荷保护兼作后备保护的做法，只能说是权宜之计，由于主保护有缺陷，后备保护需要给予一定的弥补。

如果采用不完全纵差保护、零序电流型高灵敏横差保护、裂相横差保护以及变压器完全纵差保护和瓦斯保护，则可将发电机—变压器组不完全纵差保护（第三套保护）视为发电机—变压器组两套主保护以外的高速、灵敏、有选择性的主设备后备保护，再为高压母线设置一段简易阻抗后备保护，提高整个保护的水平。

本保护配置方案中，转子接地保护只装设一点接地保护，不装设两点接地保护，对大型发电机是适合的。

对于微机型保护装置，电流互感器的配置应充分考虑“资源共享”原则，不分主、后备保护。

四、大型水轮发电机—变压器组继电保护配置方案的特点

与大型汽轮发电机—变压器组相比，大型水轮发电机—变压器组继电保护在配置方案上具有以下特点：

（1）没有低频保护。

（2）由于水轮发电机比同容量的汽轮发电机体积大，热容量较大，转子本体的负序发热常数 A 也较大，所以水轮发电机的转子负序过负荷保护一般不必采用反时限特性，除非是双内冷式的水轮发电机，其 A 值也不大，也应采用反时限特性。

（3）水电厂的厂用变压器容量很小，发电机—变压器组公用纵差保护不在高压厂用变压器高压侧装设 TA。水电厂高压厂用变压器本身保护也比较简单。

（4）水轮发电机的低励失磁保护动作后经延时跳闸，不做减负荷异步运行。

（5）三次谐波电压式定子绕组单相接地保护，对水轮发电机灵敏度比汽轮发电机的低，一般只要求它能消除基波零序电压式定子绕组单相接地保护的动作死区，即对发电机中性点附近约 10%有保护作用。

思考题

1. 发电机纵差保护与变压器纵差保护最本质的区别是什么？反映在两种纵差保护装置中最明显的不同是什么？

2. 变压器、发电机的纵差保护能反映绕组的匝间短路吗？为什么？

3. 关于变压器纵差保护中的不平衡电流，试问：

（1）与差动电流在概念上有何区别和联系？

（2）哪些是由测量误差引起的？哪些是由变压器的结构和参数引起的？

（3）哪些属于稳态不平衡电流？哪些属于暂态不平衡电流？

（4）如何减小变压器纵差保护中的不平衡电流？

4. 变压器的励磁涌流有哪些特点？目前差动保护中防止励磁涌流影响的方法有哪些？

5. 为什么具有制动特性的差动继电器能够提高灵敏度？

6. 什么是最小动作电流、拐点电流和最大制动系数？比率制动式变压器纵差保护的最小动作电流 $I_{K\cdot act\cdot min}$和制动系数 K_{res}如何整定？

7. 三绕组变压器相间后备保护的配置原则是什么？

8. 多台变压器并列运行时，全绝缘变压器和分级绝缘变压器对接地保护的要求有何区别？

9. 发电机、变压器应装设哪些后备保护？与低电压启动的过电流保护相比，复合电压启动的过电流保护为什么能够提高灵敏度？

10. 发电机、变压器何时应采用低阻抗保护？其有何特点？

11. 发电机—变压器组纵差保护有何特点？

12. 应如何安排变压器中性点的接地方式？

第八章　母　线　保　护

第一节　母线差动保护基本原理

一、概述

1. 母线故障和装设母线保护的基本原则

发电厂和变电站的母线是电力系统中的一个重要组成元件，当母线上发生故障时，将使连接在故障母线上的所有元件在修复故障母线期间，或在转换到另一组无故障的母线上运行以前被迫停电。此外，在电力系统中枢纽变电站的母线上故障时，还可能引起系统稳定的破坏，造成严重后果。

母线上发生的短路故障可能是各种类型的接地和相间短路故障，母线短路故障类型的比例与输电线路不同。在输电线路短路故障中，单相接地故障约占故障总数的80%以上。而在母线故障中，大部分故障是由绝缘子对地放电引起的，母线故障开始阶段大多表现为单相接地短路，而随着短路电弧的移动，故障往往发展为两相或三相接地短路。

对于35kV及以下电压等级的母线，一般来说，不装设专门的母线保护，而利用供电元件的保护装置就可以把母线故障以较小的延时切除。例如：

(1) 图8-1所示的发电厂采用单母线接线，若接于母线的线路对侧没有电源，此时母线上的故障就可以利用发电机的过电流保护使发电机的断路器跳闸予以切除。

(2) 图8-2所示的降压变电站，其低压侧的母线正常时分裂运行，若接于低压侧母线上的线路为馈电线路，则低压母线上的故障就可以由相应变压器的过电流保护使变压器的断路器跳闸予以切除。

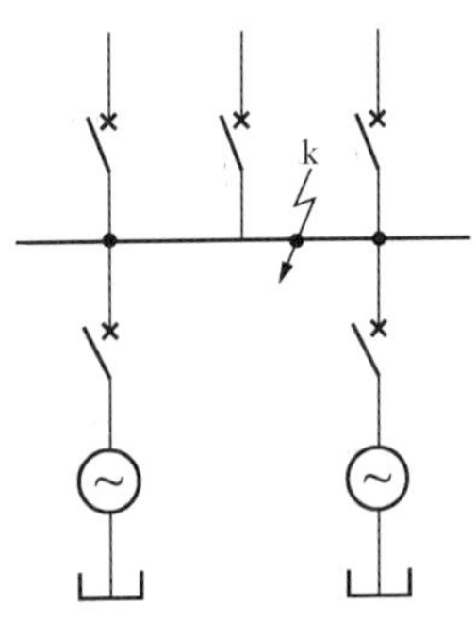

图8-1　利用发电机的过电流保护切除母线故障

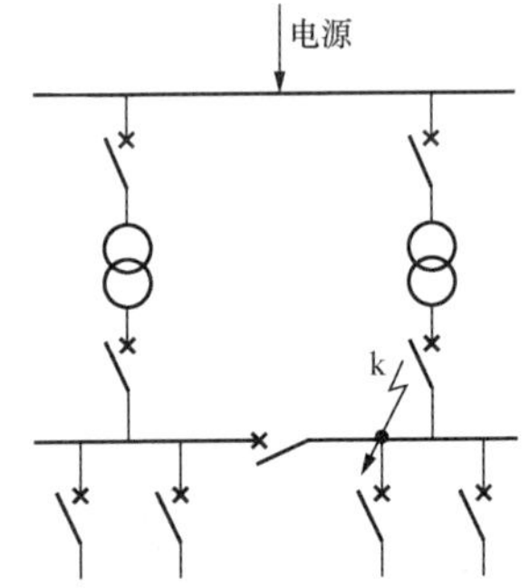

图8-2　利用变压器的过电流保护切除低压母线故障

(3) 图8-3所示的双侧电源网络（或环形网络），当变电站B母线上k点短路时，则可以由保护1、4的Ⅱ段动作予以切除等。

当利用供电元件的保护装置切除母线故障时，故障切除的时间一般较长。此外，当双母线同时运行或母线为单母线分段运行时，上述保护不能保证有选择性地切除故障母线；当超高压枢纽变电站和大型发电厂母线为单母线分段运行时，上述保护不能保证有选择性地切除故障母线。超高压枢纽变电站和大型发电厂的母线联系着各个地区系统和各台大型发电机组，母线发生短路直接破坏了各部分系统之间或各台机组之间的同步运行，严重影响电力系统安全供电。虽然母线短路概率比输电线短路低得多，但一旦发生，后果特别严重。因此，对那些威胁电力系统稳定运行、使发电厂厂用电及重要负荷的供电电压低于允许值（一般为额定电压的60%）的母线故障，必须装设有选择性的快速母线保护。

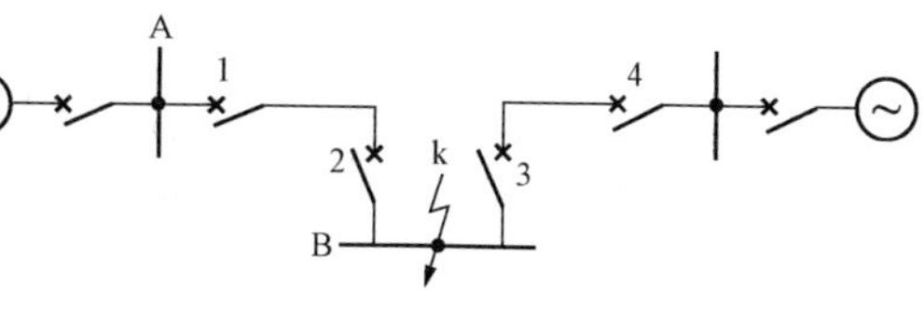

图8-3　在双侧电源网络上，利用电源侧的保护切除母线故障

根据GB 14285—2006《继电保护及安全自动装置技术规程》，目前我国在下列情况下应装设专门的母线保护：

（1）对220～500kV母线，应装设快速有选择地切除故障的母线保护：

a）对一个半断路器接线，每组母线应装设两套母线保护；

b）对双母线、双母线分段等接线，为防止母线保护因检修退出失去保护，母线发生故障会危及系统稳定和使事故扩大时，宜装设两套母线保护。

（2）对发电厂和变电站的35～110kV电压的母线，在下列情况下应装设专用的母线保护：

a）110kV双母线；

b）110kV单母线、重要发电厂或110kV以上重要变电站的35～66kV母线，需要快速切除母线上的故障时；

c）35～66kV电力网中，主要变电站的35～66kV双母线或分段单母线需快速而有选择地切除一段或一组母线上的故障，以保证系统安全稳定运行和可靠供电。

（3）对发电厂和主要变电站的3～10kV分段母线及并列运行的双母线，一般可由发电机和变压器的后备保护实现对母线的保护。在下列情况下，应装设专用母线保护：

a）须快速而有选择地切除一段或一组母线上的故障，以保证发电厂及电力网安全运行和重要负荷的可靠供电时；

b）当线路断路器不允许切除线路电抗器前的短路时。

2. 设计母线保护时应注意的问题

（1）母线故障对电力系统稳定将造成严重威胁，必须以极快的速度切除，同时为了防止电流互感器饱和使保护误动，也要求保护在故障后几毫秒内电流互感器饱和前就能反应。目前的保护装置已能做到在故障后3～5ms内动作。

（2）由于母线在电力系统中的地位极为重要，对其保护装置的安全性和可靠性，都要提出极高的要求。

（3）母线保护联系的电路数目极多，比较的电气量很多，各电路的工作状态不同（有电源或无电源，有负载或无负载），各被比较电气量的变化范围可能相差很大。

（4）母线的运行方式变化较多，倒闸操作频繁，母线保护必须能适应母线的各种运行方式，同时频繁的断路器和隔离开关操作将对母线保护产生过电压和干扰，影响保护工作或使保护装置损坏。

（5）由于母线保护所连接的电路数目多，外部故障时，故障电流倍数很大，超高压母线接近电源，直流分量衰减的时间常数大，因而电流互感器可能出现严重饱和现象，母线保护必须采取措施，防止电流互感器饱和引起的误动作。

3. 母线差动保护基本原理

为满足速动性和选择性的要求，母线保护都是按差动原理构成的。实现母线差动保护必须考虑在母线上一般连接着较多的电气元件（如线路、变压器、发电机等），因此，就不能像发电机的差动保护那样，只用简单的接线加以实现。但不管母线上元件有多少，实现差动保护的基本原则仍是适用的。这些基本原则是：

（1）在正常运行以及母线范围以外故障时，在母线上所有连接元件中，流入的电流和流出的电流相等，或表示为 $\sum_{i=1}^{n}\dot{I}_{pi}=0$。

（2）当母线上发生故障时，所有与母线连接的元件都向故障点供给短路电流或流出残留的负荷电流，按基尔霍夫电流定律，$\sum_{i=1}^{n}\dot{I}_{pi}=\dot{I}_{k}$（$\dot{I}_{k}$ 为短路点的总电流）。

（3）从每个连接元件中电流的相位来看，在正常运行及外部故障时，至少有一个元件中的电流相位和其余元件中的电流相位是相反的。具体来说，就是电流流入的元件和电流流出的元件中电流的相位相反。而当母线故障时，除电流等于零的元件以外，其他元件中的电流是接近同相位的。

根据原则（1）和原则（2）可构成电流差动保护，根据原则（3）可构成电流比相式差动保护。

二、单母线完全电流差动保护

传统的母线差动保护都是低阻抗型，接于差流回路的电流继电器阻抗很小，在内部短路时电流互感器的负担小，二次电压低，因而饱和度小，误差小。

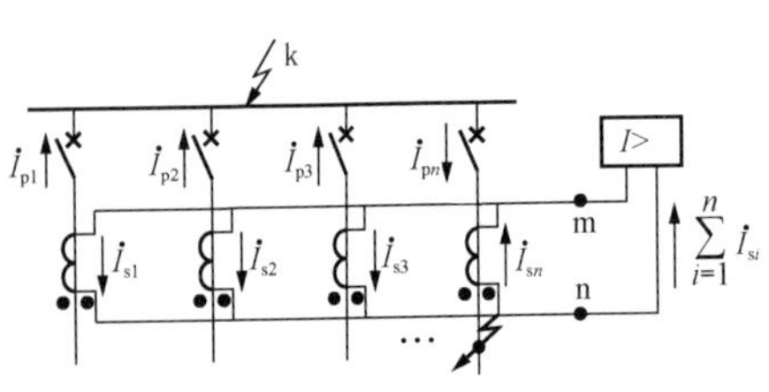

图 8-4　完全电流母线差动保护的原理接线图

图 8-4 所示完全电流母线差动保护的原理接线图中，在母线的所有连接元件上装设具有相同变比和特性的电流互感器，$\dot{I}_{p1}$，$\dot{I}_{p2}$，…，$\dot{I}_{pn}$ 为一次电流，$\dot{I}_{s1}$，$\dot{I}_{s2}$，…，$\dot{I}_{sn}$ 为二次电流。母线保护用电流互感器必须具有相同的变比 n_{TA}，才能保证在一次侧电流总和为零时二次侧的电流总和也为零。所有电流互感器的二次侧同极性端连接在一起，接至差动继电器中，这样，继电器中的电流 $\dot{I}_{K}$ 即为各个母线连接元件二次电流的相量和。

实际上由于电流互感器有误差，因此在母线正常运行及外部故障时，继电器中有不平衡电流 $\dot{I}_{unb}$ 出现；而当母线上（如图 8-4 中 k 点）故障时，则所有与电源连接的元件都向 k 点供给短路电流，于是流入继电器的电流为

$$\dot{I}_{K}=\sum_{i=1}^{n}\dot{I}_{si}=\frac{1}{n_{TA}}\sum_{i=1}^{n}\dot{I}_{pi}=\frac{1}{n_{TA}}\dot{I}_{k}\tag{8-1}$$

式中　$\dot{I}_{k}$——故障点的全部短路电流，此电流足以使差动继电器动作而驱动出口继电器，从而使所有连接元件的断路器跳闸。

差动继电器的启动电流应按如下条件考虑，并选择其中较大的一个：

(1) 躲开外部故障时所产生的最大不平衡电流。当所有电流互感器均按10%误差曲线选择，且差动继电器采用具有速饱和铁芯的继电器时，其动作电流 $I_{K\cdot act}$ 计算式为

$$I_{K\cdot act}=K_{rel}I_{unb\cdot max}=K_{rel}0.1I_{k\cdot max}/n_{TA} \tag{8-2}$$

式中 K_{rel}——可靠系数，取为1.3；

$I_{k\cdot max}$——在母线范围外任一连接元件上短路时，流过差动保护TA一次侧的最大短路电流；

n_{TA}——母线保护用TA的变比。

(2) 由于母线差动保护电流回路中连接的元件较多，接线复杂，因此，TA二次回路断线的概率比较大。为了防止在正常运行情况下，任一TA二次回路断线引起保护装置误动作，动作电流应大于任一连接元件中最大的负荷电流 $I_{L\cdot max}$，即

$$I_{K\cdot act}=K_{rel}I_{L\cdot max}/n_{TA} \tag{8-3}$$

当保护范围内部故障时，校验灵敏系数一般应不低于2，其公式为

$$K_{sen}=\frac{I_{k\cdot min}}{I_{K\cdot act}n_{TA}} \tag{8-4}$$

式中 $I_{k\cdot min}$——在母线上发生故障时的最小短路电流值。

完全电流差动保护原理比较简单，通常适用于单母线或双母线经常只有一组母线运行的情况。

三、高阻抗母线差动保护

在母线发生外部短路时，一般情况下，非故障支路电流不很大，它们的TA不易饱和，但是故障支路电流集合各电源支路电流之和，可能非常大，它的TA就可能极度饱和，相应的励磁阻抗必然很小，极限情况近似为零。这时虽然一次电流很大，但其几乎全部流入励磁支路，二次电流近似为零，差动继电器中将流过很大的不平衡电流，前面介绍的完全电流母线差动保护将发生误动。

为避免上述情况下母线保护误动，可将图8-4中的电流差动继电器改用内阻很高的电压继电器，其阻抗值很大，一般为2.5～7.5kΩ。高阻抗母线差动保护的原理接线图如图8-5所示。

假设母线上连接有 n 条支路（如图8-5所示），第 n 条支路为故障支路，母线外部短路的等值回路如图8-6所示。图中虚线框内为故障支路TA的等效回路，Z_e 为励磁阻抗，$Z_{\sigma1}$ 和 $Z_{\sigma2}$ 分别为TA一、二次绕组漏抗，r 为故障支路TA至电压继电器二次回路的阻抗值（二次回路连线阻抗值），r_u 为电压差动继电器的内阻。

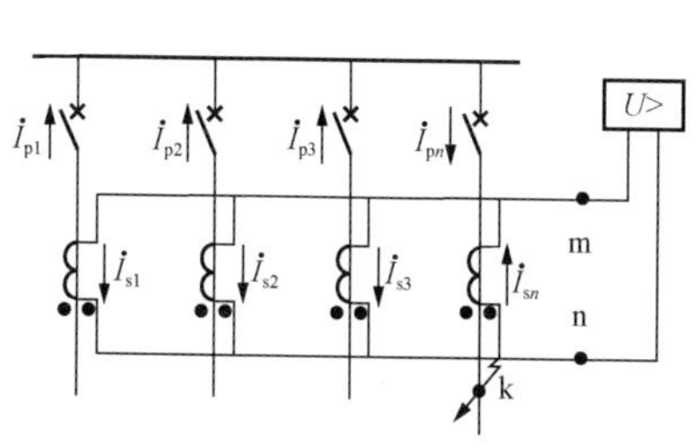

图8-5 高阻抗母线差动保护的原理接线图

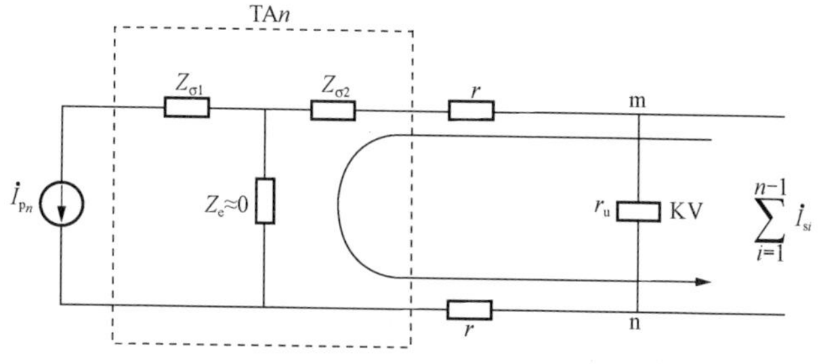

图8-6 母线外部短路时高阻抗母线差动保护的等值电路图

在外部短路时，若电流互感器无误差，则非故障支路二次电流之和与故障支路二次电流大小相等、方向相反，此时差动继电器（不论是电流型的还是电压型的）中电流为零，非故障支路二次电流都流入故障支路 TA 的二次绕组。外部短路最严重的情况是故障支路的 TA 出现极度饱和的情况，其励磁阻抗 Z_e 近似为零，一次电流全部流入励磁支路。由于电压差动继电器 KV 的内阻 r_u 很高，非故障支路二次电流都流入故障支路 TA 的二次绕组，差动继电器中电流仍然很小，不会动作。在内部短路时所有引出线电流都是流入母线的，所有支路的二次电流都流向电压继电器。由于其内阻很高，电压继电器端出现高电压，于是电压继电器动作。

高阻抗母线差动保护的优点是保护接线简单、选择性好、灵敏度高，在一定程度上可防止母线发生外部短路且 TA 饱和时母线保护的误动作。但高阻抗母线差动保护要求各个支路 TA 的变比相同，TA 二次侧电阻和漏抗要小，TA 的二次侧要尽可能在配电装置处就地并联以减小二次回路连线的电阻，因而此种母线保护一般只适用于单母线。此外，由于二次回路阻抗较大，在区内故障产生大故障电流情况下，TA 二次侧可能出现相当高的电压，因此必须对二次电流回路的电缆和其他部件采取加强绝缘水平的措施。

四、具有比率制动特性的中阻抗母线差动保护

差电流回路电阻介于高阻抗型和低阻抗型之间的母线差动保护，称为中阻抗式母线差动保护。这种保护的差动回路总电阻约有 200 Ω，因而可减小外部短路时进入继电器的不平衡电流，并与制动回路相配合，可以保证保护动作的选择性。

将比率制动的电流型差动保护应用于母线，差动保护判据有多种形式，其中之一为

$$\left|\sum_{i=1}^{n}\dot{I}_i\right|-K_{res}\left|\dot{I}_i\right|_{max}\geqslant I_{act}\ ,\ i=1,\ 2,\ 3,\ \cdots,\ n \tag{8-5}$$

此式称为最大值制动判据。

差动保护的另一种判据为

$$\left|\sum_{i=1}^{n}\dot{I}_i\right|-K_{res}\sum_{i=1}^{n}\left|\dot{I}_i\right|\geqslant I_{act}\ ,\ i=1,\ 2,\ 3,\ \cdots,\ n \tag{8-6}$$

以上两式中 K_{res}——制动系数；

$\dot{I}_i$——母线各连接元件 TA 二次电流值；

$|\dot{I}_i|_{max}$——$|\dot{I}_i|$ 中的最大值；

I_{act}——动作电流一次值。

此式称为模值和制动判据。

当母线外部短路而使故障支路的 TA 严重饱和时，该 TA 二次电流接近于零，使式(8-5)和式（8-6）中失去一个最大的制动电流。为了弥补这一缺陷，可在差动回路中适当增加电阻，如图 8-6 所示，即使因第 n 条故障支路的 TA 严重饱和而使流向继电器的二次电流 $\dot{I}_{sn}=0$，该 TA 的二次回路（$Z_{\sigma2}$ 回路）仍流过电流，此电流从其他支路流入，起制动作用。由于保留了比率制动特性，这种保护差动回路的电阻不像高阻抗母线差动保护的差动回路内阻那么高，也就不需要有限制高电压的措施。

五、母线差动保护常见类型及特点比较

按照母线差动保护装置差电流回路输入阻抗的大小，可将其分为低阻抗母线差动保护（一般为几欧)、中阻抗母线差动保护（一般为几百欧）和高阻抗母线差动保护（一般为几千欧)。

常规的母线保护及目前使用的微机母线保护均为低阻抗母线差动保护。低阻抗母线差动保护装置比较简单，一般采用先进的、久经考验的判据，系统的监视较为简单。但低阻抗母线差动保护在外部故障使 TA 饱和时，母线差动继电器中会出现较大不平衡电流，可能使母线差动保护误动作。目前微机低阻抗母线差动保护通过采用 TA 饱和识别和闭锁辅助措施，能有效地防止 TA 饱和引起的误动。因此，微机低阻抗母线差动保护在我国电力系统中得到了广泛的应用。

高阻抗母线差动保护较好地解决了母线区外故障 TA 饱和时保证保护不误动的问题，但在母线内部故障时，TA 的二次侧可能出现过高电压，对继电器可靠工作不利，且要求 TA 的传变特性完全一致，变比相同，这对于扩建的变电站来说较难以做到。

中阻抗母线差动保护将高阻抗的特性和比率制动特性两者有效结合，在处理 TA 饱和方面具有独特的优势。它以电流瞬时值作测量比较，测量元件和差动元件多为集成电路或整流型继电器，当母线内部故障时，动作速度极快，一般动作时间小于 10ms，因此又被称为半周波继电器。中阻抗母线差动保护目前在我国电力系统中得到了广泛的应用。

按照母线的接线方式对母线差动保护分类，主要有单母分段、双母线、双母带旁路（专用旁路或母联兼旁路）、双母单分段、双母双分段、一个半断路器母线接线的母线差动保护等。桥式接线和四边形接线母线不用专用母线差动保护。

第二节　微机母线保护

一、微机母线差动保护的基本判据

微机母线差动保护主要采用电流差动保护原理。此外，由于微机保护的特点，一些保护原理得以充分发挥自身性能优势。下面介绍目前母线差动普遍采用的普通比率制动特性、复式比率制动特性、故障分量比率制动特性母线差动保护的判据。

1. 普通比率制动特性母线差动保护判据

目前在微机母线差动保护中主要采用的普通比率制动特性母线差动保护判据为

$$\left.\begin{aligned}\left|\sum_{i=1}^{n}\dot{I}_i\right| &\geqslant I_{\text{act}}\\ \left|\sum_{i=1}^{n}\dot{I}_i\right| &> K_{\text{res}}\sum_{i=1}^{n}\left|\dot{I}_i\right|\end{aligned}\right\}\tag{8-7}$$

式中　K_{res}——制动系数；

I_{act}——最小动作电流值。

由于比率制动特性母线差动保护判据是建立在基尔霍夫电流定律基础上的，反映了各个连接元件电流的相量和，在通常情况下能保证在区外故障时具有良好的选择性，在区内故障时有较高的灵敏度，因此，在微机母线差动保护中被广泛应用。

2. 复式比率制动特性母线差动保护判据

普通比率制动特性母线差动保护利用穿越性故障电流作为制动电流克服差动不平衡电流，以防止在外部短路时差动保护的误动作。但在母线内部短路时，差动继电器中也有制动电流，加大了制动量，在此种情况下普通比率制动特性母线差动保护的灵敏度将有所下降。为了提高比率制动特性母线差动保护的灵敏性，希望进一步降低内部短路时的制动电流。

为此提出的复式比率制动特性母线差动保护判据为

$$\left.\begin{aligned}&\left|\sum_{i=1}^{n}\dot{I}_i\right|\geqslant I_{\text{act}}\\&\frac{\left|\sum_{i=1}^{n}\dot{I}_i\right|}{\sum_{i=1}^{n}|\dot{I}_i|-\left|\sum_{i=1}^{n}\dot{I}_i\right|}>K'_{\text{res}}\end{aligned}\right\}\tag{8-8}$$

在理想条件下，母线外部短路时差动电流为零，式（8-8）中第二式的左边为零；内部短路时式（8-8）第二式的左边分母近似为零，则式（8-8）左侧很大。

可见复式比率制动特性母线差动保护测量到的比率在内部短路和外部短路两种状态下扩展到了理想的极限，使得制动系数 K'_{res} 有极广的范围可以选择。所以复式比率制动特性母线差动保护较普通比率制动特性母线差动保护具有更加良好的选择性。

3. 工频变化量比率制动特性母线差动保护判据

将工频变化量比率制动特性应用于母线差动保护，可有效避免故障前的负荷电流对比率制动特性产生的不良影响，将提高母线差动保护的灵敏度。

工频变化量比率制动特性母线差动保护判据为

$$\begin{aligned}&\left|\sum_{i=1}^{n}\Delta\dot{I}_i\right|=\Delta DI_{\text{f}}+DI_{\text{g}}\\&\left|\sum_{i=1}^{n}\Delta\dot{I}_i\right|>K_{\text{res}}\sum_{i=1}^{n}|\Delta\dot{I}_i|\end{aligned}\tag{8-9}$$

式中 K_{res}——工频变化量比例制动系数；

$\Delta\dot{I}_i$——第 i 个支路的工频变化量电流；

ΔDI_{f}——保护启动浮动门槛；

DI_{g}——保护启动的固定门槛。

工频变化量的算法已在第三章说明。

二、母线保护的特殊问题及对策

（一）母线差动保护抗 TA 饱和的措施

由于母线的连接元件众多，在发生近端区外故障时，故障支路电流可能非常大，其 TA 易发生饱和，有时可达极度饱和。这种情况对于普遍以差动保护作为主保护的母线而言极为不利，可能会导致母线差动保护误动作。为此母线保护必须考虑防止 TA 饱和误动作的措施，在母线区外故障 TA 饱和时能可靠闭锁差动保护，同时在发生区外故障转化为区内故障时，能保证差动保护快速开放和正确动作。

目前国内的母线差动保护有集成电路或整流型中阻抗母线差动保护和微机母线差动保护，在 110kV 及以上电压等级的电网中广泛使用，具有较高的稳定性和可靠性。在这些母线保护中采用了多种抗 TA 饱和的方法。

1. 中阻抗母线差动保护抗 TA 饱和的措施

中阻抗母线差动保护利用 TA 饱和时励磁阻抗降低的特点来防止差动保护误动作。由于保护装置本身差动回路电流继电器的阻抗一般为几百欧，此时 TA 饱和造成的不平衡电流大部分被饱和 TA 的励磁阻抗分流，流入差动回路的电流很少，再加之中阻抗母线差动保护带有制动特性，可以使外部故障引起 TA 饱和时保护不误动。而对于内部故障 TA 饱和的情况，则利用差动保护的快速性在 TA 饱和前即动作于跳闸，不会出现拒动的现象。

2. 微机母线差动保护抗 TA 饱和的措施

目前微机母线保护主要为低阻抗母线差动保护，影响其动作正确性的关键就是 TA 饱和问题。结合微机保护的性能特点，微机母线差动保护抗 TA 饱和的基本措施主要基于以下几种原理：

（1）具有制动特性的母线差动保护。具有制动特性的母线差动保护在 TA 饱和不是非常严重时，可以保证母线差动保护不误动。但当 TA 进入深度饱和时，此方法仍不能避免保护误动，需要采用其他专门的抗 TA 饱和的方法。

（2）同步识别法。在区外故障时，故障发生的初始瞬间存在一个线性传变区，在这线性传变区内，差动保护不会误动，在电流互感器饱和后保护才可能误动。这就说明，差动保护误动作与实际故障在时间上不是同步的，差动保护误动作延后一段时间。在区内故障时，因为差动电流是故障电流的实际反映，所以差动保护动作与实际故障是同步发生的。由此可见，同步识别法的实质是通过判别差动元件动作与故障发生是否同步来识别是区内故障还是电流互感器饱和使保护误动。

（3）谐波制动原理。当发生区外故障 TA 饱和时，差动电流的波形实际是饱和 TA 励磁支路的电流波形。当 TA 发生轻度饱和时，故障支路的二次电流出现波形缺损现象，差动电流中包含有大量的高次谐波。随着 TA 饱和深度的加深，二次电流波形缺损的程度也随着加剧。但内部故障时差动电流的波形接近工频电流，谐波含量少。

谐波制动原理利用了 TA 饱和时差动电流波形畸变的特点，根据差动电流中谐波分量的波形检测 TA 是否发生饱和。这种方法有利于在发生保护区外转区内故障时，根据故障电流中存在谐波分量减少的情况而迅速开放差动判据。

（二）母线运行方式的切换及保护的自适应

各种主接线方式中以双母线接线方式运行最为复杂。随运行方式的变化，双母线上各种连接元件在运行中需要经常在两条母线上切换，因此希望母线保护能自动适应系统运行方式的变化，免去人工干扰及由此引起的人为误操作。

微机保护具有强大的计算、自检及逻辑处理能力，微机母线保护可以充分利用这些优势，采用将隔离开关辅助触点和电流识别两种方法相结合的更加先进、有效的自适应方法。具体实现方法是：将运行于母线上的所有连接单元的隔离开关辅助触点引入保护装置，实时计算保护装置所采集的各连接元件负荷电流瞬时值，根据运行方式识别判据，来检验隔离开关辅助触点的正确性，校验确定它们无误后，形成各个单元的运行方式字。运行方式字反映了母线各连接元件与母线的连接情况，若校验发现有误，保护装置则自动纠正其错误。微机母线保护的这种自动适应运行方式的方法能更有效地减轻运行人员的负担，提高母线保护动作的正确率。

三、分布式母线微机保护

1. 微机母线保护的特点

（1）微机母线保护不需要公共的差电流回路，不需要将各回路的电流互感器二次绕组并联在一起，引至保护盘，而是通过软件计算来合成动作电流和制动电流，这大大简化了交流二次回路，提高了保护的可靠性。

（2）可以利用软件来平衡各回路电流互感器变比的不同，不需要设置辅助电流互感器。

（3）利用微机的计算能力和智能作用可实现更复杂但更可靠的动作判据，创造各种检测电流互感器饱和的新方法。

（4）可利用微机的智能作用自动识别各回路所连接的母线组别。

2. 分布式微机母线保护的构成原理

微机母线保护虽然有一系列优点，但如果仍是照搬常规的集中式保护的构成模式，并不能彻底解决母线保护的接线复杂和可靠性低的问题。此外，微机母线保护在消除外部故障时，电流互感器饱和的影响和内部故障时的动作速度方面也不比中阻抗母线差动保护优越多少。由于这些原因，微机母线保护的推广应用比较缓慢。但如果将保护装置分散下放到各开关站，应用计算机网络构成分布式母线保护，实现保护、测量、控制、数据通信的一体化、网络化，成为变电站综合自动化系统的组成部分，则将大大显示其优越性，这是任何常规母线保护所做不到的，也是母线保护的发展方向。

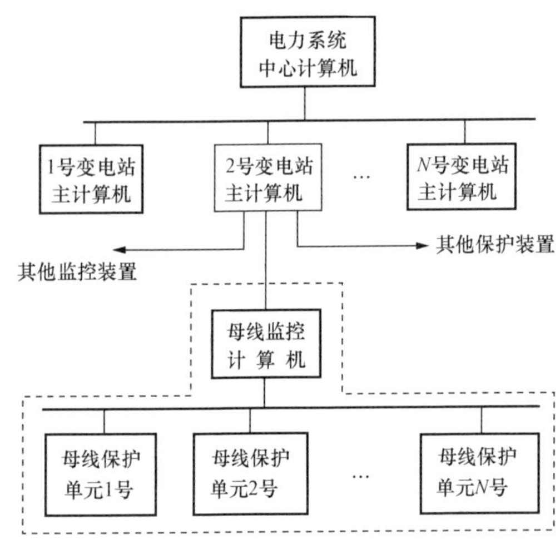

图 8-7 分布式母线保护在电网自动化系统中的位置示意图

图 8-7 所示为分布式母线保护在电网自动化系统中的位置示意图。虚线框内表示有关变电站内的分布式母线保护。母线保护通过母线监控计算机接受变电站主计算机或通过变电站主机接受系统调度发来的各种命令，如有关断路器的切断或投入，保护的投入或退出，保护定值的修改，被保护元件正常和故障时电流电压值的查看等。在故障后，保护装置通过这个通道将动作信息和录波数据上传。

变电站主计算机也同样接收来自其他保护装置的同类信息。变电站主计算机也是变电站所有其他监控装置（如电压和无功调节装置等）的信息总汇和与系统调度的联系通道。

如图 8-8 所示，将整个母线保护系统按照母线上回路数分成相同数目的保护单元，图中示有 A～F 六个回路的情况，另设一个监控单元 JK。所有的单元都通过数据通信网络连接起来，每个保护单元都能将其所保护的变压器或线路的电流、电压、工作状态信息（如该回路所在的母线段号及其断路器是否闭合等）不断地进行采集并传送给其他单元，同时也接收其他保护单元传来的同样信息。因此，每个保护单元都占有所在母线上所有回路的电流数据和状态信息，根据这些数据和信息都能够独立地计算出母线差动保护的差电流和制动电流，并按照动作判据决定是否应该跳闸。如果故障发生在被保护的母线段上，则在此段母线上的每个回路的保护单元都将动作跳闸，清除故障。假如某个单元受到电磁干扰或硬件发生故障而误动，则只跳开本回路而不影响其他单元。另外，这种情况可通过与其他单元的判断结果进行校验，如果判断为误动，立即用自动重合闸纠正。

监控单元用于同步各单元的采样时钟，同步信号可每隔一秒发送一次。保护单元在故障处理期间停止接收同步信号，因此监控单元偶尔失效也不影响保护在故障时的工作。另外，监控单元可在正常运行的情况下连续监视保护单元的完好性和通信网络的完好性。某个保护

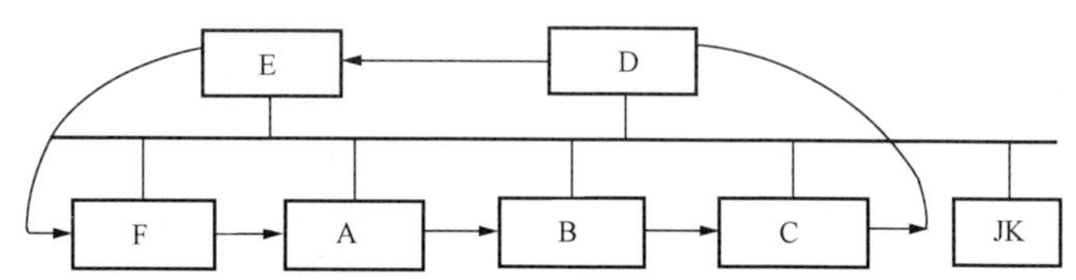

图 8-8 分布式母线保护的计算机网络示意图

单元或监控单元故障时也可由监控单元恢复其正常工作或报警。在监控单元中，可用全球定位系统（GPS）产生同步信号。

3. 分布式微机母线保护的特点

（1）这种保护装置可分散地装设在高压室外变电站被保护设备（变压器、线路、母联断路器）的电流互感器、电压互感器附近，直接接收电流互感器和电压互感器的信号，经过A/D转换和预处理后，用计算机网络传送给其他装置、变电站监控主机和调度，并同时进行母线保护的运算、判断和跳合闸。它符合继电保护“下放”的发展趋势，为将来光电流互感器和光电压互感器的应用也创造了有利条件。

（2）这种分散分布式母线保护将保护分成若干个保护单元，母线上的每个回路作为一个单元，该保护单元可与该回路的保护合并或单独设置。该保护单元根据母线上各回路保护单元传送来的电流值进行保护的运算，判为母线内部故障时，只跳开本回路，并将判断结果通知其他保护单元。这样在因干扰或其他原因造成某个保护单元误动时，不至于使整个母线停电。在由于某种原因使母线保护拒动时，只会使一回路拒跳，不会影响其他回路跳闸。拒跳回路可由后备保护或对端保护Ⅱ段延时跳闸。这样，不会使整个母线不能切除故障，因而提高了保护的安全性和可靠性。

（3）这种保护原理不要求所有回路的电流互感器二次电缆引到一块母线保护屏上，不要求将其并联以形成差动回路，也不要求各电流互感器具有相同的变比或加装辅助电流互感器，大大简化了电流互感器二次回路接线，并因为保护装置可下放到室外变电站而节约了二次电缆。

（4）能够自适应于母线的各种运行方式，根据所在的母线段号自动地切换到相应的通信网络。

（5）母线保护的数据通信网络可与站内主机连接，并与全系统的网络连接，使得母线保护能分享全系统的数据和信息，从而提高整体保护的自适应性能。站内的保护和控制设备可通过局域网相连，直至与电力系统计算机网络联网，这符合电力系统综合控制的发展趋势。

（6）母线保护单元可选用高速数字信号处理器将母线保护与线路或变压器的保护合在一起，作为其后备保护，简化保护接线。

第三节 断路器失灵保护

所谓断路器失灵保护是指当故障线路的继电保护动作发出跳闸脉冲后，断路器拒绝动作时，能够以较短的时限切除同一发电厂或变电站内其他有关的断路器，将故障部分隔离，并使停电范围限制为最小的一种近后备保护。

产生断路器失灵故障的原因是多方面的，如断路器跳闸线圈断线、断路器的操动机构失灵等。高压电网的断路器和保护装置，都应有一定的后备作用，以便在断路器或保护装置失灵时，仍能有效切除故障。相邻元件的远后备保护方案是最简单合理的后备方式，既是保护拒动的后备，又是断路器拒动的后备。但是在高压电网中，由于各电源支路的助增作用，实现上述后备方式往往有较大困难（灵敏度不够），而且由于动作时间较长，易造成事故范围的扩大，甚至引起系统失稳而瓦解。鉴于此，电网中枢地区重要的220kV及以上主干线路，出于系统稳定要求必须装设全线速动保护时，通常可装设两套独立的全线速动主保护（即保护的双重化），以防止保护装置的拒动；对于断路器的拒动，则专门装设断路器失灵保护。

一、装设断路器失灵保护的条件

由于断路器失灵保护是在系统故障的同时断路器失灵的双重故障情况下的保护，因此允许适当降低对它的要求，即仅要求最终能切除故障即可。装设断路器失灵保护的条件是：

（1）相邻元件保护的远后备保护灵敏度不够时装设断路器失灵保护。对分相操作的断路器，允许只按单相接地故障来校验其灵敏度。

（2）根据变电站的重要性和装设失灵保护作用的大小来决定是否装设断路器失灵保护。例如多母线运行的220kV及以上变电站，当失灵保护能缩小断路器拒动引起的停电范围时，就应装设失灵保护。

二、对断路器失灵保护的要求

（1）失灵保护的误动和母线保护误动一样，影响范围很广，必须有较高的可靠性。

（2）失灵保护首先以较短的延时动作于母联断路器和分段断路器，以较长一级延时跳开所有有源的出线断路器。

（3）在保证不误动的前提下，应以较短延时、有选择性地切除有关断路器。

（4）失灵保护的故障鉴别元件和跳闸闭锁元件，应对断路器所在线路或设备末端故障有足够的灵敏度。

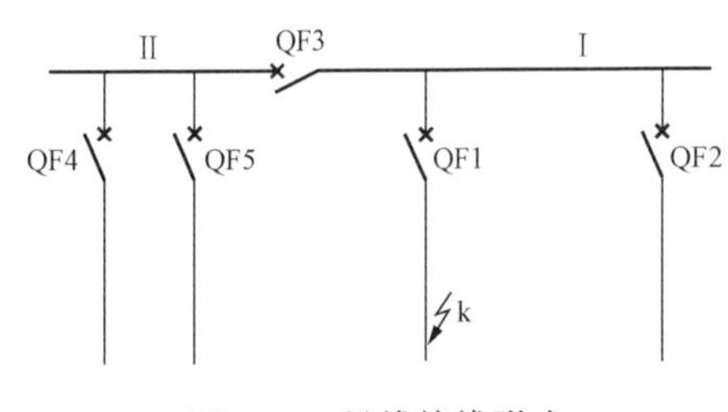

图8-9 母线接线形式

下面以图8-9所示的母线接线形式说明断路器失灵保护的基本工作原理。所有连接至Ⅰ组（或Ⅰ段）母线上的元件的保护装置，当其出口继电器动作于跳开本身断路器的同时，也启动失灵保护中的公用时间继电器，此时间继电器的延时应大于故障元件的断路器跳闸时间及保护装置返回时间之和，因此，并不妨碍正常切除故障。如果故障线路的断路器（如QF1）拒动，则时间继电器动作，启动失灵保护的出口继电器，使连接至该组（段）母线上所有其他有电源的断路器（如QF2、QF3）跳闸，从而切除了k点的故障，起到了QF1拒动时的后备作用。

为了提高失灵保护不误动的可靠性，首先对于失灵保护的启动，还需另一条件组成与门，通常为检测各相电流，电流持续存在，说明断路器失灵，故障尚未清除。电流元件的定值，如能满足灵敏度要求，应尽可能整定大于负荷电流。为提高出口回路的可靠性，应再装设低压元件和（或）零序过电压元件或负序过电压元件，这种电压元件控制的中间继电器触点与出口中间继电器触点串联构成失灵保护的跳闸回路。延时可分为两级，较短一级（延时Ⅰ段）跳母联断路器或分段断路器；较长一段（延时Ⅱ段）跳所有有电源的出线断路器。图

8-10给出了断路器失灵保护的原理框图。防止失灵保护误动所采用的可靠性措施要缜密而周到。

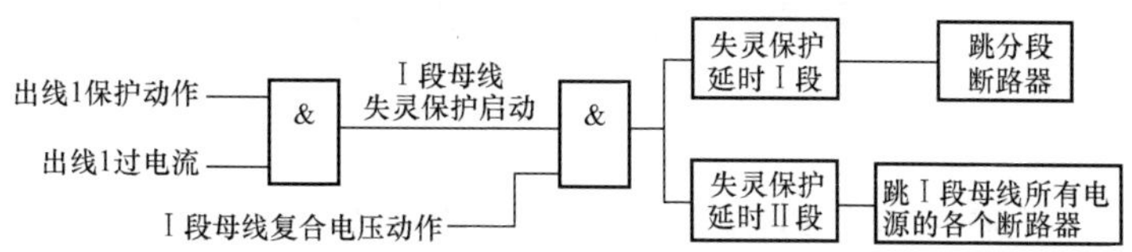

图8-10 断路器失灵保护原理框图（以Ⅰ段母线为例）

由于断路器失灵保护和母线保护动作后都要跳开母线上所有电源的各个断路器，因此两者的出口跳闸回路可以共用，许多情况下它们组装在同一保护屏上。

1. 试分别简述高阻抗母线差动保护、中阻抗母线差动保护和低阻抗母线差动保护的工作原理。

2. 微机母线差动保护的基本判据有哪些？各有何优缺点？

3. 如何实现母线运行方式的切换及保护的自适应？

4. 什么是分布式母线微机保护？试简述其构成原理。

5. 为什么220kV及以上电压级母线要装设断路器失灵保护？其作用是什么？

第九章 自 动 重 合 闸

第一节 自动重合闸的作用及其基本要求

一、自动重合闸的作用

在电力系统故障中，大多数故障是送电线路（特别是架空线路）的故障。运行经验表明，架空线路故障大都是“瞬时性”的，例如由雷电引起的绝缘子表面闪络，大风引起的碰线，鸟类以及树枝等物掉落在导线上引起的短路等，在线路被继电保护迅速断开以后，电弧即行熄灭，外界物体（如树枝、鸟类等）也被电弧烧掉而消失。此时，如果把断开线路的断路器再合上，就能够恢复正常供电。因此，称这类故障是瞬时性故障。此外，也有永久性故障，例如由于线路倒杆、断线、绝缘子击穿或损坏等引起的故障，在线路被断开以后，它们仍然是存在的。这时，即使再合上电源，由于故障依然存在，线路还要被继电保护再次断开，因而就不能恢复正常供电。

由于送电线路上的故障具有以上性质，因此，在线路被断开以后再进行一次合闸就有可能大大提高供电可靠性。因此，在电力系统中广泛采用了当断路器跳闸以后能够自动地将断路器重新合闸的自动重合闸装置（AR）。采用重合闸的目的有两个：一是保证并列运行系统的稳定性；二是尽快恢复瞬时性故障元件的供电，从而自动恢复整个系统的正常运行。

目前在现场运行的线路重合闸装置，大多数并不判断是瞬时性故障还是永久性故障，在保护跳闸后经预定延时将断路器重新合闸。显然，对瞬时性故障重合闸可以成功（指恢复供电不再断开），对永久性故障重合闸不可能成功。用重合成功的次数与总动作的次数之比来表示重合闸的成功率，重合闸成功率一般为60％～90％，主要取决于瞬时性故障占总故障的比例。衡量重合闸工作正确性的指标是正确动作率，即正确动作次数与总动作次数之比。根据2002年220kV电网运行资料的统计，重合闸正确动作率为99.67％。

二、电力系统中采用自动重合闸的技术经济效果

在电力系统中采用重合闸的技术经济效果主要可归纳如下：

（1）大大提高供电可靠性，减少线路停电的次数，特别是对单侧电源的单回线路尤为显著。

（2）在高压输电线路上采用重合闸，还能提高电力系统并列运行的稳定性，从而提高传输容量。

（3）对断路器本身由于机构不良或继电保护误动作而引起的误跳闸，也能起到纠正的作用。

在采用重合闸以后，当重合于永久性故障时，也将带来一些不利影响，如：

（1）使电力系统再一次受到故障的冲击，对超高压系统还会降低并列运行的稳定性。

（2）使断路器的工作条件变得更加恶劣，因为它要在很短的时间内，连续切断两次短路电流。这种情况对于油断路器必须加以考虑，因为在第一次跳闸时，由于电弧的作用，已经使绝缘介质的绝缘强度降低，在重合后第二次跳闸时，是在绝缘强度已经降低的不利条件下

进行的，因此，油断路器在采用了重合闸以后，其遮断容量也要不同程度降低（一般降低到其额定遮断容量的80%左右）。

对于重合闸的经济效益，应该用无重合闸时，因停电而造成的国民经济损失来衡量。由于重合闸装置本身的投资很低，工作可靠，因此在电力系统中获得了广泛的应用。

三、对自动重合闸的基本要求

对1kV及以上的架空线路和电缆与架空线的混合线路，当其上有断路器时，就应装设自动重合闸；在用高压熔断器保护的线路上，一般采用自动重合熔断器；此外，在供电给地区负荷的电力变压器上，以及发电厂和变电站的母线上，必要时也可以装设自动重合闸。

对自动重合闸的基本要求为：

（1）在下列情况下不希望重合闸重合时，重合闸不应该动作。

1）由值班人员手动操作或通过遥控装置将断路器断开时。

2）手动投入断路器，由于线路上有故障，而随即被继电保护将其断开时。因为在这种情况下，故障是属于永久性的，可能是由于检修质量不合格、隐患未消除或者接地线忘记拆除等原因造成的，因此再重合一次也不可能成功。

3）当断路器处于不正常状态（如操动机构中使用的气压、液压降低等）而不允许实现重合闸时。

（2）当断路器由继电保护动作或其他原因而跳闸后，重合闸均应动作，使断路器重新合闸。

（3）自动重合闸装置的动作次数应符合预先的规定。如一次重合闸应该只动作一次，当重合于永久性故障而再次跳闸以后，不应该再动作；对二次重合闸应该能够动作两次，当第二次重合于永久性故障而跳闸以后，不应该再动作。

在任何情况下，例如装置本身的元件损坏，继电器触点粘住或拒动，重合闸均不应使断路器多次重合到永久性故障上去。

（4）自动重合闸在动作以后，一般应能自动复归，准备好下一次再动作。但对于10kV及以下电压等级的线路，如当地有值班人员时，为简化重合闸的实现，也可采用手动复归的方式。

采用手动复归的缺点是当重合闸动作后，在值班人员未及时复归以前，又一次发生故障时，重合闸将拒绝动作。这种情况在雷雨季节、雷害活动较多的地方尤其可能发生。

（5）自动重合闸装置的合闸时间应能整定，并有可能在重合闸以前或重合闸以后加速继电保护的动作，以便更好地与继电保护相配合，加速故障的切除。

（6）双侧电源的线路上实现重合闸时，应考虑合闸时两侧电源间的同步问题，并满足所提出的要求。

为了能够满足第（1）、（2）项要求，应优先采用由控制开关的位置与断路器位置不对应的原则来启动重合闸，即当控制开关在合闸位置而断路器实际上在断开位置情况下，使重合闸启动，这样就可以保证无论是任何原因使断路器跳闸以后，都可以进行一次重合。当用手动操作控制开关使断路器跳闸以后，控制开关与断路器的位置仍然是对应的，因此重合闸就不会启动。

四、自动重合闸的分类

（1）根据重合闸控制的断路器所接通或断开的电力元件不同，可将重合闸分为线路重合闸、变压器重合闸和母线重合闸等。

目前在 10kV 及以上的架空线路和电缆与架空线路的混合线路上，广泛采用重合闸装置，只有在个别由于系统条件限制的情况下，不能使用重合闸。例如，断路器遮断容量不足，防止出现非同步情况，或者防止在特大型汽轮发电机出口重合于永久性故障时产生更大的扭转力矩，而对轴系造成损坏等。鉴于单母线接线或双母线接线的变电站在母线故障时，会造成全停或部分停电的严重后果，有必要在枢纽变电站装设母线重合闸。根据系统的运行条件，应事先安排哪些元件重合、哪些元件不重合、哪些元件在符合一定条件时才重合；如果母线上的线路及变压器都装有三相重合闸，使用母线重合闸不需要增加设备与回路，只是在母线保护动作时不去闭锁那些预计重合的线路和变压器，实现比较简单。变压器内部故障多数是永久性故障，因而当变压器的瓦斯保护和差动保护动作后不重合，仅当后备保护动作时启动重合闸。

（2）根据重合闸控制断路器连续合闸次数的不同，可将重合闸分为多次重合闸和一次重合闸。

多次重合闸一般用于配电网中，与分段器配合，自动隔离故障区段，是配电自动化的重要组成部分。而一次重合闸主要用于输电线路，提高系统的稳定性。本章讲述的是一次重合闸的原理，其他重合闸与其类似。

（3）根据重合闸控制线路相数的不同，可将重合闸分为单相重合闸、三相重合闸、综合重合闸。

对一条具体的线路，究竟使用何种重合闸方式，要结合系统的稳定性进行分析，选取对系统稳定最有利的重合方式，一般来说有：

1）一般没有特殊要求的单电源线路，宜采用一般的三相重合闸。

2）凡是选取简单的三相重合闸能满足要求的线路，都应当选用三相重合闸。

3）当发生单相接地短路时，如果使用三相重合闸不能满足稳定要求，会出现大面积停电或重要用户停电，应当选用单相重合闸或综合重合闸。

第二节　三相一次自动重合闸的工作原理

一、单侧电源送电线路的三相一次自动重合闸

三相一次自动重合闸的跳、合闸方式为无论本线路发生何种类型的故障，继电保护装置均将三相断路器跳开，重合闸启动，经预定延时（可整定，一般为 0.5～1.5s）发出重合脉冲，将三相断路器一起合上。若是瞬时性故障，因故障已经消失，重合成功，线路继续运行；若是永久性故障，继电保护再次动作跳开三相，不再重合。

单侧电源送电线路的三相一次自动重合闸实现较简单，原因是：在单侧电源线路上，不需要考虑电源间同步的检查问题；三相同时跳开，重合不需要区分故障类型和选择故障相，只需要在希望重合时断路器满足允许重合的条件下，经预定延时，发出一次合闸脉冲。这种重合闸的实现器件有电磁继电器组合式、晶体管式、集成电路式和与数字式保护一体化工作的数字式等多种。单侧电源送电线路三相一次自动重合闸的工作原理框图如图 9-1 所示，主要由重合闸启动、重合闸时间、一次合闸脉冲、手动跳闸后闭锁、手动合闸于故障时保护加速跳闸等元件组成。

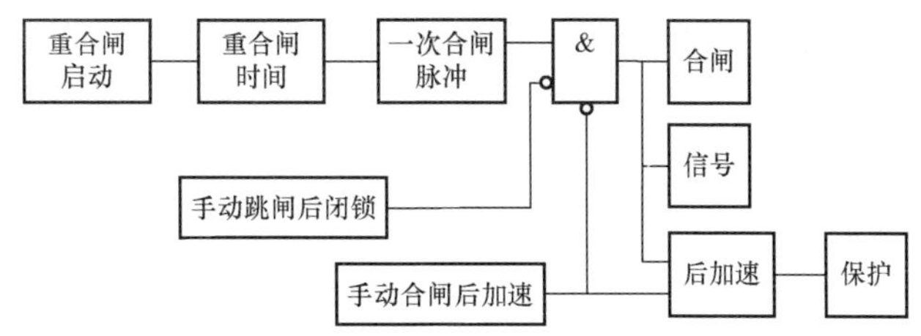

图 9-1 三相一次自动重合闸的工作原理框图

(1) 重合闸启动：当断路器由继电保护动作跳闸或其他非手动原因而跳闸后，重合闸均应启动。一般使用断路器的辅助常开触点或者用合闸位置继电器的触点构成，在正常运行情况下，当断路器由合闸位置变为跳闸位置时，马上发出启动指令。

(2) 重合闸时间：启动元件发出指令后，时间元件开始计时，达到预定的延时后，发出一个短暂的合闸脉冲命令。这个延时就是重合闸时间，是可以整定的，选择的原则见后述。

(3) 一次合闸脉冲：当延时时间到达后，马上发出一个可以合闸脉冲指令，并且开始计时，准备重合闸的整组复归，复归时间一般为 15～25s。在这个时间内，即使再有重合闸时间元件发出的命令，也不再发出可以合闸的第二个命令。此元件的作用是保证在一次跳闸后有足够的时间合上（对瞬时性故障）和再次跳开（对永久性故障）断路器，而不会出现多次重合。

(4) 手动跳闸后闭锁：当手动跳开断路器时，也会启动重合闸回路，为消除这种情况造成的不必要合闸，设置闭锁环节，使之不能形成合闸命令。

(5) 重合闸后加速保护跳闸回路：对于永久性故障，在保证选择性的前提下，尽可能地加快故障的再次切除，需要保护与重合闸配合（详见本章第三节第二部分“重合闸与继电保护的配合”）。当手动合闸到带故障的线路上时，保护跳闸，故障一般是因为检修时的保安接地线未拆除、缺陷未修复等永久性故障，不仅不需要重合闸，而且要加速保护的再次跳闸。

二、双侧电源线路的检同步三相一次自动重合闸

(一) 双侧电源送电线路重合闸的特点

在双侧电源的送电线路上实现重合闸时，除应满足在第一节中提到各项要求外，还必须考虑如下特点：

(1) 线路上发生故障跳闸以后，常常存在着重合闸时两侧电源是否同步，以及是否允许非同步合闸的问题。一般根据系统的具体情况，选用不同的重合闸条件。

(2) 线路上发生故障时，两侧的保护可能以不同的时限动作于跳闸，例如一侧为保护第Ⅰ段动作，而另一侧为保护第Ⅱ段动作，此时为了保证故障点电弧的熄灭和绝缘的恢复，以使重合闸有可能成功，线路两侧的重合闸必须保证在两侧断路器都跳闸以后，再进行重合闸，其重合闸时间与单侧电源的有所不同。

因此，双侧电源线路上的重合闸，应根据电网的接线方式和运行情况，在单侧电源重合闸的基础上，采取某些附加措施，以适应新的要求。

(二) 双侧电源送电线路自动重合闸的主要方式

1. 快速自动重合闸

在现代高压输电线路上，采用快速重合闸是提高系统并列运行稳定性和供电可靠性的有效措施。所谓快速重合闸，是指保护断开两侧断路器后在 0.5～0.6s 内使之再次重合闸，在

这样短的时间内，两侧电动势角摆开不大，系统不可能失去同步，即使两侧电动势角摆大了，冲击电流对电力元件、电力系统的冲击均在可耐受范围内，线路重合后很快会拉入同步。使用快速重合闸需满足的条件是：

（1）线路两侧都装有可以进行快速重合的断路器，如快速气体断路器等。

（2）线路两侧都装有全线速动的保护，如纵联保护等。

（3）重合瞬间输电线路中出现的冲击电流对电力设备、电力系统的冲击均在允许的范围内。

2. 非同步重合闸

当快速重合闸的重合闸时间不够快，或者系统的功角摆开比较快，两侧断路器合闸时系统已经失步，合闸后期待系统自动拉入同步，此时系统中各电力元件都将受到冲击电流的影响，当冲击电流不超过GB/T 50062—2008《电力装置的继电保护和自动装置设计规范》中的相关规定值时，可以采用非同步重合闸方式，否则不允许采用非同步重合方式。

但在某些情况下，虽然非同步合闸的最大冲击电流符合要求，但从系统安全运行考虑（如对重要负荷的影响等），不宜采用非同步重合闸时，可在正常运行方式下采用不检查同步的重合闸，而当出现其他联络线均断开而只有一回线路运行时，将重合闸停用，以避免发生非同步合闸的情况。

3. 检同步的自动重合闸

当满足同步条件才能合闸时，需要使用检同步重合闸。检同步重合闸有以下几种情况：

（1）系统的结构保证线路两侧不会失步。电力系统之间，在电气上有紧密联系时（例如具有3条以上联系的线路），由于同时断开所有联系的可能性几乎不存在，因此，当任一条线路断开之后进行重合闸时，都不会出现非同步的问题，可以直接使用不检同步重合闸。

（2）在双回线路上检查另一线路有电流的重合方式。在没有其他旁路联系的双回线上，如图9-2所示，当不能采用非同步重合闸时，可采用检定另一回线路上是否有电流的重合闸。因为当另一回线路上有电流时，即表示两侧电源仍保持联系，一般是同步的，因此可以重合闸。采用这种重合闸方式的优点是电流检定比同步检定简单。

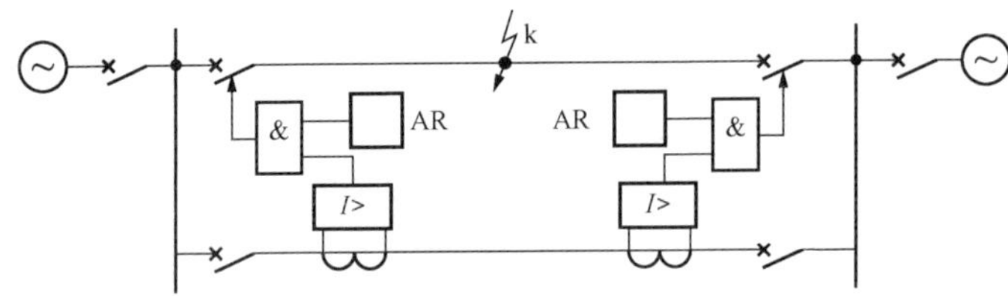

图9-2 双回线路上采用检查另一回线路有电流的重合闸示意图

（3）必须检定两侧电源确实同步之后，才能进行重合闸。为此可在线路的一侧采用检查线路无电压先重合闸，因另一侧断路器是断开的，不会造成非同步合闸；待一侧重合闸成功后，再在另一侧采用检定同步的重合闸。

（三）具有同步检定和无电压检定的重合闸

具有同步检定和无电压检定重合闸的接线示意图如图9-3所示。除在线路两侧均装设重合闸装置以外，在线路的一侧还装设有检定线路无电压的继电器KV1，当线路无电压时允许重合闸重合；而在另一侧装设检定同步的继电器 KV2，检测母线电压与线路电压满足同步条件时允许重合闸重合。这样当线路有电压或是不同步时，重合闸就不能重合。

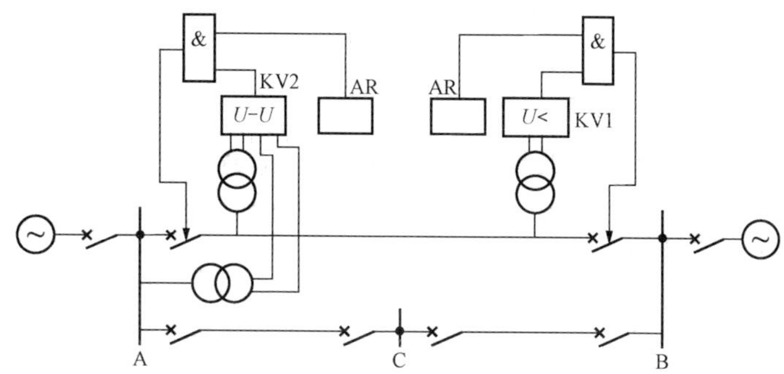

图 9-3　具有同步检定和无电压检定的重合闸接线示意图

当线路发生故障，两侧断路器跳闸以后，检定线路无电压一侧的重合闸首先动作，使断路器投入。如果重合闸不成功，则断路器再次跳闸。此时，由于线路另一侧没有电压，同步检定继电器不动作，因此，该侧重合闸根本不启动。如果重合闸成功，则另一侧在检定同步之后，再投入断路器，线路即恢复正常工作。

在使用检查线路无电压方式重合闸的一侧，当该侧断路器在正常运行情况下由于某种原因（如误碰跳闸机构、保护误动作等）而跳闸时，由于对侧并未动作，线路上有电压，因而就不能实现重合，这是一个很大的缺陷。为了解决这个问题，通常都是在检定无电压的一侧也同时投入同步检定继电器，两者经或门并联工作。此时如遇上述情况，则同步检定继电器就能够起作用，当符合同步条件时，即可将误跳闸的断路器重新投入。但是，在使用同步检定的另一侧，其无电压检定是绝对不允许同时投入的。

实际上，这种重合闸方式的配置关系如图 9-4 所示，一侧投入无电压检定和同步检定（两者并联工作），而另一侧只投入同步检定。两侧的投入方式可以利用其中的连接片定期轮换。这样可使两侧断路器切断故障的次数大致相同。

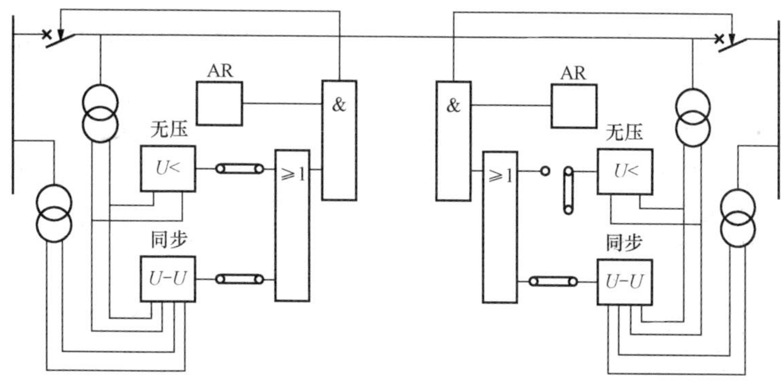

图 9-4　采用同步检定和无电压检定重合闸的配置关系

在重合闸中所用的无电压检定继电器，就是一般的低电压继电器，其整定值的选择应保证只当对侧断路器确实跳闸之后，才允许重合闸动作，根据经验，通常都是整定为 0.5 倍额定电压。

为了检定线路无电压和检定同步，就需要在断路器断开的情况下，测量线路侧电压的大小和相位，这样就需要在线路侧装设电压互感器或特殊的电压抽取装置。在高压送电线路上，为了装设重合闸而增设电压互感器是十分不经济的，因此，一般都是利用结合电容器或断路器的电容式套管等来抽取电压。

第三节　重合闸动作时限的选择及重合闸与继电保护的配合

一、重合闸动作时限的选择

1. 单侧电源线路的三相重合闸

为了尽可能缩短电源中断的时间，重合闸的动作时限原则上应越短越好。因为电源中断后，电动机的转速急剧下降，电动机被负荷所制动，当重合闸成功恢复供电以后，很多电动机要自启动。此时由于自启动电流很大，往往会引起电网内电压的降低，因而又造成自启动困难或拖延其恢复正常工作的时间，电源中断的时间越长则影响就越严重。

但重合闸又必须带有时限，原因如下：

（1）在断路器跳闸后，要使故障点的电弧熄灭并使周围介质恢复绝缘强度需要一定的时间，必须在这个时间以后进行合闸才有可能成功。在考虑上述时间时，还必须计及负荷电动机向故障点反馈电流所产生的影响，因为它是使绝缘强度恢复变慢的因素。

（2）在断路器动作跳闸以后，其触头周围绝缘强度的恢复以及消弧室重新充满油需要一定的时间。同时其操动机构恢复原状准备好再次动作也需要一定的时间。重合闸必须在这个时间以后才能向断路器发出合闸脉冲，否则，若重合在永久性故障上，就可能发生断路器爆炸的严重事故。

因此，重合闸的动作时限应在满足以上两个要求的前提下，力求缩短。如果重合闸是利用继电保护来启动，则其动作时限还应该加上断路器的跳闸时间。

2. 双侧电源线路的三相重合闸

其时限除满足以上原则外，还应考虑线路两侧继电保护以不同时限切除故障的可能性。

从最不利的情况出发，每一侧的重合闸都应该以本侧先跳闸而对侧后跳闸来作为考虑整定时间的依据。如图 9-5 所示，设本侧保护的动作时间为 $t_{PD\cdot 1}$，断路器动作时间为 $t_{QF\cdot 1}$，对侧保护的动作时间为 $t_{PD\cdot 2}$，断路器动作时间为 $t_{QF\cdot 2}$，则在本侧跳闸以后，对侧还需经过 $t_{PD\cdot 2}+t_{QF\cdot 2}-t_{PD\cdot 1}-t_{QF\cdot 1}$ 的时间才能跳闸。再考虑故障点灭弧和周围介质去游离的时间 t_u，则先跳闸一侧重合闸装置的动作时限应整定为

$$t_{AR}=t_{PD\cdot 2}+t_{QF\cdot 2}-t_{PD\cdot 1}-t_{QF\cdot 1}+t_u$$

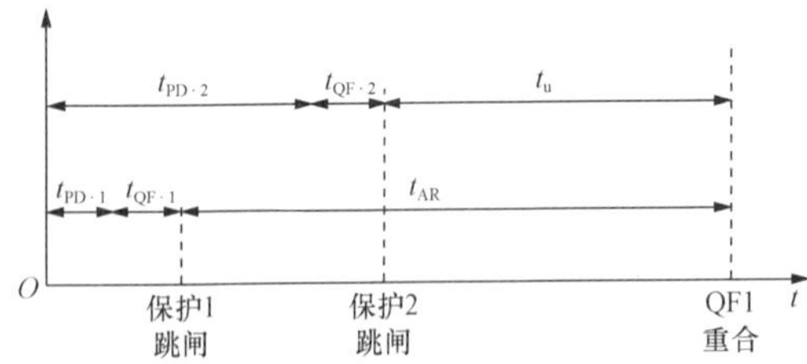

图 9-5　双侧电源线路重合闸动作时限配合示意图

当线路上装设纵联保护时，一般考虑一端快速辅助保护动作（如电流速断、距离保护Ⅰ段）时间（约 30ms），另一端由纵联保护跳闸（可能慢至 100～120ms）。当线路采用阶段式保护作主保护时，$t_{PD\cdot 1}$ 应采用本侧Ⅰ段保护的动作时间，而 $t_{PD\cdot 2}$ 一般采用对侧Ⅱ段（或Ⅲ段）保护的动作时间。

二、重合闸与继电保护的配合

为了能尽量利用重合闸所提供的条件以加速切除故障，继电保护与之配合时，一般采用重合闸前加速保护和重合闸后加速保护两种方式，根据不同的线路及其保护装置方式选用。

1. 重合闸前加速保护

重合闸前加速保护一般又简称为前加速。图 9-6（a）所示的网络接线中，假定在每条线路上均装设过电流保护，其动作时限按阶梯原则来配合，因而，在靠近电源端保护 3 处的时限就很长。为了加速故障的切除，可在保护 3 处采用前加速的方式，即当任何一条线路上发生故障时，第一次都由保护 3 瞬时无选择性动作予以切除，重合闸动作以后，保护第二次动作切除故障是有选择性的。例如故障是在线路 A—B 以外（如 k1 点故障），则保护 3 的第一次动作是无选择性的，但断路器 QF3 跳闸后，如果此时故障是瞬时性的，则在重合闸动作以后就恢复了供电；如果故障是永久性的，则保护 3 第二次就按有选择性的时限 t_3 动作。为了使无选择性的动作范围不扩展太长，一般规定当变压器低压侧短路时，保护不应动作。因此，其启动电流还应按照躲开相邻变压器低压侧的短路（如 k2 点短路）来整定。

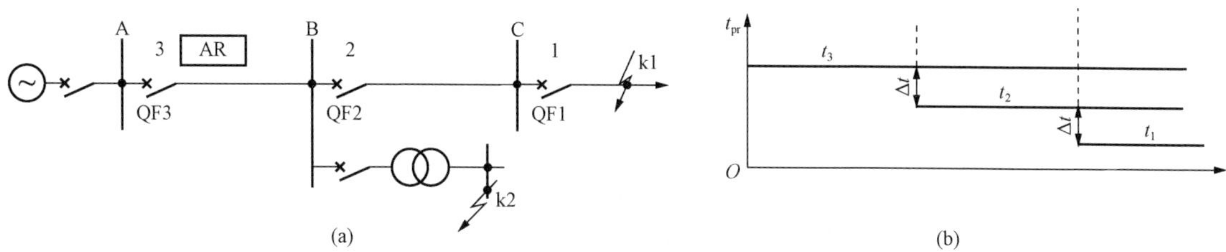

图 9-6 重合闸前加速保护的网络接线图

（a）网络接线图；（b）时间配合关系

采用前加速的优点是：

（1）能够快速切除瞬时性故障。

（2）可能使瞬时性故障来不及发展成永久性故障。

（3）能保证发电厂和重要变电站的母线电压在 0.6～0.7 倍额定电压以上，从而保证厂用电和重要用户的电能质量。

（4）使用设备少，只需装设一套重合闸装置，简单、经济。

采用前加速的缺点是：

（1）装设重合闸处的断路器工作条件恶劣，动作次数较多。

（2）重合于永久性故障上时，故障切除的时间可能较长。

（3）如果重合闸装置或断路器 QF3 拒绝合闸，则将扩大停电范围，甚至在最末一级线路上故障时，都会使连接在这条线路上的所有用户停电。

前加速保护主要用于 35kV 以下由发电厂或重要变电站引出的直配线路上，以便快速切除故障，保证母线电压。

2. 重合闸后加速保护

重合闸后加速保护一般又简称为后加速。所谓后加速就是当线路第一次故障时，保护有选择性动作，然后进行重合。如果重合于永久性故障，则在断路器合闸后，再加速保护动作，瞬时切除故障，而与第一次动作是否带有时限无关。

后加速的配合方式广泛应用于35kV以上的网络及对重要负荷供电的送电线路上。因为在这些线路上一般都装有性能比较完善的保护装置，如三段式电流保护、距离保护等，因此，第一次有选择性地切除故障时间（瞬时动作或具有0.5s的延时）均为系统运行所允许，而在重合闸以后加速保护的动作（一般是加速保护第Ⅱ段的动作，有时也可以加速保护第Ⅲ段的动作），就可以更快地切除永久性故障。

采用后加速的优点是：

（1）第一次是有选择性地切除故障，不会扩大停电范围，特别是在重要的高压电网中，一般不允许保护无选择性地动作而后以重合闸来纠正（即前加速）。

（2）保证了永久性故障能瞬时切除，并仍然是有选择性的。

（3）和前加速相比，使用中不受网络结构和负荷条件的限制，一般说来是有利而无害的。

采用后加速的缺点是：

（1）每个断路器上都需要装设一套重合闸，与前加速相比略为复杂。

（2）第一次切除故障可能带有延时。

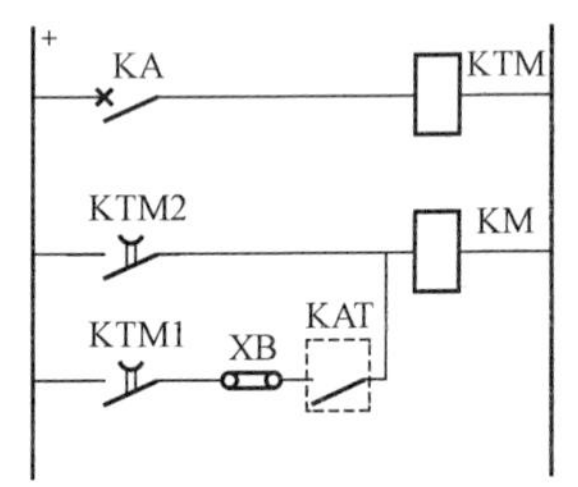

图9-7　重合闸后加速过电流保护的原理接线图

利用图9-1后加速元件所提供的常开触点实现重合闸后加速过电流保护的原理接线如图9-7所示。图中KA为过电流继电器的触点，当线路发生故障时，它启动时间继电器KTM，然后经过整定的时限后KTM2触点闭合，启动出口继电器KM而跳闸。当重合闸启动以后，后加速元件KAT的触点将闭合1s的时间，如果重合于永久性故障上，则KA再次动作，此时即可由时间继电器KTM的瞬时常开触点KTM1、连接片XB和KAT的触点串联，而立即启动KM动作于跳闸，从而实现了重合闸以后过电流保护加速动作的要求。

第四节　高压输电线路的单相自动重合闸及综合重合闸

以上所讨论的自动重合闸，都是三相式的，即不论送电线路上发生单相接地短路还是相间短路，继电保护动作后均使断路器三相断开，然后重合闸再将三相投入。

但是，根据2002～2004年全国继电保护与安全自动装置运行情况统计，在220kV及以上电压等级线路的接地故障中，单相接地所占的比例：220kV为88.70%、87.63%和87.07%，330kV为97.10%、96.30%和98.11%，500kV为92.68%、93.31%和92.68%。以上统计结果表明，由于架空线相间距离大，单相接地故障占绝大多数。在这种情况下，如果只把发生故障的一相断开，而未发生故障的两相继续运行，然后再进行单相重合，就能够大大提高供电的可靠性和系统并列运行的稳定性。如果线路发生的是瞬时性故障，则单相重合成功，即恢复三相正常运行；如果是永久性故障，则再次切除故障并不再进行重合，目前一般是采用重合不成功时就跳开三相的方式。这种单相短路跳开故障相经一定时间重合单相，若不成功再跳开三相的重合闸称为单相自动重合闸。

一、单相自动重合闸与保护的配合关系

通常继电保护装置只判断故障是发生在保护区内还是区外，以决定是否跳闸。而决定跳三相还是跳单相或是跳哪一相，是由成套保护装置的故障判别元件和故障选相元件来完成的，最后由成套保护装置的跳闸回路向重合闸操作箱发出跳、合闸断路器的命令。图9-8所示为保护装置、选相元件与重合闸回路的配合框图。

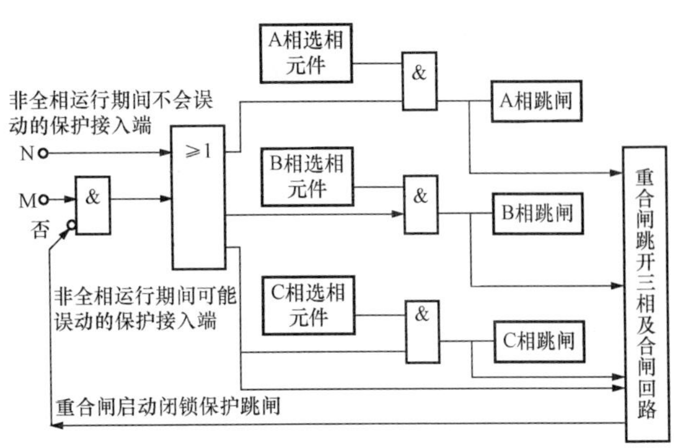

图9-8　保护装置、选相元件与重合闸回路的配合框图

保护装置和选相元件动作后，经与门进行单相跳闸，并同时启动重合闸回路。对于单相接地故障，就进行单相跳闸和单相重合。对于相间短路，则在保护和选相元件相配合进行判断之后，跳开三相，然后进行三相重合闸或不进行重合闸。

在单相重合闸过程中，由于出现纵向不对称现象，因此将产生负序分量和零序分量，这可能引起本线路保护以及系统中其他保护的误动作。对于可能误动作的保护，应整定保护的动作时限大于单相非全相运行的时间以躲开，或在单相重合闸动作时将该保护予以闭锁。为了实现对误动作保护的闭锁，在单相重合闸与继电保护相连接的输入端都设有两个端子，一个端子接入在非全相运行中仍然能继续工作的保护，习惯上称为N端子；另一个端子则接入非全相运行中可能误动作的保护，称为M端子。在重合闸启动以后，利用“否”回路即可将接入M端子的保护跳闸回路闭锁。当断路器被重合而恢复全相运行时，这些保护也立即恢复工作。

二、单相自动重合闸的特点

1. 故障相选择元件

为实现单相重合闸，首先就必须有故障相选择元件（简称选相元件）。对选相元件的基本要求是：

首先应保证选择性，即选相元件与继电保护相配合只跳开发生故障的一相，而接于另外两相上的选相元件不应动作；其次，在故障相末端发生单相接地短路时，接于该相上的选相元件应保证有足够的灵敏性。

根据网络接线和运行特点，满足以上要求的常用选相元件有以下几种：

(1) 电流选相元件。在每相上装设一个过电流继电器，其启动电流按照大于最大负荷电流的原则进行整定，以保证动作的选择性。这种选相元件适于装设在电源端，且短路电流比较大的情况，是根据故障相短路电流增大的原理而动作的。

(2) 低电压选相元件。用三个低电压继电器分别接于三相的相电压上，低电压继电器是根据故障相电压降低的原理而动作的。它的启动电压应小于正常运行时以及非全相运行时可能出现的最低电压。这种选相元件一般适于装设在小电源侧或单侧电源线路的受电侧，因为在这一侧如用电流选相元件，则往往不能满足选择性和灵敏性的要求。

(3) 阻抗选相元件、相电流差突变量选相元件等，常用于高压输电线路上，有较高的灵敏度和选相能力。具体分析见第四章第三节。

2. 动作时限的选择

当采用单相重合闸时，其动作时限的选择除应满足三相重合闸时所提出的要求（即大于故障点灭弧时间及周围介质去游离时间，大于断路器及其操动机构复归原状准备好再次动作的时间）外，还应考虑下列问题：

（1）不论是单侧电源还是双侧电源，均应考虑两侧选相元件与继电保护以不同时限切除故障的可能性。

（2）潜供电流对灭弧所产生的影响。这是指当故障相线路自两侧切除后，如图 9 - 9 所示，由于非故障相与断开相之间存在有静电（通过电容）和电磁（通过互感）的联系，因此，虽然短路电流已被切断，但在故障点的弧光通道中，仍然流有如下电流：

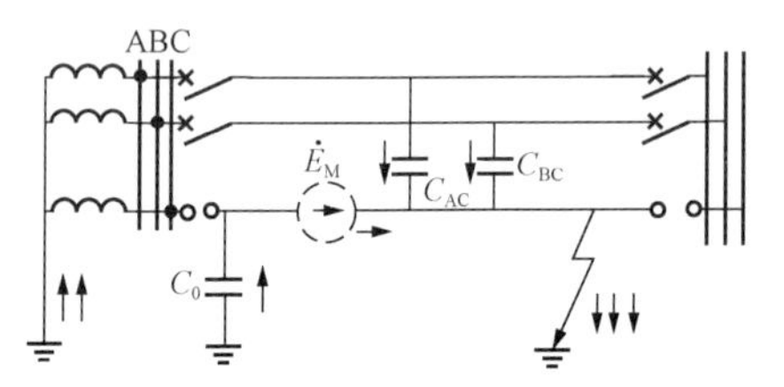

图 9 - 9　C 相单相接地时潜供电流示意图

1）非故障相 A 通过 A、C 相间的电容 C_{AC} 供给的电流；

2）非故障相 B 通过 B、C 相间的电容 C_{BC} 供给的电流；

3）继续运行的两相中，由于流过负荷电流 $\dot{I}_{L\cdot A}$ 和 $\dot{I}_{L\cdot B}$ 而在 C 相中产生互感电动势 $\dot{E}_M$，此电动势通过故障点和该相对地电容 C_0 而产生的电流。

这些电流的总和就称为潜供电流。由于潜供电流的影响，将使短路时弧光通道的去游离受到严重阻碍，而自动重合闸只有在故障点电弧熄灭且绝缘强度恢复以后才有可能成功，因此，单相重合闸的时间还必须考虑潜供电流的影响。一般情况下，线路的电压等级越高、线路越长，则潜供电流就越大。潜供电流的持续时间不仅与其大小有关，而且也与故障电流大小、故障切除时间、弧光长度以及故障点风速等因素有关。因此，为了正确整定单相重合闸的时间，国内外许多电力系统都是由实测来确定灭弧时间。如我国某电力系统中，在 220kV 电压等级的线路上，根据实测确定保证单相重合闸期间的灭弧时间应在 0.6s 以上。

3. 对单相重合闸的评价

采用单相重合闸的优点是：

（1）能在绝大多数故障情况下保证多用户的连续供电，从而提高供电的可靠性；当由单侧电源单回路向重要负荷供电时，对保证不间断供电更有显著的优越性。

（2）在双侧电源的联络线上采用单相重合闸，就可以在故障时大大加强两个系统之间的联系，从而提高系统并列运行的动态稳定性。对于联系比较薄弱的系统，当三相切除并继之以三相重合闸而很难再恢复同步时，采用单相重合闸就能避免两系统解列。

采用单相重合闸的缺点是：

（1）需要有按相操作的断路器。

（2）需要专门的选相元件与继电保护相配合，再考虑一些特殊的要求后，使重合闸回路的接线比较复杂。

（3）在单相重合闸过程中，由于非全相运行可能引起本线路和电网中其他线路的保护误动作，因此，就需要根据实际情况采取措施予以防止。这将使保护的接线、整定计算和调试工作复杂化。

由于单相重合闸具有以上特点，并在实践中证明了它的优越性，因此，已在 220～

500kV 线路上获得了广泛应用。对于 110kV 的电力网，一般不推荐这种重合闸方式，只在由单侧电源向重要负荷供电的某些线路，以及根据系统运行需要装设单相重合闸的某些重要线路上，才考虑使用。

三、综合重合闸简介

以上分别讨论了三相重合闸和单相重合闸的基本原理和实现中需要考虑的问题。对于有些线路，在采用单相重合闸后，如果发生各种相间故障时，仍然需要切除三相，然后再进行三相重合闸，如重合不成功，则再次断开三相而不再进行重合。因此，实践上在实现单相重合闸时，也总是把实现三相重合闸的问题结合在一起考虑，故称它为“综合重合闸”。在综合重合闸的接线中，应考虑能实现进行单相重合闸、三相重合闸或综合重合闸以及停用重合闸的各种可能性。

实现综合重合闸回路接线时，应考虑以下一些基本原则：

(1) 单相接地短路时跳开单相，然后进行单相重合；如重合不成功，则跳开三相而不再进行重合。

(2) 各种相间短路时跳开三相，然后进行三相重合；如重合不成功，仍跳开三相，而不再进行重合。

(3) 当选相元件拒绝动作时，应能跳开三相并进行三相重合。

(4) 对于非全相运行中可能误动作的保护，应进行可靠的闭锁；对于在单相接地时可能误动作的相间保护（如距离保护），应有防止单相接地误跳三相的措施。

(5) 当一相跳开后重合闸拒绝动作时，为防止线路长期出现非全相运行，应将其他两相自动断开。

(6) 任意两相的分相跳闸继电器动作后，应联跳第三相，使三相断路器均跳闸。

(7) 无论单相或三相重合闸，在重合不成功之后，均应考虑能加速切除三相，即实现重合闸后加速。

(8) 在非全相运行过程中，如又发生另一相或两相故障，保护应能有选择性地予以切除。

上述故障如发生在单相重合闸的脉冲发出以前，则在故障切除后能进行三相重合；如发生在重合闸脉冲发出以后，则切除三相不再进行重合。

(9) 对于空气断路器或液压传动的油断路器，当气压或液压低至不允许实现重合闸时，应将重合闸回路自动闭锁；但如果在重合闸过程中下降到低于运行值时，则应保证重合闸动作的完成。

四、750kV 及以上特高压输电线的重合闸简介

750kV 及以上的特高压交流输电线是我国未来电力系统的骨干线路，是国家的经济命脉。由于其输送容量大，输电距离长，为保证其可靠连续运行，自动重合闸是必不可少的。但是和 500kV 及以下的超高压输电线不同，由于其分布电容大，在拉合闸操作、故障和重合闸时都将引起严重的过电压。与一般高压输电线不同，特高压输电线继电保护的任务首先是保证不产生不能允许的过电压，其次是保证系统稳定。因为特高压输电线绝缘子短时间能承受过电压的裕度较小，在过电压使线路绝缘子击穿时，更换绝缘子停电造成的经济损失远大于系统稳定破坏造成的损失。因此，对于这种线路，设计、应用、整定自动重合闸首先要研究解决重合闸引起的过电压问题。

1. 三相自动重合闸在特高压输电线上应用的问题

据国内外统计资料表明，在750kV输电线上单相故障的概率达到90%以上，故在特高压输电线上首先考虑采用单相重合闸。但在相间短路时必须实行三相跳闸和三相自动重合，在单相非永久性故障而单相重合闸不成功时（例如其他两非故障相的耦合使潜供电流难以消失时），也可再次进行三相跳闸、三相重合，故三相自动重合闸在特高压输电线上也必须设置。

在特高压输电线从一端计划性空投时会产生很高的过电压，但因为是计划性操作，在投入之前可采取一系列限制过电压的措施，以保证过电压不会超过允许值和允许时间。在故障后三相自动重合时情况将完全不同。在因故障两端三相跳闸时，线路上的大量残余电荷将通过并联电抗器和线路电感释放，因而产生非额定工频频率的谐振电压，三相的这种电压也不一定对称。此时，如果从一端首先重合闸时，正好是母线工频电压与此谐振电压极性相反，将造成很高的不能允许的重合过电压，不但要使绝缘子和断路器等设备损坏，重合也难以成功。这就要求必须采取有效措施（如采用合闸电阻等）和正确整定重合闸的时间。

研究表明，在从一端首先实行三相重合时，要引起重合过电压，对端重合的时间应在此重合闸过电压衰减到一定值时再合。首合端引起的重合过电压在0.2s左右衰减到允许值，因此后合一端的重合闸时间应该计及对端重合过电压的衰减时间，并考虑到断路器不同步动作等因素，使两端三相重合时间相差0.2～0.3s。

2. 单相自动重合闸在特高压输电线上应用的问题

如上所述，在特高压输电线上三相重合闸如果不采取有效措施和合理整定，将引起破坏性的重合过电压，因此，在特高压输电线上一般都优先考虑单相自动重合闸。然而，研究工作表明，单相故障单相从两端切除后，断开相上的残余电荷释放产生的自由振荡电压和其他两非故障相对断开相的电容耦合的工频电压，将产生一拍频过电压（拍频形式自振电压），尤其是当母线电压的正峰值遇到拍频电压的负峰值时更是危险，不但单相重合不能成功，还可能使绝缘子和设备损坏。因此，应该在断路器两触头之间的电压差最小时合闸，至少应在拍频电压包络线电压最小时合闸，亦即应监视断开相电压，以确定合闸的时间。这种自适应单相重合闸和判断永久性故障、瞬时性故障的自适应单相重合闸同样重要。

思考题

1. 简述三相自动重合闸和单相自动重合闸最小动作时限的选择原则。

2. 什么是重合闸前加速保护？什么是重合闸后加速保护？比较二者各自的优缺点及适用范围。

3. 什么是单相自动重合闸？有什么特点？它对继电保护的正确工作带来了哪些不利影响？

4. 什么是瞬时性故障？什么是永久性故障？如何判别输电线路上的瞬时性故障和永久性故障？

第十章　变电站综合自动化

第一节　变电站综合自动化系统的原理与结构

传统的二次系统是由相对独立的继电保护和安全自动装置系统、远动系统（或称四遥：遥测、遥信、遥控、遥调）和调度通信系统组成。这个系统在设备上和管理上都彼此独立，各司其职，统一由系统运行调度员使用和控制。20 世纪 80 年代以来，随着继电保护实现了微机化，远动实现了数字化，调度实现了自动化，于是出现了相互融合的趋势，产生了基于微机装置和计算机网络的变电站综合自动化系统，继电保护成为与变电站综合自动化不可分割的一个重要的组成部分。因此继电保护的设计、运行，从硬件到软件，都必须考虑到这个统一的计算机系统的要求和特点。继电保护工作者，必须对变电站综合自动化系统的构成原理有基本了解。

一、变电站综合自动化的基本原理

变电站综合自动化是将变电站的二次设备（常规的测量仪表、信号系统、继电保护、自动装置和远动装置等）经过功能的组合和优化设计，利用先进的计算机技术和通信技术、信号处理技术和网络技术连接起来，实现对全变电站的重要设备和输、配电线路的自动监视、测量、自动控制和继电保护，并与调度通信共同实现电力系统统一调度控制的计算机网络。

变电站综合自动化系统利用多台微型计算机代替常规的测量和监视仪表，代替常规的控制屏、中央信号系统和远动屏，用微机保护代替常规的继电保护，改变了常规的继电保护装置孤立运行，不与外界联系的状态。它可以采集到大量的数据和信息，利用计算机的高速计算和逻辑判断能力，可方便地监视和控制变电站内各种设备的运行状态和操作过程，具有功能综合化、结构微机化、操作监视屏幕化、运行管理智能化等特征。

二、变电站综合自动化系统的结构

变电站综合自动化系统的结构经历了集中式、分层分布式、分散与集中相结合的分布式几个发展阶段。

1. 集中式变电站综合自动化系统结构

所谓集中式是指用一台计算机（工控机）完成上述综合自动化的全部功能。对于大容量高压变电站，需要保护和控制的设备很多，用集中式结构时可靠性、灵敏性不能满足要求，随着计算机价格的不断下降，到 20 世纪末期，变电站综合自动化向分层分布式结构发展。

2. 分层分布式变电站综合自动化系统结构

分层分布式变电站综合自动化系统是将变电站信息的采集和控制分为管理层、站控层和间隔层三个级分层布置。在结构上采用主从 CPU 协同工作方式，各个功能模块（通常是各个从 CPU）之间采用网络技术或串行方式实现数据通信，多 CPU 系统提高了处理并行多发事件的能力，解决了集中式结构中一个 CPU 计算处理的瓶颈问题，方便了系统扩展和维护，局部故障不影响其他模块（部件）正常运行。

这种综合自动化系统的一种实现模式称为远方终端单元（Remote Terminal Unit，RTU）模式，由保护单元和测控单元组成。保护单元把继电保护、自动重合闸、故障滤波、故障测距等功能综合在一起，测控单元把远动、测量和控制功能综合在一起。这两个RTU再将其所有信息送到变电站主机，通过主机与系统调度通信。这种模式依据当时因老变电站无人值守的情况而改造，后来已逐渐被淘汰。目前的分层分布式变电站综合自动化系统结构示意图如图10-1所示。变电站所有高压设备（如线路、变压器、电容器、母线等）的测量，信号、保护、控制设备及其数据采集设备统称为间隔级单元（Bay Level Unit）。各种类型的间隔级单元与变电站的中央单元（Central Unit）相结合，并利用间隔级单元搜集到的状态量和测量值，通过软件来实现各种保护、控制功能。有些关系到全站运行控制功能，则在站控层或管理层的计算机中进行运算、分析、判断和决策。保护和监控装置的定值修改和投、退，可就地进行，也可远方进行。

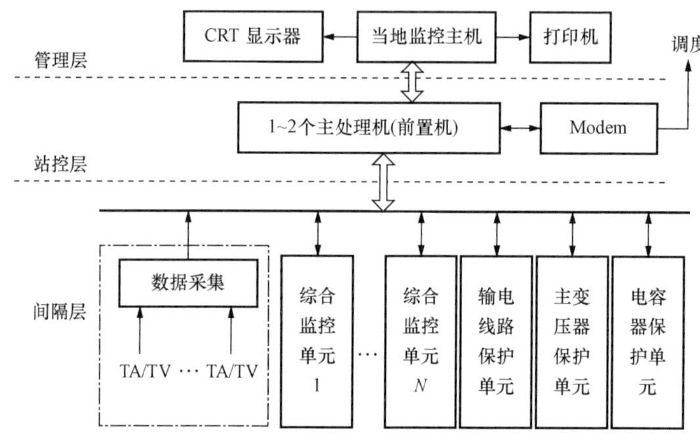

图10-1 分层分布式变电站综合自动化系统结构示意图

3. 分散与集中相结合的分布式变电站综合自动化系统结构

这是目前国内外最为流行、受到广大用户欢迎的一种综合自动化系统，如图10-2所示。它采用“面向对象”即面向电气一次回路或电气间隔（如一条出线、一台变压器、一组电容器等）的方法进行设计，间隔层中各数据采集、监控单元和保护单元做在一起，设计在同一机箱中，并将这种机箱就地分散安装在开关柜或其他一次设备附近。这种间隔单元的设备相互独立，仅通过光纤或电缆网络由站控机对它们进行管理和交换信息。这是将功能分布和物理分散两者有机结合的结果。通常，能在间隔层内完成的功能一般不依赖通信网络。

这种组态模式集中了分布式的全部优点，此外还最大限度地压缩了二次设备极其繁杂的二次电缆，节省土地投资。这种结构形式本身配置灵活，从安装配置上除了能分散安装在间隔开关柜上外，还可以实现在控制室内集中组屏或分层组屏，即一部分集中在低压开关室内，而高压线路保护和主变压器保护装置等采用集中组屏的系统结构，称为分散与集中相结合的结构。它不仅适合应用在各种电压等级的变电站中，而且在高压变电站中应用更趋于合理，经济效益更好。

三、变电站综合自动化系统通信的任务

变电站综合自动化的主要目的不仅仅是用以微机为核心的保护和控制装置替代变电站内模拟式的保护和控制装置，关键在于实现了信息交换，通过信息交换实现了信息共享，减少

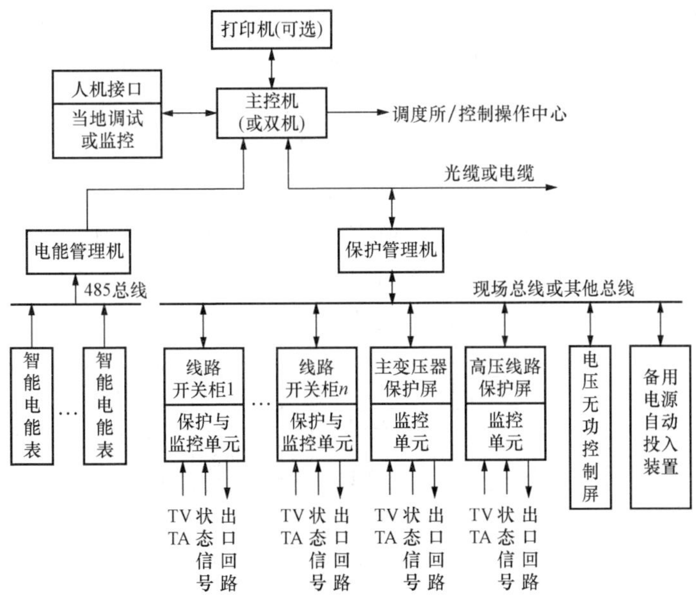

图 10-2　分散与集中相结合的分布式变电站综合自动化系统结构示意图

变电站设备的重复配置，简化设备之间的互联，从整体上提高了电网自动化水平。

数据通信包括两方面的内容：一是综合自动化系统内部各子系统或各功能模块间的信息交换，如保护动作信号传递给中央信号系统报警；二是变电站与控制中心间的信息交换，即向控制中心和电网调度传送变电站的实时信息，电压、电流、功率的数值大小，开关状态，事件顺序记录（Sequence of Events，SOE）等信息，同时接收调度下达的断路器操作、在线修改保护定值等命令。调度中心从全系统范围内考虑电能质量、潮流和稳定的控制等，将给电力系统管理带来很大的效益。

四、通信系统构成

通信的基本作用是在信息源和受信者之间交换信息。信息源是指产生和发送信息的保护、测控单元等。受信者是指接收和使用信息的计算机监控系统和调度中心（Supervision Control And Data Acquisition，SCADA）系统等。要实现信息源和受信者之间的通信，必须有传输路径，并需要信息源与受信者协调工作。简单的数据通信系统由数据终端、通信线路、调制解调器、通信处理机和主计算机构成，如图 10-3 所示。

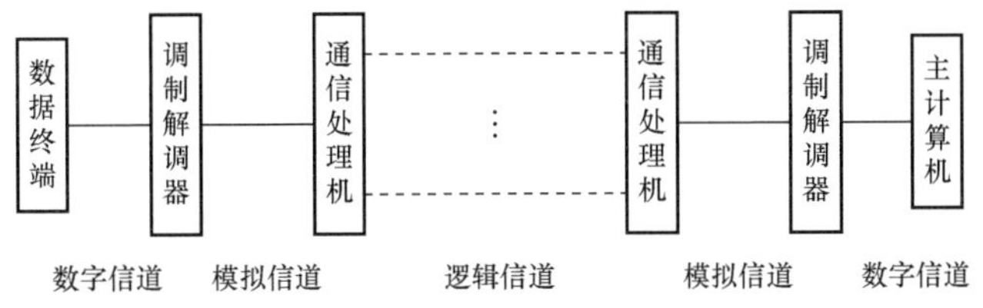

图 10-3　数据通信系统构成简图

(1) 数据终端。它是指电力系统被监控设备与数据通信网络之间的接口，能够把电气模拟信号或状态量转换为二进制信息向数据通信网络送出，也能够把从数据通信网络中接收到的控制调节指令（或经过转换）向受控对象发出。

（2）通信线路。目前电网调度自动化系统中各厂站到调度中心都是串行通信，即根据一个字节中各码元的顺序一位一位传输过去，接收端逐位收齐 8 位后，CPU 会将这个字节一次取走，因此仅需一回传输线（两根）。按照信息传送的方向时间，数据通道系统有单工、半双工和全双工三种，如图 10 - 4 所示。可以采用公用通信线路或专用通信线路，可以直接连接，也可以通过通信处理机网络连接。进行通信的通道又称为“信道”。在数据通信网络中，各站点之间的信息交流都需要依靠信道完成。电力系统通信的信道种类很多，按数据传输媒介的不同，数据传输信道可分为有线信道和无线信道两类。有线信道包括电力线载波、通信电缆、光纤、现场总线等，无线信道包括微波、卫星通信等。

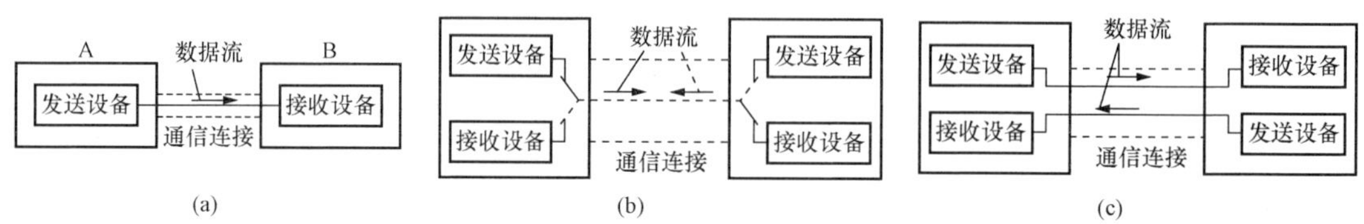

图 10 - 4　数字通信系统工作方式

（a）单工方式；（b）半双工方式；（c）全双工方式

（3）调制解调器。较远距离的通信往往采用模拟信道。调制解调器（Modem）的作用是将二进制数据序列调制（Modulator）成模拟信号或把模拟信号解调（Demodulator）成二进制数据，是计算机与模拟信道之间的连接桥梁。对近距离的通信，可直接采用数字式通信。图 10 - 5 是调制与解调示意图。在电力系统中大多数调制采用数字调频，又称移频键控（Frequency - Shift Keying，FSK）方式。

图 10 - 6 为 FSK 调制的原理框图，图中 SA1、SA2 均为电子开关，其输入分别为两个不同频率的正弦波 f_1 和 f_2。被调制的基带信号为 DX，由 DX 控制 SA1 和 SA2 的工作。当 DX 为“1”时，打开 SA1 门，同时关闭 SA2 的门，此时 f_1 信号通过 SA1 并经跟随运算放大器后输出；当 DX 为“0”时，则 f_2 信号输出。这就实现了以等幅而不同频率的正弦波分别代表“1”和“0”两种码元。在接收端把不同频率的正弦波再解调为原来的基带数字信号 DX。

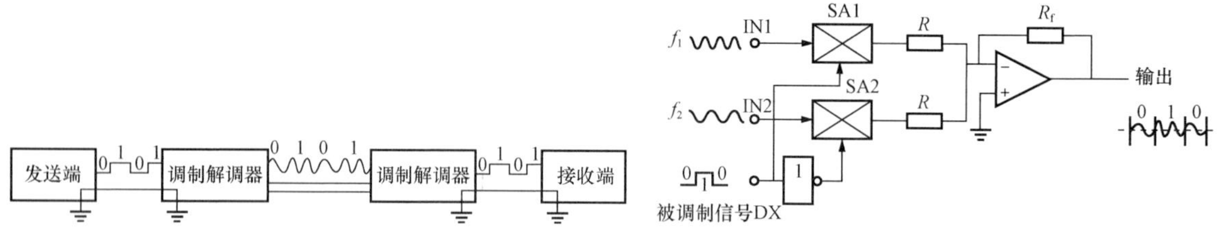

图 10 - 5　调制与解调示意图

图 10 - 6　FSK 调制的原理框图

（4）通信处理机。它主要承担通信控制任务，完成计算机数据处理速度与通信线路传输速度间的匹配缓冲，对传输信道产生的误码和故障进行检测控制，对网络中数据流向与密度根据要求进行路由选择和逻辑信道的建立与拆除。

（5）主计算机。它是将集中数据末端采集到的电力系统运行数据，进行判别、分析与控制。

第二节　变电站综合自动化的局域网

变电站综合自动化之所以能够实现，主要是依靠计算机局部区域网络，简称局域网（Local Area Network，LAN）。局域网是把多台小型、微型计算机以及外围设备用通信线路互相连接起来，并按照网络通信协议实现通信的系统。在该系统中，各计算机既能独立工作，又能交换数据进行通信。构成局域网的四大要素是网络的拓扑结构和传输信道、传输控制和通信接口。

一、局域网的拓扑结构

在网络中，多个站点相互连接的方法或形式称为网络拓扑。局域网的拓扑结构主要有星形、总线形和环形等几种，如图 10 - 7 所示。

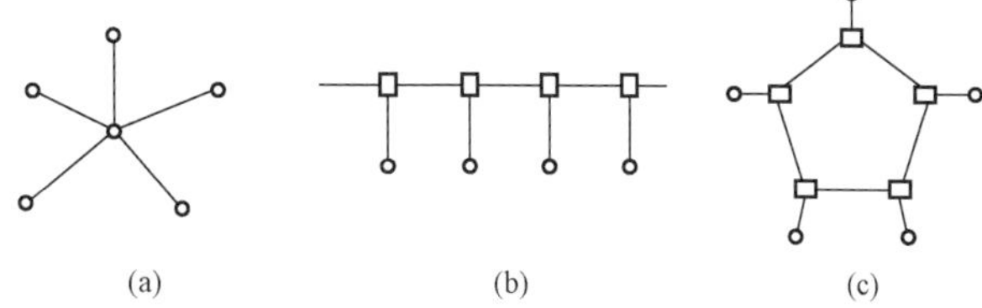

图 10 - 7　局域网的拓扑结构
（a）星形；（b）总线形；（c）环形

（1）星形。星形结构指若干台计算机均与一台主计算机（或称中央节点）相连，由中央节点执行集中式通信控制策略。当某个节点要发送数据时，就向中心节点发出请求，由交换中心以线路交换方式将发送节点与目的节点沟通形成通信链路，通信完毕链路立即拆除。星形网络也可以由中心节点用轮询方式依次访问各个节点。显然，各站点的通信处理负担很轻，而中央节点负责建立和控制任意两个节点间的通信路径，任务重、程序复杂，当中央节点出故障时，整个系统就会瘫痪。为保证系统工作可靠，中心节点可设置备份。在电力系统中，采用循环式规约的远动系统其调度端同各厂、站的通信拓扑结构就是星形结构。

（2）总线形。在总线形结构中，所有站点经过接口连到同一条总线上。总线结构不设中央控制，属于分散式结构。在任何时刻，总线只允许两个站点之间进行通信。由于没有中央控制节点，因此各站点都必须具有智能，即能够实现竞争访问控制策略。当节点需要发报时，采用随机争用方式。报文送到总线上可被所有节点接收，但只有与目的地址符合的节点才受理报文。

采用总线方式时增加或减少用户比较方便，但如总线故障，就会导致全系统失效。

（3）环形。环形结构是用中继器（转发器）将各段链路串联成环形。中继器是一种比较简单的设备，能够接收一条链路的数据，再以同样的速度串行地将此数据传送到另一条链路上。这种链路只能向单一方向传送数据。每个站点都通过一个中继器连接到环网上去。数据以分组形式发送，每个节点都有控制发送和接收的访问逻辑，以便决定每个站在什么时候可以将自己的分组信息发到环上。在环形网络中，报文按一个方向沿着环一站一站地传送，报文中含有源节点地址、目的节点地址和数据等。报文由源节点送至环上，由中间节点转发，并由目的节点接收。通常报文还继续传送，返回到源节点，再由源节点将报文撤除。环网一般采用分布式控制，接口设备较简单。

由于环网的各个节点在环中串接，因而环形网络中任一节点故障，便会导致整个环的通信中断，必须找出故障部位加以旁路，才能恢复环网通信。

二、局域网的传输信道

局域网一般采用双绞线、同轴电缆或光纤等作为传输信道，也可采用无线信道。双绞线一般用于低速传输，最大传输速率可达几兆比特每秒。双绞线传输距离较近，但成本较低。同轴电缆可满足较高性能的要求，与双绞线相比，同轴电缆可连接较多的设备，传输更远的距离，提供更大的容量，抗干扰能力也较强。

三、局域网的主要特点

局域网的主要特点如下：

（1）安全性。LAN无论在理论上还是在软件和硬件上都已十分成熟可靠，若能针对电力系统的特点采取某些措施，可以满足变电站综合自动化对安全性和可靠性的要求。

（2）开放性。LAN一般都是按照国际标准化组织（ISO）的要求来设计的，可以方便地将不同厂家的设备连接起来，兼容性好，并可以方便地进行二次开发。

（3）由于LAN的标准化设计，系统配置组合相当灵活，允许人们方便地改变或修改系统，而且系统设备来源广泛，具有丰富的软件支持。

（4）技术方面的特点：①传输距离较近，一般为0.1～10km；②数据传输速率较高，通常为1～20Mbit/s；③误码率较低，一般为10^{-7}～10^{-9}数量级。

四、以太网简介

目前应用最广泛、性能最突出的标准LAN是以太网（Ethernet）（IEEE802.3）。以太网采用总线拓扑结构，总线每段长度不超过500m，必要时可经中继器再增加一段或几段。图10-8是一个以太网结构框图。从图中可以看出，凡是用同轴电缆互相连接的各站都能收到主机（HOST）发出的报文分组，但只有目的地址所指明的终端才可以接收，不需要路径选择，没有中央计算机来进行网络控制；当网络中某个站发生故障，不会影响整个系统的运行。

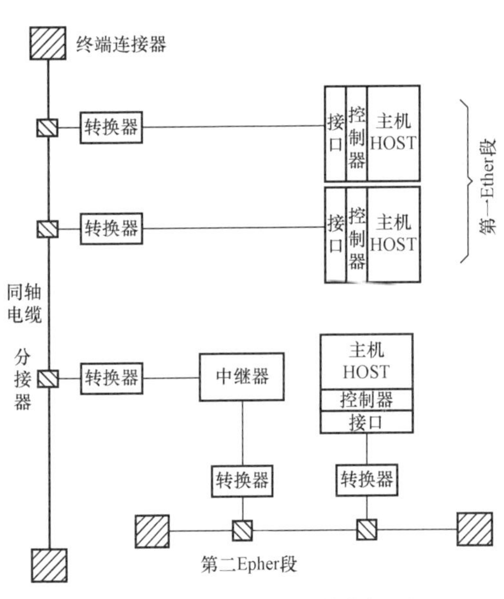

图10-8 以太网结构框图

以太网采用各节点竞争抢占总线发送信息的随机方法，抢到总线的节点就向总线发送信息，其他节点就不能同时发送信息了。为了克服几个节点同时抢占总线发信的冲突，采用了“先听后发”（Listen before Talk）的方法，若监听到总线空闲，在稍等一下后立即发出自己的信息。若监听到总线忙，就一直监听，直到总线有空闲再抢占。并且已开始发送信息的节点还要边发送边监听，验证总线发送的信息是否与本站发送的信息一致，如一致，说明成功；否则说明有冲突，应立即停止发送，退让一个随机控制时间t后，重新抢占总线。发送报文如果冲突，并在规定的时间内收到对方肯定性回答“ACK”，就结束这次通信；否则继续监听，重复发报过程。

五、串行通信接口

在变电站综合自动化系统中，各子系统间以及系统内各功能模块间大多使用RS-422/RS-485通信接口相连，实现状态信息和数据相互交换。变电站综合自动化系统与电网调度自动化系统使用RS-232通信接口相连，实现信息交换、信息共享。

(一) RS-232C与RS-422A串行通信接口

1. RS-232C串行通信接口

RS-232C是美国电子工业协会（EIA）推荐的一种串口通信接口标准，是数据终端（如RTU、PC等）同用电话线实现远距离通信的调制解调器（Modem）之间的接口标准。

RS-232C的数据传输过程示意图如图10-9所示。

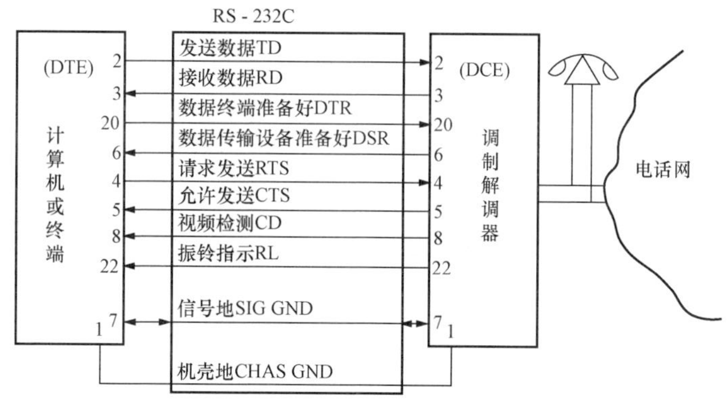

图10-9 RS-232C的数据传输过程示意图

DTE—数据终端设备；DCE—数据电路端设备

当数据终端设备（DTE）要求发送数据时，首先通过数据传输设备RS-232C的20号端向DCE发送数据始端准备好的请求（DTR），DCE在收到该请求后由6号端返送给数据传输设备准备好的状态信息（DSR），从而建立起数据传输的通路。DTE收到应答后，经4号端发送请求（RTS），DCE在5号端回答允许发送（CTS）。DTE在收到允许发送CTS信号后在2号端发送数据（TD）。同样，数据终端设备通过数据传输设备接收数据也经过一个“握手”的过程，接收数据在3号端（RD）进行。

为减少交流50Hz电流的干扰，RS-232C接口标准中接口电路采用非平衡方式，即连接器使用两根接地线，一根是电源（机壳）地，一根是信号地，两者应分别连接在电源地网和信号地网上，两地网相互独立，且两根地线之间应具有高于100Ω的绝缘阻抗。

RS-232C的优点是采用单端驱动、单端接收电路，传送每种信号只用一根信号线，所有信号公用一根信号地线，电路简单，应用广泛，如图10-10（a）所示。图中的驱动器MC1488和线路接收器MC1489用以完成设备内部与线路电平转换。RS-232C的电气特性是采用负逻辑工作，即逻辑“1”采用负电平表示，通常采用门限电平±3V。RS-232C的缺点数据传输速率不高（200kb/s以内），传输距离不远（15m以内），且因有公共地线，较易受噪声干扰。

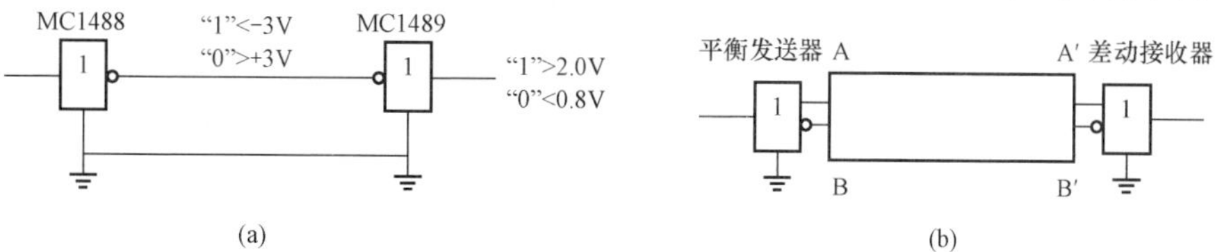

图10-10 两种电气接口电路

(a) RS-232C采用单端驱动差分接收电路；(b) RS-422A采用平衡驱动差分接收电路

2. RS－422A 串行通信接口

由于 RS－232C 传输信号采用非平衡传输方式，传输距离短且易受干扰，因此在 RS－232C 接口基础上改进后提出了 RS－422A 接口。

RS－422A 标准采用平衡传输方式，传输一个信号要用两条线。其连接方式如图 10－10（b)所示，当 AA′线电平比 BB′线电平低－2V 时，表示逻辑“1”；当 AA′线电平比 BB′线电平高＋2V 时，表示逻辑“0”。由于采用平衡传输，抗干扰性能大大加强，传输速度和性能与 RS－232C 相比，提高很多。如距离为 1200m，速度可达 100kb/s；距离为 12m，速度可达 10Mb/s。采用平衡传输方式，每一个信号需要 2 根导线。要求全双工通信时，则需 4 根信号线传送双向数据。当使用 DTE－DCE 双向通信模式时，将需增加很多信号连接线，非常不方便。为了减少连线又保留平衡传输特点，提出了 RS－422A 标准的变形 RS－485 标准。

（二）RS－485 总线接口

RS－485 仅能用于半双工通信，其电气特性同 RS－422，电气连接如图 10－11 所示。

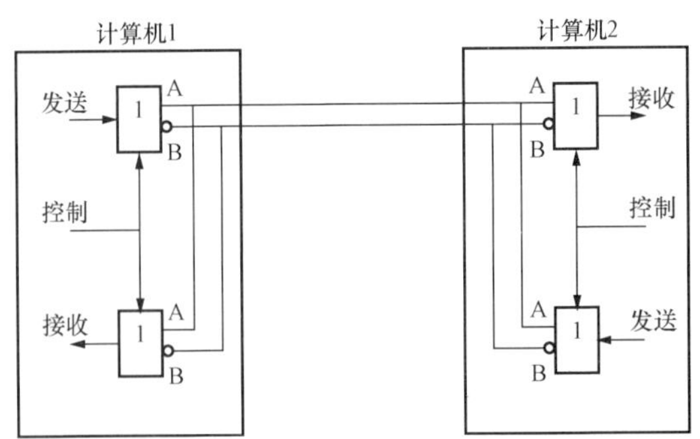

图 10－11 RS－485 采用平衡驱动差分接收电路

由于 RS－485 采用平衡传输，每个信号采用 2 根信号线，具有良好的抗干扰性能，因此在实践中常采用 RS－485 电气接口组成总线通信网，实现一点对多点通信。图 10－12 是 RS－485 接口组网连接示意图。图 10－13 所示为变电站综合自动化系统中的一种总控单元通信连接图，型号为 RCS－9698。

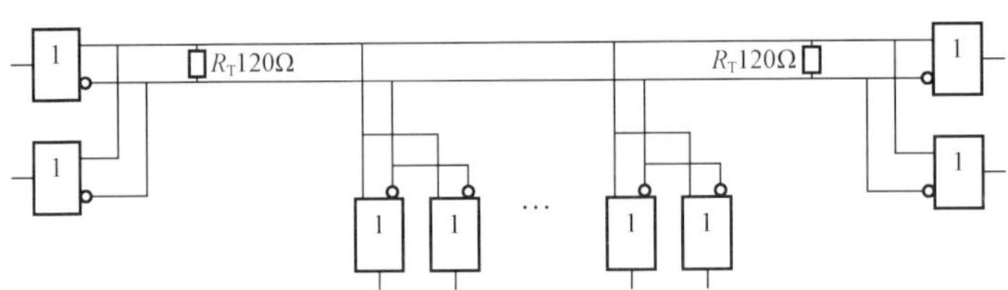

图 10－12 RS－485 接口组网连接示意图

在采用 RS－422、RS－485 通信接口时，虽然可实现多个节点（设备）间的互联，但接口的节点一般不超过 32 个（RCS－9698 型综合自动化系统中当接口设置成 RS－422 或 RS－485 工作方式时，每个接口最多可接 64 个装置，但这些装置必须使用一种通信规约），在变电站规模较大时，不能满足自动化系统的要求；其次，采用 RS－422/485 通信接口，其通信方式多为查询方式，即由主计算机询问，保护单元或自控装置应答，通信效率低，难以满足较高的实时性要求；再者使用 RS－422/485 通信接口，整个通信网上只能有一个主节点对通信进行管理和控制，其余皆为从节点，受主节点管理和控制，这样，主节点便成为系统的瓶颈，一旦主节点出现故障，整个系统的通信便无法进行；另外对 RS－422/485 接口的通信规约缺乏统一标准，使不同厂家出产的设备很难互连，给用户带来不便。

基于上述原因，国际上已在 20 世纪 80 年代中期就提出了现场总线，并制定了相应的标准，目前在高压变电站的综合自动化系统中得到了广泛的应用。

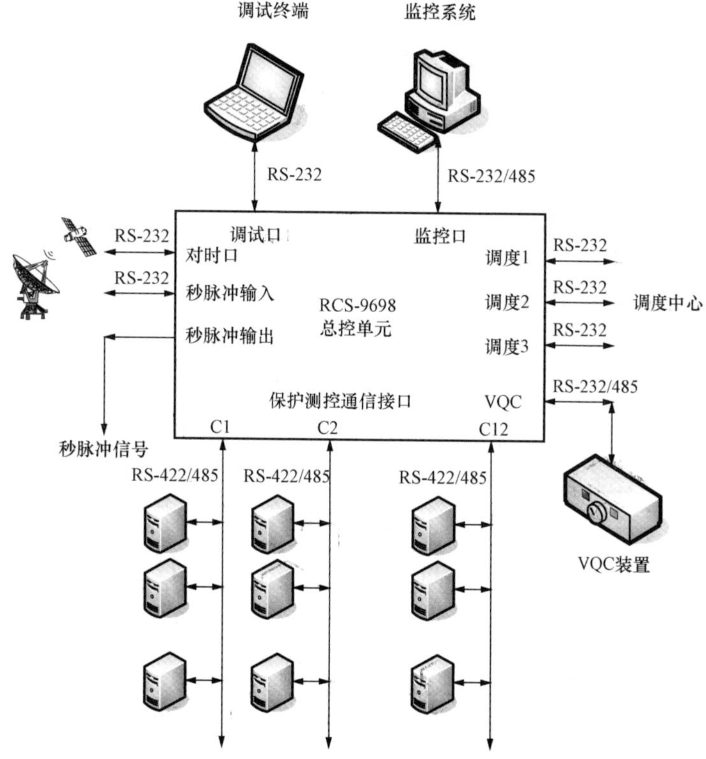

图 10-13　RCS-9698 总控单元通信连接图

第三节　现　场　总　线

一、现场总线的特点

现场总线（field bus）是一种全数字双向多站点通信系统。

现场总线除了具有局域网（LAN）的一些优点外，最重要的是能满足工业过程控制中各种现场设备的通信要求，且满足了互换操作，使不同厂家的设备可以互连互换。现场总线的开放性使用户可方便地实现数据共享。在电力系统中，现场总线适合于 RTU 和附近区域工作站的通信，以及满足发电厂、变电站内自动化中智能模块之间的通信。

二、CAN 现场总线

CAN（controller area network）是控制局域网的简称，其总线规范已被 ISO（国际标准组织）制定为国际标准。CAN 属于总线式串行通信网络。CAN 总线的可靠性和非破坏性总线仲裁等技术是基于在许多廉价 CPU 中都集成了 CAN 总线的接口电路，使得网络通信成本降低。现场总线接口部分，对于编程来说，操作过程相当于对串行接口的操作，至于传输协议的仲裁、重发、检测等功能和机制均集成在接口电路内。由于采用了许多新技术及独特的设计，与一般的通信总线相比，CAN 总线的数据通信具有突出的可靠性和灵活性。

1. 总线仲裁技术

CAN 总线采用差分信号来传送数值信息，差分电压 U_{diff} 较大时表示为“0”，差分电

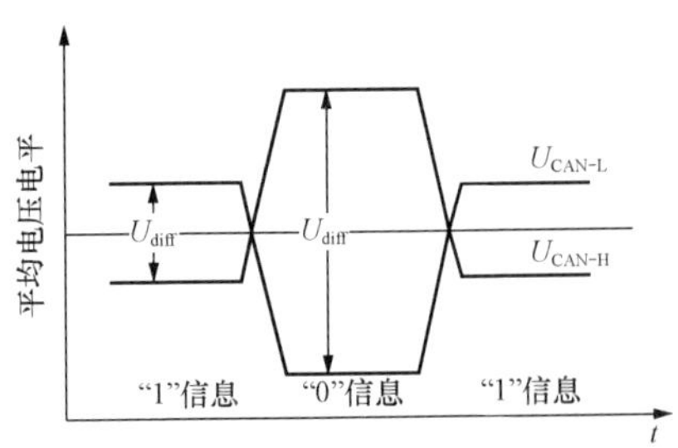

图 10-14　总线位的数值表示

压 U_{diff} 较小时表示为"1"，如图 10-14 所示。典型的电气连接如图 10-15 所示，其中终端电阻 R_L 用以抑制反射。将差分信号与电气连接图结合起来后，可以看出，如果多个节点向总线发送信息，有的节点发送"0"，有的发送"1"，则"0"信息的信号就将 VT1 与 VT2 导通（以节点 1 发送"0"为例），最终在总线上仍然呈现为"0"，于是 CAN 总线的仲裁机制充分利用了这个特征。

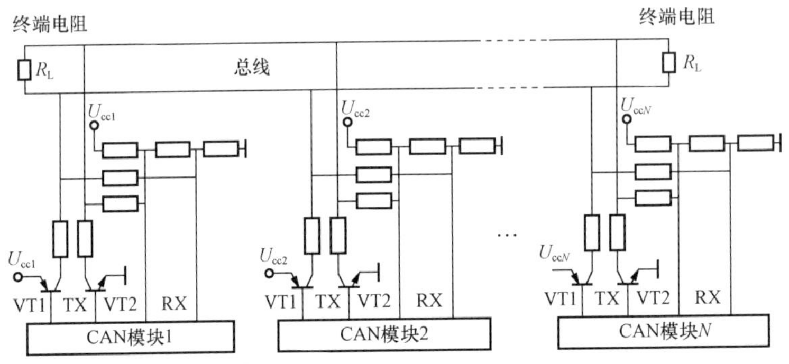

图 10-15　CAN 总线的典型电气接线图

在传送信息时，CAN 技术规定：先发送仲裁标识符，用以裁决信息的优先级。CAN2.0A 的仲裁标识符为 11 位，而扩展标准（CAN2.0B）的仲裁标识符可达 29 位。较高优先级标识符用二进制表示时，其数值较低，如果用 2 位仲裁标识符来说明的话，"00"的优先级最高，"01"的优先级次之，"11"的优先级最低。在发送 11 位仲裁标识符期间，发送器将仲裁标识符送到总线上，随即测试总线的电平，如果自己的仲裁标识符与总线的电平信息一致，则该节点可以无延时地继续发送；如果仲裁标识符的某一位为"1"，而总线的电平信息为"0"，则表明自己的优先级较低，从而立即停止发送，自动退出发送状态。当仲裁标识符全部发送、比较结束时，自然而然地只保留了优先级最高的信息，实现了非破坏总线仲裁，做到了优先级最高的一个信息可以连续、无冲撞地发送，并且只发送一次即可，不会再出现任何延时，相当于只有优先级最高的一个信息在总线上传输。因此，在微机保护中，利用这种非破坏性仲裁机制，可以将跳闸命令设置为最高优先级，保证在不受任何影响的情况下，能够及时、快速、准确地传输跳闸命令。

如果发送信息的某一位为"0"，而总线的电平信息为"1"，则表明出现了发送错误，于是 CAN 控制器自动进行重发。在检测出多次发送错误后，CAN 控制器自动地将节点从总线中脱离，不影响其他节点的操作，然后可以由程序决定是进行重新初始化，还是发出警告信号。

为了获得尽可能高的数据传输安全性，在每个 CAN 节点，均设有错误检测、标定和自检等强有力的措施。检测错误的措施包括发送自检、循环冗余校验、位填充和报文格式检查等，可检测出所有的全局性错误、局部性错误和报文中的奇数个错误，并能检测出报文中多至 5 个的随机分布错误和长度小于 15 的突发性错误，保证了未检测出的剩余错误概率仅为报文出错率的 4.7×10^{-11}。这个出错率是极低的，达到了可以忽略不计的程度。更何况

CAN 总线采用差分信号传输方式，本身具备了较高的抗干扰性能力，已经不易出现报文出错的情况。

应该说，总线仲裁、出错检测和重发等功能，均由控制器自动完成，程序中不必考虑这些复杂的过程。对于微型机来说，CAN 接口的操作与串行接口的操作相似，十分简单。

2. CAN 现场总线的特点概括

（1）采用短帧结构，传输时间短，受干扰概率低，具有极好的检错效果。

（2）采用差分信号的传递方式，有利于提高抗干扰性能。

（3）每帧信息都有 CRC 校验和其他纠错措施，保证了数据出错率极低。

（4）节点在错误严重的情况下，具有自动关闭输出功能，以使总线上其他节点的操作不受影响。

（5）采用非破坏性总线仲裁技术，当多个节点同时向总线发送信息时，优先级较低的节点会主动地退出发送，而最高优先级的节点可不受影响地继续传输数据，从而大大节省了总线冲突时间，尤其是在网络负载很重的情况下也不会出现网络瘫痪情况。

（6）网络上的节点信息分成不同的优先级，可满足不同的实时要求，高优先级的数据最多可在 134μs 内得到传输。

（7）为多主方式工作，网络上任一节点均可在任意时刻主动地向网络上其他节点发送信息，而不分主从，通信方式灵活，且无须站地址等节点信息。利用这一特点可方便地构成多机备份系统。

（8）只需通过报文滤波即可实现点对点、一点对多点及全局广播等几种方式传送接收数据，无须专门的“调度”。

（9）直接通信距离最远可达 10km（速率 5kb/s 以下），通信速率最高可达 1Mb/s（此时通信距离最长 40m）。

（10）CAN 上的节点数主要取决于总线驱动电路，目前可达 110 个；报文标识符可达 2032 种（CAN2.0A），而扩展标准（CAN2.0B）的报文标识符几乎不受限制。

（11）通信介质可为双绞线、同轴电缆或光纤，选择灵活。

思考题

1. 简述变电站综合自动化的基本原理。
2. 简述通信系统的构成。
3. 数字通信系统的工作方式有哪些？
4. 信道有哪些种类？
5. 调制解调器的作用是什么？
6. 计算机局域网一般采用哪几种拓扑结构？
7. 几种串行接口有何不同？
8. 在 CAN 总线数据通信中如何实现非破坏性仲裁？
9. 以太网采用何种发送信息的方法？

第十一章　电动机保护

第一节　电动机的故障、不正常运行状态

一、电动机的故障及其保护

电动机常见的故障包括定子绕组的相间短路、定子绕组的单相接地故障以及定子绕组的匝间短路。

定子绕组的相间短路是电动机最严重的故障，会引起绕组的绝缘损坏，烧坏定子铁芯，使电网电压严重降低，破坏其他设备的正常工作。容量在2MW以下的电动机一般采用电流速断保护，当其灵敏度不足时，采用纵联差动保护；容量在2MW以上的电动机装设纵联差动保护。

定子绕组的单相接地故障的危害程度主要取决于电动机所在供电网络的中性点接地方式及接地电流的大小。当供电网络中性点不接地或经消弧线圈接地时，单相接地只有全网的对地电容电流流过故障点，其数值较小，对电动机的危害性较小。只有在接地电流大于5A时，需要装设动作于信号的单相接地保护；当接地电流大于10A时，装设动作于跳闸的接地保护；接地电流大于5A小于10A时，接地保护可动作于信号或跳闸。

定子绕组的匝间短路发生时，造成磁场不对称，引起电动机振动。同时，由于其短路引起负序电流，电动机出现制动转矩，转子转速下降，转差率增大，定子电流增大，使电动机过热。同时，绕组匝间短路引起的故障电弧会烧坏绝缘甚至铁芯。定子绕组匝间短路故障是一种较为严重的故障，但是目前为止还没有简单完善的保护方法。

二、电动机的不正常运行状态及其保护

电动机的不正常运行状态主要包括过负荷、相电流不平衡、低电压、电动机堵转等。

过负荷主要包括电动机机械过负荷、一相熔断器熔断造成两相运行引起的过负荷、系统电压和频率降低造成的过负荷、电动机启动和自启动时间过长过负荷等。过负荷会使得电动机温升超过允许值，使绝缘加速老化、降低寿命甚至引起电动机烧毁。对于生产过程中易发生过负荷的电动机或启动、自启动条件严重的电动机装设过负荷保护。

当电动机运行出现相电流不平衡时，定子绕组中会出现负序和零序电流。因电动机定子中性点不接地，故零序电流不会流通，对电动机基本没影响；而负序电流产生的负序磁场将产生制动转矩，使电动机定子电流增大，通常装设负序过电流保护。

当电网电压过低时，正比于电压二次方的电动机驱动转矩随之下降，电动机汲取电流增大，使得电网阻抗上的压降增大。为保证重要电动机的运行，在次重要电动机上应装设低电压保护，此外，在不允许自启动的电动机上也应装设低电压保护。

当电动机在运行过程中或启动过程中发生堵转时，电流急剧增大容易造成电动机烧毁事故，常装设电动机堵转保护。

三、电动机常用保护配置

电动机发生故障时，必须迅速切除电动机及回路。电动机不正常运行时，也必须尽早发

现并及时处理。电动机保护的配置主要有：①电动机纵差保护；②电动机速断或延时速断保护；③单相接地保护；④电动机过负荷及负序过电流保护；⑤电动机过热保护；⑥电动机低电压保护；⑦电动机堵转保护。

电压在500V以下的电动机，特别是容量为75kW及以下的电动机，普遍采用熔断器或自动空气开关作为相间短路和单相接地短路保护；用磁力启动器或接触器中的热继电器作为过负荷和两相运行的保护。只有对不能采用熔断器保护的较大容量高压电动机，才装设专用的保护装置。

第二节 电动机的相间短路保护

电动机的相间短路保护，可以用DL型电磁式电流继电器或GL型感应式电流继电器构成两相不完全星形接线方式的电流速断保护，也可以采用纵联差动保护（纵差保护）。电动机功率小于2MW，通常用电流速断保护作为电动机的相间短路保护；如果电动机的功率大于2MW，则通常采用差动保护作为电动机的相间短路保护。

一、电流速断保护

500V及以下的电动机，采用熔断器保护。当不能利用熔断器时，可采用瞬时动作的快速过电流保护。保护装置应装设在靠近断路器的地方，使其保护范围能包括断路器与电动机间的电缆引线。由于电动机的供电网络属于小电流接地系统（500V以上电压的网络），因此常采用两相星形接线方式。

电动机过电流保护的启动电流，应该按照下列原则整定。

（1）应躲过电动机的启动电流

$$I_{act} = K_{rel} K_{jx} K_{st} I_N \tag{11-1}$$

式中 K_{rel}——可靠系数，DL型和GL型继电器分别取1.4～1.6和1.8～2.0；

K_{jx}——接线系数，星形接线时取1.0，三角形接线时取$\sqrt{3}$；

K_{st}——电动机启动电流倍数，通常取4～8；

I_N——电动机额定电流。

（2）同步电动机还应躲过外部短路时电动机的输出电流

$$I_{act} = K_{rel} K_{jx} I''_k \tag{11-2}$$

$$I''_k = \left(\frac{1.05}{x''_k} + 0.95\sin\varphi_r\right) I_N \tag{11-3}$$

式中 I''_k——同步电动机接线端三相短路时，输出的次暂态电流；

x''_k——同步电动机次暂态电抗标幺值；

φ_r——同步电动机额定功率因数角。

保护装置的灵敏度按照最小运行方式，电动机接线端两相短路时，流过保护安装处的短路电流校验，要求灵敏系数大于等于2，即

$$K_{sen} = \frac{I''_{k2.min}}{I_{act}} \geqslant 2 \tag{11-4}$$

二、电动机纵联差动保护

容量在2MW及以上的电动机，或容量虽然小于2MW，但电流速断保护的灵敏度不满

足要求时，要配置电动机纵联差动保护。电动机纵差保护是电动机及接入电缆线路相间短路故障的主保护。

1. 保护构成原理

与电力变压器和发电机类似，电动机纵差动保护常采用 BCH－2 型继电器。电流互感器装于电动机绕组的中性点侧与机端出线上，选用同变比、同型号、同厂家的电流互感器，采用两相不完全星形或三相星形接线方式。纵联差动保护也可以采用 DL-11 型电流继电器构成。但当用 DL-11 型电流继电器时，可能躲不过电动机启动时的非周期分量电流而引起误动作，需要将图 11-1 中的中间继电器用时间继电器代替，使纵联差动保护带有 0.1～0.2s的时限。

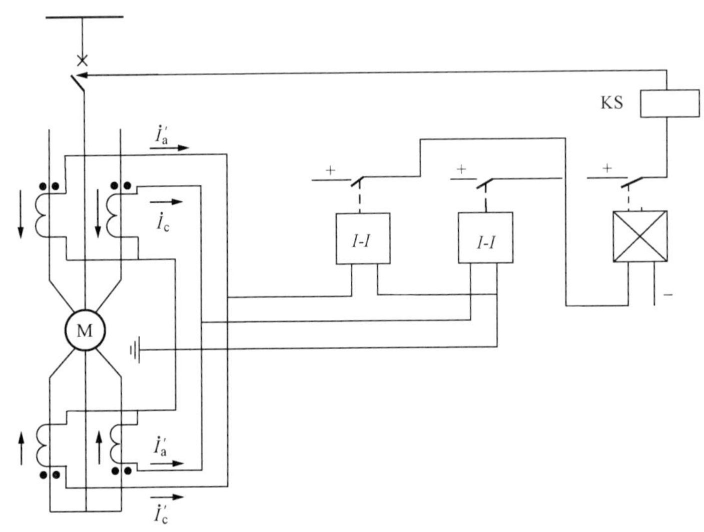

图 11-1　电动机纵联差动保护原理接线图

类似于其他电气主设备的纵联差动保护，为了在保证可靠性的前提下尽量提高保护的灵敏度，电动机的微机纵联差动保护同样采用比率制动特性。

2. 比率制动特性的整定

比率制动特性的整定如图 8-3 所示。

（1）最小动作电流 $I_{K\cdot act\cdot min}$，其应躲过电动机在额定工况下在差动元件中产生的最大不平衡电流，其计算式为

$$I_{K\cdot act\cdot min}=K_{rel}K_{ss}f_{i}I_{N}/n_{TA} \tag{11-5}$$

式中　K_{rel}——可靠系数，$K_{rel}=1.5\sim2.0$；

f_{i}——电流互感器在 I_N 下的比值误差，通常取 10%；

K_{ss}——电流互感器的同型系数，当两侧电流互感器的型号、容量均相同时，可取为 0.5，当两侧电流互感器不同型时 $K_{ss}=1$；

I_N——电动机的额定电流；

n_{TA}——电动机纵联差动保护电流互感器 TA 的变比。

一般情况下，可取

$$I_{K\cdot act\cdot min}=(0.24\sim0.32)I_{N}/n_{TA} \tag{11-6}$$

（2）拐点电流 $I_{res\cdot0}$ 可选取

$$I_{res\cdot 0} = (0.6 \sim 0.8) I_N / n_{TA} \tag{11-7}$$

（3）最大制动系数 $K_{res\cdot max}$。比率制动系数的确定应使电动机启动时差动元件不误动，即差动元件应能可靠躲过电动机启动时差动元件产生的最大不平衡电流，其计算式为

$$I_{unb\cdot max} = K_{ss} K_{aper} f_i I_{st} / n_{TA} \tag{11-8}$$

式中　K_{aper}——TA 的非周期系数；

I_{st}——电动机启动电流。

$$K_{res\cdot max} = K_{rel} I_{unb.max} / I_{st} \tag{11-9}$$

通常 $K_{res\cdot max}$ =0.42～0.45，建议 $K_{res\cdot max}$ =0.5。

3. 电动机纵联差动（纵差）保护在实际运行中的问题及原因

运行实践表明，与发电机纵差保护相比，电动机纵差保护动作可靠性较差，在电动机启动瞬间容易误动，其主要原因有：

（1）两侧差动电流互感器 TA 的二次负载相差很大。电动机纵差保护装置设置在高压开关柜上，高压开关柜侧的差动电流互感器 TA 二次电缆长度不大于 5m，而另一侧电动机中性点处的差动电流互感器 TA 二次电缆的长度长达数百米，纵差保护两侧差动电流互感器 TA 的二次负载相差很大。在电动机启动瞬间，由于启动电流大，两侧电流互感器的暂态特性相差很大，致使差动元件两侧的电流相位差不是 180°，可能为 160°～165°，从而产生很大的不平衡电流，致使纵差保护误动。

（2）电动机差动电流互感器 TA 的质量欠佳，饱和倍数较小。电动机差动电流互感器通常选择饱和倍数不大的电流互感器，在电动机启动瞬间由于电动机启动电流很大且电流互感器二次负载大，致使中性点差动电流互感器瞬间出现饱和现象，从而在差动元件的差回路中出现很大的不平衡电流，差动保护误动。

通常通过给差动元件增加 80～100ms 的动作延时，或者在保护装置中设置谐波制动的方式，避免电动机纵差保护误动。

在电动机纵差保护中，差动速断的整定值不宜过大，可按 2～3 倍的额定电流整定。

第三节　电动机的单相接地保护

在中性点非直接接地电网中的高压电动机，当容量小于 2MW，且电网的接地电容电流大于 10A，或容量等于 2MW 及其以上，且接地电容电流大于 5A 时，应装设接地保护。由于非直接接地系统发生单相接地时，非接地相对地电压升高为线电压，容易造成相间短路；同时，流过接地点的电容电流较大时，能在故障点引起电弧，容易烧伤电动机定子铁芯或致使电缆爆炸。因此，当电动机或其输入回路上发生单相接地故障时，应能及时发出信号或切除电动机回路。

一、保护原理

发电厂或供电、用电部门的厂用高压系统是支路数多、结构复杂的小电流接地系统，通常采用零序电流接地保护。

由于中性点不接地，发生单相接地时流过接地点的电流很小，一般需要采用专门的零序电流互感器。零序电流互感器安装在对电动机供电的电缆线路始端。由于电动机电缆两端的电缆头都应接地，当发生外部接地故障时，接地的零序电流可能从地流入某一端电缆头，并

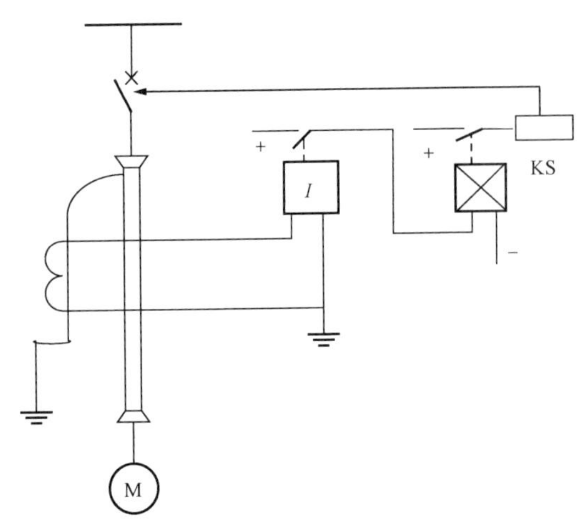

图 11-2 电动机零序电流保护原理图

通过电缆皮流向另一端电缆头再入地。这就意味着有电流通过了非故障线路的零序电流互感器的一次侧，从而造成零序电流保护误动作。为此，必须保证电缆头的接地线也通过零序电流互感器的一次侧，如图 11-2 所示，这样就使得外部接地故障时通过电缆头接地线上的零序电流与电缆外皮上的零序电流相抵消，从而保证本线路的零序电流保护不会误动作。

在正常运行或电动机及供电线路的内部或外部发生相间短路时，由于通过零序电流互感器一次侧的三相电流相量和总等于零，故零序电流互感器二次无输出电流。

当电动机回路或其他支路上发生单相接地时，在接地点出现零序电压，零序电压通过分布电容产生零序电流。设电动机对地电容为 C_1，其所在系统的对地总电容为 C_Σ，系统电压为 U_N。

（1）当电动机回路单相接地时，流过零序电流互感器的一次电流为除电动机支路外的电容电流，即 $3I_0=3\omega U_N(C_\Sigma-C_1)$，如图 6-7（b）所示。

（2）当系统中其他支路发生单相接地时，流过该零序电流互感器的电流为电动机对地电容电流，即 $3I_0=3\omega U_N C_1$，如图 6-8 所示。

由于 $C_\Sigma-C_1\gg C_1$，故当电动机回路发生单相接地时，流过电流互感器的零序电流远远大于其他支路发生单相接地故障时的零序电流。若保护的动作值按躲过其他支路接地故障时流过该零序电流互感器的零序电流，则可以保证电动机的零序电流保护在外部接地故障时可靠不动作，而在电动机回路单相接地时可靠动作。

二、保护整定

（1）动作电流。保证被保护电动机及其供电线路上发生单相接地故障时，该保护可靠动作；而在高压母线上或其他支路上发生接地故障时，该保护可靠不动作。其动作值 $3I_{0\cdot act}$ 整定为

$$3I_{0\cdot act}=3K_{rel}\omega C_1U_N \tag{11-10}$$

式中 K_{rel}——可靠系数，取 2～3；

U_N——电动机额定相电压；

C_1——电动机及其供电线路每相的对地电容之和。

（2）灵敏度校验。设电动机定子绕组中间部位发生单相接地，其灵敏度系数为

$$K_{sen}=\frac{3\omega(C_\Sigma-C_1)U_N}{3K_{rel}\omega C_1U_N}=\frac{C_\Sigma-C_1}{K_{rel}C_1} \tag{11-11}$$

式中 C_Σ——电动机所在系统每相对地电容。

当厂用高压变压器或启动备用变压器低压侧中性点经电阻接地时，零序电流接地保护的动作电流整定值为

$$3I_{0\cdot act}=\frac{U_N}{\sqrt{3}Rn_{TA}} \tag{11-12}$$

式中　U_N——变压器低压侧额定电压；

R——变压器中性点接地电阻；

n_{TA}——变压器中性点电流互感器变比。

（3）动作延时。当厂用高压变压器或启动备用变压器低压侧中性点不接地时，动作延时2～3s。当厂用高压变压器或启动备用变压器低压侧中性点经电阻接地时，动作延时为

$$t = t_1 - \Delta t \tag{11-13}$$

式中　t_1——启动备用变压器或高压变压器低压侧接地保护的动作延时；

Δt——时间级差，取0.5s。

三、零序电流接地保护的评价

零序电流接地保护的优点是简单可靠，可区分区内及区外故障，选择性强。其缺点有以下三点。

（1）零序电流互感器通常无变比，校验比较麻烦，不宜直接通电流给保护装置来校验其动作电流，而是要带着电流互感器且在电流互感器的一次侧加单相电流校验动作电流。

（2）零序电流互感器二次电流是反映三相一次电流分别产生的磁通在二次侧感应电流的相量和，如果互感器的二次绕组在铁芯圆周上的分布不均匀，且由于三相电缆导体在互感器内位置的偏移，会使得在正常工况下或短路故障时，互感器二次侧会有较大的不平衡电流，影响保护动作的可靠性。

（3）接地保护动作电流的整定值较小，其电流互感器的一次动作电流只有几安，反映到保护装置的动作电流只有几十毫安，若正常时电流互感器二次不平衡电流较大，很容易造成保护误动。应将其二次的两个绕组串联或并联使用，减小由于电流互感器二次绕组在环形铁芯周围布置不均匀产生的不平衡电流。

如果电动机的供电电网较小，发生单相接地故障时的零序电流大小往往不足以区分区内及区外接地故障，即单纯的零序电流保护难以同时满足选择性和灵敏性的要求时，可以考虑采用零序方向电流保护，即同时接入零序电压和零序电流。

第四节　电动机的异常运行保护

一、过负荷及过电流保护

电动机过负荷保护是电动机异常运行保护，其动作后经延时发出信号；过电流保护是电动机短路故障的后备保护，它动作后经延时切除电动机。

（1）交流接入回路。电动机过负荷及过电流保护的接入电流，取自高压开关柜上的该电动机输入回路电流互感器TA二次侧A、C两相电流。

（2）过负荷保护整定值。过负荷保护的动作电流 $I_{act \cdot L}$ 应躲过电动机的额定电流，即

$$I_{act \cdot L} = K_{rel} K_{jx} \frac{I_N}{K_r} \tag{11-14}$$

式中　K_{rel}——可靠系数，DL型和GL型继电器分别取1.4～1.6和1.8～2.0；

K_{jx}——接线系数，星形接线时取1.0，三角形接线时取$\sqrt{3}$；

K_r——返回系数，对于微机保护取0.95，对于电磁型保护取0.85。

保护装置的动作时限需要躲过电动机启动及自启动时间，对于一般电动机为

$$t_{act}=(1.1\sim1.2)t_{st} \tag{11-15}$$

式中 t_{st}——电动机启动或自启动时限。

t_{act}——一般取6～9s。

（3）过电流保护定值整定。过电流保护动作电流 I_{act} 应躲过电动机正常运行时的最大负荷电流，即

$$I_{act}=K_{rel}I_{act\cdot L} \tag{11-16}$$

式中 K_{rel}——可靠系数，取1.3；

$I_{act\cdot L}$——过负荷保护的动作电流。

过电流保护的动作时限需要躲过电动机的启动时间，通常取20s。

二、负序过电流保护

负序过电流保护可以反映电动机的不对称故障、匝间短路故障、断相、相序接反和由于负序电流引起的过热以及供电电压的不平衡等，保护动作后作用于跳闸。

电动机在额定转速情况下的负序阻抗值与电动机启动时的正序阻抗值近似相等。如果电动机在正常运行过程中出现负序电压，则必然出现负序电流，即

$$I_2=\frac{U_2}{Z_2}\approx\frac{U_2}{Z_{st}}=\frac{U_2}{U_N}\frac{U_N}{Z_{st}}=U_{2^*}K_{st}I_N \tag{11-17}$$

式中 K_{st}——电动机在额定电压下启动时的启动电流倍数；

I_N——电动机的额定电流；

U_{2^*}——以额定电压为基准的负序电压的标幺值。

负序电流保护的实现形式可以是定时限的负序过电流保护、反时限的负序过电流保护，也可以是定时限与反时限相结合的负序过电流保护等。

1. 反时限负序过电流保护

（1）动作电流。负序最小动作电流的整定原则为：在电动机缺相运行时，负序过电流保护应可靠动作。另外，对于设置有过热保护的电动机，负序过电流保护的动作值不宜过小。同时，应在输入回路一相断线时，可靠动作，并有1.3倍的灵敏度系数，因此其动作电流 $I_{2\cdot st}$ 为

$$I_{2\cdot st}=\frac{I_N}{1.3\sqrt{3}n_{TA}} \tag{11-18}$$

通常 $I_{2\cdot st}=0.4I_N/n_{TA}$ 。

（2）动作时间 t_2 的整定原则为：在高压母线或其他支路上发生两相短路时，该电动机的负序反时限过电流保护应不误动，即该保护的动作时间应大于高压厂用系统短路保护的最长动作时间，即

$$t_2=t_{act\cdot max}+\Delta t \tag{11-19}$$

式中 $t_{act\cdot max}$——高压厂用系统短路保护最长动作延时，一般为1.6s；

Δt——时间级差，取0.3～0.5s。若负序过电流保护有区外故障负序电流闭锁时，$t_2=1$s。

（3）外部故障负序电流闭锁判据。当高压母线上或其他支线上发生两相短路时，电动机的负序电流将大于或等于1.2倍正序电流，即

$$I_2\geqslant1.2I_1 \tag{11-20}$$

当满足式（11-20）时，将电动机的负序电流保护闭锁。

当采用外部故障负序电流闭锁判据时，若电动机输入回路的相序接反，负序过电流保护

将拒绝动作，这是其缺点。

2. 定时限负序过电流保护

在微机型电动机保护装置中，定时限负序过电流保护通常设置Ⅱ段或Ⅲ段。Ⅰ段作为电动机相间短路故障的后备保护，Ⅱ段应能保护电动机的缺相运行，Ⅲ段通常用于发出告警信号。

（1）动作电流。

Ⅰ段动作电流定值为

$$I_{2\cdot act}^{I}=I_N \tag{11-21}$$

式中　I_N——电动机额定电流值。

Ⅱ段负序动作电流定值为

$$I_{2\cdot act}^{II}=0.4I_N \tag{11-22}$$

Ⅲ段负序动作电流定值为

$$I_{2\cdot act}^{III}=(0.15\sim0.2)I_N \tag{11-23}$$

（2）动作延时的整定。

当电动机负序过电流保护具有外部故障负序电流闭锁判据，且电动机的断路器为真空断路器时，负序电流保护的动作延时分别为

$$\left.\begin{aligned}t_{2\cdot act}^{I}&=0.05s\\t_{2.act}^{II}&=0.4s\end{aligned}\right\} \tag{11-24}$$

当电动机负序过电流保护具有外部故障负序电流闭锁判据，而电动机经真空接触器-熔断器组合电器（FC 回路）供电时，负序电流保护的动作延时分别为

$$\left.\begin{aligned}t_{2\cdot act}^{I}&=0.4s\\t_{2.act}^{II}&=0.8s\end{aligned}\right\} \tag{11-25}$$

当电动机负序过电流保护没有设置外部故障负序电流闭锁判据时，在整定该保护的动作时间时应躲过外部故障，负序电流保护的动作延时分别为

$$\left.\begin{aligned}t_{2\cdot act}^{I}&=1.9s\\t_{2.act}^{II}&=2.2s\end{aligned}\right\} \tag{11-26}$$

上述各情况下，III 段负序电流保护的动作时延均为 $t_{2.act}^{III}=6\sim9s$ 。

三、电动机过热保护

1. 保护原理及动作特性

电动机电流过大或出现负序电流，均会致使电动机过热甚至烧坏电动机。电动机保护中均设置过热保护，作为电动机短路、启动时间过长、堵转等保护的后备。

幅值相同的定子正序电流和负序电流在电动机内产生的热量并不相同。对定子绕组而言，两者在定子上产生的铜耗基本相等，但对于转子而言，正序旋转磁场相对静止，而负序旋转磁场相对转子产生两倍同步速率，从而使得转子上感应出不同大小和频率的电流。通常负序电流产生的损耗可达到正序电流损耗的 3～12 倍，常采用等效过热模型来构成过热保护

$$I_{eq}=\sqrt{K_1I_1^2+K_2I_2^2} \tag{11-27}$$

式中　I_{eq}——发热模型的等效发热电流；

I_1——电动机正序电流；

I_2——电动机负序电流；

K_1 ——正序电流发热系数，启动过程中取 0.5，正常运行时取 1.0；

K_2 ——负序电流发热系数，取 3～10。

电动机允许的运行时间与电流的关系为

$$t = \frac{\tau}{I_{eq}^2 - I_{\infty}^2} \tag{11-28}$$

式中 τ ——允许过热时间常数；

I_{∞} ——电动机长期运行所允许的最大电流，它与电动机散热状况有关。

2. 定值整定

（1）过热时间常数 τ 。一般由电动机制造商提供，也可以根据制造商提供的过负荷曲线、允许堵转时间、电动机的温升等计算出来，或者近似取 500s。

（2）长期运行允许最大电流 I_{∞}。电动机长期运行允许的最大电流 I_{∞} 等于电动机的过负荷保护的动作电流，即

$$I_{\infty} = K_{rel} I_N \tag{11-29}$$

式中 K_{rel} ——可靠性系数取 1.05。

（3）过热保护的出口方式为过热信号跳闸及禁止再启动。

四、电动机启动时间过长保护

电动机启动时间过长会造成电动机过热甚至烧毁，使电动机绝缘层老化，应装设电动机启动时间过长保护。

可以通过监测电动机启动电流持续大于定值所允许的时间时断开电动机，实现电动机的启动时间过长保护，以保证电动机的安全。该电流定值应大于最大负荷电流，而小于电动机启动电流。该时间定值应大于电动机所允许的最长起动时间。

一般国内电动机微机保护装置中计算启动时间的方法是：当电动机三相电流从零突变并大于 10% I_N 时开始计时，直到启动电流过峰值后下降到 120% I_N 时为止，该段时间被认为是电动机的启动时间 t_{st} 。若电动机启动电流在经过允许时限 $t_{st.set}$ 后仍大于 120% I_N ，则启动时间过长保护动作于跳闸。

启动允许时间限制 $t_{st \cdot set}$ 为

$$t_{st \cdot set} = \left(\frac{I_{st \cdot N}}{I_{st \cdot max}}\right)^2 t_{dz} \tag{11-30}$$

式中 $I_{st \cdot N}$ ——额定起动电流有效值，一般为（6～7）I_N ；

$I_{st \cdot max}$ ——实际的最大启动电流有效值；

t_{dz} ——允许堵转时间，由制造商提供，无此值时可取 1.2 $t_{st \cdot max}$ 。

额定启动电流和最大启动电流都是随时间衰减的，电动机启动结束后，该启动时间过长保护自动退出。

五、电动机堵转保护

电动机在启动或运行过程中发生了堵转，将使电动机的转速降低，电动机电流增大，时间过长将烧坏电动机，故应设置堵转保护。电动机堵转保护只用于运行中的堵转，启动过程中发生的堵转，由启动时间过长保护动作切除。为避免电动机启动或自启动过程中堵转保护误动作，堵转保护的判据应为长时间电动机过电流及转速降低。

堵转保护的动作电流设为（1.5～2.0）I_N 。当无转速触点闭锁时，动作延时设为 24～30s，有转速触点闭锁时，动作延时设定为 16～20s。

六、电动机的低电压保护

电源电压降低或在备用电源投入后电动机群自启动的过程中，为防止电源电压大幅度降低使重要电动机自启动困难或启动不起来，首先要切除一些对安全运行影响较小的电动机，以确保重要电动机快速恢复正常运行。为此，需要在一些次重要的自启动电动机上设置低电压保护，保护装置应动作于跳闸。

（1）当电源电压短时降低或短时中断又恢复时，为了保证重要电动机自启动而需要断开次要电动机，保护装置的电压整定值一般为电动机额定电压的 60%～70%，时限一般约为 0.5s。

（2）当电源电压短时降低或短时中断后，生产过程不允许或不需要自启动的电动机，保护装置的电压整定值一般为电动机额定电压的 40%～50%或略高；时限一般较上一级主保护高一时限阶段，取 0.5～1.5s，必要时保护可无选择地动作。

（3）需要自启动，但为保证人身和设备安全，在电源电压长时间消失后需从配电网中自动断开的电动机，保护装置的电压整定值一般为电动机额定电压的 40%～50%，时限一般为 5～10s。

电动机数量较多时，采用集中动作低电压保护的接线。通常，厂用电动机低电压保护的整定值有两轮动作电压及两轮动作时间。

第一轮低电压保护的动作电压较高，而动作时间较短，通常在不需要自启动的电动机上装设。其动作电压定值为系统额定电压的 65%～70%，动作延时为 0.5s。

第二轮低电压保护的动作电压低，且动作时间长。通常在次重要的电动机上设置。其动作电压为系统额定电压的 45%～50%倍，动作延时为 9～10s。

低电压保护的接线应尽可能满足以下要求：

（1）当电压互感器一次侧及二次侧发生各种断线故障时，保护装置不应动作。

（2）当电压互感器一次侧隔离开关因误操作被断开时，保护装置不应动作。

（3）0.5s 和 9～10s 低电压保护的动作电压应分别整定。

（4）应采用能长期耐受电压的时间继电器。

1. 电动机保护配置中包括哪些保护功能？

2. 电动机纵差保护有何特点？存在哪些问题？

3. 什么情况下应装设电动机接地保护，其接地保护的基本原理是什么？

4. 电动机启动时间过长、堵转带来的危害是什么？相应的启动时间过长保护和堵转保护是如何实现的？

5. 电动机装设低电压保护的目的是什么？

第十二章　高压直流输电系统保护

第一节　直流输电系统故障

一、直流输电系统的构成

随着电力需求日益增长、远距离大容量输电线路不断增加、电网扩大，传统的交流输电联网方式将带来如低频振荡、大面积停电、短路电流水平超限等大电网存在的问题；而直流输电在远距离大容量输电、海底电缆输电和不同频率联网方面显示了其独特的优势，利用直流输电异步联网既可以取得联网效益，又能避免大电网带来的问题，还可以改善原交流电网的运行性能。随着电力电子技术、计算机技术和控制理论的迅速发展，直流输电的建设费用和运行能耗也不断降低，可靠性逐步提高，越来越显示出其优越性。本章中所述直流输电，即为高压直流。

目前直流运行接线方式主要有三种。单极大地回线方式利用一根导线与大地构成直流系统的单极回路，整流站和逆变站中性点均需接地，如图 12 - 1（a）所示。单极金属回线方式利用两根导线构成直流系统的单极回路，利用停运极线路作为运行极的回流线路，逆变站中性点接地限制电位，如图 12 - 1（b）所示。双极两端中性点接地方式正负两极对地，整流站和逆变站中性点接地，大地中仅流过两极不平衡电流，如图 12 - 1（c）所示。

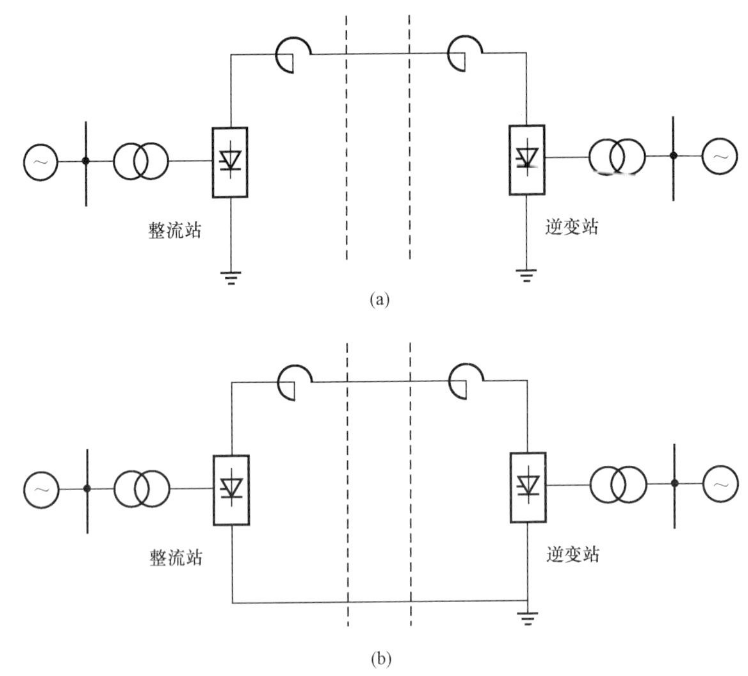

图 12 - 1　高压直流系统接线方式（一）

（a）单极大地回线方式；（b）单极金属回线方式

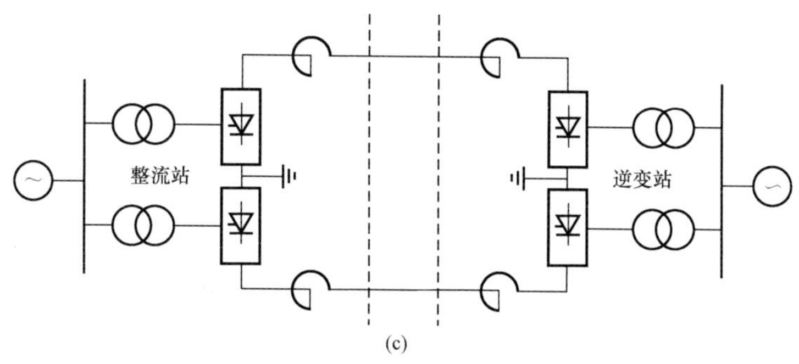

图 12-1　高压直流系统接线方式（二）
（c）双极两端中性点接地方式

目前，电力系统中发电和用电单元的绝大部分为交流电，如采用直流输电，需进行交流—直流—交流的电能交换。在送电端将交流电变换为直流电（整流），经过直流输电线路将电能传送到受电端，再将直流电变换为交流电（即逆变），送到受电端的交流系统中去。进行整流和逆变的场所分别称为整流站和逆变站，统称为换流站；实现的装置分别称为整流器和逆变器，统称为换流器。

一般直流输电系统包括换流器、直流输电线路和换流站的交流设备等，如图 12-2 所示。

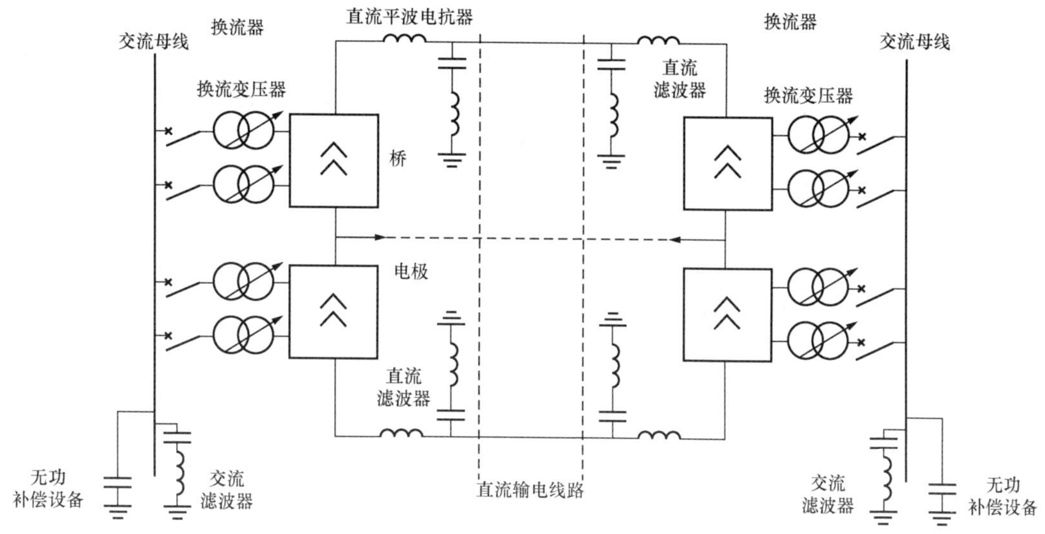

图 12-2　双极 HVDC 系统的构成图

一般高压直流输电系统主要包括以下六大类元件：

（1）换流器。换流器是直流输电系统的关键设备，可实现交流-直流和直流-交流的变换。换流器的主要元件是阀桥和换流变压器。阀桥包含 6 脉波或 12 脉波的高压阀，它们依次将三相交流电压连接到直流端，实现相应的变换；换流变压器实现交流系统和直流系统之间的连接，向阀桥提供适当等级的不接地三相电压源。

（2）谐波滤波器。换流器在运行中会在交流侧和直流侧产生谐波电流和谐波电压，导致电容器和附近的电机过热，并干扰通信系统。为了减少流入交流系统和直流系统的谐波电压和谐波电流，交流侧和直流侧都装有滤波装置。

（3）平波电抗器。平波电抗器电感很大，可以降低直流线路中的谐波电压和电流，防止逆变器换相失败，限制直流线路短路期间整流器中的峰值电流。

（4）无功补偿装置。直流线路本身在运行中不需要无功功率，但是两端换流器在运行中会消耗大量的无功功率。交流滤波器中的电容可以提供部分无功功率，当其不能满足无功补偿的要求时，需装设静态电容补偿。强交流系统常在换流器附近采用并联电容器补偿。

（5）直流输电线路。直流输电线路可为架空线或电缆，除导体数和间距的要求有差异外，与交流线路十分相似。

（6）换流站的交流部分。送电端和受电端的交流系统与直流输电系统有着密切的关系，它们给整流器和逆变器提供换相电压。送电端交流系统作为直流输电的电源，提供传输的功率；而受电端交流系统则相当于负荷，接受和消耗由直流输电线路送来的功率。

二、直流输电系统故障类型及特点

直流输电系统任何一个部分发生故障或者运行状态异常，都会影响整个直流输电系统运行的可靠性和有关设备的安全。直流保护用于保护换流站各直流设备，在故障或异常工况下快速切除系统中的短路故障或不正常运行设备，防止设备损坏或干扰系统其他部分的正常工作，保证直流输电系统的安全运行。直流输电系统由于构成设备较为复杂，因此故障类型多，且大多数直流保护动作都配合控制系统来进行故障隔离和消除，因此消除每种故障或异常状态的方法也有所区别。

直流输电系统主要故障类型按照故障的设备区域分为换流器故障、直流开关场设备与接地极故障、换流站交流设备故障、直流线路故障等。直流保护策略的设计和配置应考虑故障情况下暂态性能要求，主要是各种短路、接地故障以及过电流和过电压。此外直流输电系统还配备了针对交流系统扰动的有关控制保护，如次同步振荡、交流系统故障对直流系统的扰动、直流控制系统误动对直流输电系统的扰动等。

1. 换流器故障

换流器故障主要包括阀短路、换相失败、直流侧出口短路、交流侧相间短路、交流侧接地短路、直流侧对地短路等。如：①换流桥故障包括桥臂短路、桥阀短路、阀组过电流、换相失败、阀误导通、不导通故障。②晶闸管阀故障包括晶闸管元件、阀阻尼均压回路、触发部件、阀基电子设备以及阀的冷却系统等故障。这一部分的保护通常就地配置，如可由阀基电子设备屏、阀冷控制保护屏提供。③阀交流侧故障包括换流变压器阀侧绕组过电压、换流变压器阀侧至阀厅内的交流连线的接地或相间短路故障。④阀厅内接地故障包括阀组中点接地故障等。

2. 直流开关场与接地极故障

直流开关场与接地极故障主要包括直流极母线故障、中性母线故障、直流滤波器故障、直流接线方式转换开关故障、平波电抗器本体故障、接地极及引线故障、站内接地网故障等。如：①极母线设备的闪络或接地故障。极母线设备包括平波电抗器、直流滤波器等。②极母线直流过电压、过电流以及持续的直流欠电压。③中性母线开路或接地故障。④站内接地网过电流。⑤接地极引线开路或对地故障、接地极引线过负荷。⑥直流滤波器过电流、过负荷、失谐，高压电容器不平衡以及有源部分的故障（如果是有源滤波器）。

3. 换流站交流侧故障

换流站交流设备包括换流变压器、交流开关场设备、交流母线、交流出线、交流馈线等，主要故障包括换流变故障、交流侧三相短路、交流侧单相短路、交流滤波器故障、站用电系统故障等。如：①与直流系统相连的交流系统故障，包括换流站远端交流系统短路故障、换流母线故障、交流系统功率振荡或次同步振荡、交流系统持续的扰动、换流站内交流母线电压的欠电压和过电压等对直流系统产生的扰动；②换流变压器保护区内接地、相间短路、匝间短路故障；③换流变压器过励磁、直流偏磁等。

4. 高压直流线路故障

由于高压直流线路长度均在 800km 以上，此线路上任一点发生故障都会导致直流系统故障，故直流线路故障在直流输电系统故障中出现的概率最大。一般直流线路故障包括雷击、对地闪络、高阻接地、与交流线路碰线、断线等。如：①直流线路金属性短路，高阻接地故障或开路故障，交直流碰线故障；②金属回线导体开路或接地故障；③直流甩负荷、直流系统或设备在动态过程中发生故障等对直流输电系统产生的扰动；④控制系统误动对直流输电系统产生的扰动。

此外，直流输电系统保护策略还要根据系统或设备情况对换流阀点火系统、晶闸管结温、大触发角运行工况等提供必要的监测。直流输电系统典型故障及其基本特点描述见表 12-1。

表 12-1　直流输电系统典型故障及基本特点描述

故障类型	基本特点描述
整流侧桥臂短路	交流电流很快升高，直流电流下降
逆变侧换相失败	直流电压下降，直流电流上升
阀导通不正常	一般直流电压下降，逆变侧直流电流上升，与换相失败相似
直流线路故障	整流侧直流电压下降、直流电流上升，逆变侧直流电压和直流电流均下降
直流线路操作过电压	直流过电压
整流侧交流系统故障	交流电压下降，直流电压、电流可能相应下降，不对称故障时有较大的非特征性谐波
逆变侧交流系统故障	交流电压下降，可能引起换相失败，不对称故障时有较大的非特征性谐波

在故障发生开始，控制系统会迅速做出响应，对故障的发展有一定的抑制作用，因此采用不同控制系统时，直流系统的暂态性能也略有不同，这是直流输电的特点之一。在研究保护策略时，除交直流模型外，必须结合相应的控制系统。

第二节　直流输电系统保护原理与配置

一、直流线路故障过程

直流架空线路发生故障时，从故障电流的特征而论，短路故障的过程可以分为初始行波、暂态和稳态三个阶段。

1. 初始行波阶段

与交流输电线路故障时的波过程相似，直流输电线故障后，沿线路的电场和磁场所储存的能量相互转化形成故障电流行波和相应的电压行波。其中电流行波幅值取决于线路波阻抗和故障前瞬间故障点的直流电压值。线路对地故障点弧道电流为两侧流向故障点的行波电流之和，此电流在行波第一次反射或折射之前，不受两端换流站控制系统的控制。为理解行波，简要介绍行波理论如下。

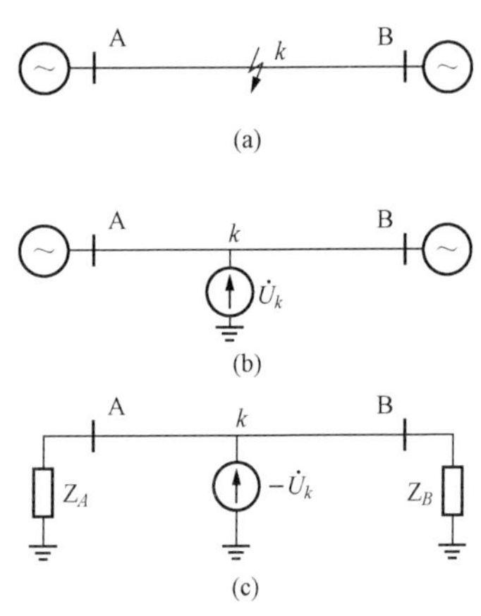

图 12-3 行波保护原理示意图
（a）某输电线 k 点发生故障；（b）正常负荷状态；（c）故障附加状态

当某输电线 k 点发生故障［见图 12-3（a）］时，根据叠加原理，发生故障时的状态可看成为正常负荷状态［见图 12-3（b）］和故障附加状态［见图 12-3（c）］的叠加。

如图 12-3 所示，$\dot{U}_k$ 为正常时 k 点的电压。在 $\dot{U}_k$ 的作用下，故障附加状态产生的暂态故障分量（电压和电流行波分量 u，i）向线路 A、B 两侧传播，其（单相无损线）数学表达式为

$$\begin{cases}\dfrac{\partial^2 u}{\partial x^2}=LC\dfrac{\partial^2 u}{\partial t^2}\\[2mm]\dfrac{\partial^2 i}{\partial x^2}=LC\dfrac{\partial^2 i}{\partial t^2}\end{cases}\tag{12-1}$$

式中 L、C——单位长度线路的电感、电容；

x、t——距离和时间变量。

由方程式（12-1）解得暂态电压、电流行波解为

$$\begin{cases}u(x,t)=u_1(x-at)+u_2(x+at)\\ i(x,t)=i_1(x-at)+i_2(x+at)=\dfrac{1}{Z_c}[u_1(x-at)-u_2(x+at)]\end{cases}\tag{12-2}$$

式中 Z_c——波阻抗，$Z_c=\sqrt{\dfrac{L_0}{C_0}}$；

a——行波的传播速度，$a=1/\sqrt{L_0C_0}$；

u_1、i_1——沿 x 轴正向传播的行波；

u_2、i_2——沿 x 轴反向传播的行波。

该式表明不同时间地点的电压电流值是不同的。

2. 暂态阶段

经过初始行波的来回反射和折射后，故障电流转入暂态阶段。直流线路故障电流主要分量有带有脉动且幅值有变化的直流分量（强迫分量）和由直流主回路参数所决定的暂态振荡分量（自由分量）。在此阶段，控制系统中定电流控制开始起到较显著的作用，整流侧和逆变侧分别调节使滞后触发角增大，抑制线路两端流向故障点的电流。

3. 稳态阶段

最终，故障电流进入稳态，整流侧和逆变侧提供的故障电流稳态值被控制到等于各自定电流控制的整定值，两侧流入故障点的电流方向相反，故障点电流为两者之差。

二、直流输电线路保护原理

直流线路发生故障时，桥阀控制极的控制可以快速地限制和消除故障电流，同时由于定电流调节器的作用，故障电流与交流线路相比要小得多。因此，对直流线路故障的检测不能依靠故障电流大小来判别，而需要通过电流或电压的暂态分量来识别。

当行波传至线路与其他电力设备的连接点时，电路参数发生突变，波阻抗也将发生突

变，故行波电流、电压在到达连接点时，一部分传至其他电路环节（折射波），另一部分返回线路（反射波）。若用各种方法（例如滤波电路或数字处理）将故障分量取出，并引入保护作为测量信号或动作参数，则可构成各种原理的行波保护。行波保护以故障分量为测量信号，构成简单，动作速度极高（<10ms）。

目前，世界上广泛采用行波保护作为高压直流线路保护的主保护，采用低电压保护、横差动保护、纵联差动保护等作为行波保护的后备保护。保护动作时，发出线路跳闸信号，并在整流站的极控中启动直流线路故障恢复顺序控制，即按预先设定的次序，整流站延迟触发角以去电离，并在去电离后全压启动或降压启动故障的直流极；若重启动后仍不成功，将闭锁两端阀组。

图 12-4 为直流线路接线图。直流保护所使用的电压、电流采样值来自线路上的直流分压器和直流分流器。

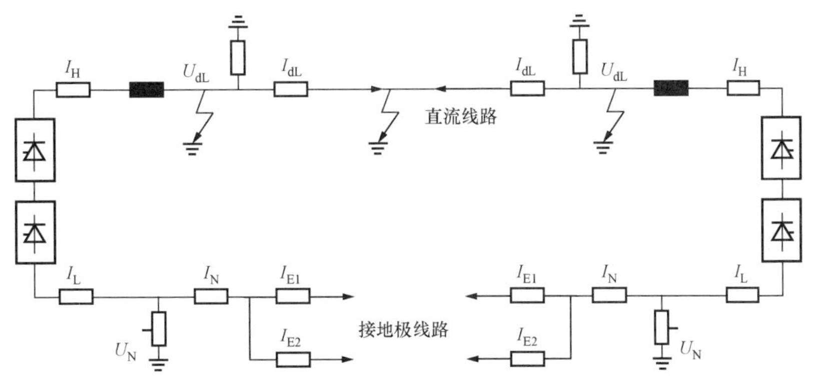

图 12-4　直流线路接线图

I_H —高压侧电流；I_L —低压侧电流；I_N —中性点母线电流；I_{dL} —直流线路电流；
I_{E1} —接地极 1 电流；I_{E2} —接地极 2 电流；U_N —中性母线电压；U_{dL} —直流线路电压

行波保护利用故障瞬间所传递的电流、电压行波来构成超高速的线路保护。对于暂态电流、电压行波的幅值和方向皆能准确反映原始故障的特征，同基于工频电气量的传统保护相比，行波保护具有超高速及高可靠性的动作性能，且其保护性能不受电流互感器饱和、系统振荡和长线分布电容等的影响。

行波保护在直流输电系统中相比于交流系统具有更明显的优越性。首先，在交流系统中，如果在电压过零时刻发生故障，则故障线路上没有故障行波出现，保护存在动作死区；直流输电系统中不存在电压相角，则无此缺点。其次，交流系统中电压、电流行波的传输受母线结构变化的影响，并且需要区别故障点传播的行波和各母线的反射波以及透射波，难度较大；由于高压直流线路结构简单，也不存在上述问题。

行波保护的判据为

$$\frac{\mathrm{d}u}{\mathrm{d}t} > \Delta\text{；}\Delta U > \Delta\text{；}\Delta I > \Delta \tag{12-3}$$

式中　ΔU ——电压变化幅值；

ΔI ——电流变化幅值；

Δ ——整定值。

如果直流线路发生接地故障，波会由故障点向两端换流站发射。通过整定直流线路电压和电流的变化率，行波保护可以对这种故障进行监测。如果电压的变化率和电压变化的幅值超过了整定值，保护系统计算电流变化的幅值也超过了设定值，保护动作。行波保护在两站失去通信的情况下仍能正常工作。

低电压保护的判据为

$$\frac{\mathrm{d}u}{\mathrm{d}t} > \Delta\ ;\ U_{\mathrm{dL}} < \Delta \tag{12-4}$$

式中 U_{dL}——直流线路电压。

低电压保护通过整定一个低电压和直流线路电压的变化率来对线路故障进行监测。如果电压的变化率和线路电压值超过设定值，保护动作。低电压保护属于后备保护，在两站失去通信的情况下仍能正常工作。

纵联差动保护的判据为

$$|I_{\mathrm{dL}} - I_{\mathrm{dL \cdot oth}}| > \Delta \tag{12-5}$$

式中 I_{dL}——直流线路电流；

$I_{\mathrm{dL \cdot oth}}$——对站直流线路电流。

纵联差动保护与来自整流站和逆变站的直流电流比较，如果两站电流差值超过了设定值，保护动作。纵联差动保护属于后备保护，主要反应高阻线路故障。由于其所需的电流通过远程控制在两站之间传输，失去通信时该保护被闭锁。

横联差动保护的判据为

$$|I_{\mathrm{dL \cdot 1}} - I_{\mathrm{dL \cdot 2}}| > \Delta \tag{12-6}$$

式中 $I_{\mathrm{dL \cdot 1}}$——极 1 线路电流；

$I_{\mathrm{dL \cdot 2}}$——极 2 线路电流。

横联差动保护是比较来自一个站内两极的直流线路电流，如果两极电流差值超过了设定值，保护动作。横联差动电流保护属于后备保护，只适用于单极金属回线方式。

三、直流输电系统保护的配置

（一）直流输电系统保护设计原则

（1）满足可靠性、灵敏性、选择性、速动性的基本要求。

（2）在直流输电系统各种运行方式下，对全部运行设备都能提供完全的保护；能检测到设备的故障和异常情况，并从系统中切除影响运行的故障设备。

（3）保护系统应至少双重化配置，每一保护区域具备充分冗余度；保证保护不误动或拒动，如有可能，后备保护应尽可能使用不同的测量原理。

（4）相邻保护区应有重叠，保证无保护死区，并采用分区保护、保护区搭接的方式。

（5）各保护之间配合协调，并能正确反映故障区域，保护动作尽量避免双极停运。

（6）与直流控制系统能密切配合，控制系统故障不引起保护跳闸。

1. 可靠性

（1）保护装置完全冗余或三取二配置，每套冗余配置的保护完全一样，有自己独立的硬件设备，包括专用电源、主机、输入、输出电路和直流保护全部功能软件，避免保护装置本身故障，引起主设备或系统停运。

（2）每个可以独立运行的换流系统（例如极）的所有保护功能集中放置在本极的保护装置中，采取集中冗余配置。

（3）双极部分的保护功能应配置在每个极保护装置中，并有自己的测量回路。

（4）随着微机技术的发展，直流输电系统的一些主设备保护逐渐演变成在一定区域集中配置。

2. 灵敏性

（1）保护的配置应该能够检测到所有可能的、危及系统运行或设备安全的故障和异常运行情况。

（2）直流保护采用分区重叠，没有保护死区，每一区域或设备至少采用相同原理的双主双备保护或不同原理的一主一备保护配置。

3. 选择性

（1）直流系统保护分区配置，每个区域或设备至少有一个选择性强的主保护，便于故障识别。

（2）可以根据需要退出和投入部分保护功能，而不影响系统安全运行。

（3）单极部分的故障引起保护动作，不应造成双极停运（仅在站内直接接地双极运行方式时，某一极故障才必须停运双极，以避免较大的电流流过站接地网）。

（4）保护尽量不依赖于两端换流站之间的通信。

4. 速动性

（1）充分利用直流输电控制系统，以尽可能快的速度停运、隔离故障系统或设备，保证系统和设备安全。

（2）快速切除故障的措施包括紧急移相，投旁通对，封锁触发脉冲，跳交、直流侧断路器等。

（二）直流输电系统保护配置分类

按保护所针对的情况，配置的保护分为四类。第一类为针对故障的保护，如阀短路保护、极母线保护等；第二类为针对过应力的保护，如过电压、过负荷；第三类为针对器件损坏的保护，如电容器不平衡保护、转换开关保护；第四类为针对其他故障的保护，如功率振荡等。

对于第一类保护，其保护区应尽量配置双套两种不同原理的保护，互为后备，正常运行时保护区内存在双套主保护、双套后备保护。对于第二、三、四类保护，至少配置双套一种原理的保护，正常运行时保护区内至少存在双套保护。

（三）直流输电系统保护的配置

直流输电系统保护采取分区配置，保护范围及功能如下：

（1）换流器保护区。该保护区包括换流器及其连线等辅助设备，配置有电流差动保护组（阀短路保护、换相失败保护、换流器差动保护），过电流保护组（直流侧过电流保护、交流侧过电流保护），触发保护组（阀触发异常保护），电压保护组（电压应力保护、直流过电压保护），阀检测组（晶闸管监测、大触发角监视）等。

（2）直流极线及中性母线保护区。该保护区包括平波电抗器和直流滤波器、单极中性母线和双极中性母线及其相关的设备和连线。配置有直流极线电流差动保护组（直流极母线差动保护、直流中性母线差动保护、直流极差动保护），直流滤波器保护组（直流滤波电抗器过负荷保护、直流滤波电容器不平衡保护、直流滤波器差动保护），平波电抗器保护组（干式平波电抗器的故障由直流输电系统保护兼顾。油浸式平波电抗器除了直流输电系统保护外，还有非电量保护继电器，主要有瓦斯保护、油泵和风扇电机保护、油位监测、气体监测、油温检测、压力释放、油流指示、绕组温度等）。

（3）接地极引线和接地极保护区。该保护区配置有双极中性线保护组（双极中性母线差动保护、站内接地过电流保护），转换开关保护组（中性母线断路器保护、中性母线接地开关保护、大地回线转换开关保护、金属回线转换断路器保护），金属回线保护组（金属回线横差保护、金属回线纵差保护、金属回线接地故障保护），接地极引线保护组（接地极引线断线保护、接地极引线过负荷保护、接地极引线阻抗监测、接地极引线不平衡监测、接地极引线脉冲回波监测）等。

（4）换流站交流开关场保护区。该保护区包括换流变压器及其阀线侧连线、交流滤波器和并联电容器及其连线、换流母线（换流器交流母线差动保护、换流器交流母线过电压保护等）。

换流变压器与常规变压器相比，其特点是流过绕组中的电流含有较大的谐波成分。对于换流变压器内部短路等严重故障，在跳开相应断路器之前，应快速停运直流输电系统。而对于油温过高等情况，则应区别情况，进行报警或延时发出跳闸信号及停运直流输电系统信号。配置有换流变压器差动保护组（换流器交流母线和换流变差动保护、换流变差动保护、换流变绕组差动保护），换流变压器过应力保护（换流变过电流保护、换流器交流母线和换流变过电流保护、换流变过负荷保护、换流变过励磁保护），换流变压器不平衡保护组（换流变中性点偏移保护、换流变零序电流保护、换流变饱和保护），换流变压器本体保护（瓦斯保护、压力释放、气体检测、油泵和风扇电机保护、油温、油位检测、绕组温度等）。

交流滤波器及并联电容器分组的每一元件都应得到适当保护，使其不被过电压、过电流或过负载所损坏。电容器组或电容器元件故障及接地故障也应进行保护。在交流滤波器分组中发生过负载、接地故障或电容器故障引起的保护跳闸，只应跳开此分组的断路器；过电压时则应跳开整组以及各分组的断路器。由于在交流滤波器及并联电容器组中有大量的电容器单元，少量的电容器单元故障对滤波器特性的影响不大，往往并不需要立即切除相关的滤波器分组，而可以根据损坏的电容器单元数的多少，采取不同的保护措施。常配置有差动保护、反时限过电流保护、过电流保护、电流速断保护、电容器过电压保护、电容器不平衡保护等。双调谐滤波器还配置谐波过电流保护。

（5）直流线路保护区。配置有直流线路故障保护组（直流线路行波保护、微分欠电压保护、直流线路纵联差动保护、再启动逻辑），直流输电系统保护组（直流欠电压保护、功率反向保护、直流谐波保护等）。

四、直流输电保护动作策略

根据故障的严重程度以及对系统运行的影响，故障发生后保护常采用以下动作策略：

（1）报警与启动录波。使用灯光、音响等提醒运行人员；自动启动故障录波和事件记录，便于故障分析。

（2）控制系统切换。利用冗余的控制系统，通过系统切换排除控制系统设备故障的影响。

（3）紧急移相。将触发角迅速增加到90°以上，将换流器从整流状态变成逆变状态，从而保证能快速熄灭线路上的电流。

（4）投旁通对。同时触发6脉冲换流器在交流同一相上的一对换流阀，形成直流侧短路，快速降低直流电压到零，隔离交直流回路，以便交流侧断路器快速跳闸。

（5）闭锁换流器。取消晶闸管的控制脉冲，当流过换流阀的电流为零时，阀停止导通。

（6）极隔离。隔离直流母线与直流线路、换流器中性线与接地线，不影响另一极正常运行，便于停运极直流设备检修。

（7）跳开交流侧断路器。断开环流变压器的交流侧电源，隔离交流系统向换流变阀侧提供电源，同时消除阀上的交流电压，以防止阀承受不必要的过应力。

（8）直流输电系统再启动。整流器控制角迅速增大到120°，变为逆变运行，快速释放直流系统储能，经一定延时后，短路弧道去游离，整流器触发角按一定速率减小，恢复运行。直流线路重启功能类似于交流线路故障跳闸后的自动重合闸功能，根据需要直流线路故障重启的次数和电压均可进行整定。

第三节　直流输电系统保护装置

随着直流输电技术和电力电子技术的发展，直流输电系统的保护装置不断更新换代。近年来，直流输电技术发展的主要表现是高速发展的电子信息技术在直流控制保护中的应用，包括实时多处理器技术、光通信技术、网络技术等。

直流输电系统的控制和保护之间关系密切，且在现代直流输电工程中，其控制和保护系统几乎都采用相同的硬件平台和软件平台，甚至集成在同一机柜之中。通常，直流系统保护装置采用多套冗余配置，每套有自己的计算、测量、电源等。

一、核心处理器

自从有了晶体管和集成电路，从模拟式发展到数字式，直流输电控制保护的计算系统使控制保护性能得到了极大改善。尤其在20世纪70年代，以微处理器为基础的电子计算机的发展，对直流输电控制及保护性能的提高、推动晶闸管阀为标志的直流输电的普及与发展起到推动作用。

近年来，直流输电控制保护的基本功能没有发生革命性的变化。但是随着电子信息技术的高速发展，处理器的计算速度越来越快，存储空间越来越大，并行运行的处理器越来越多。微处理器技术遍布整个直流输电系统各个设备的控制和保护，例如：极控、站控（交流场/直流场）、直流系统保护、换流变压器控制保护、交/直流滤波器控制保护、换流器冷却系统控制保护、站用电系统控制保护等。

二、测量装置

在直流输电控制保护系统中，测量装置是为了向控制保护系统提供必要的电气量或其他物理量输入信息，其主要有如下四个方面：

（1）直流电压测量。在换流站的直流开关场中，为了测量直流极线电压及中性母线电压，向直流控制及保护系统提供信号，直流极母线和中性母线上都需要装设直流电压测量装置。高压直流工程早期所使用的直流电压测量装置主要有阻容分压器加隔离运算放大器型。如今，随着光纤技术的进步，已能制造出光电型的直流电压测量装置，即将直流分压器的输出信号经光电转换后，用光缆送往主控制室。这种直流电压测量装置具有良好的抗电磁干扰性能。

直流电压检测装置的输出信号用于控制和保护，如直流线路行波保护、直流欠电压保护、直流回路开路保护等。所以，其测量精确度取决于控制要求，其测量范围取决于保护要求。

（2）直流电流测量。在换流器高压侧及中性线侧出口（通常在穿墙套管中）、直流线路入口及接地极线路入口、直流滤波器高压端和中性端及接地的断路器都应装设直流电流测量装置，向直流控制保护系统输出直流电流信号。

直流采样值来自直流分流器，直流分流器通过分流器内部的高精度电阻将电流信号转换为电压信号，经过光电转换模块将模拟量转换为光信号量，通过光纤送入直流线路保护。

直流电流测量装置有磁放大器型和光电型，前者运行经验已很丰富，但测量信号容易受到干扰；后者是 20 世纪 90 年代开始应用的新技术，抗干扰能力很强。

直流线路电压 U_{dl} 、直流线路电流 I_{dl} 送入直流线路保护内部后，由相应的软件功能模块进行微分计算，从而得出 du/dt 、di/dt 等。

（3）交流电压测量。交流开关场，除按常规装设交流电压互感器外，还在换流变压器进线侧装设一只交流电压互感器，向换流器控制系统提供换相电压过零点信号，作为计算换流器触发角的计时参考点，向换流器提供触发同步信号。此交流电压互感器要求有很好的抗干扰能力，如果采用电容电压式电压互感器，则应考虑适当的抗干扰措施；如果采用电磁式电压互感器，则应考虑防铁磁谐振措施。

（4）交流电流测量。交流开关场及各种滤波器回路，需要装设各种不同规格的交流电流互感器。换流阀的导通和关断点的测量通常采用电磁型的微分电流互感器，这种微分电流互感器还可用于直流线路故障定位系统中，以测量进入换流站的陡波前电压。

三、数据传输装置

在直流输电系统中，为了保证其安全稳定运行，分布在换流站的各个控制保护设备之间需要相互传递有关信息。原先的信息传递采用专门的串行通道，在传送速度和冗余上有一定的限制，并且备品、备件易受制造厂的制约。随着局域网技术的发展，目前换流站分布控制的信息传送从专用电缆变成了局域网传送方式。

四、通信装置

高压直流输电线路的两个换流站之间、各换流站与各自的调度所之间，都必须配备适当的通信设备，用以传递与直流线路运行相关的控制信息、保护动作信息、设备状态信息、运行参数测量信息、运行操作信息等。通信装置以极为基础进行配置，目的是保证双极中各级运行的独立性。两极的通信系统在电气和物理结构上都应予以分开，以便使各系统能够独立运行。需要传送的双极共用信息尽可能的少，必须传送的双极信号应通过各极的通道同时传送。对于每一极的通信系统，也应考虑信号通道多重化的要求以确保可靠性。

两换流站间交换的信息，对通信速度有两类要求，第一类是要求速度很高的信息，如直流电流指令、紧急停运信号；第二类是速度可以慢些的，如各种状态显示信号、测量显示信号。为了保证信号的可靠传输，要求信号的误码率低于 10^{-6} 。每个信号都应各自满足该可靠性水平，而不是在与冗余信号通道上所传输的信号比较之后才达到这个水平。对于保护动作信号应有专门冗余的传输通道，不受其他信号干扰。

控制保护系统一般由蓄电池系统直接供电，蓄电池通过站用交流电源浮充电运行。为了保证系统的可靠性，蓄电池及充电系统都应冗余配置。

思考题

1. 试简述直流输电系统的构成及主要元件。
2. 直流输电系统的主要故障类型有哪些？
3. 直流输电系统保护的配置原则是什么？
4. 直流线路通常配置何种保护？主保护是什么？
5. 直流线路保护的故障过程分为几个阶段？保护应在哪个阶段动作？
6. 直流输电的保护系统的主要测量装置有哪些？

附录A 继电器的分类、型号、表示方法和IEEE设备编号[1]

继电器是所有继电保护装置中的基本组成元件。在现代继电保护技术中所有使用的继电器（在静态继电保护电路中，有时又称为“元件”，例如电流继电器称为电流元件，阻抗继电器称为阻抗元件等）是指一个能自动动作的电器，当作为控制它的物理量达到一定数值或进入某一定的物理量时，能够使被控制的物理量发生突然的变化，在上述两个物理量中，应至少有一个是电气量。

继电器的工作原理与测量表计有很多相似之处，例如反映于电流的继电器与电流表相似，电压继电器与电压表相似，功率继电器与功率表相似。其主要的区别在于测量表计是随着被测量的变化而指出不同的值，而继电器则是预先调好一个定值，当作为控制电量超过（或低于）这个定值时突然动作。

对反映于物理量增大而动作的继电器称为过量继电器（如过电流继电器），反映于物理量降低而动作的继电器称为低量继电器（如低电压继电器、低阻抗继电器等）。

继电器可以按照下述方法来分类。

1. 按接入的方法分类

按照继电器接入保护的方法可以分为两种：

（1）一次式继电器。其线圈直接接入一次回路，如图A1（a）所示。

（2）二次式继电器。其线圈通过电流互感器TA而接于它的二次侧，如图A1（b）所示。目前广泛采用的都是这种形式的继电器，因为它与一次回路没有直接的联系，运行检修方便，也没有高压的危险，此外灵敏度高，体积小，还可以规划成统一标准形式由继电器制造厂大规模生产。

2. 按作用于断路器的跳闸方法分类

按照作用于断路器的跳闸方法可以分为两种：

（1）直接作用式二次式继电器，如图A2所示。它动作后直接作用于断路器的跳闸机构，因此，需要消耗很大的功率，体积笨重，不够灵敏。

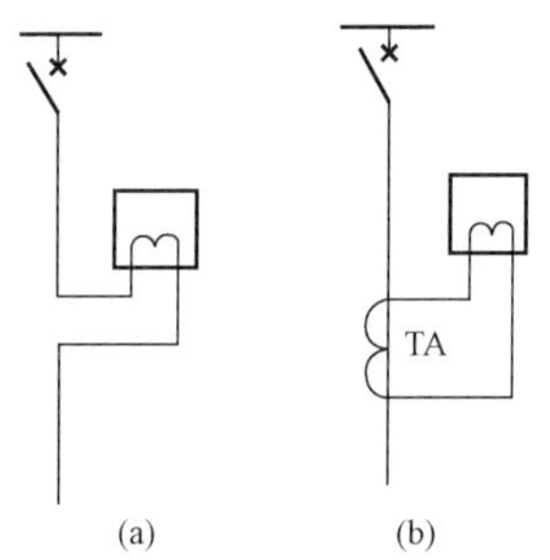

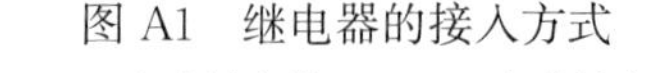

图A1　继电器的接入方式

（a）一次式继电器；（b）二次式继电器

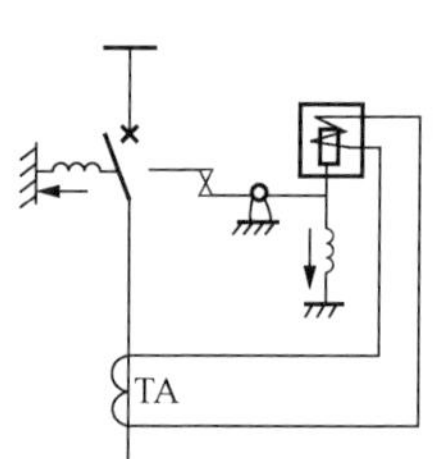

图A2　直接作用式二次式继电器

（2）间接作用式二次式继电器，如图 A3 所示。它动作后利用触点闭合一个辅助操作回路（接通断路器的跳闸线圈 Y），然后由操动机构使断路器跳闸，其优点是精确性较高，功率消耗小。在继电保护装置中，间接作用式二次式继电器获得了最广泛的应用。

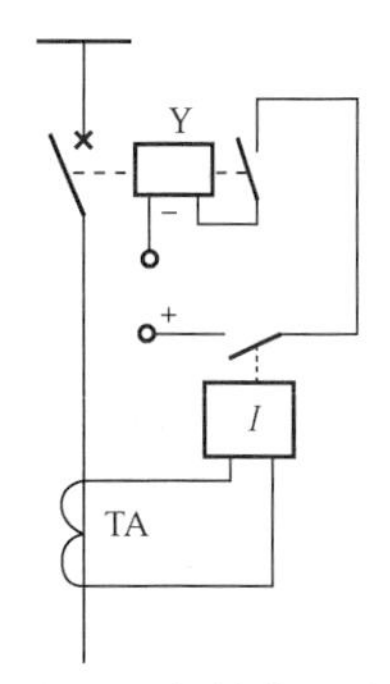

图 A3　间接作用式二次式继电器

3. 按工作原理分类

按照继电器的工作原理可以分为五种：①电磁型；②感应型；③电动型；④整流型；⑤静态型，是晶体管型、集成电路型和微机型继电器的统称。

关于继电器的表示方法，现在都采用一个方框上面带有触点的图形，设想在方框里放有它的线圈，继电器所反映的参数在方框里用一个在电工中通用的字母表示，如电流用 I，电压用 U，时间用 t，阻抗用 Z 等，常用继电器及触点的表示方法见表 A1。

表 A1　常用继电器及触点的表示方法

继电器名称	表示方法	触点型号	表示方法
电流继电器	I	动合触点	
低电压和过电压继电器	$U<$　$U>$	动断触点	
功率方向继电器	↦	具有延时闭合的动合触点	
阻抗继电器	Z	具有延时打开的动合触点	
带时限的电流继电器	$\frac{I}{t}$	具有延时闭合的动断触点	
时间继电器	t	具有延时打开的动断触点	
中间继电器	⊠	自第一回路（动断）切换至第二回路（动合）并且有公共端的触点	
带掉牌的信号继电器		具有手动复归的动合触点	
差动继电器	$I-I$		

4. 与继电保护有关的 IEEE 标准设备编号

在国外文献和继电保护说明书中常常使用 IEEE 标准（C37.2—2008）规定的设备统一编号。为帮助读者阅读国外文献，下面给出一些与继电保护有关的编号的含义。

2　延时启动或延时闭合继电器

12　过速控制装置

13　同步速度控制装置

14　低速控制装置

17　旁路或放电开关

21　距离继电器

23　温度控制装置

24　电压频率比继电器

25　同步化或同步检测装置

27 低电压继电器
32 功率方向继电器
33 位置开关
37 低电流或低功率继电器
46 逆相序继电器
49 机器或变压器热继电器
50 瞬时过电流或电流变率继电器
51 交流反时限过电流继电器
52 交流断路器
55 功率因数继电器
57 短路或接地装置
59 过电压继电器
60 电压或电流平衡继电器
64 接地检测继电器
67 交流方向性过电流继电器
68 闭锁继电器
70 可变电阻
72 直流断路器
74 报警继电器
76 直流过电流继电器
78 相位测量继电器
81 频率继电器
82 直流重合闸继电器
85 载波或导引线信号接收继电器
87 差动保护继电器
91 方向性电压继电器
92 电压和功率方向继电器

参 考 文 献

[1] 贺家李，宋从矩. 电力系统继电保护原理. 增订版. 北京：中国电力出版社，2004.
[2] 杨奇逊，黄少锋. 微型机继电保护基础. 3版. 北京：中国电力出版社，2012.
[3] 张保会，尹项根. 电力系统继电保护. 2版. 北京：中国电力出版社，2009.
[4] 王士政. 电网调度自动化与配网自动化技术. 北京：中国水利水电出版社，2003.
[5] 张永健. 电网监控与调度自动化. 4版. 北京：中国电力出版社，2012.
[6] 王维俭. 发电机变压器继电保护应用. 2版. 北京：中国电力出版社，2005.
[7] 葛跃中. 新型继电保护与故障测距原理与技术. 西安：西安交通大学出版社，1996.
[8] 南京南瑞继保电气有限公司. RCS-931超高压线路成套保护装置技术说明书，2005.
[9] 北京四方继保自动化股份有限公司. CSC-101A/B，CSC-102A/B数字式超高压线路保护装置说明书，2005.
[10] 南京南瑞继保电气有限公司. RCS-900系列超高压微机线路保护装置培训教材，2005.
[11] 贺家李，李永丽，董新洲，等. 电力系统继电保护原理. 4版. 北京：中国电力出版社，2010.
[12] 尹项根，曾银娥. 电力系统继电保护原理与应用（上册）. 湖北：华中科技大学出版社，2001.